Grundzüge der Schmiertechnik

Berechnung und Gestaltung vollkommen geschmierter gleitender Maschinenteile

Lehr- und Handbuch
für Konstrukteure, Betriebsleiter, Fabrikanten
und höhere technische Lehranstalten

von

Erich Falz

Beratender Ingenieur für Schmiertechnik
Mitarbeiter des Ausschusses für wirtschaftliche Fertigung
beim Reichskuratorium für Wirtschaftlichkeit

Zweite, völlig neu bearbeitete Auflage

Mit 121 Abbildungen, 18 Zahlentafeln
und 44 Berechnungsbeispielen

Springer-Verlag Berlin Heidelberg GmbH 1931

ISBN 978-3-662-32104-1   ISBN 978-3-662-32931-3 (eBook)
DOI 10.1007/978-3-662-32931-3

Vorwort zur ersten Auflage.

Wohl selten ein Sondergebiet der Technik bedurfte so notwendig einer klaren Vereinheitlichung seiner Grundzüge, wie die Schmiertechnik, — weisen doch die derzeit bestehenden Anschauungen über Reibung und Schmierung so zahlreiche Widersprüche und Unklarheiten auf, daß eine eindeutige Darstellung der gegenwärtig vorherrschenden Auffassung gar nicht möglich wäre.

Der Grund dieser mangelnden Klarheit liegt vornehmlich in zwei Umständen: erstens in der unstreitig sehr großen Schwierigkeit der Materie, die von vielen, wenn nicht von den meisten, bedeutend unterschätzt wird, und zweitens wohl auch darin, daß gerade die besten und wichtigsten Forschungsergebnisse selten in solcher Form veröffentlicht werden, daß der in der Praxis stehende Ingenieur sie ohne weiteres nutzbringend verwerten kann. Letzteres liegt nun wiederum teilweise mit im Wesen der Forschungsarbeiten, daß eben gerade der Weg und die Methoden der Forschung stärker betont zu werden pflegen, als die eigentliche praktische Nutzanwendung der Forschungsergebnisse.

Hier als Vermittler zwischen rein wissenschaftlicher Forschung und werktätiger Praxis durch Schaffung einer einheitlichen „Lehre der Schmiertechnik" einzugreifen, sollte eine dankenswerte Aufgabe der angewandten Wissenschaft sein. — Wenngleich eine derartige Arbeit auch zweifellos großes Geschick erfordert, so scheint der Versuch, diese Aufgabe zu erfüllen, selbst auf die Gefahr hin, nicht von allen Seiten die gleiche Anerkennung zu finden, im Interesse des allgemeinen Fortschrittes doch lohnend. Eine Ermunterung hierzu erhielt Verfasser bereits im Jahre 1921 gelegentlich der Aufstellung seiner „Schmiertechnischen Konstruktionsrichtlinien für den Dampfmaschinenbau"* durch eine Zuschrift unseres leider zu früh verstorbenen bahnbrechenden Forschers auf dem Gebiete der Reibung und Schmierung, Prof. Dr.-Ing. L. Gümbel, Charlottenburg, mit den Worten: „Ich möchte aber zusammenfassend nicht verfehlen, meiner Freude und Bewunderung über die klare Darstellung der Kernpunkte einer zweckmäßigen Schmierung Ausdruck zu geben."

So möge denn diese Arbeit im Hinblick auf die mannigfaltigen Schwierigkeiten, sowohl des Stoffes wie der Darstellung, insbesondere seitens unserer wissenschaftlichen Fachwelt mit derselben Nachsicht aufgenommen werden, wie andere, ähnliche Arbeiten auf dem Gebiete der angewandten Wissenschaften.

---

* Vorgetragen im Lübecker Bezirksverein deutscher Ingenieure im November 1921.

Der Zweck des vorliegenden Buches, die Grundzüge der Schmiertechnik nach dem heutigen Stande der Erkenntnis in knapper, allgemein verständlicher Form einheitlich zur Darstellung zu bringen, so daß sie dem werktätigen Ingenieur als Richtschnur für Konstruktion, Berechnung, Werkstattausführung und Betrieb zu dienen vermögen, erfordert begreiflicherweise manche Einschränkung, die vom rein wissenschaftlichen Standpunkt als Mangel empfunden werden mag. So mußten z. B. fast alle fundamentalen Ableitungen und verwickelteren Einzelheiten übergangen werden, um die Übersichtlichkeit und den rein praktischen Charakter der Darstellungen nicht zu beeinträchtigen. — Das zum Schluß des Buches gebrachte Literaturverzeichnis soll hierfür nach Möglichkeit entschädigen.

Besonderer Wert ist auf kurze, klare Zusammenfassungen gelegt, die am Ende jeden Abschnittes die wichtigsten Punkte unterstreichend hervorheben und damit eine bequeme Gesamtübersicht und rasche Orientierung ermöglichen. Zum Schluß werden die gesamten für Berechnung, Ausführung und Betrieb maßgebenden Gesichtspunkte der Schmiertechnik nochmals summarisch zusammengefaßt und durch anschauliche Beispiele erläutert.

Wenn diese Arbeit dazu beiträgt, daß ein Teil der vielen unzweckmäßigen Konstruktionen und Schmiermethoden verschwindet und vollkommeneren und wirtschaftlicheren Einrichtungen Platz macht, so ist der Zweck dieses Buches erfüllt. — Wie sehr die Frage zweckmäßiger Schmierung auch im Interesse der allgemeinen Wirtschaftlichkeit liegt, zeigen die diesbezüglichen Bestrebungen des Ausschusses für Energieleitung im A. W. F. (Ausschuß für wirtschaftliche Fertigung), dessen Aufklärungsarbeiten auf dem Gebiete der Lagerschmierung auch vom Unterzeichneten durch Ausarbeitung allgemeiner schmiertechnischer Richtlinien unterstützt werden.

Hannover, Februar 1925.

E. Falz.

Vorwort zur zweiten Auflage.

Der schnelle Absatz der ersten Auflage sowie die zahlreichen Anerkennungen aus in- und ausländischen Fachkreisen dürfen als Bestätigung dafür angesehen werden, daß nicht nur diese Spezialdarstellung des Gebietes der Schmiertechnik vom Standpunkte des praktischen Ingenieurs allgemein als ein wirkliches Bedürfnis empfunden worden war, sondern daß auch die Eigenart des Buches günstig angesprochen hat. — Wie bereits im Schlußwort der ersten Auflage zum Ausdruck gebracht, war es unvermeidlich, daß die erste Fassung noch mancherlei Unzulänglichkeiten enthielt, deren Beseitigung späteren Auflagen vorbehalten bleiben mußte; auch hatten sich noch einige Druckfehler herausgestellt, für deren Aufdeckung den aufmerksamen Lesern hiermit nochmals gedankt sei.

Namentlich bei der Verwendung des Buches seitens des Verfassers und seiner Assistenten im praktischen Gebrauch bei Neukonstruktionen, Gutachten und Beratungsarbeiten für die Großindustrie trat das Bedürfnis zutage, nicht nur kleinere Unvollkommenheiten zu beseitigen und zahlreiche Erweiterungen vorzunehmen, sondern auch den ganzen Berechnungsgang, unter Fortlassung alles Entbehrlichen, im Sinne einer noch kürzeren und strafferen Fassung völlig neu zu bearbeiten, auf daß die Orientierung noch leichter und der praktische Gebrauch des Buches noch bequemer werde.

Außer verschiedenen neuen Berechnungsunterlagen und praktischen Beispielen sind noch zahlreiche Versuchsergebnisse, als Belege für die theoretischen Darstellungen, mit aufgenommen worden. Auch die neueren schmiertechnischen Forschungen auf physikochemischer Grundlage sind bei der Neubearbeitung berücksichtigt, ohne daß dadurch eine Änderung des Berechnungsaufbaues hätte eintreten müssen.

Eine erhebliche Erweiterung hat der Abschnitt über praktische Ausführungsbeispiele erfahren, und zwar zu einem ansehnlichen Teil durch Aufnahme fortschrittlicher Neukonstruktionen, die sich aus der umfangreichen Beratungspraxis des Verfassers entwickelt haben. Diesem ununterbrochenen innigen Kontakt mit der ausführenden Maschinenindustrie verdankt auch der Abschnitt „Interessante Fälle aus der Praxis" seine erhebliche Bereicherung durch Beispiele von Vervollkommnungen und Verbilligungen durch Eingriffe des Verfassers in Richtung der Konstruktion. — Weitere Neuerungen, deren Aufzählung an dieser Stelle zu weit führen würde, sind dem Inhaltsverzeichnis zu entnehmen.

Es darf auf Grund dieser sorgfältigen Neubearbeitung wohl die Hoffnung ausgesprochen werden, daß das Buch in seiner geläuterten und wesentlich erweiterten Form sich zu den bisherigen noch zahlreiche neue Freunde erwerben möge.

Hannover, April 1931.

E. Falz.

Inhaltsverzeichnis.

Berichtigungen.

S. 59, Beispiel 2, Z. 2: kg · statt kg.

S. 136, in Formel (115): 640 statt 460.

S. 137, Z. 18 von unten: $H = 0{,}00001$ statt $H = 00001$.

S. 139, dritte Formel von unten: $B = 7{,}5 \cdot d$ statt $B = 7{,}42 \cdot d$.

S. 198, Z. 5 von unten: Reibung von 38 kg statt Temperatur von 38°.

S. 210, Z. 17 von oben: $z = 0{,}002$ kg · sek/m² statt $z = 0{,}002 \cdot$ kg · sek/m².

S. 214, Z. 1 von unten: WE/st · m² statt WE · st · m².

S. 253, Z. 10 von oben: als statt also.

I. Das Wesen der vollkommenen Schmierung.

1. Unvollkommene und vollkommene Schmierung.

Unter den geschmierten Maschinenteilen weist das Gleitlager zweifellos die weiteste Verbreitung auf, und zwar sowohl als Querlager (quer zu seiner Längsachse belastet) wie als Längslager (in seiner Längsrichtung belastet). Zu den bekanntesten Querlagern zählen die Transmissionslager, Kurbelwellenlager, Dampfturbinen-Traglager, Wagen-Achslager u. ähnl., zu den Längslagern: Schiffswellen-Achsialdrucklager, Dampfturbinen-Drucklager, Wasserturbinen-Spurlager, Schneckenwellen-Drucklager u. a. m. — Mit Rücksicht auf die äußerst wichtige und verantwortungsvolle Aufgabe der Gleitlager im Rahmen des Maschinenbaues muß ihrer bestmöglichen Ausbildung und zuverlässigen Schmierung besondere Beachtung geschenkt werden, — hängt von der Betriebssicherheit der Lager doch die Sicherheit oder Arbeitsfähigkeit der ganzen Maschine bzw. Betriebsanlage ab. Daneben ist dann noch — bei höchster Funktionsqualität — für billigsten Gestehungspreis der Lagerkonstruktionen zu sorgen.

Zweckmäßige Gestaltung und Behandlung der Lager setzt unbedingt die Kenntnis der wichtigsten Gesetze über Reibung und Schmierung voraus, soweit sie uns heute als auf den Bau und Betrieb von Maschinenlagern und sonstigen Gleitflächen praktisch anwendbar erscheinen. Als völlig abgeschlossen kann eine Wissenschaft bekanntlich nie angesehen werden, da der Fortschritt immer wieder ergänzt, berichtigt, aufs neue überprüft und unvollkommene Methoden durch vollkommenere zu ersetzen sucht; dennoch können neue Theorien oder Anschauungen erst dann Anerkennung finden, wenn sie genügend begründet, praktisch von Bedeutung sind und einen effektiven Fortschritt darstellen.

Diese Bemerkung erscheint insofern angebracht, als gerade in der letzten Zeit eine solche Fülle von Kritiken und neuen Entdeckungen dargeboten wurde, daß es mitunter schier den Eindruck erweckte, als seien nun alle bisherigen Erkenntnisse über den Haufen geworfen. Prüft man jedoch die neuen Errungenschaften auf ihren praktischen Wert hin, so zeigt sich nur zu häufig, daß es sich entweder um bekannte Tatsachen in neuem Gewande oder um Einflüsse verhältnismäßig geringer Bedeutung handelt, angesichts der von einer Erschütterung der vorhandenen Fundamente keine Rede sein kann. Nicht selten haben auch völlig einseitige oder unreife Arbeiten auf geräuschvolle Weise große Umwälzungen prophezeiht, ohne daß solche eintraten. — Noch unsichere Neuerungen sind daher in diesem Buche, das möglichst zuverlässige Anleitungen für die Praxis bringen will, nicht berücksichtigt. —

Die früher einzige Auffassung gleitender Reibung, die auch noch neueren Lehrbüchern über Berechnung von Triebwerksteilen zugrunde liegt, war die Annahme eines Reibungsvorganges, für dessen Bestimmungsgrößen das Coulomb'sche Gesetz maßgebend ist:

$$W = \mu \cdot P \quad \text{kg} \tag{1}$$

oder, in Worten:

Reibungswiderstand = Reibungszahl × Normaldruck,

wobei μ eine hauptsächlich von der Materialbeschaffenheit abhängige Unveränderliche bedeutet, die für verschiedene Verhältnisse durch praktische Versuche festgelegt worden ist. Nach diesem Gesetz ist die Reibungsziffer oder Reibungszahl μ innerhalb ziemlich weiter Grenzen vom Flächendruck und von der Gleitgeschwindigkeit unabhängig.

Je nachdem, ob es sich um trockene oder um spärlich geölte bzw. gefettete Flächen handelt, spricht man von „trockener" oder von „halbtrockener" Reibung und unterscheidet demgemäß zwischen der Reibungszahl der trockenen und halbtrockenen Reibung. Die meisten Handbücher geben auch für beide Reibungszustände verschiedene Zahlenwerte an.

Diese Reibungskoeffizienten können zur Berechnung von Band- und Backenbremsen, Reibungsgetrieben, Reibungskupplungen usw. Anwendung finden, falls dabei die Grenzen für den Flächendruck und die Gleitgeschwindigkeit, innerhalb welcher die angegebenen Zahlenwerte gelten sollen, nicht überschritten werden.

Trockene Reibung kommt im Maschinenbau eigentlich nur an solchen Stellen vor, wo Reibung verhindert werden soll; z. B. bei Reibungsgetrieben, konischen Werkzeugschäften, Keilverbindungen, Radbremsen u. ä. Namentlich bei letzteren tritt in mehr oder weniger starkem Maße das bekannte „Fressen" auf, indem die Flächen sich gegenseitig erheblich angreifen.

Halbtrockene Reibung entspricht dem Anfahrzustande bei Gleitlagern und bei sonstigen Gleitflächen und sollte im übrigen nur bei sehr geringen Geschwindigkeiten auftreten, z. B. bei Kulissensteinen, Dampfschiebern, Schrauben, Scharnieren und Gelenken, ferner bei manchen Schwinglagern, bei Supporten von Werkzeugmaschinen und bei Reibungskupplungen, die unter Last eingerückt werden müssen.

Während bei den beiden bisher betrachteten Arten der Reibung die Gleitflächen in unmittelbarer Berührung miteinander standen und der Reibungsvorgang in einer teils elastischen, teils bleibenden Formänderung der beiden Reibungsoberflächen bestand, ist dies bei der sog. „flüssigen" Reibung nicht der Fall. Die flüssige Reibung kennzeichnet sich durch die Eigentümlichkeit, daß zwischen den beiden aufeinander gleitenden Teilen stets eine dünne, aber doch vollkommen zusammenhängende Flüssigkeitsschicht (Schmierschicht) aufrechterhalten wird, welche die beiden Gleitflächen dauernd und an allen Punkten voneinander trennt, so daß unmittelbare Berührung und damit eine Formveränderung der Gleitoberflächen (Verschleiß) nicht stattfindet.

Für Reibungsvorgänge solcher Art ist das Coulombsche Gesetz, das sich lediglich auf Widerstandszahlen hartstofflicher Deformationsarbeit stützt, nicht mehr maßgebend, denn der Verschiebungswiderstand wird in diesem Falle nur durch die innere Reibung der Schmierflüssigkeit bestimmt. Es handelt sich somit bei der flüssigen Reibung also nicht um unmittelbare Reibung, sondern um den Schubkraftwiderstand einer Flüssigkeit. — Die Grundlagen zur Bestimmung der Flüssigkeitsreibung gibt uns das Newton'sche Gesetz, auf das weiterhin noch ausführlicher eingegangen wird. Es ist, ebenso wie das Coulombsche Gesetz, ein Erfahrungsgesetz, dessen Gültigkeit durch viele praktische Versuche bestätigt wurde.

Da die Erfahrung gezeigt hat, daß die Reibung von Flüssigkeitsteilchen aneinander unvergleichlich viel geringer ist als die gegenseitige Reibung fester Körper, sollte letztere nach Möglichkeit durch flüssige Reibung ersetzt werden; allerdings hängt die Erreichung dieses Zieles von vielerlei Bedingungen ab, deren Erfüllung nicht immer möglich ist. Wird nämlich die Flüssigkeitsschicht zwischen den beiden Gleitflächen zu dünn, so daß stellenweise metallische Reibung zur Flüssigkeitsreibung hinzutritt, so erhält man statt „flüssiger" nur „halbflüssige" Reibung. Sie besteht aus flüssiger und halbtrockener Reibung und stellt ein Übergangsstadium zwischen beiden Reibungsarten dar. Dementsprechend ist sie größer als die flüssige und kleiner als die halbtrockene Reibung. — Beispiele halbflüssiger Reibung sind: ungenügend oder unrichtig geschmierte Lager oder Tragschuhe, ferner schwingende Zapfenlager, Schneckengetriebe, Schraubenräder, Zahnräder, Kolben u. ä.

Unter günstigen Bedingungen und bei richtiger Konstruktion läßt sich indes bei Querlagern, Längslagern, Geradführungen und Gleitschlitten, also bei den wichtigsten Elementen des Maschinenbaues, reine Flüssigkeitsreibung sehr wohl erzielen und so ist letztere denn unter allen Formen der Reibung die zweifellos bedeutsamste; sie verwirklicht den Reibungs-Idealfall und man bezeichnet daher mit reiner Flüssigkeitsreibung arbeitende Gleitflächen als „vollkommen" geschmierte Flächen, im Gegensatz zur „unvollkommenen" Schmierung bei der halbtrockenen und halbflüssigen Reibung.

Die Reibungsvorgänge in Gleitlagern können also nach dem Coulombschen Gesetz, d. h. ohne Berücksichtigung der Schmierschicht, nicht beurteilt oder erfaßt werden.

Die Hauptaufgabe der Schmiertechnik ist hiermit bereits angedeutet: sie besteht in der Untersuchung und Festlegung der Bedingungen, unter denen reine Flüssigkeitsreibung zu erreichen und dauernd aufrechtzuerhalten ist.

Durch vollkommene Schmierung an Stelle unvollkommener kann eine ganze Reihe technischer und wirtschaftlicher Vorteile erzielt werden:
1. Beseitigung bzw. Verringerung des Verschleißes,
2. Verringerung der Reibungsverluste,
3. Steigerung der Belastungsfähigkeit,
4. Erhöhung der Betriebssicherheit,
5. Verringerung des Ölverbrauches.

Auf welche Weise und durch welche Maßnahmen obige Vorteile erzielt werden können, soll in den nachfolgenden Abschnitten dargelegt werden.

Die zwecks Verminderung der Reibung angewandte Schmierung bleibt unvollkommen, so lange direkte Berührung der Reibflächen stattfindet. Vollkommene Schmierung ist erst erreicht, wenn die Oberflächenreibung ganz ausgeschaltet ist und nur noch reine Flüssigkeitsreibung besteht. Hierbei sei jedoch darauf hingewiesen, daß durch reichlichere Schmierung allein flüssige Reibung ohne weiteres nicht zu erzielen ist, d. h. zwei unter trockener oder halbtrockener Reibung aufeinander gleitende Flächen ungeeigneter Form werden durch einfaches Überfluten mit Öl vollkommene Schmierung nicht erreichen lassen. Wohl aber wird, umgekehrt, z. B. ein mit flüssiger Reibung arbeitendes Lager bei genügender Verringerung der Schmiermittelzufuhr in das Gebiet der halbflüssigen und aus diesem in das Gebiet der halbtrockenen Reibung übergehen, um bei gänzlichem Schmiermittelmangel schließlich mit trockener Reibung zu arbeiten. — Die Erklärung und Begründung dieser eigenartigen Zusammenhänge wird aus den nachfolgenden näheren Betrachtungen über das Wesen der flüssigen Reibung hervorgehen.

Zusammenfassung.

1. **Trockene Reibung**: Schmierung fehlt. Die Reibung folgt dem Coulombschen Gesetz. Anzutreffen bei Radbremsen, konischen Werkzeugschäften, Reibungsgetrieben, Keilverbindungen usw. zur Vermeidung gleitender Bewegung oder für vorübergehendes Gleiten. — Im letzteren Falle Verschleiß stark (Fressen).

2. **Halbtrockene Reibung**: Schmierung (infolge Schmiermittelmangels oder bei ungeeigneter Gleitflächenform auch bei reichlicher Schmiermittelzufuhr) unvollkommen. Reibung folgt dem Coulombschen Gesetz. Anzutreffen bei Kulissensteinen, Schrauben, Scharnieren und Gelenken, ferner bei Reibungskupplungen und bei allen Gleitflächen im Anfahrzustande, wo vollkommenere Schmierung unmöglich. — Verschleiß im Dauerbetriebe beträchtlich.

3. **Flüssige Reibung**: Schmierung vollkommen. Reibung folgt den Gesetzen der Flüssigkeitsreibung. Anzutreffen bei richtig gebauten und zweckmäßig geschmierten Quer- und Längslagern, Geradführungen, Gleitschlitten usw. — Verschleiß gleich null.

4. **Halbflüssige Reibung**: Schmierung unvollkommen. Reibung folgt zum Teil den Gesetzen der Flüssigkeitsreibung, zum Teil dem Coulombschen Gesetz. Anzutreffen bei unrichtig oder mangelhaft geschmierten Lagern und Tragschuhen, ferner bei schwingenden Zapfenlagern, Schneckengetrieben, Schraubenrädern, Zahnrädern, Kolben usw. — Verschleiß mäßig.

5. Eine scharfe Abgrenzung zwischen halbflüssiger und halbtrockener Reibung ist praktisch nicht möglich.

2. Der Schmiervorgang bei ebenen Gleitflächen.

Nachdem auf die große technische und wirtschaftliche Bedeutung der vollkommenen Schmierung hingewiesen ist, soll nunmehr versucht werden, die für die Erreichung reiner Flüssigkeitsreibung wichtigsten Bedingungen klarzulegen, und zwar zunächst bei ebenen Gleitflächen.

Als Beispiel für die nachfolgenden Betrachtungen sei der hintere Kreuzkopf (Tragschuh) einer Kolbenmaschine mit durchgeführter Kolbenstange gewählt, wobei die Erläuterung der in Frage kommenden Vorgänge an Hand eines Falles aus der Praxis erfolgen soll, durch welchen Verfasser (im Jahre 1916) erstmalig auf das Problem der vollkommenen Schmierung aufmerksam wurde:

Gelegentlich einer Reparatur der Luftpumpe einer 25 Jahre alten Betriebsdampfmaschine wurde an der während der Mittagspause stillgesetzten Maschine die Wahrnehmung gemacht, daß auf der hinteren Gleitbahn das vom Auftuschieren herrührende markante Schabemuster so klar und deutlich sichtbar war, als wäre die Führung eben erst frisch auftuschiert worden. Der Maschinist versicherte indes, daß seit den 25 Jahren, da er die Maschine warte, eine Überholung der hinteren Führung nicht vorgenommen worden sei.

Diese Mitteilung wirkte einigermaßen verblüffend, war man doch gewohnt, bei älteren Maschinen stets eine mattgrau, wie eingeschliffen aussehende Geradführungsbahn vorzufinden. Durch zuverlässige Informationen bei der Herstellerfirma konnte indes einwandfrei festgestellt werden, daß in der Tat keinerlei Überholung der hinteren Führung stattgefunden hatte. Des Rätsels Lösung mußte also in der Ausführung der Leitbahn oder des hinteren Kreuzkopfes selbst zu suchen sein. Da die Betriebsverhältnisse und das verwendete Öl durchaus normal waren, blieb in der Tat nur die letzte Vermutung übrig.

Die Leitbahn war eben, ohne Schmiernuten oder sonstige Einschnitte, der hintere Kreuzkopf mit einem Gelenk ausgeführt; nichts deutete auf etwas Ungewöhnliches hin.

Während der Reparatur des Luftpumpenantriebes konnte der Ausbau des hinteren Kreuzkopfes ermöglicht werden und dieser gab dann, allerdings nur auf dem Wege der Kombination, die gesuchte Erklärung: Die Auflagefläche des Tragschuhes war ebenfalls ohne Schmiernuten ausgeführt und sauber tuschiert. Das Tuschiermuster ging jedoch, etwa 1 cm von der vorderen und hinteren Kante entfernt, in eine schlank ansetzende Abrundung über.

Mittels dieser Abrundung mußte der Kreuzkopfschuh offenbar, ähnlich einem Gleitboot, auf die Schmierschicht auflaufen und sich auf derselben, dank der Geschwindigkeit, schwimmend erhalten. — Diese Überlegung erwies sich als richtig, und damit war auf dem Wege der Beobachtung und Kombination der Grundgedanke des „dynamischen Schwimmens" erkannt.

Die Tatsache, daß bei anderen Maschinen der Kreuzkopfschuh allseitig scharfkantig ausgeführt war, bestätigte, daß der Verschleiß dieser

Geradführungen und Kreuzköpfe nur auf das Fehlen jener schlanken Abrundung zurückgeführt werden könne. Bemerkt sei hierzu, daß zur damaligen Zeit (der Herstellung des Kreuzkopfes) die feinere Ausführung der Werkstücke ganz der Intelligenz und dem Ermessen des Arbeiters überlassen war, da die Zeichnungen nur die Hauptmaße und wichtigsten Angaben enthielten. Nur so war es möglich, daß diese abweichende Ausführung des Kreuzkopfes verwirklicht werden konnte. — Weitere Maschinen derselben Kreuzkopfausführung konnten nicht ermittelt werden; offenbar war der betreffende Schlosser nur kurze Zeit bei der Firma beschäftigt gewesen. —

Dieser Fall gab zu umfangreichen Studien Anlaß, in deren Brennpunkt die von Petroff und Osborne Reynolds begründete, durch Sommerfeld weiter verfolgte und von Gümbel unter geänderten Annahmen der Praxis angepaßte „hydrodynamische Theorie geschmierter Maschinenteile" stand. Nach dieser erklärt sich obige Beobachtung wie folgt:

Das Auftreten reiner Flüssigkeitsreibung setzt eine Drucksteigerung in der Schmierschicht voraus, die so groß ist, daß die Belastung, unter der das Gleiten vor sich geht, vollkommen getragen wird. Zwischen zwei parallelen, aufeinander gleitenden ebenen Flächen kann aber in der Schmierschicht trotz der Bewegung eine Drucksteigerung nicht zustande kommen; eine etwa zwischen den beiden Flächen vorhandene Ölschicht würde vielmehr in kurzer Zeit durch die Belastung völlig verdrängt werden. Weiteres Gleiten würde dann unter halbtrockener Reibung vor sich gehen, vorausgesetzt, daß das Gleitstück scharfkantig ausgeführt ist, wie das bei den meisten älteren Gleitschuhen von Geradführungen der Fall zu sein pflegt.

Wird indes ein geneigtes ebenes Gleitstück mit der angehobenen Kante voraus auf einer vorhandenen Schmierschicht bewegt, so daß sich zwischen den beiden Gleitflächen eine mit der Schneide nach hinten weisende keilförmige Ölschicht bildet, so entsteht in der Schmierschicht infolge der Bewegung und der Zähigkeit des Schmiermittels eine Drucksteigerung, die unter geeigneten Verhältnissen so groß werden kann, daß das Gleitstück trotz der auf ihm ruhenden Belastung auf der Ölschicht schwimmend erhalten wird. Die metallische Berührung beider Gleitflächen bleibt infolge der Keilkraftwirkung der Schmierschicht dauernd ausgeschaltet und das Gleiten erfolgt unter reiner Flüssigkeitsreibung.

Dieses Prinzip der Keilkraftschmierung lag in grober Annäherung auch bei jenem Kreuzkopfschuh vor. Trotzdem nur ein geringer Teil der Fläche geneigt war, genügte die unter dem angeschrägten Teil auftretende Öldrucksteigerung, um den gesamten Kreuzkopf mit seiner Belastung im Zustande des dynamischen Schwimmens zu erhalten. Da die Umkehr in den Totpunkten ziemlich rasch erfolgt, ist ein Niedersinken des Tragschuhes auf seine Unterlage nicht zu befürchten, trotzdem dieses bei der Geschwindigkeit null eigentlich zu erwarten wäre. Das Verdrängen der Ölschicht erfordert jedoch auch bei ruhendem Kreuzkopf eine gewisse Zeit, und diese steht eben nicht zur Verfügung.

Abb. 1 zeigt den Längsschnitt eines Tragschuhes mit vorn und hinten vorgesehener keilförmiger Anschrägung. Der Deutlichkeit halber ist die Neigung stark übertrieben dargestellt, denn maßstäblich ist sie so gering, daß man sie in der Zeichnung gar nicht wahrnehmen würde.

Der Gleitvorgang bei dieser Konstruktion vollzieht sich etwa wie folgt: Das Schmiermittel haftet infolge seiner Adhäsion an den beiden Gleitflächen und wird durch die Bewegung der einen Gleitfläche gegen die andere gewissermaßen zwischen den Flächen hindurchgezerrt. Wegen der Verjüngung des Querschnittes und der Kohäsion zwischen den Flüssigkeitsteilchen (Zähigkeit) findet dabei eine Drucksteigerung (Verdichtung)

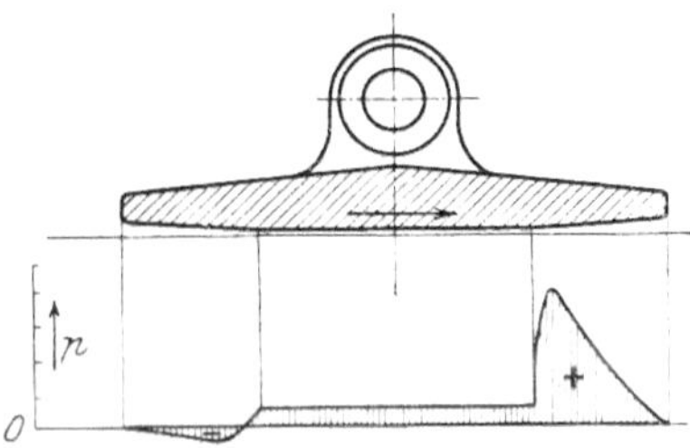

Abb. 1. Drucksteigerung in der Schmierschicht durch einfache Keilflächen. (Grundprinzip der Keilkraftschmierung.)

in der Schmierschicht statt, die bei genügender Gleitgeschwindigkeit zum Abheben des Gleitschuhes von der Tragfläche und zu dauerndem dynamischen Schwimmen führt.

Die Drucksteigerungen in der Schmierschicht sind in Abb. 1 unten mit dargestellt: (Den höchsten Druck erreicht die Schmierschicht kurz vor der Übergangsstelle von der schrägen in die parallele Fläche.

Zwischen den parallelen Flächen herrscht alsdann ein gleichmäßiger, durch die erste Keilfläche verursachter Schmierschichtdruck*, während er in dem nach hinten größer werdenden Keilraum wieder abnimmt und sogar negativ wird, d. h. saugend wirkt. Nennenswerte negative Drücke in der Schmierschicht können jedoch in der Praxis nicht auftreten, da Luft von den Seiten eingesogen würde und schließlich das Öl verdampfen müßte.

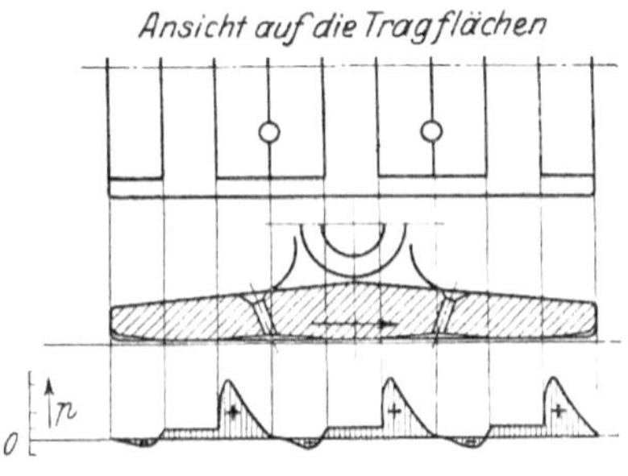

Abb. 2. Drucksteigerung in der Schmierschicht durch mehrfache Keilflächen.

Bei schwerer belasteten ebenen Gleitschuhen wird die Ausführung der Tragflächen nach Abb. 2 bevorzugt. Hier sind für jede Bewegungsrichtung 3 tragende Keilflächen vorgesehen, wobei die zwischen den schrägen Tragflächen verbleibenden geraden Flächenteile zur Aufnahme und Übertragung des Druckes während des Stillstandes und während des Anlaufes und Auslaufes dienen, wo die Bewegungsgeschwindigkeit noch nicht ausreicht, um ein Abheben der Flächen durch die Drucksteigerung in der keilförmigen Schmierschicht zu bewirken. Zweck-

---

* Bezüglich der Druckverteilung können nach Gümbel drei verschiedene Annahmen gemacht werden[45]). Die hier gewählte Annahme ist die ungünstigste; sie bietet jedoch rechnerisch die größte Sicherheit.

(Der Index — im obigen Falle 45 — bedeutet jeweils die entsprechende Zeile des Literaturverzeichnisses am Schluß des Buches.)

mäßig läßt man hierbei, wie die Ansicht auf die Lauffläche in Abb. 2 zeigt, die keilförmigen Tragflächen seitlich nicht durchgehen, um ein seitliches Abströmen des unter erhöhtem Druck stehenden Öles aus dem Keilraum zu verhindern. Auch bei der Ausführung nach Abb. 1 wäre diese Maßnahme von Vorteil.

Ist die Gleitgeschwindigkeit im Verhältnis zur Belastung groß genug, so daß der in der keilförmigen Schmierschicht entstehende Öldruck zum Tragen der gesamten Belastung ausreicht, so erfolgt das angestrebte Abheben des Tragschuhes von der Gleitbahn, und der Reibungsvorgang bewegt sich im Gebiet der reinen Flüssigkeitsreibung. Der hierbei auftretende Reibungswiderstand ist, entsprechend der Schubfestigkeit oder Zähigkeit des verwendeten Schmiermittels, sehr gering, und ein Verschleiß im Betriebe tritt nicht auf. Beim Abstellen der Maschine wird die flüssige Reibung nach Maßgabe der Geschwindigkeitsabnahme auf halbflüssige und schließlich, beim Stillstand, auf halbtrockene Reibung zurückgehen, mit welcher der Vorgang der erneuten Inbetriebnahme auch wieder beginnt. Verschleiß, und zwar in verschwindend geringem Maße, ist demnach bei vollkommen geschmierten Gleitflächen nur während des Anfahrens und Stillsetzens zu erwarten.

Vollkommene Schmierung läßt sich also, wie bereits im Schlußabsatz des Abschnittes 1 angedeutet, nicht einfach durch reichliche Ölzufuhr, sondern nur durch gleichzeitige Anwendung keilförmiger Tragflächen, in Verbindung mit genügender Gleitgeschwindigkeit, erreichen, — von weiteren konstruktiven Bedingungen noch abgesehen. Ist die genügende Gleitgeschwindigkeit nicht gegeben, so kann nur halbflüssige Reibung erzielt werden. Ist hingegen die keilförmige Gestalt der Schmierschicht, oder zu allermindest eine schlanke Abrundung der vorderen Gleitschuhkante, nicht gegeben, so kann auch bei genügender Gleitgeschwindigkeit und reichlicher Ölmenge kaum mehr als halbtrockene Reibung erreicht werden, da das Schmiermittel von der scharfen Gleitschuhkante fortgeschoben wird, ohne zwischen die Gleitflächen treten zu können.

Zusammenfassung.

1. Drucksteigerung in der Schmierschicht bis zum dynamischen Schwimmen ist nur zwischen zwei aufeinander gleitenden geneigten Flächen möglich, wenn durch die Bewegung das Öl zur Keilschneide hin mitgenommen wird und die Bewegungsgeschwindigkeit nicht zu gering ist. Bei zu geringer Gleitgeschwindigkeit ist nur halbflüssige Reibung erreichbar.

2. Bei zwei aufeinander gleitenden parallelen Flächen mit scharfkantiger Begrenzung ist eine dynamische Drucksteigerung in der Schmierschicht unmöglich und dadurch weder flüssige noch halbflüssige, sondern nur halbtrockene Reibung erzielbar — gleichgültig bei welcher Gleitgeschwindigkeit.

3. Bei Stillstand ist Schmierung überhaupt nicht möglich. (Allerdings auch nicht erforderlich.) Im Augenblick des Anfahrens ist also stets mit halbtrockener Reibung zu rechnen.

3. Der Schmiervorgang bei umlaufenden Zapfen.

Wie wir aus Abschnitt 2 ersehen haben, sind für die Erreichung reiner Flüssigkeitsreibung zwei Hauptforderungen zu erfüllen:

1. muß die Schmierschicht zwischen den Gleitflächen Keilform aufweisen derart, daß das Schmiermittel durch die Gleitbewegung vom Keilrücken zur Keilschneide mitgenommen wird, und

2. muß die Gleitgeschwindigkeit so groß sein, daß der in der keilförmigen Schmierschicht sich infolge der Gleitbewegung bildende Öldruck zu einem Abheben des Gleitstückes von der Gleitfläche führt.

Die erste Forderung läßt sich bei umlaufenden Zapfen in denkbar einfachster Weise dadurch erfüllen, daß man der Bohrung der Lagerschale einen größeren Durchmesser gibt als dem Lagerzapfen. Liegt der Zapfen in einem solchen Lager auf, wie das vor dem Anfahren stets der Fall ist, so ist zwischen Zapfen und Schale ein keilförmiger bzw. sichelförmiger Raum gegeben, der sich bis zum Berührungspunkt des Zapfens mit der Lagerschale stetig bis auf null verringert. Die Durchmesserdifferenz zwischen Lagerschalen- und Zapfendurchmesser — das sog. Lagerspiel — ist also ein einfaches Mittel, die geforderte Keilform der Schmierschicht zu verwirklichen.

Ist die Umfangsgeschwindigkeit des Zapfens so groß, daß der in der keilförmigen Schmierschicht infolge der Gleitbewegung sich bildende Öldruck ein Abheben des Zapfens von der Lagerschale bewirkt, so haben wir es mit einem regelrechten „Schwimmen" des Zapfens auf der Schmierschicht — also mit reiner Flüssigkeitsreibung — zu tun. Je größer die Gleitgeschwindigkeit, um so sicherer ist der Vorgang des Schwimmens gewährleistet, d. h. um so dicker wird die Schmierschicht an ihrer dünnsten Stelle. Die größte mögliche Schmierschichtstärke würde bei unendlich großer Drehgeschwindigkeit erreicht werden, wobei sich der Zapfen zentrisch im Lager einstellen würde; die Schmierschicht wäre alsdann an allen Stellen des Lagers gleich stark, nämlich gleich dem halben Lagerspiel.

Bei jeder kleineren Geschwindigkeit schwimmt der Zapfen, wie theoretisch und praktisch festgestellt worden ist, exzentrisch im Lager, und die engste Stelle zwischen Zapfen und Schale — die Stelle der geringsten Schmierschichtstärke — wird um so enger, je geringer die Gleitgeschwindigkeit ist. Bei unendlich kleiner Gleitgeschwindigkeit erreicht die Exzentrizität ihr Maximum, nämlich die Größe des halben Lagerspieles oder der ganzen Halbmesserdifferenz. Die geringste Schmierschichtstärke wird hierbei gleich null, d. h. der Zapfen liegt in einer Linie in der Lagerschale auf.

Mit zunehmender Geschwindigkeit setzt das Schwimmen des Zapfens ein und das Zapfenmittel nähert sich mehr und mehr dem Lagermittel. Hierbei findet nicht nur ein senkrechtes Heben, sondern auch gleichzeitig ein seitliches Verschieben des Zapfens im Lagerspielraum statt, und zwar in der belasteten Lagerhälfte im Sinne der Gleitbewegung. Die seitliche Verschiebung nimmt mit wachsender Drehgeschwindigkeit* zunächst bis zu einem Höchstwert zu und dann wieder ab, indem das Zapfenmittel schließlich dem Lagermittel zustrebt. Der Weg, den das Zapfenmittel von der Drehgeschwindigkeit null bis zur Drehgeschwindigkeit = unendlich im Lagerspielraum beschreibt, stellt

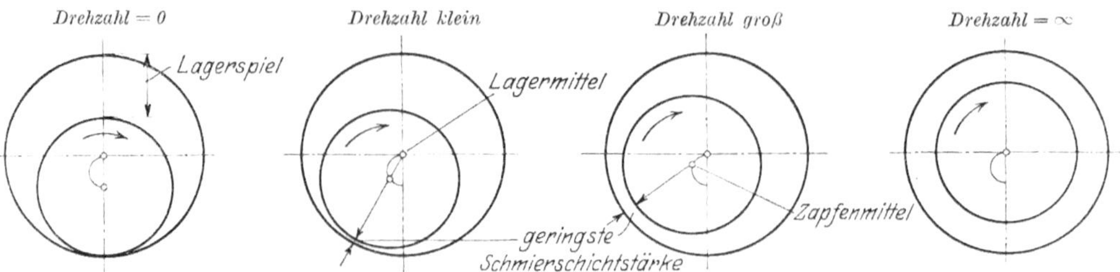

Abb. 3. Lage des Zapfens im Lager bei verschiedener Drehgeschwindigkeit und Belastung von oben nach unten.

eine Kurve von angenähert Halbkreisgestalt dar (Abb. 3), worauf in Abschnitt 8 noch näher eingegangen werden soll.

Das Schwimmen des Zapfens auf der Schmierschicht ist nur dadurch möglich, daß in der Schmierschicht Ölpressungen von solcher Größe auftreten, daß die gesamte Zapfenbelastung getragen wird. Die in der Schmierschicht auftretenden Drucksteigerungen sind in

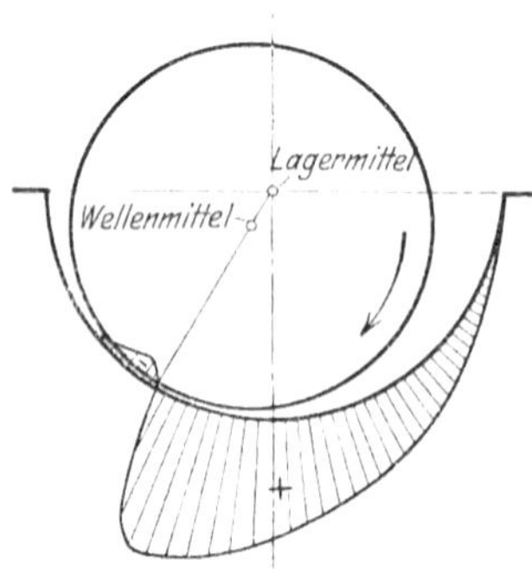

Abb. 4. Drucksteigerung in der Schmierschicht bei halbumschlie-Benden Querlagern.

Abb. 4 durch ein Diagramm schematisch versinnbildlicht: Der Zapfen schwimmt in einem halbumschließenden Lager bei mäßiger Drehzahl. Die Belastung wirkt senkrecht nach unten. Der die Lagerschale darstellende Halbkreis ist als Diagrammbasis benutzt und der spez. Druck in der Schmierschicht als Vektordiagramm aufgetragen. Wie aus der Darstellung ersichtlich, nimmt der Schmierschichtdruck von der rechten Seite des Lagers im Sinne der Drehrichtung bis zum engsten Querschnitt stetig zu und von da aus plötzlich ab, um weiterhin negativ (als Unterdruck bzw. Saugwirkung) zu verlaufen.

Der Vorgang an sich ähnelt demjenigen bei ebenen Gleitflächen: Querschnittsverengung im Sinne der Bewegungsrichtung wirkt drucksteigernd, Querschnittserweiterung druckverringernd. Die Druckverringerung würde bei gleicher Neigung der Keilfläche denselben Zahlenwert erreichen wie die Drucksteigerung, doch kann, wie bereits in Abschnitt 2 erwähnt, der Druck in der Schmierschicht nicht tiefer sinken als die Dampfspannung des Schmiermittels bei der gegebenen Lagertemperatur; außerdem würde auch Luft angesogen werden, so daß

---

* Außer von der Drehgeschwindigkeit ist die Relativlage des Zapfens im Lager noch von der Belastung, der Ölzähigkeit und dem Lagerspiel abhängig, was jedoch vorläufig übergangen werden möge.

nennenswerte Unterdrücke in der Praxis nicht zu erwarten sind. Vom engsten Querschnitt ab wird in der Schmierschicht daher angenähert der Überdruck null herrschen, wie auch in Abb. 4 angedeutet ist.

Durch die Keilform der Schmierschicht wird die Schmierflüssigkeit auf der rechten Seite des Lagers bei Abb. 4 in den Keilspalt hineingezogen, hinter dem engsten Querschnitt wieder ausgestoßen. Schmiermittel kann also nur auf derjenigen Seite aufgenommen werden, wo selbsttätiges „Einsaugen" durch den sich drehenden Zapfen erfolgt. Der Zapfen ist hierbei als Pumpe (etwa als Zahnradpumpe mit unendlich kleinen Zähnen) zu betrachten, die das an der Zapfenoberfläche haftende Schmiermittel von der einen Seite der Lagerschale — durch den engsten Querschnitt hindurch — auf die andere Seite fördert. Ölaufnahme auf der linken Seite in Abb. 4 wäre also unmöglich.

Diese Betrachtungen führen zu der wichtigsten Erkenntnis, daß der belasteten Lagerschale Öl nur durch den Zapfen selbst zugeführt werden kann, und zwar an der sog. „Einlaufseite". (Daß Schmiernuten nicht nur ihren Zweck verfehlen, sondern genau entgegengesetzt wirken als beabsichtigt, sei hier vorweg bemerkt. Abschnitt 4 unterzieht die Frage der Schmiernuten noch einer ausführlichen Betrachtung.) Die von der Zapfenoberfläche durch die belastete Lagerschale hindurchgeführte Ölmenge liegt bei gegebenem Ölzustand für ein vorhandenes Lager bei gegebenen Geschwindigkeits- und Druckverhältnissen ein für allemal fest und kann willkürlich nicht verändert — jedenfalls nicht vergrößert — werden; selbst durch Zuführung von Preßöl ist dies nicht oder doch nur in ganz unerheblichem Maße zu erreichen.

Anders hingegen im nichtbelasteten Teil der Lagerschale. — Da hier kein positiver Überdruck herrscht, kann durch das Lagerspiel zwischen Zapfen und unbelasteter Schale außer der normalen, vom Zapfen im Kreislauf geförderten Ölmenge noch eine zusätzliche Ölmenge mit erhöhter Geschwindigkeit hindurchgeleitet werden. Letzteres könnte jedoch niemals eine verbesserte Schmierung, sondern nur eine vergrößerte Wärmeabfuhr, also verbesserte Kühlung, bewirken, wie sie z. B. durch Preßöl erreicht werden kann.

Da das Öl hiernach ständig einen ununterbrochenen Kreislauf vollführt, ist die dauernde und richtige Ölverteilung im Lager durch den Zapfen von selbst gegeben und ein Ölersatz nur in dem Maße erforderlich, als Öl an den Lagerenden herausgepreßt wird.

Die Reibung in einem vollkommen geschmierten Lager ist somit hydrodynamisch überhaupt nicht von der Art des Zapfen- und Schalenmaterials abhängig, sondern lediglich von den Eigenschaften des Schmiermittels, den gegebenen Druck- und Geschwindigkeitsverhältnissen und den Lagerabmessungen.

Ist die Keilform der Schmierschicht nicht gegeben, d. h. erhält die Lagerschale nicht einen größeren Durchmesser als der Zapfen, so kann die erwünschte Verdichtung des Schmiermittels in der tragenden Lagerschale nicht auftreten, und ein Abheben des Zapfens von der Lagerschalengleitfläche findet nicht statt. Bei Lagern, deren Schalen, wie früher allgemein üblich, auf den Zapfen auftuschiert werden, ist also reine Flüssigkeitsreibung kaum zu erzielen, da jede Veranlassung zu einer Drucksteigerung in der Schmierschicht fehlt. Es wird ebenso wie bei dem ebenen Gleitschuh ohne Keilfläche nur ein Gleiten unter unmittelbarer Berührung beider Gleitflächen möglich sein; also grundsätzlich nur unvollkommene Schmierung und halbtrockene bzw. halbflüssige Reibung. Verschleißloser Betrieb ist mit tragend auftuschierten Lagern nicht zu erzielen; daher steigt die Erwärmung bei solchen Lagern unter höheren Geschwindigkeiten auch verhältnismäßig rasch an.

Mildernd wirken bei auftuschierten Lagern die unvermeidlichen werkstattechnischen Ungenauigkeiten, die in der Regel der Lagerschale doch einen etwas größeren Halbmesser geben, so daß unbewußt eine Art Lagerspiel entsteht, das die Nachteile etwas mindert.

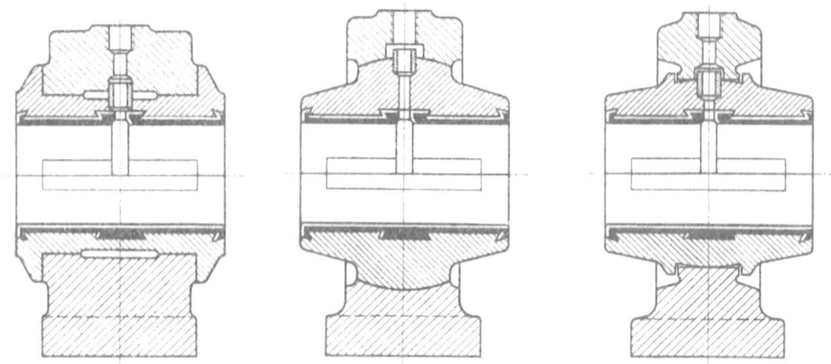

Abb. 5. Querlager mit fehlender Selbsteinstellung. Abb. 6. Querlager mit kugeliger Selbsteinstellung. Abb. 7. Querlager mit vereinfachter Selbsteinstellung.

Eine wichtige Bedingung konstruktiver Art für die Erreichbarkeit reiner Flüssigkeitsreibung ist die Forderung, daß die Lagerschale an sich frei beweglich gelagert wird, so daß sie sich selbsttätig parallel zur Zapfenachse einstellen kann. Dies ist erforderlich, weil einerseits Lager nie so genau montiert werden können, daß sie der Welle vollkommen parallel sind, andererseits sich jede Welle und jeder Zapfen unter dem Einfluß der jeweiligen Belastung im Betriebe elastisch durchbiegt.

Abb. 5 stellt schematisch das bisher übliche starre Lager dar, das sich weder den nie zu vermeidenden Ungenauigkeiten der Montage, noch den ebenso unvermeidlichen elastischen Verbiegungen der Welle anzupassen vermag. Die Anwendung solcher Lager an wichtigen Stellen sollte unbedingt vermieden werden.

Abb. 6 gibt ein Lager mit kugelförmiger Einstellung wieder, während Abb. 7 eine einfachere und billigere Ausführung darstellt, die bei Querbelastung besonders feinfühlig ist und für die meisten Zwecke genügt.

Einstellbare kurze Lager mit gußeisernen Schalen und richtigem Lagerspiel konnten bei 500 Umdr. in der Minute noch mit 100 kg/cm² und darüber belastet werden, ohne daß die Gleitflächen angegriffen wurden. Eine ähnliche Leistung bei einem langen starren Lager mit auf die Welle auftuschierten Lagerschalen und den üblichen Schmiernuten ist demgegenüber einfach undenkbar.

Die vielfach vertretene Meinung, daß frei einstellbare Lager nur bei Schalen aus Gußeisen notwendig seien, beruht auf einem Irrtum. Richtig ist dabei nur, daß Schalen aus Gußeisen der Einstellbarkeit tatsächlich besonders dringend bedürfen, um — wenigstens bei einigermaßen nennenswerten Belastungen — überhaupt verwendbar zu sein. Der Grund hierfür liegt in der Härte des Materials bzw. seiner mangelnden Anpassungsfähigkeit. Tritt in einem starren Gußlager durch Schiefstehen der Welle eine starke örtliche (einseitige) Pressung auf, so erfolgt Heißlaufen und Fressen. Eine Weißmetall-Lagerschale unter gleichen Betriebsverhältnissen wird sich hingegen an der überbeanspruchten Stelle fortquetschen und der Welle dadurch eine etwas größere Auflagefläche bieten; auch erfolgt das „Einlaufen" bei Weißmetalllagern allgemein viel schneller und besser als bei Gußlagern. — Aus diesem Grunde versagt ein Weißmetallager als starres Lager nicht so rasch wie ein Gußlager.

Zweckmäßig ist die freie Einstellbarkeit bei jeder Art von Lagern und Lagermetallen — auch bei Triebwerkslagern von Kolbenmaschinen, wo diesbezügliche Versuche nur vereinzelt gemacht worden sind. Die bisher bei starren Lagern als zulässig angenommenen bzw. festgestellten Grenzbelastungen können bei einstellbar ausgebildeten Lagerschalen um ein Vielfaches überschritten werden, womit gleichzeitig gesagt sein soll, daß die bisherigen starren Lager schlecht ausgenutzt waren.

Sofern man starre, eintuschierte Lager in Einzelfällen anzuwenden gezwungen ist, sollte man jedenfalls darauf achten, daß die tragende Lagerschale nach erfolgtem Eintuschieren mindestens an der „Einlaufseite" kräftig frei geschabt wird, da hierdurch wenigstens eine rohe Annäherung an ein Lager mit kleinem Lagerspiel erzielt wird.

Zusammenfassung.

1. Vollkommene Schmierung, d. h. reine Flüssigkeitsreibung ist bei Lagern für umlaufende Zapfen nur möglich, wenn

a) die Lagerbohrung um den Betrag des Lagerspieles größer ist als der Zapfendurchmesser,

b) die Lagerschale beweglich gelagert ist, so daß sie sich selbsttätig parallel zur Zapfenachse einstellen kann und dadurch ein gleichmäßiges Tragen auf der ganzen Schalenlänge gewährleistet,

c) die belastete Lagerschale dabei ohne die früher üblichen sog. Schmiernuten ausgeführt ist,

d) die Gleitgeschwindigkeit dabei so groß ist, daß ein Abheben des Zapfens von der Lagerschale eintritt, der Zapfen also völlig auf der Schmierschicht schwimmt.

2. Bei Lagerschalen, die ohne Lagerspiel ausgeführt, also unmittelbar auf den Zapfen auftuschiert sind, kann durch reichliches seitliches

Freischaben wenigstens angenähert die Wirkung richtigen Lagerspieles erzielt werden.

3. Starre Lager sind für höhere Belastungen bei größerer Drehzahl nicht geeignet, da sie kein gleichmäßiges Tragen des Zapfens gewährleisten, vielmehr zu hohen Kantenpressungen und damit zum Auftreten teilweiser halbtrockener oder halbflüssiger Reibung führen und dadurch zum Heißlaufen neigen.

4. Schmieröl kann von einem Lager nie im mittleren Teil der belasteten Lagerschale aufgenommen werden, da der Druck in der tragenden Schmierschicht viel höher ist als der Druck des zugeführten Öles (auch bei Preßöl). Ölzufuhr ist nur in der unbelasteten Lagerschale und Verteilung des Öles nur durch den Zapfen selbst möglich.

4. Die Wirkung der Schmiernuten.

Das Diagramm der Schmierschichtdrücke in Abb. 4 zeigt uns, daß bei keilförmig im Sinne der Drehbewegung stetig abnehmender Schmierschichtstärke eine stetig zunehmende Drucksteigerung in der Schmierschicht auftritt. Würde an irgendeiner Stelle zwischen Einlauf und engstem Querschnitt die Stetigkeit der Keilform unterbrochen, z. B. durch eine breite, in die tragende Lagerschale achsial durchlaufend eingearbeitete Nute, so würde an der betreffenden Stelle auch eine Unterbrechung in der weiteren Steigerung des Schmierschichtdruckes auftreten. Die bis zu diesem Punkt erreichte Drucksteigerung würde sich in der Nute durch achsiales Abströmen verlieren und bis zum engsten Querschnitt erneut eine nur unbedeutende Höhe erreichen, da sie gewissermaßen wieder von vorn, d. h. vom Anfangsdruck in der Längsnute, beginnen muß.

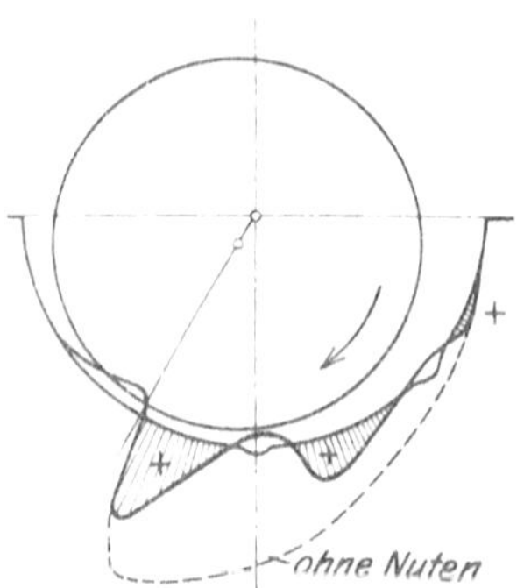

Abb. 8. Verringerung des Schmierschichtdruckes durch Anordnung zweier achsial durchgehender Schmiernuten.

Wollte man statt einer Längsnute deren zwei vorsehen, so wäre die Wirkung noch übler: man würde statt des Verlaufes des Schmierschichtdruckes nach Abb. 4 einen solchen nach Abb. 8 erhalten, — also einen insgesamt viel niedrigeren Schmierschichtdruck. Zum Vergleich mit der Ausführung ohne Längsnuten ist in Abb. 8 auch der Verlauf der Schmierschichtdrücke für die gleiche Wellenlage nach Abb. 4 punktiert eingezeichnet. — Die Tragfähigkeit des Lagers nimmt hiernach für eine gegebene Drehzahl bei Vorhandensein der Längsnuten ganz bedeutend, um etwa 50 bis 70%, ab.

Nach diesen Darlegungen dürfte es wohl klar sein, wie sehr zu unrecht solche Nuten in Lagern mit umlaufendem Zapfen als „Schmiernuten" bezeichnet werden. Tatsache ist, daß sie in einem sonst zweckmäßig ausgebildeten Lager die Schmierung auf jeden Fall verschlechtern.

In ganz ähnlicher Weise wirken Schmiernuten, die nicht achsial, sondern z. B. diagonal verlaufen. Durch diese Nuten werden Stellen hohen Schmierschichtdruckes mit Stellen niederen Schmierschichtdruckes unmittelbar verbunden, und ein dauerndes Abströmen aus den Lagerteilen höheren Schmierschichtdruckes ist die Folge davon. Ein Lager, das bei den gegebenen Verhältnissen ohne Nuten in der belasteten Schale gerade noch mit reiner Flüssigkeitsreibung arbeitet, muß bei Anbringung von Kreuz- und Längsschmiernuten, wie sie bisher allgemein üblich waren, unweigerlich in das Gebiet der halbflüssigen Reibung zurücksinken; damit steigen die Reibungsverluste, die Tragfähigkeit nimmt ab und die Lagertemperatur zu. Das Lager verliert an Betriebssicherheit und fällt dem allmählichen Verschleiß anheim, da die schützende Ölschicht durchbrochen ist.

Umlaufende ringförmige Nuten in der Lagerschale wirken ebenfalls schädlich, obschon sie in manchen Fällen (z. B. bei Preßschmierung) nicht leicht zu vermeiden sind; sie begünstigen jedenfalls das Ab-

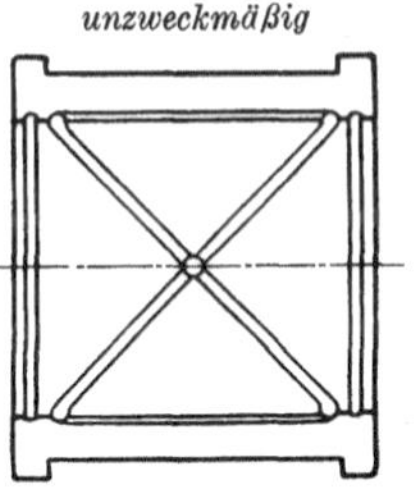

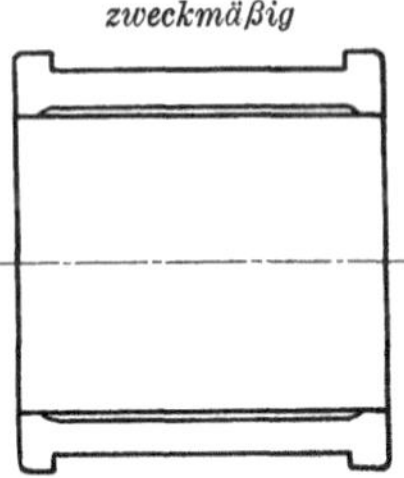

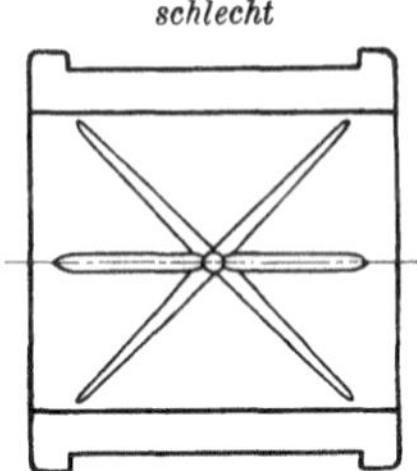

Abb. 9. Belastete Lagerschale mit den üblichen Schmiernuten.

Abb. 10. Belastete Lagerschale ohne Schmiernuten.

Abb. 11. Belastete Lagerschale mit ungünstigster Schmiernutenanordnung.

strömen von Schmiermittel aus den Gebieten hohen Schmierschichtdruckes in achsialer Richtung und verringern dadurch die Stärke der erreichbaren Schmierschichtdicke. — Ein Lager normaler Länge mit in der Mitte der Schale umlaufender Ringnute trägt nicht mehr als zwei einzelne, halb so lange Lager. Wesentlich mehr als die beiden kurzen Lager zusammen trägt aber ein Lager normaler Länge, wenn seine Lauffläche in der Mitte nicht durch eine umlaufende Ringnute in zwei Hälften zerlegt ist*.

Schmiernuten in der nicht belasteten Lagerschale sind, sofern es sich um ein Lager mit ständig gleichbleibender Belastungsrichtung handelt, unschädlich. Sie können höchstens zur Versorgung der belasteten Lagerhälfte mit Schmieröl dienen.

Die Behauptung, daß Schmiernuten in der belasteten Schale schädlich sind, ist eine Tatsache, die nicht nur theoretisch begründet, sondern auch durch eingehende praktische Versuche erwiesen ist.

Die vergleichende Untersuchung einer Lagerschale ohne Schmiernuten nach Abb. 10 und derselben Schale nach Einarbeiten der üblichen Schmiernuten nach Abb. 9 ergab unter genau gleichen Betriebsverhält-

---

* Der Einfluß der Wellendurchbiegung ist hierbei außer acht gelassen.

nissen (Weißmetallager von 80 mm Zapfendurchmesser bei 40 at Zapfendruck und 2 m Zapfengeschwindigkeit): ohne Schmiernuten eine Lagertemperatur von 54°, mit Schmiernuten eine Temperatur von 70°. — Das Lager ohne Schmiernuten kann schätzungsweise etwa 4mal höher belastet werden als das Lager mit den Kreuzschmiernuten, ohne bei gleicher Drehzahl eine höhere Temperatur anzunehmen als jenes.

Die übelste Ausführung ist die nach Abb. 11, bei der neben der Kreuznute mit Loch im Schnittpunkt noch eine Längsnute in der Mitte der belasteten Schale vorgesehen ist. Der tragende Schmierschichtdruck wird hier, ähnlich wie in Abb. 8 veranschaulicht, ganz außerordentlich verringert, und eine hohe Lagertemperatur bzw. geringe Tragfähigkeit des Lagers ist die Folge davon.

Ein Lager von 40 mm Durchmesser bei 40 at Belastung und 1 m Umfangsgeschwindigkeit ergab ohne Schmiernuten (nach Abb. 10) eine Lagertemperatur von 44°, mit Schmiernuten nach Abb. 11 eine Temperatur von 63°, d. i. eine rund 43% höhere Lagertemperatur. Die Tragfähigkeit des Lagers mit Schmiernuten ist schätzungsweise auch hier (bei gleichen Temperaturen) mindestens 4mal geringer gegenüber der Lagerschale ohne Nuten.

Diese Versuche [s. „Czochralski-Welter"[9] und „Kammerer, Welter und Weber"[55]] dürften die große tatsächliche Überlegenheit der Lagerschalen ohne Schmiernuten gegenüber solchen mit den bisher üblichen Schmiernuten zur Genüge beweisen. Im übrigen kann sich ein jeder Betriebsmann durch den praktischen Versuch* von der Richtigkeit des Gesagten selbst überzeugen: ein stark belastetes Lager, das ohne Schmiernuten noch in zulässigen Temperaturgrenzen blieb, wird nach Einarbeiten von Schmiernuten nach Abb. 11 in den meisten Fällen heißlaufen, — jedenfalls aber eine wesentlich höhere Betriebstemperatur annehmen als bisher.

Abb. 12 veranschaulicht das Ergebnis eines Versuches, der eigens zur praktischen Nachprüfung der vom Verfasser als zweckmäßigst bezeichneten Schmiernutenform (Abb. 10) durchgeführt wurde. Das Versuchsobjekt bestand aus einer selbsteinstellend gegen einen raschlaufenden Zapfen angepreßten starkwandigen Halbschale aus Gußeisen, die mit graphithaltigem „Gittermetall GK" ausgegossen war. Die Lagerschalenausbildung sowie Abmessungen, Belastung, Drehzahl und Schmierung sind aus der Abbildung selbst ersichtlich.

Zu beachten ist die bei der angewandten Flächenpressung von 26,4 kg/cm² als sehr hoch zu bezeichnende Drehzahl von $n = 2000$, deren Einfluß sich bei der Lagerform I mit umlaufender Halbringnute durch so intensives Abschleudern des Öles bemerkbar machte, daß bereits nach 30 Minuten Heißlaufen eintrat: das der Schmiertasche auf der Einlaufseite zugeführte Öl strömte sofort nach der Ringnute und wurde da von der freien Wellenoberfläche abgespritzt, so daß sich das Schmiermittel nicht, wie bei der Lagerform IV mit der an beiden

---

* Siehe auch Abschnitt 27.

Enden geschlossenen Einlauftasche, halten und zwischen die Gleitflächen hineinziehen konnte.

Demgemäß erwies sich die Nutenform I als die ungünstigste, die
Ausführung IV ohne Nuten als die vorteilhafteste. — (Die bei der letztgenannten Lagerschalenausbildung trotz der sehr hohen Drehzahl festgestellte geringe Übertemperatur von nur 23° dürfte zum Teil wohl
auf die günstigen Laufeigenschaften des „Gittermetalles" zurückzuführen sein.)

Im besonderen ist aus diesem Versuch die Lehre zu ziehen, daß die
Einlauftaschen der Lager an der Stelle, wo die Ölkammer in die Lauf-

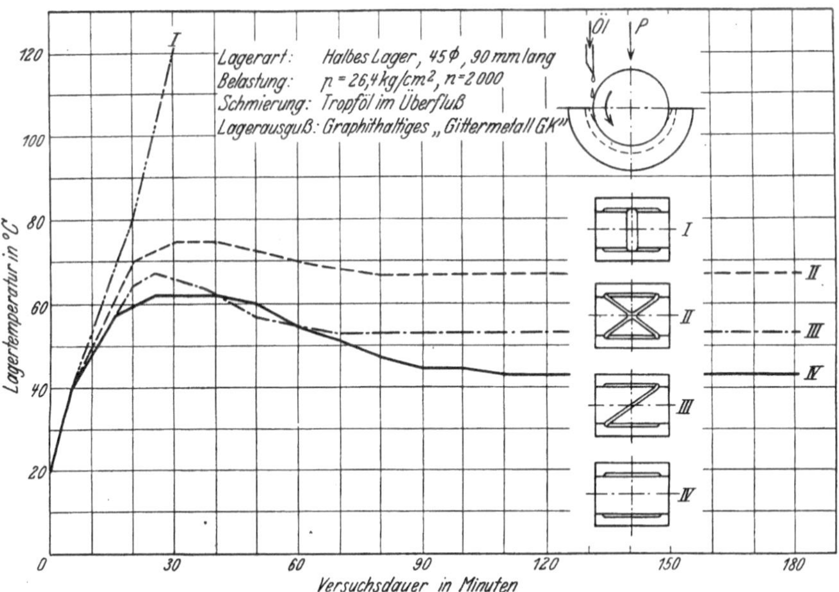

Abb. 12. Vergleichender Versuch bei hoher Drehzahl an einem Halblager mit verschiedenen Schmiernutenformen.

fläche übergeht, an den Enden geschlossen sein müssen, da sonst selbst
die nur geringe zum Schmieren des Zapfens erforderliche Ölmenge nicht
in die tragende Schalenhälfte hineingezogen werden kann, weil das
Schmiermittel achsial ausweicht. Wenngleich bei ganz umschließenden
Lagern und Druckschmierung die diesbezüglichen Verhältnisse auch
günstiger liegen, so sollte die Anwendung von Ringnuten doch immer
nur auf diejenigen Fälle beschränkt bleiben, wo eine andere Lösung
nicht möglich erscheint. — Daß auch die Schmiernutenformen II und III
sehr ungünstig wirken, ist aus dem Temperaturverlauf des Diagrammes
Abb. 12 deutlich zu ersehen. Ihr schädlicher Einfluß beruht jedoch auf
einer Art Kurzschlußwirkung, während das Versagen der Nutenform I
ausgesprochen auf Schmiermittelmangel zurückzuführen ist.

Ein weiteres Beispiel schlechter und verbesserter Schmiernutenanordnung sei noch aus der Praxis des Achslagerbaues gebracht.

Abb. 13 zeigt den Querschnitt eines typischen Halblagers, wie es hauptsächlich als Lokomotivachslager anzutreffen ist: der bronzene Lagerkörper weist auf jeder Seite je einen Einguß aus Weißmetall auf,

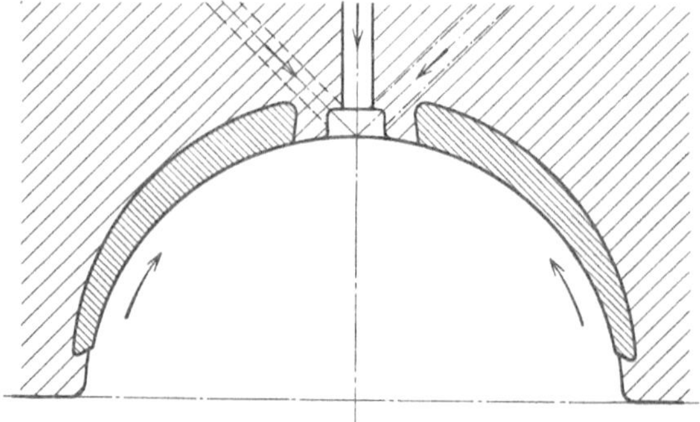

Abb. 13. Achslager mit unzweckmäßiger Ölzufuhr durch Mittelnute.

während im Druckzentrum der Lagerschale eine kräftige Längsnute vorgesehen ist, die der Zufuhr des Schmieröles dienen soll.

Abb. 14 stellt den Querschnitt des nach den Vorschlägen des Verfassers geänderten Lagers dar: Die mittlere Längsnute ist beseitigt und durch 2 seitliche schmale Nuten mit schlank abgerundeten Kanten er-

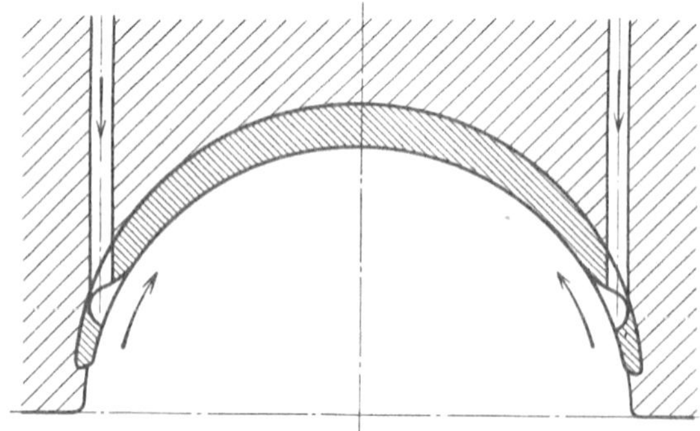

Abb. 14. Achslager mit verbesserter Ölzufuhr durch seitliche Nuten.

setzt; der Weißmetallspiegel verläuft ohne Unterbrechung zwischen den beiden Nuten, die der Ölzufuhr dienen, und zwar jede für nur eine Drehrichtung.

Trotzdem auch diese Ausführung nur einen Kompromiß darstellt, weil eine technisch einwandfreie Lösung bei Halblagern dieser Art mit Oberschmierung nicht zu erreichen ist, zeigte die Erprobung außerordentlich viel bessere Ergebnisse als bei der alten Ausführung: Das Lager mit der Mittelnute nach Abb. 13 war nicht länger als eine halbe Stunde in Betrieb zu halten, da es trotz wiederholter sorgfältiger Nacharbeit immer wieder heißlief. Das Lager mit unzerschnittener Mittelzone nach Abb. 14 trug dagegen nicht nur die volle Belastung, ohne eine unzulässige Temperatur anzunehmen, sondern hielt auch noch erhöhter Druckbeanspruchung und gesteigerter Drehzahl im Dauerbetriebe stand.

In ähnlicher Weise schädlich wirken Schmiernuten in der Zapfenoberfläche, wie man sie heute noch vielfach gerade bei schwer belasteten rotierenden Wellen, z. B. von Dampfmaschinen und Gasmaschinen, anzutreffen pflegt. Meistens werden solche Nuten zwar nur parallel zur Zapfenachse in die Zapfenoberfläche eingearbeitet, doch wirken sie auch in dieser Form schlimm genug. Ihr Einfluß auf den Schmierschichtdruck ist ein ähnlicher wie bei Längsnuten in der Lagerschale nach Abb. 8; es haben nur Schalen- und Zapfenoberfläche ihre Rollen vertauscht. Eine Eigentümlichkeit hierbei besteht noch darin, daß eine Welle mit Längsnuten dauernd ihre Lage in der Lagerschale ändert: geht der unversehrte Teil des Zapfens durch die Zone zunehmenden Schmierschichtdruckes, so verhält sich die Welle wie eine völlig glatte Welle, d. h. der erzeugte Schmierschichtdruck ist hoch und die Welle läuft mit kleiner Exzentrizität. Im nächsten Augenblick geht jedoch der Zapfenteil mit der Längsnute durch den Lagerteil der hohen Schmierschichtdrücke; der Druck sackt unverzüglich auf einen ganz geringen Betrag ab und die Exzentrizität der Welle vergrößert sich stark, d. h. die Wirkung ist während dieser Zeit dieselbe wie bei einem Lager mit Längsnuten in der Lagerschale nach Abb. 8.

Hiernach müßte ein Zapfen, in dessen Oberfläche Längsnuten eingearbeitet sind, ununterbrochen eine tanzende Bewegung ausführen, wobei in den Augenblicken, da eine Schmiernute durch die Zone höchsten Schmierschichtdruckes geht und letzteren dadurch stark vermindert, die Exzentrizität in den meisten Fällen so groß wäre, daß Zapfen und Schalenoberfläche sich berühren und zumindest halbflüssige Reibung hervorrufen. Wenngleich die stark dämpfende Wirkung des Schmiermittels härtere Bewegungen verhütet, so wird die Reibungszahl doch erheblich vergrößert und die mittlere Lagertemperatur erhöht.

Bei Lagern mit Schmiernuten in der belasteten Schale ist dieser Zustand der gewaltsam verhinderten reinen Flüssigkeitsreibung der Dauerzustand und dementsprechend auch die erhöhte Reibungszahl. Die Ursache der Temperaturerhöhung bei Lagern mit Schmiernuten gegenüber solchen ohne Schmiernuten ist also in der Erhöhung der Reibungszahl durch Anteilnahme der metallischen Reibung an der Gesamtreibung zu erblicken.

Hiernach wird es auch verständlich sein, weshalb Schmiernuten der bisher üblichen Art sowohl in ebenen Gleitflächen wie auch in den Tragflächen der Gleitschuhe vermieden werden müssen, solange man sich das Ziel setzt, möglichst reine Flüssigkeitsreibung anzustreben.

Anders liegt die Sache, wenn reine Flüssigkeitsreibung nach den gegebenen Bedingungen, z. B. wegen zu geringer Gleitgeschwindigkeit, von vornherein nicht zu erwarten ist. Solchen Falles können mitunter Schmiernuten auch in Lagerschalen zweckmäßig bzw. notwendig sein, doch muß auf das nachdrücklichste davor gewarnt werden, diese verhältnismäßig seltenen Sonderfälle, von denen noch im nächsten Abschnitt die Rede sein soll, mit dem Normalfall eines Lagers mit mäßig oder schnell rotierendem Zapfen zu verwechseln. Ebenso gibt es einen Sonderfall, bei dem als einzig zweckmäßige Schmiermittelzufuhrstelle eine Längsnute oder Abflachung am Zapfen anzusehen ist; aber auch dieser Sonderfall (stillstehende Achse mit rotierender, in gleichbleibender Richtung auf den Zapfen drückender Lagerschale) ist nicht mit dem Normalfall des umlaufenden Zapfens in stillstehendem Lager zu vergleichen.

Die feststehende Achse in Abb. 15 muß aus dem einfachen Grunde aus dem durchbohrten Zapfen heraus durch eine an der nicht belasteten Zapfenoberfläche vorgesehene Längsnute oder Abflachung mit Schmiermittel gespeist werden, weil nur so die Schmiermittelzufuhr dauernd in einem nicht belasteten Teil des Lagers erfolgt, so daß das Schmiermittel durch die umlaufende Lagerschale selbsttätig in den keilförmigen Spalt zwischen Zapfen und Schale hineingerissen wird. Das typische Beispiel dieser Schmiermittelzufuhr ist die Wagenachse.

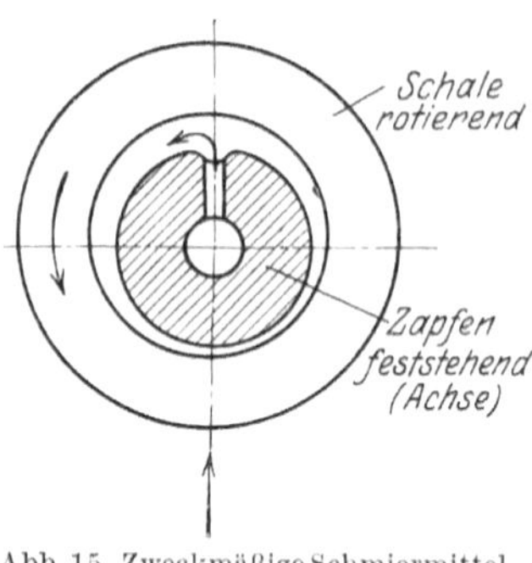

Abb. 15. Zweckmäßige Schmiermittelzufuhr bei Achsen mit rotierender Radnabe.

Bezüglich weiterer Beispiele für die richtige Anordnung und Ausführung von Schmiernuten für Querlager, Längslager und hin- und hergehende Gleitkörper muß auf die AWF-Schrift des Verfassers: „Zweckmäßige Schmiernuten“[22] hingewiesen werden, in der diese Sonderfrage an Hand zahlreicher Skizzen eingehend behandelt ist.

An dieser Stelle sei nur noch eine bewährte Ausführung einer Stirnflächenschmierung mittels zweckmäßig angelegter Schmiernuten wiedergegeben, die seitens des Verfassers für Schleifringe von Kraftfahrzeugkupplungen angewandt wurde.

Abb. 16 zeigt oben den gußeisernen Federträger und unten den aus Rotguß bestehenden Schleifring, der während des Auskuppelns und Einkuppelns des Motors durch das Fußpedal gegen die Stirnfläche des rotierenden Federträgers angedrückt wird. Das Schmieröl wird dem Schleifring durch eine auf dessen Rückseite angeordnete umlaufende Krempe zugeführt, die an tiefster Stelle durch eine Bohrung mit der Gleitfläche verbunden ist. Diese Bohrung mündet, wie Abb. 16 erkennen läßt, in eine nicht bis zur Peripherie durchgehende Vertiefung mit abgerundeten Kanten und speist auch die in der Tellerfläche des gußeisernen Federträgers eingearbeiteten, mit schlank keilförmigen Übergängen versehenen 3 radialen Schmiernuten bzw. Kammern. — In diesem Falle haben wir es mit tatsächlichen Schmiernuten zu tun, die von der Kammer des Schleifringes beim Vorübergleiten mit Schmiermittel versorgt werden und den ganzen Achsialdruck aufnehmen.

Abb. 17 zeigt die frühere Ausführung (mit exzentrischer „Schmiernute" im Schleifring und mit loser Zwischenscheibe aus Bronzeblech) nach einer Betriebszeit von etwa 6 Wochen: Wie ersichtlich, ist die Bronzescheibe angefressen und total riefig, während die gußeiserne

Abb. 16. Schleifring einer Kraftfahrzeugkupplung mit Keilkraftschmierung, nach
6 wöchigem Betrieb.

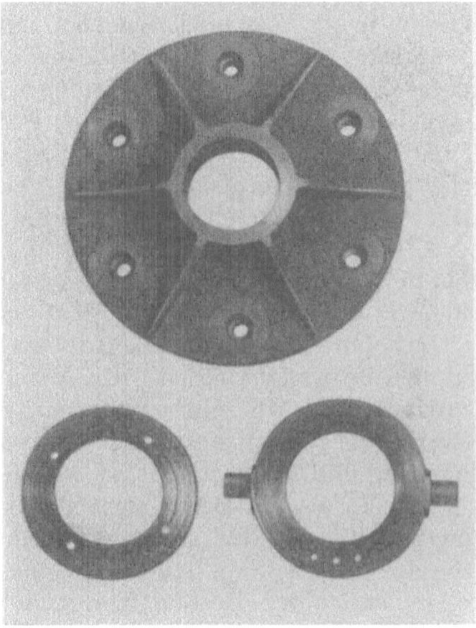

Abb. 17. Schleifring einer Kraftfahrzeugkupplung
mit Zwischenring und exzentrischer Ölnute, nach
6 wöchigem Betrieb.

Flanschfläche vollständig, d. h. bis auf die Rippen des Federtellers, abgeschlissen ist. — Die ebenfalls 6 Wochen strapazierten Flächen nach Abb. 16 zeigen dagegen keinen Verschleiß.

Gerade dieses Beispiel dürfte besonders klar veranschaulichen, mit wie einfachen Mitteln durch Anwendung schlank keiliger Tragflächen im Sinne der Abb. 1 und 2 eine ganz vorzügliche Schmierwirkung erzielt und Verschleiß vermieden werden kann. Insbesondere ist aus dieser Ausführung der Praxis auch zu erkennen, daß die Anwendung loser Zwischenringe und exzentrischer Ölnuten höchst unzweckmäßig ist; dabei kann die moderne Ausführungsform weder als schwierig herstellbar noch teuer bezeichnet werden.

Zusammenfassung.

1. Nuten in der belasteten Lagerschale (sog. Schmiernuten) wirken bei Lagern mit umlaufendem Zapfen stets schädlich — gleichgültig ob sie diagonal, peripherial oder achsial verlaufen. Am schädlichsten sind die achsialen Nuten mit einem „Ölablaufloch" in der Mitte der belasteten Lagerschale; desgleichen Ringnuten bei Tropfschmierung.

2. Schmiernuten in der belasteten Lagerschale verringern die Schmierschichtstärke und führen dadurch in der Regel zu halbflüssiger Reibung.

Solche Lager ergeben stets höhere Lagertemperaturen und sind weniger tragfähig und betriebssicher als Lager ohne Schmiernuten.

3. Umlaufende Ringnuten in den Lagerschalen sind schädlich, weil sie das achsiale Abströmen des Schmiermittels aus der tragenden Schmierschicht verstärken und leicht Schmiermittelmangel herbeiführen, so daß sie höchstens bei Druckschmierung angängig sind.

4. Die Schmiermittelzuführung hat in der unbelasteten Lagerhälfte zu erfolgen, da hier das Öl aufgenommen und durch den Zapfen der tragenden Lagerhälfte zugeführt werden kann.

5. Schmiernuten in der Tragfläche umlaufender Zapfen wirken schädlich. Sie verringern die Tragfähigkeit und Betriebssicherheit des Lagers und vergrößern die Reibung und den Verschleiß.

6. Feststehenden Achszapfen mit umlaufender Radbuchse muß das Schmiermittel, gemäß Punkt 4, durch eine achsiale Nute oder Abflachung an der unbelasteten Zapfenseite zugeführt werden.

7. Schmiernuten in Lagern bzw. Abflachungen bei Zapfen haben auf der belasteten Seite nur Berechtigung bei sehr kleiner Gleitgeschwindigkeit, wo reine Flüssigkeitsreibung von vornherein nicht zu erwarten ist; sie müssen solchenfalls stets winkelrecht zur Gleitrichtung verlaufen und sollen möglichst schlank abgerundet sein. Auch sollen sie kürzer sein als die Breite der Gleitfläche und stets in demjenigen Teil eingearbeitet werden, dessen Öldruckverhältnisse gleich bleiben: bei langsam rotierenden bzw. schwingenden Zapfen in der Lagerschale; bei stillstehenden Achsen in der Achsenmantelfläche.

8. Schmiernuten der bisher üblichen Art sind weder in ebenen Gleitflächen noch in den Tragflächen von Gleitschuhen zulässig. Von Nutzen sind nur schlanke Keilflächen am Gleitschuh, senkrecht zur Gleitrichtung, im Sinne von Abb. 1 und 2.

5. Der Schmiervorgang bei schwingenden Zapfen.

Grundsätzlich verschieden von dem Schmiervorgang umlaufender Zapfen ist der Schmiervorgang bei nur schwingenden Zapfen, und eine einfache Übertragung der für umlaufende Zapfen geltenden Ausführungsregeln auf schwingende Zapfen würde zu unbrauchbaren Ergebnissen führen. Zum besseren Verständnis des Gesagten sei auf den Vorgang der Schmierung eines schwingenden Zapfens etwas näher eingegangen.

Betrachtet man die Vorgänge in einem Kreuzkopfzapfenlager einer doppeltwirkenden Kolbenmaschine, so kann man zunächst folgendes feststellen: Innerhalb einer Kurbelumdrehung führt der Zapfen in der Schale eine hin- und herschwingende Bewegung aus, wobei er während der ersten Weghälfte an der einen Schalenhälfte, während der zweiten Weghälfte an der anderen Schalenhälfte anliegt. Das Umspringen der Druckrichtung erfolgt durch den sog. Druckwechsel, wobei der Zapfen relativ zum Lager, d. h. innerhalb des Lagerspieles, in der Richtung der Kraftwirkung einen Weg zurücklegt, dessen Länge gleich der Größe des Lagerspieles ist. (Ein Zapfenlager ganz ohne Lagerspiel ist, genau genommen, nicht möglich.)

Würde ein Kreuzkopfzapfenlager gänzlich ohne Schmierung arbeiten, so müßte bei jedem Druckwechsel ein mehr oder weniger hart klingender Stoß im Lager auftreten. Dieser Stoß würde in den meisten Fällen so gefährlich sein, daß ein Betrieb ohne Schmierung schon allein aus diesem Grunde unzulässig wäre.

Um die Stöße nach Möglichkeit zu dämpfen, ist die Anwendung geschmierter Kreuzkopfzapfenlager unerläßlich. (Von der Notwendigkeit der Schmierung mit Rücksicht auf die in den Lagerschalen auftretende Reibung sei fürs erste noch abgesehen.) — Der Hauptgrund der Notwendigkeit der Schmierung von Kreuzkopfzapfenlagern liegt also in der durch die Schmierung erzielbaren Dämpfung der Stöße. Hiermit kommen wir zum eigentlichen Vorgang der Stoßdämpfung durch Schmierung.

Die stoßdämpfende Wirkung des dem Lager zugeführten Schmiermittels besteht in einer Art Puffer- oder Bremswirkung, indem der gegen die bisher nicht belastet gewesene Lagerschale vorgehende Zapfen in seiner Geschwindigkeit durch den Widerstand des aus dem Lager entweichenden Öles gehemmt wird, so daß sich seine Auftreffgeschwindigkeit stark verlangsamt und der Stoß ganz oder teilweise aufgefangen wird. Man kann die dämpfende Wirkung eines geschmierten Lagers mit Druckwechsel daher treffend mit der Wirkung eines Bremszylinders (Ölpuffers) vergleichen, in welchem ein Kolben hin und her zu schlagen versucht. Die hierbei gewaltsam herausgepreßte Flüssigkeit entweicht entweder durch Undichtigkeiten des Kolbens oder aber durch einen besonders hierfür vorgesehenen, beliebig verengbaren Kanal auf die andere Kolbenseite.

Beim Kreuzkopfzapfenlager wirkt der Zapfen als Kolben, während die Undichtigkeiten des Lagerabschlusses den gedrosselten Umlauf darstellen. Je dichter das Lager an seinen Stirnenden (z. B. durch Bunde am Zapfen) gegen Flüssigkeitsaustritt abschließt, um so größer der in der gepreßten Flüssigkeit erzielbare Druck, um so kräftiger die Bremsung bzw. Dämpfung. Ist die Bremsung so vollkommen, daß im Augenblick des Druckwechsels der Zapfen noch gar nicht die Lagerschale, der er zustrebte, erreicht hatte, so findet überhaupt keine Berührung zwischen Zapfen und Lagerschale statt: der Zapfen bewegt sich innerhalb des völlig mit Schmiermittel gefüllten Lagerspieles unter dem Einfluß der Kolbenkräfte hin und her, ohne jedoch weder das eine noch das andere Endziel zu erreichen.

Dieser Zustand, der bei Kreuzkopfzapfen anzustreben ist, zeigt uns, daß wir bei einem schwingenden Lager mit Druckwechsel nur für eine vollkommene Stoßdämpfung zu sorgen brauchen, um gleichzeitig, und zwar ganz ohne unser Zutun, auch vollkommene Gleitflächenschmierung zu erhalten. Letztere wäre dadurch, daß der Zapfen im Lager hin- und herzuckt, ohne die Lagerschalen zu berühren, ja ohne weiteres gegeben.

Wie wir gesehen haben, dürfen Kreuzkopflager mit Druckwechsel also nicht als Gleitlager im üblichen Sinne behandelt werden. Sie sind vielmehr als Stoßpuffer anzusehen und auch als solche auszubilden;

die erforderlichen Eigenschaften als Gleitlager erhalten sie dabei teils von selbst, teils durch Heranziehung der Keilkraftwirkung.

Aus obigen Darlegungen lassen sich die für eine zweckmäßige Ausgestaltung von Kreuzkopflagern maßgeblichen konstruktiven Gesichtspunkte ohne Schwierigkeiten ableiten. Entsprechend der Forderung eines dichten Kolbens bei der Ölbremse, muß beim Kreuzkopfzapfenlager für geringstes Spiel zwischen Lager- und Zapfendurchmesser Sorge getragen werden. Das Lagerspiel wird daher möglichst gleich null gemacht, indem die Lagerschalen unmittelbar auf den Zapfen auftuschiert werden, — im Gegensatz zu den Lagerschalen von Gleitlagern mit stetig umlaufendem Zapfen, wo dieses ausgesprochen unrichtig wäre.

Entsprechend der Forderung einer weitgehenden Drosselung des Umlaufkanals bei der Ölbremse muß beim Kreuzkopfzapfenlager, wie schon bemerkt, dafür gesorgt werden, daß möglichst wenig Flüssigkeit an den Lagerenden herausgepreßt werden kann. Da das herausgepreßte Schmiermittel jedoch nicht, wie bei der Ölbremse, auf die andere Kolbenseite gelangt, sondern für das Lager verlorengeht, muß gleichzeitig dafür gesorgt werden, daß im Augenblick des beginnenden Druckwechsels die soeben verlorengegangene Schmiermittelmenge im Lagerspiel ohne Verzug durch eine gleiche Menge neuen Schmiermittels ersetzt wird. Hierbei muß das hinzutretende Schmiermittel durch die Saugwirkung des sich von der Lagerschale entfernenden Zapfens schnell genug eingezogen werden können, da sonst statt Schmiermittel Luft in den Lagerspalt eindringen und die Bremswirkung vernichten würde.

Die Schmiermittelzufuhr zum Lager muß also eine ausreichende und sehr sichere sein, d. h. es müssen bei druckloser Ölzufuhr genügend große Querschnitte zur Verfügung stehen. Gleichzeitig muß die Schmiermittelzufuhr an der Stelle der größten auftretenden Saugwirkung, d. h. in der Lagerschalenmitte, erfolgen, um möglichst schnelles und sicheres Ansaugen zu gewährleisten. Daß die reichlichen Ölzufuhrquerschnitte hierbei nach erfolgtem Druckwechsel entsprechend ungünstig wirken, indem sie in gewissem Grade das Abströmen des Öles aus dem Verdichtungsraum begünstigen, muß zugunsten einer sicheren Ansaugung in Kauf genommen werden. Die Verwendung von Rückschlagventilchen zur Minderung dieses Nachteiles würde dabei keinen Erfolg versprechen, da ihre Wirkung bei den minimalen verdrängten Ölmengen praktisch illusorisch wäre.

Um sicheres Ansaugen zu erzielen, führt man das Schmiermittel der Mitte jeder Lagerschale zu und sorgt durch eine kurze, nach beiden Lagerenden verlaufende Längsnute in der Mitte der Schale für möglichst schnelle achsiale Verteilung. Unabhängig davon kann auch noch einer alten Betriebserfahrung Rechnung getragen werden, indem man das Lager an den Stoßstellen „frei schabt" oder aussart, damit die Lagerschalen nicht „kneifen", d. h. bei Erwärmung oder elastischen Belastungsdeformationen den Zapfen umklammern und möglicherweise Heißlaufen verursachen.

Ein nach diesen Grundsätzen ausgebildetes Kreuzkopfzapfenlager für liegende Maschinen mit Tropfschmierung und Druckwechsel zeigt Abb. 18 in schematischer Darstellung.

Das Lager ist an den Stoßstellen ausgespart, um das erwähnte „Kneifen" zu verhüten. Mitten durch die obere Stoßstelle führt der Öleintritt, für beide Lagerschalenhälften gemeinsam. Sollen an den Stoßstellen Beilagebleche Verwendung finden, so erhält jede Schalenhälfte ein eigenes Schmierloch. Die kurze Längsnute in der Schalenmitte hat außer ihrer Bestimmung, für schnelle Verteilung des angesaugten Öles zu sorgen, auch als Schmiernute zu dienen, worauf noch zurückgegriffen werden soll.

Bei Druckschmierung führt man das Öl zweckmäßig durch den der Länge nach durchbohrten Kreuzkopfzapfen zu: eine Querbohrung des Zapfens in Lagermitte versorgt dann die kurzen Längsschmiernuten unmittelbar, so daß die halbumlaufende Nute nach Abb. 18 vermieden wird *.

Das bisher betrachtete Schwinglager war für Kolbenmaschinen mit Druckwechsel bestimmt. Tritt kein Druckwechsel auf, wie z. B. bei manchen einfachwirkenden stehenden Dampfmaschinen, Diesel-

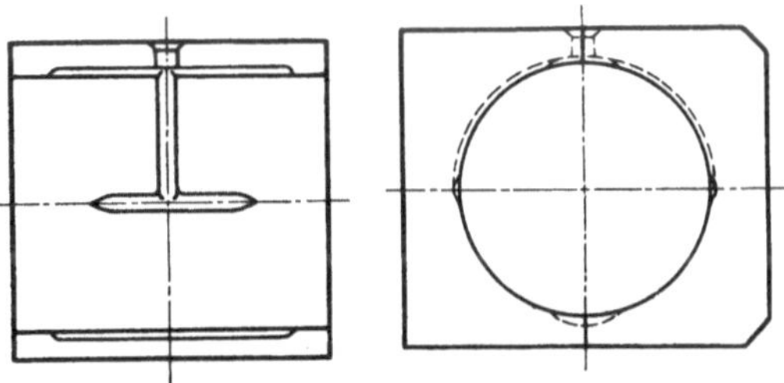

Abb. 18. Kreuzkopfzapfenlager für Tropfschmierung, für Maschinen mit Druckwechsel, in schematischer Darstellung.

und Verpuffungsmotoren, so sind auch keine Stöße zu dämpfen, da Zapfen und Lagerschale dauernd unter hohem Druck aufeinander gleiten. Hier haben wir es wieder mit einem Gleitvorgang unter gleichbleibender Druckrichtung zu tun, und zwar mit einem außerordentlich ungünstigen Gleitvorgang. Die Gleitgeschwindigkeit, gegeben durch die Schwingbewegung, ist viel zu gering, um reine Flüssigkeitsreibung zu ermöglichen; ein Abheben des Zapfens von der Lagerschale ist nicht zu erreichen. Es muß daher durch geeignete Ausbildung der Lagerschale wenigstens halbflüssige Reibung angestrebt werden.

Unter halbflüssiger Reibung verstanden wir, wie uns aus Abschnitt 1 erinnerlich sein wird, unvollkommene Flüssigkeitsreibung, d. h. einen Reibungsfall, der infolge Vorhandenseins richtig angelegter Keilflächen an sich wohl zur Erzeugung reiner Flüssigkeitsreibung geeignet wäre, bei dem aber z. B. die Geschwindigkeit nicht ausreicht, um die ganze Belastung durch die Schmierschicht allein zu tragen. Die Lagerbelastung wird daher zum Teil durch die Schmierschicht (die allerdings keine zusammenhängende mehr ist), zum Teil durch unmittelbare metallische Auflage getragen. (Im Gegensatz hierzu fehlt bei der halbtrockenen Reibung die zur Erzielung flüssiger oder halbflüssiger Reibung unerläßliche Grundbedingung: das Vorhandensein schlanker Keilflächen.)

---

* Siehe: Falz, „Zweckmäßige Schmiernuten"[22]!

Da der Druck bei Schwinglagern ohne Druckwechsel fast ausschließlich durch direkte metallische Auflage aufgenommen wird, muß für möglichst genaues Anliegen des Zapfens in der Lagerschale gesorgt

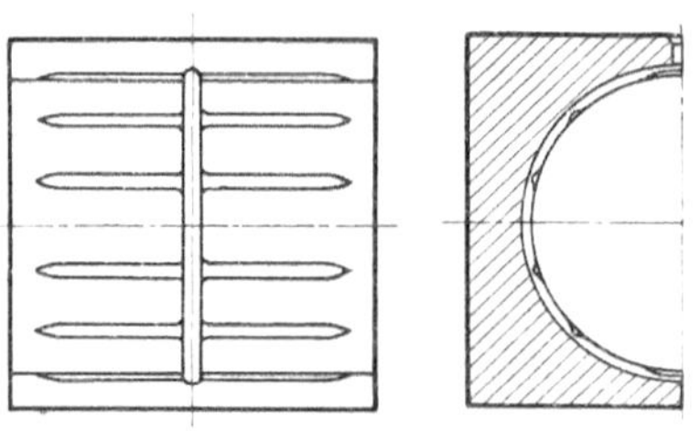

Abb. 19. Kreuzkopfzapfen-Lagerschale für Maschinen ohne Druckwechsel, in schematischer Darstellung.

werden; auch hier ist somit Auftuschieren der Lagerschalenhälften auf den Zapfen am Platz. Da es hierbei jedoch kein natürliches Mittel gäbe, zwischen Zapfen und belasteter Schale Schmiermittel einzuführen, muß zum Hilfsmittel einzelner Keilflächen gegriffen werden. In die Schalenoberfläche werden einige Längsnuten eingearbeitet, deren Kanten so schlank zugeschrägt sind, daß sie, ähnlich wie beim Kreuzkopfschuh, Abb. 2, als keilförmige Tragflächen wirken und durch Keilkraft wenigstens etwas Schmiermittel zwischen Zapfen und Schale bringen.

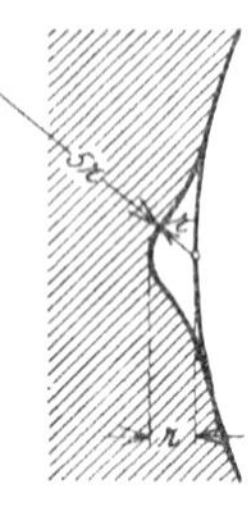

Abb. 20.
Normale
Schmiernute.

Abb. 19 zeigt eine Lagerschale für schwingende Zapfen ohne Druckwechsel. Die Entfernung von Nute zu Nute entspricht dem gesamten Schwingungsausschlag, so daß jede Stelle des Lagers mit Schmiermittel versorgt wird, indem die betreffende Zapfenstelle von einer Nute bis zur anderen Nute wandert. Die nach Abb. 20 ausgebildeten Schmiernuten geben an der Übergangsstelle in die Lageroberfläche nach beiden Richtungen hin Keilflächen, durch die, im vorliegenden Falle einzig und allein, etwas Schmiermittel zwischen die Flächen gebracht wird. Die in Abb. 18 dargestellte kurze Längsnute hat ebenfalls mit den Zweck,

beim Eintreten direkter Berührung zwischen Zapfen und Schale — und das wird in der Praxis wohl ausnahmslos der Fall sein — wenigstens halbflüssige Reibung sicherzustellen. Die umlaufende Ring-

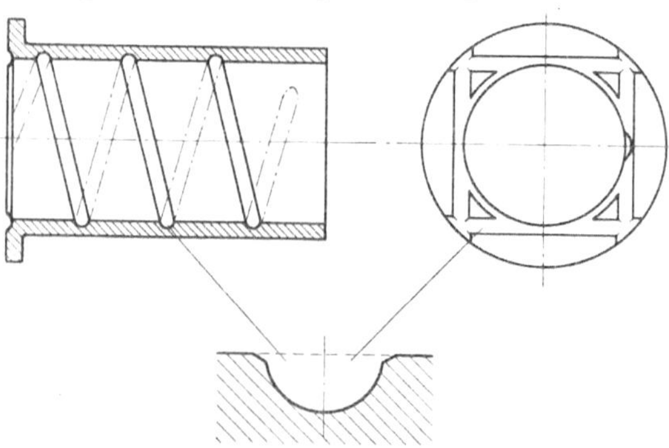

Abb. 21. Schwingbundbuchse mit unzweckmäßigen Schmiernuten.

nute in Abb. 19 sorgt für Verteilung des dem Lager zugeführten Schmiermittels nach den einzelnen Längsschmiernuten. Die auf diese Weise bewirkte Drucksteigerung in der Schmierschicht tritt an den Übergangsstellen der Längsschmiernuten auf.

Auch für Schwinglager sind weitere Einzelheiten und Ausführungsbeispiele für Tropf-

schmierung und Druckschmierung der erwähnten AWF-Broschüre „Zweckmäßige Schmiernuten"[22] zu entnehmen.

Zum Schluß sei nur noch eine Gegenüberstellung falscher und richtiger Schmiernutenausführung für ein Bundbuchsenschwinglager gegeben. Abb. 21 zeigt die Bundbuchse für das Schneckenrad einer Automobilschneckenradlenkung, wie sie bis vor einigen Jahren noch ausgeführt wurde: der Buchsenhals durch eine lange Schraubennute, die Bundfläche durch ein quadratisches Nutenornament mit ausgeparten Zwickeln zerschnitten. Die Tragfähigkeit und Widerstandsfähigkeit gegen Verschleiß ist bei solchen Flächen, trotz der erheblichen Herstellungskosten, nur sehr gering.

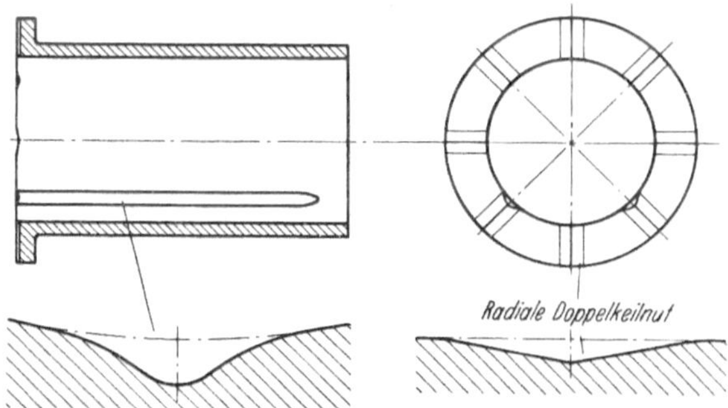

Abb. 22. Schwingbundbuchse mit zweckmäßigen Schmiernuten.

Abb. 22 zeigt die Rekonstruktion des Verfassers, die seither zur Ausführung gelangt: Das Bundlager wird durch radial eingeschliffene flache Doppelkeilnuten gebildet, an deren zwei gut ausgerundete Längsnuten der Buchsenbohrung anschließen. Die Längsnuten werden, da es sich um ein ganz langsam und intermittierend arbeitendes Schwinglager handelt, auf der belasteten Seite der Bronzebuchse vorgesehen, wobei die Nuten dann durch Keilkraftwirkung als ausgesprochene Schmiernuten wirken. — Die Schmierung erfolgt durch Anfüllen des ganzen Schneckengehäuses mit Öl oder mit unter dem leichten Druck einer automatischen Schmierbuchse stehendem weichem Fett.

Zusammenfassung.

1. Schwingende Zapfenlager mit Druckwechsel, z. B. Kreuzkopfzapfenlager, sind ihrem Wesen nach als Flüssigkeitsbremsen zu betrachten. Der Zapfen wandert im Lager von einer Totlage in die andere, auf seinem Wege jeweils das Schmiermittel zwischen Zapfen und Schale verdrängend. Kreuzkopflager ohne Ölverluste könnten daher, wenigstens theoretisch, mit reiner Flüssigkeitsreibung arbeiten. In der Praxis ist jedoch nur mit halbflüssiger Reibung zu rechnen.

2. Schwinglager mit Druckwechsel erhalten, entgegen Lagern mit umlaufenden Zapfen, die Schmiermittelzufuhr in der Mitte der (in diesem Falle beiderseits belasteten) Lagerschalen, nämlich da, wo die ansaugende Kraft des von der Schale sich abhebenden Zapfens im Augenblick des Druckwechsels am größten ist. Abgesehen von der

Zuleitung, sind außer einer kurzen Längsnute in der Mitte der Lagerschale weitere Schmiernuten nicht vorzusehen.

3. Schwinglager ohne Druckwechsel arbeiten höchstens mit halbflüssiger Reibung. Um letztere sicherzustellen, sollen in der belasteten Schale, von einer umlaufenden mittleren Ringnute nach beiden Seiten ausgehend, mehrere schmale Längsnuten eingearbeitet sein, deren Anzahl so festzulegen ist, daß die Entfernung von Nute zu Nute, auf dem Umfange gemessen, etwa dem ganzen Zapfenausschlag entspricht.

4. Bei Schwinglagern sind die Lagerschalen stets unmittelbar auf den Zapfen aufzutuschieren; Lagerspiel also praktisch gleich null.

5. Schmiernuten, soweit solche am Platze sind, dürfen auch bei Schwinglagern immer nur winkelrecht zur Gleitbewegung angeordnet werden und sind mit ganz schlank verlaufenden Übergängen nach Abb. 20 auszuführen; sie sollen nie bis zum Ende der Lagerschale durchgehen, sondern müssen um einen angemessenen Betrag vom Lagerende entfernt verlaufen.

6. Um das bekannte „Kneifen" von Kreuzkopflagern zu verhüten, sind die Lagerschalen an den Stoßstellen „freizuschaben".

II. Allgemeine Berechnungsgrundlagen.
6. Die hydrodynamische Theorie.

Nachdem im ersten Teil die allgemeinen Bedingungen für die Erzielung vollkommener Schmierung klargelegt worden sind, sollen nunmehr auch die gesetz- und zahlenmäßigen Verhältnisse der einzelnen Bestimmungsgrößen entwickelt werden, von denen die Möglichkeit der praktischen Verwirklichung reiner Flüssigkeitsreibung letzten Endes abhängig ist. Während der erste Teil qualitativen Betrachtungen gewidmet war, sollen die nachfolgenden Abschnitte quantitativen Feststellungen, d. h. praktischen Berechnungen dienen.

Die Grundlage dieser Berechnungen bildet die hydrodynamische Theorie, da es zur Zeit kein anderes System gibt, das rechnungstechnisch soweit entwickelt ist oder zutreffendere bzw. einfachere Berechnungsmethoden für den praktischen Gebrauch aufzuweisen hätte. Freilich setzt die Anwendung der hydrodynamischen Theorie zur Berechnung von Querlagern unelastische, genau zylindrische Wellen und Lager, vollkommen glatte Oberflächen von Zapfen und Lagerschale, das Fehlen von Schmiernuten in den Lagerschalen und das Vorhandensein eines gewissen Lagerspieles voraus. Weiter wird vorausgesetzt, daß die Lagerschale sich durch freie Einstellbarkeit selbsttätig der Stellung des Zapfens anzupassen vermag und daß, wie das bei Ringschmierung, Umlauf- oder Preßschmierung ja stets ohne weiteres der Fall ist, dem Lager jederzeit Öl im Überfluß zur Verfügung steht. Eine genügende Übereinstimmung zwischen Theorie und Praxis wird also nur bei solchen Versuchen zu erwarten sein, die obigen Bedingungen wenigstens bestmöglich entsprechen.

Andererseits ist es sehr wohl zu erwarten, daß die hydrodynamische Theorie im Laufe der Zeit durch andere Wissenszweige (z. B. nach molekular-physikalischer Richtung) ergänzt, näher präzisiert oder in ihrem Geltungsbereich begrenzt werden mag. Die auf hydrodynamischer Basis beruhenden allgemeinen schmiertechnischen Konstruktionsrichtlinien und Berechnungsgrundlagen dürften dadurch jedoch kaum an Bedeutung einbüßen; die in Abschnitt 4 wiedergegebenen Versuchsresultate sowie die Arbeiten der weiter unten genannten Forscher können in diesem Sinne jedenfalls als vorzügliche Bestätigungen gelten. — Da die feineren Einflüsse quantitativ noch nicht genügend erforscht sind, müssen sie bei den praktischen Berechnungen zur Zeit noch außer Betracht bleiben.

Angesichts der Unsicherheit der verschiedenen zu berücksichtigenden Einflußmomente können bei schmiertechnischen Berechnungen von vornherein nur entsprechend bescheidene Ansprüche auf Genauigkeit geltend gemacht werden, wobei jedoch immerhin zu beachten ist, daß die Sicherheit der früheren Berechnungsmethoden eine noch weit geringere war.

Die erste rechnerische Behandlung des Problems der Lagerreibung stammt aus dem Jahre 1883 von Petroff[74], dessen Ausführungen vor allem klarlegten, daß man es bei der Lagerreibung nicht mit metallischer Reibung, sondern mit Flüssigkeitsreibung, also mit einem hydrodynamischen Vorgang zu tun habe und daß die Größe des Lager-Reibungswiderstandes somit lediglich von den Eigenschaften des Schmiermittels und nicht von denen des Zapfen- und Lagermateriales abhängig sei. Die von Petroff aufgestellten Beziehungen galten unter der Voraussetzung, daß der Lagerzapfen sich während der Drehung konzentrisch in der Lagerschale einstelle. Reynolds[76] zeigte jedoch schon 1886 rechnerisch, daß die Annahme konzentrischer Lagerung des Zapfens in der Lagerschale nicht berechtigt ist und wies nach, daß der Zapfen, je nach den Eigenschaften des Schmiermittels, der Größe der Belastung und der Gleitgeschwindigkeit, sich exzentrisch im Lager einstellen müsse. Diese durch die von Tower 1883 ausgeführten praktischen Versuche als richtig bestätigte Erkenntnis wurde 1904 von Sommerfeld[83, 84] rechnerisch weiter verfolgt und zu einer eigenen Theorie ausgebaut.

Einen vorläufigen Abschluß erhielt die hydrodynamische Theorie geschmierter Maschinenteile erst 1914—1922 durch Gümbel[37−45], der durch eingehende theoretische Untersuchungen, gestützt auf die Auswertung der praktischen Versuchsergebnisse von Stribeck[87] u. a., eine reformierte und erweitere Reibungstheorie entwickelte, die von derjenigen Sommerfelds zum Teil erheblich abweicht. Im besonderen wies Gümbel nach, daß Sommerfelds Annahme, es müßten bei sich erweiterndem Schmierschichtquerschnitt negative Drücke von der gleichen Größe wie die positiven bei sich verengendem Schmierschichtquerschnitt auftreten, nicht zutreffend ist, da negative Schmierschichtdrücke durch die Höhe der Dampfspannung des Schmiermittels bei der gegebenen Temperatur sowie durch die Gefahr des Einsaugens von

Luft praktisch begrenzt seien. — Dies ist dann auch durch die experimentellen Versuche von Lasche[64] und von Nücker[71] bestätigt worden.

Die Sommerfeldsche Theorie führt nämlich zu dem eigentümlichen Ergebnis, daß das Wellenmittel bei geringer Drehzahl und hoher Belastung sich derart exzentrisch verlagern müßte, daß der Zapfen winkelrecht zur Belastungsrichtung (an der Ölaustrittsseite) die Lagerschale berührt. Im Gegensatz hierzu muß nach Gümbel der Zapfen bei großer Belastung und kleinster Drehzahl die Lagerfläche in der Mitte der belasteten Schale berühren, wie bereits in Abb. 3 angedeutet und auch auf Grund bloßer Überlegung zu erwarten ist. — Abb. 23 gibt den grundsätzlichen Unterschied der rechnerisch bestimmten Bahn des Wellenmittels bei zunehmender Lagerbelastung und abnehmender Drehzahl nach Sommerfeld und nach Gümbel anschaulich wieder.

Da die von Gümbel berechnete Bahn des Wellenmittels durch praktische Versuche von Vieweg[95], Lasche, Gümbel selbst[45] und Nücker[71] als der Wirklichkeit entsprechend bestätigt ist, des ferneren seine Berechnungen, nach den bisherigen Versuchen zu urteilen, auch im übrigen mit der Praxis befriedigend übereinstimmen, wurde die Gümbelsche Theorie (allerdings ohne die Schlußfolgerungen Gümbels anzuerkennen) auch den nachfolgenden Berechnungen

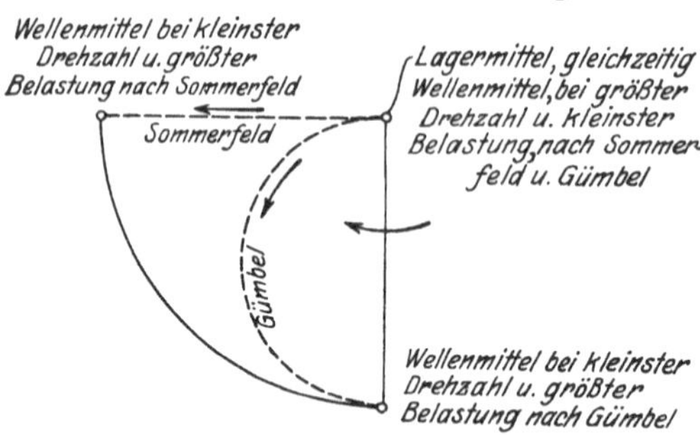

Abb. 23. Bahn des Wellenmittels nach Sommerfeld und nach Gümbel.

zugrunde gelegt. Letztere stützen sich für Lager auf die 3 Grundgleichungen (15), (43) und (44)*, die samt den zugehörigen Tabellenwerten der zusammenfassenden Gümbelschen Arbeit aus dem Jahre 1917 entstammen.

Außer den obenerwähnten wichtigsten theoretischen Forschungen haben insbesondere auch praktische Versuche die Erkenntnis der Reibungsvorgänge gefördert. Genannt seien hier nur die Versuchsarbeiten von Tower[90, 91], Stribeck[87], Lasche[63, 64], von Freudenreich (BBC)[33], Meyer-Jagenberg[68], Schneider[82] und Nücker[71]; daneben haben auch weitere Versuche zur Klärung des Schmierproblemes beigetragen, wenngleich die meisten auch nicht in solcher Weise durchgeführt worden sind, daß ein Vergleich mit der Theorie oder überhaupt nur eine Verallgemeinerung möglich gewesen wäre. Unerwähnt darf auch nicht bleiben, daß wir eine ganze Anzahl von Abhandlungen und praktischen Versuchen zu verzeichnen haben, die durch unrichtige Voraussetzungen oder unberechtigte Verallgemeinerung einzelner Beobachtungen eher verwirrend als fördernd wirken. —

---

* Siehe Abschnitt 8, 9 und 14.

Die Grundlage der hydrodynamischen Theorie der Schmierung bildet das von Newton aus praktischen Versuchen abgeleitete Gesetz der Flüssigkeitsreibung:

$$W' = z \cdot F \cdot \frac{dV}{dH} \text{ kg} . \tag{2}$$

Hierin bedeutet z die absolute Zähigkeit der Flüssigkeit (des Schmiermittels) in $\text{kg} \cdot \text{sek/m}^2$, F die Größe zweier dH m voneinander entfernter Flüssigkeitsschichten in m^2, die mit der Geschwindigkeit dV m/sek parallel zueinander verschoben werden. Der Verschiebungswiderstand W' kg ist bei reiner Flüssigkeitsreibung somit direkt proportional der Zähigkeit des Schmiermittels, der Größe der sich gegeneinander verschiebenden Flächen und dem Differentialquotienten dV/dH.

Während der Reibungswiderstand nach dem Coulombschen Gesetz [Gleichung (1), Abschnitt 1] nur vom Druck, nicht aber von der Geschwindigkeit abhängig ist, zeigt sich der Reibungswiderstand nach dem Newtonschen Gesetz [Gleichung (2)] nicht nur von der Geschwindigkeit, sondern auch von der Größe der Fläche abhängig, und da es sich um Flüssigkeitsreibung handelt, vor allem auch von der Zähigkeit der Flüssigkeit und deren Schichtstärke zwischen den Flächen. Beim Coulombschen Gesetz hingegen ist von einer Flüssigkeit überhaupt keine Rede. Im Wesen der Flüssigkeitsreibung wiederum liegt es, daß der Druck, unter dem die Flüssigkeit steht, in bezug auf den Verschiebungswiderstand zurücktritt, da die Verschieblichkeit der Flüssigkeitsteilchen dadurch praktisch nicht oder nur wenig beeinflußt wird (vgl. jedoch Kiesskalt[57]).

Wie wir sehen, hat die Formel für die Flüssigkeitsreibung, mit der wir es bei richtig gebauten Gleitlagern zu tun haben, mit der Formel der halbtrockenen Reibung, nach der die Berechnung von Gleitlagern bisher in der Regel durchgeführt wurde, überhaupt keine Ähnlichkeit. Es geht daher nicht an, konstante Reibungswerte ohne Rücksicht auf das Schmiermittel und dessen Schichtstärke für verschiedenartig liegende Lagerreibungsfälle in Anwendung zu bringen, wie das vielfach sogar noch in Lehrbüchern geschieht.

Wie schon im Vorwort hervorgehoben, macht sich dieses Buch nicht zur Aufgabe, die hydrodynamische Theorie im einzelnen zu entwickeln, sondern dem in der Praxis stehenden Ingenieur für die Ausführung seiner Konstruktionen möglichst kurze und klare Berechnungsunterlagen an die Hand zu geben.

So sollte denn auch hier nur angedeutet werden, daß die Gesetze der Flüssigkeitsreibung ihrem Charakter nach sämtlich auf dem Newtonschen Gesetz aufbauen; die Ableitung der mathematischen Zusammenhänge kann an Hand der ausführlichen Arbeiten von Gümbel[37-46] verfolgt werden.

Die Abschnitte 7 bis 17 sollen nun alle Rechnungsgrößen und Einflußmomente einzeln und so ausführlich behandeln, daß sie in Abschnitt 18 und 19 dann zu geschlossenen Berechnungsmethoden zusammengefaßt werden können.

Zusammenfassung.

1. Eine quantitative Berechnung vollkommen geschmierter Gleitflächen ist nach dem heutigen Stande der Schmiertechnik mit Hilfe der hydrodynamischen Theorie wohl möglich, wenngleich die Ergebnisse infolge der Unsicherheit verschiedener Faktoren auch nur Annäherungswerte darstellen. — Die Unsicherheit der bisherigen Berechnungsverfahren war demgegenüber jedoch noch wesentlich größer.

2. Das Coulombsche Gesetz für halbtrockene bzw. trockene Reibung und das Newtonsche Gesetz für flüssige Reibung haben in ihrem mathematischen Bau keinerlei Ähnlichkeit; daher ist die Anwendung des Coulombschen Gesetzes für Flüssigkeitsreibung nicht angängig.

3. Der Widerstand bei flüssiger Reibung ist nach dem Gesetz von Newton proportional der Zähigkeit des Schmiermittels, der Größe der sich gegeneinander verschiebenden Flächen und der Verschiebungs- bzw. Gleitgeschwindigkeit, und umgekehrt proportional der Schmierschichtstärke. — Vom spez. Flüssigkeitsdruck ist die flüssige Reibung praktisch unabhängig.

4. Die Behandlung des Schmierproblems nach der hydrodynamischen Theorie setzt bei Querlagern voraus: unelastische Zapfen und Lagerschalen mit genau zylindrischen und vollkommen glatten Gleitflächen, selbsttätig einstellbare Lagerschalen ohne Schmiernuten und ein gewisses Lagerspiel zwischen Lagerschale und Zapfen.

5. Die hydrodynamische Theorie geschmierter Maschinenteile wurde 1883 von Petroff begründet, 1886 von Reynolds ausgebaut, 1904 von Sommerfeld vereinfacht und erweitert und 1914/1922 von Gümbel reformiert und den Ergebnissen praktischer Versuche angepaßt. — Die Gümbelsche Theorie ist auch den Berechnungen dieses Buches zugrunde gelegt.

6. Neben wertvollen theoretischen Arbeiten haben im besonderen auch praktische Versuche die Erkenntnis der Gesetze der Lagerreibung gefördert und gefestigt. Lehrreich sind dieserhalb besonders die Versuche von Tower, Stribeck, Lasche, von Freudenreich, Vieweg, Meyer-Jagenberg, Schneider und Nücker.

7. Die Zähigkeit der Schmiermittel.

Nach dem Newtonschen Erfahrungsgesetz ist der Bewegungswiderstand bei reiner Flüssigkeitsreibung im besondern auch von den Eigenschaften der Schmierflüssigkeit abhängig, und zwar im wesentlichen von der Zähigkeit oder Schubfestigkeit des Schmiermittels. Die Begriffe: innere Reibung, Zähigkeit, Viskosität (auch Dickflüssigkeit) haben an sich die gleiche Bedeutung: sie kennzeichnen den Verschiebungswiderstand der Flüssigkeitsteilchen gegeneinander oder, was dasselbe ist, die Schubfestigkeit des Schmiermittels. Dieser Zusammenhang fügt sich zwanglos auch der gedanklichen Vorstellung, daß ein zäheres, also dickflüssigeres Schmiermittel, auch entsprechend höhere innere Reibung oder größere Schubfestigkeit besitzen muß als ein dünnflüssigeres Öl.

Ein Schmiermittel, dessen erster Zweck es ist, die Flächen zweier, unter Druck aufeinander gleitender fester Körper vor unmittelbarer Berührung zu schützen, muß an sich keineswegs eine „fettige" Flüssigkeit sein; auch Seife, Melasse (Zuckersirup), Teer, Stärke, Wasser, ja sogar Säuren können an sich zum Schmieren dienen. Grundbedingung für die Eignung als Schmiermittel ist, daß die Flüssigkeit erstens eine sog. „benetzende" Flüssigkeit ist und zweitens, daß dieselbe eine gewisse Zähigkeit besitzt. Letzteres ist erforderlich, damit die Schmierschicht eine nennenswerte Tragfähigkeit erhält, was bei einer Flüssigkeit, die der Verschiebung ihrer Einzelteilchen fast keinen Widerstand entgegensetzt, nicht denkbar wäre. (Die praktische Bedeutung dieser Forderung ist lediglich dahingehend aufzufassen, daß die Zähigkeit einer Schmierflüssigkeit nicht allzu gering sein darf.)

Eine Flüssigkeit, welche die Gleitflächen nicht benetzt, ist zur Schmierung ungeeignet, weil sie sich in engen Querschnitten überhaupt nicht halten läßt. Während eine benetzende Flüssigkeit stets danach strebt, den engsten Querschnitt auszufüllen, ist eine nicht benetzende Flüssigkeit hierzu auch mit Gewalt nicht zu bewegen, da sie im Gegensatz zur benetzenden Flüssigkeit das Bestreben hat, aus dem engsten Querschnitt zu entweichen. Diese eigentümliche Tatsache beruht auf der großen Oberflächenspannung der nicht benetzenden bzw. auf der kleinen Oberflächenspannung der benetzenden Flüssigkeiten. Bei den ersteren sind die Kohäsionskräfte groß und die Adhäsionskräfte klein und bei den letzteren umgekehrt, die Kohäsionskräfte gering und die Adhäsionskräfte groß, so daß sie gut an den Oberflächen haften und selbst die kleinsten Querschnitte ausfüllen.

Quecksilber benetzt z. B. einen metallenen Zapfen ohne weiteres nicht und wäre daher zur Schmierung untauglich. Wasser hingegen benetzt einen reinen metallenen Zapfen sehr wohl und wäre daher als Schmiermittel an sich nicht unbrauchbar. Anders jedoch bei nicht völlig reiner Zapfenoberfläche: schon die geringsten Spuren von Fett auf den Gleitflächen bedingen ein „Abstoßen" des Wassers und damit die Unmöglichkeit jeder Schmierwirkung, genau wie beim Quecksilber.

Wasser ist daher im Prinzip als Schmiermittel nicht ungeeignet, und es sind auch schon zahlreiche Versuche mit Wasserschmierung mit Erfolg zur Ausführung gebracht; selbstverständlich bei verhältnismäßig geringen Belastungen, für welche die nur geringe Zähigkeit des Wassers als Schmiermittel eben noch ausreichte.

Der Grund dafür, daß als Schmiermittel in der Praxis nun doch fast ausschließlich Öle verwandt werden, liegt hauptsächlich in der Eigentümlichkeit der Öle, eine Reihe für Schmierzwecke besonders wertvoller physikalischer und chemischer Eigenschaften aufzuweisen, die anderen Flüssigkeiten nicht eigen sind. Zu diesen Eigenschaften, deren nähere Betrachtung einem späteren Abschnitt vorbehalten bleibt, gehören: genügend hoher Verdampfungspunkt, ausreichende Adhäsionsfähigkeit oder Haftfestigkeit, geringe Affinität zum Sauerstoff der Luft, geringe Neigung, sich durch längeren Dauergebrauch physikalisch oder chemisch zu verändern oder gar die Gleitflächen anzugreifen, und anderes mehr. Auf der anderen Seite besitzen die meisten Öle jedoch, wie weiter gezeigt werden soll, auch eine recht unerwünschte Eigenschaft, nämlich die, mit Änderung der Temperatur auch ihren Zähigkeitsgrad sehr erheblich zu verändern.

Zum Wesen der Flüssigkeitsreibung ist allgemein noch folgendes zu bemerken:

Früher herrschte die Ansicht, daß die Flüssigkeitsreibung sich aus der „inneren" und der „äußeren" Reibung zusammensetze. Unter der „inneren" Reibung verstand man, was auch heute noch gilt, die Zähigkeit oder Schubfestigkeit des Schmiermittels gegen Verschieben der einzelnen Flüssigkeitsmoleküle gegeneinander, während unter „äußerer" Reibung der Verschiebungswiderstand oder die Reibung des Schmiermittels an den Gleitflächen selbst verstanden wurde. Die äußere Reibung, die auch noch von Petroff berücksichtigt wurde, spielt jedoch bei flüssiger Reibung fast gar keine Rolle, da eine Reibung zwischen Flüssigkeit und Wandoberfläche, wenigstens nach zahlreichen sorgfältigen Kapillarversuchen zu urteilen (siehe Ubbelohde[93]), praktisch nicht auftritt. Die Adhäsionsfähigkeit oder Haftfestigkeit und noch andere, weniger geklärte Eigenschaften der Schmiermittel sind bei technischen Schmiervorgängen (nicht nur bei halbflüssiger, sondern auch bei flüssiger Reibung) insofern von Bedeutung, als die kapillaren und chemischen Eigenschaften der Schmierflüssigkeit, in Verbindung mit den Eigenschaften der Gleitflächen, eine gewisse Beeinflussung der rein mechanischen Verhältnisse zur Folge haben und dadurch in manchen Fällen hydrodynamisch nicht zu erklärende Ergebnisse zutage fördern. Namentlich in den letzten Jahren hat man merkliche Wechselwirkungen zwischen Schmiermittel und Gleitflächen beobachtet, die durch Molekulareinflüsse ausgelöst werden und sich in mehr oder weniger verstärkter Widerstandsfähigkeit des Schmierfilmes äußern. Allerdings fehlen über diese Wirkungen, deren weitere Betrachtung einem späteren Abschnitt vorbehalten bleibt, noch ausreichende Zahlenangaben.

Die einzige Eigenschaft der Schmiermittel, mit der unmittelbar in den hydrodynamischen Gleichungen gerechnet werden kann, bildet die Zähigkeit. Sie stellt jedoch nicht etwa einen Maßstab für die Güte eines Schmiermittels dar, sondern nur ein Maß für dessen Schubfestigkeit oder Konsistenz, d. h. es kann nach der Höhe der Zähigkeit nur darüber entschieden werden, ob das betreffende Schmiermittel für diesen oder jenen Zweck, d. h. für große oder kleine Werte der Flächenpressung oder Gleitgeschwindigkeit geeignet erscheint.

Für die zahlenmäßige Feststellung der Zähigkeit gibt es zwei Maßsysteme: das absolute und das relative oder technisch-praktische. Letzteres hat lediglich bedingten Vergleichswert, während das erstere einen absoluten Maßstab für die Zähigkeit darstellt, insofern, als die absolute Zähigkeit beliebiger Flüssigkeiten unmittelbar miteinander verglichen werden kann.

Die absolute Zähigkeit z einer Flüssigkeit läßt sich in einfachster Weise nach dem sog. Auslaufverfahren ermitteln: durch eine Kapillarröhre vom Halbmesser r_0 bzw. Durchmesser d_0 und der Länge l_0 läßt man unter dem Überdruck p_0 eine gewisse Menge q der zu untersuchenden Flüssigkeit auslaufen. Die hierzu erforderliche Zeit t gibt einen Maßstab für die absolute Zähigkeit, und zwar ist nach dem Erfahrungsgesetz von Poiseuille

$$z = \frac{\pi \cdot r_0^4 \cdot p_0 \cdot t}{8 \cdot q \cdot l_0} = \frac{\pi \cdot d_0^4 \cdot p_0 \cdot t}{8 \cdot 16 \cdot q \cdot l_0}. \tag{3}$$

Setzt man hierin sämtliche Größen in m, kg und sek* ein, so erhält man als Dimension für die abs. Zähigkeit

$$z = \frac{\text{kg} \cdot \text{m}^4 \cdot \text{sek}}{\text{m}^2 \cdot \text{m}^3 \cdot \text{m}} = \frac{\text{kg} \cdot \text{sek}}{\text{m}^2} \text{ oder } \text{kg/m}^2/\text{sek}.$$

Setzt man in Formel 3 das Volumen $q = \dfrac{d_0^2 \cdot \pi \cdot v_0 \cdot t}{4}$, wobei v_0 die mittlere Durchflußgeschwindigkeit bedeutet, so erhält man

$$z = \frac{\pi \cdot p_0 \cdot d_0^4 \cdot t \cdot 4}{8 \cdot 16 \cdot l_0 \cdot d_0^2 \cdot \pi \cdot v_0 \cdot t} = \frac{p_0 \cdot d_0^2}{32 \cdot l_0 \cdot v_0} \text{ kg} \cdot \text{sek/m}^2 \tag{4}$$

oder auch

$$z = p_0 \cdot d_0^2 \cdot \frac{\pi}{4} \cdot \frac{1}{25{,}1 \cdot l_0 \cdot v_0}.$$

Wie ersichtlich, stellt der erste Faktor den zur Überwindung der Flüssigkeitsreibung in der Kapillarröhre erforderlichen Flächendruck mal der Querschnittfläche der Röhre, also den gesamten Reibungswiderstand dar, der beim Durchtreiben der Flüssigkeit durch die Kapillarröhre zu überwinden ist, während der zweite Faktor andeutet, daß dieser Reibungswiderstand auf eine Röhrenlänge von 1 m und auf 1 m/sek Durchflußgeschwindigkeit bezogen ist. Hieraus ergibt sich folgende einfache Definition:

Die absolute Zähigkeit einer Flüssigkeit stellt diejenige (zur Überwindung des Flüssigkeitsreibungswiderstandes benötigte) Kraft in Kilogrammen dar, die erforderlich ist, um die Flüssigkeit mit 1 m/sek Geschwindigkeit durch eine 1 m lange Kapillarröhre hindurchzutreiben.

Die Ableitung der Definition der abs. Zähigkeit aus dem Kapillarausflußversuch ist nur gewählt worden, um einen anschaulichen Vergleich mit dem später zu besprechenden technisch-praktischen Maßsystem der Zähigkeit zu ermöglichen.

Nach der allgemeinen Definition gilt als abs. Zähigkeit z diejenige Kraft in Kilogrammen, welche erforderlich ist, um eine Flüssigkeitsschicht von 1 m² Oberfläche über eine gleich große, 1 m entfernte Schicht mit der Geschwindigkeit 1 m/sek zu verschieben. Die abs. Zähigkeit ist also nichts anderes als eine kennzeichnende Flüssigkeitsreibungszahl.

---

* Größere zahlenmäßige Genauigkeiten (beim Umrechnen vom CGS-System in metrische Maße) können hier außer Betracht gelassen werden, da die „kritische Reynolds'sche Zahl" $R_0 = 2000$ selbst keinen sehr genauen Zahlenwert darstellt.

Bemerkt sei hierbei noch, daß die Poiseuillesche Gleichung nur für Geschwindigkeiten unterhalb der kritischen Geschwindigkeit gilt. Letztere ist nach Reynolds erreicht, wenn die Durchflußgeschwindigkeit mit $R_0 = 2000$ die Größe

$$v_{0\,k} = \frac{R_0 \cdot g \cdot z}{d_0 \cdot \gamma_0} \quad \text{m/sek} \tag{5}$$

annimmt. Hierin bedeutet R_0 die „Reynoldssche Zahl", $g = 9{,}81\,\text{m/sek}^2$ die mittlere Erdbeschleunigung, d_0 wie bisher den Durchmesser der Kapillarröhre in Metern und γ_0 das Einheitsgewicht der Flüssigkeit in kg/m^3.

Wird beim Auslaufversuch die kritische Geschwindigkeit überschritten, so treten Wirbelungen (Turbulenz) auf, die den Auslaufwiderstand vergrößern und dadurch die Zähigkeit z größer erscheinen lassen, als sie in Wirklichkeit ist.

In der technischen Praxis gebräuchlich ist in Deutschland die Bestimmung der Zähigkeit nach Engler-Graden. Das Englersche Viskosimeter dient ebenfalls zur Vornahme von Auslaufversuchen, doch gilt als Zähigkeit nach Engler diejenige Zahl, welche angibt, wieviel mal mehr Zeit das Ausfließen der zu untersuchenden Flüssigkeit gegenüber dem gleichen Volumen Wasser erfordert. Die Auslaufzeit von 200 ccm Wasser von 20° C wird hierbei gleich 1 gesetzt, d. h. als Zähigkeitsmaßstab benutzt.

Als Überdruck p_0 wirkt beim Englerschen Viskosimeter lediglich das Gewicht der Flüssigkeitssäule, deren Höhe von Unterkante Ausflußröhrchen bis zum Flüssigkeitsspiegel gemessen, zu Beginn des Versuches stets 52 mm beträgt. Das Röhrchen selbst ist 20 mm hoch und mißt unten am Auslauf 2,8 mm im lichten Durchmesser. — Die als Vergleichsmaß dienende Auslaufzeit von 200 ccm destill. Wasser bei 20° beträgt bei richtig gebauten Engler-Apparaten 50—52 Sekunden.

Aus diesen Angaben geht hervor, daß die Zähigkeit in Engler-Graden einer willkürlichen Festsetzung gewisser Versuchsbedingungen entspringt und daher nur Vergleichswert besitzen kann. Die praktische Handhabung des Engler-Viskosimeters ist indes so einfach und bequem, daß die handelsübliche Bezeichnung der Zähigkeit von Ölen in Deutschland stets nach Engler-Graden erfolgt.

Praktische Versuche von Ubbelohde haben nun gezeigt, daß die Auslaufzeiten beim Engler-Viskosimeter der abs. Zähigkeit nicht proportional sind, d. h. z. B., daß ein Öl von doppelter Zähigkeit nicht genau die doppelte Engler-Zahl aufweist*. Dementsprechend ergibt auch die Mischung eines Öles von 2 Engler-Graden mit der gleichen Menge Öl von 4 Engler-Graden nicht ein Mischöl von genau 3 Engler-Graden. Auch weisen zwei Flüssigkeiten verschiedenen spez. Gewichtes nicht etwa die gleiche Zähigkeit auf, wenn sie durch gleiche Engler-Grade gekennzeichnet sind.

---

* Ein Öl von 3 Engler-Graden ist z. B. nicht 2 mal, sondern rd. 3 mal zäher als ein Öl von 1,5 Engler-Graden.

Der Grund dieser Unstimmigkeiten liegt zum Teil in den von Engler festgesetzten Versuchsbedingungen, zum Teil in dem Umstande, daß als Ausflußröhre ein verhältnismäßig weites und sehr kurzes Rohr von nicht gleichbleibendem Querschnitt Verwendung findet. Letzteres hat nämlich zur Folge, daß verhältnismäßig leichtflüssige Medien, wie z. B. Wasser oder Petroleum, mit einer Geschwindigkeit ausfließen, die schon über der kritischen Geschwindigkeit, also im Gebiet der turbulenten Strömung liegt und daher größere Ausflußzeiten bedingen als bei sog. laminarer Strömung, bei der sich jedes Flüssigkeitsteilchen nur parallel den Wandungen, in der Strömungsrichtung, verschiebt. Auf diese Erscheinung wurde schon von Hagenbach hingewiesen, welcher darlegte, daß die von Poiseuille aufgestellte Formel (3) nur einen Sonderfall der von ihm entwickelten allgemeinen Gleichung darstelle, nämlich nur für solche Ausflußvorgänge richtige Werte ergebe, bei welchen die Ausflußgeschwindigkeit verhältnismäßig sehr gering ist, so daß Turbulenzerscheinungen nicht auftreten.

Ubbelohde[92, 93] ermittelte auf experimentellem Wege die zahlenmäßigen Beziehungen zwischen der relativen Zähigkeit in Engler-Graden und der absoluten bzw. spezifischen Zähigkeit und stellte auf Grund dieser Ermittelungen eine verhältnismäßig einfache Gleichung auf, nach welcher Zähigkeiten in Engler-Graden ohne weiteres in absolute Zähigkeiten umgerechnet werden können.

Nach jenen Beziehungen gilt (abgerundet)

$$z = \gamma \cdot \left[0{,}00074 \cdot E^\circ - \frac{0{,}00064}{E^\circ} \right] \; \mathrm{kg} \cdot \mathrm{sek/m^2} \, . \qquad [6]$$

Hierin ist z die absolute Zähigkeit in $\mathrm{kg} \cdot \mathrm{sek/m^2}$, γ das spezifische Gewicht der Flüssigkeit (oder Einheitsgewicht in kg/l) und E° die Viskosität in Engler-Graden*.

Da technische Berechnungen von Reibungsvorgängen, wie bereits früher bemerkt, nur annäherungsweise möglich sind und insbesondere der Wert der Zähigkeit aus verschiedenen Gründen fast immer unsicher bleibt, möge in die Gleichung [6] für das spezifische Gewicht γ ein Mittelwert, $\gamma = 0{,}9$, eingeführt werden, der mit leidlicher Annäherung für alle in Betracht kommenden Maschinenöle gelten kann.

Wir erhalten damit als Mittelwert für Mineralerdöle die Näherungs-Sondergleichung

$$z = 0{,}00067 \cdot E^\circ - \frac{0{,}00058}{E^\circ} \; \mathrm{kg} \cdot \mathrm{sek/m^2} \qquad (7)$$

oder:

$$E^\circ = 746 \cdot z + \sqrt{557\,000 \cdot z^2 + 0{,}87} \; \text{Engler-Grade.} \qquad (8)$$

Für das mittlere spezifische Gewicht $\gamma = 0{,}9$ sind die absoluten Zähigkeiten in Abhängigkeit von den Zähigkeiten nach Engler in Abb. 24 graphisch dargestellt.

---

* Um ohne weiteres eine Gleichung in die andere einsetzen zu können, soll nachstehend durchweg als Längenmaß der Meter benutzt werden. Diejenigen Formeln, die hiervon abweichen, sind durch quadratische Einklammerung [...] gekennzeichnet.

Für geringe Zähigkeiten (bis zu 6 Engler-Graden oder $z = 0{,}004$) gilt mit dem Mittelwert $\gamma = 0{,}9$ auch die empirische Gleichung

$$z = \frac{\sqrt[1,2]{E^\circ - 1}}{970} \quad \text{kg} \cdot \text{sek/m}^2 \tag{9}$$

bzw.

$$E^\circ = (970 \cdot z)^{1,2} + 1 \quad \text{Engler-Grade.} \tag{10}$$

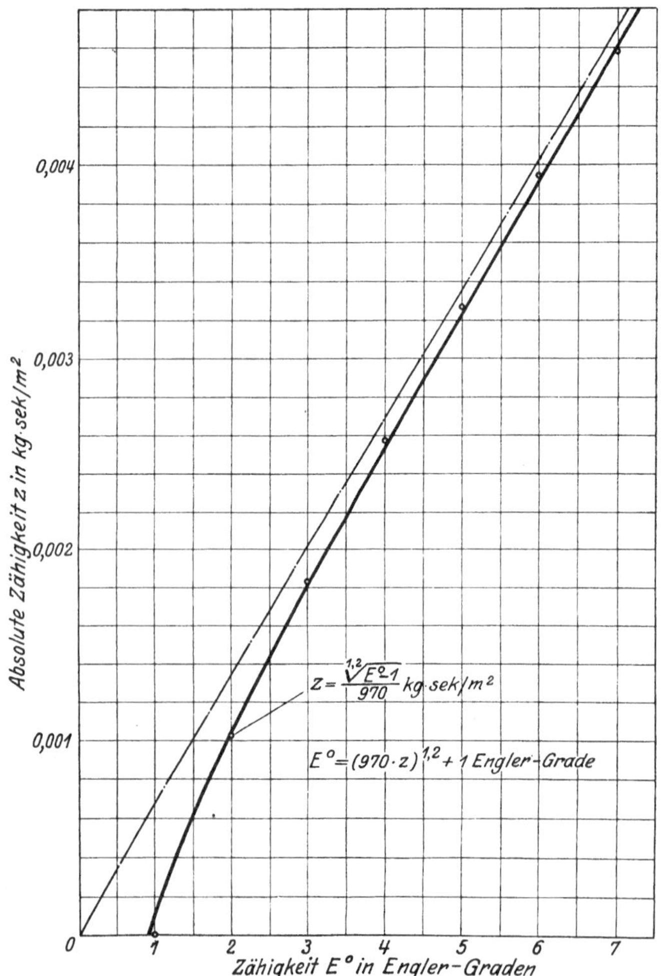

Abb. 24. Näherungsbeziehung zwischen absoluter Zähigkeit und Engler-Graden bei kleinen Zähigkeiten, für $\gamma = 0{,}9$. — Vergleich zwischen Formel [6] und Gleichung (9).

Die ausgezogene Linie in Abb. 24 stellt die Zähigkeiten nach Ubbelohde gemäß Gl. [6] oder (7) dar, die sich dem strichpunktiert eingezeichneten Strahl asymptotisch nähern. Die einzelnen Punkte sind Stichproben der Formel (9).

Bei Anwendung eines bilogarithmischen Rechenschiebers*, dessen Benutzung bei sämtlichen Bruchpotenz- und Wurzelwerten vorausgesetzt ist, ermittelt sich der Wert für z bzw. $E°$ nach Formel (9) bzw. (10) durch 2 in wenigen Sekunden auszuführende Rechenschieberoperationen einfacher als nach den Gleichungen (7) und (8).

Mit zunehmendem Zähigkeitsgrad nimmt das negative Glied in Gleichung [6] bzw. (7) mehr und mehr ab, so daß es schließlich ver-

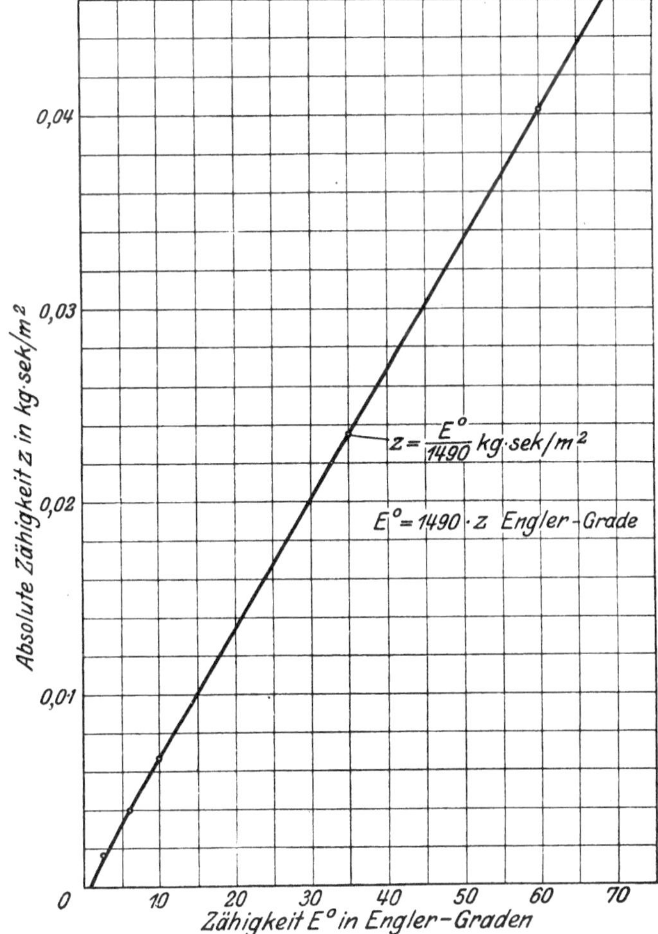

Abb. 25. Näherungsbeziehung zwischen absoluter Zähigkeit und Engler-Graden bei großen Zähigkeiten, für $\gamma = 0{,}9$. [Vergleich zwischen Formel [6] und Gleichung (11).]

---

* Die Benutzung von Logarithmentafeln wäre bei häufig vorkommenden Bruchpotenzrechnungen viel zu umständlich. Für sämtliche Berechnungen wurde daher der A. W. Faber „Castell"-Rechenstab Nr. 378 bzw. 379 für Elektro-Ingenieure benutzt, der lediglich bei Zahlen mit mehr als 5 Stellen eine Zerlegung in 2 Faktoren erforderlich macht. In gleicher Weise geeignet ist der seit den letzten Jahren bevorzugte Fabersche Elektro-Rechenstab 398 bzw. 319.

nachlässigt werden kann. Für Zähigkeiten über 6 Engler-Grade kann daher für mittlere Verhältnisse ($\gamma = 0{,}9$) die einfache Annäherungsformel empfohlen werden:

$$z = \frac{E^\circ}{1490} \ \ \text{kg} \cdot \text{sek/m}^2 \tag{11}$$

bzw. für $z > 0{,}004$.

$$E^\circ = 1490 \cdot z \ \ \text{Engler-Grade.} \tag{12}$$

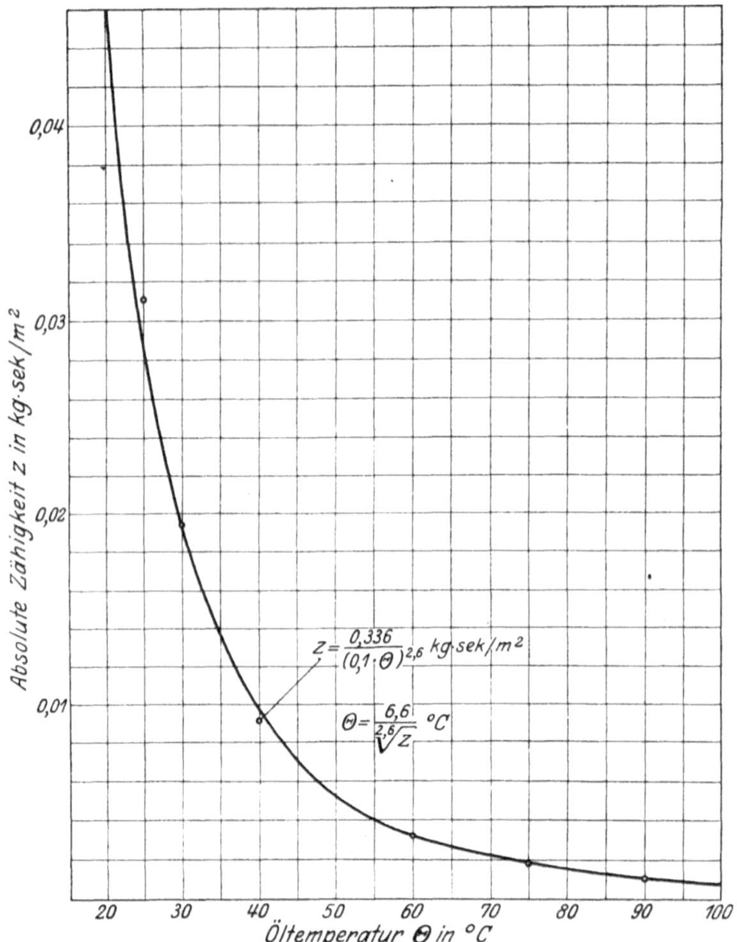

Abb. 26. Abhängigkeit der absoluten Zähigkeit von der Temperatur bei einem schweren Maschinenöl mit $E^\circ = 7{,}8$ bei $\Theta = 50^\circ$ C.

Abb. 25 zeigt die absoluten Zähigkeiten bis zu 65 Engler-Graden in graphischer Darstellung. Die ausgezogene Linie veranschaulicht die Zähigkeiten nach Gleichung [6] oder (7), während die einzelnen Punkte Stichproben nach Formel (11) darstellen.

Obige Umrechnungsformeln sind für die Schmiertechnik von Wichtigkeit, weil die Zähigkeit bei sämtlichen hydrodynamischen Rechnungen als absolute Zähigkeit in kg · sek/m² eingeführt werden muß.

Ganz besondere Beachtung ist der Tatsache zuzuwenden, daß die Zähigkeit von Flüssigkeiten in hohem Maße von deren Temperatur abhängig ist. Die Zähigkeit der Schmiermittel ändert sich mit der Temperatur sehr erheblich, und zwar nimmt die Zähigkeit mit zunehmender Temperatur bei niedrigen Temperaturen schnell, bei höheren Temperaturen langsamer ab. So verringert sich z. B. die Zähigkeit mancher Maschinenöle bei Zunahme der Temperatur von 30° auf 60° auf rund ein Sechstel des Zähigkeitswertes bei 30°.

Abb. 26 veranschaulicht die Zähigkeitskurve eines schweren Maschinenöles in Abhängigkeit von der Temperatur. Die absolute Zähigkeit bei 30° beträgt hier 0,0193 kg · sek/m², diejenige bei 60° nur 0,0032 kg · sek/m², also rund ein Sechstel des ersten Betrages. Hiernach wird es verständlich sein, wie wichtig einerseits eine möglichst richtige Einschätzung der herrschenden Lagertemperatur ist und wie wenig Sinn es andererseits hat, kleineren, ja selbst größeren Ungenauigkeiten bei der Umrechnung der absoluten Zähigkeit aus der Engler-Zähigkeit praktische Bedeutung beizumessen. Es dürfte vielmehr ohne weiteres zulässig sein, die absolute Zähigkeit, selbst bis hinab zu 5 und 4 Engler-Graden, nach der einfachen und bequemen Annäherungsformel (11)

$$z = \frac{E°}{1490} \ \text{kg} \cdot \text{sek/m}^2$$

zu ermitteln.

Zweckmäßig ist es, eine unmittelbare zahlenmäßige Abhängigkeit zwischen der Temperatur Θ und der absoluten Zähigkeit z eines Schmiermittels festzustellen, da der Begriff der Zähigkeit bei einem gegebenen Schmiermittel nur im Zusammenhang mit seiner Temperatur praktische Bedeutung hat. Diese Abhängigkeit entspricht bei dem Öl nach Abb. 26 z. B. der Näherungsgleichung*

$$z = \frac{0,336}{(0,1 \cdot \Theta)^{2,6}} \ \text{kg} \cdot \text{sek/m}^2 . \tag{13}$$

Umgekehrt kann auch aus der gegebenen Zähigkeit z auf die Temperatur Θ geschlossen werden. Nach Gleichung (13) ist für das gewählte Beispiel

$$\Theta = \frac{6,6}{\sqrt[2,6]{z}} \ °\text{C} . \tag{14}$$

Auf gleicher oder ähnlicher Basis ließen sich für verschiedene andere Öle entsprechende weitere Näherungsformeln ableiten.

Zusammenfassung.

1. Die Begriffe: innere Reibung, Zähigkeit, Viskosität oder Dickflüssigkeit charakterisieren sämtlich die Schubfestigkeit einer Flüssigkeit.

---

* Die Öltemperatur Θ im Nenner ist 10mal verkleinert, um das Potenzieren zu erleichtern, d. h. auf dem Rechenschieber ausführen zu können.

2. Jedes technisch brauchbare Schmiermittel muß in bezug auf die Gleitflächen eine sog. „benetzende" Flüssigkeit sein. Nicht benetzende Flüssigkeiten sind zum Schmieren unbrauchbar.

3. Bei der Berechnung von Schmiervorgängen bei reiner Flüssigkeitsreibung kann zur Zeit nur die Zähigkeit des Schmiermittels in Betracht gezogen werden.

4. Die Adhäsionsfähigkeit eines Schmiermittels bzw. die Wechselwirkungen zwischen Öl und Gleitflächen, durch welche die Haftkraft des Schmiermittels an den Gleitflächen bedingt ist, muß bei hydrodynamischen Berechnungen vorläufig zwar außer acht bleiben, doch sind diese Einflüsse, insbesondere bei halbflüssiger Reibung, für die Schmierwirkung zweifellos von Bedeutung.

5. Ein Schmiermittel muß nicht unbedingt ein Öl sein, doch verwendet man in der Technik fast ausschließlich Öle als Schmiermittel wegen ihrer chemischen Beständigkeit und anderen wertvollen Eigenschaften. Auch Wasser kann als Schmiermittel Verwendung finden, sofern ein Benetzen der Gleitflächen sichergestellt ist und die Belastung ein so dünnflüssiges Schmiermittel zuläßt.

6. Die absolute Zähigkeit ist die Einheit der Flüssigkeitsreibung. Sie definiert sich als diejenige Kraft in Kilogrammen, welche erforderlich ist, um eine Flüssigkeitsschicht von 1 m² Oberfläche über einer gleich großen, 1 m entfernten Schicht mit der Geschwindigkeit 1 m/sek zu verschieben.

7. Die in Deutschland handelsübliche Bezeichnung der Zähigkeiten oder Viskositäten ist diejenige nach Engler-Graden. Als Maß für die Zähigkeit nach Engler dient die Zeit (etwa 51 Sekunden), welche 200 cm³ Wasser bei 20° benötigen, um durch das Ausflußrohr des Engler-Viskosimeters durch die eigene Schwere auszufließen. Braucht die gleiche Menge einer anderen Flüssigkeit $E°$ mal mehr Sekunden zum Ausfließen, so ist der Engler-Grad dieser Flüssigkeit $= E°$.

8. Engler-Grade sind der absoluten Zähigkeit nicht proportional; auch besitzen zwei Flüssigkeiten gleichen Engler-Grades, jedoch verschiedenen spezifischen Gewichtes, nicht die gleiche absolute Zähigkeit.

9. Bei Zähigkeiten über 6 Engler-Grade beträgt die absolute Zähigkeit in kg · sek/m² rund den 1490sten Teil der Engler-Zahl.

10. Die Zähigkeit der Schmiermittel ist in hohem Maße von deren Temperatur abhängig, und zwar nimmt die Zähigkeit mit zunehmender Temperatur bei niedrigen Temperaturen schnell, bei höheren Temperaturen langsamer ab.

8. Der Einfluß des Lagerspieles.

Die theoretischen Untersuchungen von Gümbel haben ergeben, daß ein sog. „halb umschließendes" Lager einem „ganz umschließenden" in bezug auf Tragfähigkeit nur ganz unbedeutend nachsteht, da die unbelastete Lagerschale zum Tragen des Zapfens begreiflicherweise nur sehr wenig beizutragen vermag. Es wird daher, als der allgemeinere Fall, im nachstehenden ausschließlich das halb umschließende Querlager für gleichbleibende Belastungsrichtung behandelt, doch können die Ableitungen mit erhöhter Sicherheit auch auf ganz umschließende Lager angewandt werden.

Wie wir uns aus dem 3. Abschnitt erinnern, nimmt der Wellenzapfen, je nach der Belastung, der Zähigkeit des Schmiermittels, der Drehzahl und dem Lagerspiel, eine ganz bestimmte, charakteristische Stellung innerhalb des Lagers ein, deren rechnerische Bestimmung die Grundlage der Lagerberechnung bildet. Wie wir uns des weiteren entsinnen, nimmt der Zapfen bei größter Belastung und kleinster Drehzahl seine tiefste Stellung, bei höchster Drehzahl und geringster Belastung seine höchste Lage (nämlich die zum Lagermittel konzentrische) ein. Die Bahn des Wellenmittels, von der kleinsten bis zur größten Drehzahl, entspricht dabei nach Abb. 3 angenähert einem Halbkreis.

Die Stellung des Wellenmittels im Lager ist nach der hydrodynamischen Theorie lediglich von der Lagerbelastung, dem verhältnismäßigen Lagerspiel, der Winkelgeschwindigkeit des Zapfens und der absoluten Zähigkeit des den Lagerspielraum ausfüllenden Schmiermittels abhängig, oder, richtiger gesagt, von dem gegenseitigen Verhältnis dieser Größen zueinander.

Im nachfolgenden sei:

D — der ideelle* (d. h. für die Berechnung maßgebende) Durchmesser der Lagerschalenbohrung in Metern,

d — der ideelle Durchmesser des Zapfens in Metern,

R — der ideelle Halbmesser der Lagerschalenbohrung in Metern,

r — der ideelle Halbmesser des Zapfens in Metern,

P — die Querlager-Gesamtbelastung, senkrecht zur Lagerachse, in Kilogrammen,

p_m — die mittlere Lagerbelastung in kg/m² Lagerprojektionsfläche, $= \dfrac{P}{d \cdot l}$, wobei $l =$ Lagerlänge in Metern,

ψ — das verhältnismäßige Lagerspiel $= \dfrac{D - d}{d}$, d. h. das Verhältnis der ideellen* Durchmesserdifferenz zwischen Schale und Zapfen zum Zapfendurchmesser,

ω — die Winkelgeschwindigkeit des Zapfens $= 0{,}1047 \cdot n$, wobei n die Drehzahl/min,

z — die mittlere absolute Zähigkeit des Schmiermittels in der Schmierschicht in kg · sek/m²,

φ — ein charakteristischer Verhältniswert; (für unendlich lange Lager $= \dfrac{2 \cdot p_m \cdot \psi^2}{z \cdot \omega}\Big)$.

Durch die Größe dieses Verhältniswertes φ ist die Relativlage des Wellenmittels allgemein und eindeutig bestimmt, und zwar durch die Relativexzentrizität χ (als Teil des radialen Lagerspieles ausgedrückt; also eine dimensionslose Verhältnisgröße) und den Verlagerungswinkel β, auf dessen Schenkel die Größe der Exzentrizität abzutragen ist. Zahlentafel 1 enthält für Exzentrizitäten von $\chi = 0{,}2$ bis $0{,}95$ die zusammen-

---

* Der Begriff des „ideellen" Durchmessers wird erst in Abschnitt 10 erläutert.

gehörigen Werte von φ und β. — Auf die Gümbelsche Herleitung der Zusammenhänge [42,46] muß hier verzichtet werden.

Zahlentafel 1. Abhängigkeit des Verhältniswertes φ und des Verlagerungswinkels β von der Exzentrizität χ.

$\chi =$	0,2	0,3	0,4	0,5	0,6	0,7	0,8	0,9	0,95
$\varphi =$	1,7	2,4	3,2	4,1	5,3	7,2	10,5	20,5	39,2
$\beta =$	12,3°	17,7°	23,4°	29,2°	35,5°	41,8°	49,0°	59,7°	67,4°

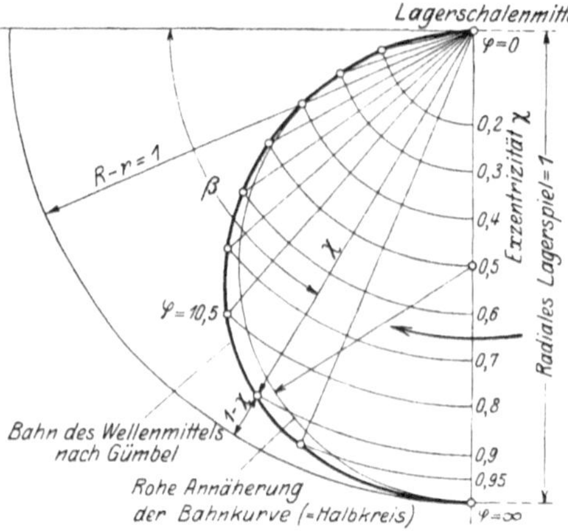

Abb. 27. Von Gümbel rechnerisch ermittelte Bahn des Wellenmittels.

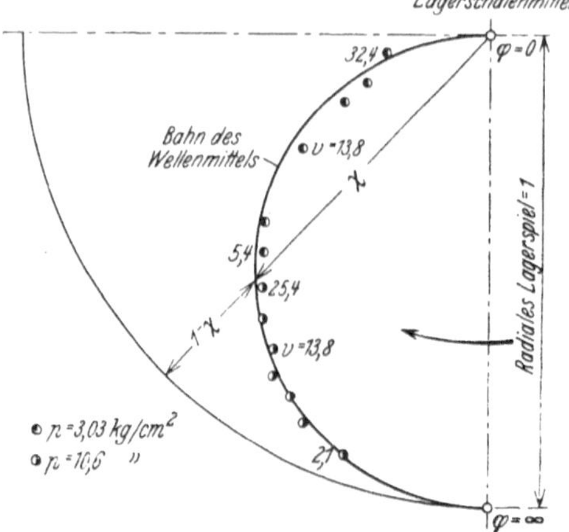

Abb. 28. Von Nücker durch Versuche ermittelte Bahn des Wellenmittels.

Trägt man die zusammengehörigen Werte von β und χ aus Zahlentafel 1 graphisch auf, so erhält man die bereits erwähnte, mit roher Annäherung als Halbkreis verlaufende Bahn des Wellenmittelpunktes nach Abb. 27. Jedem Punkt der stark ausgezogenen Kurve entspricht ein ganz bestimmter Zahlenwert von φ. Die in Abb. 27 eingeschriebenen Größen der Exzentrizität χ sind Verhältniswerte, beziehen sich also auf das radiale Lagerspiel = 1. Durch Multiplikation der eingetragenen Größen mit dem ideellen radialen Lagerspiel

$$r \cdot \psi = \frac{D - d}{2}$$

würde man erst die tatsächlichen Größen der absoluten Exzentrizität e erhalten.

Abb. 28 zeigt die Verlagerung des Wellenmittels bei ganz umschließender Lagerschale nach den praktischen Versuchen von Nücker [71] für große und kleine Exzentrizitäten. Diese nach dem „Kapazitätsverfahren" von Vieweg durchgeführte Nachprüfung zeigt eine durchaus befriedigende Übereinstimmung zwischen Rechnung und Versuch und übertrifft an Genauigkeit die auf anderen Verfahren beruhenden älteren Versuche von Vieweg [95], Lasche [64] und Gümbel [45].

Zum besseren Verständnis der dargelegten Zusammenhänge sei die Bedeutung des oben Gesagten noch durch ein praktisches Zahlenbeispiel nebst Skizze erläutert.

Beispiel 1. Die Drehzahl einer Welle vom Durchmesser 100 mm betrage $n = 1000$ U/min, der Durchmesser der Lagerbohrung 100,4 mm, die Lagerbelastung 10,1 kg/cm². Das verwandte Schmiermittel möge bei der Betriebstemperatur eine abs. Zähigkeit von rd. 0,003 kg · sek/m² aufweisen. — Welche Lage wird die Welle unter diesen Umständen im Lager einnehmen, d. h. wie groß werden die Exzentrizität χ und der Winkel β sein?

Durch obige Daten ist uns gegeben:

$$p_m = 101\,000 \text{ kg/m}^2,$$
$$\psi = \frac{D - d}{d} = \frac{100{,}4 - 100}{100}$$
$$= \frac{0{,}4}{100} = \frac{1}{250},$$
$$z = 0{,}003 \text{ kg} \cdot \text{sek/m}^2,$$
$$\omega = 0{,}1047 \cdot 1000 \approx 105.$$

Hiermit wird

$$\varphi = \frac{2 \cdot p_m \cdot \psi^2}{z \cdot \omega} = \frac{2 \cdot 101\,000 \cdot 1}{0{,}003 \cdot 105 \cdot 250^2}$$
$$= \frac{202\,000}{0{,}315 \cdot 62\,500} = \frac{20{,}2}{1{,}97} \approx 10{,}3 \,.$$

Dem gefundenen Wert $\varphi = 10{,}3$ entspricht nach Zahlentafel 1 eine Exzentrizität $\chi \approx 0{,}8$ und ein Winkel $\beta \approx 49°$. Die Welle wird daher, in schematischer Darstellung, die Lage nach Abb. 29 einnehmen.

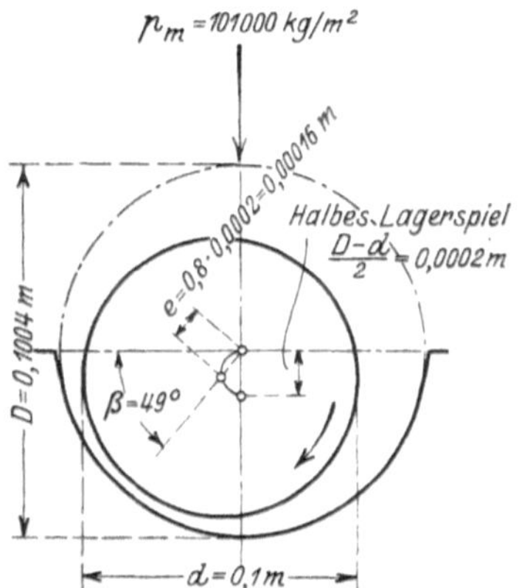

Abb. 29. Beispiel der exzentrischen Verlagerung einer Welle bei $\varphi = 10{,}5$.

Bei dieser Ausrechnung waren die Eigenschaften eines Lagers un endlicher Länge vorausgesetzt, bei dem ein seitliches Abströmen aus der Schmierschicht an den Lagerenden nicht stattfindet. Bei Lagern von endlicher Länge ist ein achsiales Abströmen von Schmiermittel jedoch unvermeidlich, und der Schmierschichtdruck wird von der Mitte nach den Lagerenden bis auf Null abnehmen. Die Folge davon wird ein tieferes Herabsinken der Welle im Lager oder, was dasselbe bedeutet, eine vergrößerte Exzentrizität sein, und zwar wird letztere verhältnismäßig um so größer werden, je kürzer das Lager bemessen ist, je stärker es also von der unendlichen Länge abweicht.

Um diesem Umstande Rechnung zu tragen, kann man einen Korrektionsfaktor c einführen und allgemein setzen

$$\varphi = c \cdot \frac{2 \cdot p_m \cdot \psi^2}{z \cdot \omega}, \tag{15}$$

wobei nach einem Vorschlage Gümbels der Faktor

$$c = \frac{d + l}{l} \tag{16}$$

angenommen werden mag.

Hierin bedeutet d den Zapfendurchmesser und l die Länge des Lagers. Durch den Korrektionsfaktor c soll die zu erwartende tiefere Lage der Welle bzw. das entsprechend größere χ berücksichtigt sein. Ob diese Annahme quantitativ zutreffend ist, vermögen wir nicht zu sagen. Wir wissen nur, daß die Grenzwerte richtig sind, denn bei einem sehr langen Lager wird $c = \dfrac{d+l}{l} \approx 1$, so daß φ in der ursprünglich abgeleiteten Größe bestehen bleibt, während bei einem unendlich kurzen Lager (Grenzbegriff = Messerschneide) der Beiwert c und damit auch der Wert für φ unendlich groß wird. — Da die neueren Ableitungen nach Gümbel-Everling[46] bei der Berücksichtigung der endlichen Lagerlänge weder den Vorteil größerer Sicherheit noch bequemerer Handhabung bieten, sei von deren Anwendung vorderhand abgesehen.

Wegen dieser und anderer Unsicherheiten wollen wir bei der Bestimmung von φ von vornherein auf jede „genauere“ Rechnung verzichten und uns damit begnügen, die Endlichkeit der Lagerlänge allgemein durch Einführung eines mittleren, für sämtliche Lagerlängen gleichbleibenden Korrektionsfaktors zu berücksichtigen.

Legen wir, um sicher zu gehen, dem Korrektionsfaktor c ein verhältnismäßig kurzes Lager zugrunde, bei welchem Lagerlänge = Durchmesser ist, also $l = d$, so wird

$$c = \frac{d+l}{l} = \frac{d+d}{d} = \frac{2 \cdot d}{d} = 2\,.$$

Damit erhalten wir als Mittelwert für endliche Lagerlänge die Näherungsgleichung

$$\varphi = \frac{4 \cdot p_m \cdot \psi^2}{z \cdot \omega}\,. \tag{17}$$

Diese Gleichung soll allen weiteren Berechnungen zugrunde gelegt werden, während auf Gleichung (15) und (16) nur in Sonderfällen zurückgegriffen zu werden braucht (z. B. etwa bei der Ableitung der Tragfähigkeit von sehr kurzen Lagern oder Exzentern).

Zahlentafel 2 gibt die Korrektionsfaktoren c für verschiedene Lagerlängenverhältnisse $l : d$ an.

Zahlentafel 2. Korrektionsfaktor c des Verhältniswertes φ für verschiedene Lagerlänge.

$l : d =$	0,1	0,2	0,3	0,5	0,75	1,0	1,25	1,5	1,75	2,0	2,5	3	4	∞
$c = \dfrac{d+l}{l} =$	11	6	4,34	3	2,33	2,0	1,8	1,67	1,57	1,5	1,4	1,33	1,25	1,0

In normalen Fällen sollte man über die in Zahlentafel 2 stark umrahmten Verhältniswerte $l : d = 0,5 \div 1,5$ nicht hinausgehen. — Wie ersichtlich, stellt das Gleichung (17) zugrunde gelegte Verhältnis $l : d = 1$ einen sicheren Durchschnittswert dar.

Gleichung (17) ermöglicht es uns, das Ergebnis des für unendliche Lagerlänge durchgerechneten Zahlenbeispieles 1 nunmehr auch für endliche Lagerlänge umzuwerten. Mit $c = 2$ wird der Zahlenwert für φ sich offenbar verdoppeln, so daß wir erhalten $\varphi = 20,6$. Diesem Wert entspricht nach Zahlentafel 1 eine Exzentrizität von $\chi \approx 0,9$ auf dem Schenkel eines Winkels von $\beta \approx 60°$. Die Welle wird also bei endlicher Lagerlänge merklich tiefer im Lager liegen.

Durch Veränderung der Faktoren p_m, ω, z oder ψ haben wir es in der Hand, der Welle innerhalb des Lagers eine beliebige Relativstellung zu geben. Betrachtet man außer dem Lagerdruck und der Drehzahl auch die Zähigkeit des Schmiermittels als gegeben, so verbleibt als einzige Variable das Lagerspiel. Durch geeignete Wahl von ψ können wir jede beliebige Relativlage der Welle verwirklichen, und es läßt sich ein für allemal ermitteln, wie groß ψ angenommen werden muß, um eine ganz bestimmte Exzentrizität der Verlagerung zu erhalten.

Den Exzentrizitäten $\chi = 0{,}2 \div 0{,}95$ entsprechen nach Zahlentafel 1 die Werte $\varphi = 1{,}7 \div 39{,}2$. Setzen wir diese Grenzwerte in Gleichung (17) ein, so erhalten wir

$$\frac{4 \cdot p_m \cdot \psi^2}{z \cdot \omega} = 1{,}7 \div 39{,}2; \quad z \cdot \omega\,(1{,}7 \div 39{,}2) = 4 \cdot p_m \cdot \psi^2,$$

$$\psi = \sqrt{\frac{1{,}7 \div 39{,}2}{4} \cdot \frac{z \cdot \omega}{p_m}} = \frac{1{,}3 \div 6{,}27}{2} \cdot \sqrt{\frac{z \cdot \omega}{p_m}}.$$

Als Grenzwerte des Lagerspieles für Querlager endlicher Länge und $\chi = 0{,}2 \div 0{,}95$ erhalten wir somit

$$\psi = 0{,}65 \div 3{,}14 \cdot \sqrt{\frac{z \cdot \omega}{p_m}}. \tag{18}$$

Zahlentafel 3 gibt eine Zusammenstellung der zusammengehörigen Einzelwerte von ψ in Abhängigkeit von χ.

Eine praktische Nutzanwendung dieser Aufstellung kann zunächst gleich bei Zahlenbeispiel 1 erfolgen.

Wir erhielten für endliche Lagerlänge eine Exzentrizität von $\chi = 0{,}9$. Nach Zahlentafel 3 müßte, um diese Exzentrizität zu erreichen, ein Lagerspiel von $\psi = 2{,}26 \cdot \sqrt{\dfrac{z \cdot \omega}{p_m}}$ verwirklicht werden. Es müßte also gegeben gewesen sein

$$\psi = 2{,}26 \cdot \sqrt{\frac{0{,}003 \cdot 105}{101\,000}}$$
$$= \frac{2{,}26 \cdot 0{,}56}{318} = \frac{1{,}27}{318} = \frac{1}{250},$$

Zahlentafel 3. Abhängigkeit des verhältnismäßigen Lagerspieles ψ von der Exzentrizität χ.

Für $\chi = 0{,}2$ beträgt $\psi_{0{,}2} = 0{,}65 \cdot \sqrt{\dfrac{z \cdot \omega}{p_m}}$,

,, $\chi = 0{,}3$,, $\psi_{0{,}3} = 0{,}77 \cdot \sqrt{\dfrac{z \cdot \omega}{p_m}}$,

,, $\chi = 0{,}5$,, $\psi_{0{,}5} = 1{,}00 \cdot \sqrt{\dfrac{z \cdot \omega}{p_m}}$,

,, $\chi = 0{,}8$,, $\psi_{0{,}8} = 1{,}62 \cdot \sqrt{\dfrac{z \cdot \omega}{p_m}}$,

,, $\chi = 0{,}9$,, $\psi_{0{,}9} = 2{,}26 \cdot \sqrt{\dfrac{z \cdot \omega}{p_m}}$,

,, $\chi = 0{,}95$,, $\psi_{0{,}95} = 3{,}14 \cdot \sqrt{\dfrac{z \cdot \omega}{p_m}}$.

was denn mit den Daten unseres Beispieles auch völlig übereinstimmt.

Über die zweckmäßige Wahl des relativen Lagerspieles soll noch in den Abschnitten 9 und 15 die Rede sein.

Zusammenfassung.

1. Das halbumschließende Querlager steht in bezug auf Tragfähigkeit dem ganzumschließenden Lager fast um nichts nach. Sämtliche

nachfolgenden Berechnungen gelten für halbumschließende Lager, lassen sich jedoch auch auf ganzumschließende anwenden.

2. Die Relativlage, welche der Wellenmittelpunkt im Betriebszustande in bezug auf das Lagerzentrum einnimmt, hängt in erster Linie ab von der Lagerbelastung, der Drehzahl, der Zähigkeit des den Lagerspielraum ausfüllenden Schmiermittels und dem verhältnismäßigen Lagerspiel und in zweiter Linie auch noch von der verhältnismäßigen Lagerlänge.

3. Bei verschiedener Lagerlänge wird die Exzentrizität um so größer, je kürzer das Lager ist.

4. Durch den Verhältniswert $\varphi = \dfrac{4 \cdot p_m \cdot \psi^2}{z \cdot \omega}$ ist mit genügender Annäherung für endliche Lagerlänge allgemein sowohl die Exzentrizität der Wellenverlagerung wie auch der zugehörige Winkel gegeben, so daß die exzentrische Lage der Welle im Lager damit geometrisch festliegt.

5. Bei gegebener Lagerbelastung, Drehzahl und Zähigkeit des Schmiermittels ist die Lage der Welle im Lager nur noch von der Größe des verhältnismäßigen Lagerspieles abhängig. Durch entsprechende Bemessung von ψ kann daher jede gewünschte Exzentrizität erzielt werden.

6. Das verhältnismäßige Lagerspiel schwankt für $\chi = 0{,}2$ bis $0{,}95$ in den Grenzen $\psi = 0{,}65 \div 3{,}14 \cdot \sqrt{\dfrac{z \cdot \omega}{p_m}}$.

9. Die geringste Schmierschichtstärke.

Den wichtigsten Punkt in der Berechnung von Gleitlagern bildet die Bestimmung der geringsten Schmierschichtstärke, — hängt von deren Größe doch vor allem die Höhe der zulässigen Lagerbelastung ab. — Unter geringster Schmierschichtstärke versteht man den Abstand des sich drehenden Wellenzapfens von der Lagerschale an der engsten Stelle; ein durch letztere aus dem Lagermittel gezogener Strahl schließt mit der Horizontalen entgegen der Drehrichtung den Verlagerungswinkel β ein (Abb. 30 und 31).

Die geringste Schmierschichtstärke h kann theoretisch sowohl zwischen dem Wellenzapfen und der Lagerschale wie auch an der Mittelpunktsverschiebung der beiden Zentren (Lagermitte und Wellenmitte) gemessen werden. Das Maß h ist daher in Abb. 30 an beiden Stellen eingetragen.

Bei diesen Betrachtungen ist darauf zu achten, daß nicht Verhältnisgrößen und absolute Größen miteinander verwechselt werden, selbst wenn dieser Unterschied, der Kürze des Ausdruckes wegen, an manchen Stellen des Textes nicht wörtlich scharf zum Ausdruck kommen sollte.

Absolute Größen sind Maße, in Metern, Zentimetern oder Millimetern gemessen, während Verhältnisgrößen nur Maß-Verhältnisse darstellen. Z. B. ist $D - d$ das absolute Lagerspiel in Metern, während ψ das verhältnismäßige Lagerspiel, nämlich das Verhältnis $\dfrac{D - d}{d}$ bedeutet. Alle Verhältnisgrößen sind naturgemäß unbenannte Zahlen.

Ähnlich liegt es bei der Exzentrizität und der geringsten Schmierschichtstärke. Die geringste Schmierschichtstärke h ist ein Teilbetrag des Lagerspieles $D - d$, wird also als absolutes Maß in Metern gemessen. Die verhältnismäßige Exzentrizität χ hingegen ist die verhältnismäßige Verlagerung des Wellenmittels aus dem Lagermittel, wobei das radiale Lagerspiel $R - r$ oder $\dfrac{D - d}{2}$ gleich 1 gesetzt ist.

Hieraus ergibt sich folgende Gegenüberstellung: Das absolute radiale Lagerspiel $\dfrac{D - d}{2}$ entspricht dem verhältnismäßigen radialen Lagerspiel 1; die geringste (absolute) Schmierschichtstärke h entspricht der verhältnismäßigen geringsten Schmierschichtstärke $1 - \chi$ und die absolute exzentrische Verlagerung $e = \dfrac{D - d}{2} - h$ entspricht der (verhältnismäßigen) Exzentrizität χ. — Um die verschiedenen Begriffe, in klarer Trennung voneinander, deutlich zu veranschaulichen, sind

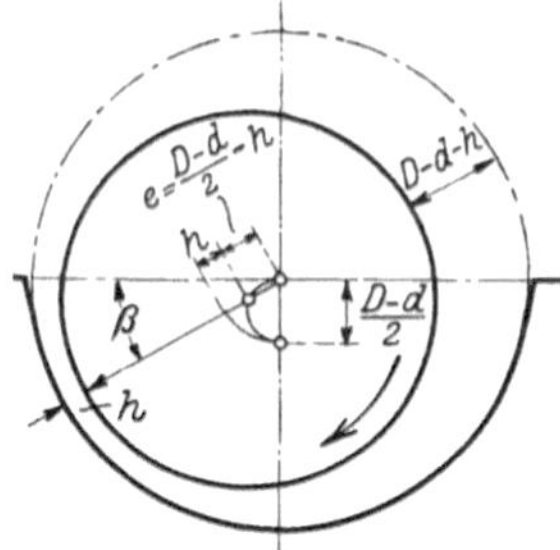

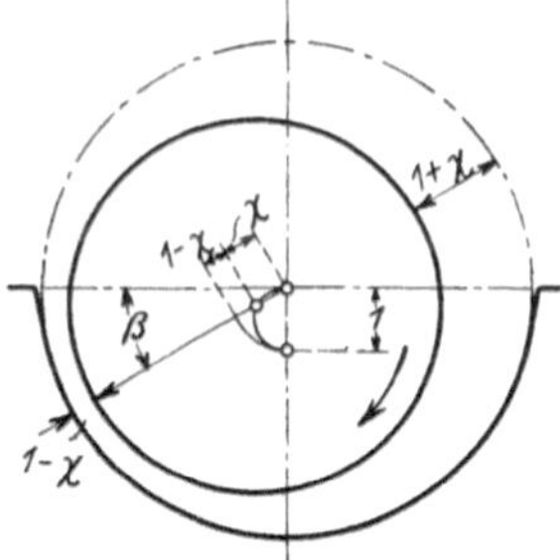

Abb. 30. Lagerspiel, Exzentrizität und geringste Schmierschichtstärke, als absolute Größen dargestellt.

Abb. 31. Lagerspiel, Exzentrizität und geringste Schmierschichtstärke, als Verhältnisgrößen dargestellt.

die in Betracht kommenden Werte in Abb. 30 als absolute Größen, in der gleichen Darstellung, Abb. 31, hingegen als Verhältnisgrößen eingetragen.

Die Größe der geringsten Schmierschichtstärke ergibt sich zahlenmäßig durch Multiplikation der verhältnismäßigen geringsten Schmierschichtstärke $(1 - \chi)$ mit dem Absolutwert des radialen Lagerspieles, der sich seinerseits wiederum zusammensetzt aus dem verhältnismäßigen Lagerspiel ψ und der Größe des Wellenhalbmessers r^*.

Die geringste Schmierschichtstärke ergibt sich danach allgemein zu

$$h = (1 - \chi) \cdot r \cdot \psi \ \text{m}. \tag{19}$$

Da uns die Größe von ψ für die Werte von χ aus Zahlentafel 3 bekannt ist, kann auch die Größe h für jeden χ-Wert festgestellt werden, wie dies in Zahlentafel 4 geschehen ist. Wir würden hierbei jedoch immer von den Stufenwerten (φ) der Zahlentafel 1 abhängig bleiben.

Wie aus Zahlentafel 4 hervorgeht, beträgt die größte erreichbare Schmierschichtstärke an der engsten Stelle zwischen Zapfen und Lagerschale angenähert $h_{0,3} = 0{,}27 \cdot d \cdot \sqrt{\dfrac{z \cdot \omega}{p_m}}$ bei der Exzentrizität $\chi = 0{,}3$.

---

* Zum Schluß des Buchtextes ist zur bequemen Übersicht ein vollständiges Verzeichnis sämtlicher benutzten Formelzeichen nebst ihrer Bedeutung gebracht.

Zahlentafel 4. Größe der geringsten Schmierschichtstärke h bei verschiedener Exzentrizität χ.

Allgemein ist $h = (1-\chi) \cdot r \cdot \psi$; im besonderen ist für

$$\chi = 0{,}2 \qquad h_{0,2} \;\; = 0{,}8 \;\; \cdot \frac{d}{2} \cdot 0{,}65 \cdot \sqrt{\frac{z \cdot \omega}{p_m}} = 0{,}26 \;\; \cdot d \cdot \sqrt{\frac{z \cdot \omega}{p_m}}\; \mathrm{m}\,,$$

$$\chi = 0{,}3 \qquad h_{0,3} \;\; = 0{,}7 \;\; \cdot \frac{d}{2} \cdot 0{,}77 \cdot \sqrt{\frac{z \cdot \omega}{p_m}} = 0{,}27 \;\; \cdot d \cdot \sqrt{\frac{z \cdot \omega}{p_m}}\; \mathrm{m}\,,$$

$$\chi = 0{,}5 \qquad h_{0,5} \;\; = 0{,}5 \;\; \cdot \frac{d}{2} \cdot 1{,}00 \cdot \sqrt{\frac{z \cdot \omega}{p_m}} = 0{,}25 \;\; \cdot d \cdot \sqrt{\frac{z \cdot \omega}{p_m}}\; \mathrm{m}\,,$$

$$\chi = 0{,}8 \qquad h_{0,8} \;\; = 0{,}2 \;\; \cdot \frac{d}{2} \cdot 1{,}62 \cdot \sqrt{\frac{z \cdot \omega}{p_m}} = 0{,}162 \cdot d \cdot \sqrt{\frac{z \cdot \omega}{p_m}}\; \mathrm{m}\,,$$

$$\chi = 0{,}9 \qquad h_{0,9} \;\; = 0{,}1 \;\; \cdot \frac{d}{2} \cdot 2{,}26 \cdot \sqrt{\frac{z \cdot \omega}{p_m}} = 0{,}113 \cdot d \cdot \sqrt{\frac{z \cdot \omega}{p_m}}\; \mathrm{m}\,,$$

$$\chi = 0{,}95 \qquad h_{0,95} = 0{,}05 \cdot \frac{d}{2} \cdot 3{,}14 \cdot \sqrt{\frac{z \cdot \omega}{p_m}} = 0{,}078 \cdot d \cdot \sqrt{\frac{z \cdot \omega}{p_m}}\; \mathrm{m} \cdot$$

Wie wir sehen werden, bildet die Ermittlung der geringsten Schmierschichtstärke bei der modernen Lagerberechnung die wichtigste und häufigste Feststellung. Es ist deshalb von erheblicher Bedeutung, diese Ermittlung so einfach wie möglich zu gestalten, ohne dabei auf Zahlentafeln angewiesen zu sein. Um den Gebrauch der Tafel 1 auszuschalten, müßte eine empirische Abhängigkeit zwischen $1-\chi$ und φ ermittelt werden, wozu man zweckmäßig zunächst den Verlauf von φ als Funktion der verhältnismäßigen geringsten Schmierschichtstärke $1-\chi$ graphisch aufträgt, wie das in Abb. 32 geschehen ist.

Die Kurve zeigt auf den ersten Blick, daß sie in ihrem ganzen Verlauf bestimmt nicht durch eine einfache Gleichung zu erfassen sein wird; es gilt daher, ihren wichtigsten Teil herauszugreifen.

Wie die Untersuchungen des Abschnittes 14 zeigen werden, interessiert praktisch nur der Bereich von $1-\chi = 0{,}05$ bis $0{,}5$ bzw. $\chi = 0{,}95$ bis $0{,}5$; und diesen Teil der Kurve deckt mit genügender Annäherung die empirische Gleichung

$$1 - \chi = \frac{2{,}08}{\varphi}\,, \tag{20}$$

wie die eingezeichneten Punkte der Abb. 32 erkennen lassen.

Durch Einsetzen von Gleichung (20) in Gleichung (19) erhalten wir

$$h = (1-\chi) \cdot r \cdot \psi = \frac{2{,}08}{\varphi} \cdot \frac{d}{2} \cdot \psi \;\; \mathrm{m}$$

oder, durch Substitution von Gleichung (17), als Sonderformel für endliche Lagerlänge ($l : d = 1{,}0$; $c = 2$),

$$h = \frac{2{,}08 \cdot d \cdot \psi \cdot z \cdot \omega}{2 \cdot 4 \cdot p_m \cdot \psi^2}\,,$$

$$h = \frac{d \cdot z \cdot \omega}{3{,}84 \cdot p_m \cdot \psi} \;\; \mathrm{m}. \tag{21}$$

Diese Formel gilt, wie bereits bemerkt, für Exzentrizitäten von $\chi = 0,5$ bis $0,95$ und stellt die wichtigste Hilfsgleichung für alle weiteren Berechnungen dar.

Liegt die Vermutung nahe, daß es sich etwa um kleinere Exzentrizitäten handelt, so kann leicht geprüft werden, ob Gleichung (21) noch Gültigkeit hatte oder nicht. Die Kontrolle erfolgt auf Grund nachstehender Überlegung: Die Exzentrizität $\chi = 0,5$ besagt bekanntlich,

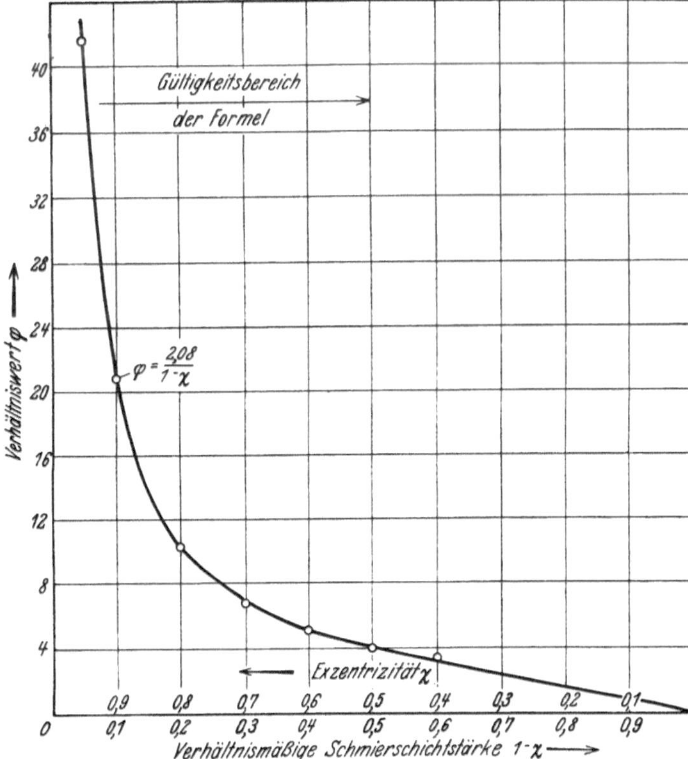

Abb. 32. Abhängigkeit zwischen φ und $1-\chi$. (Die eingezeichneten Punkte entsprechen der Näherungsgleichung 20 für die verhältnismäßige geringste Schmierschichtstärke.)

daß die Welle um $0,5$ des radialen Spieles exzentrisch verlagert ist. Die geringste Schmierschichtstärke beträgt demnach ebenfalls $0,5$ des radialen oder halben Lagerspieles oder, was zahlenmäßig dasselbe ist, $0,25$ des ganzen Lagerspieles $D - d$. Ergibt sich h nach Gleichung (21) also größer als $1/4$ des ideellen Lagerspieles, so ist Formel (21) nicht mehr zulässig und es müßte h nach Gleichung (15), Abb. 32 und Gleichung (19) ermittelt werden. — In den weitaus meisten Fällen genügt aber schon die Feststellung, daß h größer als $0,25 \cdot (D - d)$ ist, ohne den Zahlenwert selbst ermitteln zu müssen.

Wie wir aus Formel (21) erkennen, ergibt hoher Flächendruck bei geringer Drehzahl und dünnflüssigem Schmieröl die denkbar ungünstigsten Bedingungen für reine Flüssigkeitsreibung. Wenn der hohe Flächendruck und die kleine Drehzahl gegeben sind und beibehalten werden müssen, so kann eine Besserung, d. h. eine Vergrößerung der geringsten Schmierschichtstärke bei bestimmtem Lagerspiel, nur durch Erhöhen der Ölzähigkeit erzielt werden. —

Nach diesen theoretischen Feststellungen soll nun im nächsten Abschnitt die praktisch wichtige Frage entschieden werden, bis zu welchem Kleinstwert die geringste Schmierschichtstärke sich verringern darf, ohne daß die Lagerreibung in das Gebiet der halbflüssigen Reibung übergeht.

Zusammenfassung.

1. Unter „geringster Schmierschichtstärke" versteht man den (ideellen) Abstand* zwischen der umlaufenden Welle und der Lagerschale an der engsten Stelle. Ein entsprechendes Verhältnismaß, bezogen auf das radiale Lagerspiel $= 1$, ist die Größe $1 - \chi$.

2. Die geringste Schmierschichtstärke errechnet sich bei Exzentrizitäten von $\chi = 0{,}5$ bis $0{,}95$ bei gegebenem Lagerspiel aus der Formel (21) zu $h = \dfrac{d \cdot z \cdot \omega}{3{,}84 \cdot p_m \cdot \psi}\, \text{m}$. — Ergibt sich h hierbei größer als $^1/_4$ des Lagerspieles $D - d$ oder $d \cdot \psi$, so ist Formel (21) nicht mehr anwendbar, was jedoch nur selten vorkommen wird.

3. Hohe Drehzahl bei kleinem Flächendruck und großer Schmierölzähigkeit gibt große Schmierschichtstärke, also große Sicherheit gegen halbflüssige Reibung; niedrige Drehzahl bei hohem Flächendruck und geringer Schmierölzähigkeit bedingt kleine Schmierschichtstärke, also geringe oder gar keine Sicherheit gegen halbflüssige Reibung.

4. Bei hohem Flächendruck und niedriger Drehzahl und gegebenem Lagerspiel kann flüssige Reibung höchstens durch Anwendung sehr zäher Öle verwirklicht werden.

III. Die Tragfähigkeit vollkommen geschmierter Gleitflächen.

10. Die geringste zulässige Schmierschichtstärke.

Die hydrodynamische Theorie zur Berechnung von Querlagern setzt, wie schon eingangs erwähnt, vollkommene Kreiszylinder bei Zapfen und Lagerschale voraus; auf diese Annahme mathematisch genauer und ideal glatter Gleitflächen stützen sich auch sämtliche bisher gebrachten Formeln.

Betrachtet man demgegenüber die Oberfläche einer Lagerschale oder eines Zapfens unter dem Mikroskop, so wird man finden, daß selbst bei sorgfältiger Bearbeitung ganz beträchtliche Unebenheiten, gleichsam Berge und Täler, vorhanden sind, deren ziemlich gleichmäßige Höhe bzw. Tiefe von der Art der Bearbeitung abhängt (Abb. 33).

---

* Unter Berücksichtigung des hierüber in Abschnitt 10 Gesagten.

Während rechnerisch eine geringste Schmierschichtstärke von $h = 0$ als Grenzwert ohne weiteres denkbar ist, wobei im Berührungspunkt zwischen Zapfen und Lagerschale die Schmierschicht vollkommen verdrängt wäre, ist dieser Grenzfall praktisch nicht möglich. Die beiden Flächen werden sich nur so weit nähern können, bis die Vorsprünge der Welle die Vorsprünge der Lagerschale berühren. Hierbei wird aber nicht eine vollkommene Verdrängung des Schmiermittels stattfinden, weil die Unebenheitserhöhungen von Zapfen und Lagerschale dies nicht zulassen. Als Zapfendurchmesser, mit dem wir zu rechnen haben, gilt dabei nach Abb. 33 der ideelle oder „Grunddurchmesser" d und als Lagerdurchmesser der ideelle oder „Grunddurchmesser" D, während d_w und D_w die wirklichen Durchmesser von Zapfen und Lagerbohrung darstellen.

Bei dieser Annahme, die uns, wie wir sehen werden, eine recht befriedigende Lösung der Schwierigkeiten bietet, wird der Zapfen gewissermaßen als ein ideal glatter Zylinder vom Durchmesser d aufgefaßt, der auf seinem Umfange mehr oder weniger regelmäßige Erhöhungen von der Höhe δ trägt, während die Lagerschale als idealer Hohlzylinder mit dem Innendurchmesser D betrachtet wird, auf dessen Innenfläche Erhöhungen von der Höhe δ_1 sitzen.

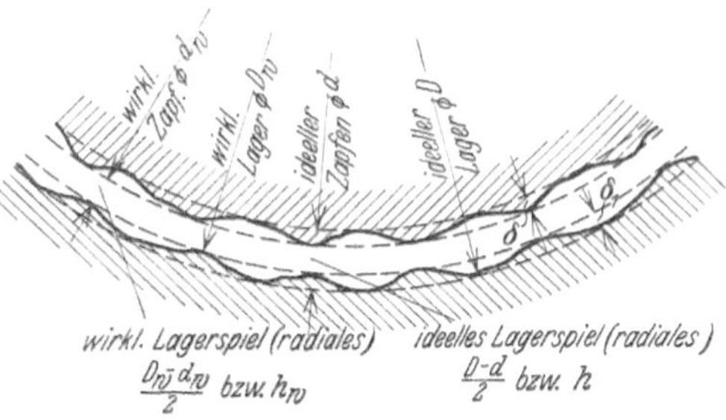

Abb. 33. Schematische, stark vergröberte Darstellung der Bearbeitungsunebenheiten eines zentrisch in einem Lager schwimmenden Zapfens.

Die praktische Auswirkung dieser erstmalig vom Verfasser in die hydrodynamische Theorie eingeführten Hypothese besteht nun lediglich darin, daß die Durchmesser und das Lagerspiel, mit denen wir in unseren Formeln rechnen, mit den praktisch meßbaren, also mit den werkstattechnisch auszuführenden Durchmessern bzw. dem Lagerspiel, nicht identisch sind. Der wirklich auszuführende und mit unseren Meßwerkzeugen meßbare Zapfendurchmesser d_w muß um den Betrag $2 \cdot \delta$ größer, der wirkliche Durchmesser D_w der Lagerbohrung um den Betrag $2 \cdot \delta_1$ kleiner sein als die ideellen oder Rechnungsdurchmesser d bzw. D. Demzufolge wird das wirkliche (mit dem Fühlblech meßbare) Lagerspiel dem ideellen gegenüber um $2 \cdot \delta + 2 \cdot \delta_1 = 2(\delta + \delta_1)$ kleiner sein.

Nach dieser Auffassung darf dann die geringste Schmierschichtstärke h niemals gleich oder kleiner werden als $2(\delta + \delta_1)$, weil die wirkliche geringste Schmierschichtstärke h_w niemals gleich Null werden darf, wenn metallische Reibung vermieden werden soll. (Die Größe h_w ist nur der Vollständigkeit halber mit in die Abbildung eingetragen; benutzen wollen wir sie nicht, da wir den Begriff h_w nicht benötigen.)

Hiernach ergibt sich der wirkliche Zapfendurchmesser zu

$$d_w = d + 2 \cdot \delta,$$

der wirkliche Lagerschalendurchmesser zu

$$D_w = D - 2 \cdot \delta_1$$

und das wirkliche Lagerspiel dementsprechend zu

$$D_w - d_w = (D - 2 \cdot \delta_1) - (d + 2 \cdot \delta)$$
$$= D - 2 \cdot \delta_1 - d - 2 \cdot \delta$$
$$= D - d - 2 \cdot \delta - 2 \cdot \delta_1$$
$$D_w - d_w = (D - d) - 2 (\delta + \delta_1) \quad \mathrm{m} . \qquad (22)$$

Und, umgekehrt, ist das ideelle Lagerspiel

$$D - d = D_w - d_w + 2 (\delta + \delta_1) \quad \mathrm{m} . \qquad (23)$$

Nach den entwickelten Beziehungen gilt also in allen Fällen die Forderung, daß die Summe der Unebenheiten höchstens gleich der geringsten (d. h. geringsten ideellen) Schmierschichtstärke h sein darf.

Es muß also stets sein

$$h > \delta + \delta_1 \quad \mathrm{m} . \qquad (24)$$

Diese Bedingung bildet das Kriterium der Zulässigkeit einer rechnerisch ermittelten geringsten Schmierschichtstärke.

Eine anschauliche Vorstellung von der vorgeschlagenen Hypothese erhält man durch die schematischen Darstellungen Abb. 34 und Abb. 35.

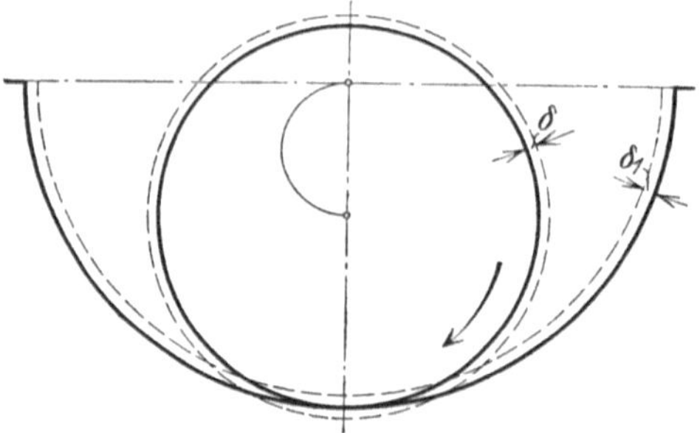

Wie Abb. 34 zeigt, beruht die gemachte Annahme auf der Forderung, daß im tiefsten Punkt der Bahn des Wellenmittels eine Berührung bzw. Tangierung der Grundkreise von Zapfen und Lagerschale stattzufinden hat, derart, als ob Welle und Lager ideal glatt wären. Bei dieser Relativlage müßten also beide Körper regelrecht ineinanderdringen, was praktisch nicht möglich ist. Es wird somit erst die Schwimmlage Abb. 35

Abb. 34. Schematische Darstellung der theoretischen Wellenlage im tiefsten Punkte der Wellenbahn, ohne Rücksicht auf die Unebenheiten: die stark ausgezogenen „Grundkreise" berühren sich.

erreicht sein müssen, bei der die gestrichelt eingezeichneten Kopfkreise sich gerade nicht mehr berühren, um die Welle frei rotieren lassen zu können.

Denken wir uns nun den Zapfen bei hoher Drehzahl frei im Lager schwimmen und die Umlaufgeschwindigkeit langsam abnehmen, so daß der (Lager- und Wellenmittel verbindende) Fahrstrahl, herabsinkend, sich schließlich der Lage nach Abb. 35 nähert. Nimmt die Drehzahl weiter ab, so beginnen die Kopfkreise (d. h. die Sphären der

Unebenheitserhöhungen) sich zu berühren — die Unebenheiten „klinken ein" —, und das Wellenmittel wird, infolge der Unvollkommenheit der Bearbeitung, nur noch der erzwungenen, punktiert eingetragenen Bahn folgen können, um seinen tiefsten Punkt zu erreichen. Umgekehrt muß der gleiche Winkel vom Stillstand bis zum „Ausklinken" der Unebenheiten erst unter halbflüssiger Reibung zurückgelegt sein, bis flüssige Reibung und Schwimmen eintritt.

Dieser „Ausklinkwinkel" ist bei gleichem ideellem Lagerspiel und Zapfendurchmesser um so größer, je mangelhafter die Bearbeitung. Bei vollkommen bearbeiteten bzw. mathematischen Zylinderflächen schrumpft er auf Null zusammen. — Die Abb. 34 und 35 zeigen somit deutlich, daß die vorgeschlagene Hypothese für jede Höhe der Bearbeitungsunebenheiten dieselbe Berechnungsgrundlage ergibt und damit also im Grenzfalle bequem auch vollkommen bearbeitete Gleitflächen in die Berechnung einzubeziehen gestattet, was wesentlich ist.

Es sei an dieser Stelle ausdrücklich darauf hingewiesen, daß die sich auf den ideellen Durchmesser stützende Lagerberechnung auf Grund der gemachten Annahmen reichlich streng ist. Sie gibt etwas zu ungünstige Werte, doch bietet sie dadurch gleichzeitig den Vorteil vergrößerter Sicherheit, was uns, namentlich bei hochbelasteten Lagern, nur willkommen sein kann.

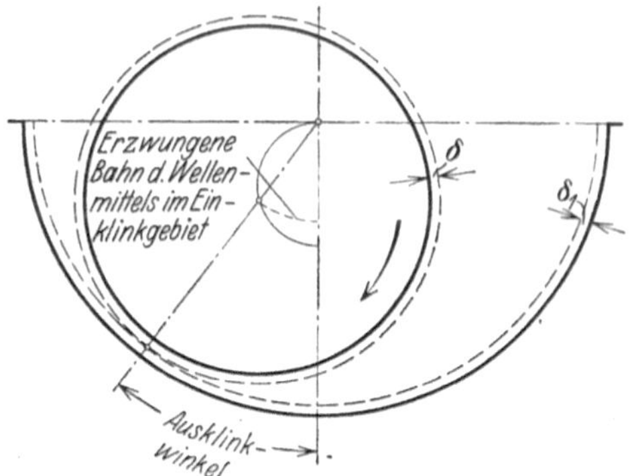

Abb. 35. Schematische Darstellung der Wellenlage im „Ausklinkzustande": die gestrichelten „Kopfkreise" von Zapfen und Lagerschale berühren sich.

Andererseits führt uns die Betrachtung des Einflusses der Bearbeitungsvollkommenheit zu der Erkenntnis, daß ein ideal glatter Zapfen in einer ebensolchen Lagerschale, selbst unter den ungünstigsten Umständen, ganz gewaltige Belastungen aufzunehmen vermöchte.

In schwierigen Fällen spielt allerfeinste Bearbeitung somit eine ungemein wichtige Rolle, und es war daher von größtem Interesse festzustellen, wie groß wohl in Wirklichkeit die Höhe der Unebenheiten bei verschieden bearbeiteten Flächen sein mag. Diese Feststellungen wurden auf eine im Jahre 1923 vom Verfasser ausgesprochene Anregung in dankenswerter Weise von Herrn Prof. Dr. G. Berndt, Dresden, übernommen und führten zu sehr befriedigenden und für die moderne Lagerberechnung höchst wichtigen Ergebnissen[3].

Die Höhe der Unebenheiten* δ'' bearbeiteter Oberflächen bei ungehärtetem Siemens-Martin-Stahl kann nach diesen Feststellungen, in guter Übereinstimmung mit englischen Ermittelungen, nach Maßgabe der Zahlentafel 5 angenommen werden.

---

* Im nachfolgenden werden die Größen D, d, l, h, δ usw. in m, nach Bedarf auch als D', d', l', h', δ' usw. in cm oder als $D'', d'', l'', h'', \delta''$ usw. in mm ausgedrückt.

Zahlentafel 5. Höhe der Unebenheiten δ'' bearbeiteter Oberflächen bei ungehärtetem S.-M.-Stahl.

1. Gedreht . . . . 0,03 ÷ 0,04   mm
2. Gedreht und mit Halbschlichtfeile geschlichtet . . . . . 0,02 ÷ 0,03   „
3. Gedreht und mit Schlichtfeile geschlichtet . . . . 0,01 ÷ 0,02   „
4. Geschlichtet und mit Schmirgelleinen Nr. 1 abgezogen. . 0,006 ÷ 0,007   „
5. Mit Schmirgelscheibe geschliffen. . . . . 0,004 ÷ 0,005   „
6. Geschlichtet und mit Schmirgelleinen Nr. 00 abgezogen (oder gehärtet und geschliffen) . . . . 0,003 ÷ 0,004   „
7. Auf Gußplatte sauber abgezogen (nur für ebene Flächen) 0,001 ÷ 0,003   „
8. Gehärtet und ff. sauber auf Gußplatte abgezogen . . .   rd. 0,0001 „

Für Lagerzapfen kommen nur die Reihen 4, 5 und 6 in Betracht, und zwar kann als sicherer Mittelwert für neuzeitlich auf der Schleifmaschine geschliffene (ungehärtete) Zapfen eine Unebenheitshöhe von $\delta'' = 0,005$ mm angenommen werden.

Bei Lagerschalen spielt sowohl die Art des Materiales wie auch die Bearbeitungsmethode eine Rolle. Als Lagerlaufflächen kommen vorwiegend Weißmetall, Bronze und Gußeisen in Betracht.

Transmissionslager aus Gußeisen werden bei Serienherstellung mit der Reibahle durchgerieben und können dabei einen Genauigkeitsgrad annehmen, der dem des geschliffenen Stahlzapfens kaum nachsteht. Weißmetallager, von den kleinsten bis zu den größten Abmessungen, werden heute am einfachsten und billigsten mit dem Diamantwerkzeug ausgedreht. Allerdings wirken Diamantwerkzeuge, je nach Fassung, Schliff und Qualität der Steine, sehr verschieden. Der in seinem Schnittwinkel und Anschliff dem Werkstoff individuell angepaßte „Böddener-Diamant" liefert beispielsweise eine so saubere Bohrungsfläche, daß die sehr feinen Drehriefen mit dem bloßen Auge nur schwer wahrnehmbar sind. Rechnet man bei gewöhnlich (mit Stahlwerkzeugen) ausgebohrten Lagerschalen in Weißmetall mit 0,015 mm, in harter, dichter Bronze mit etwa 0,02 mm Höhe der Unebenheiten, so dürften diese beim Ausdrehen mit dem Böddener-Diamanten* auf angenähert 0,002 mm bei Weißmetall und etwa 0,004 mm bei harter Bronze zu schätzen sein (vgl. auch Schlippe bzw. von Metzsch[80, 81]).

Nach diesen Unterlagen läßt sich für die geringste zulässige Schmierschichtstärke h jedenfalls ein leidlich sicherer Grenzwert festlegen, der bei der Berechnung von Lagern als Norm gelten kann.

Für die Bearbeitung von Zapfen können wir unter normalen Verhältnissen $\delta'' = 0,005$ mm annehmen, für die Ebenheit der Lagerschalen bei guter Ausführung (mit Diamant ausgebohrt oder durchgerieben) etwa ebensoviel, also auch $\delta_1'' = 0,005$ mm. Da diese Werte bei erstklassiger Arbeit unterschritten werden und die Berechnungsmethode schon an und für sich, durch zu strenge Annahmen, eine gewisse Sicherheit bietet, kann bei gleichzeitiger vorsichtiger Einschätzung der Zähigkeit in der Schmierschicht von einem besonderen Zuschlag zu der Summe $\delta + \delta_1$ abgesehen werden, und wir erhalten als Grenzwert

---

* H. Bachmann, Industrie-Diamanten, W. Böddeners Nachfolger, Magdeburg, Gellertstr. 16.

der bei normalen Lagerungen nicht unterschritten werden soll, aus Gleichung (24)

$$h''_{min} \geqq 0,01 \text{ mm* bzw. } h_{min} \geqq 0,00001 \text{ m} . \qquad (25)$$

Abb. 36 zeigt das Profil einer in Gelatine abgegossenen gedrehten Stahlfläche in 100facher Vergrößerung nach Prof. Dr. G. Berndt[3], Dresden. Diese verhältnismäßig sehr rohe Fläche ist deshalb gewählt, weil dabei der Charakter der senkrecht durchschnittenen Drehriefen besonders deutlich zum Ausdruck kommt. (Nach neueren Berndtschen Verfahren sind auch die allerfeinsten Bearbeitungsflächenprofile noch deutlich sichtbar zu machen).

Das Drehen und Feilen von Lagerzapfen ist sowohl vom Standpunkte der Ebenheit und Glätte wie auch in bezug auf Genauigkeit der zylindrischen Form unzulänglich. Dagegen liefert Schleifen auf der Schleifmaschine genügend genau zylindrische und glatte Oberflächen. Das vielfach noch übliche Überschleifen warm eingezogener gehärteter Stirnkurbelzapfen von Kolbenmaschinen mittels Holz- oder Bleikluppe und Schmirgelpulver ist unter allen Umständen zu verwerfen, da die Zapfen dadurch rauh** und unrund werden. Das Überschleifen

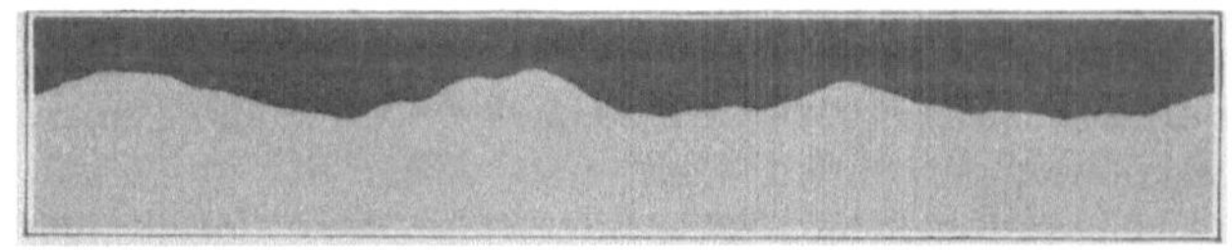

Abb. 36. Querschnitt durch eine gedrehte Stahlfläche, in 100facher Vergrößerung.

muß vielmehr auf der Kurbelschleifmaschine erfolgen, und zwar mit möglichst hoher Drehzahl und erschütterungsfreier Schleifspindel.

Bei sehr hohen Flächendrücken ist allerfeinste Bearbeitung unerläßlich: Die Zapfenoberfläche ist am besten im Einsatz zu härten, genau zu schleifen und zu polieren; die Lagerschalen sind bei kleineren Abmessungen und größeren Stückzahlen mit der Stufenräumnadel zu räumen, bei größeren Dimensionen zu „rollpolieren" (Verdichten mittels der Druckpolierrolle) und bei großen Lagern aufzutuschieren, und zwar bei Schwinglagern auf den Zapfen selbst, bei rotierenden Wellen auf einen um das Lagerspiel größeren Hilfsdorn. — Buchsenlager mit Weißmetallfutter können „geräumt" oder auch „gekugelt" werden, indem eine polierte Stahlkugel hindurchgedrückt wird.

Mit der Herstellung einer hochwertig glatten Oberfläche bei Zapfen und Lagerschalen ist jedoch die erwünschte hohe Lagertragfähigkeit noch nicht gesichert. Mit der Vollkommenheit der Oberflächenbearbeitung muß auch die Genauigkeit der Zylinderform Schritt halten. Zapfen und Bohrungen müssen also möglichst gerade Mittellinien aufweisen, was bekanntlich insbesondere bei Bohrungen schwer zu erreichen ist. Das vollkommenste Verfahren zur Herstellung auf der ganzen Länge tragender Lagerungen ist das sog. „Honen" (Peripherial-

---

* Hiermit stimmen auch die von V. Vieweg auf experimentell-optischem Wege gefundenen Größen befriedigend überein[95].

** Die unzähligen feinen Schleifriefen wirken nämlich wie peripherial umlaufende schmale Ringnuten und setzen dadurch die Tragfähigkeit des Zapfens herab.

schleifen bei gleichzeitiger oszillierender Längsverschiebung), das nicht nur auf Bohrungen, sondern mit Vorteil auch auf Zapfen anwendbar ist (vgl. auch Schlippe, von Metzsch, Lich[80, 81, 65]).

Die geringste Dicke, die eine Schmierschicht rein physikalisch anzunehmen vermag, ohne zu zerreißen, ist nach ausgeführten Versuchen wesentlich kleiner als $^1/_{10\,000}$ mm. Mit Rücksicht auf die außerordentlich feine Verteilbarkeit des Schmiermittels wären also Schmierschichtstärken von so geringer Dicke zulässig, daß deren praktische Ausnutzung selbst bei allerfeinster Oberflächenbearbeitung nicht möglich wäre. Je weiter wir uns aber der vollkommenen Ebenheit nähern, um so geringere Schmierschichtstärken dürfen wir zulassen, ohne halbflüssige Reibung befürchten zu müssen.

Zusammenfassung.

1. Jede noch so gut bearbeitete Welle oder Lagerschale zeigt an ihrer Oberfläche Unebenheiten, von deren Höhe letzten Endes die Größe der geringsten zulässigen Schmierschichtstärke und damit die Höhe der Belastbarkeit abhängig ist.

2. Die hydrodynamische Theorie setzt bei der Berechnung Zapfen und Lagerschalen von mathematischer Genauigkeit und vollkommener Ebenheit der Gleitflächen voraus. Die theoretischen Durchmesser d bzw. D, mit denen gerechnet wird, sind daher die „ideellen" Durchmesser oder „Grunddurchmesser". Sie entsprechen demjenigen Durchmesser, den man erhalten würde, wenn man bis auf den „Grund" der Unebenheitsvertiefungen messen könnte.

3. Der wirkliche (meßbare) Durchmesser eines Zapfens ist gleich dem ideellen Zapfendurchmesser d plus 2 mal der Höhe der Unebenheiten δ des Zapfens; somit $d_w = d + 2 \cdot \delta$. — Der wirkliche Durchmesser einer Lagerschale ist gleich dem ideellen Lagerdurchmesser D minus 2 mal der Höhe der Unebenheiten der Lagerschale; somit $D_w = D - 2 \cdot \delta_1$.

4. Das praktische (meßbare) Lagerspiel ist dem in der Rechnung auftretenden ideellen Lagerspiel gegenüber stets um den Betrag $2(\delta + \delta_1)$ der Unebenheiten kleiner.

5. Die geringste Schmierschichtstärke h muß stets größer sein als die Summe der Unebenheitshöhen δ und δ_1 von Zapfen und Lagerschale, wenn halbflüssige Reibung vermieden werden soll. Es muß also stets sein $h > \delta + \delta_1$.

6. Die Summe der Unebenheiten von Zapfen und Lagerschale bei stählernen geschliffenen Zapfen und durchgeriebenen oder mit dem Diamanten ausgebohrten Lagerschalen kann nach praktischen Versuchen angenähert $= 0,01$ mm angenommen werden. In Wirklichkeit wird sie meistens geringer sein, so daß für normale Fälle gesetzt werden kann: geringste zulässige Schmierschichtstärke bei normalen Lagern $h''_{min} = 0,01$ mm.

7. Bei sehr hohen Flächendrücken ist hochwertigste Gleitflächenbearbeitung einfach unerläßlich. Ihren Zweck kann sie jedoch nur erfüllen, wenn mit der Vollkommenheit der Oberflächenglätte auch die Genauigkeit der Zylinderform bei Zapfen und Lagerschale Schritt hält.

11. Der zulässige Flächendruck bei Querlagern.

Die Ermittlung der zulässigen Belastbarkeit eines ausgeführten Querlagers ist theoretisch außerordentlich einfach; denn bei gegebener Drehzahl, gegebener Ölzähigkeit und gegebenen Abmessungen, d. h. bekanntem Lagerspiel und gegebener Bearbeitung, läßt sich die zulässige Flächenpressung hydrodynamisch ohne weiteres berechnen. Praktisch dürfte die Lösung solcher Aufgaben jedoch nur selten gelingen, weil es meistens (bei geteilten Lagern) sehr schwer ist, den Lagerschalendurchmesser genügend genau zu messen.

Aus der gegebenen wirklichen Durchmesserdifferenz (praktisches Lagerspiel) bestimmt man durch Addition von $2(\delta + \delta_1)$ das ideelle Lagerspiel $D - d$ bzw. das verhältnismäßige Lagerspiel $\psi = \dfrac{D - d}{d}$.

Nunmehr braucht lediglich Formel (21) nach p_m aufgelöst zu werden, und wir erhalten aus

$$3{,}84 \cdot p_m \cdot \psi \cdot h = d \cdot z \cdot \omega \quad \text{für Exzentrizitäten gleich oder größer } \chi = 0{,}5$$

allgemein

$$p_m = \frac{d \cdot z \cdot \omega}{3{,}84 \cdot \psi \cdot h} = \frac{d \cdot z \cdot \omega \cdot d}{3{,}84 \cdot h(D - d)} \ \text{kg/m}^2. \tag{26}$$

Hierin setzt man $h =$ dem als zulässig erachteten Wert, entsprechend der Summe der Unebenheiten $\delta + \delta_1$; also z. B. $h = 0{,}00001$ m.

Beispiel 2. Gegeben sei $D_w'' = 125{,}01$ mm; $d_w'' = 124{,}96$ mm; $l'' = 140$ mm; $n = 300$. Die Ölzähigkeit in der Schmierschicht werde mit etwa $z = 0{,}003$ kg sek/m² angenommen. — Wie groß ist bei normaler Bearbeitung das größtzulässige p_m und P?

Das ideelle Lagerspiel beträgt nach Formel (23)

$$D'' - d'' = (D_w'' - d_w'') + 2 \cdot (\delta'' + \delta_1'') = 125{,}01 - 124{,}96 + 2 \cdot 0{,}01 = 0{,}07 \text{ mm}$$

und

$$\psi = \frac{D'' - d''}{d''} = \frac{0{,}07}{125} = \frac{1}{1790}.$$

Hiermit wird, wenn wir als geringste Schmierschichtstärke $h = 0{,}00001$ m zulassen und $\omega = 0{,}105 \cdot n$ einführen, der dementsprechende höchste Lagerflächendruck nach Gleichung (26)

$$p_m = \frac{d \cdot z \cdot \omega}{3{,}84 \cdot h \cdot \psi} = \frac{0{,}125 \cdot 0{,}003 \cdot 0{,}105 \cdot 300 \cdot 1790}{3{,}84 \cdot 0{,}00001 \cdot 1} = 550\,000 \text{ kg/m}^2 = 55 \text{ kg/cm}.$$

Die bei selbsteinstellenden Lagerschalen mit Rücksicht auf die Schmierschichtstärke zulässige Lagerbelastung beträgt damit, d und l in cm ($= d'$ bzw. l') und den spezifischen Lagerdruck p in kg/cm² eingesetzt,

$$P = d' \cdot l' \cdot p = 12{,}5 \cdot 14 \cdot 55 = 9600 \text{ kg.}$$

(Bei der Besprechung der Lagerreibungsverhältnisse werden wir sehen, auf welche Weise sich die Ölzähigkeit in der Schmierschicht leidlich zutreffend einschätzen läßt.)

Gleichung (26) zeigt u. a., daß bei gleicher Ölzähigkeit, gleicher Schmierschichtstärke und gleichem absoluten Lagerspiel dicke Zapfen wesentlich mehr tragen als dünne, und rasch laufende wiederum mehr als langsam laufende.

Kleine Lager mit niedriger Drehzahl können größere Tragfähigkeit nur bei kleinstem Lagerspiel entwickeln. Große Lager mit hoher Drehzahl besitzen schon an und für sich eine so bedeutende Tragfähigkeit, daß ohne weiteres größere Lagerspiele ausgeführt werden können; letzteres ist allerdings nicht nur aus Herstellungsrücksichten, sondern auch im Interesse ruhigen Laufes der Welle meist unerläßlich.

Die Tragfähigkeit eines Querlagers wird jedoch noch durch mancherlei andere Momente beeinflußt, deren Beachtung daher von Wichtigkeit ist.

Zunächst wäre zu berücksichtigen, daß der größte Flächendurck, der von einem Zapfen technisch aufgenommen werden könnte, schließlich durch dessen Festigkeit begrenzt ist. — Für einen Stirnzapfen mit gleichmäßig verteilter Last ergibt sich z. B. folgende Abhängigkeit:

$$P \cdot \frac{l'}{2} = W_0 \cdot \sigma_b \approx 0{,}1 \cdot d'^3 \cdot \sigma_b\,,$$

wobei P die gesamte Lagerbelastung in Kilogrammen, d' und l' Zapfendurchmesser und -länge in Zentimetern, W_0 das Widerstandsmoment des Zapfenquerschnittes in cm^3 und σ_b die zulässige Biegungsbeanspruchung des Zapfenmaterials in kg/cm^2 bedeutet.

Setzen wir im letzten Ausdruck $P = p \cdot d' \cdot l'$, wobei p die mittlere Flächenpressung des Lagers in kg/cm^2 bedeutet, so erhalten wir:

$$\frac{p \cdot d' \cdot l' \cdot l'}{2} = 0{,}1 \cdot d'^3 \cdot \sigma_b \quad \text{oder} \quad p = \frac{2 \cdot 0{,}1 \cdot d'^3 \cdot \sigma_b}{d' \cdot l'^2} = \frac{0{,}2 \cdot \sigma_b \cdot d'^2}{l'^2}\,.$$

Der größte vom Standpunkte der Zapfenfestigkeit zulässige Flächendruck ist damit bei Stirnzapfen gegeben zu

$$p = \frac{0{,}2 \cdot \sigma_b}{(l:d)^2} \ \text{kg/cm}^2\,. \tag{27}$$

Für ein Längenverhältnis $l:d = 1{,}5$ und ein $\sigma_b = 450$ würde z. B.

$$p = \frac{0{,}2 \cdot 450}{1{,}5^2} = \frac{90}{2{,}24} = 40 \ \text{kg/cm}^2\,.$$

Bei sehr kurzen Stirnzapfen sind wesentlich höhere Flächendrücke möglich. Bei einem Verhältnis von $l:d = 0{,}8$ käme man z. B. auf

$$p = \frac{0{,}2 \cdot 450}{0{,}8^2} = \frac{90}{0{,}64} = 140 \ \text{kg/cm}^2.$$

Eine Nachrechnung der Zulässigkeit dieser Flächendrücke mit Rücksicht auf die geringste Schmierschichtstärke ist selbstverständlich gesondert durchzuführen.

Als weiteres Einflußmoment auf die Lagertragfähigkeit ist die Selbsteinstellung der Lagerschale zu nennen. Die große Wichtigkeit dieses Konstruktionsprinzipes ist bereits in Abschnitt 3 betont und ausführlicher begründet worden. Der Zweck dieser Einrichtung besteht bekanntlich darin, die Auswirkungen der Wellendurchbiegung unschädlich zu machen.

Letztere schließt vom Standpunkte des Lagerlaufes zwei Wirkungen in sich: die Wellen-Schiefstellung und die Wellen-Krümmung. Bei zu beiden Seiten des Lagers gleich stark belasteten Wellen scheidet die erstere insofern aus, als sie eine Änderung der Lagerschalenlage (infolge der nach beiden Seiten symmetrischen Durchbiegung) nicht bedingt. Lager für einseitig belastete Wellen oder Stirnzapfen unterliegen indes sowohl dem Einfluß der Schiefstellung wie auch demjenigen der Wellen- Krümmung. Die Schiefstellung wird durch die Selbsteinstellbarkeit der Lagerschale ausgeglichen, während eine Kompensierung der Krüm- mung innerhalb der Lagerlänge nicht möglich ist.

Die nachteiligen Wirkungen der Wellenkrümmung innerhalb des Lagerlaufes bestehen, wie leicht einzusehen, darin, daß die gekrümmte Welle entweder mit der konvexen Seite in Lager- mitte oder mit der kon- kaven Seite an beiden Lagerenden die Schmier- schicht durchdrückt bzw. (bei mäßiger Belastung) erheblich schwächt, so daß jedenfalls die Trag- fähigkeit des Lagers eine beträchtliche Einbuße er- fährt. Um diesen Kanten- pressungen durch Wellen- krümmung nach Möglich- keit zu entraten, gibt es außer der Mäßigung der Wellenbeanspruchung durch Anwendung dicker und starker Wellen nur ein einziges Mittel: kurze Lagerlängen; denn da- durch wird der Absolut- wert der Krümmung innerhalb des Lagerlaufes herabgesetzt.

Abb. 37 stellt die ela- stische Deformation eines

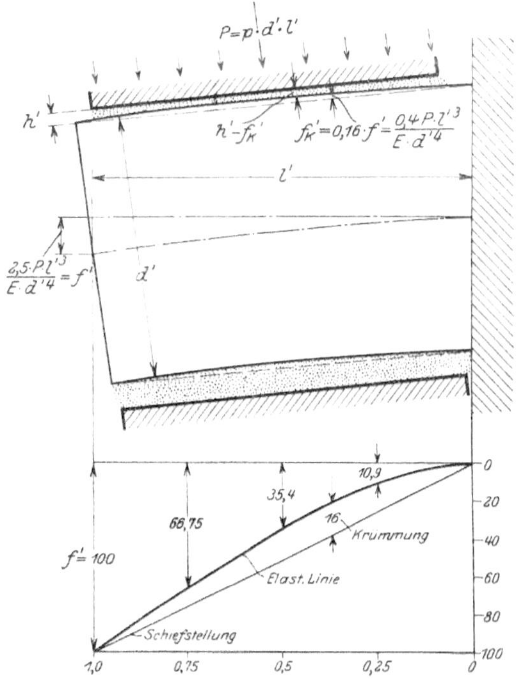

Abb. 37. Stirnzapfen-Durchbiegung unter der Einwirkung der Nutzlast und Ausgleich der Schiefstellung durch bewegliche Lagerschale.

freitragend eingespannten Stirnzapfens in vergrößertem Maßstabe dar. Da bei reiner Flüssigkeitsreibung die Übertragung des Lagerdruckes auf den Zapfen durch Vermittlung der Ölschicht, also angenähert gleichmäßig auf der ganzen Länge erfolgt, kann der Berechnung der Durchbiegung die elastische Linie bei gleichmäßig verteilter Last zugrunde gelegt werden. Abb. 37 zeigt unten die Form der elastischen Linie in starker Ver- größerung, wobei in gewissen Abständen die zugehörigen Durchbie- gungen als Teile der größten Durchbiegung f' (in Prozenten) eingetragen sind. Hiermit liegt der Verlauf der elastischen Linie in allgemeiner Form fest und könnte für jeden ähnlichen Fall in einem geeigneten Maßstabe aufgezeichnet werden.

Die aus der linken unteren nach der rechten oberen Ecke gezogene Gerade gibt die mittlere Schiefstellung an, während die größte Krümmung durch den Wert f_k' dargestellt wird. Wie die eingeschriebenen Maße zeigen, beträgt der Zahlenwert der Krümmung bei Stirnzapfen nur 16% des Zahlenwertes der größten Durchbiegung f', die sich für vollen Kreisquerschnitt bestimmt nach der Gleichung

$$f' = \frac{2{,}5 \cdot P \cdot l'^3}{E \cdot d'^4} = \frac{2{,}5 \cdot p \cdot l'^4}{E \cdot d'^3} \; \text{cm} \,. \qquad [28]$$

Hierin ist P die gesamte Lagerbelastung in Kilogrammen, p der Flächendruck in kg/cm² $= \dfrac{P}{d' \cdot l'}$, l' die Lagerlänge in Zentimetern, E der Elastizitätsmodul des Zapfenmaterials in kg/cm² und d' der Zapfendurchmesser in Zentimetern.

Daraus ergibt sich die Größe der Krümmung bei Stirnzapfen zu

$$f_k' = 0{,}16 \cdot f' = \frac{0{,}4 \cdot P \cdot l'^3}{E \cdot d'^4} \; \text{cm} \,. \qquad [29]$$

In wichtigen Fällen (bei schwer belasteten, langsam laufenden Zapfen) ist der Wert f_k' stets nachzurechnen und zu der aus den Unebenheiten der Oberflächen bedingten geringsten Schmierschichtstärke hinzuzuzählen, so daß dann also h' nicht kleiner werden darf als $\delta' + \delta_1' + f_k'$ cm.

Nach diesen Betrachtungen wird es auch klar sein, warum bei Kurbelwellenzapfen mit starren Hauptlagern nur verhältnismäßig geringe Flächendrücke zulässig sind. Die Erfahrung hat gezeigt, daß hochbelastete Kurbelwellenzapfen zum Heißlaufen neigen; diese Erscheinung hat jedoch ihre Ursache nicht in dem zu hohen Flächendruck an sich, sondern lediglich in der Durchbiegung und der damit zusammenhängenden Schiefstellung der Welle im Lager. Es entstehen Kantenpressungen mit halbflüssiger Reibung und starker lokaler Wärmeentwicklung. Unterstützt wird das Auftreten hoher Kantenpressungen noch durch die allgemein übliche große Lagerlänge.

In der irrigen Meinung, daß die Lagerpressung als solche einen gewissen niedrigen Betrag nicht überschreiten dürfe, werden größtenteils verhältnismäßig lange Lager ausgeführt, um den Zahlenwert der Flächenpressung klein zu halten. Dadurch wird leider das Gegenteil von dem erreicht, was angestrebt wurde: der Wellenzapfen biegt sich kräftig durch, ergibt hohe Kantenpressungen mit halbflüssiger Reibung, und das Lager geht trotz der rechnerisch geringen Flächenpressung heiß. Ein halb so langer Zapfen würde in der Regel trotz des doppelten Flächendruckes besser laufen, da die Durchbiegung ganz erheblich zurückginge und halbflüssige Reibung unter Umständen ganz vermieden würde.

Diese Erkenntnis ist für die Ausführung von Wellen (insbesondere Kurbelwellen) von maßgebender Bedeutung, und so manche Mißerfolge haben in zu langen Lagern ihre unerkannte Ursache.

Die Lagerabmessungen von Wellen dürfen nicht einfach nach der zulässigen Gesamtanstrengung des Wellenmaterials oder einem festen, allgemein als zulässig erachteten Wert für den Flächendruck bemessen werden. — Maßgebend für die Lagerabmessungen ist vielmehr in erster

Linie die Durchbiegung der Zapfen innerhalb der Lagerlänge. Dicke Zapfen mit kurzer Lagerlänge sind auf jeden Fall zweckmäßiger; denn sie vertragen wesentlich höhere Flächendrücke als dünne und lange Zapfen. — Für die Ermittlung der Durchbiegung mehrfach gelagerter Kurbelwellen gibt das Buch „Mehrmals gelagerte Kurbelwellen mit einfacher und doppelter Kröpfung" von Dr.-Ing. M. Ensslin[17] eine ganz vorzügliche Anleitung.

Mit der Erkenntnis, daß praktisch die spezifische Tragfähigkeit um so größer wird, je kürzer die Lagerlänge, taucht auch die Frage auf, bis zu welchem Längenverhältnis dies wohl etwa zutreffen mag; denn daß dem unteren Grenzbegriff der Lagerlänge (= Messerschneide) nicht gut die höchste spezifische Tragfähigkeit zugeordnet sein kann, dürfte von vornherein klar sein.

Eine nähere Untersuchung dieser Verhältnisse zeigt folgendes: Je kürzer die Lagerlänge, um so geringer zwar der schädliche Einfluß der Zapfenkrümmung, um so größer jedoch die unter der Einwirkung der Belastung aus der Schmierschicht an den Lagerenden abströmende Schmiermittelmenge. Wird dieser Schmiermittelverlust pro Umdrehung größer als die Ölzufuhr durch die Förderwirkung der Welle, so muß im Lager Schmiermittelmangel entstehen, obschon die Nachteile der Zapfendurchbiegung fast bis auf Null herabgemindert sind.

Die Auswirkung des Schmiermittelmangels besteht offenbar in einer starken Vergrößerung der Exzentrizität, wie dies aus Gleichung (15) hervorgeht, wenn man c aus Zahlentafel 2 durch Verkleinerung von $l:d$ weiter und weiter anwachsen läßt. φ wird dadurch immer größer und damit auch die Exzentrizität. Analog der Ableitung der Sonderformel (21) (mit $c = 2$) erhält man dann für beliebige Lagerlänge und $\chi \gtreqqless 0{,}5$ allgemein

$$h = \frac{d \cdot z \cdot \omega}{1{,}92 \cdot c \cdot p_m \cdot \psi} \quad \text{m} \tag{30}$$

oder, nach Einsetzen von $p_m = \dfrac{P}{d^2 \cdot (l:d)}$; $\omega = 0{,}105 \cdot n$ und $\psi = \dfrac{D-d}{d}$,

$$h = \frac{d^4 \cdot (l:d) \cdot n \cdot z}{18{,}3 \cdot c \cdot P \cdot (D-d)} \quad \text{m} \tag{31}$$

als geringste Schmierschichtstärke in Abhängigkeit von der verhältnismäßigen Lagerlänge.

Berechnet man mit Hilfe der Gleichung (30) den zulässigen Flächendruck eines Lagers veränderlicher Länge, unter Berücksichtigung der senkrechten Durchbiegung (Krümmung) einer beiderseits des Lagers symmetrisch in 2 Hilfslagern gestützten Welle, so erhält man schließlich das in Abb. 38 dargestellte Ergebnis: Der zulässige Flächendruck steigt mit kleiner werdender Lagerlänge bis zu einem Höchstwert an, um dann bei noch kleineren Lagerlängen wieder abzunehmen und beim Längenverhältnis $l:d = 0$ ebenfalls Null zu werden. Einzelheiten dieser mit gleichbleibender Drehzahl und Schmiermittelzähigkeit durchgeführten Rechnung gehen aus dem Aufsatz des Verfassers „Einfluß der Lagerlänge auf die Tragfähigkeit"[31] hervor.

Die der gleichen Arbeit entnommene Kurve, Abb. 39, zeigt in ihrem ausgezogenen Teil das Ergebnis einer experimentellen Nachprüfung des Einflusses der Lagerlänge auf den zulässigen Flächendruck, während der gestrichelte Kurventeil eine rein gefühlsmäßige Verlängerung darstellt. Die Versuche sind vom Versuchsfeld für Maschinenelemente der Technischen Hochschule Charlottenburg an einem Caro - Bronzebuchslager von 40 mm Durchmesser ausgeführt worden und zeigen, obschon sie gegenüber der theoretischen Ermittlung abweichende Bedingungen aufweisen, bezüglich der Form der Kurve eine beachtenswerte Übereinstimmung mit dem Ergebnis der rechnerischen Untersuchung, die ja notgedrungen eine ganze Anzahl von vereinfachenden Annahmen zulassen mußte, um die Rechnung überhaupt möglich zu machen.

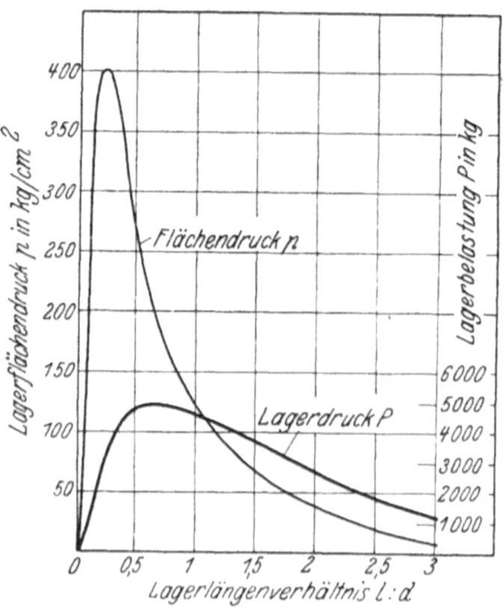

Abb. 38. Rechnerisch ermittelte Abhängigkeit des höchstzulässigen Flächendruckes von der Lagerlänge.

Von Interesse ist daher auch nur der Charakter der Kurve, der jedenfalls erkennen läßt, daß lange Lager wenig tragfähig sind und daß die ungünstige Wirkung kleiner Lagerlänge erst bei sehr kurzen Lagern in Erscheinung tritt, zu deren Anwendung man in der Praxis höchst selten Veranlassung haben dürfte. Die Kurve, Abb. 39, zeigt übrigens, daß selbst bei den keinesfalls besonders günstigen Versuchsbedingungen noch Längenverhältnisse von $l : d = 0,1$ (wie sie etwa bei Exzentern vorkommen) sehr ansehnliche Flächendrücke zuzulassen scheinen. — Die rechnerische Ermittlung der Tragfähigkeit abnorm kurzer Lager (oder Exzenter) kann also nach der allgemeinen Gleichung (30) bzw. (31) und der genannten Sonderarbeit[31] erfolgen.

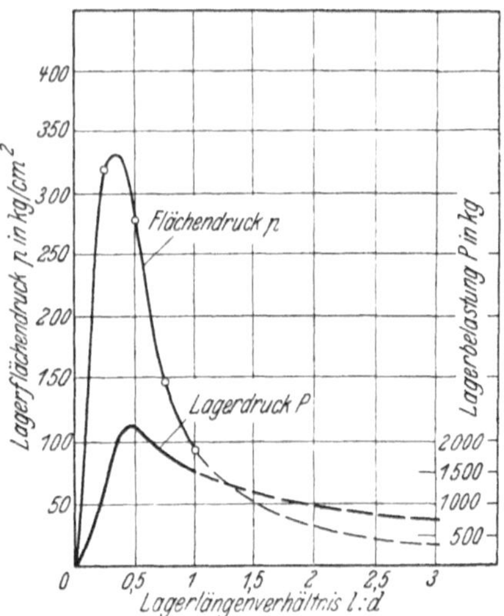

Abb. 39. Durch praktische Laufversuche festgestellte Abhängigkeit des höchstzulässigen Flächendruckes von der Lagerlänge.

Die Lehre, die wir aus obigen Feststellungen für die Praxis ziehen können, geht etwa dahin, daß Lagerlängen über $l : d = 1,5$ auch bei kleinen Flächendrücken nicht angewandt werden sollten, da sie, wie wir in Abschnitt 15 sehen werden, auch den Nachteil unnötig großer Reibungsverluste an sich haben, — von Werkstoff- und Lohnverschwendungen noch ganz abgesehen. Für mittlere und höhere Lagerdrücke sind Längenverhältnisse von $l:d = 1,2$ bis $0,8$ am Platz, während für hohe und höchste Pressungen die verhältnismäßige Lagerlänge bis auf $l:d = 0,5$ hinabzugehen hat. Bei ernstem Platzmangel oder sehr hartem Lagermaterial wird man auch noch kleinere Lagerlängen (bis zu $0,3 \cdot d$) nicht scheuen dürfen. —

Die hohe Bedeutung vollkommener Gleitflächenbearbeitung für die Tragfähigkeit der Lager wurde bereits in Abschnitt 10 besprochen, ohne jedoch auf die zahlenmäßigen Auswirkungen einzugehen. — Nachstehendes Beispiel soll die Verbesserung der Tragfähigkeit durch Vervollkommnung der Bearbeitung rechnerisch zu erfassen suchen.

Beispiel 3. Zu bestimmen sei die Tragfähigkeit eines kurzen Bronzelagers von 80 mm Durchmesser bei einem wirklichen Lagerspiel von 0,04 mm, $n = 250$ und $z = 0,005$; 1. mit Schnelldrehstahl ausgebohrt, Welle geschliffen, mit Bearbeitungsunebenheiten von $\delta_1'' = 0,015$, $\delta'' = 0,005$ mm und dementsprechender geringster zulässiger Schmierschichtstärke $h'' = 0,015 + 0,005 = 0,02$ mm; 2. mit Diamant ausgebohrt, Welle gehärtet, geschliffen und poliert, mit $\delta_1'' = 0,004$, $\delta'' = 0,001$ und $h'' = 0,004 + 0,001 = 0,005$ mm.

Das ideelle Lagerspiel ist im ersten Falle nach Gleichung (23)

$$D'' - d'' = D_w'' - d_w'' + 2\,(\delta'' + \delta_1'') = 0,04 + 2\,(0,005 + 0,015) = 0,08 \text{ mm}$$

und damit das verhältnismäßige Lagerspiel

$$\psi = \frac{D'' - d''}{d''} = \frac{0,08}{80} = \frac{1}{1000}\,.$$

Die Tragfähigkeit beträgt alsdann für $h'' = 0,02$ mm nach Gleichung (26)

$$p_m = \frac{d \cdot z \cdot \omega}{3,84 \cdot \psi \cdot h} = \frac{80 \cdot 0,005 \cdot 0,105 \cdot 250 \cdot 1000}{3,84 \cdot 0,02} = 137\,000 \text{ kg/m}^2;$$

$$p = 13,7 \text{ kg/cm}^2$$

(d und h durften hier in Millimetern eingesetzt werden, da einer der Werte im Zähler, der andere im Nenner steht).

Wie wir sehen, ist die Tragfähigkeit nicht hoch und eine Verbesserung erwünscht. Stellen wir nunmehr fest, wie groß die Belastbarkeit im zweiten Falle wird!

$$D'' - d'' = 0,04 + 2\,(0,001 + 0,004) = 0,05 \text{ mm},$$

$$\psi = \frac{D'' - d''}{d''} = \frac{0,05}{80} = \frac{1}{1600}$$

und für $h'' = 0,005$ mm

$$p_m = \frac{80 \cdot 0,005 \cdot 0,105 \cdot 250 \cdot 1600}{3,84 \cdot 0,005} = 870\,000 \text{ kg/m}^2 \text{ bzw. } p = 87 \text{ kg/cm}^2.$$

Die Tragfähigkeit ist also durch Anwendung vollkommenerer Bearbeitung auf das 6,35fache bzw. um 535% gestiegen. Aus dieser erheblichen Verbesserung darf auf jeden Fall geschlossen werden, daß eine Steigerung des zulässigen Flächendruckes um 100% schon durch ganz einfache Werkstattmaßnahmen erzielt werden kann.

Von großem Einfluß auf die höchstzulässige Flächenpressung ist auch die Genauigkeit der Zylinderform bei Zapfen und Lagerschale, worauf ebenfalls schon in Abschnitt 10 kurz hingewiesen wurde; denn, hält die Genauigkeit in der Zylinder-Längsrichtung mit derjenigen im

Durchmesser nicht Schritt, so können die Vorteile feiner Bearbeitung nicht zur Geltung kommen, weil die Gleitflächen von Zapfen und Lagerschale nicht genau parallel sind.

Die Zapfen zeigen innerhalb der Lagerlänge, selbst bei sorgfältiger Bearbeitung, geringe Unterschiede im Durchmesser, so daß die Zapfenmantelfläche keine genau gerade Linie ergibt. Die Ungenauigkeiten der Lagerbohrungen sind noch größer: hier kann meistens ein schlangenartiger Verlauf der Mittellinie festgestellt werden, hervorgerufen durch Ungleichheiten im Transport bzw. Vorschub des Werkzeuges und vor allen Dingen durch ungleichmäßige Werkstoffabnahme beim Bearbeitungsvorgang infolge stellenweise verschiedener Werkstoffhärte oder Elastizität und damit verbundener ungleicher elastischer Rückfederung des Schneide- bzw. Schleifwerkzeuges: die Achse der Lagerbohrung verläuft entweder S-förmig oder bajonettförmig oder ist einseitig gekrümmt; oder aber es liegen außerdem noch geringe Durchmesserunterschiede vor. (Siehe auch Schlippe[80]!)

Die praktische Auswirkung derartiger, kaum zu vermeidender Herstellungsungenauigkeiten äußert sich bei Laufpassungen bekanntlich derart, daß Zapfen und Bohrung, trotz eingehaltener Durchmesserdifferenz an den Meßstellen, nicht, wie es sein sollte, leicht ineinandergehen, sondern mehr oder weniger stark klemmen. So wurde z. B. beobachtet, daß normal hergestellte Zapfen von 70 mm Durchmesser in Bohrungen von 70,02 mm Durchmesser und etwa 70 mm Länge durch Hammerschläge hineingetrieben werden mußten, während anschließend daran angestellte Sonderversuche des Verfassers bei angenähert gleichartiger Oberflächenbearbeitung, aber sorgfältig eingehaltener Zylinderform, zeigten, daß Zapfen und Bohrung selbst bei 100 mm Durchmesser und nur 0,01 mm Spiel, ja selbst bei 0,005 mm Luft, noch anstandslos leicht übereinanderzuschieben gingen, so daß noch von einem wirklichen „Laufsitz" gesprochen werden konnte. Die Ursache des Nichthineinpassens eines Außenzylinders in einen Hohlzylinder von etwas größerem Durchmesser sowie der bekannten Erfahrungstatsache, daß normal hergestellte Hohlzylinder um so mehr Spiel brauchen, um über die zugehörige Welle zu gehen, je länger sie sind, ist somit durch die genannten, im Jahre 1923 durchgeführten Untersuchungen des Verfassers restlos aufgeklärt.

Schließlich sind für die Tragfähigkeit der Lager in der Praxis auch noch die möglichen Deformationen der Lagerschalen von Bedeutung. Man hat hier zu unterscheiden zwischen Längskrümmungen der Lagerschale unter dem biegenden Einfluß des Schmierschichtdruckes und Deformationen der Lagerschale in radialer Richtung. — Mit der Verbiegung der Lagerschalen in Richtung ihrer Längsachse wollen wir uns nicht näher befassen, da die Werte der Durchbiegung nur gering sind, falls die Lagerschalenstärke kräftig gehalten ist, was unbedingt der Fall sein sollte. Zu beachten ist hierbei nur, daß starre Lagerschalen stets auch in ihrer Mitte aufliegen müssen, da sie sonst unter dem Einfluß des Schmierschichtdruckes, dessen Maximum bekanntlich in der Mitte der Lagerlänge auftritt, eine merkliche elastische Durchbiegung erfahren und dadurch an Tragfähigkeit einbüßen. (Unter anderem nachgewiesen von Dr. T. E. Stanton in „The Engineer" vom 8. Dezember 1922[85].) Die noch vielfach übliche Auflagerung der Lagerschalen lediglich auf zwei schmalen Arbeitsleisten an den Lagerenden (Abb. 5) genügt also bei größeren Flächendrücken nicht. Sauberes Einpassen, besser noch Auftuschieren, der Lagerschalenaußenfläche, möglichst auf ganzer Länge, mindestens aber auch auf einem breiteren Streifen in der Mitte, ist vielmehr zur Erzielung größerer Tragfähigkeit bzw. zur Vermeidung von Heißläufern bei starren Lagern unerläßlich.

Schwieriger liegen die Verhältnisse bei den radialen Deformationen der Lagerschale. Diese haben ihre Ursache zum Teil in der auseinanderbiegenden Wirkung des Schmierschichtdruckes, namentlich aber in ungleichen Wärmedehnungen der Lagerschale, und bedingen oft sehr unliebsame Veränderungen der Schmierverhältnisse.

Die Temperatur in der Schmierschicht nimmt bekanntlich von der Einlaufstelle bis zum engsten Querschnitt stetig zu, entsprechend der Zunahme des Schmierschichtdruckes. Da die Außentemperatur der Lagerschale wegen der dauernd stattfindenden Wärmeableitung stets kleiner sein muß als die Temperatur der Lagerinnenfläche, so wird die Lagerschale auf der Innenseite eine stärkere Wärmedehnung erfahren als außen. Bei zweiteiligen Lagerschalen wird dies ein Spreizen bzw. „Auseinandergehenwollen" der belasteten Schalenhälfte zur Folge haben, wodurch zunächst eine Tendenz zur Vergrößerung des Lagerschalenhalbmessers bzw. des Lagerspieles entsteht. Ist die Lagerschale jedoch sehr genau eingepaßt, so daß ein Ausdehnen in Richtung der Teilfuge nicht möglich ist, so wird die Schalenhälfte, nachdem sie außen ein festes Widerlager gefunden hat, radial nach innen zu wachsen beginnen. Hierdurch kann sich das Lagerspiel praktisch bis auf Null verringern und es entsteht das bekannte „Kneifen", d. h. die Lagerschale kneift den Zapfen an der Schalenteilfuge regelrecht zusammen.

Um dieses Einklemmen zu vermeiden, pflegt man die Lagerschalen von vornherein in der Gegend der Teilfuge „frei zu schaben". Hierdurch wird, wie jedem Praktiker bekannt, die Gefahr der Zerstörung von Lagerschale und Zapfenoberfläche durch Heißläufer ganz erheblich herabgemindert.

Durch den Umstand, daß sich Deformationen der Lagerschale und damit Veränderungen des Lagerspieles bei zweiteiligen starren Lagern praktisch kaum verhüten lassen, wird die Sicherheit der Rechnungsergebnisse leider in sehr bedeutendem Maße beeinträchtigt. Die Schalen selbsteinstellender Lager können jedoch (durch sauberes Verfalzen und starres Verschrauben der beiden Schalenhälften) sehr weitgehend gegeneinander versteift werden.

Die zweifellos günstigste Form eines Querlagers ist das einteilige Buchslager; es zeigt zweiteiligen Lagern gegenüber eine wesentlich größere Widerstandsfähigkeit gegen einseitige Wärmedehnungen und Verzerrungen durch innere und äußere Kräfte. Bei Lagerbuchsen, die in einen (außen beispielsweise durch Luftzug gekühlten) Kopf eingepreßt sind, findet durch die Reibungswärmeentwicklung eine nur geringe Verkleinerung des Buchseninnendurchmessers statt, da die Wärmedehnungskräfte zum Teil durch Materialspannungen aufgenommen werden. Das ungeteilte Lager mit Selbsteinstellung sollte daher im Hinblick auf seine zahlreichen Vorzüge, zu denen auch die billigen Herstellungskosten zählen, in viel weitergehendem Maße im Maschinenbau Anwendung finden, als dies bisher der Fall war; namentlich bei sehr hohen Beanspruchungen.

Im Gegensatz dazu muß das vierteilige Lager, wie es auch heute noch als Hauptlager von Kraftmaschinen üblich ist, als die ungünstigste Lagerform bezeichnet werden, und zwar sowohl in bezug auf Herstellung, Deformationsmöglichkeiten und Einregulierung wie bezüglich Tragfähigkeit und Verschleiß. Würde die Ursache der ungenügenden Tragfähigkeit und des Verschleißes — die Vierteiligkeit — beseitigt, so verschwänden damit auch die Mängel selbst. Zweiteilige kurze selbsteinstellende Lager aus kräftigen, mit Versatz gegeneinander verschraubten Schalen, mit richtigem Lagerspiel ausgeführt, werden zu dem bisher beobachteten Verschleiß sicherlich keinen Anlaß geben.

Diese Betrachtungen zeigen in ihrer Gesamtheit jedenfalls klar, daß die im Maschinenbau nicht nur auf Kreuzkopfzapfen, sondern auch auf Kurbelzapfen angewandte gute alte Regel:

> „Der größte vorkommende Flächendruck darf 100 bis allerhöchstens 130 kg/cm² nicht übersteigen, damit die Schmierschicht zwischen Zapfen und Lagerschale nie ganz verdrängt wird"

nicht richtig ist und auch nicht richtig sein kann, weil sie weder auf Schmiermittel noch auf Lagerspiel, Drehzahl oder sonstige Einflüsse Rücksicht nimmt. Nach den obigen Darlegungen wird die Höhe des zulässigen Flächendruckes bei Gleitlagern mit r o t i e r e n d e m Zapfen vielmehr durch folgende Einflüsse bestimmt:

1. Die Rechnungsgrößen d, z, ω und ψ.
2. Festigkeit des Wellenwerkstoffes.
3. Auflagerung der Lagerschale.
4. Wellenkrümmung im Lager.
5. Verhältnismäßige Lagerlänge.
6. Laufflächenbearbeitung (h).
7. Genauigkeit der Zylinderform.
8. Einteiligkeit oder Mehrteiligkeit.
9. Verformungen durch Wärmeeinflüsse.

Hierbei sind die feineren Einflüsse, wie z. B. Art der Gleitflächenmaterialien, besondere Eigenschaften des Schmiermittels, etwaige Wechselwirkungen zwischen Gleitflächen und Schmiermittel usw., noch ganz außer acht gelassen.

Zusammenfassung.

1. Der zulässige Flächendruck ist der Drehzahl, der Schmiermittelzähigkeit und dem Quadrat des Zapfendurchmessers direkt und dem ideellen Lagerspiel und der geringsten Schmierschichtstärke umgekehrt proportional. Sind die genannten Daten gegeben, so kann p_m nach Gleichung (26) errechnet werden.

2. Der zulässige Lagerflächendruck ist letzten Endes durch die höchstzulässige Zapfenmaterialbeanspruchung begrenzt.

3. Der Flächendruck darf bei selbsteinstellenden Lagerschalen wesentlich größer sein als bei starren Lagern.

4. Je größer die Wellenkrümmung auf der Erstreckung der Lagerlänge, um so weniger hoch darf die Flächenpressung sein.

5. Der Flächendruck darf um so größer sein, je kürzer die verhältnismäßige Lagerlänge. — Erst bei äußerst geringen Lagerlängen (etwa $l : d = 0{,}2$) nimmt die spezifische Tragfähigkeit wieder ab.

6. Je vollkommener die Gleitflächenbearbeitung, um so höher kann die Flächenbelastung getrieben werden, falls die Genauigkeit der Zylinderform mit der Vollkommenheit der Bearbeitung Schritt hält.

7. Unter sonst gleichen Verhältnissen ermöglicht das einteilige selbsteinstellende Buchslager die höchste, das vierteilige starre Lager die geringste Flächenbelastung.

8. Die noch vielfach anzutreffende Meinung, daß der zulässige Flächendruck eine allgemein festlegbare Ziffer von allgemeiner Bedeutung sei, beruht auf einem Irrtum, der erst durch die wissenschaftliche Schmiertechnik klargestellt werden konnte.

12. Das „Einlaufen“ der Querlager.

Wir hatten erkannt, daß die Größe der geringsten zulässigen Schmierschichtstärke und damit die Tragfähigkeit eines Lagers (von Zapfendeformationen abgesehen) von der Bearbeitungsvollkommenheit der Zapfen- und Lagerschalenoberfläche abhängt und daß die geringste Schmierschichtstärke nur darum niemals unendlich klein werden darf, weil technisch bearbeitete Körper nie absolut vollkommen, d. h. mathematisch genau und glatt sein können.

In früheren Zeiten, als man nur über verhältnismäßig grobe Bearbeitungsmethoden verfügte, war

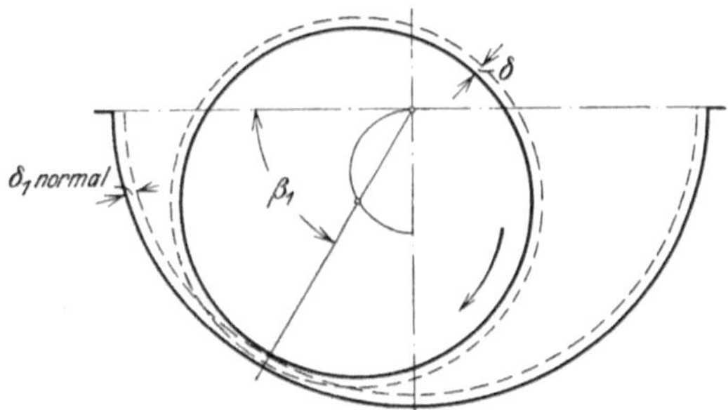

Abb. 40. Lager mit Zapfen in der durch Einlaufen angestrebten Stellung unter erhöhter Belastung, ohne Rücksicht auf die Unebenheiten. (Schematisch dargestellt.)

man zur Erzielung einigermaßen größerer Flächendrücke ausschließlich auf das sog. Einlaufen der Lager angewiesen. Da auch heute noch, allerdings vielfach ohne zwingende Notwendigkeit, auf dieses Verfahren zurückgegriffen wird, ohne sich über dessen eigentlichen Zweck und die Art der dabei wirksamen Vorgänge recht klar zu sein, soll nachstehend der Vorgang des Einlaufens hydrodynamisch erläutert werden.

Die aus Belastung, Drehzahl, Zähigkeit usw. resultierende Wellenlage unter dem Winkel β_1 (bei flüssiger Reibung) entspreche der Situation Abb. 40. Wie wir sehen, ist diese Zapfenlage bei den gegebenen

Höhen der Unebenheiten nicht möglich; als äußerste Schwimmlage ist nur die „Ausklinkstellung" (oder „Einklinkstellung") nach Abb. 35 zu erreichen. Die Anfangsbelastung beim Einlaufen unter voller Drehzahl darf also nur so groß sein, daß die Einklinkstellung nicht überschritten wird. Nun steigert man die Belastung langsam, bis die Welle (gewissermaßen als Fräswerkzeug dienend) sich allmählich, der Bahn des Wellenmittels nach abwärts folgend, in die Sphäre der Lagerschalenunebenheiten hineinarbeitet. Dieses Einlaufenlassen setzt man so lange fort, bis die gewünschte spätere Betriebsbelastung (Winkel β) schon

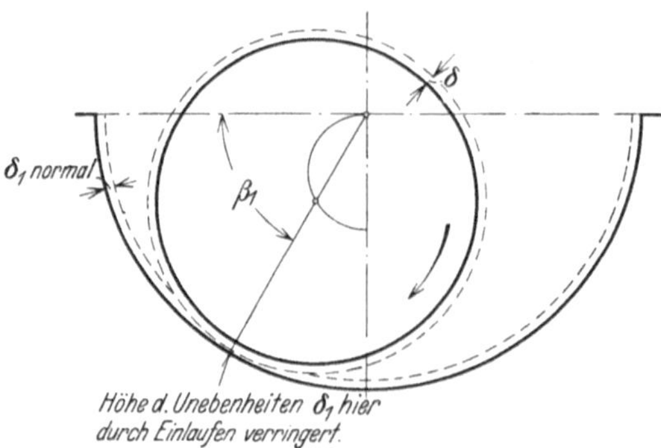

Abb. 41. Lager unter erhöhter Belastung nach beendetem Einlaufen. — Halbflüssige Reibung. (Schematisch dargestellt.)

etwas überschritten ist und die Reibung des Lagers sich nicht mehr ändert. Ist diese durch Abb. 41 und Winkel β_1 gekennzeichnete Zapfenlage erreicht, so wird das Lager auf die Höhe der Betriebsbelastung (Winkel β) entlastet.

Abb. 42 zeigt diesen Zustand nach dem Einlaufen: Der Zapfen hat sich nahezu bis auf den Grundkreis in die Lagerschale hineingearbeitet, befindet sich jedoch nach der eingetretenen Entlastung im Schwimmzustande. Das Lager arbeitet in dieser Stellung, d. h. bei dieser Belastung, somit wie ein von vornherein hochwertiger bearbeitetes Lager, doch ist das Einlaufen bei weitem umständlicher und teurer als die vollkommenere Bearbeitung und erfüllt zudem seinen Zweck auch nur bis zu der bewußten Betriebsbelastung.

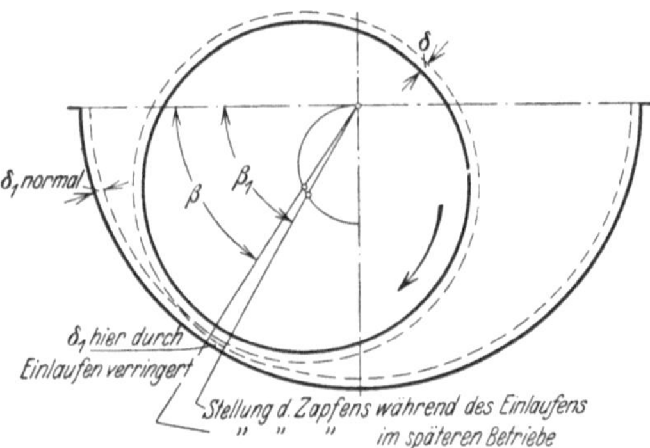

Abb. 42. Lager unter normaler Belastung nach erfolgtem Einlaufen. — Reine Flüssigkeitsreibung. (Schematisch dargestellt.)

Wie aus diesen Betrachtungen hervorgeht, beruht die Wirkung des Einlaufens also darauf, daß der Zapfen die Lagerschale an der ihm zunächstliegenden Stelle glättet, soweit sein eigener Ebenheitsgrad dies ermöglicht. Während die Glättung bei Gußeisen und Bronze durch gegenseitiges Abschleifen erfolgt, werden die Unebenheiten bei einem Weißmetallager vorwiegend durch Drücken bzw. Quetschen geglättet. Dementsprechend dauert auch das natürliche Einlaufen harter Lagerschalen, im Vergleich zur Einlaufzeit von Weißmetallagern, auf die sich die Abb. 40 bis 42 beziehen, außerordentlich lange und erfordert große Vorsicht und Sorgfalt.

Da bei Weißmetallagern ein Abschleifen des Zapfens beim Einlaufen nicht in Frage kommt, die Weißmetalloberfläche jedoch möglichst glatt werden soll, muß naturgemäß von vornherein auf beste Bearbeitung des Zapfens gesehen werden. Ein Zapfen, der selbst uneben ist, kann auch ein Lagerfutter nur mangelhaft glätten.

Das Einlaufen kann nur als primitive Korrektur mangelhafter Oberflächenbearbeitung oder ungenauer Wellenlage angesehen werden. Ungeachtet dessen muß zugegeben werden, daß das Einlaufen in manchen Fällen das einfachste und, wie z. B. bei starren Lagern, auch das einzig mögliche Verfahren darstellt, befriedigend arbeitende Lager mit reiner Flüssigkeitsreibung zu erhalten. Lager mit genügend feiner Gleitflächenbearbeitung, richtig bemessenem Lagerspiel und selbsttätig einstellbaren Lagerschalen werden bei richtig gewähltem Schmiermittel des Einlaufes meistens nicht bedürfen; sie werden sofort in Dauerbetrieb genommen werden können*.

Ein neueres Verfahren besteht in dem Einlaufenlassen der vorher sauber bearbeiteten Gleitflächen mit kolloidalem Graphit, über dessen Ursprung und besondere Eigenschaften in Abschnitt 22 noch ausführlicher berichtet werden soll.

Kolloidaler oder kolloider Graphit, in einem bestimmten Verhältnis mit dem Schmieröl gemischt, lagert sich in die mikroskopisch feinen Vertiefungen des Lager- und Wellenmetalles fest ein und verleiht beiden Teilen unter dem Einfluß der Pressung und der Drehbewegung eine so hochgradige Glätte, wie sie durch Bearbeitung allein nicht zu erzielen ist. Sämtliche Flächen erhalten nach einer längeren Betriebszeit einen „Graphitspiegel", der auch durch Abwaschen nicht wieder entfernbar ist, da der Kolloidgraphit (nicht aber gewöhnlicher Flockengraphit!) sich mit der Metalloberfläche unter dem Einfluß des Druckes und starker Molekularkräfte sehr innig verbindet.

Die Vorteile dieses Verfahrens kommen nach verschiedenen Richtungen zur Geltung: Langsam umlaufende oder nur schwingende Zapfen mit hohem Flächendruck, bei denen flüssige Reibung nicht erzielbar ist, ergeben bei Anwendung kolloiden Graphites als Zusatz zum Schmieröl eine wesentlich geringere Reibung als ohne Graphitzusatz, da die unmittelbare Reibung von Stahl auf Graphit viel kleiner ist als die Reibung zwischen Stahl und Bronze oder normalem Weißmetall. — Über neuere Versuche mit graphitierten Laufflächen berichten Walger und Schneider[100].

Ein weiterer Vorteil der Graphitschmierung ist ihre Eigentümlichkeit, beim Versagen der Ölzufuhr den Betrieb noch eine gewisse Zeit ganz ohne flüssige Schmiermittel aufrechterhalten zu können. Die Erklärung dieser durch Versuche festgestellten Tatsache (s. Dierfeld[12]) liegt in dem Umstande, daß der Reibungskoeffizient von Stahl auf

---

* Dies wird auch in der bekannten Arbeit von R. Stribeck[87] zugegeben.

Kolloidgraphit nicht allzu viel höher liegt als der Koeffizient der flüssigen Reibung, und ein Aufrauhen der graphitierten Oberfläche, selbst unter hohem Druck, bei glatter Welle nicht zu befürchten ist. Da Zapfen und Lagerschale durch Einlaufen mit Kolloidgraphit eine vorzügliche Politur erhalten, vertragen sie auch bei nachträglich reiner Flüssigkeitsreibung höhere Belastungen als ursprünglich, sofern man die Graphitschmierung beibehält. — Die gleichen Vorteile werden durch das graphithaltige „Gittermetall" (s. Abschnitt 22!) in technisch noch einfacherer Weise erreicht.

Abb. 43 läßt erkennen, daß das erwähnte „Graphitieren" gegenüber normalem Einlaufen teilweise auf einer Umkehrung der Wirkungen beruht. Beim Einlaufen werden die Unebenheiten durch Herabmindern der Vorsprünge verkleinert, beim „Graphitieren" durch Ausfüllen der Vertiefungen. — Das Ergebnis ist in beiden Fällen im Prinzip das gleiche; nur daß durch „Graphitieren" weit ebenere Flächen zu erzielen sind als durch Einlaufen allein.

Abb. 43. Graphitierte Gleitflächen. Die Unebenheiten von Zapfen und Lagerschale sind durch Kolloidgraphit ausgeglichen, der auch in die Poren der Metalle eindringt. (Vergröberte schematische Darstellung.)

Welche geringste Schmierschichtstärke durch das übliche Einlaufen erzielbar ist, läßt sich nicht ohne weiteres sagen. Bei Weißmetallagern mit normal geschliffenen Zapfen wird sie jedenfalls größer als 0,006 mm sein, da die Unebenheiten des Zapfens mit rund $0,004 \div 0,005$, die Unebenheiten der eingelaufenen Lagerschale mit $0,001 \div 0,002$ mm veranschlagt werden müssen. Das würde bedeuten, daß in unseren Rechnungen mit $h'' = 0,01$ mm immer noch eine gewisse Sicherheit enthalten ist, die jedoch auch stets nur als eine solche betrachtet werden soll, da wir von vornherein, d. h. bei der Berechnung, das Hilfsmittel des Einlaufens nicht voraussetzen wollen. — Interessante Berichte über das Verhalten verschiedener Lagerarten beim Einlaufen finden wir in der verdienstvollen Arbeit von Stribeck[87]: „Die wesentlichen Eigenschaften der Gleit- und Rollenlager".

Ganz entbehrlich ist das Einlaufen nur in solchen Fällen, wo mit einer Durchbiegung des Zapfens im Betriebe praktisch kaum zu rechnen ist oder wo die Schmierschicht eine solche Stärke erreicht, daß die Deformationen des Zapfens noch nicht zu halbflüssiger Reibung führen. — Sehr schwer belastete Zapfen werden der Notwendigkeit des Einlaufens kaum entraten können.

Zusammenfassung.

1. Das „Einlaufen" der Lager ist ein natürliches Hilfsmittel zur Beseitigung von Ungenauigkeiten und Unvollkommenheiten der Bearbeitung bzw. des Zusammenbaues. — Bei hartem Lagermetall schleift sich die Welle und der sich mit dieser berührende Teil der Lagerschale ab; bei weicherem Lagermetall werden die Unebenheiten der Lagerschale durch Quetschen ausgeglichen, während der Zapfen selbst praktisch unverändert bleibt.

2. Das Einlaufen hat stets bei voller Drehzahl, unter geringer Belastung beginnend, vorsichtig stufenweise zu erfolgen, bis die gewünschte Belastung erreicht ist. Diese wird dann noch etwas erhöht und das Einlaufen unter diesen Verhältnissen beendet. Nach Verringerung der Belastung auf die vorgesehene Betriebsbelastung arbeitet das Lager alsdann im Gebiet der reinen Flüssigkeitsreibung, sofern es nicht von vornherein überlastet war.

3. Die Notwendigkeit des Einlaufens kann durch 5 verschiedene Gründe bedingt sein: Mangelhafte Kreiszylinderform, mangelhafte Oberflächenbearbeitung, unrichtiges Lagerspiel, mangelnder Parallelismus zwischen Zapfenachse und Lagerachse und ungleiche Schmierschichtstärke infolge Krümmung des Zapfens durch die Betriebsbelastung. — Die ersten 3 Mängel sollten sich durch sachgemäße, neuzeitliche Bearbeitung und Berechnung im allgemeinen vermeiden lassen; der 4. Mangel durch Anwendung sich selbst einstellender Lagerschalen. Die durch Verbiegen des Zapfens entstehenden Unzuträglichkeiten können nicht vermieden, sondern nur durch Wahl möglichst dicker und starrer Zapfen, d. h. kurzer Lager, gemildert werden.

13. Der zulässige Flächendruck bei ebenen Gleitflächen.

Die Berechnung der Tragfähigkeit ebener Gleitflächen, wie z. B. Führungsschlitten, Kreuzkopfschuhe oder Tragflächen für Achsialdrucklager, erfolgt in ähnlicher Weise wie bei Querlagern; nur haben wir es bei ebenen Flächen nicht mit den Begriffen „Lagerspiel", „Exzentrizität" und „Winkelgeschwindigkeit" zu tun, sondern mit den entsprechenden Größen: „Keilflächensteigung", „Keilspitzenlänge" und „Gleitgeschwindigkeit".

Wie wir aus Abschnitt 2 wissen, kann reine Flüssigkeitsreibung bei ebenen Gleitflächen nur erzielt werden, wenn die eigentlichen Tragflächen unter schwacher Neigung auf ihrer Unterlage verschoben werden, wobei gleichzeitig für Selbsteinstellung des ganzen Gleitkörpers gesorgt sein muß, wie z. B. bei Abb. 1 und 2. Als wirklich tragende Flächen sollen dabei nur die Keilflächen angesehen werden, während die zur Gleitbahn parallelen Teile des Tragschuhes (s. Abb. 1 und 2) bei der Berechnung nicht berücksichtigt werden mögen*; sie haben in erster Linie den Zweck, während des Anlaufens und Auslaufens — also zur Zeit, da in Ermangelung der erforderlichen Gleitgeschwindigkeit reine Flüssigkeitsreibung noch nicht möglich ist — die Belastung unmittelbar, d. h. unter halbflüssiger Reibung, auf die Gleitbahn zu übertragen. — Selbstverständlich zählen für jede Bewegungsrichtung als tragende Keilflächen nur die nach gleicher Richtung geneigten.

Im nachfolgenden sollen nur in sich starre Gleitkörper betrachtet werden, d. h. solche, bei denen die Keilflächen mit festem Neigungswinkel direkt in den Gleitkörper eingearbeitet sind. Die Selbsteinstellung des ganzen Gleitkörpers durch ein Bolzen- oder Kugelgelenk

---

* Sie bedeuten in Wirklichkeit jedoch eine bewußte, sehr beträchtliche Steigerung der Sicherheit unserer Berechnungen.

hat hier lediglich den Zweck, Ungenauigkeiten des Zusammenbaues oder gewisse elastische Deformationen unschädlich zu machen; die nicht keilförmigen Teile des Gleitkörpers werden also als der Gleitbahn parallel bleibend vorausgesetzt. — Die Berechnung von Achsialdrucklagern mit einzelnen, auf Schneiden oder Kugeln gelagerten Gleitklötzchen nach den Konstruktionen von Michell[69, 8, 33, 60], bei denen die Neigung der Keilfläche sich den Betriebsverhältnissen selbsttätig anpaßt, würde hier zu weit führen. Auch dürfte man mit der Anwendung von ebenen Tragkörpern mit mehreren eingearbeiteten Keilflächen in den meisten Fällen auskommen.

Im nachfolgenden bezeichne:

L — die Keilflächenlänge (eines einzelnen Gleitkörpers) in der Bewegungsrichtung, in Metern,

B — die gesamte Keilflächenbreite, quer zur Bewegungsrichtung, in Metern,

B_1 — die Breite einer einzelnen Keilfläche, in Metern (es ist $\sum B_1 = B$),

P' — die Gesamtbelastung der keilförmigen Tragfläche, in Kilogrammen,

p_m — den mittleren Flächendruck $= \dfrac{P'}{L \cdot B}$ auf die tragende Keilfläche, in kg/m²,

V — die (mittlere) Gleitgeschwindigkeit der keilförmigen Tragfläche in der Pfeilrichtung Abb. 44, in m/sek,

ε — die Keilflächensteigung auf 1 m Länge, in Metern,

H — die geringste Schmierschichtstärke (am hinteren Ende der Keilfläche) in Metern,

u — die absolute Keilspitzenlänge, in Metern,

X — die (verhältnismäßige) Keilspitzenlänge $= u : L$,

Φ — einen kennzeichnenden Verhältniswert, $= \dfrac{p_m \cdot L \cdot \varepsilon^2}{z \cdot V}$ für unendliche Breite der Tragfläche,

z — die mittlere absolute Zähigkeit des Schmiermittels in der Schmierkeilschicht, in kg · sek/m².

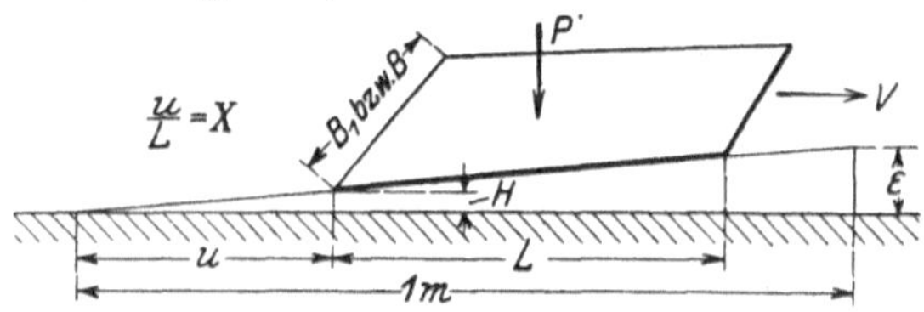

Abb. 44. Darstellung der Keilflächensteigung ε, der Länge L und Breite B der Keilfläche, der relativen Keilspitzenlänge $X = u : L$ und der geringsten Schmierschichtstärke H bei der Gleitgeschwindigkeit V.

Ähnlich den Verhältnissen bei Querlagern ist der Verhältniswert Φ kennzeichnend für die Relativlage der Keilfläche zur Gleitbahn, und zwar gehört auch hier zu jedem Zahlenwert von Φ ein ganz bestimmter Zahlenwert von X. Die Keilspitzenlänge $X = u : L$ gibt in Verbindung mit der Keilflächensteigung ε die genaue Lage der Keilfläche an und damit auch die Größe der geringsten Schmierschichtstärke H.

Nach den Ermittlungen von Gümbel[42] sind gemäß Zahlentafel 6 zusammengehörige Werte:

Zahlentafel 6. Abhängigkeit des Verhältniswertes Φ von der verhältnismäßigen Keilspitzenlänge X.

$X =$	0,05	0,1	0,2	0,3	0,4	0,5	0,6	0,7	0,8
$\Phi =$	9,64	4,46	2,22	1,35	0,85	0,6	0,42	0,32	0,26

Die geringste Schmierschichtstärke H bestimmt sich nach der einfachen, aus Abb. 44 leicht herzuleitenden Gleichung

$$H = \frac{\varepsilon \cdot u}{1}$$

oder, mit $u = X \cdot L$,

$$H = \varepsilon \cdot X \cdot L \quad \text{m} \tag{32}$$

Zur praktischen Bestimmung der geringsten Schmierschichtstärke
wollen wir auch hier, ähnlich wie bei den Querlagern, für endliche
Tragflächenbreite B_1

$$\Phi = C \cdot \frac{p_m \cdot L \cdot \varepsilon^2}{z \cdot V} \tag{33}$$

setzen und

$$C = \frac{L + B_1}{B_1} \tag{34}$$

annehmen, da durch die neueren Ableitungen nach Gümbel-Everling
der Einfluß der endlichen Breite kaum entsprechend berücksichtigt
erscheint.

Im Hinblick darauf, daß bei starren Keilflächen im Mittel etwa
$B_1 : L = 3$ zu sein pflegt, wählen wir den Wert $\dfrac{L + B_1}{B_1} = \dfrac{1 + 3}{3} = 1,33$ als
allgemein für endliche Tragflächenbreite geltend.

Damit erhalten wir als sicheren Mittelwert für endliche Tragflächenbreite die Näherungsgleichung

$$\Phi = \frac{1,33 \cdot p_m \cdot L \cdot \varepsilon^2}{z \cdot V} . \tag{35}$$

Hieraus berechnet sich der Wert der Keilflächensteigung ε wie folgt:

$$\varepsilon^2 \cdot 1,33 \cdot p_m \cdot L = \Phi \cdot z \cdot V; \quad \varepsilon^2 = \frac{\Phi \cdot z \cdot V}{1,33 \cdot p_m \cdot L};$$

$$\varepsilon = \sqrt{\frac{\Phi \cdot z \cdot V}{1,33 \cdot p_m \cdot L}} \quad \text{m} . \tag{36}$$

Nach Gleichung (36) und (32) ergeben sich nun für die wichtigsten
in Betracht kommenden Keilspitzenlängen $X = 0,8$ bis $0,05$ nach-
folgende Werte für ε bzw. H:

Zahlentafel 7. Keilsteigung ε und geringste Schmierschichtstärke H
bei verschiedener Keilspitzenlänge X.

$$\varepsilon_{0,8} = 0,44 \cdot \sqrt{\frac{z \cdot V}{p_m \cdot L}}; \quad H_{0,8} = 0,353 \cdot L \cdot \sqrt{\frac{z \cdot V}{p_m \cdot L}} = \frac{\varepsilon \cdot L}{1,25}$$

$$\varepsilon_{0,4} = 0,80 \cdot \sqrt{\frac{z \cdot V}{p_m \cdot L}}; \quad H_{0,4} = 0,320 \cdot L \cdot \sqrt{\frac{z \cdot V}{p_m \cdot L}} = \frac{\varepsilon \cdot L}{2,5}$$

$$\varepsilon_{0,2} = 1,29 \cdot \sqrt{\frac{z \cdot V}{p_m \cdot L}}; \quad H_{0,2} = 0,259 \cdot L \cdot \sqrt{\frac{z \cdot V}{p_m \cdot L}} = \frac{\varepsilon \cdot L}{5}$$

$$\varepsilon_{0,1} = 1,83 \cdot \sqrt{\frac{z \cdot V}{p_m \cdot L}}; \quad H_{0,1} = 0,183 \cdot L \cdot \sqrt{\frac{z \cdot V}{p_m \cdot L}} = \frac{\varepsilon \cdot L}{10}$$

$$\varepsilon_{0,05} = 2,70 \cdot \sqrt{\frac{z \cdot V}{p_m \cdot L}}; \quad H_{0,05} = 0,135 \cdot L \cdot \sqrt{\frac{z \cdot V}{p_m \cdot L}} = \frac{\varepsilon \cdot L}{20}$$

Eine bildliche Vorstellung von der Verhältnisgröße der Keilspitzenlänge X erhält man durch Abb. 45.

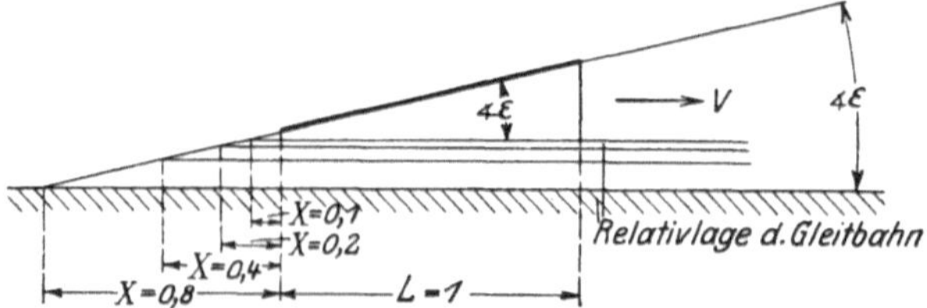

Abb. 45. Schematische Darstellung der Relativlage der Gleitbahn bei verschiedener Keilspitzenlänge X und konstanter Keilsteigung ε.

Um sich von jeder Tabellenbenutzung unabhängig zu machen, kann die geringste Schmierschichtstärke (desgleichen die Keilsteigung) auch

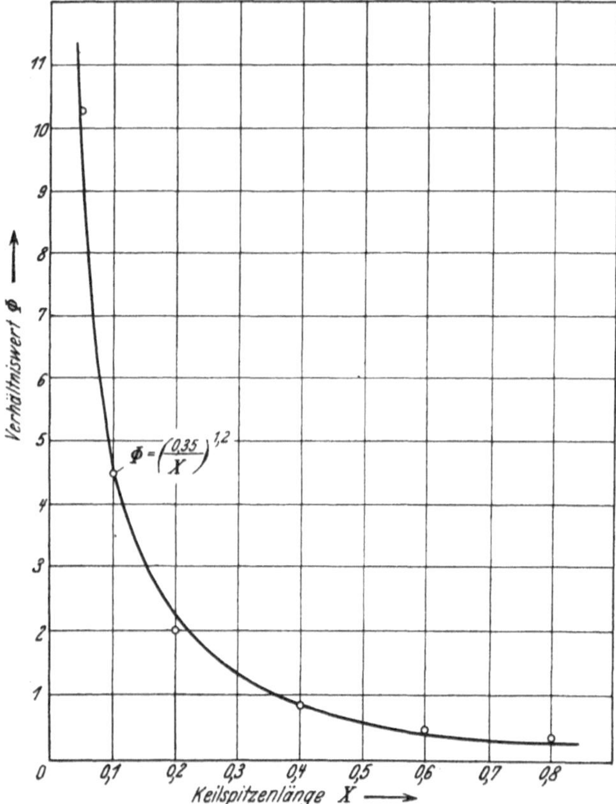

Abb. 46. Verhältniswert Φ als Funktion der verhältnismäßigen Keilspitzenlänge X, durch eine Näherungsgleichung ausgedrückt.

durch eine Näherungsgleichung wiedergegeben werden. — Nach Abb. 46 gilt zwischen Φ und X mit genügender Annäherung die einfache Beziehung

$$\Phi = \left(\frac{0{,}35}{X}\right)^{1,2}. \tag{37}$$

Wird dieser Ausdruck der Gleichung (35) gleichgesetzt, so erhält man

$$\left(\frac{0{,}35}{X}\right)^{1,2} = \frac{1{,}33 \cdot p_m \cdot L \cdot \varepsilon^2}{z \cdot V}$$

$$0{,}35^{1,2} \cdot z \cdot V = X^{1,2} \cdot 1{,}33 \cdot p_m \cdot L \cdot \varepsilon^2$$

und daraus

$$X = \sqrt[1,2]{\frac{z \cdot V}{4{,}7 \cdot p_m \cdot L \cdot \varepsilon^2}}\,.$$

Setzt man nun diesen Wert von X in Gleichung (32) ein, so wird

$$H = \sqrt[1,2]{\frac{z \cdot V}{4{,}7 \cdot p_m \cdot L \cdot \varepsilon^2}} \cdot \varepsilon \cdot L$$

oder, die Werte ε und L mit unter die Wurzel gebracht,

$$H = \sqrt[1,2]{\frac{z \cdot V \cdot L^{1,2} \cdot \varepsilon^{1,2}}{4{,}7 \cdot p_m \cdot \varepsilon^2 \cdot L}}$$

und daraus endgültig

$$H = \sqrt[1,2]{\frac{\sqrt[5]{L} \cdot z \cdot V}{4{,}7 \cdot \sqrt[1,25]{\varepsilon \cdot p_m}}} \quad \text{m}\,. \tag{38}$$

Gleichung (38) gestattet die Berechnung der geringsten Schmierschichtstärke mit praktisch hinlänglicher Annäherung ohne die Benutzung von Tabellen, bei jeder Keilspitzenlänge. — Ein praktisches Beispiel möge die Anwendung obiger Gleichung, deren Ausrechnung mit Hilfe des Bruchpotenz-Rechenschiebers in wenigen Minuten durchführbar ist, veranschaulichen.

Beispiel 4. Die 80 mm langen Tragflächen eines Gleitschuhes, der sich bei 10 at mittlerem Flächendruck mit einer mittleren Geschwindigkeit von 8 m/s auf seiner ebenen Gleitbahn bewegt, seien mit einer Keilsteigung von $1^0/_{00}$ ausgeführt. Wie groß wird bei einem Schmiermittel mit der Zähigkeit 0,003 die zu erwartende geringste Schmierschichtstärke?

Gegeben ist also:

$$L = 0{,}08 \text{ m,}$$
$$z = 0{,}003 \text{ kg} \cdot \text{sek/m}^2,$$
$$V = 8 \text{ m/sek,}$$
$$\varepsilon = 0{,}001 \text{ m,}$$
$$p_m = 100\,000 \text{ kg/m}^2.$$

Damit wird nach Formel (38)

$$H = \sqrt[1,2]{\frac{\sqrt[5]{L} \cdot z \cdot V}{4{,}7 \cdot \sqrt[1,25]{\varepsilon \cdot p_m}}} = \sqrt[1,2]{\frac{\sqrt[5]{0{,}08} \cdot 0{,}003 \cdot 8}{4{,}7 \cdot \sqrt[1,25]{0{,}001} \cdot 100\,000}} = \sqrt[1,2]{\frac{0{,}604 \cdot 0{,}003 \cdot 8}{4{,}7 \cdot 0{,}004 \cdot 100\,000}} =$$

$$H = \sqrt[1,2]{\frac{1}{130\,000}} = \frac{1}{18\,600} = 0{,}0000538 \text{ m} \approx 0{,}054 \text{ mm.}$$

Die Größe der geringsten zulässigen Schmierschichtstärke hängt, wie wir wissen, von der Oberflächenbeschaffenheit der Gleitflächen ab. Bei hin- und hergehenden Gleitflächen kommen als Materialien in

Betracht: für die Gleitbahn wohl ausnahmslos Gußeisen, für die Trag-körper vornehmlich Gußeisen mit oder ohne Weißmetallbelag. Bei Längs-lagern wird, je nach Größe und Verwendungszweck, verwandt: für große Lager Gußeisen auf Weißmetall bzw. Gußeisen oder auch Stahl auf Weiß-metall; für kleine Lager Stahl auf Weißmetall oder gehärteter Stahl auf Bronze. Bei großen Ausführungen werden die zueinander parallelen Flächen wohl ausnahmslos auftuschiert (geschabt); höchstens bei sehr geringem Flächendruck und namentlich bei Gußeisen auf Gußeisen evtl. auch nur sauber auf der Schleifmaschine geschliffen.

Die Bearbeitungsunebenheiten betragen im letztgenannten Falle beiderseits etwa $\Delta'' = 0{,}005$ mm, so daß als äußerst zulässig gesetzt werden kann $H'' = 0{,}01$ mm. Für sorgfältig auftuschierte (geschabte) gußeiserne und stählerne Flächen können die Unebenheiten mit etwa $0{,}002 - 0{,}001$ mm eingeschätzt werden, so daß $H'' = 0{,}004$ gesetzt werden mag; vorsichtshalber sollte dieser Wert auch bei sorgsam ge-schabtem Weißmetall beibehalten werden. Gehärteter Stahl muß stets sauber geschliffen und poliert, mindestens aber mit dem Ölstein ab-gezogen sein; harte Phosphorbronze kann ebenfalls geschliffen und po-liert werden, falls Auftuschieren nicht möglich sein sollte.

Eine unerläßliche Bedingung bei jeder Art von ebenen Gleitflächen ist die Forderung der freien Selbsteinstellung des Gleitkörpers; höch-stens bei sehr kleinen Längslagern wird man in Einzelfällen darauf verzichten können, wenn der Flächendruck ungewöhnlich klein ist. Bei geschliffenen und polierten Stahl- und Phosphorbronzeflächen mit Selbsteinstellung wird etwa $H'' = 0{,}006$ mm zugelassen werden dürfen.

Ist man sich über die Größe der zulässigen geringsten Schmier-schichtstärke im klaren, so kann dann auch der höchstzulässige Flächen-druck ermittelt werden.

Die Flächenpressung ergibt sich allgemein nach Gleichung (38) aus

$$H^{1,2} = \frac{\sqrt[5]{L} \cdot z \cdot V}{4{,}7 \cdot \sqrt[1,25]{\varepsilon \cdot p_m}}$$

zu

$$p_m = \frac{z \cdot V \cdot \sqrt[5]{L}}{4{,}7 \cdot H^{1,2} \cdot \sqrt[1,25]{\varepsilon}} \ \text{kg/m}^2 . \tag{39}$$

Gleichung (39) stellt eine allgemeine Näherungsformel zur Ermitt-lung des Flächendruckes bei gegebenem z, V, L, H und ε dar.

Um zu starken Temperaturanstieg zu vermeiden, soll die in Rich-tung der Bewegung gemessene Keilflächenlänge L nicht zu groß gewählt werden, so lange man die Möglichkeit hat, durch Erhöhung der Anzahl der Keilflächen deren Länge L kleiner zu halten; trotzdem soll bei Längslagern $B_1 : L = 3$ nicht ohne zwingenden Grund überschritten werden.

Für die Keilsteigung ε legt man am besten einen Normalwert fest, der bei nicht zu hohen Ansprüchen sowohl für kleine, wie auch für große Keilflächen Verwendung finden kann. Gewählt werde eine Normalsteigung von $5^0/_{00}$, entsprechend $\varepsilon = 0,005$, die meistens noch durch Schleifen hergestellt werden kann.

Um bei fest angenommener Keilsteigung $\varepsilon = 0,005$ die zu erwartende geringste Schmierschichtstärke zu erhalten, greifen wir wiederum auf Gleichung (38) zurück. Durch Einführung des Zahlenwertes $\varepsilon = 0,005$ für die Keilsteigung erhalten wir

$$H = \sqrt[1,2]{\frac{z \cdot V \cdot \sqrt{L}}{4,7 \cdot p_m \cdot \sqrt[1,25]{\dfrac{1}{200}}}} \; ; \; H = \sqrt[1,2]{\frac{z \cdot V \cdot \sqrt[5]{L} \cdot 69,3}{4,7 \cdot p_m}} = \sqrt[1,2]{\frac{14,8 \cdot z \cdot V \cdot \sqrt[5]{L} \cdot B \cdot L}{P'}} \, \text{m} \, .$$

Für die Normalsteigung $\varepsilon = 0,005$ ist somit

$$H_{\varepsilon\,0,005} = \sqrt[1,2]{\frac{14,8 \cdot z \cdot V \cdot L^{1,2} \cdot B}{P'}} \; \text{m} \, . \tag{40}$$

Bei sehr hohen Flächendrücken kann es vorkommen, daß man mit der normalen Steigung von $\varepsilon = 0,005$ nicht ausreicht. Es müssen dann noch kleinere Steigungen (bis etwa $2^0/_{00}$, entsprechend $\varepsilon = 0,002$) angewandt werden, die sich allerdings nicht mehr durch Einschleifen, sondern nur noch durch stufenweises Schaben (Abb. 59) herstellen lassen. — Zum Schluß des Abschnittes 19 wird davon noch die Rede sein.

Die für Kreuzkopfschuhe und Drucklager (sog. Kammlager) bekannte alte Regel, daß der Flächendruck den Wert von etwa 3—6 kg/cm² nicht überschreiten dürfe, ist also weder allgemeingültig noch für neuzeitlich ausgebildete Tragflächen zutreffend. Richtig berechnete und einwandfrei ausgeführte Tragflächen gestatten bei nicht zu ungünstigen Verhältnissen wesentlich höhere Belastungen, und zwar um so größere, je größer bei normaler Keilsteigung die Gleitgeschwindigkeit und die Ölzähigkeit. — Bei abnormal kleinem Steigungswinkel können selbst unter ungünstigen Verhältnissen sehr beträchtliche Flächenpressungen erzielt werden, — frei bewegliche Einstellung des Gleitkörpers stets vorausgesetzt.

Bei hoher Gleitgeschwindigkeit und niedrigem Druck dürfen die eingearbeiteten keilförmigen Tragflächen seitlich durchgehen, was die genaue und billige Herstellung sehr begünstigt; bei kleineren Geschwindigkeiten empfiehlt es sich, die Keilflächen seitlich nicht durchgehen zu lassen, um ein seitliches Abströmen des Schmiermittels unter dem Einfluß der Belastung möglichst zu verhindern. (S. auch Abb. 2!)

Wie wir gesehen haben, hängt die Tragfähigkeit in erster Linie von den Rechnungsgrößen, und zwar vorwiegend von ε, V und z, ab; in zweiter Linie von der geringsten zulässigen Schmierschichtstärke H, für deren Größenwert die Vollkommenheit der Bearbeitung maßgebend ist. Die Vorteile der hochwertigen Bearbeitung können sich jedoch, wie bereits bemerkt, nur dann auswirken, wenn die Gleitfläche auch geometrisch plan und nach allen Richtungen selbsteinstellend ist.

Neben den genannten Momenten wirkt auf die Tragfähigkeit auch noch die Durchbiegung sowohl der Gleitkörper wie auch der Gleitbahn ein. Beide müssen in sich so starr wie möglich sein, was allerdings nicht immer durch große Werkstoffanhäufungen zu erzielen ist. Biegt die Gleitbahn sich innerhalb der Abmessungen des Gleitkörpers beispielsweise um einen größeren Betrag durch als die Höhe der Bearbeitungsunebenheiten, so wird bereits halbflüssige Reibung eintreten, was möglichst vermieden werden sollte. — In ähnlicher Weise können auch Wärmedeformationen wirken.

Die Gleitbahn selbst darf in keinem Falle irgendwie geartete Schmiernuten erhalten.

Zusammenfassung.

1. Bei der Berechnung von ebenen Gleitflächen sei nur die Summe der in gleicher Richtung liegenden schrägen Tragflächen als wirksame Tragfläche betrachtet, während der ebene, der Gleitbahn parallel bleibende Teil des Gleitkörpers lediglich als Sicherheit angesehen werden möge.

2. Die Tragäfhigkeit hängt auch bei ebenen Gleitflächen von der erzielbaren geringsten Schmierschichtstärke ab, und letztere fällt um so größer aus, je kleiner der Flächendruck und der Steigungswinkel der Keilfläche und je größer die Gleitgeschwindigkeit, die Ölzähigkeit und die Keilflächenlänge sind.

3. Die geringste Schmierschichtstärke H (stets am hinteren Ende der Keilfläche auftretend) kann nach der Annäherungsformel (38) berechnet werden:

$$H = \sqrt[1,2]{\frac{\sqrt[5]{L \cdot z \cdot V}}{4,7 \cdot \sqrt[1,25]{\varepsilon \cdot p_m}}} \ \text{m}.$$

4. Die geringste Schmierschichtstärke darf nie kleiner sein als die Summe der Unebenheiten beider Gleitflächen. Für geschliffene Gußeisenflächen kann man annehmen $H''_{\min} = 0,01$ mm; für gehärteten Stahl auf Phosphorbronze, geschliffen und poliert, etwa $H''_{\min} = 0,006$ mm und für sorgfältig auftuschierte (geschabte) Flächen in Stahl, Gußeisen oder Weißmetall etwa $H''_{\min} = 0,004$ bis $0,002$ mm. Hierbei ist immer gelenkige Einstellbarkeit des Gleitkörpers zur Gleitbahn vorausgesetzt.

5. Die für Drucklager und Kreuzkopfschuhe geltende alte Regel, nach welcher der Flächendruck $3-6$ kg/cm² nicht übersteigen dürfe, ist weder allgemeingültig noch für neuzeitlich ausgebildete Tragflächen zutreffend. Die Größe des höchstzulässigen Flächendruckes ist von der Ölzähigkeit, Gleitgeschwindigkeit und Keilflächenlänge sowie von der geringsten Schmierschichtstärke und der Keilsteigung abhängig; des ferneren von der Bearbeitungsvollkommenheit der Gleitflächen, von deren freier Selbsteinstellung, von der elastischen Durchbiegung der Gleitflächen und deren etwaigen Verzerrungen durch Wärmeeinflüsse.

6. Die Gleitbahn selbst darf keinerlei Schmiernuten erhalten, und die Keilflächen, denen das Öl am Keilrücken zuzuführen ist, sollen bei höheren Flächendrücken seitlich nicht durchgehen.

IV. Die Reibungsverhältnisse bei vollkommener Schmierung.

14. Die Lagerreibungszahl.

Die Gleitlagerreibung, als Vorgang reiner Flüssigkeitsreibung, stellt einen am Zapfenumfange angreifenden Zähigkeitsschubwiderstand dar, der sich, je nach der Lage des Zapfens im Lager, in bestimmter Weise ungleichmäßig auf den Umfang verteilt. Eigentlich könnte man daher nur von einem Umfangswiderstand oder einem Reibungsmoment sprechen, doch soll, einer verbreiteten Gewohnheit Rechnung tragend, auch die Größe der Flüssigkeitsreibung durch den von der halbtrockenen Reibung her geläufigen Begriff der Reibungszahl zum Ausdruck gebracht werden.

Die Lagerreibungszahl, die auch hier mit μ bezeichnet sei, ist definiert als der Quotient „gesamter Reibungswiderstand W' am Zapfenumfang" durch „Gesamtzapfenbelastung P"

$$\mu = \frac{W'}{P} \qquad (41)$$

in äußerlicher Übereinstimmung mit Gleichung (1) der halbtrockenen Reibung. Hierbei ist der Widerstand W' jedoch in der durch Gleichung (2) angedeuteten Art von der Gleitgeschwindigkeit, der Ölzähigkeit, der benetzten Oberfläche und der Schmierschichtstärke abhängig, d. h. W' folgt den Gesetzen der Flüssigkeitsreibung.

Nach der den wirklichen Vorgängen in Gleitlagern angepaßten hydrodynamischen Theorie der Lagerreibung ist die Größe W' und damit auch die Größe μ von der Ölzähigkeit, der Winkelgeschwindigkeit und dem Flächendruck, und in gewissem Maße auch von der Relativlage der Welle im Lager abhängig. Da die Lage der Welle im Lager, wie wir wissen, durch die Kenntnis des Verhältniswertes $\varphi = \dfrac{2 \cdot p_m \cdot \psi^2}{z \cdot \omega}$ (für unendliche Lagerlänge) eindeutig bestimmt ist, so entspricht jedem Zahlenwert von φ ein anderer Faktor, mit dessen Hilfe sich μ errechnen läßt.

Der Ausdruck für μ ist demjenigen für ψ wesensähnlich. Für unendliche Lagerlänge gilt

$$\mu = \frac{\varkappa}{\sqrt{2}} \cdot \sqrt{\frac{z \cdot \omega}{p_m}}. \qquad (42)$$

Hierin ist $\varkappa$ ein Zahlenfaktor, dessen Größe in Zahlentafel 8 als Funktion von φ eingetragen ist.

Zahlentafel 8. Größe des Zahlenfaktors $\varkappa$ in Abhängigkeit von φ bzw. von der Exzentrizität χ.

$\chi =$	0,2	0,3	0,4	0,5	0,6	0,7	0,8	0,9	0,95
$\varphi =$	1,7	2,4	3,2	4,1	5,3	7,2	10,5	20,5	39,2
$\varkappa =$	2,47	2,22	2,08	2,05	2,09	2,17	2,31	2,61	2,67

Abb. 47 gibt den Verlauf des Wertes $\varkappa$ in Abhängigkeit von φ graphisch wieder.

Wie ersichtlich, schwankt der Zahlenwert von $\varkappa$ nur verhältnismäßig wenig, so daß man für allgemeine praktische Berechnungen einen Mittelwert benutzen kann. Die Zulässigkeit dieser Vereinfachung stützt sich wiederum auf die Unsicherheit der richtigen Einschätzung der Zähigkeit z, die eine genauere Rechnung von vornherein sinnlos erscheinen läßt*. Aus dem gleichen Grunde kann dann auch wieder

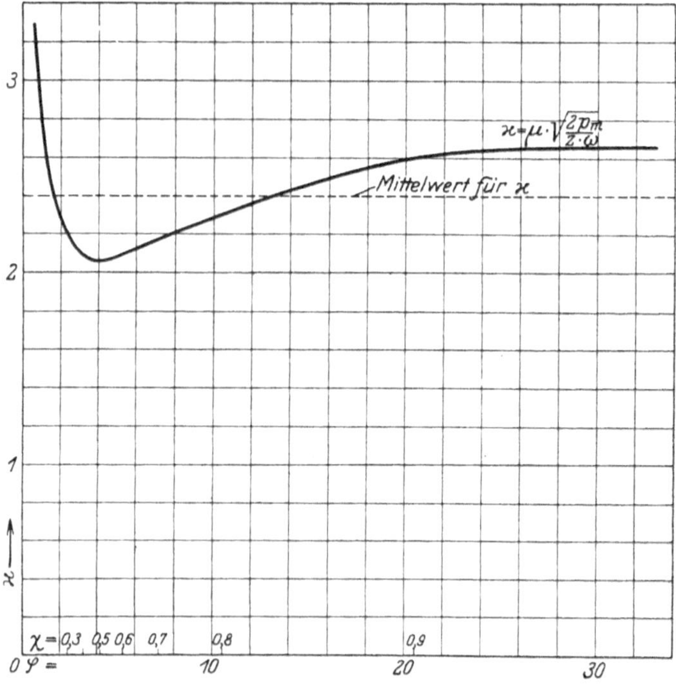

Abb. 47. Abhängigkeit der Lagerreibungszahl $\mu = \dfrac{\varkappa}{\sqrt{2}} \cdot \sqrt{\dfrac{z \cdot \omega}{p_m}}$ von dem die Relativlage des Zapfens im Lager kennzeichnenden Verhältniswert φ bzw. χ.

eine besondere Berücksichtigung des genauen Lagerlängenverhältnisses unterbleiben. Es wird vielmehr genügen, wenn wir als Durchschnittswert das Lagerlängenverhältnis $l : d = 1{,}0$, als allgemein für endliche Lagerlänge gültig, einführen.

Man kann dann für endliche Lagerlänge allgemein setzen

$$\mu = k \cdot \frac{\varkappa}{\sqrt{2}} \cdot \sqrt{\frac{z \cdot \omega}{p_m}}. \tag{43}$$

---

* Daß an verschiedenen Stellen dieses Buches trotzdem Zahlenwerten mit einigen Dezimalen Platz gegeben ist, erklärt sich lediglich aus dem Bestreben, größere Unstimmigkeiten in den mathematischen Umrechnungen zu vermeiden.

und dabei den von Gümbel aus den Stribeckschen Lagerversuchen[87] errechneten Korrekturfaktor

$$k = \sqrt{\frac{4 \cdot d + l}{l}} \qquad (44)$$

annehmen. (Nach einem neueren Versuch mit größeren Lagerspielen ergibt sich ein um rund 30—40% geringerer Wert für k, doch erscheint es nicht gerechtfertigt, nach diesem einen Versuch bereits eine Änderung der Gümbelschen Ableitung vorzunehmen oder sich der neueren Ableitung nach Gümbel-Everling zu bedienen, die wiederum zu kleine Werte zu ergeben scheint.) — Setzt man in Gleichung (44), wie oben beschlossen, $l = d$, so wird

$$k = \sqrt{\frac{4 \cdot d + l}{l}} = \sqrt{\frac{4 \cdot 1 + 1}{1}} = \sqrt{5} = 2{,}24 \,.$$

Wählen wir jetzt für $\varkappa$ einen Durchschnittswert, z. B. $\varkappa = 2{,}4$, so erhalten wir für $l = d$

$$\mu_{\mathrm{mittel}} = \frac{2{,}4 \cdot 2{,}24}{\sqrt{2}} \cdot \sqrt{\frac{z \cdot \omega}{p_m}}$$

und damit als sehr sichere Durchschnitts-Lagerreibungszahl für alle praktisch in Betracht kommenden Exzentrizitäten und Lagerlängen

$$\mu_{\mathrm{mittel}}{}^* = 3{,}8 \cdot \sqrt{\frac{z \cdot \omega}{p_m}} \,. \qquad (45)$$

Die Benutzung dieses Mittelwertes für μ ermöglicht eine ganz außerordentliche Vereinfachung der Berechnung.

Rein wissenschaftlich weist der Verlauf der $\varkappa$-Kurve manche interessante Eigentümlichkeit auf. Zunächst fällt das eigenartige Abnehmen der Reibungszahl mit kleiner werdender Exzentrizität ins Auge. Der Wert von $\varkappa$ sinkt von 2,67 bei $\chi = 0{,}95$ auf 2,05 bei $\chi = $ rund 0,5, womit der Geringstwert von $\varkappa$ erreicht ist. Bei kleineren Exzentrizitäten als $\chi = 0{,}5$ beginnt $\varkappa$ jedoch jäh anzusteigen und würde bei $\chi = 0$, also bei genau konzentrischer Lage der Welle, unendlich groß werden. Um von diesem Grenzwert genügend weit entfernt zu bleiben, werden wir Exzentrizitäten kleiner als $\chi = 0{,}3$ geflissentlich zu meiden haben.

Bei gleichbleibender Ölzähigkeit und gleichbleibendem Flächendruck (gleichbleibende Lagerabmessungen, also gleichbleibendes ψ, vorausgesetzt) wird die Reibungszahl nur von der Drehzahl beeinflußt. Gleichzeitig mit der Drehzahl ändert sich aber auch die geringste Schmierschichtstärke, so daß im obigen Falle jedem Wert von h ein bestimmter Wert von n entspricht. Nach Gleichung (21) erhalten wir

$$h = \frac{d \cdot z \cdot \omega}{3{,}84 \cdot p_m \cdot \psi} \qquad \text{oder} \qquad \omega = \frac{3{,}84 \cdot p_m \cdot \psi \cdot h}{d \cdot z}$$

oder auch

$$n = \frac{36{,}5 \cdot p_m \cdot \psi \cdot h}{d \cdot z} \ \text{Umdr./min.} \qquad (46)$$

---

* Im nachstehenden der Kürze wegen einfach mit μ bezeichnet.

Es sei nun ein Zahlenbeispiel durchgerechnet, dessen einzelne Daten nach einem praktischen Versuch gewählt sind, so daß ein unmittelbarer zahlenmäßiger Vergleich zwischen Theorie und Praxis möglich wird.

Beispiel 5. Gegeben sei ein Weißmetallager von 70 mm Durchmesser und 70 mm Länge, das bei konstanter Ölzähigkeit von $z = 0{,}018$ einem Flächendruck von zunächst 20 kg/cm² ausgesetzt wird. Das ideelle Lagerspiel $D'' - d''$ betrage 0,04 mm, und damit $\psi = \dfrac{D'' - d''}{d''} = \dfrac{0{,}04}{70} = \dfrac{1}{1750}$. Die Bearbeitung von Zapfen und Lager sei normal, doch werde angenommen, daß das Lager unter allmählicher Belastungssteigerung eingelaufen ist, so daß auf Grund der hierdurch hervorgerufenen lokalen Glättung der Schale eine geringste Schmierschichtstärke bis zu etwa 0,005 mm erreichbar sei. — Gesucht wird der Verlauf der Lagerreibungszahl von 800 U/min abwärts. Insbesondere ist das Minimum der Reibungszahl festzustellen, und zwar nach Größe und Lage.

Der Gang der Berechnung ist folgender: Zunächst werde die Reibungszahl für $n = 800$ bestimmt, und zwar der Einfachheit halber nach Gleichung (45), womit wir erhalten:

$$\mu_{800} = 3{,}8 \sqrt{\frac{z \cdot \omega}{p_m}} = 3{,}8 \cdot \sqrt{\frac{0{,}018 \cdot 0{,}105 \cdot 800}{200\,000}} = 3{,}8 \cdot \sqrt{\frac{1{,}51}{200\,000}}$$

$$= 3{,}8 \cdot \sqrt{\frac{1}{132\,000}} = \frac{3{,}8}{363} = 0{,}0105 \,.$$

Alsdann wird in ähnlicher Weise der Zwischenwert für $n = 400$ ermittelt:

$$\mu_{400} = 3{,}8 \cdot \sqrt{\frac{0{,}018 \cdot 0{,}105 \cdot 400}{200\,000}} = 3{,}8 \cdot \sqrt{\frac{1}{264\,000}} = \frac{3{,}8}{513} = 0{,}0074 \,.$$

Wie wir sehen, nimmt die Reibungszahl mit kleiner werdender Drehzahl weiter und weiter ab. Sie würde schließlich bei $n = 0$ ebenfalls Null werden, wenn das Gebiet der Flüssigkeitsreibung praktisch so weit reichen würde. Wir wissen jedoch, daß die kleinste Schmierschichtstärke, bei der noch reine Flüssigkeitsreibung zu erwarten ist, im vorliegenden Falle bei $h'' = 0{,}005$ mm $= 0{,}000005$ m erreicht wäre und daß somit in diesem Punkte auch die Reibungszahl ihr Minimum erreicht haben muß.

Stellen wir zunächst nach Gl. 46 fest, bei welcher Drehzahl das Minimum der Schmierschichtstärke, $h = 0{,}000005$ m, erreicht sein wird!

Mit $p_m = 200\,000$; $\psi = 1/1750$; $h = 0{,}000005$; $d = 0{,}07$ und $z = 0{,}018$ ergibt sich alsdann die gesuchte Drehzahl des Reibungsminimums zu

$$n_{\min} = \frac{36{,}5 \cdot 200\,000 \cdot 0{,}000005}{0{,}7 \cdot 1750 \cdot 0{,}018} = \frac{36{,}5}{2{,}2} = 16{,}6 \,.$$

Für diese Drehzahl kann nun ebenfalls nach Gleichung (45) die Reibungszahl ermittelt werden. Es wird

$$\mu_{16{,}6} = 3{,}8 \cdot \sqrt{\frac{0{,}018 \cdot 0{,}105 \cdot 16{,}6}{200\,000}} = 3{,}8 \cdot \sqrt{\frac{1}{6\,400\,000}} = \frac{3{,}8}{2530} = 0{,}0015 \,.$$

Aus diesen 3 Werten von μ läßt sich durch Einschalten von Zwischenwerten der Verlauf der Reibungszahl für $p = 20$ kg/cm² und $n = 800$ bis $n = 16{,}6$ festlegen. In Abb. 48 ist diese Kurve nebst zwei weiteren für $p = 7{,}5$ kg/cm² und $p = 100$ kg/cm² verzeichnet. Die Grenzdrehzahlen ergeben sich in gleicher Weise wie oben. Für $p_m = 75\,000$ kg/m² wird nach Gleichung 46

$$n_{\min} = \frac{36{,}5 \cdot 75\,000 \cdot 0{,}000005}{0{,}07 \cdot 1750 \cdot 0{,}018} = \frac{13{,}7}{2{,}2} = 6{,}2$$

und für $p_m = 1\,000\,000$ kg/m²

$$n_{\min} = \frac{6{,}22 \cdot 100}{7{,}5} = 83 \,.$$

Die auf den ersten Blick überraschende Tatsache, daß die Minima der Reibungszahl bei allen Drücken die gleiche Größe aufweisen, erklärt sich aus dem einfachen linearen Abhängigkeitsverhältnis der Größen ω und p_m in den Gleichungen (21) und (45). — Wird p_m in Gleichung (21) z. B. verdoppelt, so muß, da $h_{\min}$ gleich bleiben soll, auch ω auf das Doppelte wachsen, so daß nun in Gleichung (45) unter der Wurzel statt $\dfrac{\omega}{p_m}$ der gleich große Wert $\dfrac{2 \cdot \omega}{2 \cdot p_m}$ erscheint, wodurch der Zahlenwert von μ unverändert bleibt.

Von besonderem Interesse ist der Verlauf der Kurven in der Gegend der Reibungsminima. Hat sich die Schmierschicht durch Nachlassen

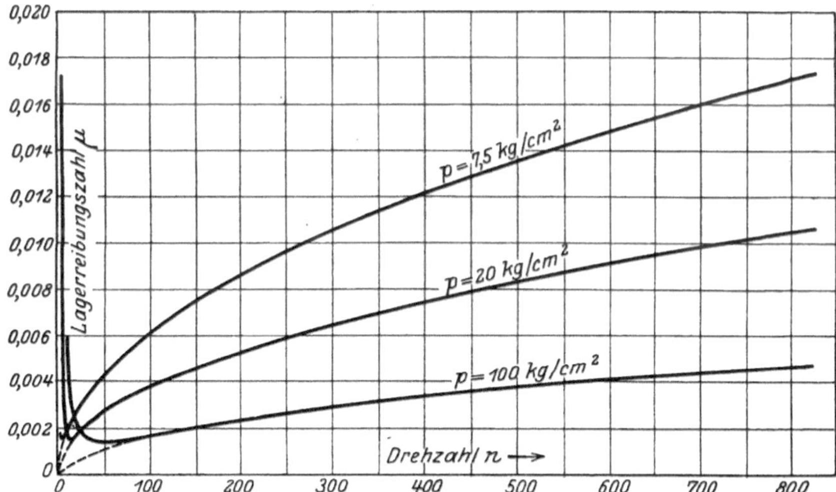

Abb. 48. Errechnete Reibungszahlen für ein Weißmetall-Lager von 70 mm Durchmesser und 70 mm Länge bei $D'' - d'' = 0{,}04$ mm und $z = 0{,}018$ für $p = 7{,}5$ at, 20 at und 100 at Flächenpressung.

der Drehzahl bis auf das Grenzmaß $h'' = 0{,}005$ mm verringert, so tritt zu der Flüssigkeitsreibung noch unmittelbare metallische Reibung hinzu, und die Lagerbelastung wird bei weiter abnehmender Drehzahl nur noch zum Teil durch die Schmierschicht, zum Teil bereits durch unmittelbare Auflage getragen.

Dieser Vorgang des Einleitens der halblfüssigen Reibung durch Abnahme der Drehzahl wird nach den früheren Ausführungen „Einklinken" genannt — im Gegensatz zum „Ausklinken", als Übergang von der halbflüssigen zur flüssigen Reibung bei zunehmender Drehzahl*. — Als Moment des Einklinkens ist der Augenblick zu betrachten, in dem die beiden Gleitflächen sich eben zu berühren beginnen. Von diesem Moment an tritt zwar schon metallische Reibung in die Erscheinung, es wird aber bei geringer weiterer Abnahme der Drehzahl auch die Rei-

---

* Der praktische Vorgang des Anlaufens („Aufwälzen", „Zittern", „Ausklinken", „Schwimmen") ist in ganz vorzüglicher Weise durch mikrophotographische Aufzeichnungen sichtbar gemacht worden (s. V. Vieweg[95]).

bungszahl der flüssigen Reibung noch weiter abnehmen, so daß die Lagerreibungszahl nach erfolgtem Einklinken bei weiterer Abnahme der Drehzahl zunächst nur etwas langsamer abnehmen, alsdann ein Minimum erreichen und erst nach Überwiegen der metallischen Reibung rasch anzusteigen beginnen wird. Der Übergang von flüssiger zu halbflüssiger Reibung wird also praktisch nicht plötzlich, sondern mehr oder weniger allmählich, mit einer gewissen Abrundung, erfolgen, was außer durch die bekannten Versuche von Stribeck auch durch Reibungsmessungen von Heimann[49] sowie von Schneider[82] und durch Messungen des Stromdurchganges zwischen Zapfen und Lagerschale von Schenfer[78] praktisch bestätigt ist. Obige Hinweise bedeuten also, daß der Beginn der halbflüssigen Reibung mit dem Reibungsminimum nicht identisch ist.

Die bisher schon vielfach beobachtete Tatsache, daß die Reibungsleistung bei manchen Maschinen mit wachsender Belastung zunimmt, bei anderen abnimmt, erklärt sich auch nur dadurch, daß manche Maschinen nur im Gebiet der flüssigen Reibung arbeiten, andere wiederum nur oder zum Teil im Grenzgebiet.

Daß der Zustand der halbflüssigen Reibung tatsächlich so auftritt, wie er theoretisch angenommen wird, ist durch praktische Versuche bestätigt worden, und zwar findet sich ein ausführlicher Versuchsbericht über diese Feststellung in der schon erwähnten Arbeit von Stanton[85]: „Einige neuere Untersuchungen über Schmierung" in „The Engineer" vom 8. Dezember 1922. — Dem Autor jenes Aufsatzes schien indes die Tatsache bzw. das Wesen der halbflüssigen Reibung nicht genügend bekannt gewesen zu sein; denn er hebt mit besonderem Nachdruck hervor, daß der dem Schmiervorgang nach Reynolds eigentümliche hohe Schmierschichtdruck nach den ausgeführten Versuchen bis zum Fressen der Gleitflächen, also bis in die ungünstigsten Gebiete der halbflüssigen Reibung hinein, nachweisbar sei. Letzteres war jedoch von vornherein zu erwarten, da der reiner Flüssigkeitsreibung entsprechende Schmierschichtdruck in den Vertiefungen der Gleitflächen, selbst nach erfolgtem Hinzutreten metallischer Reibung, noch aufrechterhalten bleiben muß, weil halbflüssige Reibung eben nur in der Zusammenwirkung flüssiger und halbtrockener Reibung denkbar ist. Gerade aus diesem Grunde ist aber das Vorhandensein halbflüssiger Reibung niemals durch Schmierschicht-Druckmessungen, sondern nur durch elektrische Widerstandsmessungen (s. Schenfer[78], Biel[4] und von Freudenreich[33]) oder durch ein Kontrolllämpchen [s. Schneider[82]] bzw. durch Feststellung von Verschleiß nachzuweisen.

Abb. 49 zeigt zwei Kurven nach den praktischen Versuchen Stribecks für 20 und für 7,5 at Flächendruck, bei einem Weißmetalllager der eingangs erwähnten Abmessungen*.

Die ganze Versuchsreihe wurde bei 25° Lagertemperatur ausgeführt, was einer gleichbleibenden Zähigkeit des verwendeten Schmiermittels

---

* Bei den Stribeckschen Versuchen ist die Größe des Lagerspieles nicht angegeben. Auf Grund der Versuchsbeschreibung wurde $D_w'' - d_w''$ zu 0,02 mm und $D'' - d''$ zu 0,04 mm geschätzt.

(Gasmotorenöl) von $z = 0{,}018$ kg · sek/m² entspricht. Da Temperaturmessungen in unmittelbarer Nähe der Schmierschicht fast vollkommene Übereinstimmung mit der mittleren Lagerschalentemperatur ergaben, können wir hier ohne weiteres Lagerschalentemperatur = Schmierschichttemperatur setzen.

Der Verlauf der beiden aus der Versuchsreihe von Stribeck wiedergegebenen Reibungskurven deckt sich mit den (Abb. 48) nach der Näherungsgleichung (45) errechneten so weit, daß man die Rechnung jedenfalls als mit der Praxis befriedigend übereinstimmend bezeichnen kann. Eine besondere Übereinstimmung konnte schon allein darum nicht erwartet werden, weil das Lager nach dem Versuchsbericht nach erfolgtem Einlaufen offenbar nicht mehr genau kreisrund war.

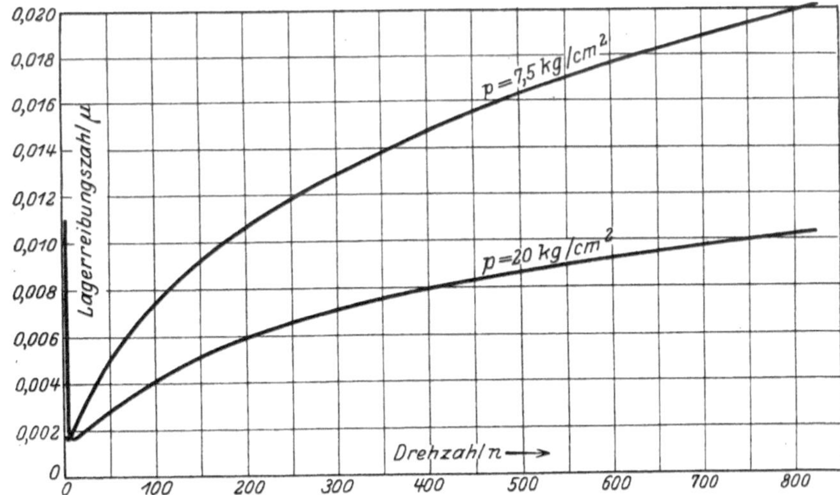

Abb. 49. Von R. Stribeck praktisch ermittelte Reibungszahlen für ein Weißmetall-Lager von 70 mm Durchmesser und 70 mm Länge bei $z = 0{,}018$ für $p = 7{,}5$ at und 20 at Flächenpressung.

Überraschend wirkt die gute Übereinstimmung zwischen Theorie und Praxis im Übergangsgebiet von flüssiger zu halbflüssiger Reibung. Da die Wendepunkte ziemlich eng aneinander liegen und die von Stribeck angewandten Flächendrücke nur bis 50 at reichen, ist in Abb. 48 zur deutlicheren Darstellung des Charakters des Übergangsgebietes und des linken aufsteigenden Astes noch die Kurve für 100 at eingetragen, bei der das Einklinken schon bei 83 U/min erfolgt. Der linke Ast steigt steil zur Ordinatenachse an und erreicht diese bei der Drehzahl Null bei einem Reibungswert von $\mu_{\text{htr.}} \approx 0{,}22 =$ der Reibungszahl der Ruhe für Weißmetall.

Die Reibung der Ruhe, deren Widerstand jedesmal beim Anlaufen des Lagers zu überwinden ist, hängt ihrer Größe nach, da es sich um halbtrockene Reibung handelt, fast ausschließlich von den Eigenschaften und der Oberflächenbeschaffenheit der sich berührenden Gleitflächen ab: Stribeck stellte die Reibungszahl der Ruhe, als von der Größe des Flächendruckes nahezu unabhängig, bei Weißmetall im Mittel zu 0,22, bei

Gußeisenlagerschalen zu 0,14 fest*. — Hiernach läßt sich die zum Anlaufen eines Lagers erforderliche Kraft mit genügender Sicherheit berechnen.

Aus den Abb. 48 und 49 geht folgendes hervor:

Für jeden Flächendruck gibt es bei gegebener Ölzähigkeit und gegebenem Lagerspiel eine ganz bestimmte Drehzahl, bei der die Reibungsziffer ein Minimum wird. Die Größe dieser Grenzdrehzahl ist außer vom Flächendruck, von der Ölzähigkeit und vom Zapfendurchmesser auch vom Lagerspiel und der geringsten zulässigen Schmierschichtstärke abhängig. Die Größe des geringsten Reibungskoeffizienten ist bei gleichbleibender Ölzähigkeit bei einem gegebenen Lager für alle Flächenpressungen praktisch gleich. — Je höher der Flächendruck, bei um so höherer Drehzahl wird das Minimum der Lagerreibungszahl erreicht. (Die abweichenden Versuchsergebnisse der erst während der Drucklegung dieses Buches erschienenen Arbeit von Büche[7] dürften sich zum Teil daraus erklären, daß kein definiertes Lagerspiel vorhanden war. Dies ist auch bei der Beurteilung der von Büche ermittelten Lage der Minima zu beachten.)

Zu der vergleichenden Gegenüberstellung der rechnerisch und experimentell gefundenen Reibungskurven muß noch bemerkt werden, daß auch die Veränderlichkeit der Schmierschichttemperatur (bei gleichbleibender mittlerer Lagertemperatur) sowie durch Wärmedehnungen verursachte Verzerrungen des Lagerspieles gewisse Abweichungen zwischen Versuch und Rechnung bedingen, die zahlenmäßig nicht erfaßbar sind. Alle diese Momente lassen eine genauere Übereinstimmung zwischen Rechnung und Versuch schon von vornherein nicht erwarten.

Zusammenfassung.

1. Der Lagerreibungskoeffizient μ der flüssigen Reibung kann, ähnlich der Reibungszahl der halbtrockenen Reibung, definiert werden als Quotient „gesamter Reibungswiderstand W' am Zapfenumfang" durch „Gesamtzapfenbelastung P"; doch ist der Reibungswiderstand W' hierbei nicht vom Stoff der Gleitflächen, sondern im wesentlichen nur von der Zähigkeit des Schmiermittels, von der Winkelgeschwindigkeit bzw. Drehzahl und vom Flächendruck abhängig.

2. Die Lagerreibungszahl der flüssigen Reibung beträgt für endliche Lagerlänge nach Gleichung (45) im Mittel $\mu = 3{,}8 \cdot \sqrt{\dfrac{z \cdot \omega}{p_m}}$.

3. Wird die geringste Schmierschichtstärke (zwischen den „Grunddurchmessern" von Zapfen und Lagerschale) kleiner als die Summe der Unebenheiten der Gleitflächen, so geht die flüssige Reibung in halbflüssige Reibung über, indem zur Flüssigkeitsreibung in mehr oder weniger hohem Maße noch metallische Reibung hinzutritt.

4. Bei halbflüssiger Reibung, die bei Lagern möglichst vermieden werden sollte, wird die Lagerbelastung zum Teil durch die Schmier-

---

* Die an Lagern aus gezogener Phosphorbronze neuerdings festgestellten Reibungsziffern der Ruhe erwiesen sich als vom Flächendruck ebenfalls wenig abhängig; sie ergaben sich bei rechnerischen Flächenpressungen von 50 bis 300 kg/cm² zu $\mu_{\text{htr.}} = 0{,}18 \div 0{,}23$ (mit zunehmender Belastung ansteigend).

schicht, zum Teil durch unmittelbare Auflage der Gleitflächen getragen. — Der Schmierschichtdruck weist hierbei die gleiche Höhe auf wie bei reiner Flüssigkeitsreibung, weshalb das Vorhandensein halbflüssiger Reibung nie durch Schmierschicht-Druckmessungen, sondern nur durch elektrische Widerstandsmessungen oder stattgefundenen Verschleiß nachgewiesen werden kann.

5. Bei einem gegebenen Lager ist bei gegebener Ölzähigkeit der Reibungskoeffizient um so kleiner, je niedriger die Drehzahl. Bei derjenigen Drehzahl, bei der die geringste Schmierschichtstärke die Höhe der Summe der Unebenheiten eben unterschritten hat, erreicht die Reibungszahl ihr Minimum. Bei weiterer Verringerung der Drehzahl setzt halbflüssige Reibung ein und läßt die Reibungszahl stark ansteigen.

6. Bei der Drehzahl Null erreicht die Reibungszahl ihr Maximum: den Wert des Reibungskoeffizienten der halbtrockenen Reibung; derselbe beträgt nach Versuchen von Stribeck bei Weißmetall etwa 0,22, bei Gußlagerschalen etwa 0,14 und ist von der Flächenpressung (wenigstens in dem praktisch in Betracht kommenden Gebiet) nahezu unabhängig. — Bei gezogener Phosphorbronze und sehr hohen Drücken wurde $\mu_{\text{htr.}} = 0{,}18 \div 0{,}23$ festgestellt.

7. Der mit einem gegebenen Lager bei vorgeschriebener Belastung und Drehzahl äußerst erreichbare Reibungsmindestwert setzt eine ganz bestimmte Ölzähigkeit voraus, deren Überschreitung vergrößerte Flüssigkeitsreibung, deren Unterschreitung halbflüssige (also noch weit größere) Reibung zur Folge haben würde.

15. Die günstigsten Lagerreibungsverhältnisse.

Von ganz besonderem Interesse ist die Feststellung der günstigsten Reibungsverhältnisse, d. h. derjenigen Beziehungen zwischen Lagerspiel, Zapfendurchmesser, Ölzähigkeit und Belastung, die bei gegebener Drehzahl und verlangter Mindestschmierschichtstärke die geringste Reibungsleistung ergeben; denn die Kenntnis der günstigsten Reibungsverhältnisse ist ja letzten Endes bei jeder sachgemäßen Lösung einer Schmierungsfrage von Bedeutung, — insbesondere bei der richtigen Wahl der Schmiermittel.

Bei der Lösung der gestellten Aufgabe unterscheidet man zweckmäßig solche Fälle, in denen die Ölzähigkeit bzw. das Schmiermittel gegeben ist, von solchen, in denen gerade die Ölzähigkeit ermittelt werden soll. In beiden Fällen wird die Drehzahl, da meistens von den Betriebsverhältnissen vorgeschrieben, als gegeben angesehen; desgleichen der gesamte Lagerdruck P, sowie die zulässige Mindestschmierschichtstärke h, welch letztere aus Rücksichten der Betriebssicherheit niemals unterschritten, wohl aber, wenn keine nennenswerte Reibungsvergrößerung damit verbunden ist, überschritten werden darf bzw. soll.

Zwecks Klärung des zweiten Falles lösen wir Gleichung (21) nach ω auf und setzen den gefundenen Wert

$$\omega = \frac{3{,}84 \cdot p_m \cdot \psi \cdot h}{d \cdot z}$$

in Gleichung (45) (Formel für den Mittelwert der Reibungszahl)

$$\mu = 3{,}8 \cdot \sqrt{\frac{z \cdot \omega}{p_m}}$$

ein. Wir erhalten damit

$$\mu = 3{,}8 \cdot \sqrt{\frac{z \cdot 3{,}84 \cdot p_m \cdot \psi \cdot h}{p_m \cdot d \cdot z}} = 3{,}8 \cdot 1{,}96 \cdot \sqrt{\frac{\psi \cdot h}{d}} \approx 7{,}5 \cdot \sqrt{\frac{(D-d) \cdot h}{d \cdot d}}$$

$$\mu = \frac{7{,}5}{d} \cdot \sqrt{(D-d) \cdot h} \qquad (47)$$

als Sonderformel für die Größe des Reibungskoeffizienten bei gegebenem Zapfendurchmesser, gegebenem Lagerspiel und bestimmter geringster Schmierschichtstärke, bei $\chi \lessgtr 0{,}5$; insbesondere als Grenzgleichung für den geringsten Reibungskoeffizienten, falls $h = h_{\min}$ gesetzt wird.

Wie wir sehen, ist die Größe des erreichbaren geringsten Reibungskoeffizienten lediglich vom Durchmesser der Lagerschale und des Zapfens und von der Größe der geringsten Schmierschichtstärke abhängig, also insbesondere vom Lagerspiel und der Vollkommenheit der Gleitflächenbearbeitung. Diese auf den ersten Blick überraschende Tatsache erklärt sich bei näherer Betrachtung ganz zwanglos: Daß die Größe von $\mu_{\min}$ von der Zähigkeit und vom Flächendruck unabhängig sein muß, geht nämlich ohne weiteres aus der voraufgegangenen Ableitung [Gleichung (45) und (46)] hervor, indem die genannten Größen sich einfach fortheben, d. h. sowohl im Zähler wie im Nenner auftreten.

Nach Gleichung (47) ist der Mittelwert der Lagerreibungszahl μ eine geometrische Größe, deren Zahlenwert lediglich von den Lagerabmessungen und der geometrischen Lage des Zapfens zur Lagerschale abhängt und an sich unabhängig ist von der Gleitgeschwindigkeit, dem Flächendruck und der Ölzähigkeit. Die Zapfenrelativlage als solche ist jedoch von der Gleitgeschwindigkeit, dem Flächendruck und der Ölzähigkeit in bekannter Weise abhängig.

Diese Erkenntnis ist insofern von bedeutender Tragweite für die Praxis, als wir danach in der Lage sind, für jedes Lager von vornherein den günstigsten Reibungswert festzulegen, der unter Beachtung der gebotenen Sicherheit gegen halbflüssige Reibung überhaupt erzielbar ist.

In diesem Zusammenhange interessiert auch die Bestimmung der Reibungsleistung. Sie beträgt, in Pferdestärken ausgedrückt, für Querlager allgemein

$$N_r = \frac{\mu \cdot P \cdot d \cdot \pi \cdot n}{75 \cdot 60} = \frac{\mu \cdot P \cdot d \cdot n}{1430} \ \text{PS}. \qquad (48)$$

Setzen wir für μ den Gleichwert der Formel (45) ein und gleichzeitig

$$p_m = \frac{P}{d \cdot l} = \frac{P}{d^2 \cdot (l:d)} \quad \text{und} \quad \omega = \frac{n}{9{,}5}, \ \text{so erhalten wir}$$

$$N_r = \frac{3{,}8 \cdot \sqrt{\dfrac{z \cdot \omega}{p_m}} \cdot P \cdot d \cdot n}{1430} = \frac{3{,}8 \cdot \sqrt{z \cdot \omega} \cdot P \cdot d \cdot n}{1430 \cdot \sqrt{p_m}} = \sqrt{\frac{3{,}8^2 \cdot z \cdot \omega \cdot P^2 \cdot d^2 \cdot n^2}{1430^2 \cdot p_m}}$$

$$= \sqrt{\frac{3{,}8^2 \cdot z \cdot n \cdot P^2 \cdot d^2 \cdot n^2 \cdot d^2 \cdot (l:d)}{1430^2 \cdot 9{,}5 \cdot P}} = \frac{3{,}8}{1430 \cdot 3{,}08} \cdot \sqrt{P \cdot d^4 \cdot n^3 \cdot z \cdot (l:d)}.$$

$$N_r = \frac{d^2}{1160} \cdot \sqrt{P \cdot n^3 \cdot z \cdot (l:d)} \ \text{PS}. \qquad (49)$$

Hiernach ist die Reibungsleistung bei gegebenem P, n, z und $(l:d)$ um so geringer, je kleiner der Zapfendurchmesser d. — Vom Lagerspiel ist die Reibungsleistung unabhängig, sofern durch geeignete Wahl des Lagerspieles nur dafür gesorgt wird, daß flüssige Reibung aufrechterhalten bleibt.

Setzen wir den Wert für μ aus Formel (47) in die allgemeine Gleichung (48) für die Reibungsleistung ein, so erhalten wir

$$N_r = \frac{\mu \cdot P \cdot d \cdot n}{1430} = \frac{7{,}5 \cdot \sqrt{(D-d) \cdot h} \cdot P \cdot d \cdot n}{d \cdot 1430}$$

$$N_r = \frac{P \cdot n \cdot \sqrt{(D-d) \cdot h}}{191} \ \text{PS}\,. \tag{50}$$

Wie wir sehen, fällt der Zapfendurchmesser aus der Formel für die Reibungsleistung, unter freier Wahl des Schmiermittels, völlig heraus, d. h. das Reibungsminimum, wie die Reibungsleistung im allgemeinen, ist vom Zapfendurchmesser unabhängig, sofern jeweils der richtige Wert für die Ölzähigkeit z eingesetzt wird.

Dieser ergibt sich aus der Grundgleichung (21) mit

$$p_m = \frac{P}{d^2 \cdot (l:d)}, \quad \psi = \frac{D-d}{d} \quad \text{und} \quad \omega = 0{,}1047 \cdot n$$

aus

$$\frac{3{,}84 \cdot h \cdot P \cdot (D-d)}{d^2 \cdot (l:d) \cdot d} = d \cdot 0{,}1047 \cdot n \cdot z$$

oder

$$d^2 \cdot (l:d) \cdot d^2 \cdot 0{,}1047 \cdot n \cdot z = 3{,}84 \cdot h \cdot P \cdot (D-d)$$

bzw.

$$z = \frac{3{,}84 \cdot P \cdot (D-d) \cdot h}{0{,}1047 \cdot d^4 \cdot (l:d) \cdot n}$$

zu

$$z = \frac{36{,}5 \cdot P \cdot (D-d) \cdot h}{d^4 \cdot (l:d) \cdot n} \ \text{kg} \cdot \text{sek/m}^2\,. \tag{51}$$

Aus den Formeln (47) und (50) geht klar hervor, daß kleinste Reibungsleistung nur bei kleinster Schmierschichtstärke und geringstem Lagerspiel erreichbar ist. Setzt man h gleich der geringsten zulässigen Schmierschichtstärke, so soll auch $D-d$ nur ein möglichst geringes Vielfaches davon betragen, um das maßgebende Produkt $(D-d) \cdot h$ so klein wie nur angängig zu halten.

Für die Lösung der Frage, welches verhältnismäßige Lagerspiel (ψ) wohl das günstigste sei, sind zwei Rücksichten maßgebend: möglichst geringe Reibung und ruhiger Lauf; wünschenswert ist schließlich auch noch relativ möglichst große Schmierschichtstärke.

Der geringste Reibungswert wird nach Abb. 47 bei einer Exzentrizität von $\chi = 0{,}5$ erreicht, während ruhiger (vibrationsfreier) Gang bei hohen Drehzahlen $\chi \gtrless 0{,}5$ empfehlenswert erscheinen läßt*. Die

---

* Kleine Exzentrizitäten geben nicht nur infolge ihrer wenig stabilen Lage meistens unruhigen Gang, sondern verursachen auch einen verhältnismäßig hohen Reibungsverbrauch, weil, wie aus Abb. 47 ersichtlich, die Reibungszahl bei kleinen Exzentrizitäten schroff ansteigt. — Der ungünstige Einfluß kleiner Lagerspiele ist durch die Versuche von v. Freudenreich[33] an einem Generatorenlager praktisch bestätigt.

relativ größte Schmierschichtstärke schließlich ist nach Zahlentafel 4 etwa bei $\chi = 0{,}35$ zu gewärtigen.

Da mit Rücksicht auf ruhigen Gang bei raschlaufenden Maschinen Exzentrizitäten größer als 0,5 von vornherein ausscheiden sollten und andererseits mit Rücksicht auf kleinste Reibungsleistung möglichst geringe Exzentrizitäten anzustreben sind, kann $\chi = 0{,}5$ als günstigste Exzentrizität angesehen werden. — Der Relativwert von h ist hierbei immer noch sehr günstig, d. h. groß.

Die Größe des günstigsten Lagerspieles $\psi_{0,5}$ ergibt sich aus Zahlentafel 3 zu

$$(D - d)_{0,5} = d \cdot \sqrt{\frac{z \cdot \omega}{p_m}} \ \ \text{m}\,. \tag{52}$$

oder, D'' und d'' in Millimetern, $n = \omega : 0{,}1047$ und p in kg/cm² eingesetzt, zu

$$(D'' - d'')_{0,5} = \frac{d''}{309} \cdot \sqrt{\frac{z \cdot n}{p}} \ \ \text{mm}\,. \tag{53}$$

Nehmen wir also das Lagerspiel zu $\psi_{0,5}$ an, wobei $D - d = 4 \cdot h_{\min}$ wird, so erhalten wir den Zapfendurchmesser der geringsten Reibungsleistung wie folgt:

Nach Gleichung (21) ergibt sich:

$$h = \frac{d \cdot z \cdot \omega}{3{,}84 \cdot p_m \cdot \psi} = \frac{d \cdot z \cdot n \cdot d^2 \cdot (l : d) \cdot d}{3{,}84 \cdot P \cdot 9{,}5 \cdot (D - d)}\,, \quad \text{und mit} \quad D - d = 4 \cdot h,$$

$$h = \frac{d \cdot z \cdot n \cdot d^2 \cdot (l : d) \cdot d}{3{,}84 \cdot P \cdot 9{,}5 \cdot 4 \cdot h} \quad \text{oder} \quad h^2 = \frac{d^4 \cdot n \cdot z \cdot (l : d)}{146 \cdot P}$$

und daraus der Zapfendurchmesser der geringsten Reibungsleistung bei $D - d = 4 \cdot h$ zu

$$d_{N_{r\,\min}} = \sqrt[4]{\frac{146 \cdot P \cdot h^2}{n \cdot z \cdot (l : d)}} \ \ \text{m}\,. \tag{54}$$

Zur Verwirklichung der kleinsten Reibungsleistung gibt es also zwei Wege: entweder man bemißt den Zapfendurchmesser nach Gleichung (54), falls z gegeben ist, oder man ermittelt — bei gegebenem Zapfendurchmesser — die Zähigkeit z nach Gleichung (51). In beiden Fällen sind $D - d$ und h so klein wie möglich anzunehmen, wobei, wie bereits bemerkt, am zweckmäßigsten $D - d = 4 \cdot h$ gewählt wird. — Bei gegebenem z ist dieser Bedingung durch Ermittlung des Zapfendurchmessers nach Formel (54) bereits entsprochen, sofern für h der geringstzulässige Wert eingesetzt wird.

Ist außer dem Zapfendurchmesser d auch noch z gegeben, so kann das Reibungsminimum nicht erreicht werden, weil die Aufgabe überbestimmt ist. Ähnlich liegt der Fall, wenn z. B. ein verhältnismäßig großes Lagerspiel von vornherein (etwa bei vorhandener Lagerung) gegeben ist.

Bei dem günstigsten Lagerspiel $\psi_{0,5}$ mit $D - d = 4 \cdot h$ und dem unter gewöhnlichen Verhältnissen äußersten Grenzwert für die geringste Schmierschichtstärke, $h'' = 0{,}01$ mm, ergäbe sich als günstigstes Lagerspiel für alle Zapfen $D'' - d'' = 0{,}04$ mm. Wie schon früher dargelegt, ist die Ausführung so geringer Spiele jedoch nur bei ganz kleinen Zapfen möglich [man beachte, daß das wirkliche, werkstattechnisch auszuführende Lagerspiel $D_w - d_w$ noch um den Betrag $2 \cdot (\delta + \delta_1)$ kleiner ist als $D - d$], und es muß daher gezwungenermaßen bei größeren Zapfen ein größeres Lagerspiel ausgeführt werden; doch immer von dem Grundsatz ausgehend, das Spiel nicht größer zu machen als es eine bequeme Werkstattausführung verlangt.

Diesen Gesichtspunkten entsprechen die Feinpassungen der deutschen Industrienormen, und zwar kommt für normale Fälle die DI-Norm-Laufsitzpassung (L in B) in Betracht, da der „enge Laufsitz" (EL in B) einerseits bei großen Durchmessern schwer einzuhalten ist, andererseits bei normaler Oberflächenbearbeitung und längeren Bohrungen meistens zu strenge Passung ergibt. — Auch Wärmedehnungen könnten EL in B verbieten.

Die eigentlichen Schwierigkeiten beim Herstellen enger Laufsitze liegen jedoch nicht etwa in dem schwierigen Treffen der geforderten Differenz zwischen Zapfen- und Lagerschalendurchmesser, sondern vielmehr in der sich bei den üblichen Bearbeitungsverfahren ergebenden ungenügenden Genauigkeit der Zylinderform, auf deren große Bedeutung bereits in Abschnitt 11 hingewiesen worden war.

Zahlentafel 9 gibt die Lagerspiele und die Reibungszahlen für verschiedene Zapfendurchmesser und Schmierschichtstärken wieder, wobei dem wirklichen Lagerspiel $D_w'' - d_w''$ die Mittelwerte der Laufsitzfeinpassung „L ind B" zugrunde gelegt sind. Das den Berechnungen unterlegte ideelle Lagerspiel $D'' - d''$ ist gleich $(D_w'' - d_w'') + 0{,}02$ mm angenommen*. In der letzten Zeile der Zahlentafel sind als praktische Grenzwerte für größte Betriebssicherheit auch die Schmierschichtstärken $h_{0,5}'' = 0{,}25 \cdot (D'' - d'')$ eingetragen, deren Wahl stets zu bevorzugen ist.

Mit den oben angeführten Lagerspielen wird man, bei freier Wahl des Schmiermittels und beweglichen Lagerschalen, wohl in allen normalen Fällen auskommen. Bei höheren Drehzahlen, kleinem Flächendruck und großem Zapfendurchmesser werden die Lagerspiele des Laufsitzes mit $\psi_{0,5}$ bei Verwendung der erforderlichen, sehr dünnflüssigen Schmieröle hinlänglich geringe Reibungszahlen ergeben, während für schwer belastete, langsam laufende Zapfen von geringerem Durchmesser zähflüssige Schmiermittel, bei entsprechend erhöhter Reibung, Verwendung finden müssen.

Bei sehr hohen Drehzahlen kann es sich herausstellen, daß die Wahl des kleinstmöglichen Lagerspieles unzulässig ist. Ergibt sich nämlich das erforderliche z bei gegebenem d als so gering, daß selbst das dünnflüssigste Spindelöl noch zu zäh erscheint, dann könnten sich, bei Verwendung dieses leichtesten erhältlichen Schmiermittels, Exzentrizitäten von weniger als $\chi = 0{,}2$ einstellen, was nicht nur nach Abb. 47 ein sehr starkes Ansteigen des Reibungswertes, sondern auch einen unruhigen Gang erwarten ließe. Solchenfalles ist man dann gezwungen,

---

* Nur beim kleinsten Durchmesser betrug der Zuschlag 0,015 mm.

Zahlentafel 9. Lagerreibungszahlen für DI-Norm-Laufsitzpassung (Mittelwert) bei verschiedener Schmierschichtstärke.

		25	50	75	100	150	200	250	300	350	400	450	500
$(D'' - d'')_{\text{mittel}}$	mm	0,06	0,07	0,08	0,09	0,1	0,11	0,11	0,12	0,12	0,14	0,14	0,14
$(D''_w - d''_w)_{\text{mittel}}$	mm	0,045	0,05	0,06	0,07	0,08	0,09	0,09	0,1	0,1	0,12	0,12	0,12
$(D''_w - d''_w)_{\text{max}}$	,,	0,067	0,075	0,09	0,105	0,12	0,135	0,135	0,15	0,15	0,18	0,18	0,18
Zapfendurchmesser d'' mm		**25**	**50**	**75**	**100**	**150**	**200**	**250**	**300**	**350**	**400**	**450**	**500**
μ für $h'' = 0,002$ mm		0,0033	0,0018	0,0013	0,001	0,00071	0,00056	0,00045	0,00039	0,00033	0,00031	0,00028	0,00025
μ ,, $h'' = 0,003$,,		0,004	0,0022	0,0016	0,0012	0,00087	0,00068	0,00055	0,00048	0,00041	0,00039	0,00034	0,00031
μ ,, $h'' = 0,005$,,		0,0052	0,00284	0,002	0,0016	0,00113	0,00116	0,00071	0,00061	0,00052	0,0005	0,00044	0,0004
μ ,, $h'' = 0,01$,,		0,0074	0,004	0,00284	0,00226	0,0016	0,00125	0,001	0,00087	0,00074	0,0007	0,00062	0,00056
μ ,, $h'' = 0,015$,,		0,0091	0,0049	0,00348	0,00277	0,00196	0,00153	0,00122	0,00106	0,00091	0,00086	0,00077	0,00069
μ ,, $h'' = 0,02$,,				0,004	0,0032	0,00226	0,00177	0,00142	0,00123	0,00104	0,00099	0,00089	0,0008
μ ,, $h'' = 0,025$,,						0,00253	0,00198	0,00158	0,00138	0,00117	0,00111	0,00099	0,00089
μ ,, $h'' = 0,03$,,									0,0015	0,00128	0,00121	0,00108	0,00097
μ ,, $h'' = 0,035$,,											0,00131	0,00117	0,00105
$h''_{\text{max}} = h''_{0,5}$ mm $=$		0,015	0,0175	0,02	0,0225	0,025	0,0275	0,0275	0,03	0,03	0,035	0,035	0,035
μ für $h''_{0,5}$ $=$		0,0091	0,0053	0,004	0,0034	0,00253	0,00208	0,00166	0,0015	0,00128	0,00131	0,00117	0,00105

das Lagerspiel so weit zu vergrößern, daß die Exzentrizität möglichst nicht kleiner wird als $\chi = 0,5$.

Obschon dem ideellen Lagerspiel nach Zahlentafel 9 bei 50—500 mm Durchmesser normale Bearbeitung, entsprechend $\delta'' = \delta''_1 = 0,005$ mm, zugrunde gelegt war, sind doch die Reibungswerte auch für $h'' = 0,005$, $0,003$ und $0,002$ mm mit eingetragen. Sie haben Bedeutung für abnormal genaue und hochwertige Bearbeitung (gehärtete, geschliffene, abgezogene und polierte oder gehonte Zapfenlaufflächen bei einteiligen Buchslagern aus Spezialbronze, deren Bohrungen mit Diamant ausgedreht, mit der Räumnadel geräumt oder besonders eingeschliffen sind) sowie zur Abschätzung „eingelaufener" Lager. Zu beachten ist hierbei allerdings, daß die Zahlentafel auf dem Mittelwert des Lagerspieles aufgebaut ist.

Der Mittelwert des ideellen Laufsitz-Lagerspieles $(D - d)_L$ kann mit genügender Annäherung durch das Gesetz

$$(D - d)_L = \frac{\sqrt[3,3]{d}}{5550} \text{ m} \quad (55)$$

wiedergegeben werden, wenn d in Metern eingesetzt wird. — Das ideelle Lagerspiel in Millimetern erhält man nach der Gleichung

$$(D'' - d'')_L = \frac{\sqrt[3,3]{d''}}{45} \text{ mm}, \quad [56]$$

wobei D'' und d'' Millimeter darstellen.

Abb. 50 zeigt die ideellen und wirklichen Lagerspiele der DI-Norm-Laufsitzpassung in graphischer Darstellung mit dem eingezeichneten Linienzug des Mittelwertes $(D'' - d'')_L$.

Es ist bereits früher darauf hingewiesen worden, daß man von den Rechnungsergebnissen keine unbillige Genauigkeit erwarten darf. Das Kapitel der Lagerspiele läßt diesen Hinweis wieder besonders in den Vordergrund treten:

Es war bisher von der Vollkommenheit verschiedener Gleitflächenbearbeitungsmethoden und von den Spielen der Laufsitzpassungen die Rede. Aber selbst bei der genauesten und saubersten Arbeit und den sorgfältigsten Kontrollverfahren wissen wir doch nie, wie groß das Lagerspiel im praktischen Betriebe ist, obschon eigentlich gerade nur

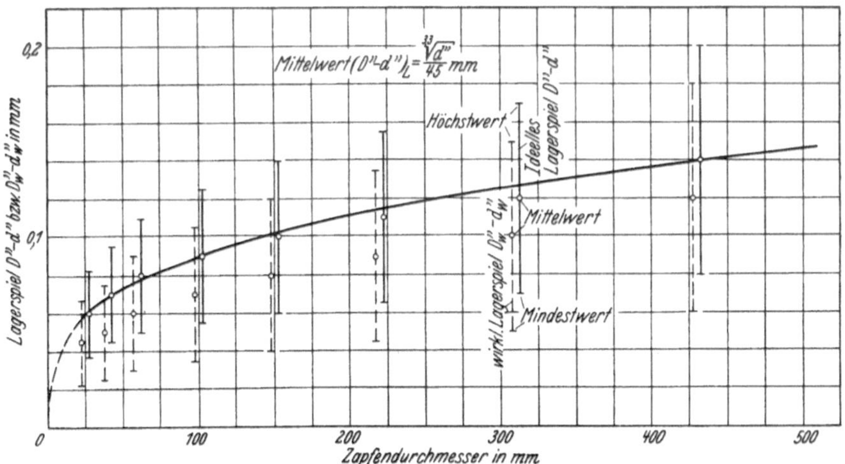

Abb. 50. Wirkliches und ideelles Lagerspiel nach D I-Norm-Laufsitzpassung „L in B".

dieses wirkliche Spiel interessiert und für das Rechnungsergebnis maßgebend wäre.

Abgesehen davon, daß die Schmierschichttemperatur in den einzelnen Fällen ganz verschieden ist und ihre Größe von mannigfaltigen Umständen abhängt, lassen sich die Auswirkungen der Wärmedehnungen schon an und für sich wenig sicher beurteilen. Unter gewissen Umständen kann ein mit einer Bronzebuchse ausgebuchstes Lager nach eingetretener Erwärmung ein größeres, unter anderen Bedingungen wiederum ein kleineres Spiel als im kalten Zustande ergeben, je nachdem, ob das Lager sich frei dehnen kann oder aber starkwandig ist und von außen kräftig gekühlt wird. — Diesbezügliche grundlegende Untersuchungen der wichtigsten praktischen Fälle sind daher angeregt worden.

Zusammenfassung.

1. Das Minimum der Lagerreibung kann nur durch Anwendung kleinster Lagerspiele bei geringen Schmierschichtstärken erzielt werden, wobei durch entsprechende Bemessung des Zapfendurchmessers oder

der Schmiermittelzähigkeit für Einhaltung der betreffenden Schmierschichtstärke gesorgt werden muß. — Das günstigste Lagerspiel ist
$\psi_{0,5}$ bei $D - d = 4 \cdot h$.

2. Bei gegebener Lagerbelastung und Drehzahl und gegebener Ölzähigkeit wird die Reibungsleistung nach Gleichung (49) um so geringer, je kleiner der Zapfendurchmesser, die geringste Schmierschichtstärke und das Lagerspiel. Der „günstigste" Zapfendurchmesser, bei
dem die Reibungsleistung praktisch ihr Minimum findet, ergibt sich
für $D - d = 4 \cdot h$ nach Gleichung (54) bei $h = h_{\mathrm{min}}$.

3. Die Reibungsleistung ist allgemein um so größer, je größer die
geringste Schmierschichtstärke. Reibungsminimum und hohe Betriebssicherheit sind daher Gegensätze.

4. Bei gegebener Lagerbelastung und Drehzahl, gegebenen Zapfen-
abmessungen und gegebener Ölzähigkeit ist die Lagerreibungszahl
[durch Gleichung (45)] und damit die Reibungsleistung gegeben und kann
bei flüssiger Reibung durch Verändern des Lagerspieles nicht verändert
bzw. verringert werden.

5. In allen normalen Fällen (und bei beweglichen Lagerschalen) kann
das Lagerspiel nach DI-Norm-Laufsitzpassung (L in B) ausgeführt
werden. Die hierbei sich rechnerisch ergebenden Reibungswerte gehen
aus Zahlentafel 9 hervor.

6. Sehr hohe Drehzahlen können größere Spiele als nach Laufsitzpassung (L in B) erfordern, um nicht selbst bei den dünnflüssigsten
Schmiermitteln zu kleine Verlagerungen und damit unruhigen Lauf
und zu hohe Reibungswerte nach Abb. 47 zu ergeben. Sehr hohe
Drücke und sehr kleine Drehzahlen oder Sonderanforderungen (wie z. B.
bei Werkzeugmaschinen) können abnormal kleine Lagerspiele und abnorm hochwertige Bearbeitung der Gleitflächen erforderlich machen.

16. Die Beherrschung der Lagerreibungswärme.

Die Zähigkeit des Schmiermittels in der Schmierschicht war bisher
als eine bekannte oder ohne weiteres zu errechnende Größe angenommen
worden. Wir hatten uns jedoch noch keine Rechenschaft darüber gegeben, in welcher Weise etwa nach der rechnerisch ermittelten Zähigkeit die Ölsorte bestimmt oder bei einem gegebenen Schmiermittel die im
praktischen Betriebe zu erwartende Ölzähigkeit eingeschätzt werden soll.

Wir wissen nach Abschnitt 7, daß die Zähigkeit eines Schmiermittels
in hohem Maße von dessen Temperatur abhängig ist; wir wissen ferner,
daß die Temperatur des Schmiermittels im Lager von der entwickelten
Reibungswärme und diese wiederum von der Ölzähigkeit abhängig ist.
Es besteht somit eine doppelte gegenseitige Abhängigkeit zwischen
Lagerreibung, Ölzähigkeit und Lagertemperatur, deren innere Zusammenhänge geklärt werden müssen, wenn beispielsweise eine Voraus-
schätzung der Lagertemperatur und damit der Ölzähigkeit bei gegebenem
Schmiermittel möglich werden soll.

Zur Beurteilung der Lagertemperatur im allgemeinen ist zunächst
die Kenntnis der Wärmeentwicklung und der Wärmeableitungs-

verhältnisse erforderlich, von deren Zusammenwirken die Erwärmung eines Lagers im Betriebe abhängt.

Der Vorgang der Verteilung und Ableitung der Reibungswärme bei natürlicher Kühlung vollzieht sich etwa in folgender Weise:

Die durch Lagerdruck, Reibungszahl und Gleitgeschwindigkeit gegebene Reibungswärme wird durch die mit der Lagerschale in wärmeleitender Verbindung stehenden Teile, also den Lagerkörper, den Lagerdeckel, etwaige Fundamentplatten, die Welle mit etwaigen Riemenscheiben, Rädern usw., in der Hauptsache an die Luft der Umgebung abgeführt. Der Wärmeübergang an die Luft erfolgt teils durch Leitung, teils durch Strahlung und ist verhältnismäßig um so lebhafter, je größer der Temperaturunterschied zwischen Lagerkörper und Luft.

Nach erfolgter Inbetriebnahme wird die im Lager erzeugte Reibungswärme sich in den wärmeableitenden Teilen so lange stauen und dadurch eine Temperaturerhöhung derselben bewirken, bis die Wärmeabgabe an die Luft der in der gleichen Zeit im Lager erzeugten Reibungswärme gleich geworden ist. Alsdann tritt Beharrung ein. Die sekundliche Wärme-Entwicklung ist gleich der sekundlichen Wärme-Ableitung, und jeder Teil des ganzen an der Wärmeableitung teilnehmenden Systems bleibt thermisch im Gleichgewicht, d. h. behält dauernd die angenommene Temperatur.

Da die Wärme sich vom Erzeugungsorte — dem Lagerlauf — durch wärmeleitende Verbindung (Kontakt) mit den anschließenden Teilen nach allen Richtungen fortzupflanzen sucht, gleichzeitig aber auch eine ständige Wärmeabfuhr von allen erwärmten Oberflächen des Systems stattfindet, muß die Oberflächentemperatur des wärmeableitenden Systems nach Maßgabe seiner Entfernung von der Lagermitte mehr und mehr, bis im Grenzfalle auf die Raumtemperatur, abnehmen.

Wie wir sehen, handelt es sich bei der Wärmeableitung durch die Luft der Umgebung um einen sich selbsttätig einregulierenden Gleichgewichtszustand, der prinzipiell, d. h. rein thermisch, in jedem Falle eintreten müßte. Je nach den Verhältnissen kann die höchste Temperatur des Systems — die Temperatur in der Schmierschicht — hierbei jedoch unter Umständen so hoch steigen, daß ein praktischer Betrieb nicht mehr möglich wäre. Die unzulässigen Verzerrungen mancher Lagermetalle (Bronze bei geteilter Lagerausführung), die Eigentümlichkeit anderer, bei gewissen Temperaturen rissig zu werden, zu „schmieren" und schließlich zu schmelzen (Weißmetall) sowie die mit wachsender Temperatur zunehmende Verdampfung des Schmieröles, setzen der zulässigen Lagertemperatur praktisch eine bestimmte obere Grenze, deren Überschreitung aus betriebstechnischen Gründen nicht ratsam erscheint.

Es ist daher in solchen Fällen, wo die natürliche Kühlung allein zu hohe Lagertemperaturen ergeben würde, die Mithilfe künstlicher Kühlung heranzuziehen. Letztere kann bestehen in verstärktem Luftwechsel (Zugluft oder Anblasen mittels Ventilatoren), Wasserkühlung der Lagerschalen oder Welle oder Speisung des Lagers mit gekühltem Preß- oder Spülöl, das in reichlichen Mengen zwischen der nichtbelaste-

ten Lagerschale und dem derselben jeweils zugewandten Teil der Wellenoberfläche hindurchgepumpt wird, wobei ein kleiner Teil dieser Ölmenge gleichzeitig zum Schmieren dient.

Bei der letztgenannten sehr einfachen Methode, die eine sehr inten-
sive und gleichmäßige Wärmeableitung ermöglicht, wird die im Lager
entstehende Reibungswärme zum größten Teil unmittelbar durch das
unter Druck zugeführte Schmieröl abgeführt. Dem Öl wird dann in
der Regel in einem abseits angeordneten, durch Wasser oder Luft gekühlten Röhrensystem die überschüssige Wärme entzogen und das gekühlte Öl dem Lager (in stetem Kreislauf) wieder zugeführt. Mitunter
genügt schon die Kühlung des Öles im Abflußrohr und im Sammelbecken durch die umgebende Luft (z. B. bei Kolbenmaschinen mit
Druckschmierung).

Was die Intensität der verschiedenen Wärmeableitungsarten betrifft, so sind mit der künstlichen Ölkühlung, Wasserkühlung und Luftkühlung wohl die kräftigsten Wirkungen erzielbar. In den weitaus
meisten Fällen genügt jedoch entweder die natürliche Luftkühlung allein
oder in Verbindung mit Preßschmierung.

Die Frage, ob natürliche Kühlung genügt oder ob künstliche Kühlung hinzutreten muß und gegebenenfalls in welchem Maße, kann nur
durch eine quantitative Gegenüberstellung der Wärmeentwicklung und
Wärmeabfuhrverhältnisse entschieden werden.

Die gesamte Wärme-Entwicklung eines Gleitlagers ergibt sich zu

$$\varrho = \frac{P \cdot \mu \cdot v \cdot 3600}{427} \quad \text{WE/st} \tag{57}$$

Setzt man für μ den Mittelwert für endliche Lagerlänge, $\mu = 3{,}8 \cdot \sqrt{\dfrac{z \cdot \omega}{p_m}}$
nach Formel (45), ferner die Umfangs- oder Gleitgeschwindigkeit
$v = \dfrac{d \cdot \pi \cdot n}{60}$ m/sek, $p_m = \dfrac{P}{d^2 \cdot (l:d)}$ und $\omega = \dfrac{n}{9{,}5}$, so erhält man

$$\mu = 3{,}8 \cdot \sqrt{\frac{z \cdot n \cdot d^2 \cdot (l:d)}{9{,}5 \cdot P}} = 1{,}23 \cdot \mathrm{d} \cdot \sqrt{\frac{z \cdot n \cdot (l:d)}{P}}$$

und

$$\varrho = \frac{P \cdot d \cdot \pi \cdot n \cdot 3600 \cdot 1{,}23 \cdot d \cdot \sqrt{\dfrac{z \cdot n \cdot (l:d)}{P}}}{427 \cdot 60}$$

$$= 0{,}174 \cdot d^2 \cdot \pi \cdot n \cdot P \cdot \sqrt{\frac{z \cdot n \cdot (l:d)}{P}}$$

oder

$$\varrho = 0{,}174 \cdot d^2 \cdot \pi \cdot \sqrt{z \cdot n^3 \cdot (l:d) \cdot P} \quad \text{WE/st} \tag{58}$$

Um ein Verhältnismaß für die Wärmeentwicklung zu erhalten, beziehen wir dieselbe auf 1 m² der Zapfenlauffläche $d \cdot \pi \cdot l$, womit sich
mit $l = d \cdot (l:d)$ aus Gleichung (58) als spezifische Wärmeentwicklung ergibt

$$\varrho_1 = \frac{\varrho}{d \cdot \pi \cdot l} = \frac{0{,}174 \cdot d^2 \cdot \pi \cdot \sqrt{z \cdot n^3 \cdot (l:d) \cdot P}}{d \cdot \pi \cdot d \cdot (l:d)}$$

$$= \sqrt{\frac{0{,}174^2 \cdot d^4 \cdot \pi^2 \cdot z \cdot n^3 \cdot (l:d) \cdot P}{d^2 \cdot \pi^2 \cdot d^2 \cdot (l:d)^2}} \, .$$

Die je Quadratmeter Lagerschaleninnenfläche $d \cdot \pi \cdot l$ entwickelte Reibungswärme beträgt danach

$$\varrho_1 = 0,174 \cdot \sqrt{\frac{P \cdot n^3 \cdot z}{(l:d)}} \; \mathrm{WE/st \cdot m^2} \qquad (59)$$

Durch ϱ_1 läßt sich auch die Reibungsleistung sehr einfach ausdrücken. Es ist nämlich

$$N_r = \frac{\varrho_1 \cdot d \cdot \pi \cdot l \cdot 427}{3600 \cdot 75} = \frac{\varrho}{632} \approx \frac{\varrho_1 \cdot d \cdot l}{200} \; PS \, . \qquad (60)$$

Wenden wir uns nun der Wärme-Ableitung zu. — Wie wir bereits feststellten, gibt ein im Betriebe befindliches, mit natürlicher Kühlung arbeitendes Lager in der Zeiteinheit genau soviel Wärme an die Luft der Umgebung ab, als in der Schmierschicht in der Zeiteinheit durch Reibung erzeugt wird. Die gesamte Wärmemenge, die ein Lager mit seinen anschließenden Teilen im Verlauf einer Stunde an die Luft der Umgebung abzuführen vermag, sei mit α bezeichnet.

Von der spezifischen Wärmeabgabe eines Lagers erhalten wir einen für unsere Betrachtungen geeigneten Begriff, wenn wir die stündliche Wärmeableitung wiederum auf die gesamte Innenfläche der Lagerschale beziehen, nämlich auf die Mantelfläche $d \cdot \pi \cdot l$ in Metern. Wir bilden damit in Übereinstimmung mit ϱ_1 den Begriff der spezifischen Wärmeabgabe oder „Ausstrahlfähigkeit"* α_1 und setzen

$$\alpha_1 = \frac{\alpha}{d \cdot \pi \cdot l} \; \mathrm{WE/st \cdot m^2} \qquad (61)$$

Die spezifische Wärmeabgabe ist allgemein um so höher, je höher die Übertemperatur; d. h. bei 40° Temperaturunterschied leitet ein Lager mehr als doppelt soviel Wärme ab, als bei 20° Temperaturunterschied. Die spezifische Wärmeableitungsfähigkeit α_1 ergibt also als graphische Funktion der Temperaturdifferenz $(\Theta - \Theta_1)$ eine aufsteigend gekrümmte Linie. Hierbei ist Θ die mittlere Temperatur des Schmiermittels in der Schmierschicht und Θ_1 die Temperatur der umgebenden Luft in Grad Celsius. Bei Lagern mit eigenem Schmiermittelumlauf (Ringschmierlagern) und natürlicher Kühlung kann die mittlere** Schmierschichttemperatur im Beharrungszustande, der bekanntlich erst nach 4—5 Stunden eintritt, mit genügender Annäherung gleich der mittleren Lagerschalentemperatur gesetzt

---

* Der Ausdruck ist unrichtig, da es sich vorwiegend um Wärmeübergang durch Leitung (an die Luft der Umgebung) und nur in ganz geringem Maße um Ausstrahlung handelt, doch sei diese Bezeichnung der Kürze und hergebrachten Üblichkeit wegen gestattet.

** Die Schmierschichttemperatur der belasteten Lagerschale nimmt etwa bis zum engsten Querschnitt stetig zu. Das Rechnen mit konstanter (mittlerer) Zähigkeit ist also nur ein Notbehelf und bedingt unvermeidliche Fehler: die Welle wird, da das Öl im unteren Lagerteil heißer und dünnflüssiger ist als der mittleren Zähigkeit entspricht, etwas tiefer im Lager liegen als die Rechnung ergibt. — Darum sind die Berechnungsformeln auch mit erhöhter Sicherheit angesetzt.

werden, da die Unterschiede nach den bisherigen Messungen nur einige Grade betragen. Bei Lagern hochtouriger Maschinen mit künstlicher Wärmeabfuhr durch gekühltes Preßöl hingegen kann die Differenz zwischen Schmierschicht- und Lagerschalentemperatur sehr bedeutende Beträge annehmen.

Die Außentemperatur der wärmeabführenden Oberflächen, also des Lagers und der mit diesem in Verbindung stehenden Teile, wird je nach der Entfernung vom Lagerzentrum (Schmierschicht als Wärmequelle) tiefer liegen als die Öltemperatur in der Schmierschicht; sie wird, wie oben dargelegt, in gewisser Entfernung vom Wärmeherd schließlich der Raumtemperatur gleich sein. Die tatsächliche Höhe dieser Oberflächentemperatur wollen wir jedoch aus unseren Betrachtungen völlig ausscheiden und nur mit der Schmierschichttemperatur Θ und der Außenlufttemperatur Θ_1 rechnen.

Die zahlenmäßige Größe der Wärmeableitung eines im Betriebe befindlichen Lagers pro Quadratmeter Lagerinnenfläche $(d \cdot \pi \cdot l)$ ist von den mannigfaltigsten Begleitumständen abhängig, und so weisen daher die von verschiedenen Seiten durchgeführten experimentellen Untersuchungen dementsprechend ziemlich erhebliche Abweichungen auf.

Die wohl umfangreichsten und vielseitigsten Untersuchungen dieser Art sind die von O. Lasche[63]. Sie erstrecken sich sowohl auf normale Ringschmierlager wie auf Turbinenlager mit und ohne Welle und auch auf einzelne Lagerschalen, und zwar wurden Lager von 60—450 mm Durchmesser untersucht, so daß den Ergebnissen wohl ziemliche Allgemeingültigkeit beigemessen werden darf.

Abb. 51 zeigt eine Kurve der spezifischen Wärmeabgabe α_1 für natürliche Luftkühlung für verschiedene Temperaturunterschiede $(\Theta - \Theta_1)$ nach den von Lasche durchgeführten Versuchen, und darunter, schwach ausgezogen, eine auf rechnerischem Wege bestimmte Kurve der geringsten Wärmeausstrahlfähigkeit für unendlich dünne Lagerschalenstärke (also Lageraußenoberfläche = Zapfenmantelfläche) als untersten Grenzwert.

Die Kurve für α_1 ist hierbei nach der Gleichung

$$\frac{\alpha}{d \cdot \pi \cdot l} = \alpha_1 = 17 \cdot (\Theta - \Theta_1)^{1,3}\ \mathrm{WE/st \cdot m^2} \qquad (62)$$

verzeichnet, deren Charakter sich mit dem mittleren Verlauf der eingetragenen Versuchswerte Lasches recht befriedigend deckt.

Die von Lasche gebrachte, nach einer Formel der „Hütte" berechnete untere Grenzkurve für den ungünstigsten (praktisch unmöglichen) Fall der Wärmeabgabe bei relativ kleinster wärmeableitender Lageroberfläche ist hier ebenfalls durch eine Exponentialkurve wiedergegeben, und zwar durch die Gleichung

$$\alpha_0 = \frac{\alpha_1}{6} = 2{,}83 \cdot (\Theta - \Theta_1)^{1,3}\ \mathrm{WE/st \cdot m^2}, \qquad (63)$$

deren Verlauf mit jener Kurve praktisch übereinstimmt.

Ein Vergleich der Kurven α_0 und α_1 lehrt uns, daß Lager mit normalem Gehäuse und betriebsmäßig eingelegter (stillstehender oder umlaufender) Welle gegenüber einer äußerst dünnen Lagerschale ohne Gehäuse und ohne Welle durch Vergrößerung der wärmeableitenden Oberfläche im Mittel pro Quadratmeter Lagerinnenfläche die 6fache Wärmemenge abzuleiten vermögen. Da α_1 nach Gleichung (62) den Normalfall darstellt, der in der Praxis vorherrschend anzutreffen sein wird, soll diese Größe als Bezugsmaß für die Wärmeableitfähigkeit angenommen werden. Um dieses zum Ausdruck zu bringen, versehen wir den Gleichwert von α_1 mit einem Faktor, der im

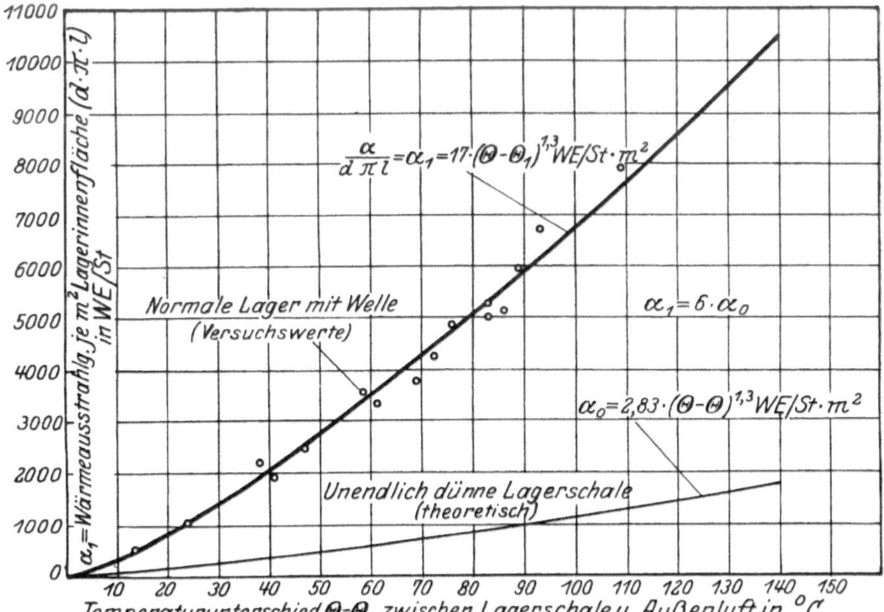

Abb. 51. Spezifische Wärmeableitfähigkeit von Ringschmierlagern und Preßöllagern nach praktischen Versuchen.

vorliegenden Falle $= 1$ gesetzt, in abweichenden Fällen größer oder kleiner als 1 angenommen werden soll*. Dieser Faktor der „individuellen" Wärmeableitfähigkeit, oder kurz „Ausstrahlfaktor" genannt, werde mit a bezeichnet, so daß wir aus Gleichung (62) allgemein erhalten

$$\alpha_1 = 17 \cdot a \cdot (\Theta - \Theta_1)^{1,3}\ \text{WE/st} \cdot \text{m}^2. \tag{64}$$

Zahlentafel 10 enthält für abweichende Verhältnisse geschätzte Werte für a und soll bei der neuen Berechnungsmethode einen vorläufigen Anhalt bieten, solange bestimmtere Zahlenwerte noch nicht vorliegen.

---

* Wissenschaftlich richtiger wäre die Annahme $\alpha_0 = 1$ gewesen, doch hätte man dann dauernd mit größeren Zahlen zu rechnen, die zudem noch im Quadrat auftreten.

Zahlentafel 10. Individuelle Wärmeableitziffern („Ausstrahlfaktoren") von Querlagern bei ruhender und bei bewegter Luft.

1. Lager mit unendlich dünner Lagerschale, ohne Gehäuse und ohne Welle (rein theoretischer unterster Grenzwert) für ruhende Luft $a = 0{,}17$
2. Lager mit kleinem Lagergehäuse, mit eingelegter Welle (einfache Tropföllager, Auglager, Exzenter u. ä.) für ruhende Luft $a = 0{,}7$
3. Lager mit größerem Lagergehäuse, mit eingelegter Welle (Transmissionslager, Außenlager, Ringschmierlager allgemein, Achslager usw.) oder Kurbelzapfenlager . . . . für ruhende Luft $a = 1{,}0$
4. Lager wie unter 2, jedoch in der Nähe einer rotierenden Scheibe $a = 1 \div 2$
5. Lager wie unter 2, jedoch in unmittelbarer Nähe einer rotierenden Scheibe oder Ventilation zu beiden Seiten . . . . $a = 2 \div 3$
6. Lager wie unter 3, jedoch in der Nähe einer rotierenden Scheibe (Transmissionslager, Außenlager) . . . . $a = 2 \div 3$
7. Lager wie unter 3, jedoch in unmittelbarer Nähe einer rotierenden Scheibe oder Ventilation zu beiden Seiten (Transmissionslager, Elektromotorenlager, Außenlager) . . . . $a = 3 \div 4$
8. Hauptlager von Dampfmaschinen und Kolbenkompressoren mit gekapseltem bzw. offen laufendem Triebwerk . . . . $a = 4 \div 5$
9. Hauptlager von Luft- und Kaltwasserkolbenpumpen . . . . $a = 5 \div 6$
10. Hauptlager von Eismaschinen . . . . $a = 7 \div 8$

Bei Kurbelzapfenlagern* und bei Achslagern erhöht sich a mit der Kurbelzapfengeschwindigkeit bzw. der Fahrgeschwindigkeit, und zwar ist a ($= 1{,}0$) zu vergrößern bei einer Geschwindigkeit

von	0,5 m/s	2,3 mal	bei 11 m/s =	39,5 km/st	8,8 mal		
bei	1	„ 3,0 „	„ 12 „ =	43,2 „	9,2 „		
„	2	„ 4,0 „	„ 13 „ =	46,8 „	9,6 „		
„	3	„ 4,8 „	„ 15 „ =	54 „	10,2 „		
„	4	„ 5,5 „	„ 20 „ =	72 „	11,7 „		
„	5	„ 6,1 „	„ 25 „ =	90 „	13,0 „		
„	6	„ 6,6 „	„ 30 „ =	108 „	14,1 „		
„	7	„ 7,1 „	„ 35 „ =	126 „	15,2 „		
„	8	„ 7,6 „	„ 40 „ =	144 „	16,3 „		
„	9	„ 8,0 „	„ 45 „ =	162 „	17,3 „		
„	10	„ 8,4 „	„ 50 „ =	180 „	18,2 „		

Bei Preßschmierung kann a schätzungsweise soviel mal vergrößert werden, wie die Oberfläche des Lagergehäuses $+$ der Drucköl- und Saugölleitungen größer ist als die Oberfläche des Lagergehäuses allein.

Nachdem wir nun die spezifische Wärmeentwicklung ϱ_1 und die spezifische Wärmeableitung α_1 festgelegt haben, kann die Aufstellung einer Wärmebilanz erfolgen. — Zunächst sei die Wärmebilanz für natürliche Kühlung durchgeführt.

In allen Fällen muß erzeugte Wärme/st $=$ abgeführter Wärme/st sein. Da im vorliegenden Falle die gesamte Reibungswärme durch natürliche Luftkühlung abgeführt wird, muß

$$\varrho_1 = \alpha_1 \tag{65}$$

* Die vollkommenste Wärmeableitung, wie sie z. B. bei Pleuellagern von Automobilmotoren erzielt wird, erhält man durch Einlöten der Lagerschale in die Schubstange oder durch unmittelbares „Ausspritzen" des Pleuelkopfes mit Weißmetall. Die schlechteste Wärmeableitung ist gegeben durch Ansammlungen von Sickeröl zwischen Lagerschale und Lagerkörper, da Öl in hohem Maße wärmeisolierend wirkt.

sein. Wir setzen somit Gleichung (59) = Gleichung (64) und erhalten

$$0,174 \cdot \sqrt{\frac{P \cdot n^3 \cdot z}{(l:d)}} = 17 \cdot a \cdot (\Theta - \Theta_1)^{1,3}$$

$$(\Theta - \Theta_1)^{1,3} = \frac{0,174}{17 \cdot a} \cdot \sqrt{\frac{P \cdot n^3 \cdot z}{(l:d)}} = \sqrt{\frac{0,174^2 \cdot P \cdot n^3 \cdot z}{17^2 \cdot a^2 \cdot (l:d)}} = \sqrt{\frac{P \cdot n^3 \cdot z}{9600 \cdot a^2 \cdot (l:d)}}$$

$$\Theta - \Theta_1 = \sqrt[1,3]{\sqrt{\frac{P \cdot n^3 \cdot z}{9600 \cdot a^2 \cdot (l:d)}}}$$

oder

$$\Theta = \Theta_1 + \sqrt[2,6]{\frac{P \cdot n^3 \cdot z}{9600 \cdot a^2 \cdot (l:d)}} \quad \text{Grad} . \qquad (66)$$

Man erhält nach Gleichung (66) somit aus Lagerbelastung, Drehzahl und $(l:d)$ bei richtig eingesetzter Ölzähigkeit unmittelbar die Temperaturdifferenz zwischen Schmierschicht und Außenluft in Grad Celsius. Nimmt man die Lufttemperatur an, z. B. mit $\Theta_1 = 20°$, so hat man damit auch die Schmierschichttemperatur Θ.

Ist hingegen eine bestimmte Ölsorte gegeben bzw. vorgeschrieben, wie dies in der Praxis häufig der Fall sein wird, so reicht die Gleichung (66) nicht aus, und es muß mit der Ölzähigkeit als Funktion der Temperatur in Gleichung (66) eingegangen werden.

Wie uns noch aus Abschnitt 7 erinnerlich sein wird, ließ sich die Zähigkeit eines Öles mit einer gewissen Annäherung als Potenzfunktion seiner Temperatur darstellen. Nach Gleichung (13) galt z. B. für ein Maschinenöl von 7,8 Engler-Graden bei 50° innerhalb der Temperaturgrenzen von etwa 25° bis über 100°

$$z = \frac{0,336}{(0,1 \cdot \Theta)^{2,6}} \quad \text{kg} \cdot \text{sek/m}^2 .$$

Führt man diesen Ausdruck für z in Gleichung (66) ein, so erhält man

$$\Theta - \Theta_1 = \sqrt[2,6]{\frac{P \cdot n^3}{9600 \cdot a^2 \cdot (l:d)}} \cdot \sqrt[2,6]{\frac{1}{2,98 \cdot (0,1 \cdot \Theta)^{2,6}}} = \sqrt[2,6]{\frac{P \cdot n^3}{9600 \cdot a^2 \cdot (l:d)}} \cdot \frac{1}{0,152 \cdot \Theta}$$

$$= \sqrt[2,6]{\frac{P \cdot n^3}{71,6 \cdot a^2 \cdot (l:d)}} \cdot \frac{1}{\Theta}$$

oder, beide Seiten der Gleichung mit Θ multipliziert,

$$\Theta \cdot (\Theta - \Theta_1) = \sqrt[2,6]{\frac{P \cdot n^3}{71,6 \cdot a^2 \cdot (l:d)}}$$

und daraus

$$\Theta^2 - \Theta_1 \cdot \Theta - \sqrt[2,6]{\frac{P \cdot n^3}{71,6 \cdot a^2 \cdot (l:d)}} = 0 .$$

Der Ausdruck ließ sich also auf eine quadratische Gleichung zurückführen, so daß wir schließlich als brauchbare Wurzel erhalten

$$\Theta = \frac{\Theta_1}{2} + \sqrt{\left(\frac{\Theta_1}{2}\right)^2 + \sqrt[2,6]{\frac{P \cdot n^3}{71,6 \cdot a^2 \cdot (l:d)}}} .$$

Wie aus obiger Entwicklung ersichtlich, gelang die Lösung der Aufgabe durch Reduktion auf eine quadratische Gleichung nur, indem die

Öltemperatur Θ im Nenner der rechten Seite der Gleichung sich beseitigen ließ; und letzteres wiederum wurde ausschließlich dadurch möglich, daß die Temperatur Θ in der Ölgleichung gerade in der 2,6ten Potenz auftrat. Dieser Tatbestand legte eine allgemeinere Untersuchung des Zähigkeitsverlaufes von Schmierölen nahe, und das Ergebnis war die Feststellung, daß zahlreiche mittlere und schwere Maschinen- und Motorenöle, ja sogar Zylinderöle, dem Charakter dieser Potenz entsprechen. — Abb. 52 zeigt eine Anzahl solcher Öle, deren

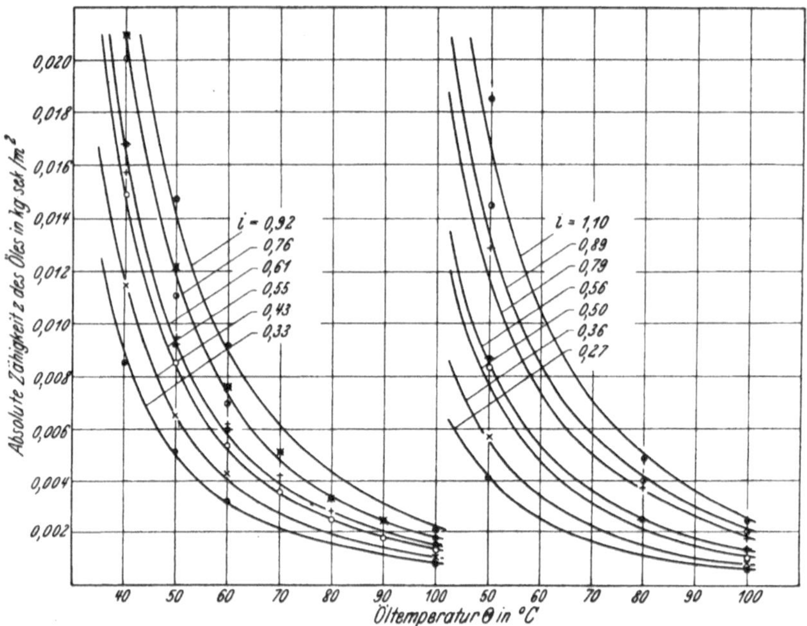

Abb. 52. Temperatur-Zähigkeitskurven einiger Markenöle (der Hamburg-Amerik. Mineralöl-G. m. b. H.; Rhenania-Ossag; Deutsche Vacuum; D. A. P. G.), die der Näherungsgleichung $z = i : (0,1 \cdot \Theta)^{2,6}$ kg · sek/m² entsprechen.

Zähigkeit mehr oder weniger befriedigend der Gleichung (mit der allgemeinen Kennziffer i)

$$z = \frac{i}{(0,1 \cdot \Theta)^{2,6}} \text{ kg} \cdot \text{sek/m}^2 \tag{67}$$

folgt.

Hiernach erscheint es berechtigt, zur Berechnung gleitender Maschinenteile Formel (67) als Näherungsgleichung für die Zähigkeit von Schmierölen allgemein zu verwenden, um so mehr, als sie in der Regel ja nur für Umrechnungen in engeren Grenzen in Frage kommt. Gleichung (67) ermöglicht demnach die Aufstellung einer Wärmebilanz bei gegebenem Öl bestimmter Viskosität; sie verfolgt indes durchaus nicht den Zweck, die Charakteristik verschiedener Öle möglichst vollkommen wiederzugeben, wie dies z. B. von Walther[101] irrtümlich angenommen worden ist.

In der gleichen Weise, wie die Temperatur Θ unter Benutzung der Sonderformel (13) für ein ganz bestimmtes Öl ermittelt worden war, erhalten wir durch Einführen von Formel (67) in Gleichung (66) nachstehende allgemeine Gleichung für die Schmierschichttemperatur

$$\Theta = \frac{\Theta_1}{2} + \sqrt{\left(\frac{\Theta_1}{2}\right)^2 + \sqrt[2,6]{\frac{P \cdot n^3 \cdot i}{24 \cdot a^2 \cdot (l : d)}}} \quad \text{Grad} \tag{68}$$

bei gegebenem Schmiermittel mit der Ölkennziffer i, die angibt, ob es sich um ein zähes oder dünnflüssiges Öl handelt. — Abb. 53 zeigt die Zähigkeitskurven nach der angenommenen Norm [Gleichung (67)] für $2 \div 24$ Engler-Grade bei $50°$, die dementsprechend nach ihrer Viskosität bei $50°$ mit Normöl 2 bis N.Ö. 24 bezeichnet sind. Die Kennziffern i für die Kurven Abb. 53 gehen aus Zahlentafel 11 hervor, während Abb. 54 auch Zwischenwerte der Ölkennziffer, unter Annahme eines durchschnittlichen spezifischen Gewichtes von $\gamma = 0,9$, veranschaulicht. Ist also beispielsweise ein Öl gegeben, das bei $50°$ eine Viskosität von 5 Engler-Graden aufweist, so kann dieses Öl mit dem aus Abb. 54 abgelesenen Wert $i = 0,21$ in die Rechnung eingeführt werden.

Formel (68) zeigt uns, daß die Lagererwärmung bei gegebenem

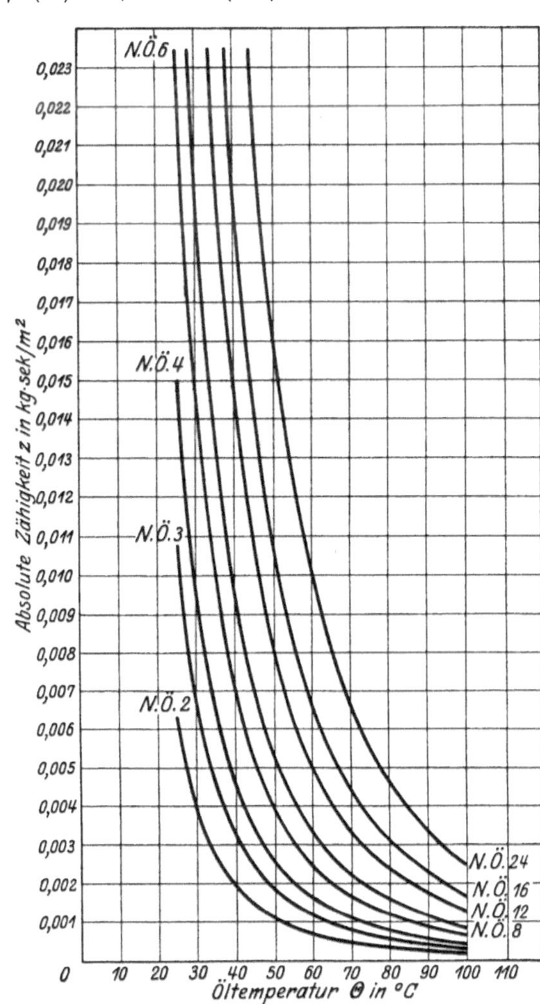

Abb. 53. Öl-Zähigkeitskurven nach der Norm $z = i : (0,1 \cdot \Theta)^{2,6}$.

Schmiermittel, gegebener Lagergesamtbelastung und gegebener Drehzahl vom Zapfendurchmesser unabhängig ist. Diese Tatsache erklärt sich dadurch, daß die Reibungsleistung nach Gleichung (48) zwar mit dem Zapfendurchmesser wächst, die Wärmeableitung jedoch in gleichem Maße zunimmt, so daß die Lagertemperatur unverändert bleibt.

Gleichung (68) setzt als selbstverständlich voraus, daß das Lager im Gebiet der flüssigen Reibung arbeitet. Ob letzteres (z. B. bei gegebener Ölsorte und gegebenen Lagerabmessungen) tatsächlich der Fall ist, kann nur durch Nachrechnen der geringsten Schmierschichtstärke geprüft werden, deren Größe nach Gleichung (21) beträgt

$$h = \frac{d \cdot z \cdot \omega}{3{,}84 \cdot p_m \cdot \psi} \text{ m}$$

oder, auf Gesamtbelastung, Drehzahl und Öl-Kennziffer bezogen,

$$h = \frac{d^4 \cdot (l:d) \cdot n \cdot i}{36{,}4 \cdot P \cdot (D - d) \cdot (0{,}1 \cdot \Theta)^{2{,}6}} \text{ m} . \tag{69}$$

Zahlentafel 11. Zähigkeiten* und Kennziffern der Ölkurven Abb. 53.

Temperatur $\Theta =$		25°	50°	75°	100°
N.Ö. 24 $i = 1{,}061;$	z $E° =$	0,096 143	0,0161 24	0,00557 8,4	0,00248 3,9
N.Ö. 16 $i = 0{,}706;$	$z =$ $E° =$	0,0638 95	0,0107 16	0,0037 5,7	0,00165 2,8
N.Ö. 12 $i = 0{,}535;$	$z =$ $E° =$	0,0482 72	0,0081 12	0,0028 4,4	0,00125 2,25
N.Ö. 8 $i = 0{,}35;$	$z =$ $E° =$	0,0316 47,2	0,0053 8	0,00183 3	0,00082 1,7
N.Ö. 6 $i = 0{,}259;$	$z =$ $E° =$	0,0235 35	0,00393 6	0,00136 2,4	0,00061 1,5
N.Ö. 4 $i = 0{,}167;$	$z =$ $E° =$	0,0151 22,5	0,00253 4	0,00088 1,8	0,00039 1,25
N.Ö. 3 $i = 0{,}1193;$	$z =$ $E° =$	0,01075 16	0,00181 3	0,00063 1,5	0,00028 1,15
N.Ö. 2 $i = 0{,}0694;$	$z =$ $E° =$	0,00626 9,3	0,00105 2	0,00036 1,2	0,00016 1,05

Bevor die praktische Auswertung der hier abgeleiteten Formeln vorgenommen wird, sei noch auf die **Wärmebilanz bei künstlicher Kühlung** eingegangen.

Ergibt die Kontrollgleichung (68) eine Lagertemperatur Θ, die nicht mehr zugelassen werden kann (etwa 80°), so muß zur Anwendung künstlicher Kühlung geschritten werden. Es gilt bei künstlicher Kühlung die Beziehung

$$\varrho_1 = \alpha_1 + \alpha_2 \text{ WE/st} \cdot \text{m}^2, \tag{70}$$

d. h. Reibungswärme = Wärmeabfuhr durch natürliche Kühlung
+ Wärmeabfuhr durch künstliche Kühlung
oder

$$\alpha_2 = \varrho_1 - \alpha_1 \text{ WE/st} \cdot \text{m}^2 \tag{71}$$

---

* Unter der Annahme eines durchschnittlichen spez. Gewichtes von $\gamma = 0{,}9$.

bzw. fürs ganze Lager

$$\alpha_2' = \varrho - \alpha = \alpha_2 \cdot d \cdot \pi \cdot l \ \text{WE/st}. \tag{72}$$

Es ist also nur der Wärmeüberschuß α_2 durch künstliche Kühlung abzuführen. — Hierbei verfährt man in folgender Weise:

Nachdem man sich davon überzeugt hat, daß Θ nach Formel (68) unzulässig hoch ausfällt, nimmt man für Θ einen geeigneten zulässigen Wert an, z. B. $\Theta = 60°$; bei $\Theta_1 = 20°$ wird dann $\Theta - \Theta_1 = 40°$.

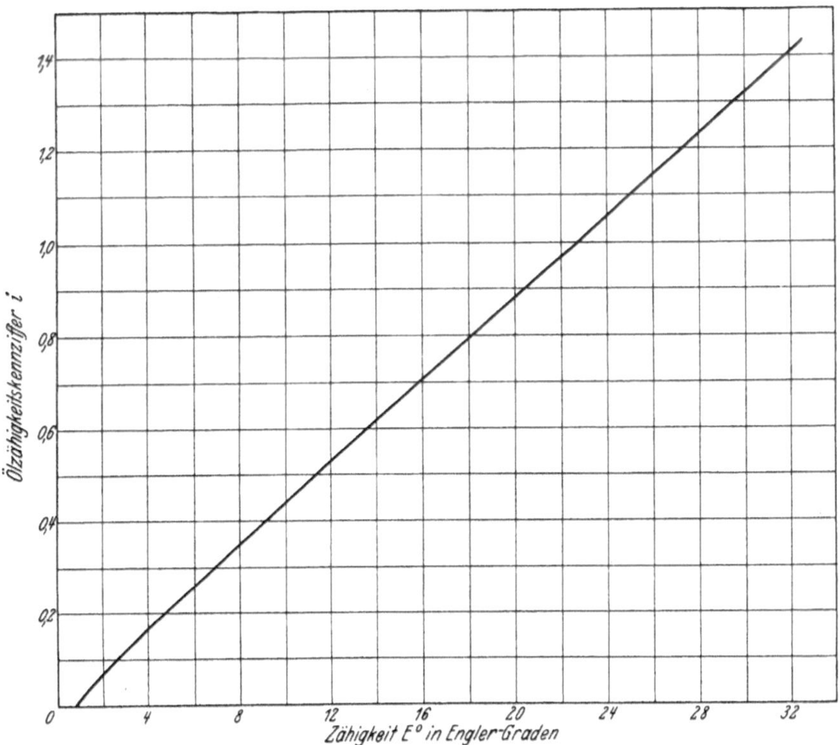

Abb. 54. Öl-Kennziffer i in Abhängigkeit von der Viskosität bei 50°.

Mit dem Θ entsprechenden Wert für z nach Gleichung (67) geht man nun in die Reibungsgleichung (59) ein und ermittelt so für die gewünschte Lagertemperatur Θ die je Quadratmeter Lagerinnenfläche entwickelte Reibungswärme ϱ_1. Alsdann berechnet man aus Gleichung (64) diejenige Wärmemenge α_1, die das Lager imstande wäre, je Quadratmeter Lagerinnenfläche bei den angenommenen Temperaturen Θ und Θ_1 durch Abgabe an die Luft „auszustrahlen".

Zieht man nun von ϱ_1 den zuletzt ermittelten Betrag α_1 ab, so erhält man die je Quadratmeter Lagerinnenfläche durch künstliche Kühlung abzuführende Wärmemenge α_2. Durch Multiplikation mit $d \cdot \pi \cdot l$ in Metern erhält man schließlich die gesamte durch künstliche Kühlung abzuführende Wärmemenge α_2' in WE/st.

108   Die Reibungsverhältnisse bei vollkommener Schmierung.

Beispiel 6. Gegeben sei ein Generatorlager, das unter folgenden Verhältnissen arbeiten soll:

$$P = 4800 \text{ kg} \qquad d = 0,3 \text{ m}; \qquad l:d = 1,34;$$
$$n = 3000; \qquad l = 0,4 \text{ m}; \qquad a = 1,0.$$

Als Schmiermittel diene ein leichtes Maschinenöl mit $i = 0,12$. Nach Formel 68 würde die Lagertemperatur bei natürlicher Kühlung allein, wenn die Lufttemperatur $\Theta_1 = 20°$ angenommen wird, betragen:

$$\Theta = 10 + \sqrt{100 + \sqrt[2,6]{\frac{4800 \cdot 3000^3 \cdot 0,12}{24 \cdot 1 \cdot 1,34}}} = 10 + \sqrt{100 + \sqrt[2,6]{17,9 \cdot 3000^3}}$$

$$= 10 + \sqrt{100 + 30\,600} = 10 + 175, \quad \text{somit} \quad \Theta = 185°.$$

Es ist also unbedingt künstliche Kühlung erforderlich, wie ja auf Grund der großen Drehzahl von vornherein zu erwarten war.

Setzen wir die Lagertemperatur in diesem Falle mit $\Theta = 70°$ fest, so erhalten wir nach Gleichung 67 rund $z = 0,0008$ kg $\cdot$ s/m², und gehen nun damit in Gleichung 59 ein. Die erzeugte Reibungswärme je Quadratmeter Zapfenlauffläche ist danach

$$\varrho_1 = 0,174 \cdot \sqrt{\frac{P \cdot n^3 \cdot z}{(l:d)}} = 0,174 \cdot \sqrt{\frac{4800 \cdot 3000^3 \cdot 0,0008}{1,34}} = 0,174 \cdot \sqrt{3000^3 \cdot 2,39}$$

$$= 0,174 \cdot 166\,000 \cdot 1,54 = 44\,500,$$

$$\varrho_1 = 44\,500 \text{ WE/st} \cdot \text{m}^2.$$

Aus Gleichung 64 folgt nun mit $a = 1$ die Wärmemenge α_1, welche das Lager imstande ist, je Quadratmeter Zapfenlauffläche selbsttätig „auszustrahlen":

$$\alpha_1 = 17 \cdot a \cdot (\Theta - \Theta_1)^{1,3} = 17 \cdot 1 \cdot (70 - 20)^{1,3} = 17 \cdot 161 = 2740;$$

$$\alpha_1 = 2740 \text{ WE/st} \cdot \text{m}^2.$$

Nach Gleichung 71 beträgt somit die je Quadratmeter durch künstliche Kühlung abzuführende Wärmemenge

$$\alpha_2 = \varrho_1 - \alpha_1 = 44\,500 - 2740 = 41\,760 \text{ WE/st} \cdot \text{m}^2.$$

Die gesamte Zapfenlauffläche beträgt

$$d \cdot \pi \cdot l = 0,3 \cdot \pi \cdot 0,4 = 0,337 \text{ m}^2.$$

Die durch künstliche Kühlung insgesamt abzuführende Wärmemenge beträgt danach gemäß Gleichung (72)

$$\alpha_2' = \alpha_2 \cdot d \cdot \pi \cdot l = 41\,760 \cdot 0,377 = 15\,700 \text{ WE/st}.$$

Wie wir sehen, hat die künstliche Kühlung also den weitaus größten Teil ($= 94\%$) der Reibungswärme abzuführen.

Der Vollständigkeit halber seien auch noch die geringste Schmierschichtstärke h, das Lagerspiel $D - d$ und die Reibungsleistung N_r bestimmt.

Mit $\psi_{0,5}$ wird nach Zahlentafel 4 mit $z = 0,0008$

$$h_{0,5} = 0,25 \cdot d \cdot \sqrt{\frac{z \cdot \omega}{p_m}} = 0,25 \cdot 0,3 \cdot \sqrt{\frac{0,0008 \cdot 315}{40000}} = 0,075 \cdot \sqrt{\frac{1}{160000}} = \frac{0,075}{400},$$

$$h_{0,5} = 0,000188 \text{ m} = 0,188 \text{ mm}$$

und das ideelle Lagerspiel

$$D'' - d'' = 4 \cdot h_{0,5}'' = 4 \cdot 0,188 = 0,75 \text{ mm},$$

womit ruhiger Lauf gesichert wäre. Die Reibungsleistung schließlich beträgt nach Gleichung (60) angenähert

$$N_r = \frac{\varrho_1 \cdot d \cdot l}{200} = \frac{44\,500 \cdot 0,3 \cdot 0,4}{200} = 26,7 \text{ PS}.$$

Davon werden 6% $\approx$ 1,6 PS durch Luftkühlung und 94% = 25,1 PS durch künstliche Kühlung vernichtet; am zweckmäßigsten durch gekühltes Preßöl. — Wie die großen Werte für Schmierschichtstärke und Lagerspiel zeigen, ist das gegebene Schmiermittel für den vorliegenden Fall noch zu dickflüssig.

Diese Feststellung korrespondiert mit den praktischen Versuchen der BBC (von Freudenreich[33]), laut welchen die Reibungszahl bei Turbogeneratorenlagern bei gegebenem verhältnismäßig zähflüssigen Schmieröl erst bei sehr großen Lagerspielen ihr Minimum erreichte. Bei normalen und kleineren Spielen wird die Exzentrizität χ so klein, daß die Reibungszahl nach Abb. 47, entsprechend dem linken Ast der Kurve, weit über ihren Mittelwert hinaus ansteigt. — Im Falle des obigen Zahlenbeispiels ließe sich also eine Verminderung der Reibungsverluste nur durch Verkleinerung von z, also durch Wahl dünnflüssigeren Schmieröles, erreichen. Das Lagerspiel könnte beibehalten bzw. entsprechend $\chi = 0,5$ verringert werden.

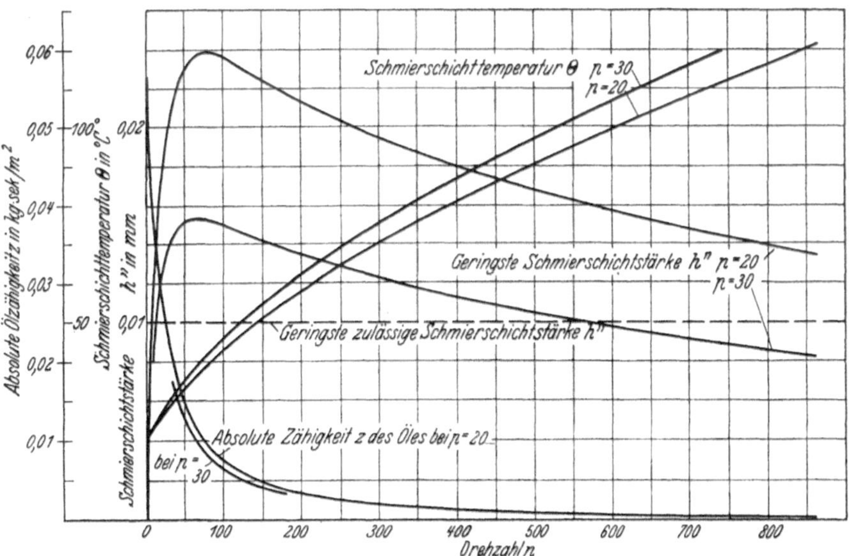

Abb. 55. Einfluß der Drehzahl auf die Betriebssicherheit (Schmierschichtstärke) bei gegebenem Schmiermittel auf Grund rechnerischer Ermittlungen.

Um die für die Praxis so wichtigen Zusammenhänge bei natürlicher Kühlung möglichst anschaulich zu machen, sei noch ein praktisches Beispiel in bildlicher Form zur Darstellung gebracht. Abb. 55 zeigt die Schmierschichttemperaturen, die absolute Zähigkeit und die geringsten Schmierschichtstärken für 20 und für 30 at Flächendruck bei einer Drehzahl von 0÷800. Das Untersuchungsobjekt ist ein Ringschmierlager mit selbsteinstellender Lagerschale und Laufsitzpassung. Die Lagerbelastung beträgt 4500 bzw. 6750 kg, der Durchmesser 150 mm, $l : d = 1,0$. Des weiteren ist $a = 1$, $\Theta_1 = 20°$ und $i = 0,35$, entsprechend einem schweren Maschinenöl von rund 8 Engler-Graden bei 50°.

Die Schmierschichttemperaturen sind nach Gleichung (68), die Zähigkeiten nach Formel (67) und die Schmierschichtstärken nach der Spezialformel für Laufsitzpassung [Gl.(111)] berechnet. — Ausführlichere Angaben können der Arbeit des Verfassers „Einfluß der Drehzahl auf die Betriebssicherheit"[28] entnommen werden.

Für die gestrichelt eingezeichnete Schmierschichtstärke von $h'' = 0,01$ mm kennzeichnet sich der Einfluß der Drehzahl etwa wie folgt: Bei 30 at Flächendruck ist der Drehzahlbereich von $n = 12,5$ bis 600 betriebssicher, falls man Schmierschichttemperaturen über 100° zulassen will; bei 20 at Flächendruck ist das Lager sogar von 7,5 U/min bis zu den höchsten mit Rücksicht auf Erwärmung noch zulässigen Drehzahlen gegen halbflüssige Reibung sicher. — Gestattet die Feinheit der Bearbeitung eine Herabsetzung der Schmierschichtstärke beispielsweise auf 0,006 mm, so kann das Lager auch bei 30 at Flächendruck bis zu den höchsten Drehzahlen betrieben werden, die aus Rücksichten auf die Lagertemperatur noch zulässig sind.

Wie aus dem sehr interessanten Diagramm Abb. 55 ersichtlich, wirkt der Einfluß der Zähigkeitsabnahme demjenigen der Keilkraftwirkung durch Drehzahlsteigerung entgegen: Bei den niedrigen Temperaturen der kleinen Drehzahlen ist die Ölzähigkeit noch groß, so daß der Einfluß der Keilkraftwirkung überwiegt und ein Anwachsen der Schmierschichtstärke bewirkt; mit zunehmender Drehzahl und Temperatur sinkt jedoch die Schmiermittelzähigkeit so intensiv, daß die Schmierschichtstärke trotz der mit steigender Drehzahl zunehmenden Keilkraftwirkung langsam abnimmt.

Zu kleine Drehzahl kann also die Schmierschichtstärke (und damit die Betriebssicherheit) auf Grund zu geringer Keilkraftwirkung verringern, während zu hohe Drehzahl eine Schwächung der Ölfilmstärke durch zu starke Zähigkeitsabnahme des Öles bedingt. — Hohe Drehzahlen haben außerdem stets hohe Lagertemperaturen zur Folge und sind betriebstechnisch auch schon dadurch begrenzt. —

Zum Schluß sei noch die Berechnung der Reibungsleistung aus der Reibungstemperatur besprochen.

Es kommt in der Praxis vor, daß man die prozentuale oder wirkliche Leistungsersparnis durch Ölwechsel oder eine andere Verbesserungsbestrebung feststellen möchte, ohne eine dynamische Leistungsmessung vornehmen zu können. Solchenfalles kann zur Beurteilung der Reibungsverluste oder -ersparnisse nur die Schmierschichttemperatur herangezogen werden.

Wie wir wissen, ist bei natürlicher Kühlung die in der Schmierschicht entwickelte Wärme der an die Luft der Umgebung abgegebenen Wärmemenge gleich; es kann also nach Gleichung (65) $\varrho_1 = \alpha_1$ gesetzt werden. Wir dürfen daher in Gleichung (60) ϱ_1 durch α_1 ersetzen und erhalten dann, indem wir Gleichung (64) in Gleichung (60) einsetzen,

$$N_r = \frac{17 \cdot a \cdot (\Theta - \Theta_1)^{1,3} \cdot d \cdot l}{200}.$$

Bezeichnen wir der kürzeren Ausdrucksweise wegen die Reibungsübertemperatur $\Theta - \Theta_1$ mit T, so erhalten wir für die Reibungsleistung den einfachen Ausdruck

$$N_r = \frac{a \cdot T^{1,3} \cdot d \cdot l}{12} \text{ PS} . \tag{73}$$

Zur Ermittlung der verhältnismäßigen Leistungsersparnis $N_\%$ werde ferner noch die einfache Gleichung angesetzt

$$N_\% = \frac{N_1 - N_2}{N_1}\,, \tag{74}$$

wobei N_1 die Reibungsleistung in Prozenten vor, N_2 diejenige nach der Reibungsverbesserung darstellt und $N_2 = 100$ anzunehmen ist. Da die Reibungsleistungen sich nach Gleichung (73) offenbar verhalten wie die 1,3^{te} Potenz der zugehörigen Übertemperaturen*, so können wir schließlich noch setzen

$$\frac{N_1}{N_2} = \left(\frac{T_1}{T_2}\right)^{1,3}\,, \tag{75}$$

wobei T_1 und T_2 die Übertemperaturen bei den Reibungsleistungen N_1 bzw. N_2 bedeuten.

Mit diesen 3 Gleichungen läßt sich sowohl die prozentuale wie auch die absolute Reibungsersparnis berechnen, was am anschaulichsten an einem praktischen Zahlenbeispiel ersichtlich ist.

Beispiel 7. Gegeben sei das Außenlager einer Kolbenkraftmaschine, das bei schwerem Maschinenöl eine Übertemperatur von 48° C aufweise; der Zapfendurchmesser betrage $d = 0,18$, die Lagerlänge $l = 0,27$ m. — Wie groß ist die prozentuale und die absolute Reibungsersparnis durch Ölwechsel, wenn die Übertemperatur bei dem leichteren Öl im Beharrungszustande nur 31° C beträgt?
Nach Gleichung 75 ist

$$N_1 : N_2 = (T_1 : T_2)^{1,3} = (48 : 31)^{1,3} = 1,55^{1,3} = 1,77.$$

Danach beträgt dann die prozentuale Ersparnis nach Gleichung 74

$$N_\% = \frac{N_1 - N_2}{N_1} = \frac{177 - 100}{177} = \frac{77}{177} = 0,435 \text{ oder } 43,5\%.$$

Die Reibungsleistung vor dem Ölwechsel ergibt sich nach Gleichung 73 mit $\alpha = 3$ zu

$$N_r = \frac{a \cdot T^{1,3} \cdot d \cdot l}{12} = \frac{3 \cdot 48^{1,3} \cdot 0,18 \cdot 0,27}{12} = \frac{3 \cdot 152 \cdot 0,18 \cdot 0,27}{12} = 1,85 \text{ PS}$$

und die absolute Reibungsersparnis zu

$$0,435 \cdot 1,85 = 0,8 \text{ PS.}$$

Zusammenfassung.

1. Die Erwärmung eines Lagers im Betriebe ist von der Größe der Wärme-Entwicklung und von der Art der Wärme-Ableitung abhängig.

2. Man unterscheidet natürliche Kühlung, bei der die Wärmeabfuhr hauptsächlich durch die umgebende Luft erfolgt, und künstliche Kühlung, bei der die Wärmeabfuhr außer durch natürliche Luftkühlung noch durch ein künstliches Kühlmittel (z. B. bewegte Luft, Kühlöl oder Kühlwasser) bewirkt wird.

3. Im Beharrungszustande ist in allen Fällen: in der Zeiteinheit entwickelte Wärmemenge = in der Zeiteinheit abgeführte Wärmemenge.

---

* Um der mittleren Schmierschichttemperatur möglichst nahe zu kommen, sind die Temperaturmessungen im belasteten Lagerteil in geringstem Abstande von der Lauffläche auszuführen.

4. Unter spezifischer Wärmeentwicklung ϱ_1 versteht man die in einer Stunde je Quadratmeter Zapfenlauffläche $d \cdot \pi \cdot l$ entwickelte Wärmemenge in Wärmeeinheiten; unter spezifischer Wärmeabgabe α_1 die in einer Stunde je Quadratmeter Zapfenlauffläche durch natürliche Luftkühlung abgeführte Wärmemenge in Wärmeeinheiten.

5. Die spezifische Wärmeentwicklung ist der 0,5ten Potenz der Lagerbelastung, der 1,5ten Potenz der Drehzahl und der 0,5ten Potenz der Ölzähigkeit direkt und der 0,5ten Potenz des Lagerlängenverhältnisses umgekehrt proportional. Die spezifische Wärmeableitung ist der 1,3ten Potenz der Temperaturdifferenz zwischen Schmierschichttemperatur und Außenlufttemperatur und der „Ausstrahlfähigkeit" a des betreffenden Lagers proportional.

6. Die „individuelle" Wärmeableitfähigkeit bzw. der „Ausstrahlfaktor" a eines Lagers ist um so größer, je größer die gesamte Lageraußenfläche (großes, möglichst verripptes Lagergehäuse), je länger die Wellenleitung und je dichter am Lagergehäuse ventilierende Räder, Scheiben oder dergleichen vorhanden sind. — Mit zunehmender Kühlluftgeschwindigkeit nimmt a stetig zu.

7. Bei Lagern mit natürlicher Kühlung, kleiner Gleitgeschwindigkeit und in sich geschlossenem Schmiermittelumlauf (Ringschmierung) ist die Schmierschichttemperatur der mittleren Lagerschalentemperatur nahezu gleich; bei künstlicher Kühlung (hoher Gleitgeschwindigkeit) ist sie unter Umständen erheblich höher als die mittlere Lagerschalentemperatur.

8. Bei nicht vorgeschriebener Ölsorte kann die Schmierschichttemperatur für natürliche Kühlung nach Ermittlung der Ölzähigkeit [nach Gleichung (51)] nach Formel (66) berechnet werden.

9. Bei gegebener Ölsorte läßt sich die Schmierschichttemperatur, unter Annahme einer Zähigkeitscharakteristik des Öles nach Art der Gleichung (67), nach Formel (68) angenähert ermitteln.

10. Künstliche Kühlung muß Anwendung finden, falls die für natürliche Kühlung berechnete Lagertemperatur zu hoch (etwa über $\Theta = 80°$) ausfällt. Bei künstlicher Kühlung kann die Lagertemperatur innerhalb gewisser Grenzen beliebig angenommen werden.

11. Durch künstliche Kühlung abzuführen ist der Rest aus der gesamten Reibungswärme weniger der durch natürliche Kühlung abführbaren Wärmemenge.

12. Nach den Gleichungen (73,) (74) und (75) läßt sich allein aus der Änderung der Reibungsübertemperaturen die prozentuale oder auch die absolute Reibungsleistungsänderung angenähert ermitteln.

17. Die Reibungsverhältnisse bei ebenen Gleitflächen.

Infolge der bestehenden Ähnlichkeit in der Berechnung der Reibungsverhältnisse zylindrischer und ebener Gleitflächen soll die vorstehende Besprechung der letzteren entsprechend kurz gefaßt werden.

Ähnlich wie bei zylindrischen Tragflächen ist die Reibungszahl auch hier von der Gleitgeschwindigkeit, dem Flächendruck und der Ölzähigkeit abhängig; des weiteren jedoch auch noch von der Keilflächenlänge L.

Für unendliche Breite B_1 bzw. B der Tragfläche gilt

$$\mu = \tau \cdot \sqrt{\frac{z \cdot V}{p_m \cdot L}}. \tag{76}$$

Hierin ist τ ein Zahlenwert, dessen Größe sich bei verschiedener Keilspitzenlänge $X = u : L$ in gewissen Grenzen ändert. Abb. 56 zeigt den Verlauf der Zahlengröße τ in Abhängigkeit von der (verhältnismäßigen) Keilspitzenlänge X.

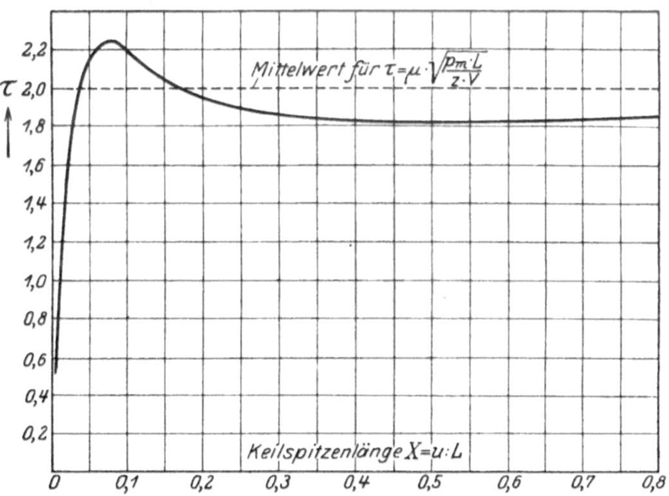

Abb. 56. Verhältnis zwischen der Reibungszahl für ebene Flächen $\mu = \tau \cdot \sqrt{\dfrac{z \cdot V}{p_m \cdot L}}$ und der Keilspitzenlänge X. — Zahlenwert τ in Abhängigkeit von der Keilspitzenlänge $X = u : L$.

Wie wir sehen, schwankt der Wert für τ von 2,16 bei $X = 0{,}05$ bis $\tau = 1{,}86$ bei $X = 0{,}8$. Wir können daher auch hier einen Mittelwert wählen und setzen als Durchschnittszahl für alle Keilspitzenlängen

$$\tau_{\text{mittel}} = 2.$$

Nehmen wir, solange zuverlässige Versuchskontrollwerte noch nicht vorliegen, den Einfluß der endlichen Keilflächenbreite wie bei Querlagern an, so können wir für endliche Tragflächenbreite bei ebenen Gleitflächen allgemein schreiben

$$\mu = K \cdot \tau \cdot \sqrt{\frac{z \cdot V}{p_m \cdot L}} \tag{77}$$

und

$$K = \sqrt{\frac{4 \cdot L + B_1}{B_1}} \tag{78}$$

setzen, selbst wenn dadurch der Einfluß der endlichen Tragflächenbreite etwas reichlich eingeschätzt sein sollte.

Führen wir als Durchschnittswert für normale eingearbeitete Keilflächen (dieselben sollen verhältnismäßig kurz sein, damit keine zu großen Temperaturunterschiede zwischen Eintritt und Austritt des Öles in der Schmierschicht auftreten) das bereits in Abschnitt 13 gewählte Breitenverhältnis $B_1 : L = 3$ ein, so erhalten wir mit $\tau = 2$

$$\mu = 2 \cdot \sqrt{\frac{z \cdot V}{p_m \cdot L}} \cdot \sqrt{\frac{4 \cdot 1 + 3}{3}}$$

und daraus, abgerundet, als reichlichen Mittelwert für die Reibungszahl bei ebenen Gleitflächen von endlicher Breite

$$\mu = 3 \cdot \sqrt{\frac{z \cdot V}{p_m \cdot L}} \, . \tag{79}$$

Löst man Gleichung (38) nach der Zähigkeit auf, so ergibt sich

$$z = \frac{4{,}7 \cdot \sqrt[1{,}25]{\varepsilon} \cdot p_m \cdot H^{1{,}2}}{\sqrt[5]{L \cdot V}} \ \text{kg-sek/m}^2 \tag{80}$$

oder, auf die Gesamtbelastung bezogen,

$$z = \frac{4{,}7 \cdot \sqrt[1{,}25]{\varepsilon} \cdot P' \cdot H^{1{,}2}}{V \cdot L^{1{,}2} \cdot B} \ \text{kg} \cdot \text{sek/m}^2 \, . \tag{81}$$

Setzt man nun Gleichung (80) in Gleichung (79) ein, so erhält man

$$\mu = \sqrt{\frac{9 \cdot 4{,}7 \cdot V \cdot \sqrt[1{,}25]{\varepsilon} \cdot p_m \cdot H^{1{,}2}}{p_m \cdot L \cdot V \cdot \sqrt[5]{L}}}$$

oder, gekürzt, rund

$$\mu = \sqrt{\frac{42 \cdot \sqrt[1{,}25]{\varepsilon} \cdot H^{1{,}2}}{L^{1{,}2}}} \tag{82}$$

als Wert für den Reibungskoeffizienten.

Die Gleichung zeigt, daß die Reibungszahl, ähnlich wie bei Querlagern, auch bei ebenen Gleitflächen nur von der geometrischen Lage der Keilfläche abhängt, also von der Keilsteigung, der Keilflächenlänge und der geringsten Schmierschichtstärke. — Die geometrische Lage der Keilfläche zur Gleitfläche ist ihrerseits auch noch von der Gleitgeschwindigkeit, dem Flächendruck und der Ölzähigkeit abhängig.

Formel (82) stellt gleichzeitig die Gleichung der geringsten Reibungszahl dar, wenn nämlich bei gegebener Keilsteigung ε für die Keilflächenlänge L und die geringste Schmierschichtstärke H die äußerst zulässigen Geringstwerte eingesetzt werden.

Von Interesse ist nun die Feststellung der günstigsten Reibungsverhältnisse.

Die Reibungsleistung ist allgemein

$$N_r = \frac{P' \cdot \mu \cdot V}{75} \ \text{PS} \, .$$

Setzen wir hierin μ nach Gleichung (79) ein, so erhalten wir, unter gleichzeitiger Einführung von $p_m = \dfrac{P'}{B \cdot L}$,

$$N_r = \frac{P' \cdot V \cdot 3}{75} \cdot \sqrt{\frac{z \cdot V \cdot B \cdot L}{P \cdot L}} = \sqrt{\frac{P'^2 \cdot V^2 \cdot 3^2 \cdot z \cdot V \cdot B \cdot L}{75^2 \cdot P' \cdot L}},$$

$$N_r = 0{,}04 \cdot \sqrt{P' \cdot V^3 \cdot B \cdot z} \ \text{PS}. \tag{83}$$

Wie Gleichung (83) zeigt, ist die Reibungsleistung bei gegebener Ölzähigkeit von der Keilflächenlänge und damit auch von der Keilspitzenlänge unabhängig. Letzteres erklärt sich daraus, daß wir τ bei allen Keilspitzenlängen gleich groß annahmen, womit auch μ für alle Werte von X gleich wird.

Führen wir in die allgemeine Gleichung für die Reibungsleistung den Wert der Reibungszahl nach Gleichung (82) ein, so ergibt sich

$$N_r = \frac{P' \cdot V}{75} \cdot \mu = \frac{P' \cdot V}{75} \cdot \sqrt{\frac{42 \cdot \sqrt[1{,}25]{\varepsilon} \cdot H^{1{,}2}}{L^{1{,}2}}},$$

$$N_r = 0{,}086 \cdot P' \cdot V \cdot \sqrt{\frac{\sqrt[1{,}25]{\varepsilon} \cdot H^{1{,}2}}{L^{1{,}2}}} \ \text{PS}. \tag{84}$$

Hierbei muß die Ölzähigkeit nach Gleichung (81) ermittelt werden. Die geringste Reibungsleistung bei gegebener Keilflächenlänge erhalten wir also durch Wahl kleinster Keilsteigung und kleinster Schmierschichtstärke bei Anwendung der Zähigkeit nach Gleichung (81), wodurch erst die gewählte Schmierschichtstärke gesichert ist.

Bei gegebenen Abmessungen einschließlich Keilsteigung kann durch geeignete Wahl des Schmiermittels lediglich die gewünschte Schmierschichtstärke erzielt werden. Die Reibung wird jedoch, selbst bei der geringsten zulässigen Schmierschichtstärke, größer als das Minimum ausfallen, — es sei denn, daß die Keilsteigung bereits den äußersten Kleinstwert aufweist.

Zur Kontrolle der geringsten Schmierschichtstärke kann allgemein am zweckmäßigsten Gleichung (38), auf die Gesamtbelastung P' bezogen, dienen:

$$H = \sqrt[1{,}2]{\frac{V \cdot z \cdot L^{1{,}2} \cdot B}{4{,}7 \cdot P' \cdot \sqrt[1{,}25]{\varepsilon}}} \ \text{m}, \tag{85}$$

für die Normalkeilsteiguug $\varepsilon = 0{,}005$ indes die Sondergleichung 40. —

Nachdem die günstigsten Reibungsverhältnisse hiermit klargestellt sind, kann an eine Betrachtung der Reibungswärme und der dadurch bedingten Gleitkörpertemperatur herangetreten werden.

Die Verhältnisse der Wärmeentwicklung und Wärmeableitung liegen bei ebenen Gleitflächen im großen ganzen ähnlich wie bei Querlagern.

Die gesamte Wärme-Entwicklung ergibt sich aus der Reibungsleistung nach Gleichung (83) zu

$$\iota = \frac{0{,}04 \cdot 3600 \cdot 75}{427} \cdot \sqrt{P' \cdot V^3 \cdot B \cdot z} =$$

$$\iota = 25{,}3 \cdot \sqrt{P' \cdot V^3 \cdot B \cdot z} \ \text{WE/st}. \tag{86}$$

Die spezifische Wärmeentwicklung ι_1 erhalten wir, wenn wir die gesamte Wärmeentwicklung auf den Quadratmeter tragender Keilfläche beziehen.

$$\iota_1 = \frac{\iota}{B \cdot L} = \frac{25{,}3}{B \cdot L} \cdot \sqrt{P' \cdot V^3 \cdot B \cdot z}\,,$$

$$\iota_1 = \frac{25{,}3}{L} \cdot \sqrt{\frac{P' \cdot V^3 \cdot z}{B}}\ \ \text{WE/st} \cdot \text{m}^2\,. \tag{87}$$

Die gesamte stündliche Wärme-Ableitung eines Gleitkörpers bei natürlicher Kühlung sei mit λ bezeichnet; dementsprechend die spezifische Wärmeableitung, auf den Quadratmeter tragender Keilfläche bezogen, mit

$$\lambda_1 = \frac{\lambda}{B \cdot L}\ \ \text{WE/st} \cdot \text{m}^2\,. \tag{88}$$

In Ermangelung besonderer Versuchsunterlagen soll angenommen werden, daß auch für ebene Gleitflächen das empirische Gesetz gilt

$$\lambda_1 = 17 \cdot A \cdot (\Theta - \Theta_1)^{1,3}\ \text{WE/st} \cdot \text{m}^2 \tag{89}$$

Hierin bedeutet A den Koeffizienten der „individuellen" Wärmeableitfähigkeit oder kurz den „Ausstrahlfaktor", Θ die Schmierschichttemperatur bzw. mittlere Keilflächentemperatur, Θ_1 die Temperatur der umgebenden Luft in Grad Celsius.

Zahlentafel 12 enthält geschätzte Werte für A bzw. A' für verschiedene Betriebsverhältnisse und soll bei der neuen Berechnungsweise einen vorläufigen Anhalt bieten, solange Versuchswerte oder bestimmtere Zahlenwerte noch nicht vorliegen.

Den einzigen Anhaltspunkt bei der Schätzung bot das aus den Versuchen von Lasche ermittelte ungefähre Verhältnis der wärmeableitenden Lageraußenfläche zur wärmeerzeugenden Lagerinnenfläche $d \cdot \pi \cdot l$ bei Querlagern, für die der Faktor $a\,(= 1{,}0)$ experimentell bestimmt worden war. Bei Kreuzköpfen ist die gesamte „ausstrahlende" Außenfläche verhältnismäßig sehr viel größer als die Summe der (meistens 2 bis 3) in gleicher Richtung tragenden wärmeerzeugenden Keilflächen, so daß zumindest bei fehlender Wärmezufuhr recht ansehnliche Werte für A zu erwarten sind.

Bei Längslagern ist eine brauchbare Abschätzung der Schmierschichttemperatur nur dadurch möglich, daß man die Wärmeentwicklung des sozusagen im Querlagergehäuse mit untergebrachten Längslagers zu derjenigen des Querlagers addiert und die Gesamtwärme auf das Gehäuse und den dafür genügend sichern Koeffizienten A' des kombinierten Querlagers bezieht, wie in Abschnitt 19 noch ausführlich dargelegt werden soll. — Sämtliche Formeln, in denen der Wert A auftritt, gelten daher nur für Kreuzköpfe bzw. Tragschuhe, während A' sich nur auf kombinierte Quer- und Längslager bezieht.

Da bei normaler Luftkühlung die entwickelte Wärme durch die Luft der Umgebung allein abgeleitet wird, gilt für natürliche Kühlung

$$\iota_1 = \lambda_1\,. \tag{90}$$

Zahlentafel 12. Individuelle Wärmeableitziffern („Ausstrahlfaktoren")
bei ebenen Gleitflächen, bei ruhender und bei bewegter Luft.

1. Unendlich dünner Gleitkörper mit 100% tragender Keilfläche,
   ohne anschließende Massen (rein theoretischer unterster Grenzwert) .für ruhende Luft $A = 0,17$
2. Kreuzköpfe mit 1 Gleitschuh, bei Dampfmaschinen oder Verbrennungsmotoren . . . . für ruhende Luft $A = 1 \div 1,5$
3. Kreuzköpfe mit 2 Gleitschuhen, bei Dampfmaschinen oder Verbrennungsmotoren . . . . für ruhende Luft $A = 1,5 \div 2$
4. Kreuzköpfe mit 1 Gleitschuh, bei Kondensations-Wasser-
   pumpen, Kompressoren und Luftpumpen . . für ruhende Luft $A = 3 \div 4$
5. Kreuzköpfe mit 2 Gleitschuhen, bei Kondensations-Wasser-
   pumpen, Kompressoren und Luftpumpen . für ruhende Luft $A = 5 \div 6$
6. Kreuzköpfe mit 1 Gleitschuh, bei Kaltwasserpumpen
   für ruhende Luft $A = 4 \div 5$
7. Kreuzköpfe mit 2 Gleitschuhen, bei Kaltwasserkolbenpumpen
   für ruhende Luft $A = 7 \div 8$

Zu 2 bis 7. Bei Kreuzköpfen erhöht sich A mit der mittleren Kolbengeschwindigkeit, und zwar ist $A_{\text{ruh. Luft}}$ ($= 1 \div 8$) zu vergrößern bei einer mittleren Kolbengeschwindigkeit

von 0,5 m/s	2,3 mal	bei 6 m/s	6,6 mal
bei 1 ,,	3 ,,	,, 7 ,,	7,1 ,,
,, 2 ,,	4 ,,	,, 8 ,,	7,6 ,,
,, 3 ,,	4,8 ,,	,, 9 ,,	8 ,,
,, 4 ,,	5,5 ,,	,, 10 ,,	8,4 ,,
,, 5 ,,	6,1 ,,	,, 12 ,,	9,2 ,,

Für kombinierte Quer- und Längslager, deren Temperatur gemäß Abschnitt 19 nach den Abmessungen des Querlagers zu ermitteln ist, gelten folgende
A'-Werte:

8. Dampfturbinen und Warmwasser-Kreiselpumpen . . . . $A' = 0,1 \div 1$
9. Maschinen- und Schiffswellen-Drucklager . . . . $A' = 1 \div 2$
10. Kaltwasser-Kreiselpumpen und Wasserturbinen-Achsiallager . $A' = 2 \div 4$
11. Schneckengetriebe bei kleinem bzw. großem Schneckenrad-
    gehäusedurchmesser . . . . $A' = 3 \div 10$

Setzen wir somit Gleichung (87) und Formel (89) gleich, so erhalten wir
damit die Wärmebilanz für natürliche Kühlung:

$$\frac{25,3}{L} \cdot \sqrt{\frac{P' \cdot V^3 \cdot z}{B}} = 17 \cdot A \cdot (\Theta - \Theta_1)^{1,3}$$

und daraus

$$(\Theta - \Theta_1)^{1,3} = \frac{25,3}{17 \cdot A \cdot L} \cdot \sqrt{\frac{P' \cdot V^3 \cdot z}{B}} = \frac{1,49}{A \cdot L} \cdot \sqrt{\frac{P' \cdot V^3 \cdot z}{B}} ,$$

$$\Theta - \Theta_1 = \sqrt[1,3]{\frac{1,49}{A \cdot L} \cdot \sqrt{\frac{P' \cdot V^3 \cdot z}{B}}}$$

oder

$$\Theta = \Theta_1 + \sqrt[2,6]{\frac{2,23 \cdot P' \cdot V^3 \cdot z}{B \cdot L^2 \cdot A^2}} \quad \text{Grad.} \tag{91}$$

Der Wert für z in Gleichung (91) muß nach Formel (81) ermittelt
werden. Sind an Bestimmungsgrößen nur L und B gegeben, so wählt
man für ε die Normalsteigung $\varepsilon = 0,005$ und setzt den dementsprechen-
den Gegenwert für z aus Gleichung (40) ein, nämlich

$$z_{\varepsilon\,0,005} = \frac{P' \cdot H^{1,2}}{14,8 \cdot V \cdot L^{1,2} \cdot B} \quad \text{kg} \cdot \text{sek/m}^2 . \tag{92}$$

Zur Ermittlung von Θ kann Gleichung (81) auch unmittelbar in Formel (91) eingeführt werden. Man erhält alsdann

$$\Theta = \Theta_1 + \sqrt[2,6]{\frac{2{,}23 \cdot P' \cdot V^3 \cdot 4{,}7 \cdot H^{1,2} \cdot P' \cdot \sqrt[1,25]{\varepsilon}}{B \cdot L^2 \cdot A^2 \cdot V \cdot L^{1,2} \cdot B}}$$

$$\Theta = \Theta_1 + \sqrt[2,6]{\frac{10{,}4 \cdot P'^2 \cdot V^2 \cdot H^{1,2} \cdot \sqrt[1,25]{\varepsilon}}{L^{3,2} \cdot B^2 \cdot A^2}} \quad \text{Grad}. \tag{93}$$

Die Zähigkeit des Schmiermittels muß auch hierbei nach Gleichung (81) gewählt werden, und zwar derart, daß die errechnete Zähigkeit z bei der Schmierschichttemperatur Θ auftritt.

Ist ein bestimmtes Schmiermittel mit dem allgemeinen Zähigkeitscharakter nach Gleichung (67)

$$z = \frac{i}{(0{,}1 \cdot \Theta)^{2,6}} \quad \text{kg} \cdot \text{sek/m}^2$$

gegeben, so ermittelt sich die Schmierschichttemperatur durch Einsetzen von Gleichung (67) in Gleichung (91). — Wir erhalten

$$\Theta = \Theta_1 + \sqrt[2,6]{\frac{2{,}23 \cdot P' \cdot V^3}{B \cdot L^2 \cdot A^2}} \cdot \sqrt[2,6]{\frac{i}{(0{,}1 \cdot \Theta)^{2,6}}} = \Theta_1 + \frac{1}{0{,}1 \cdot \Theta} \cdot \sqrt[2,6]{\frac{2{,}23 \cdot P' \cdot V^3 \cdot i}{B \cdot L^2 \cdot A^2}}$$

$$\Theta - \Theta_1 = \frac{10}{\Theta} \cdot \sqrt[2,6]{\frac{2{,}23 \cdot P' \cdot V^3 \cdot i}{B \cdot L^2 \cdot A^2}}$$

$$\Theta - \Theta_1 = \frac{1}{\Theta} \cdot \sqrt[2,6]{\frac{892 \cdot P' \cdot V^3 \cdot i}{B \cdot L^2 \cdot A^2}}$$

$$\Theta \cdot (\Theta - \Theta_1) = \sqrt[2,6]{\frac{892 \cdot P' \cdot V^3 \cdot i}{B \cdot L^2 \cdot A^2}}$$

$$\Theta^2 - \Theta_1 \cdot \Theta - \sqrt[2,6]{\frac{892 \cdot P' \cdot V^3 \cdot i}{B \cdot L^2 \cdot A^2}} = 0.$$

Aus dieser quadratischen Gleichung bestimmt sich die gesuchte Schmierschichttemperatur zu

$$\Theta = \frac{\Theta_1}{2} + \sqrt{\left(\frac{\Theta_1}{2}\right)^2 + \sqrt[2,6]{\frac{892 \cdot P' \cdot V^3 \cdot i}{L^2 \cdot B \cdot A^2}}} \quad \text{Grad}. \tag{94}$$

Bei gegebenem Öl und fertig gegebenen Gleitflächen muß nach Ermittlung der Schmierschichttemperatur nach Gleichung (94) stets auch die bei dieser Temperatur und der zugehörigen Zähigkeit zu erwartende geringste Schmierschichtstärke nachgerechnet werden, um festzustellen, ob die Gleitflächen überhaupt im Gebiet der flüssigen Reibung arbeiten. Diese Feststellung erfolgt nach Gleichung (81), unter Einführung des allgemeinen Wertes für z nach Gleichung (67). Es ergibt sich dann als geringste Schmierschichtstärke bei der Schmierschichttemperatur Θ [nach Gleichung (94)]

$$H = \sqrt[1,2]{\frac{B \cdot L^{1,2} \cdot V \cdot i}{4{,}7 \cdot \sqrt[1,25]{\varepsilon} \cdot P' \cdot (0{,}1 \cdot \Theta)^{2,6}}} \quad \text{m} \tag{95}$$

oder, für die Normalsteigung $\varepsilon = 0,005$, aus Gleichung (40), durch Einsetzen von Formel (67),

$$H_{\varepsilon\,0,005} = \sqrt[1,2]{\frac{14,8 \cdot V \cdot L^{1,2} \cdot B \cdot i}{P' \cdot (0,1 \cdot \Theta)^{2,6}}} \ \text{m} \,. \tag{96}$$

Bei gegebenem Schmiermittel ist der Normalfall jedoch der, daß die Abmessungen der Gleitfläche dem vorhandenen Öl angepaßt werden müssen, um möglichst günstige Reibungsverhältnisse zu erhalten. Sind L und B gegeben und fehlt nur die Steigung ε, so ermittelt man letztere durch Umformen aus Gleichung (81), unter gleichzeitiger Einführung des allgemeinen Wertes von z nach Formel (67). Die Keilsteigung ergibt sich damit zu

$$\varepsilon = \left(\frac{B \cdot L^{1,2} \cdot V \cdot i}{4,7 \cdot P' \cdot H^{1,2} \cdot (0,1 \cdot \Theta)^{2,6}}\right)^{1,25} \text{m} \,, \tag{97}$$

wobei Θ nach Gleichung (94) einzusetzen ist. Hierbei ist jedoch nur flüssige Reibung, nicht aber auch geringster Reibungsverbrauch gesichert. Letzterer kann nur bei noch nicht festliegenden Abmessungen erreicht werden.

Die Keilflächenbreite $B = \Sigma B_1$ ist nach Gleichung (81) allgemein

$$B = \frac{4,7 \cdot \sqrt[1,25]{\varepsilon} \cdot P' \cdot H^{1,2}}{V \cdot L^{1,2} \cdot z} \ \text{m} \tag{98}$$

oder, mit z nach Gleichung (67),

$$B = \frac{4,7 \cdot \sqrt[1,25]{\varepsilon} \cdot P' \cdot H^{1,2} \cdot (0,1 \cdot \Theta)^{2,6}}{V \cdot L^{1,2} \cdot i} \ \text{m} \,. \tag{99}$$

Die Schmierschichttemperatur Θ ermittelt sich durch Einsetzen dieses Wertes für B in die allgemeine Gleichung (94) zu

$$\Theta = \frac{\Theta_1}{2} + \sqrt{\left(\frac{\Theta_1}{2}\right)^2 + \sqrt[2,6]{\frac{892 \cdot P' \cdot V^3 \cdot i \cdot V \cdot L^{1,2} \cdot i}{L^2 \cdot A^2 \cdot 4,7 \cdot \sqrt[1,25]{\varepsilon} \cdot P' \cdot H^{1,2}}} \cdot \frac{1}{\sqrt[2,6]{(0,1 \cdot \Theta)^{2,6}}}} \,.$$

Das hier auch auf der rechten Seite der Gleichung auftretende Θ muß nun zunächst auf die linke Seite gebracht werden, unter gleichzeitiger Kürzung des Ausdruckes unter der Wurzel:

$$\Theta - \frac{\Theta_1}{2} = \sqrt{\left(\frac{\Theta_1}{2}\right)^2 + \frac{1}{\Theta} \cdot \sqrt[2,6]{\frac{400 \cdot 892 \cdot V^4 \cdot i^2}{4,7 \cdot L^{0,8} \cdot A^2 \cdot \sqrt[1,25]{\varepsilon} \cdot H^{1,2}}}} \,,$$

$$\left(\Theta - \frac{\Theta_1}{2}\right)^2 = \left(\frac{\Theta_1}{2}\right)^2 + \frac{1}{\Theta} \cdot \sqrt[2,6]{\frac{76000 \cdot V^4 \cdot i^2}{A^2 \cdot \sqrt[1,25]{\varepsilon \cdot L} \cdot H^{1,2}}} \,,$$

$$\Theta^2 - \frac{2 \cdot \Theta \cdot \Theta_1}{2} + \left(\frac{\Theta_1}{2}\right)^2 - \left(\frac{\Theta}{2}\right)^2 = \frac{1}{\Theta} \cdot \sqrt[2,6]{\frac{76000 \cdot V^4 \cdot i^2}{A^2 \cdot \sqrt[1,25]{\varepsilon \cdot L} \cdot H^{1,2}}} \,,$$

$$\Theta \cdot (\Theta^2 - \Theta \cdot \Theta_1) = \sqrt[2,6]{\frac{76000 \cdot V^4 \cdot i^2}{A^2 \cdot \sqrt[1,25]{\varepsilon \cdot L} \cdot H^{1,2}}} \,.$$

Zur Bestimmung der Schmierschichttemperatur erhalten wir endgültig die Formel

$$\Theta^2 \cdot (\Theta - \Theta_1) = \sqrt[2,6]{\dfrac{76000 \cdot V^4 \cdot i^2}{A^2 \cdot \sqrt[1,25]{\varepsilon \cdot L \cdot H^{1,2}}}}\,. \tag{100}$$

Da die Schmierschichttemperatur in dritter Potenz auftritt, erfolgt die Lösung zweckmäßig mit Hilfe der Zahlentafel 13, indem die rechte Seite der Gleichung (100) ausgerechnet und nach dem sich ergebenden Zahlenwert aus der Tabelle (nach Annahme der Lufttemperatur Θ_1) die Schmierschichttemperatur Θ aufgesucht wird.

Ausdrücklich sei darauf aufmerksam gemacht, daß Gleichung (100) die Bemessung der Keilflächenbreite B nach Formel (99) voraussetzt. Diese Bedingung erklärt auch die eigentümliche Tatsache, daß sich die Belastung P' in der Gleichung (100) gänzlich forthebt: P' kommt nämlich indirekt durch die Breite B zur Geltung. Nur hierdurch ist es auch verständlich, inwiefern z. B. eine Vergrößerung der Keilsteigung die Schmierschichttemperatur herabdrückt: eine Vergrößerung von ε bedingt nämlich nach Gleichung (99) eine Vergrößerung von B, dieses seinerseits eine Verkleinerung von p_m und damit nach der allgemeinen Gleichung (91) eine Verringerung der Schmierschichttemperatur Θ, wenn man sich den Wert P' durch den Gleichwert $p_m \cdot B \cdot L$ ersetzt denkt.

Zahlentafel 13. Zahlenwerte des Produktes $\Theta^2 \cdot (\Theta - \Theta_1)$ zur Ermittlung der Schmierschichttemperatur Θ von Kreuzkopfschuhen, bei gegebenem Schmiermittel.

	Temperatur Θ der Schmierschicht						
$\Theta =$	20°	30°	40°	50°	60°	70°	80°
$\Theta_1 = 10°$	4000	18000	48000	100000	180000	294000	448000
$\Theta_1 = 15°$	2000	13500	40000	87500	162000	269500	416000
$\Theta_1 = 20°$	—	9000	32000	75000	144000	245000	384000
$\Theta_1 = 25°$	—	4500	24000	62500	126000	221500	352000
$\Theta_1 = 30°$	—	—	16000	50000	108000	196000	320000
$\Theta_1 = 35°$	—	—	8000	37500	90000	171500	288000
$\Theta_1 = 40°$	—	—	—	25000	72000	147000	256000
$\Theta_1 = 50°$	—	—	—	—	36000	98000	192000

(Zeilenbeschriftung links: Temperatur Θ_1 der umgebenden Luft)

Formel (100) ermöglicht somit, in Verbindung mit Zahlentafel 13, die angenäherte Vorausberechnung der Schmierschichttemperatur bei neu zu entwerfenden Tragschuhen oder Längslagern bei gegebenem Öl, sofern man L zunächst schätzungsweise annimmt, wie in Abschnitt 19 gezeigt werden soll.

Ergibt sich nach den Gleichungen (93), (94) oder (100) und Zahlentafel 13 eine Schmierschichttemperatur, die betriebstechnisch zu hoch erscheint, so muß zu künstlicher Kühlung gegriffen werden. Am einfachsten ist die Anwendung von gekühltem Preßöl, dessen Wirkung nötigenfalls noch durch Wasserkühlung unterstützt werden kann.

Für künstliche Kühlung gilt

$$\iota_1 = \lambda_1 + \lambda_2 \; \text{WE/st} \cdot \text{m}^2, \tag{101}$$

d. h. es muß die durch natürliche und durch künstliche Kühlung insgesamt abgeführte Wärmemenge je Quadratmeter tragender Keilfläche gleich sein der je Quadratmeter Keilfläche durch Flüssigkeitsreibung erzeugten Wärmemenge.

Durch künstliche Kühlung abzuführen ist somit je Quadratmeter tragender Keilfläche nur der Betrag

$$\lambda_2 = \iota_1 - \lambda_1 \ \text{WE/st} \cdot \text{m}^2 \tag{102}$$

bzw.

$$\lambda_2' = \iota - \lambda = \lambda_2 \cdot L \cdot B \ \text{WE/st} \tag{103}$$

für die ganze Gleitfläche.

Die Schmierschichttemperatur bei künstlicher Kühlung kann nach Belieben angenommen werden, beispielsweise zu $40 \div 60°$. Bei gegebenem Schmiermittel ist damit auch die Zähigkeit bestimmt, und es kann nach Gleichung (87) und (67) die spezifische Wärmeentwicklung berechnet werden. Zieht man von dieser Wärmemenge den durch natürliche Kühlung nach Gleichung (89) je Quadratmeter tragender Keilfläche „ausstrahlenden" Wärmebetrag ab, so erhält man die je Quadratmeter tragender Keilfläche durch künstliche Kühlung abzuführende Wärmemenge.

Bei freier Wahl des Schmiermittels ist die Zähigkeit nach Gleichung (81) gegeben, und es kann, wie oben angedeutet, die spezifische Reibungswärme, die spezifische „Wärmeausstrahlung" durch natürliche Kühlung und damit der spezifische, durch künstliche Kühlung abzuführende Wärmeüberschuß bestimmt werden.

Zusammenfassung.

1. Die mittlere Reibungszahl für ebene Gleitflächen ist nach Gleichung (79) durch die Größe der Ölzähigkeit, der Gleitgeschwindigkeit, des Flächendruckes und der Keilflächenlänge gegeben.

2. Bei Wahl der Ölzähigkeit nach Gleichung (80) ist die Reibungszahl nur von der geometrischen Relativlage der Gleitflächen abhängig, nämlich von der Keilsteigung ε, der geringsten Schmierschichtstärke H und der Keilflächenlänge L [Gleichung (82)].

3. Bei gegebener Ölzähigkeit ist die Reibungsleistung durch die Größe der Gesamtbelastung, der Gleitgeschwindigkeit, der gesamten Keilflächenbreite und der Zähigkeit des Schmiermittels bestimmt.

4. Bei gegebener Keilflächenlänge erhält man nach Gleichung (84) durch Wahl der kleinsten zulässigen Keilsteigung, der kleinsten zulässigen Schmierschichtstärke und der Schmiermittelzähigkeit nach Gleichung (81) die geringste erreichbare Reibungsleistung.

5. Bei gegebenen Abmessungen und kleinster Keilsteigung wird durch Wahl des Schmiermittels nach Gleichung (81) sowohl die gewünschte Schmierschichtstärke wie auch die geringstmögliche Reibungsleistung erzielt.

6. Bei gegebenen Abmessungen und gebener (nicht geringster) Keilsteigung kann durch Anpassung der Zähigkeit nach Gleichung (81) wohl flüssige Reibung, nicht aber das Minimum des Reibungsverbrauches erreicht werden.

7. Unter spezifischer Wärme-Entwicklung versteht man die Reibungsleistung, in WE/st umgerechnet und auf den Quadratmeter tragender Keilfläche $B \cdot L$ bezogen; unter spezifischer Wärme-Ableitung die je Quadratmeter tragender Keilfläche durch natürliche Kühlung stündlich an die Luft der Umgebung abführbare Wärmemenge.

8. Die spezifische Wärmeableitung durch die umgebende Luft muß bei natürlicher Kühlung gleich sein der spezifischen Wärmeentwicklung; bei künstlicher Kühlung ist der Differenzbetrag zwischen Wärmeentwicklung und durch natürliche Kühlung (bei zulässiger Temperatur) abführbarer Wärme durch künstlichen Wärmeentzug zu vernichten.

9. Bei Wahl der Ölzähigkeit nach Gleichung (81) ist die Schmierschichttemperatur nach Gleichung (93) um so geringer, je kleiner die Temperatur der Umgebung, die Belastung, die Gleitgeschwindigkeit, die Schmierschichtstärke und die Keilsteigung und je größer die Keilflächenlänge, die Keilflächenbreite und der „Ausstrahlfaktor".

10. Bei gegebener Ölsorte (i) und gegebenem L und B ist die Schmierschichttemperatur um so geringer, je kleiner die Temperatur der Umgebung, die Belastung, die Gleitgeschwindigkeit und die Ölzähigkeitskennziffer und je größer die Keilflächenlänge, die Keilflächenbreite und der „Ausstrahlfaktor".

11. Bei gegebener Ölsorte (i) und zu ermittelnder Keilflächenbreite B [nach Gleichung (99)] läßt sich die Schmierschichttemperatur, nach voraufgegangener Schätzung der Keilflächenlänge L, aus Gleichung (100) und Zahlentafel 13 ermitteln.

12. Bei gegebener Ölsorte (i) und gegebenen Hauptabmessungen (L und B) kann durch Anpassung der Keilsteigung ε nach Gleichung (97) nur flüssige Reibung, nicht aber geringster Reibungsverbrauch erreicht werden.

13. Bei gegebener Ölsorte (i) und vollständig fertig gegebenem Gleitschuh kann nur noch nach Gleichung (95) geprüft werden, ob flüssige Reibung überhaupt zu erwarten ist. Eine Beeinflussung von H und N_r ist unter den gegebenen Verhältnissen nicht möglich.

14. Als Keilflächenbreite B gilt stets die Gesamtbreite sämtlicher tragenden Keilflächen zusammen; als Keilflächenlänge L hingegen stets die wirkliche in Richtung der Gleitbewegung gemessene Länge einer einzelnen Keilfläche, ohne Rücksicht auf deren Zahl.

18. Zusammenfassende Berechnung der Querlager.

Nach den bisher entwickelten Zusammenhängen hat die Berechnung von Querlagern die Verwirklichung folgender Punkte zu umfassen:
1. Genügende Sicherheit gegen halbflüssige Reibung,
2. Genügende Sicherheit gegen zu hohe Lagertemperatur,
3. Genügende Sicherheit für ruhigen Gang,
4. Vermeidung unnötig hoher Reibungsverluste,
5. Vermeidung praktisch unausführbarer Lagerspiele,
6. Vermeidung zu hoher Zapfenbeanspruchungen.

Der ersten Forderung wird man gerecht durch Anwendung selbsteinstellender Lager und Bemessung der geringsten Schmierschichtstärke in solcher Größe, daß unter Berücksichtigung der Wellendurchbiegung, der Bearbeitungsunvollkommenheit und der Ölzähigkeit in der Schmierschicht eine Berührung der Gleitflächen noch mit genügender Sicherheit vermieden wird.

Der zweiten Forderung wird entsprochen durch Nachrechnung der Lagertemperatur und erforderlichen Falles Anwendung künstlicher Kühlung oder durch entsprechende Festlegung der Lagerabmessungen derart, daß von vornherein unzulässige Lagertemperaturen vermieden werden.

Der dritten Forderung genügt man dadurch, daß man bei rasch laufenden Maschinen kleinere Exzentrizitäten als $\chi = 0{,}5$ vermeidet.

Der vierten Forderung kommt man nach durch Wahl kleinstzulässigen Lagerspieles bei entsprechend geringer Ölzähigkeit, sofern ein bestimmtes Schmiermittel nicht vorgeschrieben ist; bei gegebener Ölsorte durch kleines Lagerspiel und Wahl des geringstzulässigen Zapfendurchmessers.

Der fünften Forderung wird, falls nicht Laufsitzpassung gewählt werden kann, Genüge geleistet durch Nachprüfung der Zulässigkeit des wirklichen Lagerspieles $D_w - d_w$, unter Berücksichtigung der Bearbeitungsunebenheiten, der Zapfendurchbiegung und der Grenzen der werkstattechnischen Ausführungsgenauigkeit.

Der sechsten Forderung wird in den meisten Fällen schon durch die Begrenzung der Zapfendurchbiegung entsprochen sein. Nur bei Stirnzapfen mit hohem Flächendruck wird eine Nachrechnung auf Biegungsbeanspruchung erforderlich werden. — Beanspruchungen durch die zu übertragenden Drehkräfte sind natürlich stets gesondert zu berücksichtigen.

In bezug auf das rechnerische Vorgehen unterscheidet man zweckmäßig nachstehende zwei Fälle:

I. Das Schmiermittel ist zu ermitteln, d. h. dem gegebenen Zapfendurchmesser d anzupassen.

II. Es ist ein bestimmtes Schmiermittel gegeben und der Zapfendurchmesser d zu ermitteln. —

Untersuchen wir zunächst den erstgenannten Fall, bei dem d gegeben, ein bestimmtes Schmiermittel indes nicht vorgeschrieben ist, sondern nur die Lagergesamtbelastung P und die Drehzahl n der Welle.

Die zu lösende Aufgabe besteht hier offenbar darin, daß man für den konstruktiv gegebenen Zapfendurchmesser die Schmiermittelzähigkeit und das Lagerspiel unter Wahrung vorteilhaftester Reibungsverhältnisse und günstiger Laufeigenschaften zu wählen hat.

Wie in Abschnitt 15 nachgewiesen, erhält man die geringste Lagerreibung bei kleinstmöglichem Lagerspiel und bei geringstzulässiger Ölzähigkeit, während ruhiger Lauf bei hoher Drehzahl und größtmögliche Schmierschichtstärke (Betriebssicherheit) durch Wahl einer Exzentrizität von $\chi = 0{,}5$ gewährleistet sind. Ebenda wurde auch festgestellt, daß das kleinste ohne Schwierigkeiten herstellbare Lagerspiel in der DI-Norm-Laufsitzpassung gegeben ist*.

Als Lagerspiel $D - d$ hätten wir also den Gleichwert für das Laufsitzspiel nach Formel (55) einzuführen und als geringste Schmierschichtstärke $[h_{0,5} = 0{,}25 \cdot (D - d)]$ den vierten Teil des Lagerspieles. Setzen wir diese beiden Werte in die Zähigkeitsgleichung (51) ein, so ergibt sich

$$z_{L\,0,5} = \frac{36{,}5 \cdot P \cdot (D - d) \cdot h}{d^4 \cdot (l:d) \cdot n} = \frac{36{,}5 \cdot P \cdot d^{0,303} \cdot d^{0,303}}{d^4 \cdot (l:d) \cdot n \cdot 5550 \cdot 22\,200} = \text{rund}$$

$$= \frac{36{,}5 \cdot P \cdot d^{0,6}}{5550 \cdot 22\,200 \cdot d^4 \cdot (l:d) \cdot n}$$

$$z_{L\,0,5} = \frac{P}{3\,380\,000 \cdot d^{3,4} \cdot (l:d) \cdot n} \ \ \text{kg} \cdot \text{sek/m}^2 \tag{104}$$

als erforderliche Ölzähigkeit für Laufsitzpassung und $\chi = 0{,}5$.

Setzt man diesen Wert für z in Gleichung (66) ein,

$$\Theta = \Theta_1 + \sqrt[2,6]{\frac{P \cdot n^3 \cdot z}{9600 \cdot a^2 \cdot (l:d)}}\,,$$

so kann dadurch geprüft werden, ob natürliche Kühlung ausreicht. Ist dies der Fall, indem Θ den Wert von etwa 80° nicht übersteigt, so bedingt die errechnete Schmierschichttemperatur Θ, daß die Zähigkeit nach Gleichung (104) bei dieser ermittelten Temperatur gegeben sein muß.

Erweist sich künstliche Kühlung als erforderlich, so hat man lediglich einen beliebigen zulässigen Wert für Θ (beispielsweise 50 bis 70°) zu wählen und dafür zu sorgen, daß diese Temperatur (durch entsprechende Kühlung) in der Schmierschicht dauernd aufrechterhalten wird. Das zu verwendende Öl hat dann wiederum die nach Gleichung (104) ermittelte Zähigkeit bei der künstlich aufrechtzuerhaltenden Temperatur Θ aufzuweisen.

Zähigkeiten sind im umgekehrten Verhältnis der 2,6^{ten} Potenz der Temperaturen umzurechnen. Wird beispielsweise (für natürliche oder künstliche Kühlung) bei 60° die Zähigkeit z_{60} verlangt, so ist ein Öl zu wählen, das bei 50° eine Zähigkeit von

$$z_{50} = z_{60} \cdot \left(\frac{60}{50}\right)^{2,6}$$

aufweist. Den gefundenen Wert von z_{50} rechnet man dann nach Gleichung (10) bzw. (12) in Engler-Grade um.

Ergibt sich nach Gleichung (104) eine geringere Zähigkeit, als sie durch die dünnflüssigsten Öle dargeboten werden kann, so nimmt man das leichteste in Betracht kommende Spindelöl an und behandelt die Aufgabe nach Fall II.

---

* Bei Laufsitzpassung und $\chi = 0{,}5$ sind die Werte für h stets so groß, daß normale Zapfenkrümmungen dadurch noch ausgeglichen werden.

Es kann auch erforderlich werden, die Schmierschichtstärke zu kontrollieren. Diese ermittelt man in bequemster Weise aus Gleichung (51) durch Auflösen nach h. Wir erhalten allgemein

$$h = \frac{d^4 \cdot (l:d) \cdot n \cdot z}{36{,}5 \cdot P \cdot (D-d)}\ \text{m}\,.\tag{105}$$

oder durch Einsetzen von Gleichung (52), für Laufsitz

$$h_L = \frac{d^4 \cdot (l:d) \cdot n \cdot z \cdot 5500}{36{,}5 \cdot P \cdot d^{0{,}303}} \approx \frac{5550 \cdot d^{3{,}7} \cdot (l:d) \cdot n \cdot z}{36{,}5 \cdot P}$$

$$h_L = \frac{152 \cdot d^{3{,}7} \cdot (l:d) \cdot n \cdot z}{P}\ \text{m}\,.\tag{106}$$

Ist schließlich ein fertiges Lager mit einem bestimmten Lagerspiel gegeben, so hat man, nach Einsetzen des gewünschten Wertes für h [stets kleiner als $0{,}25 \cdot (D-d)$ anzunehmen], die erforderliche Zähigkeit wiederum nach Gleichung (51) zu ermitteln und das zu verwendende Öl demgemäß festzulegen. War das gegebene Lagerspiel größer als Laufsitzpassung, so ist das Reibungsminimum nicht zu erreichen und es muß ein größerer Verlust in Kauf genommen werden. — Auch in diesem Falle entscheidet Formel (66), ob natürliche oder künstliche Kühlung gegeben ist. Der nach Gleichung (104) errechnete Wert für z ist in beiden Fällen maßgebend und hat in Verbindung mit der zugehörigen (sich bei natürlicher Kühlung ergebenden oder bei künstlicher Kühlung anzunehmenden) Temperatur Θ die Ölviskosität zu bestimmen.

Die zu erwartende **Krümmung** des Zapfens (die **Schiefstellung** muß stets durch die frei einstellbare Lagerschale ausgeglichen werden) kann für den einfachsten Fall, daß eine Welle mit Stirnzapfen vorliegt, für bestimmte Grenzverhältnisse allgemein festgestellt werden, so daß dadurch eine angenäherte Abschätzung der geringsten zulässigen Schmierschichtstärke möglich wird, noch bevor der genaue Durchmesser des Zapfens bekannt ist. Wir stützen uns dabei auf Formel [28] und [29], Abschnitt 11 und erhalten, mit d'' in Millimetern, p in kg/cm², $l = d \cdot (l:d)$ und $E = 2\,200\,000$

$$f_k'' = \frac{0{,}4 \cdot p \cdot d''^4 \cdot (l:d)^4 \cdot 10}{2\,200\,000 \cdot d''^3 \cdot 10}$$

$$f_k'' = \frac{p \cdot d'' \cdot (l:d)^4}{5\,500\,000}\ \text{mm}\,.\tag{[107]}$$

Nehmen wir nun als ungünstigsten Fall das größte zulässige Lagerlängenverhältnis $l:d = 1{,}5$ an und stellen nach Gleichung [107] die Größe der Krümmung f_k'' für verschiedene Flächendrücke und verschiedene Zapfendurchmesser übersichtlich zusammen. — Zahlentafel 14 gibt diese Werte der Krümmung in Millimetern wieder und darunter auch die zugehörigen Biegungsbeanspruchungen σ_b, die sich aus Gleichung [27] ermitteln zu

$$\sigma_b = \frac{p \cdot (l:d)^2}{0{,}2} = 5 \cdot p \cdot (l:d)^2\ \text{kg/cm}^2\,,\tag{[108]}$$

wobei p den Flächendruck in kg/cm² bedeutet.

Zahlentafel 14. Krümmung f_k'' in Millimetern und Biegungsbeanspruchung stählerner Stirnzapfen bei einem Längenverhältnis $l:d = 1{,}5$ für Flächendrücke bis zu 150 kg/cm².

p in kg/cm² =		1	5	10	20	30	40	50	60	80	100	120	150
$d'' = 25$ mm	$f_k'' =$	0,000023	0,000115	0,00023	0,00046	0,00069	0,00092	0,00115	0,0014	0,00183	0,0023	0,00275	0,00345
50	$f_k'' =$	0,000046	0,00023	0,00046	0,00092	0,00138	0,00183	0,0023	0,00275	0,00366	0,0046	0,0055	0,0069
100	$f_k'' =$	0,000092	0,00046	0,00092	0,00184	0,00275	0,00366	0,0046	0,0055	0,00735	0,0092	0,011	0,0138
150	$f_k'' =$	0,000138	0,00069	0,00138	0,00276	0,00412	0,0055	0,0069	0,00825	0,012	0,0138	0,0165	0,0207
200	$f_k'' =$	0,000184	0,00092	0,00184	0,00368	0,0055	0,00732	0,0092	0,011	0,0147	0,0184	0,022	0,0276
300	$f_k'' =$	0,000276	0,00138	0,00276	0,0055	0,00825	0,012	0,0138	0,0165	0,024	0,0276	0,033	0,0414
400	$f_k'' =$	0,000368	0,00184	0,00368	0,00736	0,011	0,0146	0,0184	0,022	0,0294	0,0368	0,044	0,055
500	$f_k'' =$	0,00046	0,0023	0,0046	0,0092	0,0138	0,0183	0,023	0,0275	0,0366	0,046	0,055	0,069
σ_b für alle Durchmesser		11,25	56,25	112,5	225	337,5	450	562,5	676	900	1125	1350	1690

Für ein Verhältnis $l:d = 1{,}4$ ist der Tabellenwert f_k'' durch 1,32 und σ_b durch 1,15 zu dividieren.
„ „ „ $l:d = 1{,}2$ „ „ „ „ „ 2,43 „ „ „ 1,56. „ „
„ „ „ $l:d = 1{,}0$ „ „ „ „ „ 5,05 „ „ „ 2,25 „ „
„ „ „ $l:d = 0{,}8$ „ „ „ „ „ 12,4 „ „ „ 3,52 „ „
„ „ „ $l:d = 0{,}6$ „ „ „ „ „ 39 „ „ „ 6,25 „ „

Es empfiehlt sich, die Zapfenbeanspruchung stets so zu wählen, daß die Zapfenkrümmung vernachlässigt werden kann. Als zulässig können im allgemeinen Krümmungen angesehen werden, die unterhalb 0,01 mm liegen. Bei kleinen Zapfendurchmessern wird man möglichst darunter zu bleiben suchen, während bei großen Durchmessern im Notfalle bis zu 0,015 mm gegangen werden kann, sofern der Werkstoff es anstandslos verträgt.

Zahlentafel 14 zeigt an Hand der stark umrahmten Tabellenwerte, daß ein Längenverhältnis $l:d = 1{,}5$ bei maximal 450 kg/cm² Materialbeanspruchung bei Stirnzapfen nur bis zu 40 at Flächendruck anwendbar ist, obschon mit Rücksicht auf die zulässige Zapfenkrümmung dünnere Stirnzapfen noch bis zu 150 at Flächendruck ausführbar wären. Da die Höhe der Materialbeanspruchung ausschlaggebend ist, muß letztere somit als für die Zulässigkeit bestimmter Lagerlängenverhältnisse maßgebend betrachtet werden.

Mit der Biegungsanstrengung von $\sigma_b = 450$ bzw. 700 kg/cm² ergeben sich für verschiedene Zapfenlängenverhältnisse $l : d$ nach Gleichung [27] die in Zahlentafel 15 eingetragenen Flächendrücke.

Da, wie Zahlentafel 14 erkennen läßt, die Flächenpressung bei Stirnzapfen, deren Krümmung noch zulässig wäre, durch Festigkeitsrücksichten begrenzt wird, so ist durch Wahl des höchsten Flächendruckes nach Zahlentafel 15 bei $\sigma_b = 450$ gleichzeitig Gewähr dafür gegeben, daß die Zapfenkrümmung vernachlässigt werden kann.

Zahlentafel 15. Mit Rücksicht auf Biegungsfestigkeit äußerst zulässige Flächendrücke für stählerne Stirnzapfen in beweglichen Lagerschalen.

Längenverhältnis $l : d =$	4,0	3,0	2,0	1,5	1,4	1,3	1,2	1,1	1,0	0,9	0,8	0,7	0,6	0,5	0,4
Höchstzulässiger Flächendruck in at = bei $\sigma_b = 450$ kg/cm²	5,6	10	22,5	40	46	53	62	74	90	111	140	184	250	360	562
Höchstzulässiger Flächendruck in at = bei $\sigma_b = 700$ kg/cm²	8,7	15,6	35	62	72	82	96	115	140	173	218	286	390	560	870

Handelt es sich um eine gegebene Welle, deren Durchbiegung, auf die Länge des Lagers bezogen, $= f''$ mm beträgt, und sind starre Lagerschalen vorgesehen, so muß die geringste Schmierschichtstärke in Lagermitte betragen

$$h'' = 0{,}5 \cdot f'' + 0{,}01 \text{ mm}$$

und das ideelle Lagerspiel $D'' - d'' = 4 \cdot h''$.

Die erforderliche Zähigkeit ergibt sich aus Gleichung (51) und die zu erwartende Lagertemperatur aus Gleichung (66). — Nach Formel (67) erhält man schließlich die Kennziffer des erforderlichen Öles. —

Hiermit wären die wichtigsten Punkte der Aufgabengruppe I besprochen, und wir wenden uns nunmehr der zweiten Gruppe zu, deren Kennzeichen es war, daß eine bestimmte Ölsorte vorgeschrieben ist und der zweckmäßigste Lagerdurchmesser ermittelt werden soll.

Dieser Fall (Gruppe II), daß Lager einer gegebenen Ölsorte angepaßt werden müssen, wird in der Praxis insofern ziemlich oft vorkommen, als fast bei jeder Maschine die einzelnen Lager nicht unter gleichen Verhältnissen arbeiten, nichtsdestoweniger aber aus rein praktischen Gründen meist sämtlich mit dem gleichen Öl geschmiert werden oder geschmiert werden müssen. Es ist klar, daß man in solchen Fällen die Lager derart gegeneinander abstimmen muß, daß sie trotz verschiedener Betriebsverhältnisse mit dem gegebenen Öl doch möglichst günstig arbeiten. Hierbei wird man das Öl zweckmäßig nach dem wichtigsten Lager bzw. nach demjenigen Lager wählen, das die größte Reibungsarbeit verzehrt, dessen günstigster Betriebszustand also wirtschaftlich vom größten Interesse ist.

(„Gegebene Ölsorte" bedeutet nach Abschnitt 16 nichts anderes als „gegebenes i".)

Ob natürliche Kühlung ausreicht, entscheidet Gleichung (68). Ergibt sich für Θ ein Wert, der noch in zulässigen Grenzen liegt, so kann der zweckmäßigste Lagerdurchmesser unmittelbar errechnet werden. Im Interesse geringster Reibungsverluste, größter Betriebssicherheit und ruhigen Ganges ist wiederum Laufsitzpassung bei einer Exzentrizität von $\chi = 0,5$ anzustreben, bei der bekanntlich $h = 0,25 \cdot (D - d)$ wird.

Setzt man die Formeln (104) und (67) einander gleich, indem man statt des allgemeinen Wertes z die mit der Temperatur veränderliche Zähigkeit eines Öles bestimmter Konsistenz einführt, so erhält man

$$\frac{i}{(0,1 \cdot \Theta)^{2,6}} = \frac{P}{3\,380\,000 \cdot d^{3,4} \cdot (l:d) \cdot n}\,,$$

und daraus, mit Θ nach Gl. (68),

$$d_{L\,0,5} = \sqrt[3,4]{\frac{P \cdot (0,1 \cdot \Theta)^{2,6}}{3\,380\,000 \cdot n \cdot i \cdot (l:d)}}\ \mathrm{m} \tag{109}$$

als günstigsten Zapfendurchmesser für Laufsitzpassung und $\chi = 0,5$.

Erweist sich nach Gleichung (68) künstliche Kühlung als erforderlich, so wählt man eine zulässige Schmierschichttemperatur (kleiner als $80°$), für deren Aufrechterhaltung Sorge zu tragen ist, und ermittelt nach Gleichung (67) den entsprechenden Wert für z. Gleichzeitig formen wir Gleichung (109) durch Einführen von z aus Gleichung (67) in die allgemeine Form

$$d_{L\,0,5} = \sqrt[3,4]{\frac{P}{3\,380\,000 \cdot n \cdot z \cdot (l:d)}}\ \mathrm{m} \tag{110}$$

um, und können nunmehr den Zahlenwert von z für die gewählte Temperatur bei künstlicher Kühlung in Gleichung (110) einführen und den günstigsten Zapfendurchmesser bestimmen.

Ist, wie z. B. meistens bei Dampfturbinen, nicht nur die Ölsorte, sondern auch der Zapfendurchmesser gegeben, so läßt sich die geringste Reibungsleistung nicht erzielen, zumal bei raschlaufenden Wellen das Lagerspiel im Interesse vibrationsfreien Ganges künstlich erweitert werden muß, um die Exzentrizität nicht kleiner als $\chi = 0,5$ werden zu lassen. Das Lagerspiel ist solchen Falles nach Gleichung [53] mit

$$(D'' - d'')_{0,5} = \frac{d''}{309} \cdot \sqrt{\frac{z \cdot n}{p}}\ \mathrm{mm}$$

zu bemessen, wobei z aus Gleichung (67) zu ermitteln ist. — Für Dampfturbinenöl kann die Zähigkeit in der Schmierschicht im Mittel zu $z = 0,0008\ \mathrm{kg} \cdot \mathrm{sek/m^2}$ angenommen werden.

Kann indes der Zapfendurchmesser verkleinert werden, so sollte das geschehen, da man dadurch nach Gleichung (49) eine geringere Reibungsleistung erhält. Aus der genannten Formel

$$N_r = \frac{d^2}{1160} \cdot \sqrt{P \cdot n^3 \cdot z \cdot (l:d)}\ \mathrm{PS}$$

geht außerdem aber auch hervor, daß man durch kürzere Lager beachtliche Reibungsersparnisse erzielen kann, was bei allen raschlaufenden Wellen (insbesondere bei Dampfturbinen) unbedingt ausgenutzt werden sollte. — Das Dampfturbinenlager würde rein schmiertechnisch ein dünnflüssigeres Öl als das leichteste Spindelöl verlangen, um das Reibungsminimum erreichen zu lassen. In der Regel verbietet sich die Verwendung von Spindelölen bei Dampfturbinen nur aus Rücksichten auf den Schneckenantrieb der Zahnradölpumpen und des Reglers. Richtiger ist es daher, den bewußten Antrieb so auszubilden, daß er keines zäheren Öles bedarf und das Lageröl so dünnflüssig zu wählen, wie es mit Rücksicht auf dessen Beständigkeit angängig ist; denn geringere Reibungsverluste bedeuten nicht nur Energieersparnis, sondern auch kleinere Ölpumpen, billigere Kühler und billigere Rohrleitungen.

Handelt es sich auch bei gegebenem Schmiermittel um ein fertiges Lager mit bestimmtem Lagerspiel, so kann nur noch geprüft werden, ob flüssige Reibung zu erwarten ist bzw. ob die Exzentrizität nicht etwa zu kleine Werte annimmt.

Bei beliebigem Lagerspiel benutzt man hierzu die allgemeine Gleichung (69)

$$h = \frac{d^4 \cdot (l:d) \cdot n \cdot i}{36{,}5 \cdot P \cdot (D - d) \cdot (0{,}1 \cdot \Theta)^{2{,}6}} \ \mathrm{m}$$

während man sich bei Laufsitzpassung der Gleichung (106) bedient, in die man z nach Gleichung (67) einsetzt, so daß man erhält

$$h_L = \frac{152 \cdot d^{3{,}7} \cdot (l:d) \cdot n \cdot i}{P \cdot (0{,}1 \cdot \Theta)^{2{,}6}} \ \mathrm{m} \ . \tag{111}$$

Das Ermitteln der Kennziffer eines gegebenen Öles erfolgt, wie bereits früher erwähnt, am einfachsten in der Weise, daß man nach der Kurve Abb. 54 die Engler-Viskosität aufsucht, die das gegebene Öl bei 50° aufweist, und dann den zugehörigen Wert für i abliest. In Ermangelung einer anderen Rechnungsmethode wird dabei angenommen, daß jedes Öl dem Normverlauf nach Gleichung (67) folgt, was mit grober Annäherung wohl in den meisten Fällen auch zutreffen wird. — Ist bei einem gegebenen Öl nur die Viskosität bei einer anderen Temperatur als 50° bekannt, so ermittelt man zunächst nach Gleichung (9) oder (11) die entsprechende absolute Zähigkeit und rechnet diese dann im umgekehrten Verhältnis der 2,6ten Potenzen der Temperaturen auf 50° um. —

Wie wir sahen, besteht die Berechnung einer Lagerung bei gegebenem Schmiermittel im wesentlichen darin, daß zunächst, unabhängig von der Größe des Lagers, die zu erwartende Schmierschichttemperatur und mit Hilfe dieser dann der Zapfendurchmesser bestimmt wird, der genügende Sicherheit gegen halbflüssige Reibung bietet und gleichzeitig die geringsten Reibungsverluste bedingt. Die Zapfenlänge wählt man dabei stets verhältnismäßig kurz, und zwar um so kürzer, je höher die zu erwartende Flächenpressung bzw. Zapfenkrümmung. — Die Lagerlänge wird also nicht „berechnet".

Im Gegensatz zu obiger erstmalig vom Verfasser in der ersten Auflage dieses Buches gebrachten allgemeinen Ermittlung der Tragfähigkeit aus der Schmierschichtstärke und dieser aus der Lagertemperatur auf Grund einer korrekten Wärmebilanz erfolgte das sog. „Berechnen auf Heißlaufen" bisher meistens in der Weise, daß das Produkt aus Flächenpressung und Gleitgeschwindigkeit einem gewissen „Erfahrungswert"

$p \cdot v$ gleichgesetzt und danach dann die Länge des Lagers bestimmt wurde. Dies führte, namentlich bei stärker belasteten Zapfen, in der Regel zu sehr bedeutenden Lagerlängen und gab dadurch zu häufigen Mißerfolgen Anlaß, indem die zu langen Zapfen sich im Verhältnis zu dem nur äußerst geringen (meistens nur unbewußt ausgeführten) Lagerspiel unzulässig stark durchbogen und dadurch Heißlaufen infolge lokaler halbflüssiger Reibung verursachten. Es wurde in solchen Fällen also vielfach das Gegenteil von dem erreicht, was durch die angestellte Rechnung angestrebt war.

Mit welchen Mängeln (grober Annäherung) das in diesem Abschnitt dargelegte wissenschaftliche Berechnungsverfahren immer behaftet sein mag, besitzt es doch ohne Zweifel System und zieht alle wichtigsten Momente, die auf die Tragfähigkeit und den Reibungsverbrauch von Einfluß sind, in Betracht, während solches durch den vermeintlichen Erfahrungswert $p \cdot v$ eben nicht geschieht. Wenn der letztgenannten Methode auch keineswegs die Bedeutung abgesprochen werden soll, die ihr einstmals zukam, als man für die Berechnung von Lagerungen noch fast keine Anhaltspunkte besaß, so kann ihr, wie nachstehende Feststellungen im besonderen noch zeigen sollen, heute doch keinerlei praktischer Wert mehr beigemessen werden, weil sie die tatsächlichen Verhältnisse nicht trifft.

Zur Klarstellung der Frage, wie eine nach der hier entwickelten wissenschaftlichen Berechnungsmethode aufgebaute „verbesserte" Faustformel zu Überschlags- oder Vergleichszwecken als Ersatz für die Beziehung $p \cdot v = \text{const.}$ wohl auszusehen hätte, dienten eingehende rechnerische Untersuchungen der Tragfähigkeit von Ringschmierlagern.

Vorausgesetzt waren: Selbsteinstellende sauber bearbeitete Weißmetallagerschalen mit Laufsitzpassung, bei einer Lagerlänge von $l : d = 1,5$; leichtes Maschinenöl von etwa 3,5 Engler-Graden bei 50°, entsprechend $i = 0,15$; ferner $a = 1$, $\Theta_1 = 20°$ und $h''_{\min} = 0,01$ mm.

Sämtliche berechneten Lager kennzeichneten sich (unter Vernachlässigung der Wellenkrümmung) dadurch, daß bei allen in gleicher Weise bei natürlicher Kühlung die Grenze der Tragfähigkeit erreicht war. Die Ermittlung der zulässigen Flächendrücke mußte hiernach bei allen Lagergrößen ein eindeutiges Bild der Tragfähigkeiten ergeben.

Die Untersuchung lehrte zunächst, daß das erwähnte Endergebnis (nämlich der Wert der höchstzulässigen Flächenpressung) durch unmittelbare Berechnung nicht gewonnen werden kann. Es läßt sich indes für eine angenommene Lagerbelastung und Drehzahl die Schmierschichttemperatur und damit derjenige Laufsitzdurchmesser ermitteln, der die verlangte Grenzschmierschichtstärke $h'' = 0,01$ mm ergibt. Verwandt wurde hierzu die nach d aufgelöste Formel (111), im Verein mit der Temperaturgleichung (68). Nach Einsetzen der oben gewählten Zahlenwerte ergab sich folgende kombinierte Sondergleichung:

$$d_L = \sqrt[3,7]{\dfrac{P \cdot \left[\dfrac{10 + \sqrt{100 + \sqrt[2,6]{\dfrac{P \cdot n^3}{240}}}}{10}\right]^{2,6}}{3420000 \cdot n}}.$$

Nach dieser Formel wurden nun für verschiedene Belastungen und Drehzahlen die entsprechenden d-Werte berechnet und graphisch aufgetragen und danach dann für jeden Lagerdurchmesser bei den gewählten Drehzahlen die ermittelten Tragfähigkeiten festgestellt und tabellarisch verzeichnet. — Als höchste zugelassene Schmierschichttemperatur wurden 80° angesetzt.

Das Ergebnis dieser Ermittlungen ist ein in jeder Beziehung hochinteressantes:

Zunächst ergab sich die Tatsache, daß das Produkt $p \cdot v$ als Vergleichswert für Lager gleicher Tragfähigkeit mit Laufsitzpassung, wie nachstehende Gegenüberstellung erkennen läßt, nicht brauchbar ist:

$d' =$	5	6	8	14	18	22,5	30	cm
$n =$	50	1500	1000	600	50	300	250	U/min
$p \cdot v =$	0,58	47	54	84	11,8	104	138	mkg/sek/cm²
$p : d' =$	1,57	1,67	1,60	1,36	1,40	1,31	1,17	kg/cm³

Hiernach zeigen die Werte $p \cdot v$ Unterschiede vom arithmetischen Mittel bis zu 10700%; die daruntergesetzten Werte der vom Verfasser aufgestellten neuen Beziehung $p : d'$ hingegen nur Unterschiede bis zu 23%. Es gilt also unter obigen Bedingungen für gleiche verhältnismäßige Tragfähigkeit nicht $p \cdot v$ = const., sondern viel eher $p : d$ = const.

Abb. 57 zeigt die ermittelten höchstzulässigen Flächendrücke bei $n = 100$ bis 1500, in Abhängigkeit vom Zapfendurchmesser d' in cm. Auffällig ist hierbei, daß nicht die Drehzahl, sondern der Zapfendurchmesser den richtunggebenden Einfluß auf den zulässigen Flächendruck ausübt.

Da die ermittelten Flächenpressungen durch die Drehzahl nicht

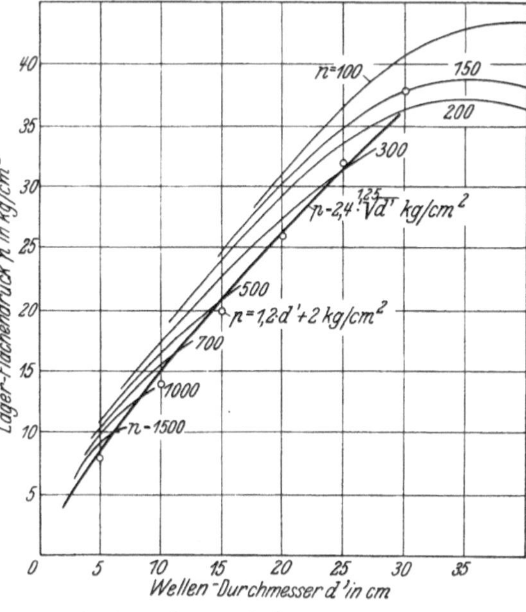

Abb. 57. Rechnerisch ermittelte höchstzulässige Flächendrücke für selbsteinstellende Ringschmierlager mit Laufsitzpassung und $l : d = 1,5$.

in gleichbleibendem Sinne beeinflußt werden, kann als Anhalt für den Zahlenwert von p (für alle Drehzahlen des genannten Bereiches) nur der unterste Grenzwert des Flächendruckes dienen. Dieser ergibt sich für $d' = 5$ bis 30 cm zu etwa

$$p = 2{,}4 \cdot \sqrt[1{,}25]{d'} \ \text{kg/cm}^2 \qquad [112]$$

entsprechend
$$d' = 0{,}53 \cdot \sqrt[2{,}66]{P} \text{ cm.} \qquad [113]$$

Mit leidlicher Annäherung gilt auch

$$p = 1{,}2 \cdot d' + 2 \text{ kg/cm}^2,$$

und zwar für alle Drehzahlen von 100 bis 1500, soweit bei letzteren bei dem gegebenen Öl natürliche Kühlung noch ausreicht. — Von $d'' = 300$ bis 400 gelten roh etwa die p-Werte für $d'' = 300$ mm.

Auch als Begrenzung für die Schmierschichttemperatur von 80° ergibt sich nach Abb. 58 eine sehr einfache Beziehung für die höchst-

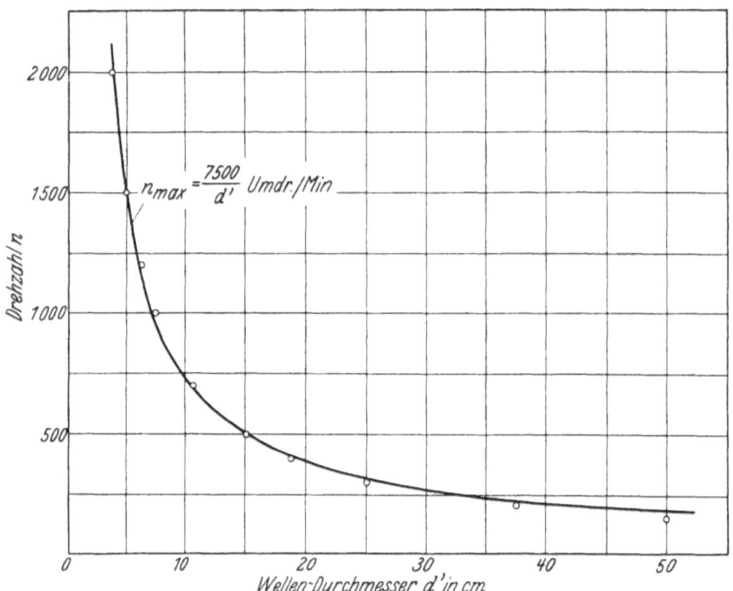

Abb. 58. Rechnerisch ermittelte mit Rücksicht auf die Schmierschichttemperatur höchstzulässige Drehzahlen für selbsteinstellende Ringschmierlager mit Laufsitzpassung und $l:d = 1{,}5$.

zulässige Drehzahl, die lediglich die Größe des Zapfendurchmessers enthält. Die höchstzulässige Temperatur bei der durchweg gegebenen Grenztragfähigkeit entsprechend $h'' = 0{,}01$ mm wird erreicht bei

$$n_{\max} = \frac{7500}{d'} \text{ Umdr./min.} \qquad [114]$$

Geringere Unregelmäßigkeiten des Zahlenwertes $p \cdot v$ ergeben sich für die höchste Tragfähigkeit bei gleichzeitig höchster Lagertemperatur nach Formel [114]. Eine befriedigende Übereinstimmung nach der Methode $p \cdot v$ durfte indes weder für die Ermittlung der Tragfähigkeit noch zur Abgrenzung der höchstzulässigen Lagertemperatur erwartet werden, weil in dem Wert $p \cdot v$ die erforderlichen Bestimmungsgrößen eben nicht enthalten sind.

Die Faustformeln [112], [113] und [114] dürften nicht nur für Transmissions- und Maschinenlager (unter den genannten Bedingungen), sondern auch zur vergleichsweisen Beurteilung von unter gleichartigen Verhältnissen arbeitenden Triebwerkslagern von Kolbenmaschinen und anderen Lagerungen mit natürlicher Kühlung brauchbar sein bzw. brauchbar gemacht werden können. — Zu beachten ist, daß die Ermittlungen sich auf $a = 1$ und eine geringste Schmierschichtstärke von $h'' = 0,01$ mm stützen. Bei verstärkter Ventilation und hochwertigerer Bearbeitung bzw. entsprechend geringerem h sind natürlich höhere Flächendrücke und Drehzahlen zu erreichen, falls mit Rücksicht auf Durchbiegung und Festigkeit die Zapfenlängen entsprechend reduziert werden*.

Hierdurch wäre somit auch zu Überschlagszwecken die alte Beziehung $p \cdot v = \text{const.}$ durch besser begründete neue Formeln abgelöst.

Als Zusammenfassung dieses Kapitels dient Abschnitt 25 „Zusammenfassende Richtlinien und Formeln". — Praktische Berechnungsbeispiele bringt Abschnitt 26.

19. Zusammenfassende Berechnung der Längslager und Gleitschuhe.

Nach den Ausführungen der Abschnitte 13 und 17 hat die Berechnung bei ebenen Gleitflächen folgende Momente zu umfassen:

1. Genügende Sicherheit gegen halbflüssige Reibung,
2. Genügende Sicherheit gegen zu hohe Schmierschichttemperatur,
3. Vermeidung unnötig hoher Reibungsverluste,
4. Vermeidung praktisch unausführbarer Keilsteigungen.

Der ersten Forderung wird entsprochen durch Anwendung in sich genügend starrer, jedoch nicht starr geführter Gleitflächen bzw. Tragschuhe und Bemessung der geringsten Schmierschichtstärke (durch geeignete Wahl der Hauptabmessungen und der Keilsteigung oder der Ölzähigkeit) derart, daß unter Berücksichtigung der Bearbeitungsunebenheiten eine Berührung der Gleitflächen noch mit Sicherheit verhütet wird; erforderlichenfalles durch hochwertigste Flächenbearbeitung.

Die zweite Bedingung wird erfüllt durch Nachrechnung der Schmierschichttemperatur bzw. Bemessung der Gleitflächen derart, daß unzulässige Temperaturen nicht auftreten, oder durch Anwendung künstlicher Kühlung, sofern mit natürlicher Luftkühlung nicht auszukommen ist.

Der dritten Forderung wird genügt durch Anwendung kleinstmöglicher Keilsteigungen bei geringstzulässiger Schmierschichtstärke durch Anpassung der Schmiermittelzähigkeit an die gegebenen Hauptabmessungen oder Anpassung der Hauptabmessungen an ein gegebenes Schmiermittel.

---

* Eine nach den Vorschlägen des Verfassers ausgeführte verkürzte Elektromotorenlagerung ergab z. B. sowohl höhere Flächendrücke, wie auch wesentlich höhere Grenzdrehzahlen n_{max}, womit die reichliche Sicherheit der neuen Formeln bestätigt ist.

Die vierte Bedingung wird bei geringeren Anforderungen erfüllt durch Anwendung der noch durch Schleifen herstellbaren „Normalsteigung" $\varepsilon = 0,005$; bei hohen und höchsten Beanspruchungen durch Herstellung noch kleinerer Keilsteigungen durch stufenweises Schaben. —

Auch bei ebenen Gleitflächen (Längslagern wie Gleitschuhen) unterscheidet man nach der Art des rechnerischen Vorgehens zwei Fälle:

I. Die Hauptabmessungen sind gegeben und das Schmiermittel soll festgelegt werden.

II. Ein bestimmtes Schmiermittel ist gegeben und die Abmessungen sollen danach festgelegt werden.

Im erstgenannten Falle ermittelt man bei Kreuzköpfen für das gegebene P' und V zunächst die erforderliche Schmiermittelzähigkeit z nach Gleichung (81)

$$z = \frac{4,7 \cdot \sqrt[1,25]{\varepsilon} \cdot P' \cdot H^{1,2}}{V \cdot L^{1,2} \cdot B} \; \text{kg} \cdot \text{sek/m}^2 ,$$

wobei im Interesse geringster Reibungsverluste sowohl die Keilsteigung ε wie auch die Schmierschichtstärke H so klein wie möglich gewählt werden. Erscheint die Anwendung der Normalsteigung $\varepsilon = 0,005$ ausreichend, so bedient man sich der Sonderformel (92)

$$z_{\varepsilon 0,005} = \frac{P' \cdot H^{1,2}}{14,8 \cdot V \cdot L^{1,2} \cdot B} \; \text{kg} \cdot \text{sek/m}^2 .$$

Nachdem die zur Verwirklichung der gewünschten Schmierschichtstärke erforderliche Zähigkeit ermittelt ist, setzt man den betreffenden Wert für z in Gleichung (91)

$$\Theta = \Theta_1 + \sqrt[2,6]{\frac{2,23 \cdot P' \cdot V^3 \cdot z}{B \cdot L^2 \cdot A^2}} \; \text{Grad}$$

ein, nachdem man nach Zahlentafel 12 einen geeigneten Wert für den „Ausstrahlkoeffizienten" A gewählt hat, und prüft durch Ermittlung der Schmierschichttemperatur Θ, ob natürliche Kühlung genügt. Ist letzteres der Fall, so kann das erforderliche Öl nach der Bedingung, daß es bei $\Theta°$ eine Zähigkeit von z kg $\cdot$ sek/m² aufweisen muß, festgelegt werden. Man reduziert zu diesem Zweck den Zahlenwert für z im umgekehrten Verhältnis der 2,6${}^{\text{ten}}$ Potenz der Temperaturen auf $\Theta = 50°$ und wandelt dann den ermittelten Zahlenwert z der absoluten Zähigkeit bei $z \lessgtr 0,004$ nach Formel (10)

$$E° = (970 \cdot z)^{1,2} + 1$$

und bei $z \gtrless 0,004$ nach Gleichung (12)

$$E° = 1490 \cdot z$$

in Engler-Grade um, so daß danach das Öl gewählt werden kann. — Hiermit sind die günstigsten Reibungsverhältnisse erreicht.

War außer den Hauptabmessungen L und B (B ist die Gesamtbreite sämtlicher in gleicher Richtung wirkenden Keilflächen von der Einzelbreite B_1) auch noch die Keilsteigung $\varepsilon > 0,005$ gegeben, so kann das Reibungsminimum nicht mehr erreicht, sondern nach Gleichung (81) nur noch die gewünschte Schmierschichtstärke gewährleistet werden; denn je größer ε, um so größer muß die zur Verwirklichung der verlangten Schmierschichtstärke erforderliche Zähigkeit sein und um so größer fällt demgemäß die zu überwindende Flüssigkeitsreibung aus.

Ergab Formel (91) eine zu hohe Schmierschichttemperatur (etwa größer als 80°), so muß künstliche Kühlung angewandt werden; die nach Gleichung (81) oder (92) ermittelte Zähigkeit z behält jedoch auch dann ihre Gültigkeit: Man nimmt eine beliebige, durch künstliche Kühlung aufrechtzuerhaltende Schmierschichttemperatur (z. B. $40 \div 60°$) an und hat das Öl dann so zu wählen, daß die errechnete Zähigkeit z bei der angenommenen (künstlich aufrechtzuerhaltenden) Temperatur Θ gegeben ist.

Bei Längslagern muß man zwecks Berechnung der Schmierschichttemperatur einen anderen Weg als bei Kreuzköpfen beschreiten, weil ordnungsgemäß selbsteinstellende Längslager nur in Verbindung mit Querlagern ausführbar sind und die Wärmeerzeugung der letzteren ebenfalls zu berücksichtigen ist.

Das Lagergehäuse eines waagerechten Längslagers ist beispielsweise nicht oder nicht wesentlich größer als das zur Unterbringung des zum Längslager gehörigen Querlagers erforderliche, so daß der „Ausstrahlfaktor" aus den von Querlagern zur Verfügung stehenden Versuchsergebnissen abgeleitet werden kann; bei relativ größeren Druckringen, wie sie meistens für senkrechte Achsiallager zur Anwendung gelangen, erfährt der Wert A', wie Zahlentafel 12 zeigt, eine entsprechende Erhöhung.

Die Temperaturberechnung erfolgt bei kombinierten Quer- und Längslagern in der Weise, daß man das Querlager (d. h. dessen Abmessungen und Lagergehäuse) als Bezugsbasis wählt und nur die in Zahlentafel 12 verzeichneten abgewandelten Querlagerwerte A' benutzt, während der eigentliche „Ausstrahlfaktor" für ebene Flächen (A) dabei gar nicht zur Anwendung gelangt. Man addiert die Reibungswärme ϱ des Querlagers zu der Reibungswärme ι des Längslagers und bezieht die Wärmeabgabe durch natürliche Kühlung auf den Quadratmeter der Querlagerinnenfläche $d \cdot \pi \cdot l$ so, als ob man es nur mit einem Querlager zu tun habe, dem etwa von außen eine bestimmte Wärmemenge noch gesondert zugeführt wird und dessen Lagergehäuse die Gesamtwärmemenge ableiten soll.

Die Wärmebilanz lautet dann (mit A' als „Ausstrahlfaktor" nach Zahlentafel 12)

$$\frac{\varrho + \iota}{d \cdot \pi \cdot l} = \alpha_1 = 17 \cdot A' \cdot (\Theta - \Theta_1)^{1,3}.$$

Führt man für ϱ und ι die Gleichwerte nach Gleichung (58) und (86) ein, so erhält man, die Koeffizienten mit unter die Wurzel setzend,

$$\frac{\sqrt{0,3 \cdot P \cdot n^3 \cdot d^4 \cdot (l:d) \cdot z} + \sqrt{640 \cdot P' \cdot V^3 \cdot B \cdot z}}{d \cdot \pi \cdot l} = 17 \cdot A' \cdot (\Theta - \Theta_1)^{1,3}$$

oder

$$\Theta = \Theta_1 + \sqrt[1,3]{\frac{\sqrt{0,3 \cdot P \cdot n^3 \cdot d^4 \cdot (l:d) \cdot z} + \sqrt{460 \cdot P' \cdot V^3 \cdot B \cdot z}}{17 \cdot \pi \cdot d^2 \cdot (l:d) \cdot A'}} \quad \text{Grad} \qquad (115)$$

als Schmierschichttemperatur für kombinierte Quer- und Längslager bei gegebenen Abmessungen.

Die erforderliche Ölzähigkeit z ermittelt man, wie bei Kreuzköpfen, nach Gleichung (81) allgemein oder nach Gleichung (92) für die Normalsteigung $\varepsilon = 0{,}005$. Den gleichen Wert von z führt man auch in das Querlagerglied der Formel (115) ein. —

Der Fall II (gegebenes Schmiermittel und zu ermittelnde Abmessungen) ist in mancher Beziehung rechnerisch etwas schwieriger zu behandeln als Fall I.

Unter einem „gegebenen Schmiermittel" haben wir zu verstehen, daß ein bestimmtes Öl mit bekannter Viskosität (beispielsweise bei 50°) verwandt werden soll. Wie in Abschnitt 16 gezeigt worden ist, kann diese wichtige (wohl die am häufigsten vorkommende) Aufgabengattung nur gelöst werden, wenn angenommen wird, daß die Zähigkeit des Öles dem Gesetz

$$z = \frac{i}{(0{,}1 \cdot \Theta)^{2,6}} \ \text{kg} \cdot \text{sek/m}^2$$

nach Gleichung (67) folgt. Wir müssen also in jedem Falle voraussetzen, daß diese Gesetzmäßigkeit mit mehr oder weniger grober Annäherung besteht und können alsdann nach der Kurve Abb. 54 für jedes Öl nach dessen Engler-Viskosität bei 50° angenähert die Zähigkeitskennziffer i bestimmen. Rechnerisch bedeutet „gegebenes Öl" also „gegebenes i".

Betrachten wir zunächst nur Kreuzköpfe und greifen den einfachsten Fall heraus, daß die Hauptabmessungen L und B bereits gegeben seien. Dann kann die zu erwartende Schmierschichttemperatur ohne weiteres nach der Gleichung (94)

$$\Theta = \frac{\Theta_1}{2} + \sqrt{\left(\frac{\Theta_1}{2}\right)^2 + \sqrt[2,6]{\frac{892 \cdot P' \cdot V^3 \cdot i}{L^2 \cdot B \cdot A^2}}} \quad \text{Grad}$$

ermittelt und dadurch festgestellt werden, ob natürliche Kühlung genügt. Das Reibungsminimum läßt sich dabei, da die Aufgabe sichtlich überbestimmt ist, nicht erreichen, sondern durch Bestimmung der erforderlichen Keilsteigung ε nur die gewünschte Schmierschichtstärke H sicherstellen, und zwar nach Gleichung (97)

$$\varepsilon = \left(\frac{B \cdot L^{1,2} \cdot V \cdot i}{4{,}7 \cdot P' \cdot H^{1,2} \cdot (0{,}1 \cdot \Theta)^{2,6}}\right)^{1,25} \ \text{m/m} \,.$$

Sollte außer den Abmessungen L und B auch noch die Keilsteigung ε, also ein vollständig fertiger Kreuzkopf-Gleitschuh, gegeben sein, so läßt sich überhaupt nur noch prüfen, ob flüssige Reibung gewährleistet ist bzw. auf welchen Wert von H etwa gerechnet werden kann. Die Aufgabe wäre damit also doppelt überbestimmt.

Das zu erwartende H ergibt sich allgemein aus Gleichung (95)

$$H = \sqrt[1,2]{\dfrac{B \cdot L^{1,2} \cdot V \cdot i}{4,7 \cdot \sqrt[1,25]{\varepsilon} \cdot P' \cdot (01 \cdot \Theta)^{2,6}}} \quad \text{m},$$

wobei Θ wiederum nach Gleichung (94) einzusetzen ist, oder, falls zufälligerweise Normalsteigung $\varepsilon = 0,005$ gegeben sein sollte, aus der Sondergleichung (96)

$$H_{\varepsilon 0,005} = \sqrt[1,2]{\dfrac{14,8 \cdot V \cdot L^{1,2} \cdot B \cdot i}{P' \cdot (0,1 \cdot \Theta)^{2,6}}} \quad \text{m}.$$

Erweist sich künstliche Kühlung als erforderlich, so legt man die Schmierschichttemperatur wiederum nach Belieben (etwa zu $40 \div 60°$) fest und setzt diesen (künstlich aufrechtzuerhaltenden) Wert für Θ in die Gleichung (97) zur Ermittlung von ε oder in die Gleichungen (95) bzw. (96) zur Ermittlung von H ein.

Sind die Hauptabmessungen L und B nicht gegeben, sondern (nach der eigentlichen Aufgabenstellung) zu ermitteln, so ist in folgender Weise vorzugehen:

An Hand des rohen Konstruktionsentwurfes nimmt man zunächst die Keilflächenlänge an (beispielsweise mit $L = 0,04$ m) und ermittelt nach Gleichung (100)

$$\Theta^2 \cdot (\Theta - \Theta_1) = \sqrt[2,6]{\dfrac{76000 \cdot V^4 \cdot i^2}{A^2 \cdot \sqrt[1,25]{\varepsilon \cdot L \cdot H^{1,2}}}}$$

und Zahlentafel 13 (Seite 120) die Schmierschichttemperatur Θ. Liegt diese in zulässigen Grenzen, so stellt man mit dem ermittelten Wert von Θ die gesamte Keilflächenbreite B nach Gleichung (99)

$$B = \dfrac{4,7 \cdot \sqrt[1,25]{\varepsilon} \cdot P' \cdot H^{1,2} \cdot (0,1 \cdot \Theta)^{2,6}}{V \cdot L^{1,2} \cdot i} \quad \text{m}$$

fest, wobei ε und H mit den gleichen kleinen Werten (etwa $H = 00001$ und $\varepsilon = 0,005$) wie in Gleichung (100) einzusetzen sind.

Der so ermittelte Wert von B wird nun in seine beiden Bestandteilfaktoren $j \cdot B_1 = B$ zerlegt, d. h. man erhält durch Division von B durch die nach dem Rohentwurf gegebene Breite B_1 der Gleitbahn die erforderliche Anzahl j der in gleicher Richtung geneigten Keilflächen und hat dann zu prüfen, ob, unter Berücksichtigung der gleichen Anzahl L Meter breiter Keilflächen für die andere Bewegungsrichtung, bei ungefähr vorgeschriebener Gleitschuhlänge zwischen den Doppelkeilflächen (nach dem Prinzip der Abb. 2) noch angemessene Strecken ebener Tragschuhfläche verbleiben. In der Regel pflegt $j = 2$ für jede Gleitrichtung zu genügen.

Erwies sich nach Formel (100) und Zahlentafel 13 künstliche Kühlung als unerläßlich, so wird Θ (etwa zu $40 \div 60°$) angenommen und damit die erforderliche Gesamtbreite B der Keilflächen nach Gleichung (99) sowie die erforderliche Anzahl j der Keilflächen, wie vorstehend angedeutet, festgelegt. — Die Ermittlung der zur Aufrechterhaltung der angenommenen Schmierschichttemperatur Θ erforderlichen künstlichen Wärmeabfuhr hat nach Abschnitt 23 gesondert zu erfolgen.

Bei Längslagern (den rechnerisch einfacheren Fall, daß die Größen B und L gegeben seien, wiederum vorausnehmend) muß zwecks Ermittlung der Schmierschichttemperatur auf die Formel für Θ bei gegebener Zähigkeit zurückgegriffen werden.

Setzen wir in Gleichung (115) den Wert $z = i : (0{,}1 \cdot \Theta)^{2,6}$, so erhalten wir nach Beseitigung der $1{,}3^{\text{ten}}$ Wurzel

$$(\Theta - \Theta_1)^{1,3} = \frac{\sqrt{0{,}3 \cdot P \cdot n^3 \cdot d^4 \cdot (l:d) \cdot i}}{17 \cdot \pi \cdot A' \cdot d^2 \cdot (l:d)} \cdot \frac{1}{\sqrt{(0{,}1 \cdot \Theta)^{2,6}}} + {} $$
$$+ \frac{\sqrt{640 \cdot P' \cdot V^3 \cdot B \cdot i}}{17 \cdot \pi \cdot A' \cdot d^2 \cdot (l:d)} \cdot \frac{1}{\sqrt{(0{,}1 \cdot \Theta)^{2,6}}}$$

oder, durch Multiplikation der ganzen Gleichung mit $\sqrt{(0{,}1 \cdot \Theta)^{2,6}} = (0{,}1 \cdot \Theta)^{1,3}$ endgültig

$$[0{,}1 \cdot \Theta \cdot (\Theta - \Theta_1)]^{1,3} = \frac{\sqrt{0{,}3 \cdot P \cdot n^3 \cdot d^4 \cdot (l:d) \cdot i} + \sqrt{640 \cdot P' \cdot V^3 \cdot B \cdot i}}{53{,}2 \cdot A' \cdot d^2 \cdot (l:d)}. \quad (116)$$

Rechnet man aus dieser Gleichung den Zahlenwert der rechten Seite aus, so kann aus Zahlentafel 16 der zugehörige Wert für Θ nach angenommenem Θ_1 abgelesen werden. — Zwischenwerte sind durch Interpolation zu ermitteln.

Zahlentafel 16. Zahlenwerte des Produktes $[0{,}1 \cdot \Theta \cdot (\Theta - \Theta_1)]^{1,3}$ zur Ermittlung der Schmiermitteltemperatur Θ von kombinierten Quer- und Längslagern bei gegebenem Schmiermittel.

		Temperatur Θ der Schmierschicht						
	$\Theta =$	$20°$	$30°$	$40°$	$50°$	$60°$	$70°$	$80°$
Temperatur Θ_1 der umgebenden Luft	$\Theta_1 = 10°$	49	205	500	970	1650	2600	3760
	$\Theta_1 = 15°$	20	141	400	825	1430	2280	3400
	$\Theta_1 = 20°$	—	83	300	675	1240	2000	3100
	$\Theta_1 = 25°$	—	34	205	530	1050	1750	2700
	$\Theta_1 = 30°$	—	—	121	400	860	1500	2460
	$\Theta_1 = 35°$	—	—	49	273	670	1280	2110
	$\Theta_1 = 40°$	—	—	—	161	500	1050	1805
	$\Theta_1 = 50°$	—	—	—	—	204	615	1230

Die Keilsteigung findet man, wie bei Kreuzköpfen, nach Gleichung (97) bzw. die Schmierschichtstärke, falls auch ε gegeben war, aus der Gleichung (95). — War natürliche Kühlung unzureichend, so setzt man in die letztgenannten Gleichungen die Schmierschichttemperatur Θ mit einem angenommenen (durch künstliche Kühlung aufrechtzuerhaltenden) Wert ein.

Sind bei Längslagern (gemäß der eigentlichen Aufgabenstellung) die Hauptabmessungen nicht gegeben, so gestaltet sich deren Ermittlung nicht mehr so einfach, weil dabei die Gesamtbreite B der Keilflächen mit dem mittleren Druckringdurchmesser und dieser wiederum mit der mittleren Gleitgeschwindigkeit V zusammenhängt, während zunächst nur P' und n gegeben sind. — Man verfährt in solchen Fällen zweckmäßig wie folgt:

Nachdem unter Berücksichtigung der Wellendurchbiegung, der Querlagerverhältnisse oder der zu übertragenden Drehkräfte der Wellendurchmesser d im Querlagerteil des zu berechnenden Längslagers festgelegt ist, können für das Längslager gewisse Grenzabmessungen angenommen werden. Bei waagerechten Längslagern mit Druckringen für einfachen Drehsinn und durchgehende Welle sollte B_1 nicht größer als der Wellenradius im Querlager sein. Für $B_1 : L = 3$ ergibt sich dann eine 30-Teilung des Umfanges, wobei nur jedes zweite Feld als Keilfläche ausgebildet wird.

Mit einem Innendurchmesser des Tragringes von $D_i = 1{,}1 \cdot d$ m nach Abb. 59 erhält man für den Überschlag

$$p_m = \frac{P'}{1{,}25 \cdot d^2} \ \text{kg/m}^2$$

als Flächendruck auf die Keilflächen und

$$B = 7{,}42 \cdot d \ \text{m} \quad \text{bzw.} \quad L = 0{,}168 \cdot d \ \text{m}$$

als Gesamtbreite bzw. Länge der Keilflächen. Nimmt man an, daß die mittlere Drehkraft am mittleren Tragringdurchmesser D_m angreift, der die gesamte Kreisringfläche mit dem Außendurchmesser D_a und dem Innendurchmesser D_i in zwei Hälften gleichen Flächeninhaltes teilt, so ist

$$D_m = \sqrt{\frac{D_a^2 + D_i^2}{2}}$$

und damit die mittlere Gleitgeschwindigkeit V unter den obigen Annahmen

$$V = 0{,}088 \cdot n \cdot d \ \text{m/sek.}$$

Mit obigen Werten für B und V kann dann in Gleichung (116) eingegangen und mit Hilfe von Zahlentafel 16 die Schmierschichttemperatur Θ in erster Annäherung ermittelt werden. Liegt diese im Gebiet der natürlichen Kühlung, so berechnet man mit dem gefundenen Wert von Θ die Keilflächenbreite B nach Gleichung (99) und durch Division des Wertes für B durch j $(= 15)$ die Breite B_1 der einzelnen Keilfläche. Ergibt sich letztere kleiner als $0{,}5 \cdot d$ (also kleiner als angenommen), so wird man in der Regel schon durch den zweiten Entwurf und Wiederholung der Rechnung mit etwas verkleinertem D_m zu den endgültigen Abmessungen gelangen, während bei $B_1 > 0{,}5 \cdot d$ der Wert für B und damit B_1 nur durch Verringerung von ε unter $0{,}005$, und H unter $0{,}00001$ bzw. durch Anwendung künstlicher Kühlung herabgedrückt werden kann. — Breitere Laufflächen als oben angegeben, sollten mit Rücksicht auf den zunehmenden Unterschied der Gleitgeschwindigkeiten der inneren bzw. äußeren Ringzonen möglichst nicht ausgeführt werden. —

Die bei ebenen Gleitflächen gegebenenfalls durch künstliche Kühlung abzuführende Wärmemenge beträgt für Kreuzköpfe nach Gleichung (103) insgesamt

$$\lambda' = \iota - \lambda \ \text{WE/st},$$

für kombinierte Quer- und Längslager

$$\alpha'_2 = \varrho + \iota - \alpha \ \text{WE/st}$$

mit ι nach Gleichung (86), λ nach Gleichung (88), ϱ nach Gleichung (58) und α nach Gleichung (61) und (64), mit A' aus Zahlentafel 12, statt a. Der Wert z in den genannten Gleichungen ist stets nach Formel (67) zu ermitteln. — Angaben über die erforderliche Spülölmenge finden sich in Abschnitt 23.

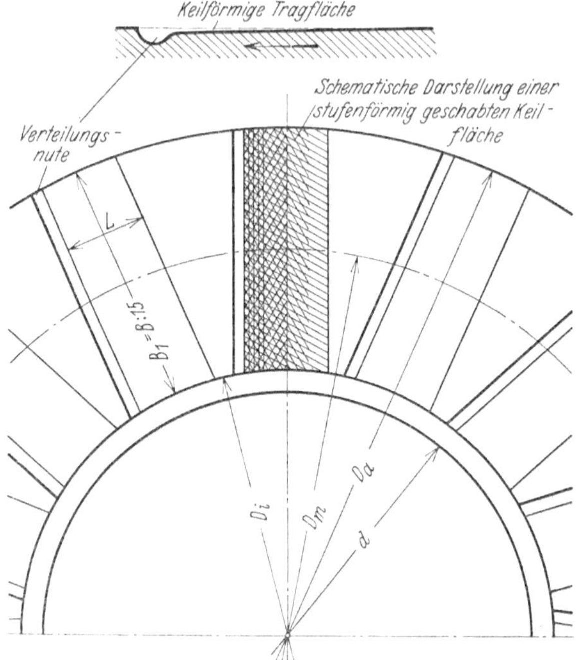

Abb. 59. Größte Tragflächenabmessungen für normale waagerechte Längslager mit starren Keilflächen und durchgehender Welle.

Bei Keilflächen mit kleineren Steigungen als $5^0/_{00}$ muß die Einarbeitung, wie bereits wiederholt bemerkt, durch stufenweises Schaben erfolgen, wie dies schematisch in Abb. 59 angedeutet ist*. Die Anzahl der Stufen richtet sich ganz nach der Breite der Keilfläche, und man wird gut tun, selbst bei ausgedehnteren Keilflächen (mit etwa $L'' = 40$ mm) die Stufen nicht breiter als etwa 5 mm anzusetzen, so daß dann die vorauseilende (8.) Zone insgesamt 7 mal überschabt wird,

---

* Vergleiche auch Lich[65] „Das mechanische Schaben"!

die siebente nur 6 mal usw. — Bei der 8. Zone oder Schabestufe kann dann die Gesamtdicke der abgetragenen Materialschicht durch ein sehr feines Fühlblech mittels einer Lineales gegenüber dem auftuschierten ebenen Teil des Druckringes (Segmentfläche zwischen den Keilflächen) kontrolliert werden. Ist das Ergebnis befriedigend, so wird die ganze Stufenfläche noch einmal insgesamt überschabt, wobei man sich eines breiten Flachschabers bedient und den Span mit nur geringer Neigung zur radialen Richtung, also nahezu radial, nimmt. Hierdurch ergibt sich dann eine praktisch gleichmäßig geneigte Keilfläche.

Bei der Normalsteigung von $5\,^0/_{00}$ ($\varepsilon = 0{,}005$) sollte das Einschleifen der Keilflächen mit einer um den genannten sehr kleinen Winkel konisch abgezogenen Schleifscheibe vorgenommen werden, sofern es sich um Tragflächen in Stahl, Gußeisen oder Bronze handelt. Besonders billig wird dieses Verfahren, wenn es sich um Doppelkeilflächen (für doppelten Drehsinn) handelt, weil die Schleifscheibe solchenfalles als Doppelkegel abgezogen werden kann und die Doppelkeilflächen dann radial einfach durchgeschliffen werden dürfen, so daß beispielsweise 6 Doppelkeilflächen mit nur 3 Schleifgängen herzustellen sind. —

Als Zusammenfassung dieses Kapitels dient Abschnitt 25 „Zusammenfassende Richtlinien und Formeln". — Praktische Berechnungsbeispiele bringt Abschnitt 26.

V. Schmierungsarten, Schmiermittel und Lagermetalle.

20. Die wichtigsten Formen der Öl- und Fettschmierung.

Ihrem innern Wesen nach unterscheiden wir in der Hauptsache zwei Schmierungsarten: die mit flüssigen Schmiermitteln arbeitende Ölschmierung und die salbenartige Schmiermittel verarbeitende Fettschmierung.

Bei Ölschmierung erfolgt die Zufuhr des Schmiermittels, je nach den Betriebsverhältnissen, entweder tropfenweise, reichlich oder im Übermaß, ohne Druck, unter geringem Druck oder unter hohem Druck.

Bei der gewöhnlichen Schwerkraftschmierung tropft oder sickert das Öl ohne nennenswerten Überdruck auf oder zwischen die Gleitflächen; man könnte sie demgemäß als Niederdruckschmierung bezeichnen. Unter Mitteldruckschmierung wäre dann die Ölzuführung aus Hochbehältern und aus mit geringem Druck arbeitenden Spülpumpen, und unter Hochdruckschmierung schließlich die Ölzufuhr unter hohem Druck durch Preßpumpen zu verstehen.

Zweckmäßiger ist jedoch eine rein schmiertechnische Unterscheidung nach dem Schmierungszustande der Gleitflächen. — Wird einem Lager so viel Schmiermittel zugeführt, als es äußerst aufzunehmen vermag, d. h. als zur dauernden Aufrechterhaltung der größten erreichbaren Schmierschichtstärke erforderlich ist, so hat man die volle Schmierwirkung erreicht, und man kann daher solchenfalls von Vollschmierung sprechen. Wird weniger Schmiermittel zugeführt, als das Lager äußerst aufzunehmen vermag, so wird sich die Schmierschichtstärke gegenüber der größten erreichbaren vermindern, denn erst bei verminderter Schmierschichtstärke geht der Ölverbrauch erheblich zurück. Dieser Schmierzustand kann dementsprechend nur als spärliche Schmierung bezeichnet werden.

Wieviel Öl die Vollschmierung eines Lagers erfordert, kann bei neu zu entwerfenden Lagern durch die im Abschnitt 23 gebrachte Berechnung angenähert festgestellt werden; bei vorhandenen Lagern durch den praktischen Versuch. Handelt es sich z. B. um einen Tropföler, so müßte dieser, um Vollschmierung zu ergeben, so eingestellt werden, daß das Lager gerade eben überläuft; denn nur durch Überlaufenlassen der Tropfölstelle wäre Gewähr gegeben, daß der verlangte volle Schmiermittelbedarf wirklich dauernd gedeckt wird.

Der Tropföler in der Praxis ergibt also nur spärliche Schmierung, da man ihn bekanntlich nie überlaufen läßt. — Das gleiche gilt mit derselben Begründung vom Dochtöler, vom Nadelöler und vom Schmierkissen. Da bei spärlicher Schmierung in der Regel eine zu weitgehende Verringerung der Schmierschichtstärke und damit teilweise metallische Berührung der Gleitflächen eintritt, werden obige Schmiermethoden in der Praxis meistens nur halbflüssige Reibung ergeben.

Jedes Lager erfordert somit zur Aufrechterhaltung seines günstigsten Schmierzustandes eine ganz bestimmte Mindestölmenge, deren Unterschreitung verringerte Betriebssicherheit bzw. erhöhte Reibung und Verschleiß zur Folge hat. Jede willkürliche „Regulierung" des Ölzulaufes bedeutet daher einen unnatürlichen Eingriff, eine Verringerung des Schmiermittelverbrauches zugunsten des Verschleißes und erhöhter Reibungsverluste. — Gelingt es, den Begriff „Ölverbrauch" von dem Begriff „Ölverlust" zu scheiden, so verliert damit das willkürliche Verringern der Ölzufuhr jeden praktischen Sinn.

Diese Scheidung wird durch die Kreislaufschmierung erreicht. Die Lösung besteht in uneingeschränkter Durchsetzung der Vollschmierung unter dauernder Wiederverwendung des Schmiermittels in stetem Kreislauf. Der Begriff „Ölverbrauch" verliert damit jedwede wirtschaftliche Bedeutung, und „Ölverluste" im eigentlichen Sinne treten überhaupt nicht auf.

Die einfachste Form der Kreislaufschmierung ist die Ringschmierung. Ein auf der Welle fest oder lose sitzender Ring taucht in einen unterhalb der Lagerschale vorgesehenen Ölbehälter und fördert durch Adhäsion des Öles am Ring dauernd Schmiermittel zur oberen Lagerschale, wo durch den Zapfen eine selbsttätige, gleichmäßige Verteilung stattfindet. Die durch einen Schmierring geförderte Ölmenge ist so reichlich, daß sie den eigentlichen Schmiermittelbedarf des Lagers bei Vollschmierung um ein Vielfaches übersteigt. Bei richtiger Konstruktion des Lagers genügt daher ein einziger Schmierring unter allen Umständen; die Anwendung mehrerer oder besonders breiter Schmierringe bedeutet eine überflüssige Verteuerung des Lagers.

Das Ringschmierlager* ist wohl das einfachste, betriebssicherste und sparsamste Lager für Vollschmierung. Seiner Bauart nach ist es für natürliche Kühlung bestimmt, doch läßt es sich durch Einbau einer Kühlschlange in den Ölbehälter in gewissen Grenzen auch für natürliche und künstliche Kühlung verwenden. Seine Verwendbarkeit mit natürlicher Kühlung allein wird um so weitgehender, je größere Ausmaße der Ölbehälter bzw. das Lagergehäuse erhält; denn mit zunehmender freier Oberfläche des Lagerkörpers nimmt auch seine „Wärmeausstrahlfähigkeit" zu.

Erst die Schaffung des Kreislaufschmierverfahrens hat die Entwicklung der Schmiertechnik auf eine gesunde und natürliche Grundlage gestellt. Der aussichtslose Versuch, den Schmiermittelverbrauch durch gewaltsames Drosseln der Ölzufuhr herabzudrücken, wurde damit grundsätzlich verlassen und so von der keineswegs billigen spärlichen Schmierung zur Vollschmierung übergegangen. Leider scheint der große wirtschaftliche Wert der Kreislaufschmierung noch nicht in allen Kreisen erkannt zu sein, da noch an vielen Stellen spärliche Schmierung zu finden ist, wo Ringschmierung oder Spülschmierung ohne weiteres und mit größtem Nutzen anwendbar wäre.

Tropfschmierung, Dochtschmierung, Nadelschmierung und Handschmierung sollten nur dort angewandt werden, wo es sich entweder um wirklich geringfügige Schmierstellen für kleine Gleitgeschwindigkeiten oder um solche Schmierstellen handelt, bei denen die Ausführung einer Kreislaufschmierung wegen räumlicher Schwierigkeiten unmöglich oder wegen zu hoher Kosten unvorteilhaft wäre. Hierbei muß jedoch nicht nur an die Gestehungskosten der Schmiervorrichtung selbst, sondern vor allem auch an den zu erwartenden Schmiermittelverbrauch und Verschleiß im praktischen Betriebe gedacht werden. Zur Verringerung des Verschleißes und der Reibung empfiehlt sich in solchen Fällen Kolloidgraphit als Zusatz zum Schmiermittel oder die Anwendung graphithaltigen Lagermetalles. — Keinesfalls sollte jedoch spärliche Schmierung bei größeren Gleitgeschwindigkeiten angewandt werden, sofern sich mit Sicherheit vollommene Schmierung erreichen läßt.

Von möglichen Schwierigkeiten mit Rücksicht auf den Platzbedarf und der Bedingung horizontaler Wellenlage abgesehen, ist die Anwendbarkeit der Ringschmierung eigentlich nur durch die Größe der Wärmeentwicklung bei hohen Drehzahlen begrenzt. Soweit unter Berücksichtigung der sonstigen Verhältnisse natürliche Kühlung mit Sicherheit genügt, sollte Ringschmierung jeder anderen Schmierungsart vorgezogen werden, da sie für Einzellager die einfachste, billigste und sparsamste ist. Ihre Betriebssicherheit ist auf Grund jahrzehntelanger praktischer Erfahrungen als unbedingt einwandfrei zu bezeichnen, sofern nicht ausgesprochene Fehler in der Konstruktion oder Ausführung vorliegen. Außer richtiger Gestaltung der Lagerschalen ist besondere Aufmerksamkeit auch dem Schmierring zuzuwenden: bei Lagern mit losem Schmierring ist es von größter Wichtigkeit, daß der Schmierring ab-

---

* Ausführungsbeispiele s. Abschnitt 24!

solut kreisrund (also stets allseitig sauber gedreht) und nicht zu leicht ist. Starke Ringe, die zudem nicht zu schmal sein sollen, damit sie nicht in seitliches Pendeln geraten, werden erstens beim Einbringen und Zusammensetzen nicht verbogen werden können und zweitens (namentlich, wenn sie innen geriffelt sind) stets genügend Reibung auf der Welle haben, um auch bei kaltem Öl mit Sicherheit mitgenommen zu werden. — Bei festem Schmierring ist bei guter Ausführung ein Versagen ausgeschlossen, solange das Schmieröl flüssig bleibt.

Zu beachten ist bei der Ringschmierung allerdings noch die Belastungsrichtung. Lager mit losem Schmierring sollte man bei angenähert waagerechter, Lager mit festem Ring bei senkrechter Belastung nach oben vermeiden, da nach Abschnitt 3 die Belastungsrichtung mit der Schmiermittelzufuhrstelle bei keiner Art von Lagern zusammenfallen darf. — [Siehe auch AWF-Broschüre „Zweckmäßige Schmiernuten"[22]!]

Ist auf Grund der gegebenen Reibungsverhältnisse mit Ringschmierlagern mit natürlicher oder erweiterter Kühlung nicht auszukommen, so muß zur Spülschmierung gegriffen werden.

Unter Spülschmierung versteht man eine im Übermaß erfolgende Ölzuführung durch eine Rohrleitung von einem Hochbehälter aus oder unmittelbar von einer Ölpumpe derart, daß das überschüssige Öl in das Sammelbecken zurückfließen kann. Das allgemeine Kennzeichen der Vollschmierung ist der stets gefüllte Ölzuführungskanal des Lagers bzw. die Tatsache, daß das Lagerspiel der nicht belasteten Schale stets unter dem Druck einer Ölsäule steht. (Im Gegensatz hierzu ist das Lagerspiel der nicht belasteten Schale bei spärlicher Schmierung teilweise oder ganz mit Luft erfüllt.)

Um Vollschmierung zu erzielen, ist an sich das Vorhandensein eines nennenswerten Überdruckes nicht erforderlich; es würden wenige Millimeter Ölsäule vollkommen genügen. Vom Druck in der Ölzuführungsleitung hängt aber der Schmiermitteldurchgang durch das Lager und damit in gewissem Maße die Wärmeableitung durch das abfließende Schmiermittel ab; in welcher Weise und in welchem Maße, werden wir im Abschnitt 23 sehen.

Durch Steigerung des Ölzuführungsdruckes haben wir es in der Hand, kleinere oder größere Wärmeüberschußmengen zu bewältigen. Ist über die durch reine Luftkühlung abführbare Wärmemenge hinaus nur wenig Überschußwärme durch künstliche Kühlung abzuführen, so genügt ein Hochbehälter mit kleiner Druckhöhe; bei größerem Wärmeüberschuß muß schon größerer Pumpendruck angewandt werden.

Sind sehr bedeutende Wärmemengen durch künstliche Kühlung abzuführen (wie z. B. bei Dampfturbinenlagern), so reicht hierzu eine Steigerung des Öldurchganges durch den nicht unter Schmierschichtdruck stehenden Teil des Lagerspieles* allein nicht mehr aus, und es muß eine verstärkte Durchspülung des im nicht belasteten Teil künstlich zu erweiternden Lagerspieles vorgesehen werden. Zu diesem Zweck

---

* S. Abschnitt 23!

wird meistens die mittlere Zone der nicht belasteten Lagerschale einige Millimeter tief und auf einer Breite von etwa $0,5 \div 0,7$ der Lagerlänge ausgespart, um ständig einen breiten Ölstrom über den der belasteten Lagerschale jeweils abgewandten Teil der Zapfenoberfläche hinwegleiten zu können. An der einen Seite, z. B. der Einlaufseite* des Lagers, wird das Spülöl zugeführt, durchströmt den Spielraum in der oberen Lagerschale entgegen der Wellendrehrichtung und tritt an der anderen Lagerseite nach erfolgter Kühlung der Welle wieder aus, wobei nur ein geringer Abzweig dieser Ölmenge zum Schmieren benutzt worden war. Das aus dem Lager austretende Preßöl wird alsdann durch einen Kühler geleitet, wo ihm die von der erhitzten Welle und mit dem heißen Schmierschichtöl zugeführte Wärme wieder entzogen wird, so daß es nach erfolgter Kühlung wieder von neuem als Kühlöl und Schmieröl ins Lager gedrückt werden kann. — Ein Berechnungsbeispiel für die Kühlung eines solchen Lagers ist in Abschnitt 23 zu finden.

Ist man im Zweifel darüber, ob die Anwendung eines Hochbehälters für eine ausreichende Wärmeabfuhr genügen wird, so sieht man vorsorglich von vornherein eine Ölpumpe vor, weil man dann in der Lage ist, erforderlichenfalls durch Steigerung des Öldruckes die Wärmeabfuhr bzw. die Lagertemperatur, wenigstens in gewissen Grenzen, zu beeinflussen. Das Steigern des Pumpendruckes an der fertigen Schmieranlage erfolgt durch Nachspannen der Belastungsfeder des Überlaufventiles, so daß das Ventil dann erst bei höherem Druck „abbläst".

Eine sehr weitgehende Anwendung findet die Umlauf-Spülschmierung bzw. Druckschmierung im neuzeitlichen Kolbenmaschinenbau, und zwar sowohl bei Dampfmaschinen und Verbrennungsmotoren wie auch bei Kompressoren, Gebläsen und Pumpen. Die Druckschmierung dient hier nicht nur als betriebssichere, selbsttätige Getriebeschmierung, sondern gleichzeitig auch als äußerst wirksame Maßnahme zur Bekämpfung der Getriebestöße.

Die als Folge des Druckwechsels und des Lagerspieles auftretenden Stöße im Kurbelzapfen- und Kreuzkopfzapfenlager von Kolbenmaschinen werden bekanntlich um so härter, je größer der sekundliche Druckanstieg im Augenblick des Druckwechsels und je größer das Lagerspiel. Früher trachtete man daher, den Druckwechsel durch besondere Beeinflussungen des Indikatordiagrammes und Anwendung geringster Lagerspiele unschädlich zu machen, doch gelang dies nur teilweise und nie mit völliger Sicherheit. Erst die verdienstvollen experimentellen Arbeiten von Dr.-Ing. H. Polster[75] zeigten, daß alle bisher üblichen Eingriffe entbehrlich werden, wenn statt der dürftigen Schmierung Vollschmierung angewandt wird, und zwar mit einem Öldruck von mindestens 0,5 at. — Stöße im Druckwechsel[20] treten alsdann weder bei großem Druckanstieg noch bei größeren Lagerspielen auf.

Dieser überraschende Erfolg der Druckschmierung erklärt sich durch die bedeutende dämpfende Wirkung der unter Druck stehenden, also das Eindringen von Luft mit Bestimmtheit verhindernden Schmier-

---

* Näheres über Einlauf- und Ablaufseite s. Abschnitt 3!

schicht zwischen Zapfen und Lagerschale, deren ausführliche Besprechung bereits in Abschnitt 5 gebracht worden war. Die ölgefüllten Lager wirken als Stoßpuffer, und zwar um so kräftiger, je zäher das verwandte Schmiermittel. — Eine Steigerung des Öldruckes über 1 at läßt nach den Polsterschen Versuchen eine nennenswerte weitere Abnahme der Stoßkräfte nicht mehr erwarten, so daß Schmieröldrücke von 0,5 bis 1 at bei Kolbenmaschinen als vollständig ausreichend anzusehen sind.

Da nach Obigem sowohl für genügende Ölmenge wie auch für genügenden Öldruck gesorgt werden muß, so hat die Berechnung der Liefermenge der Ölpumpe bzw. des Schmiermitteldurchganges von vornherein unter der Annahme des gewünschten Pumpendruckes zu erfolgen. — Ein reichlicher Zuschlag sorgt für genügende Sicherheit.

Bei Triebwerksteilen, die unter Gas- oder Dampfdruck arbeiten, erfolgt die Schmiermittelzufuhr durch Stempelpumpen, welche das Schmiermittel unter hohem Druck unmittelbar zwischen die Gleitflächen pressen. Da sich bei der Schmierung solcher Teile eine vollkommene Kreislaufschmierung nicht durchführen läßt und ein Überfluß an Schmiermittel meistens auch unzulässig ist, pflegt man unter Gas- oder Dampfdruck stehende Teile (Zylinder bzw. Kolben von Dampfmaschinen, Verbrennungsmotoren, Kompressoern, Luftpumpen; ferner Flachschieber, Kolbenschieber, Spindelführungen, Kolbenstangen usw.) bekanntlich mehr oder weniger spärlich zu schmieren, je nach der Eigenart des Betriebes. — Im besonderen interessiert die Zylinderschmierung bzw. die Schmierung des Kolbens.

Bezüglich Zylinderschmierung und Ölzuführung im allgemeinen ist folgendes zu beachten:

Das Schmieren des Kolbens, einer Dampfmaschine z. B., hat unter den denkbar ungünstigsten Umständen zu erfolgen: Die zu schmierende Fläche ist zylindrisch, bewegt sich aber in Richtung ihrer Längsachse; die Temperatur ist so hoch, daß jedes Schmiermittel angenähert die Dünnflüssigkeit des Wassers (bei etwa 20°) annimmt; die Kolbenringe werden als schmale Streifen unter Druck gegen die Zylinderwand gepreßt, wobei die Kolbenringkanten im allgemeinen scharf sind und das Öl vor sich herschieben.

Diese ungünstigen Verhältnisse werden bei Gegendruckbetrieb noch weiter verschärft. Zwischen Kolbenringinnendurchmesser und Kolbenringnutengrund wird sich im Beharrungszustande ein Dampfdruck einstellen, dessen Mittelwert offenbar zwischen Eintrittsdruck und Gegendruck liegt, doch niemals kleiner sein kann als der Gegendruck selbst. Man kann mit einiger Wahrscheinlichkeit annehmen, daß der Druck hinter den Ringen im Mittel etwa der halben Differenz zwischen Eintrittsdruck und Gegendruck gleich sein wird; bei 18 at Eintrittsdruck und 4 at Gegendruck z. B. $= 0{,}5 \cdot (18 - 4) = 7$ at. — Mit diesem verhältnismäßig hohen Flächendruck wird der Kolbenring somit dauernd gegen die Zylinderwand gepreßt, wobei der eigene Federdruck der Ringe (für gewöhnlich etwa 0,3 kg/cm²), als dem gegenüber geringfügig, vernachlässigt werden kann.

Werden diese Verhältnisse nicht in irgendeiner Weise verbessert, so kann zwischen Kolben und Zylinder kaum Günstigeres als halbtrockene Reibung erwartet werden, und man ist bezüglich des Zusammenarbeitens von Kolben und Zylinder fast einzig und allein auf die geeignete Wahl der Gußeisengattierungen angewiesen. Erheblicher Verschleiß, unter Umständen auch Heißlaufen und Fressen der Kolbenringe infolge übermäßiger Wärmeausdehnung und dadurch bedingter Klemmungen, würde die Folge sein, und zwar wird der Betrieb bei halbtrockener Reibung (die in Heißdampfzylindern durch einfache „Dampfschmierung" schwerlich aufgehoben wird) um so gefährlicher, je höher die Kolbengeschwindigkeit*.

Die Wahl harten hochwertigen Zylindereisens** und nahezu ebenso harter Kolbenringe und Kolben wird wohl in allen Fällen die Grundlage jedes erfolgreichen Kolbenbetriebes bleiben. Daneben lassen sich jedoch noch mancherlei Verbesserungen durchführen, die von den technologischen Eigenschaften des Kolben- und Zylindergusses unabhängig sind.

Zunächst muß versucht werden, zumindest die Bedingungen für halbflüssige Reibung zu schaffen, indem die Kolbengeschwindigkeit zur Anstrebung dynamischen Schwimmens herangezogen wird. Dies kann natürlich nur bei genügender Vollkommenheit der Bearbeitung und

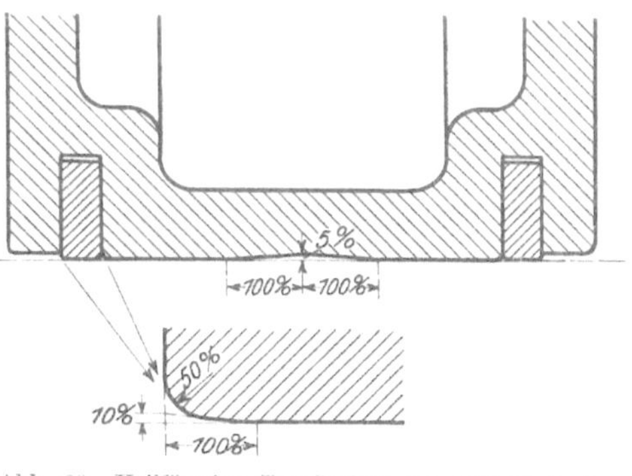

Abb. 60. Keilförmige Tragflächen bei Kolben und Kolbenringen.

bei zweckentsprechender Schmiermittelzuführung Erfolg versprechen, da ähnliche Wirkungen erzielt werden sollen, wie bei ebenen Tragschuhen.

Zur Anbringung von schlanken Keilflächen, die im Verein mit der Kolbengeschwindigkeit und der Ölzähigkeit dynamisches Schwimmen anstreben sollen, kommen sowohl die Kolbenringe wie auch der Kolbenkörper selbst in Betracht. Abb. 60 zeigt die entsprechende Ausbildung eines Hochdruck-Heißdampfkolbens mit schmalen mehrteiligen Ringen. Die Kolbenringe erhalten gemäß der vergrößerten Sonderdarstellung lediglich eine schlanke Abrundung der Kanten, während der Kolbenkörper in der Mitte zwischen den Ringen mit doppelseitigen Keiltragflächen versehen wird. — Mit Rücksicht auf den zu erwartenden Verschleiß ist die Steigung verhältnismäßig sehr groß gewählt.

Ein derartig ausgeführter Kolben wird zweckmäßig nach erfolgtem vollkommenen Einlaufen, d. h. nachdem Zylinder und Kolben einen tadellosen Spiegel aufweisen, noch einmal ausgebaut, um alle Keil-

---

* Sehr häufig, wenn nicht vorwiegend, ist auffälliger Verschleiß von Kolben, Kolbenringen und Metallpackungen bei Dampfmaschinen allerdings auf „unreinen Dampf", d. h. mitgerissenen Kesselschlamm, zurückzuführen.
** Näheres über Laufeigenschaften von Gußeisen s. Abschnitt 22!

flächen und Abrundungen an den Übergangsstellen nochmals säuberlich nachzuarbeiten. Bei der hiernach erfolgenden endgültigen Inbetriebnahme ist dann ein weiterer nennenswerter Verschleiß nicht mehr zu erwarten, da Zylinder und Kolben die vollkommenste Bearbeitung (nämlich durch Einlaufen) erreicht haben und der Kolben nebst Ringen sorgfältig angearbeitete Keilflächen aufweist, die nun imstande sein sollten, wenigstens angenähert die ganze Belastung bei flüssiger Reibung zu tragen.

Beim Anbringen der Abrundungen an den Kolbenringen ist jedoch mit Vorsicht zu Werke zu gehen, da zu schlanke Abrundungen leicht ein Klatschen der Ringe verursachen können, was besonders bei schmalen Kolbenringen und Kondensationsbetrieb zu befürchten ist.

Voraussetzung für erfolgreichen Betrieb mit einem derartig ausgestalteten Kolben ist richtige Zuführung des Schmiermittels.

Dampfschmierung oder Zuführung des Zylinderöles unten in der Mitte des Zylinders läßt eine zweckmäßige und sparsame Schmierung von Kolben und Kolbenringen kaum erreichen. Um die angestrebte Wirksamkeit der angebrachten Keilflächen zu ermöglichen, muß das Schmiermittel unbedingt zwischen den Kolbenringen zugeführt werden, wodurch auch gleichzeitig jede Verschwendung vermieden wird. Man schließt zu diesem Zweck die Schmierrohrleitungen in der Nähe der Zylinderenden an, und zwar derart, daß der zwischen Zylinderwand und den Keilflächen des Kolbens verbleibende doppelkeilförmige Hohlraum möglichst lange mit dem Ölzuführungsrohr in Verbindung bleibt. Nur während dieser Zeit soll dann Schmiermittel zugeführt werden, so daß immer nur zwischen die Kolbenringe und niemals planlos in den Zylinder hinein geschmiert wird.

Dieser planmäßigen Zuführung des Schmiermittels im Takt des Kolbenhubes, um deren praktische Einführung sich Verfasser bereits seit Jahren bemüht hat, sei die Bezeichnung Hubtaktschmierung gegeben. Wie sich nachträglich herausstellte, ist der Grundgedanke dieses Verfahrens schon lange vordem durch Herrn Oberingenieur O. Haserick, Hamburg[47], und auch von Herrn Professor W. Ernst, Wien[18], erkannt bzw. verwirklicht worden, abgesehen von anderen, ähnlichen Bestrebungen, z. B. der Zuführung des Schmiermittels durch die hohle Kolbenstange.

Nähere Untersuchungen des Verfassers zeigten jedoch, daß die Anwendung des Hubtaktantriebes allein die gewünschte Ölverteilung nicht erzielen läßt. Die pro Maschinenumdrehung dem Zylinder zuzuführende Schmiermittelmenge ist derart gering (etwa 0,003 bis 0,02 cm³), daß der dadurch bedingte Vorschub der Ölsäule in der Schmierrohrleitung nur nach Zehnteln eines Millimeters mißt. Die Elastizität der Rohrleitung, in Verbindung mit der Dichtung des Schmierpumpenstempels und der Kompressibilität des Öles (bekanntlich sind auch Flüssigkeiten nicht völlig unelastisch) läßt bei so geringen Fördermengen eine effektive Ölförderung zur gewünschten Zeit überhaupt nicht eintreten. Es wird durch den Pumpendruckhub vielmehr nur eine gewisse Vorspannung der Ölsäule erreicht, ohne noch Schmiermittelaustritt zu bewirken. Erst nachdem der Kolben den Ölzuführungskanal im Zylinder überlaufen und damit freigegeben hat, wird ein expansionsartiges Hervorquellen des Öles aus dem Ölzuführungskanal im Zylinder erfolgen, genau wie bei der bisher üblichen, durch willkürlich gesteuerte Pumpen unzweckmäßigen Ölzuführung*, bei der das Öl durch die Kolbenringe nach den Zylinderenden abgeschoben wird.

Eine wirkliche Ölförderung genau zu den Zeiten, da der Kolben am Ölzuführungskanal vorbeistreicht, ist durch Anwendung der vom Verfasser in Vorschlag gebrachten Hubtakt-Aussetzerschmierung erreichbar, — einem Schmierverfahren, bei dem die Ölförderung nur alle 20 bis 200 Maschinenhübe und dementsprechend reichlicher erfolgt. Die pro wirksamen Pumpenhub geförderte Ölmenge ist hierbei 20- bis 200mal größer als bei normaler Schmierung, wodurch die durch Elastizität der Schmierrohrleitung und Kompressibilität des Öles bedingten Förderungenauigkeiten (Verschleppungserscheinungen) vermieden werden. Erst hierdurch wird die Hubtaktschmierung praktisch wirksam.

Schmiertaktverschleppungen werden begünstigt durch Anwendung großer Pumpenkolbendurchmesser, wie sie z. B. den Mollerup-Schmierpressen eigen sind, ferner durch ungeeignete Rückschlagventile, zu weite, zu lange und zu häufig und scharf gekrümmte Schmierrohrleitungen und durch zu weite Entfernungen zwischen Rückschlagventil und Zylinderlauf. Für Hubtakt-Zylinderschmierung sind also enge, kurze und wenig gekrümmte Schmierrohrleitungen mit nahe am Zylinderlauf angeordneten Rückschlagventilen stets vorzuziehen.

Im allgemeinen ist die Ölzuführung oben am Zylinder vorzusehen, damit auch die obere Hälfte der Kolbenringe geschmiert wird, doch läßt sich bei Hubtakt-Aussetzerschmierung auch die Ölzuführung von unten rechtfertigen, da einerseits die Heranrückung des Rückschlagventiles bis unmittelbar an den Zylinderlauf oben Schwierigkeiten bereitet, andererseits die intermittierende reichliche Schmiermittelzufuhr eine unmittelbare Schmierung des Kolbenkörpers und der unteren Ringhälfte und eine mittelbare Schmierung der oberen Ringhälfte durch den zwischen den Kolbenringen eingeschlossenen Öldunst sicherstellen dürfte.

Abb. 61 zeigt das Prinzip der Hubtaktschmierung in schematischer Darstellung, und zwar für die Deckelseite einer Kolbenmaschine, für den Beginn der Ölförderung gezeichnet.

Bei Hubtaktschmierung kann nicht ein und derselbe Pumpenstempel beide Zylinderseiten versorgen, da die Antriebsbewegungen für Deckel- bzw. Kurbelseite um 180° gegeneinander versetzt sein müssen.

Die in der Praxis beobachtete Tatsache, daß Zylinder, Kolben und Kolbenringe mancher Maschinen selbst nach 10jähriger Betriebszeit ohne Ersatz nur 1 bis 2 mm Abnutzung aufweisen, dürfte sich nur

---

* Eingehende praktische Versuche von Herrn Dipl.-Ing. H. Etzelt, Wien, haben gezeigt, daß die oben begründeten Verschleppungen des Schmiertaktes tatsächlich auch bei äußerst präzise arbeitenden, neuzeitlichen Schmierpumpen auftreten und somit vorwiegend nur in der Schmierrohrleitung und den Rückschlagventilen ihre Ursache haben können.

durch glückliches Zusammentreffen mehrerer günstiger Momente er-
klären lassen: bestgeeigneter Baustoffe für Zylinder, Kolben und
Kolbenringe, nicht zu ungünstiger Betriebsverhältnisse, hochwertiger
Schmiermittel, Abrundungen der Kolben- und Ringkanten, geeigneter
Kolbenringkonstruktion, genügender Kolbentragfläche und reinen
Dampfes. —

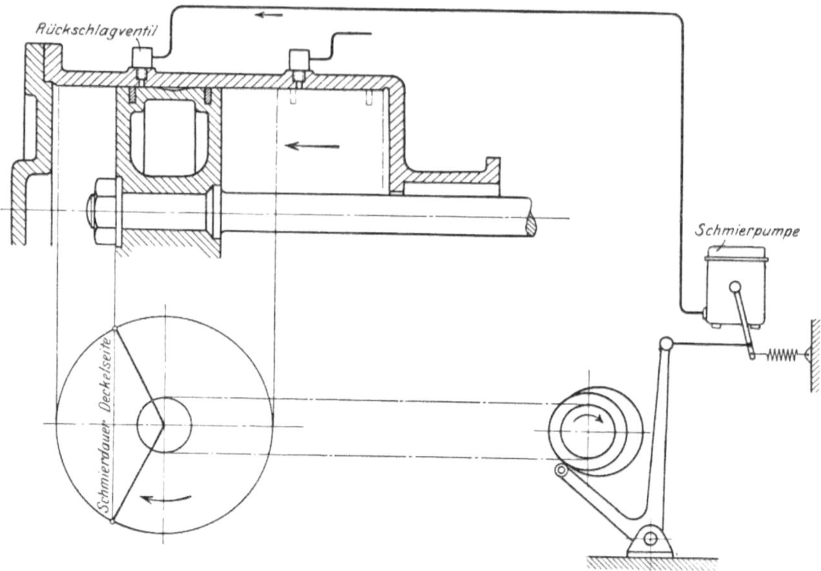

Abb. 61. Schematische Darstellung des Prinzips der Hubtakt-Kolbenschmierung. (Gezeichnet für
Beginn der Ölförderung auf der Deckelseite.)

Die eingangs dieses Abschnittes besprochene Kreislauf-Lager-
schmierung setzt voraus, daß eine Verunreinigung des Schmieröles durch
Staub oder anderweitige Fremdstoffe nicht oder nur in geringem Maße
stattfindet, da sonst nicht nur die Betriebssicherheit, sondern auch die
Wirtschaftlichkeit des Betriebes in Frage gestellt sein könnte. Bei
staubigeren Betrieben muß man daher häufig wieder zur Frischöl-
schmierung (beispielsweise durch Stempelschmierpumpen) greifen, sofern die Höhe der Drehzahl das Beibehalten von Ölschmierung wünschenswert erscheinen läßt. Handelt es sich um Staubarten von gefährlicher
Schärfe (wie z. B. in Steinbrüchen, Gußputzereien, bei Schlackenmühlen,
Straßenbaumaschinen usw.), so muß ohne Rücksicht auf die Drehzahl
Fettschmierung angewandt werden.

Die Fettschmierung ist die gegebene und einzig zuverlässige
Schmierungsart für staubige Betriebe, sofern man das Fett unter
stetigem leichtem Druck in Lagermitte zuführt. Es wird dann ständig
etwas Fett an den Lagerenden herausgepreßt, so daß Sand, Staub oder
Schmutz von außen nicht eindringen kann, wie dies bei drucklose
Fettschmierung in offenen Fettlagern oder bei Stauffer-Buchsen-
schmierung immerhin möglich ist.

Fettlager mit höherer Verantwortlichkeit schmiert man daher am sichersten mittels Fettpressen oder durch automatisch wirkende Schmierbuchsen. Die letzteren werden ihrer großen Einfachheit und ihres billigen Preises wegen den teuren Fettpressen häufig vorgezogen, insbesondere weil sie keines mechanischen Antriebes und normalerweise auch keiner Leitungen bedürfen, sondern, unmittelbar an die Schmierstelle angeschlossen, mit beginnender Drehbewegung des Zapfens diesem das Fett automatisch, dem Bedarf entsprechend, zuführen.

Fettschmierung wird bei höheren Drehzahlen gegenüber richtig angelegter Ölschmierung wohl immer etwas höhere Reibungsverluste geben, ist aber ohne Rücksicht darauf bei staubigen Betrieben unter allen Umständen vorzuziehen.

Zusammenfassung.

1. Nach dem Schmierungszustande der Gleitflächen kann man spärliche Schmierung und Vollschmierung unterscheiden. — Vollschmierung ist bei Ölschmierung gegeben, wenn einem Lager dauernd so viel Öl zugeführt wird als es aufzunehmen vermag; nur solchenfalls ist der günstigste Schmierzustand gewährleistet. Bei geringerer Ölzufuhr ist nur spärliche Schmierung zu erzielen, d. h. entweder verringerte Schmierschichtstärke auf Kosten der Betriebssicherheit oder unmittelbar halbflüssige Reibung.

2. Tropfschmierung, Dochtschmierung, Nadelöler, Schmierkissen und Handölung ergeben praktisch nur spärliche Schmierung, da die betreffenden Schmierstellen stets weniger Öl zugeführt erhalten als sie aufzunehmen vermöchten. Diese Schmiermethoden sind daher möglichst nur an untergeordneten Stellen anzuwenden.

3. Um auf wirtschaftliche Art Ölvollschmierung zu erzielen, muß Kreislaufschmierung angewandt werden: Vollschmierung unter ständiger Wiederverwendung des Schmiermittels in stetem Kreislauf. — Einfachste, billigste und betriebssicherste Form: die Ringschmierung mit losem oder festem Schmierring. Wo künstliche Kühlung mit hinzutreten muß, ist Spülschmierung oder Druckschmierung vorzusehen.

4. Die Spülschmierung bzw. Druckschmierung (wie die Vollschmierung im allgemeinen) kennzeichnet sich dadurch, daß der Ölzuführungskanal zum Lager stets gefüllt ist, so daß die Schmierschicht im nicht belasteten Teil des Lagerspieles immer unter gewissem Druck steht und ein verstärktes Abströmen von Schmiermittel an beiden Enden des Lagers stattfindet; das ablaufende Öl kühlt sich beim Durchfließen der Auffangevorrichtung bzw. der Ablaufrohre und der Druckleitung nach Passieren der Pumpe mehr oder weniger stark ab, so daß die Temperatur des dem Lager zugeführten Öles stets niedriger ist als die Ablauftemperatur. — Hierauf beruht die selbsttätige Zusatzkühlwirkung jeder Umlaufspülschmierung.

5. Sind sehr bedeutende Überschußwärmemengen abzuführen (wie z. B. bei Turbomaschinenlagern), so muß die nicht belastete Lagerschale mit größeren Ölmengen durchspült werden. Das Lager erhält dann

meistens eine Ölzuführung und eine Ölabführung, und nur ein kleiner Abzweig des Spülöles dient zum Schmieren. Das aus dem Lager austretende Öl wird vor der Wiederverwendung in einem besonderen Ölkühler in stetem Kreislauf gekühlt.

6. Bei Kolbenmaschinen gewährleistet Druckschmierung mit 0,5 bis 1 at Öldruck nicht nur Vollschmierung mit reichlicher Wärmeableitung, sondern auch eine vorzügliche Dämpfung der Getriebestöße. Selbst harte Druckwechsel können dadurch unschädlich gemacht werden, ohne die Form des Indikatordiagrammes ändern zu müssen. — Eine Kühlung des ablaufenden Öles in Ölkühlern ist in der Regel nicht erforderlich.

7. Rein schmiertechnisch bietet die Druckschmierung der Spülschmierung, Ringschmierung oder Volltropfschmierung gegenüber keine Vorteile; sie ergibt jedoch eine kräftigere Kühlung und vorzügliche Stoßdämpfung. — Unnötiges Spritzen und Planschen ist unbedingt zu vermeiden, da jede Zerstäubung und Schaumbildung den Oxydationsprozeß und damit das Altern des Öles begünstigt und beschleunigt.

8. Zum Fördern geringer Schmiermittelmengen gegen hohen Druck (Zylinderschmierung) verwende man nur Schmierpumpen mit mehreren unabhängig voneinander arbeitenden Pumpenelementen.

9. Grundbedingung für eine gute Zylinderschmierung (möglichst verschleißloser Betrieb bei Vermeidung von Ölvergeudung) ist die Anwendung von keilförmigen Tragflächen und schlanken Abrundungen bei Kolben und Kolbenringen und die Zuführung des Schmiermittels im Hubtakt.

10. Durch Hubtakt-Aussetzerschmierung wird das gesamte zur Verwendung kommende Schmiermittel nur dem Kolben, und zwar zwischen den Ringen zugeführt, so daß die Schmierung sich lediglich auf die reibenden Teile erstreckt und jede Ölverschwendung vermieden wird.

11. Die Schmiermittelzuführung erfolgt bei Hubtaktschmierung in der Nähe der Zylinderenden und, falls das Rückschlagventil unmittelbar an den Zylinderlauf herangerückt werden kann, am besten von oben.

12. Bei Hubtaktschmierung kann durch je einen Pumpenstempel nur je 1 Zylinderende versorgt werden. Die Ölleitungen seien verhältnismäßig eng und nicht unnötig lang oder zu oft gekrümmt.

13. Ölschmierung ergibt meistens geringere Reibungsverluste als Fettschmierung, setzt jedoch voraus, daß das Schmieröl sich nicht nennenswert verunreinigt. Für sehr staubige oder schmutzige Betriebe kommt daher ausschließlich Fettschmierung in Frage, — ohne Rücksicht auf die Flüssigkeitsreibung im Lager.

14. Praktisch verschleißloses Arbeiten der Lager in staubigen und schmutzigen Betrieben läßt sich nur bei Anwendung von Preßfettschmierung erreichen; am einfachsten und sichersten durch vollautomatische Schmierbuchsen, deren Förderung sich selbsttätig dem Fettbedarf anpaßt.

15. Stauffer-Buchsen genügen bei verantwortungsvollen Fettlagern nicht, da sie nicht selbsttätig arbeiten, und das Nachziehen leicht vergessen wird.

21. Schmiergeräte für Öl und Fett.

Zu diesen zählen die Schmierpumpen samt Überdruckventilen, ferner Ölfilter, Ölkühler und Fettpressen bzw. automatische Fettschmierbuchsen für eine oder mehrere Schmierstellen.

Unter den Schmierpumpen unterscheidet man solche für niedere und solche für hohe Drücke. Niedere Drücke kommen hauptsächlich für Lagerschmierung, hohe Drücke fast ausschließlich für Zylinderschmierung in Betracht. Bei der letzteren ist der tatsächliche Förderdruck in den seltensten Fällen genau bekannt, da seine Höhe von ständig wechselnden Betriebsverhältnissen abhängt, während der Förderdruck bei niederen Drücken von vornherein festliegt und in den meisten Fällen dauernd kontrolliert wird.

Die für Spülschmierung und Druckschmierung verbreiteteste Schmiepumpenart ist die Zahnradpumpe. Sie ist äußerst einfach in ihrem Aufbau und dennoch sehr zuverlässig, da sie keinerlei empfindliche Teile, wie Kolben, Ventile, Spindeln, Gelenke oder dgl. besitzt, die durch Zufälligkeiten irgendwelcher Art versagen und damit die Betriebssicherheit in Frage stellen könnten. Zudem ist ihr Preis so günstig, daß ihre Benutzung auch bei den billigsten Maschinen möglich ist.

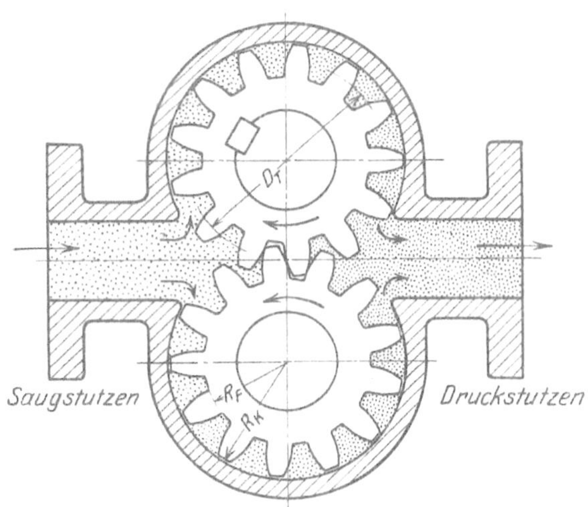

Abb. 62. Zahnradpumpe, in schematischer Darstellung.

Die Zahnradpumpe besteht im wesentlichen aus einem in der Regel gußeisernen Gehäuse mit Saug- und Druckanschluß und zwei ineinandergreifenden Zahnrädern, von denen das eine von außen angetrieben wird; Boden und Deckel bzw. zwei Deckel schließen das Gehäuseinnere hermetisch gegen die Außenluft ab.

Abb. 62 zeigt eine Zahnradpumpe und ihre Wirkungsweise in schematischer Darstellung. Die Förderung erfolgt durch Mitnahme von Flüssigkeit in den Zahnlücken von der Saugseite an der Gehäusewand entlang zum Druckraum. Die Berührung der Zahnräder an der Eingriffstelle bildet lediglich eine Abdichtung zwischen Saug- und Druckraum, denn eine Förderung findet hier nicht statt. — Durch die verschiedenartige Dichte der Punktierung in Abb. 62 soll der von der Saugseite zur Druckseite zunehmende Pumpendruck angedeutet sein*.

---

* Ein genaueres Studium der wirklichen Druckverhältnisse in Zahnradpumpen hat gezeigt, daß die Annahme eines linearen Druckanstieges vom Saug- zum Druckraum, insbesondere bei schnellaufenden Pumpen, nur mit roher Annäherung zutrifft.

Die Berechnung der Hauptgrößen einer Zahnradpumpe erfolgt in nachstehender Weise:

Es bedeute

D_T — den Teilkreisdurchmesser der Zahnräder in Zentimetern,

$n_{\ddot{O}}$ — die minutliche Drehzahl der Zahnradpumpe,

$\ddot{O}_0$ — die theoretische Liefermenge der Ölpumpe in lit/min,

$B_{\ddot{O}}$ — die achsiale Breite bzw. Länge der Zahnräder in Zentimetern,

R_K — den Kopfkreishalbmesser der Zahnräder in Zentimetern,

R_F — den Fußkreishalbmesser der Zahnräder in Zentimetern,

Z — die Zähnezahl eines Zahnrades,

M_Z — den Modul der Verzahnung,

$d_{\ddot{O}}$ — den lichten Durchmesser des Saug- bzw. Druckstutzens in Millimetern.

Dann ist die theoretische Fördermenge der Zahnradpumpe allgemein, angenähert

$$\ddot{O}_0 = \frac{3,5 \cdot B_{\ddot{O}} \cdot n_{\ddot{O}} \cdot (R_K^2 - R_F^2)}{1000} \text{ lit/min}. \qquad [117]$$

Die wirkliche Liefermenge, unter Berücksichtigung des volumetrischen Wirkungsgrades oder Lieferungsgrades η, ist

$$\ddot{O} = \ddot{O}_0 \cdot \eta \ \text{lit/min}. \qquad [118]$$

Der Lieferungsgrad η beträgt, je nach dem Öldruck, der Pumpengröße, Drehzahl und Zähigkeit des geförderten Öles, etwa 0,95 bis 0,5. Im allgemeinen kann mit $\eta = 0,8$ als Durchschnittswert gerechnet werden. Der Einfachheit halber wird, namentlich bei Vergleichen, der Lieferungsgrad häufig ganz außer Betracht gelassen, d. h. $\eta = 1$ gesetzt.

Die Drehzahl von Zahnradölpumpen wählt man bei Antrieb durch Kette, wie sie bei Umlaufschmierung von Kolbenmaschinen üblich ist, in den Grenzen $n_{\ddot{O}} = 200 \div 500$. Zu geringe Drehzahl verschlechtert den Lieferungsgrad und bedingt verhältnismäßig große Pumpen, während zu hohe Drehzahl wegen zu geräuschvollen Ganges der Zahnräder und des Kettenantriebes nicht zu empfehlen ist. (Direkt angetriebene Zahnradpumpen für Automotoren machen bis zu $n_{\ddot{O}} = 2000$ und mehr.) Selbstverständlich wird man im allgemeinen kleine Pumpen schneller, größere langsamer laufen lassen.

Für freie Neuentwürfe und Öldrücke unter 5 at wähle man etwa:

$$\text{Zahnradbreite} \quad B_{\ddot{O}} = D_T \text{ cm}, \qquad [119]$$

$$\text{Zähnezahl} \quad Z = \frac{10 \cdot D_T}{M_Z} \qquad [120]$$

$$\text{Modul der Verzahnung} \quad M_Z = 0,6 \cdot D_T \div 0,8 \cdot D_T, \qquad [121]$$

wobei der größere Wert für kleinere, der kleinere Wert für größere Pumpen gilt. — Selbstverständlich muß der nach Gleichung [121] errechnete Wert für den Modul auf eine ganze Zahl abgerundet werden. Mit den bereits genannten Werten, $M_Z = 0,7 \cdot D_T$ und $R_K = 0,5 \cdot D_T + 0,07 \cdot D_T$ bzw. $R_F = 0,5 \cdot D_T - 0,082 \cdot D_T$ cm, ergibt sich bei verlangter Förderleistung $\ddot{O}_0$ und angenommener Drehzahl $n_{\ddot{O}}$ der Teilkreisdurchmesser und damit die Zahnradlänge zu

$$D_T = 12{,}3 \cdot \sqrt[3]{\frac{\ddot{O}_0}{n_{\ddot{O}}}} \text{ cm} . \qquad [122]$$

Mit diesem ungefähren Wert für D_T kann die Rechnung dann mit abgerundetem Modul endgültig durchgeführt werden.

Je höher der Öldruck, um so kürzer wähle man die verhältnismäßige Breite $B_{\ddot{O}} : D_T$ der Zahnräder, um die Durchbiegungen der Zapfen in den Lagerbuchsen klein zu halten.

Für die Wahl der Pumpenanschlüsse können sehr einfache, leicht im Kopf zu behaltende Formeln aufgestellt werden, wenn die Durchflußgeschwindigkeiten so gewählt werden, daß man in den Formeln für den Anschlußdurchmesser runde Zahlenwerte erhält.

Bei sehr kurzen Leitungen und sehr geringer Saughöhe (weniger als 1 m) kann der Saugleitungsdurchmesser angenommen werden zu

$$d_{\ddot{O}} = 2 \cdot \sqrt{\ddot{O}_0} \text{ mm} ; \qquad [123]$$

hierbei beträgt die Ölgeschwindigkeit 5,3 m/sek.

Für normale Saughöhe und Leitungslänge kann gesetzt werden

$$d_{\ddot{O}} = 3 \cdot \sqrt{\ddot{O}_0} \text{ mm} , \qquad [124]$$

wobei die Ölgeschwindigkeit 2,35 m/sek beträgt.

Für größere Saughöhen und längere Leitungen schließlich empfiehlt sich

$$d_{\ddot{O}} = 4 \cdot \sqrt{\ddot{O}_0} \text{ mm} , \qquad [125]$$

wobei die Ölgeschwindigkeit nur 1,325 m/sek beträgt*.

Um Saug- und Druckstutzen beliebig vertauschen zu können, führt man den Druckstutzen ebenso groß wie den Saugstutzen aus.

Jede Zahnradpumpe soll ein sog. Umlauforgan (Ventil oder Hahn) erhalten, durch welches Saug- und Druckraum miteinander verbunden werden können. Durch mehr oder weniger starkes Drosseln des Umlauforganes ist man nämlich in der Lage, geringere oder größere Ölmengen aus dem Druckraum in den Saugraum übertreten zu lassen und damit die Liefermenge der Pumpe in beliebigen Grenzen zu regeln. — Bei ganz geöffnetem Umlaufventil wird die Fördermenge nahezu gleich Null, während sie bei ganz geschlossenem Umlauforgan ihr Maximum erreicht, für welches die Pumpe bemessen ist.

Diese Einrichtung erfüllt einen zweifachen Zweck: erstens vermeidet man bei geringerem Ölbedarf (z. B. bei neuen Maschinen mit engem Lagerspiel) eine unnötige Anstrengung des Überlaufventiles (Sicherheitsventiles), das solchenfalls dauernd „abblasen" würde, und zweitens erspart man damit gleichzeitig den nutzlosen Kraftverbrauch bei verringertem Ölbedarf. Bei gänzlich geöffnetem Umlaufventil würde die Pumpe z. B. praktisch leer laufen und dementsprechend wenig Antriebsenergie verzehren, während eine Pumpe ohne Umlauf-

---

* Berechnung von Ölleitungen s. Ende des Abschnittes 23!

ventil stets die gleichbleibende volle Antriebsleistung verlangt, auch
wenn nur der geringste Teil des Öles verwertet wird; es findet dann
eben eine nutzlose Erwärmung des Öles durch Vernichtung der Förderleistung durch Drosselung im Überlaufventil statt.

Außer dem Umlaufventil und dem federbelasteten Überlaufventil,
dessen Ableitung in das Saugbecken zu führen ist, sollten Druckölanlagen
am unteren Ende der Saugleitung ein Rückschlagventil (Fußventil) mit
Saugkorb oder eine schwanenhalsförmig überhöhte Saugleitung erhalten,
um eine selbsttätige Entleerung der Pumpe während des Stillstandes
zu verhüten. — Die übrige Ausrüstung der Druckleitung wird noch
weiter unten besprochen.

Die für die Berechnung der Lagerung der Zahnradpumpe maßgebende Gesamtbelastung jedes der Zahnräder beträgt* angenähert

$$P_{Ö} = 0{,}75 \cdot p_{Ö} \cdot D_K \cdot B_{Ö} \ \text{kg},\qquad\qquad [126]$$

wobei

$p_{Ö}$ — den Öldruck der Pumpe in Atmosphären,

D_K — den Kopfkreisdurchmesser der Zahnräder in Zentimetern,

$B_{Ö}$ — die Breite der Zahnräder in Zentimetern

bedeutet. — Die Kraftrichtung verläuft* nahezu parallel zur Ver-
bindungslinie zwischen Saug- und Druckstutzenmitte — von der Druckseite quer durch die Zahnradlängsachse zur Saugseite.

Beispiel 8. Wie groß müssen die Abmessungen einer Zahnradölpumpe für eine
theoretische Leistung von $Ö_0 = 25$ lit/min werden, wenn die Drehzahl mit $n_Ö = 300$
angenommen wird? Der Pumpendruck betrage $p_Ö = 1{,}5$ at.
Nach Gleichung [122] wird der Teilkreisdurchmesser angenähert

$$D_T = 12{,}3 \cdot \sqrt[3]{\frac{Ö_0}{n_Ö}} = 12{,}3 \cdot \sqrt[3]{\frac{25}{300}} = 12{,}3 \cdot \frac{1}{2{,}29} = 5{,}4 \ \text{cm} .$$

Wählen wir, da es sich um eine kleine Pumpe handelt, den Modul nach Gleichung
[121] angenähert zu $0{,}8 \cdot D_T$! Wir erhalten alsdann

$$M_Z = 0{,}8 \cdot D_T = 0{,}8 \cdot 5{,}4 = 4{,}32 .$$

Gewählt werde der Modul mit $M_Z = 4$. — Damit ergibt sich die Zähnezahl zu

$$Z = \frac{10 \cdot D_T}{M_Z} = \frac{10 \cdot 5{,}4}{4} \ 13{,}5. \ \text{Gewählt seien 12 Zähne.}$$

Mit $M_Z = 4$ und $Z = 12$ wird der Teilkreisdurchmesser $= 4 \cdot 12 = 48$ mm
$= 4{,}8$ cm und der Kopfkreisradius

$$R_K = 0{,}5 \cdot D_T + 0{,}1 \cdot M_Z = 0{,}5 \cdot 4{,}8 + 0{,}1 \cdot 4 = 2{,}4 + 0{,}4 = 2{,}8 \ \text{cm;}$$

der Fußkreisradius

$$R_F = 0{,}5 \cdot D_T - 0{,}1 \cdot 1{,}17 \cdot M_Z = 2{,}4 - 0{,}117 \cdot 4 = 2{,}4 - 0{,}468 = 1{,}932 \ \text{cm;}$$

Nach Gleichung [117] wird dann die Ölpumpenleistung

$$Ö_0 = \frac{3{,}5 \cdot B_{Ö} \cdot n_Ö \cdot (R_K^2 - R_F^2)}{1000} = \frac{3{,}5 \cdot 4{,}8 \cdot 300 \cdot (2{,}8^2 - 1{,}932^2)}{100}$$

$$= \frac{3{,}5 \cdot 4{,}8 \cdot 300 \cdot (7{,}82 - 3{,}74)}{1000} = \frac{3{,}5 \cdot 4{,}8 \cdot 300 \cdot 4{,}08,}{1000} ,$$

$$Ö_0 = \frac{20\,600}{1000} = 20{,}6 \ \text{lit/min.}$$

---

* Unter Annahme linearen Druckverlaufes vom Saug- zum Druckraum bei
vollkommener Zahnlückenentlastung.

Will man die verlangte Liefermenge genau einhalten, so wählt man die Zahnrad-breite $B_\ddot{o}$ dem Verhältnis der Leistungen entsprechend länger, was bei $p_{\ddot{o}} = 1{,}5$ at völlig unbedenklich wäre. Wir erhalten dann als Zahnradbreite

$$B_\ddot{o} = \frac{4{,}8 \cdot 25}{20{,}6} = 5{,}8 \,\text{cm}.$$

Selbstverständlich hätte man auch statt 12 Zähne 14 oder 16 Zähne wählen und die Zahnradbreite dementsprechend kleiner halten können*.

Der Saug- und Druckanschluß ergibt sich für normale Verhältnisse nach Gleichung [124] zu

$$d_\ddot{o} = 3 \cdot \sqrt{\ddot{O}_0} = 3 \cdot \sqrt{25} = 3 \cdot 5 = 15 \,\text{mm}.$$

Will man bezüglich der Saugleitung sehr sicher gehen, so wählt man nach Gleichung [125]

$$d_\ddot{o} = 4 \cdot \sqrt{\ddot{O}_0} = 4 \cdot 5 = 20 \,\text{mm}.$$

Die sich auf 2 Zapfenlager verteilende Gesamt-Zahnradbelastung ergibt sich nach Gleichung [126] zu

$$P_\ddot{o} = 0{,}75 \cdot p_{\ddot{o}} \cdot D_K \cdot B_\ddot{o} = 0{,}75 \cdot 1{,}5 \cdot 5{,}6 \cdot 5{,}8 = 36{,}5 \,\text{kg}.$$

Man wähle möglichst dicke und nicht zu lange Zapfenlager (etwa $l : d = 1{,}0$) bei stets geringem Lagerspiel und höchster Ausführungs-genauigkeit. Läßt man diese Vorsicht außer acht, so kann man durch heißlaufende Zapfenlager bei höheren Pumpendrücken auf Schwierig-keiten stoßen. —

Von großer Wichtigkeit ist bei Druckschmieranlagen die kon-tinuierliche Filterung des Öles. Da Saugfilteranlagen nicht nur sehr sperrig und teuer ausfallen, sondern auch Gefährdungen der Maschinenanlage herbeiführen können, soll stets Druckfilterung an-gewandt werden: sie ist kompendiöser, billiger und betriebssicherer.

Weiterhin von Wichtigkeit ist, daß keine Parallelstromfilterung, sondern Hauptstromfilterung angewandt wird, bei der ständig das gesamte den Schmierstellen zugeführte Öl in dauerndem Kreis-lauf gefiltert wird; denn nur dadurch können restlos alle erfaßbaren Verunreinigungen von den Schmierstellen ferngehalten werden.

Die Revision von Druckfiltern kurz nach der Inbetriebsetzung zeigt, wie erstaunlich groß die Menge und wie mannigfaltig der Ursprung der durch ein gutes Druckfilter ausscheidbaren Fremdkörper ist. Man findet nicht nur Gußspänchen, Staub und Kernsandreste, sondern auch Stahl- und Metallspänchen, Zunder und Sand aus den Ölrohrleitungen, Holzstückchen, Strohteilchen, Rost, Textilfasern u. a. m. Würde dieser „Urdreck" nicht im Druckfilter ausgeschieden, so müßte er unweiger-lich in die Lager gelangen, und höchst unangenehme Erscheinungen von Lagerverschleiß und namentlich Zapfenverschleiß würden die Folge sein.

In der Sonderarbeit des Verfassers „Kurbelwellen- und Ölverschleiß im Verbrennungsmotorenbetriebe"[26] ist an Hand schematischer Ab-bildungen näher auf den Vorgang des Wellenverschleißes eingegangen:

---

* Falls man dem einen Zahnrade um einen Zahn mehr gibt als dem anderen, erhält man eine sehr gleichmäßige Zahnabnutzung, da sich die Zähne immer nur alle $n_\ddot{o}$ Umdrehungen an den gleichen Stellen berühren. Der billigeren Herstellung wegen führt man die Zahnräder jedoch meistens mit gleicher Zähnezahl aus.

Ist die Schmierschichtstärke genügend groß oder die Größe der Fremdkörper im Öl klein genug, so passieren die Unreinigkeiten mit der Schmierschicht zwischen Zapfen und Lagerschale frei hindurch; sind sie nur etwas zu groß, so zerkratzen sie die Lagerschale zwar, werden dabei aber noch hindurchgezwängt. Sind die Fremdkörper jedoch wesentlich größer als die Schmierschichtstärke, so werden sie in den Keilspalt gezogen und zwischen Welle und Lagerschale zermalmt. Hierbei werden die sehr scharfkantigen Bruchstücke (bei Sand z. B.) tief in das Weißmetall eingedrückt und fest darin verankert. — Daß eine derart mit scharfen Splittern aus Quarz und anderem sehr harten Gestein regelrecht gespickte Lagerschale auf den Zapfen geradezu wie eine mit Schmirgelpulver beschickte Bleikluppe wirken muß, liegt auf der Hand.

Wie in dem genannten Aufsatz „Kurbelwellen- und Ölverschleiß" gleichfalls dargelegt, sollten Textilfilter bevorzugt werden, wenn sie nicht die erhebliche Unannehmlichkeit an sich hätten, entweder öfter ersetzt oder durch Auskochen in Lauge gereinigt werden zu müssen, was in der Praxis sicherlich nicht so geschieht, wie es erforderlich wäre. Verfasser sah sich daher seinerzeit (bei Einführung des Druckfilters in den Fahrzeugmotorenbau) veranlaßt, von der Verwendung von Textilfiltern ganz abzusehen und dafür das Metalltuchfilter so hoch zu entwickeln, daß es auch in bezug auf Filterfähigkeit dem Textilfilter gleichen Widerstandes nicht nachsteht. Diese Aufgabe wurde gelöst und führte zu sehr beachtenswerten Erfolgen.

Der Hauptvorteil des Metalltuchfilters besteht darin, daß die Filterplatten an sich unbegrenzte Lebensdauer besitzen, weil sie immer wieder in wenigen Minuten (durch Abspülen mittels eines weichen Pinsels in dünnflüssigem Öl oder Benzin) gereinigt werden können.

Für die Berechnung feinmaschiger Metalltuchfilter (Spezial-Phosphorbronzegewebe mit rund 10000 bis 17000 Maschen/cm² der Metallwarenfabrik H. Helms in Hemelingen bei Bremen) können nach den Erfahrungen des Verfassers folgende Angaben dienen:

Die erforderliche Brutto-Filterplattenfläche (also nicht der wirkliche freie Durchgangsquerschnitt!) hat bei frei gespanntem Metallfiltertuch zu betragen

$$F_{\ddot{o}} = \frac{\ddot{O}}{6 \cdot V_f} \ \mathrm{cm^2},\qquad\qquad [127]$$

wenn $\ddot{O}$ die durchgehende Ölmenge in lit/min und V_f die fiktive Filtergeschwindigkeit nach Zahlentafel 17, in m/sek, bezogen auf die volle geometrische Filterplattenfläche, ohne Abzug der Metallfadenquerschnitte, bedeutet.

Die (praktisch allerdings nicht weiter interessierenden) wirklichen Filtergeschwindigkeiten sind im Verhältnis des vollen Querschnittes von 100% zu den freien Querschnitten von 37 bzw. 32% größer; bei 17000 Maschen/cm² also $100 : 37 = 2{,}7$ mal, bei 10000 Maschen $100 : 32 = 3{,}1$ mal größer als V_f. — Bei Auflagerung des Metalltuchfilters auf ein perforiertes Stützblech ist die erforderliche Filterfläche $F_{\ddot{o}}$ 1,2 bis 1,3 mal größer zu nehmen.

Zahlentafel 17.

Zulässige (fiktive) Ölfiltergeschwindigkeit V_f in m/sek, bezogen auf die ganze Filterplattenfläche F_0 (ohne Stützblech)	Filtertuchmaschen/cm²	
	17000	10000
	Filterkorngröße in mm	
	0,047	0,059
	Freier Querschnitt	
	37%	32%
Für Petroleum-Vergasermotoren . . . . $V_f =$	0,01	0,009
„ Benzin- und Dieselmotoren . . . . $V_f =$	0,015	0,013
„ Dampfmaschinen, Turbinen, Zahnradgetriebe usw. $V_f =$	0,02	0,017

Je nach dem Bestimmungszweck und der Konstruktion des Filters werden eine, zwei oder mehrere Filterplatten in Parallelschaltung angewandt; bezüglich der Notwendigkeit eines perforierten Stützbleches entscheidet in erster Linie die Größe, in zweiter Linie die Konstruktion des Filters bzw. die Einspannungsart der Filterplatten.

Um bei ununterbrochen arbeitenden Maschinenanlagen auch während des Betriebes eine Filterreinigung vornehmen zu können, verwendet man entweder ein umschaltbares Doppelfilter oder aber ein einfaches Filter in Verbindung mit einer absperrbaren Umführungsleitung, wie weiterhin dargestellt.

Beispiel 9. Wie groß ist die Filterfläche zu wählen: bei einem Einplattenfilter mit Stützblech für einen Petroleum-Vergasermotor bei einer Ölmenge von $Ö = 5$ lit/min und 17000 Maschen/cm²; bei einem Dreiplattenfilter ohne Stützblech für einen Benzinmotor bei $Ö = 15$ lit/min und 17000 Maschen/cm²; bei einem Zweiplattenfilter mit Stützblech für eine Dampfturbine bei einer Ölmenge von $Ö = 300$ lit/min und 10000 Maschen/cm²?

Im ersten Falle ist nach Formel [127] und Tafel 17

$$F_0 = 1,3 \cdot \frac{Ö}{6 \cdot V_f} = \frac{1,3 \cdot 5}{6 \cdot 0,01} = 108 \text{ cm}^2$$

entsprechend rd. 118 mm Durchmesser bei kreisrunder Filterfläche.

Im zweiten Falle wird

$$F_0 = \frac{Ö}{6 \cdot V_f} = \frac{15}{6 \cdot 0,015} = 167 \text{ cm}^2 .$$

Die einzelne Filterplatte muß demnach $167 : 3 \approx 56$ cm² Fläche erhalten; bei rechteckigem Querschnitt beispielsweise etwa $100 \cdot 56$ mm.

Im dritten Falle ist

$$F_0 = 1,2 \cdot \frac{Ö}{6 \cdot V_f} = \frac{1,2 \cdot 300}{6 \cdot 0,017} = 3540 \text{ cm}^2 .$$

Die einzelne Filterplatte muß somit $3540 : 2 = 1670$ cm² Beaufschlagungsfläche erhalten; bei kreisrundem Querschnitt also rd. 460 mm Durchmesser.

Handelt es sich um eine Anlage, bei der künstliche Kühlung erforderlich wird, so ist in die Druckleitung auch ein Ölkühler einzuschalten. Der Kühler muß stets hinter das Filter gesetzt werden; denn das Öl soll in möglichst warmem (dünnflüssigem) Zustande durch das Filter gedrückt werden, da die Filterung solchenfalls am gründlichsten vor sich geht und den geringsten Widerstand verursacht.

Das stets vor das Filter zu setzende Überlaufventil ist auf den höchsten erwünschten Betriebsdruck einzustellen und bläst ab, wenn dieser Öldruck überschritten wird. Das überlaufende Öl muß durch eine weite Leitung frei in den Sammelbehälter zurückfließen. Zweckmäßig für gelegentliches Ausbauen der Ölpumpe ist die Einschaltung eines Rückschlagventiles in die Druckleitung unmittelbar hinter der Pumpe; man vermeidet damit das Leerlaufen des Druckrohrleitungsstranges.

Dort, wo das Drucköl zu den einzelnen Verbrauchsstellen abzweigt, ist ein Öldruckmanometer von genügender Größe vorzusehen. Handelt es sich dabei um Betriebe, in denen dauernde stärkere Verunreinigungen des Öles unvermeidlich sind, so ist die Anordnung eines genau gleichen Manometers auch vor dem Filter zweckmäßig. Zu großer Druckunterschied beider Manometer läßt auf verlegten Filterquerschnitt schließen

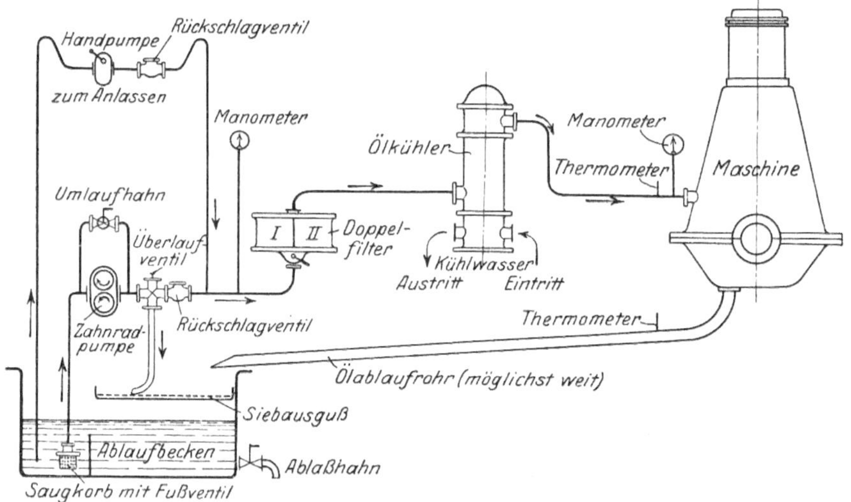

Abb. 63. Schematische Darstellung einer Druckölschmieranlage mit Ölrückkühlung, für Kapselmaschinen.

und gemahnt zum Reinigen des Filters bzw. zum Umschalten des Doppelfilters.

Abb. 63 zeigt schematisch die zweckmäßige Anordnung einer Druckölschmieranlage für gekapselte Kolbenmaschinen.

Ist künstliche Ölkühlung nicht erforderlich, so fällt lediglich der Ölkühler fort, während die anderen Ausrüstungsteile zweckmäßig vollzählig bestehen bleiben; nur bei ganz kleinen Maschinen läßt man außer dem Kühler und der Handpumpe auch noch das Fußventil, die Thermometer, das Rückschlagventil in der Druckleitung, den Umlaufhahn und das Manometer vor dem Filter fort. — Absperrorgane dürfen bei Druckschmierung weder in der Druckleitung noch in der Ablaufleitung vorgesehen werden; denn ein Absperren der Ablaufleitung würde eine Überschwemmung der Maschine mit Öl, ein Absperren der Druckleitung möglicherweise eine Gefährdung der Schmierstellen oder auch der Druckleitung zur Folge haben, wenn das Überlaufventil nicht für die gesamte Fördermenge der Pumpe bemessen ist.

Die in dem Schema Abb. 63 mit dargestellte Handpumpe, die meistens auch als Zahnradpumpe ausgebildet wird, hat den Zweck, sämtliche Druckleitungen und Schmierstellen vor dem Anlassen der Maschine unter Öl zu setzen, um etwaigen Ölmangel beim Anfahren zu verhüten. Diese Maßnahme ist natürlich höchstens in denjenigen Fällen erforderlich, wo die Zahnradpumpe von der zu schmierenden Maschine selbst angetrieben wird, wie dies bei Kolbenmaschinen meistens der Fall sein wird. Bei unabhängig angetriebener Ölpumpe wird letztere einfach etwas vor dem Anlassen der Maschine in Betrieb gesetzt, so daß der Öldruck schon seine normale Höhe erreicht hat, wenn die Hauptmaschine angelassen wird.

Zur Illustration der besprochenen Schmiergeräte seien im nachfolgenden einige Konstruktions- bzw. Ausführungsbeispiele für Zahnradöl-

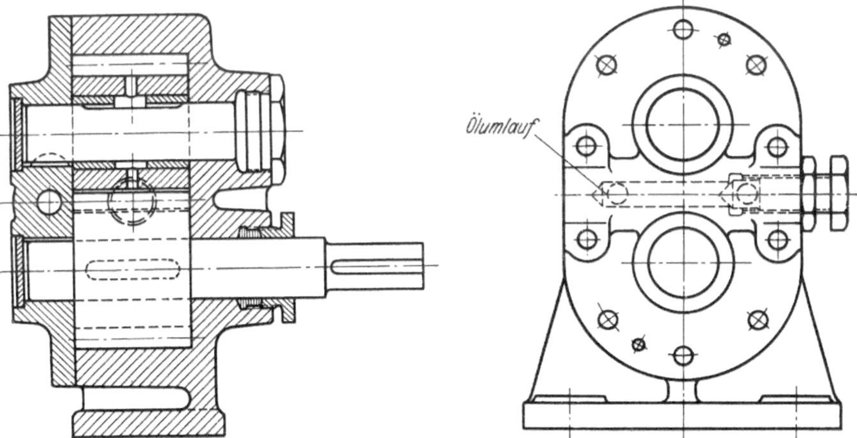

Abb. 64. Zahnradpumpe mit Umlauforgan für stationäre Maschinen.

pumpen, Ölfilter, Ölkühler, Zylinderschmierpumpen und automatische Fettschmierbuchsen gebracht.

Abb. 64 zeigt eine bewährte Zahnradölpumpenkonstruktion für stationäre Maschinen. Zu beachten ist die gedrungene kurze Lagerung in Bronzebuchsen und das zwischen Druck- und Saugraum angeordnete Umlauforgan in Form einer einfachen Absperrschraube.

Für Maschinen, die abwechselnd in beiden Drehrichtungen arbeiten müssen, wie z. B. Schiffsmaschinen, Umkehrwalzenzugmaschinen usw., kommen solche Zahnradpumpen in Betracht, die bei jeder Drehrichtung in gleichem Sinne fördern. Erreicht wird dies durch Anwendung von 4 Rückschlagventilen, von denen bei jedem Drehsinn jeweils 2 in Tätigkeit sind, so daß die Förderflüssigkeit stets in gleichem Sinne aus der Pumpe tritt.

Abb. 65 zeigt eine solche Zahnradpumpe der Maschinenfabrik, Eisen- und Metallgießerei Fr. August Neidig, Mannheim, ausgerüstet mit Zahnlückenentlastung Patent Neidig, die besonders bei langsamer laufenden größeren Pumpen ohne Pfeilzahnräder Anwendung findet.

In Abb. 65 ist das Überlaufventil unmittelbar im Pumpengehäuse angeordnet. Hierdurch wird eine sehr gedrungene Bauart erzielt, doch

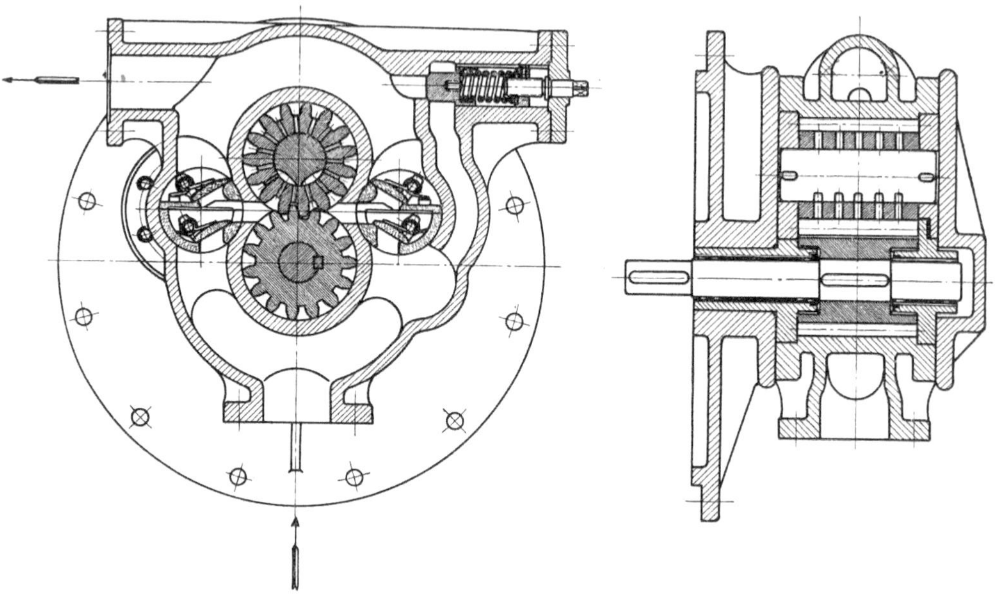

Abb. 65. Zahnradpumpe mit gleichbleibender Förderrichtung bei wechselnder Drehrichtung, Bauart „Neidig“, für direkten Anbau.

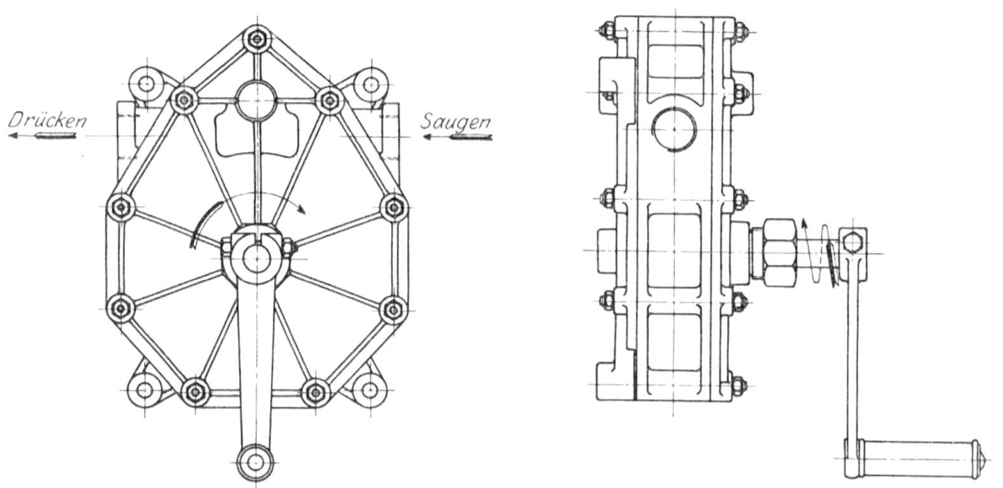

Abb. 66. Hand-Zahnradölpumpe, Bauart „Neidig“.

kann die jeweils überlaufende Ölmenge bei dieser Ausführung nicht sichtbar verfolgt werden. Übersichtlicher ist die Ausführung des Überlaufventiles als besonderes in der Druckleitung eingebautes Sicherheitsorgan mit freiem und sichtbarem Ablauf zum Sammelbecken. — Bei

Anlagen, deren Ölbedarf von vornherein festliegt und im Laufe der Zeit keine nennenswerte Änderung erfährt, kann auf die Anwendung eines Umlauforganes verzichtet werden, da kleinere Förderschwankungen ohne weiteres vom Überlaufventil aufgenommen werden.

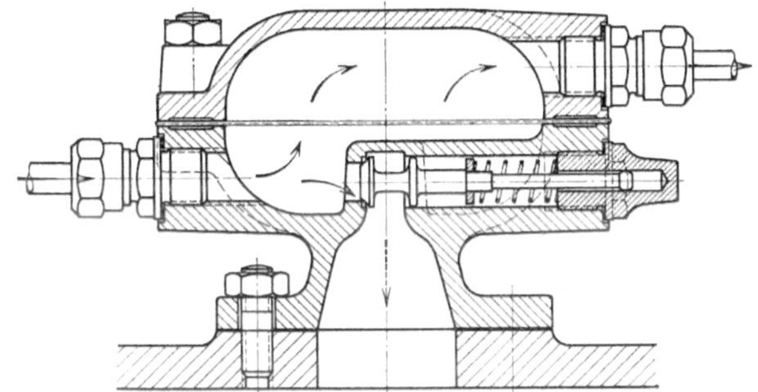

Abb. 67. Einplatten-Ölfilter, Bauart Falz, mit eingebautem Vorschalt-Überdruckventil für Kleinmaschinen.

Kleinere Zahnradpumpen für geringen Druck, wie sie z. B. für Kolbenmaschinen in Betracht kommen, bedürfen einer besonderen Zahnlückenentlastung nicht, da der Kraftbedarf nicht ins Gewicht fällt und die Lagerbelastungen der Zahnräder von vornherein nur gering sind. Wertvoll und notwendig werden die oben besprochenen vollkommeneren

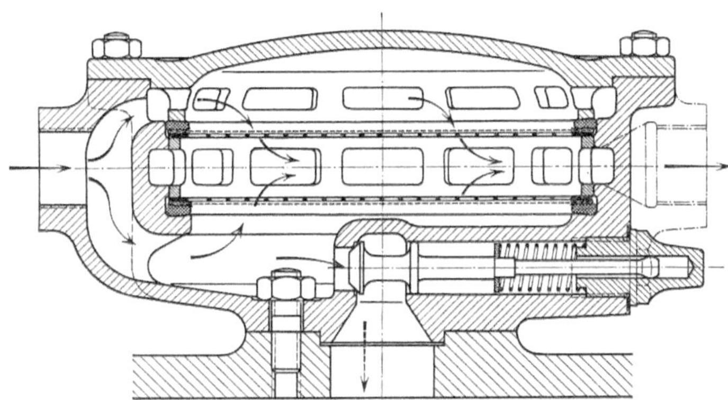

Abb. 68. Zweiplatten-Ölfilter, Bauart Falz, mit Vorschalt-Überdruckventil, für Getriebe, größere Kolbenkraftmaschinen usw.

Pumpenkonstruktionen jedoch bei größeren Förderleistungen und namentlich bei hohem Förderdruck.

Abb. 66 zeigt schließlich eine Hand-Zahnradölpumpe Bauart Neidig, wie sie beim Anlassen größerer Maschinen mit Druck- bzw. Spülschmierung Verwendung findet. —

Eine sehr einfache und billige Konstruktion eines Einplatten-Metalltuchfilters für Kleinmaschinen veranschaulicht Abb. 67. Das Metalltuch ist mit einem steifen Rand versehen, der gleichzeitig dem Zweck

der Einspannung und Abdichtung dient und ein perforiertes Stützblech
entbehrlich macht. Ein besonderer Vorteil dieser Bauart (D.R.G.M.)
liegt darin, daß der Filterplatte ein im Gehäuse untergebrachtes Überdruckventil vorgeschaltet ist, welches das Überschußöl unmittelbar
durch den hohlen Flanschfuß des Filters ins Maschinengehäuse ab-
fließen läßt.

Ein gedrängter gebautes Zweiplattenfilter (D.R.G.M. D.R.G.M.)
insbesondere für Schnecken- und Stirnrädergetriebe sowie für größere

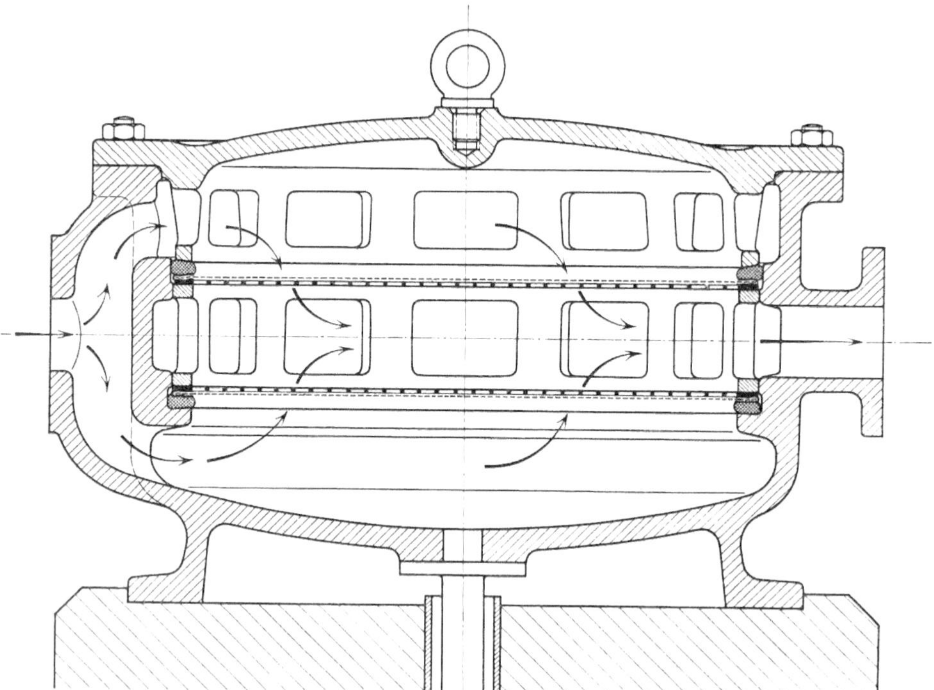

Abb. 69. Zweiplatten-Großölfilter, Bauart Falz, für Dampfturbinen.

Kolbenmaschinenanlagen, Kleinturbinen usw., zeigt Abb. 68. Die Abdichtung der bei dieser Konstruktion mit einem gebördelten Metallrand
versehenen Filterplatten erfolgt durch den gesondert eingesetzten
Zwischenkorb und endlose Runddichtungen aus Textilzopf oder aus öl-
beständigem Gummi. Das Reinigen ist auch bei diesem Filter sehr einfach, da die wenigen Teile bequem herausnehmbar sind.

Abb. 69 veranschaulicht ein Zweiplattengroßfilter für Dampfturbinen (D.R.G.M.) mit der gleichen Art der Filterplattenabdichtung
und Auflagerung auf eine perforierte Stützplatte wie bei Abb. 68, während Abb. 70 die Anordnung der Umführungsleitung darstellt, die eine
Reinigung des Filters auch während des Betriebes ermöglicht. — Es
ist selbstverständlich, daß das Absperren des Filters erst nach erfolgtem Öffnen der Umlaufleitung erfolgen darf.

Die beschriebenen Ölfilter sind sämtl ch mit metallisch eingefaßten Metalltuchfilterplatten mit 17000 bzw. 10000 Maschen/cm² ausgerüstet, die von der Metallwarenfabrik H. Helms in Hemelingen bei Bremen

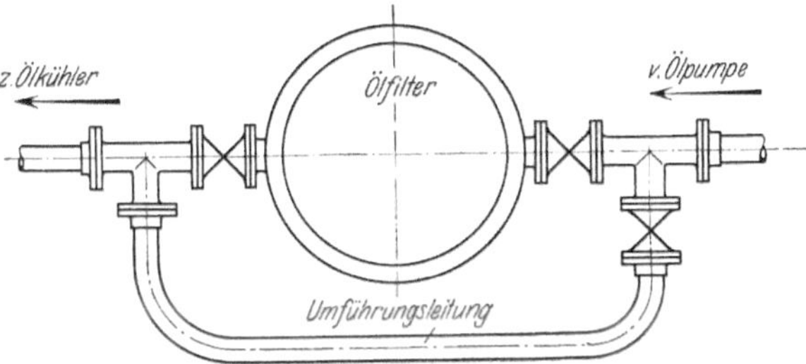

Abb. 70. Dampfturbinen-Ölfilter Abb. 69 mit absperrbarer Umführungsleitung zwecks Filterreinigung während des Betriebes.

als Spezialität hergestellt werden. Die genannten Gewebe aus Phosphorbronze sind fast unbegrenzt haltbar und scheiden Verunreinigungen bis hinab zu 0,047 bzw. 0,059 mm Größe aus.

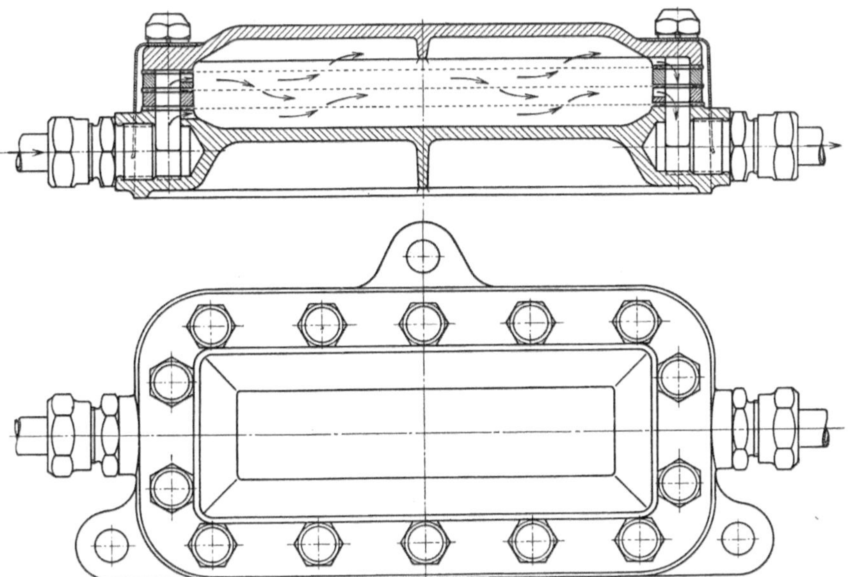

Abb. 71. Leichtmetall-Mehrplatten-Ölfilter, Patent Falz, für Fahrzeugmotoren jeder Art.

Abb. 71 zeigt die Konstruktion eines ganz besonders kompendiösen Leichtmetall-Mehrplattenfilters (D.R.P.) für Fahrzeugmotoren jeder Art. Das Metallfiltertuch ist entweder (wie abgebildet) mit gesteiftem Rand gesondert zwischen die Rahmenplatten eingeschaltet oder in die Leichtmetall-Rahmenplatten direkt eingespritzt, welch letztere auch die Verbindungskanäle für die Zu- und Ableitung des Schmieröles enthalten. Je nach der Motorgröße bzw. Ölmenge werden 1 bis 3 Filterrahmenplatten gewählt, so daß nur ein einziges Modell für Deckel und Platten bzw. Rahmen erforderlich ist.

Abb. 72 gibt ein sehr einfaches und billiges Überdruckventil für Fahrzeugfilter wieder; Abb. 73 die Anordnung des Ventiles und der

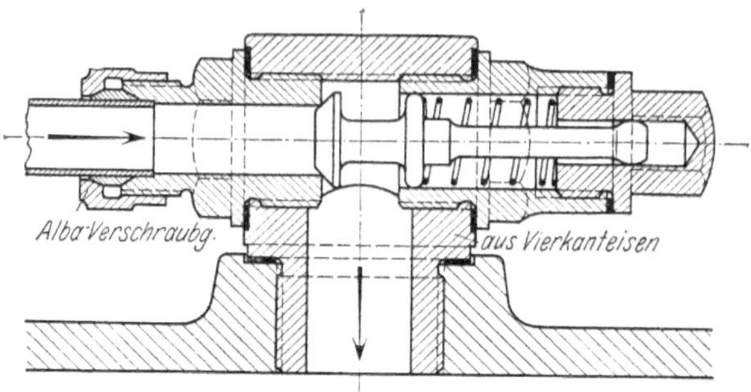

Abb. 72. Überdruckventil (aus Stabmaterial hergestellt) zum Fahrzeug-Ölfilter Abb. 71.

Manometer zum Ablesen des Öldruckes vor dem Filter und hinter dem Filter. Am zweckmäßigsten ist die Anordnung eines Doppelmanometers mit 2 übereinander spielenden Zeigern am Instrumentenbrett des Führers, so daß aus der Differenzanzeige jederzeit der Widerstand des Ölfilters und das Bedürfnis einer Reinigung unmittelbar ersichtlich ist.

Abb. 74 veranschaulicht einen Ölkühler der Firma Neidig im Längsschnitt, und zwar in allereinfachster Bauart, wie sie für Neu-anlagen verwendet wird, wo auf besondere örtliche Verhältnisse, vorhandene Rohrleitungen usw. keine Rücksicht genommen zu werden braucht.

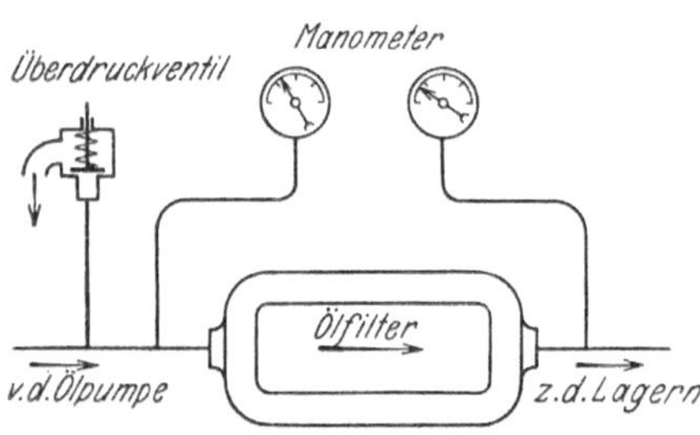

Abb. 73. Anordnung des Überdruckventiles und der Kontrollmanometer zum Fahrzeug-Ölfilter Abb. 71.

Beachtenswert ist die expansive Lagerung des Röhrenbündels (Kupferrohr, in eiserne Böden eingewalzt) derart, daß es sich zusammen mit der oben aufgeschraubten Wasserumkehrkammer frei nach oben ausdehnen kann. Nach Abziehen des Kühlermantels liegen die Rohre frei.

Da Ablagerungen vorwiegend nur auf der Wasserseite zu erwarten sind, ist das Öl um die Rohre, das Wasser durch die Rohre geführt. Hierdurch ist nach Abnehmen des Kühlerdeckels und Öffnen der Wasserumkehrkammern ein bequemes Durchfahren der Rohre ermöglicht. Die Führung der Kühlflüssigkeiten, deren Temperatur durch eingesetzte Thermometer ständig überwacht werden kann, erfolgt zweckmäßig im Gegenstrom, wie in Abb. 74 durch die eingezeichneten Pfeile angedeutet.

Die Wahl der Abmessungen der Ölkühler überläßt man beim Bezug dieser Apparate von einem Spezialfabrikanten zweckmäßig diesem. Erforderlich ist natürlich bei Kühlern die Angabe der Minuten- oder

Stundenleistung in Litern und in Wärmeeinheiten*, die zu erwartende Temperatur des (heißen) eintretenden Öles, die gewünschte Temperatur des (gekühlten) austretenden Öles bzw. die Temperatur des zur Verfügung stehenden Kühlwassers und, bei beschränkten Kühlwasserverhältnissen, gegebenenfalls auch die Kühlwassermenge. —

Die bisher betrachteten Ölpumpen (Zahnradpumpen) dienten zur Förderung größerer Spülölmengen auf verhältnismäßig geringe Druckhöhen, wie sie bei Spülschmierung und Preßschmierung in Frage kommen.

Zum Schmieren gegen hohen Druck bei kleiner Schmiermittelmenge kommen S c h m i e r - pressen und S c h m i e r - pumpen in Betracht. Die ersteren wie die letzteren finden fast ausschließlich zur Schmierung von Zylindern bei Dampfmaschinen, Verbrennungsmotoren, Kompressoren und Luftpumpen Anwendung; verhältnismäßig seltener zur Schmierung von Getriebeteilen.

Die S c h m i e r p r e s s e, die allgemein unter dem Namen Mollerup-Presse bekannt ist, versorgt aus einem verhältnismäßig großen Preßölzylinder, in dem sich

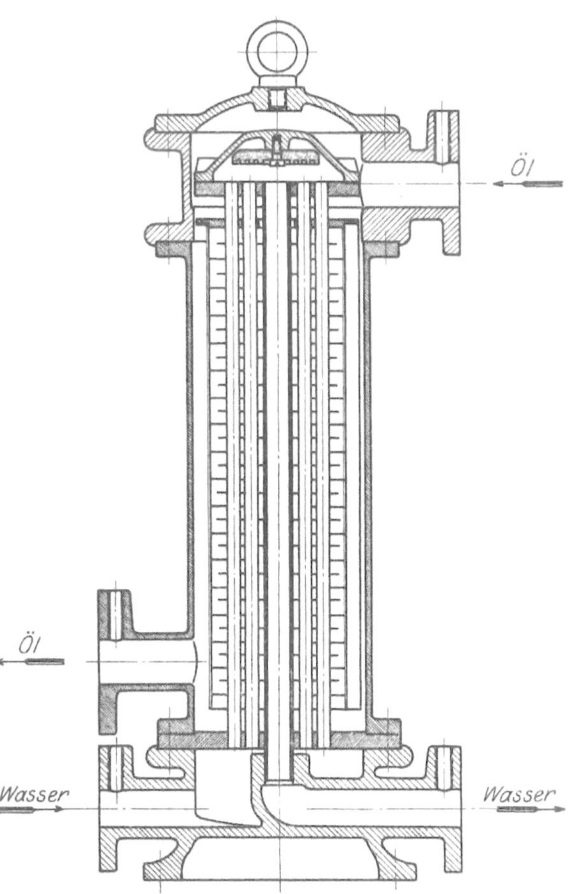

Abb. 74. Gegenstrom-Ölkühler, Bauart „Neidig".

langsam ein Druckkolben niedersenkt, immer nur eine einzige Schmierstelle, da das Parallelschalten mehrerer Schmierstellen, selbst solcher gleichen Gegendruckes, sich praktisch nicht bewährt hat. Man ist daher genötigt, so viel Schmierpressen aufzustellen als Schmierstellen mit Öl versorgt werden sollen, was zu einer sperrigen, schwerfälligen und unbequem zu bedienenden Schmierpressenbatterie führt. Auch ist die zwischen dem Preßkolben und der Ölaustrittsstelle eingeschlossene

---

* Zu bestimmen nach der ermittelten Lagerreibungswärme oder dem mechanischen Wirkungsgrad der betreffenden Maschine; s. die Ausführungen Abschn. 23!

Schmiermittelmenge viel zu groß, um eine zeitlich genaue Ölförderung von genügend geringer Menge zu ermöglichen.

Diese Übelstände führten zur Konstruktion der heute gebräuchlichen Schmierpumpen mit zahlreichen einzelnen, unabhängig voneinander arbeitenden Pumpenelementen, von denen jedes als selbständige kleine Kolbenpumpe ausgebildet ist und selbst die geringsten Schmiermittelmengen mit großer Sicherheit gegen höchsten Druck zu fördern vermag.

Von den zahlre'chen am Markt befindlichen bewährten Schmierpumpen sei nachstehend als Beispiel einfacher und zweckmäßiger Konstruktion nur die DSI-Pumpe mit Drehkolben (Abb. 75, 76 und 77) der Maschinenfabrik De Limon, Fluhme & Co. in Düsseldorf erwähnt.

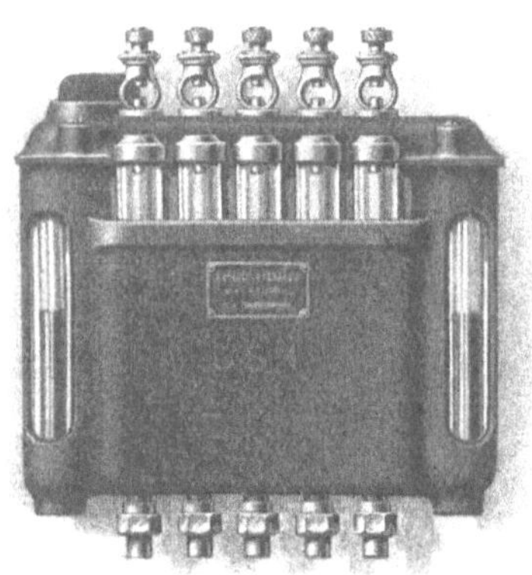

Abb. 75. Schmierpumpe der Maschinenfabrik De Limon, Fluhme & Co., Type DSI, Bauart Friedmann, mit Drehkolben und sichtbarer Tropfenkontrolle.

Bei dieser Pumpe dient der Förderkolben gleichzeitig als Steuerkolben, indem er außer der auf und ab gehenden Bewegung auch noch eine drehende Bewegung ausführt, so daß der Pumpenzylinder wechselweise, während des Aufwärtshubes mit dem Saugraum, während des Abwärtshubes mit dem Druckraum in Verbindung gebracht wird.

Der Antrieb erfolgt von der Exzenterwelle 26 (Abb. 77) aus, indem das Kugelzäpfchen des Kreuzgelenkes 25 im Kreise herum mitgenommen wird. Um dieser Bewegung folgen zu können, muß das Kreuzgelenk 25 auf seiner Achse eine schwingende und gleichzeitig eine achsial hin und her gehende Bewegung ausführen. Hierdurch wird auch die die einzelnen Pumpenstempel antreibende Längswelle in eine schwingende und hin und her gehende Bewegung versetzt, wodurch ein Drehen der Pumpenkolben 14 (Abb. 76) und damit die erforderliche Steuerbewegung erzielt wird. Bei der Aufwärtsbewegung des Kugelzäpfchens in Abb. 76 folgt der Kolben, unter dem Druck der Feder 13, dem Zäpfchen nach oben und bewirkt das Ansaugen. Der Abwärtsgang des Pumpenstempels erfolgt zwangläufig, unter dem unmittelbaren Druck des Kugelzäpfchens auf den Pumpenkolben.

Zur Steuerung des Saug- bzw. Druckhubes dient ein seitlich in den Pumpenkolben eingearbeiteter Schlitz, der durch eine achsiale Bohrung im Kolben den Zylinderraum abwechselnd mit der Saug- bzw. Druckleitung verbindet. — Die Stellschraube 18 (Abb. 76) begrenzt den Pumpenhub, je nach Wunsch, von Null bis Vollhub und ermöglicht dadurch eine Regelung der Liefermenge in den weitesten Grenzen.

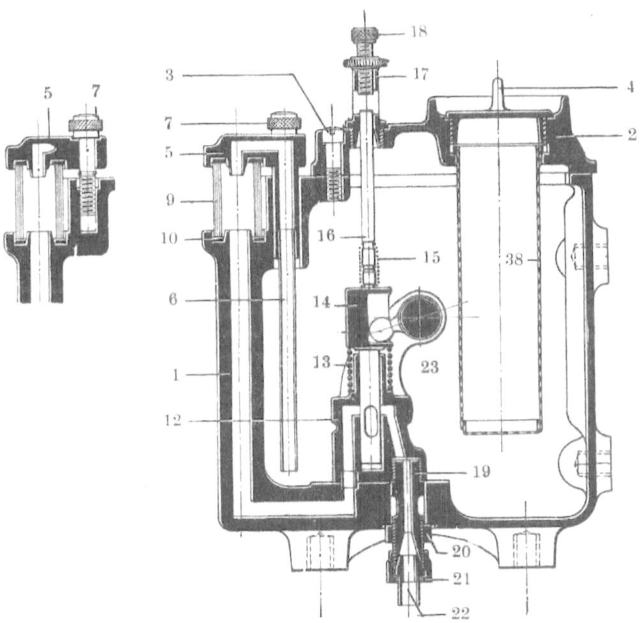

Abb. 76. Querschnitt durch die Schmierpumpe Abb. 75.

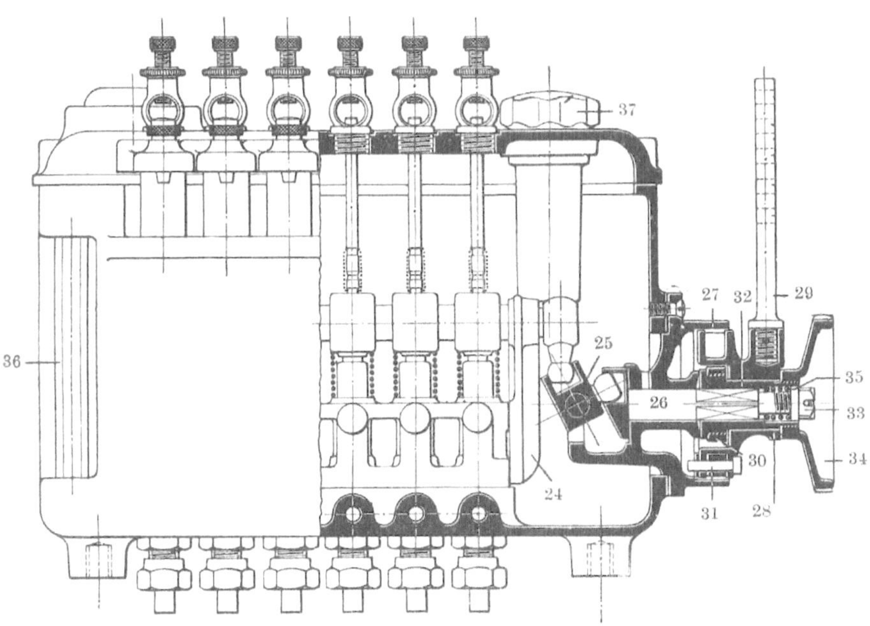

Abb. 77. Längsschnitt durch die Schmierpumpe Abb. 75.

Als besonderer Vorteil dieser Pumpenbauart ist die von außen sichtbare Stempelbewegung bei *16* bzw. *17* (Abb. 76) und die bei jeder Schmierstelle durch ein weites Schauglas *9* sichtbar gemachte Ölförderung (Ansaug-Zulaufmenge) zu bezeichnen. Man kann also nicht nur jederzeit erkennen, ob alle Pumpenstempel arbeiten, sondern kann auch gleichzeitig die für jede Schmierstelle bestimmte Fördermenge unmittelbar sehen. — Zwei Ölstandsgläser (Abb. 75) gestatten außerdem eine bequeme Kontrolle des jeweiligen Ölstandes im Pumpengehäuse. —

Für Fettschmierung sind, wie bereits in Abschnitt 20 dargelegt, ihrer bequemen Anwendung wegen die automatischen Schmierbuchsen von besonderem Interesse. Die bisherigen Geräte dieser Art wiesen allerdings den Nachteil auf, daß sie entweder nach einmaliger Fettfüllung

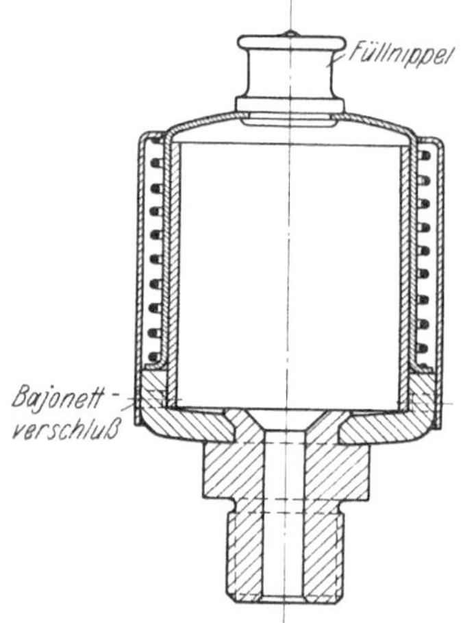

Abb. 78. Mewi-Buchse. Schmierbuchse zur selbsttätigen und gleichmäßigen Versorgung einer Schmierstelle mit Fett.

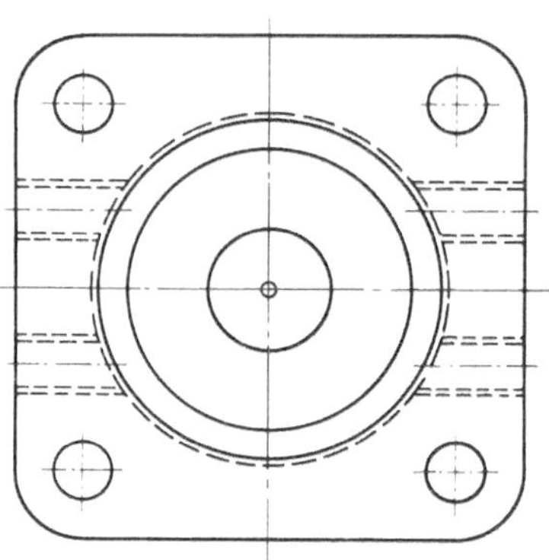

Abb. 79. Mewi-Buchse nach Abb. 78 als automatisches Fett-Zentralschmiergefäß mit mehreren Auslässen durch den Befestigungsflansch.

wiederholt von Hand nachgespannt werden müssen, also nicht vollautomatisch wirken, wobei zum Nachfüllen von Fett die Buchse auseinandergeschraubt werden muß und der jeweilige Fettvorrat von außen nicht festgestellt werden kann oder aber daß der Fettdruck sehr (bis ± 80%) ungleichmäßig ist und daher zu Anfang Fettvergeudung, zum Schluß Fettmangel auftreten läßt.

Eine praktisch völlig gleichmäßige Förderung (± 6%) ergibt die Mewi-Buchse der Metallwerk Windelsbleiche G. m. b. H. Bielefeld, wodurch der Fettdruck sehr niedrig gehalten werden kann und dementsprechend ein sehr geringer Schmiermittelverbrauch gewährleistet ist.

Das Füllen der Schmierbuchse, die auch unmittelbar in Verbindung mit stählernen Lagerungsbolzen als „Mewi-Bolzen" zur Ausführung gelangt, erfolgt unter Staubabschluß, ohne die Buchse öffnen zu müssen, und der jeweilige Fettvorrat ist von außen stets deutlich sichtbar. Den gleichmäßigen Fettdruck bewirkt die neue Anordnung und Aus-

bildung der Druckfeder, die ebenfalls unter Staubschutz ausgetauscht
werden kann, ohne die Glocke vom Buchsenkörper abziehen zu müssen.

Abb. 78 zeigt die Mewi-Buchse (D.R.P. a., D.R.G.M.) in Normal-
ausführung mit kräftigem Gewindezapfen, im Längsschnitt. Wie er-

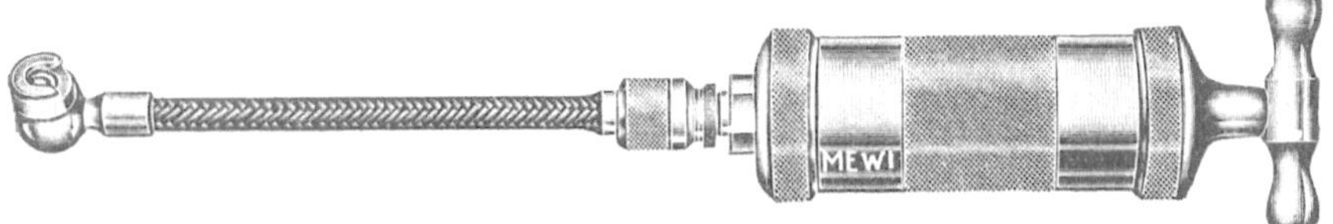

Abb. 80. Mewi-Handfettpresse zum Auffüllen von Fettschmierbuchsen.

sichtlich, dient der Füllnippel (oben) zum Anschluß einer normalen
Fettpresse mit Schlauchmundstück, während der äußere Mantel durch
einen bequem lösbaren Bajonettverschluß entfernt werden kann, wo-

Abb. 81. Mewi-Großfettpresse zum schnellen Beschicken umfangreicher Fettschmieranlagen.

nach die Feder zum Austauschen frei liegt. Diese Einrichtung ermöglicht die Verwendung leichterer oder zäherer Fettsorten bzw. kürzerer
oder längerer Zuleitungen.

Abb. 79 veranschaulicht den Grundriß einer Mewi-Buchse in Ausführung als automatisches Zentralschmiergefäß mit mehreren Auslässen durch den Befestigungsflansch. Diese Schmiergefäße werden vor-

zugsweise in solchen Fällen Anwendung finden, wo eine größere Anzahl von Schmierstellen mit annähernd gleichem Fettbedarf gegeben ist.

Zum Auffüllen der Buchsen mit Fett, was ohne weiteres während des Betriebes erfolgen kann, bedient man sich einer üblichen Hand-fettpresse, beispielsweise der Mewi-Spindelpresse nach Abb. 80 oder, bei größerem Fettbedarf, der fahrbaren Großfettpresse „Mewi 1000" nach Abb. 81. Letztere hat einen Fettinhalt von 5 kg und ist bequem von Hand (durch Schwingen des Handgriffes links oben am Behälter-deckel) oder durch Fußdruck zu betätigen. Infolge der großen Über-setzung erzielt man ohne Kraftanstrengung 300 at Fettdruck. Neben jeder Art von Handpressen stellt das Metallwerk Windelsbleiche auch eine pneumatisch wirkende „Rückenpresse" her (kompendiös gebaute Großfettpresse zum bequemen Tragen auf dem Rücken), die sich be-sonders zum Abschmieren von Elevatoren, Becherwerken, Kranen und Transportanlagen sowie für alle jene Verhältnisse eignet, bei denen eine fahrbare Presse nicht anwendbar ist.

Zusammenfassung.

1. Die einfachste und zweckmäßigste Pumpe zur Förderung größerer Schmiermittelmengen auf geringe bis größere Druckhöhen ist die Zahn-radpumpe.

2. Jede Zahnradpumpe sollte mit einem Umlauforgan und einem federbelasteten Überlaufventil ausgerüstet sein, um den Kraftverbrauch stets der nutzbaren Ölmenge anpassen und den Öldruck selbsttätig auf gleichbleibender Höhe erhalten zu können.

3. Bei jeder Preßölanlage muß das gesamte zu den Verbrauchsstellen fließende Öl durch ein feinmaschiges Hauptstromölfilter gedrückt werden, um Zapfenverschleiß durch Ölunreinigkeiten zu verhüten.

4. Ölkühler zur künstlichen Kühlung des Schmieröles sind stets in die Druckleitung, und zwar hinter dem Filter einzubauen, da das Öl noch in möglichst warmem (dünnflüssigem) Zustande das Filter passieren soll.

5. Um unnötige Überlastungen des Ölfilters zu verhüten, ist das Öl-überlaufventil stets vor dem Ölfilter in die Druckleitung einzuschalten.

6. Die bequemste Reinigung bei größter Lebensdauer und hoher Filterleistung geben Druckfilterplatten aus eingefaßtem Metalltuch-gewebe mit 10000 bis 17000 Maschen/cm^2 (Helms-Platten).

7. Die Anwendung von Filtern in der Saugleitung ist wegen mög-licher Betriebsgefährdung (Abreißen der Ölsäule in der Saugleitung) zu vermeiden.

8. Absperrorgane sollen bei Preßschmierung weder in der Saug-leitung noch in der Druckleitung vorhanden sein; hingegen ist die An-ordnung je eines Rückschlagventiles in der Druckleitung hinter der Zahnradpumpe und am Ende der Saugleitung, als Fußventil, zweck-mäßig.

9. Verantwortungsvolle Fettlager sollten nie durch Stauffer-Buchsen, sondern stets durch selbsttätig wirkende Schmierbuchsen versorgt werden.

10. Selbsttätige Fettschmierbuchsen sollen vollautomatisch wirken, jederzeit von außen den Fettstand erkennen lassen, praktisch gleichbleibenden, verhältnismäßig geringen Fettdruck ergeben und nachfüllbar sein, ohne daß die Buchse geöffnet zu werden braucht.

22. Schmiermittel und Lagermetalle.

Bevor auf die rein praktische Betrachtung der Schmiermittel eingegangen wird, sollen zunächst die physikochemischen Forschungen auf diesem Gebiete kurz besprochen werden.

Der Techniker sieht die Schmiermittel, zumindest die Öle, gewohnheitsgemäß als physikalisch und chemisch homogene Substanzen an. Aus der Erdölchemie ist es indes seit langem bekannt, daß in den Schmierölen Gemische aus sehr vielen Komponenten vorliegen. Die Versuche von Hardy, Harkins, Wilson und Barnard, Bragg, Wilharm, Trillat, Becker, Seyer und McDougall u. a. haben des ferneren erwiesen, daß unter Umständen einzelnen Komponenten eines Öles bei der Schmierung eine maßgebende Rolle zufallen kann; z. B. bei der sogen. „Grenzschmierung", — der Vorstufe halbflüssige Reibung.

Das Schmieröl zwischen den Gleitflächen unterliegt dem Einfluß des Kraftfeldes der festen „Grenzflächen", was zur Bildung „orientierter", zum Teil fest haftender Grenzchichten führt, deren Natur bzw. Haftfestigkeit von den physikalischen Eigenschaften sowohl der festen Grenzflächen, wie auch der Komponenten des Ölgemisches abhängt. Diese als „Orientierung" bezeichnete Schichtung, d. h. die Art der Grenzschicht, ist die Folge von molekularen Anziehungskräften zwischen den Grenzflächen und den chemischen Bestandteilen des Schmiermittels.

In ähnlicher Weise schichtenbildend (orientierend), wenngleich meist in schwächerem Maße, wirken die durch die Gleitbewegung entstehende Strömung in der Schmierschicht sowie der senkrechte Druck auf die Gleitflächen, so daß man etwa von 3 gleichsinnigen Einflüssen sprechen könnte: der Orientierung durch die Molekularanziehungskräfte zwischen Grenzflächen und Schmiermittel, der Strömungsorientierung, und gegebenenfalls der Druckorientierung.

Die Grenzschichtenorientierung sollte infolge der genannten Wechselwirkung nicht nur von „polaren Verbindungen" des Schmiermittels, sondern auch von „aktiven Grenzflächen" ausgehen können. In beiden Fällen darf als Effekt angenommen werden, daß der Schmierfilm sich in der Nähe der Grenzflächen in Form von Doppel- bzw. Einzelmolekülschichten ausbildet, die in ihrer Gesamtheit als Adsorptionsfilm bezeichnet werden. Die sich nach den Grenzflächen hin mehr und mehr verdichtenden Schichten schließen mit einer monomolekularen, unmittelbar an der Grenzfläche fest verankerten Schicht ab, die nach Hardy Primärschicht, nach Woog — einer Bezeichnung von Ritter folgend — Epilamen genannt wird.

Diese Grenzschichtenbildung, die für die Grenzschmierung, d. h. bei äußerst dünnen Schmierfilmen, als erwiesen angesehen wird, sollte an sich auch bei stärkeren Schmierschichten zu erwarten sein, indem dann zwischen den Grenzschichten eben noch eine Zone nicht oder fast nicht orientierten Schmiermittels verbleibt, in der sich die Strömungsvorgänge der flüssigen Reibung abspielen. Die zur freien Schmierschicht — oder (im Falle der Grenzschmierung) gegeneinander — gerichteten Ausläufer der Grenzschicht werden offenbar noch aus Schichten ziemlich leichter Verschieblichkeit bestehen, doch wird letztere mit nach den Wandflächen zunehmender Dichte vermutlich mehr und mehr abnehmen.

Durch die röntgenspektrographischen Untersuchungen von Trillat ist auch ein gewisser Einblick in die Ursachen der leichten Verschieblichkeit der Einzelschichten gewisser Adsorptionsfilme gewonnen worden. Letztere erklärt sich z. B. bei den ausgesprochen stark polaren Fettsäuren daraus, daß durch die Grenzflächenorientierung Ebenen geringsten Verschiebungswiderstandes — analog den Ebenen leichtester Spaltbarkeit bei Kristallen — geschaffen werden.

Für die Haftfähigkeit eines Schmiermittels an den Grenzflächen ist nach Versuchen von Hardy und Harkins die Stärke der Polarität des Schmiermittels maßgebend. Stark polar sind z. B. Schmiermittel mit gewissen Säurezusätzen (Fettsäuren) oder Triglyzeriden, in weniger starkem Maße auch solche mit ungesättigten sowie sauerstoff- oder schwefelhaltigen Verbindungen; apolar oder unpolar sind neutrale Kohlenwasserstoffverbindungen, wie z. B. Paraffine.

Nach praktischen Erfahrungen der Schmiertechnik wird eine hohe Haftfähigkeit des Schmierfilmes an den Gleitflächen durch Anwendung graphitierter Laufflächen erreicht, was daraus hervorgeht, daß der Ölfilm von graphitierten Gleitflächen sehr viel schwerer zu verdrängen ist als von blanken Metallflächen, wie das bekanntlich wiederholt durch Laufversuche bei Ölmangel (also im Grenzgebiet, bis zur stärksten halbflüssigen Reibung) nachgewiesen worden ist. Der Wirkung nach scheint es sich hierbei um einen wesensgleichen Vorgang wie bei polaren Schmiermitteln zu handeln, so daß man eine graphitierte Gleitfläche als „aktive Grenzfläche" oder aktivierte Lauffläche bezeichnen könnte; ob dabei auch die Bildung orientierter Grenzschichten auftritt, ist bisher noch nicht erwiesen, doch erscheint es naheliegend.

Hiernach würde es zur Erreichung höchster Haftfestigkeit des Schmierfilmes prinzipiell zwei Wege geben: entweder durch reine Metallflächen in Verbindung mit polaren Schmiermitteln oder durch neutrale Schmiermittel in Verbindung mit durch Graphit aktivierten Gleitflächen; (andere schmiertechnisch „aktive Gleitflächen" sind bisher noch nicht bekannt geworden). Zur erstgenannten Kombination ist allerdings zu bemerken, daß stark polare Verbindungen enthaltende Schmiermittel entweder selbst nicht einflußbeständig sind oder aber metallene Gleitflächen auf die Dauer angreifen könnten. Scheidet man solche Stoffe aus, so würden damit zur Steigerung der Haftfestigkeit des Ölfilmes praktisch entweder nur mäßig polare Schmiermittel oder aktive Grenzflächen in Form graphitierter Metallflächen in Frage kommen, wobei der Graphit in kolloidaler Form dem Schmiermittel zugesetzt oder organisch mit dem Lagermetall zu graphitiertem Metall verbunden zur Anwendung gelangen kann.

Zieht man in Betracht, daß die Verschieblichkeit der einzelnen Schmierschichtlamellen durch die verhältnismäßig sehr großen Unebenheiten der normalen Gleitflächenbearbeitung zweifellos erheblich beeinträchtigt wird, so erscheint die im Rahmen dieses Buches wiederholt gegebene Weisung, die Tiefe der Unebenheiten durch vollkommenere Bearbeitung und durch Ausfüllen mit Graphit zu vermindern, doppelt angezeigt. Hierbei ist noch beachtenswert, daß der Graphit infolge seiner schüppchenartigen Struktur die leichte Parallelverschieblichkeit der Schichten nicht nur nicht behindert, sondern ausgesprochen fördert, indem die Schüppchen sich parallel zur Strömungsrichtung flachlegen, sich also gewissermaßen mit „orientieren".

Die in der Literatur von mancher Seite bereits als Tatsache hingestellte Möglichkeit, daß die Reichweite der Grenzflächeneinflüsse sich bis auf Tiefen von etwa 0,006 mm erstrecken und der orientierte Aufbau der Schichten sich somit bei flüssiger Reibung (etwa durch Induktion) bis auf mittlere Schmierschichtstärken ausdehnen kann, ist bis jetzt noch nicht einwandfrei erwiesen, doch lassen mancherlei Beobachtungen wohl darauf schließen. — Quantitativ bedeutende Einflüsse stehen dabei jedoch nicht in Frage. —

Ausführlichere Quellenangaben über die genannten und noch weiter in Betracht kommenden Forschungsarbeiten können den Aufsätzen von Blom[5] und Karplus[56] bzw. dem Buch von Walther[101] entnommen werden.

Auch die neuerdings experimentell gestützten Arbeiten von Kyropoulos (Verh. d. Deutsch. Physikal. Ges. 12, 1931), die sich hauptsächlich auf die Erforschung der Strömungsorientierung erstrecken, sind sehr zu beachten; namentlich auch die dortigen Bemerkungen bezüglich des reibungsvermindernden Einflusses des Graphites. — Eine zahlenmäßige Feststellung der Schmiermittelorientierung durch den auf elektrischem Wege ermittelten „Orientierungseffekt" wird von V. Vieweg angestrebt (s. Z. V. d. I. 1930, H. 12, S. 372). —

Betrachten wir nun die Ergebnisse der bisher erwähnten (im entferntesten noch nicht abgeschlossenen) Forschungen auf physikochemischer Basis vom Standpunkt ihres Nutzens für die Praxis, so läßt sich etwa folgendes feststellen: zunächst, daß der mit den gebräuchlichen Geräten meßbare Wert der Zähigkeit zur Berechnung der Tragfähigkeit oder der Reibung bei im Grenzgebiete arbeitenden Lagern allein nicht ausreicht. Diese Tatsache war an sich auch bisher schon bekannt, ohne daß man allerdings plausible wissenschaftliche Begründungen dafür anzuführen wußte. Letztere scheinen ihrem Grundcharakter nach durch die neueren Untersuchungen in etwa gegeben zu sein, obschon dadurch an sich noch kaum etwas gewonnen ist.

Ähnlich liegt es mit der Einschätzung des Graphites. Seine günstigen schmiertechnischen Eigenschaften waren aus der Praxis seit langem bekannt; nur schienen die bisherigen Erklärungen der erzielten Wirkungen noch nicht ganz befriedigend. Auch nach dieser Richtung können die physikochemischen Betrachtungsmethoden als theoretisch erkenntnisfördernd bezeichnet werden.

Als weitere Klärung der Schmiermittelfrage wäre die Feststellung zu verzeichnen, daß die an sich (von den Compound-Ölen her) längst bekannte, die Haftfestigkeit bei halbflüssiger Reibung erhöhende Wirkung von Zusätzen fetter Öle nunmehr wissenschaftlich eine gewisse Begründung erfahren hat und daß inzwischen namentlich die Schmieröle im Verbrennungsmotorenbetriebe in bezug auf den Charakter der sich bildenden Ölkohle näher erforscht worden sind (Kyropoulos[62]), auf welche Notwendigkeit schon die Arbeit des Verfassers „Kurbelwellen- und Ölverschleiß"[26] hingewiesen hatte.

Da es nach den genannten Forschungen noch nicht möglich ist, die bisherigen Berechnungsmethoden zu bereichern, müssen wir uns vorläufig damit begnügen, für die erwünschten Ergebnisse quantitativer Versuche geeignete Verwertungsmöglichkeiten vorzusehen.

Bei der Berechnung der Tragfähigkeit eines vollkommen geschmierten Lagers (— unvollkommen geschmierte Lager zu berechnen, wird kaum je gelingen —) handelt es sich ja bekanntlich in der Hauptsache darum, die zu erwartende Schmierschichtstärke mit Hilfe des direkt oder indirekt gegebenen Wertes der Ölzähigkeit zu ermitteln: Die hydrodynamische Theorie errechnet die Wellenverlagerung aus dem Lagerspiel, der Belastung und Drehzahl durch Einsetzen der absoluten Zähigkeit als Schubmodul des Schmiermittels, wie das bei einer Rechenmethode der Flüssigkeitsmechanik nicht anders möglich ist. Unter Außerachtlassung aller sonstigen Fehlermöglichkeitsquellen kann sich hierbei ja lediglich herausstellen, daß die errechnete Schmierschichtstärke oder Reibungsleistung größer oder kleiner ist als sie der praktische Versuch ergibt. Wäre mit einem entsprechend kleineren bzw. größeren Wert der Zähigkeit oder der Kennziffer i gerechnet worden, so bestünde bei der Ermittlung der geringsten Schmierschichtstärke bzw. Reibung zwischen Rechnung und Versuch Übereinstimmung. Für gewisse Konstellationen von Gleitflächenbaustoffen und Schmiermitteln wird sich sogar aller Wahrscheinlichkeit nach von vornherein Übereinstimmung ergeben.

Wie bereits in der ersten Auflage dieses Buches zum Ausdruck gebracht, sollte sich die angestrebte Übereinstimmung zwischen Rechnung und Versuch in einfachster Weise durch Korrektion des Zähigkeitswertes erreichen lassen, da eine Beeinflussung des Schmiermittels zwischen den Gleitflächen sich in bezug auf die entstehende Schmierschichtstärke oder den Reibungswert wohl in allen Fällen durch veränderte (oder scheinbar veränderte) Zähigkeit zum Ausdruck bringen lassen dürfte. Man würde dann beispielsweise feststellen, daß dieses oder jenes Öl entweder infolge zu geringer Tragfähigkeit als voll geeignetes Schmiermittel ganz ausscheidet bzw. seine Zähigkeit im Lager (gegenüber seinem Viskositätswert) „vermindert" oder „vergrößert", so daß entsprechende Korrekturen des rechnerischen Zähigkeitswertes vorzunehmen wären.

In unseren Berechnungen auf Tragfähigkeit hätten wir dann statt z etwa den Ausdruck $\vartheta \cdot z$ einzuführen, wobei ϑ den Zähigkeitskorrektionsfaktor bedeuten würde, dessen Zahlenwerte durch eine Reihe sorgfältig durchzuführender Vergleiche zwischen dem Ergebnis der Rechnung und korrespondierenden praktischen Versuchen in der Nähe des Grenzgebietes zu gewinnen wären.

Aller Wahrscheinlichkeit nach wird sich der Korrektionsfaktor ϑ als vom Schmiermittel, den Gleitflächenmaterialien, der Schmierschichtstärke, der Flächenpressung, der Gleitgeschwindigkeit und der Gleitflächenbearbeitung abhängig erweisen, so daß eine beträchtliche Reihe von Vergleichsversuchen erforderlich werden dürfte. Es ist aber auch durchaus möglich, daß sich mehrere (vielleicht sogar die meisten) der genannten Einflüsse als so unwesentlich ergeben, daß sie praktisch vernachlässigt werden können. — Diese Vermutung scheint beispielsweise durch die Lagerlaufversuche von Schneider[82] schon eine Bestätigung zu finden: Die ermittelten Reibungswerte zeigten nämlich bei 110 Einzelversuchen, von denen über 30% im Grenzgebiet bzw. im Gebiet halbflüssiger Reibung lagen, bei 5 ganz verschiedenen Ölen durchaus übereinstimmenden (nur um $\pm 5\%$ variierenden) Verlauf, was auf verschwindend kleine Molekulareinflüsse hindeutet, sofern die Differenzen nicht noch andere Ursachen haben. Selbst bei starker halbflüssiger Reibung war das Ergebnis fast das gleiche.

Quantitative Versuchsergebnisse in molekularphysikalischer Richtung sind erst durch die während der schon fortgeschrittenen Drucklegung dieses Buches veröffentlichte Arbeit von Büche[7] bekannt geworden. Die Untersuchungen erstreckten sich einleitend auf die Ermittlung der Benetzungswärme verschiedenartiger Schmieröle gegenüber feinstverteiltem Eisenpulver und ergaben für pflanzliche Öle und Compoundöle höhere Werte als für reine Mineralöle und Teeröl. Die hierauf aufgebaute Annahme, daß damit ein Maß für die Öl-Schlüpfrigkeit gefunden sei, fand insofern ihre Bestätigung, als die anschließend durchgeführten Reibungsversuche an äußerst wenig geschmierten ebenen Gleitflächen und einem Querlager bei halbflüssiger Reibung und im Grenzgebiete bei gleicher Zähigkeit um so geringere Reibungswerte und größere Schmierergiebigkeit ergaben, je höher die Benetzungswärme des verwandten Öles lag. — Zu einer allgemeinen Korrektur des rechnerischen Zähigkeitswertes im obigen Sinne reicht allerdings auch diese Versuchsarbeit allein nicht aus, so daß wir Gleitlagerberechnungen vorläufig noch mit dem bisherigen konstanten Faktor $\vartheta = 1$ durchführen müssen. Mit Rücksicht darauf, daß größere Genauigkeiten bei der Berechnung von Gleitlagern aus zahlreichen anderen Gründen ohnedies nicht möglich sind, sollten übertriebene Erwartungen an den praktischen Wert der neuen Ermittlungen nicht geknüpft werden. —

Wenden wir uns nunmehr einer kurzen Besprechung der Schmiermittel, und zwar zunächst den flüssigen Schmiermitteln, zu!

Die an ein Öl zu stellenden Anforderungen in bezug auf einen bestimmten Verwendungszweck lassen sich kurz durch zwei Eigenschaften zum Ausdruck bringen. Es ist zu verlangen: Genügende Tragfähigkeit und genügende Neutralität.

Die erste Eigenschaft umfaßt: Dem Verwendungszweck entsprechende Zähigkeit und Haftfestigkeit.

Die zweite Eigenschaft hat zu umschließen: Korrosionsinaktivität und chemisch-physikalische Beständigkeit (d. h. praktische Säurefreiheit, Oxydationsfestigkeit, Rückstandfreiheit, nicht zu hohe Verdampfbarkeit und gegebenenfalls Emulsionsfestigkeit und Kältebeständigkeit).

Diese gedrängte Zusammenfassung der wichtigsten Grundeigenschaften, die ein wohlgeeignetes Schmieröl besitzen muß, kann nur einer ganz allgemeinen Orientierung dienen; ein näheres Studium der verschiedenen Eigenschaften, bestehenden Lieferungsvorschriften und Prüfmethoden der Schmieröle hat an Hand der diesbezüglichen Fachliteratur zu erfolgen. Außer dem besonders für Schmiermittelfachleute bestimmten sehr umfangreichen Standardwerk von Holde[51] stehen für diesen Zweck u. a. folgende Bücher zu Gebote: Ascher[1], zur allgemeinen Unterrichtung über Entstehung, Gewinnung, Auswahl und namentlich Prüfung der Schmiermittel; Ehlers[15], umfassend Herkunft, Eigenschaften, Einkauf und insbesondere die richtige praktische Verwendung und Bewertung der Schmieröle und Fette; Walther[101], enthaltend kurze Angaben mit umfangreichen Quellennachweisen über Schmierwert, Herstellung, chemischen Aufbau und Analyse der Schmieröle. Außerordentlich wertvoll für die Praxis sind schließlich die allbekannten „Richtlinien für den Einkauf und die Prüfung von Schmiermitteln" des Vereines deutscher Eisenhüttenleute, Gemeinschaftsstelle Schmiermittel, und des Deutschen Verbandes für die Materialprüfungen der Technik (Ausschuß IX)[94], denen Einteilung und Kennzeichnung, Verwendungszweck, Anforderungsdaten und Prüfverfahren aller gebräuchlichen Industrieöle und Fette in übersichtlicher Form zu entnehmen sind.

An dieser Stelle sollen daher nur einige einzelne Hinweise von allgemeinem Interesse gegeben werden:

Als Schmieröle kommen, ihrer größeren Beständigkeit wegen, heute fast ausschließlich Mineralöle aus Erdölen zur Anwendung, doch ist das sog. „Verschneiden" der Mineralöle zu Compoundölen (Zusetzen kleiner Mengen von tierischen oder pflanzlichen Ölen), für viele Zwecke sehr beliebt, weil sich dadurch die bei halbflüssiger Reibung wichtige Haftfestigkeit erhöht.

Der Art nach kann man Mineralschmieröle aus Erdölen unterteilen in:

Rückstandsöle: Entstehen als Rest aus dem Rohöl nach erfolgtem Abdestillieren von Benzin und Petroleum, gegebenenfalls auch mittlerer und schwererer Anteile. (Zylinderöle, Achslageröle, geringwertigere Schmieröle.)

Destillate: Entstehen in Form sog. Fraktionen aus Rohöl durch Abdestillieren in mehr oder weniger engen Siedegrenzen (Zylinderöle, Getriebeöle, Dynamoöle, gewöhnliches Maschinenöl).

Raffinate: Entstehen aus Destillaten oder Konzentraten durch Säuern, Laugen und Waschen oder durch Filtrieren über Floridaerde, Fullererde oder Knochenkohle, ohne Säurebehandlung (beste Zylinderöle, Lagerschmieröle, Verbrennungsmotorenöle, Getriebeöle, Dynamoöle, Spindelöle).

Raffinate müssen überall da angewandt werden, wo das Öl starken und andauernden physikalischen und chemischen Beanspruchungen ausgesetzt ist, denen gewöhnliche Destillate ihrer geringeren Beständigkeit wegen nicht gewachsen sind. Bei weniger schweren Bedingungen und namentlich überall da, wo das Schmieröl nicht zurückgewonnen werden kann, genügen in den meisten Fällen Destillate oder auch Rückstandsöle. — Mit compoundierten Ölen ist, trotz ihrer unbestritten hohen Haftfähigkeit, insofern eine gewisse Vorsicht geboten, als durch Auftreten freier Fettsäuren die Gleitflächen angegriffen werden können. Dies ist außer bei Kreislaufschmieranlagen insbesondere bei Dampfzylinderschmierung und namentlich bei Rückspeisung des Kondensates in den Kessel zu beachten, da die Fettzersetzungsprodukte sich nie völlig aus dem Kondensat ausscheiden lassen.

Das spezifische Gewicht eines Öles kennzeichnet unmittelbar weder Schmiereigenschaften noch Haltbarkeit. Wohl aber kann es indirekt, und zwar dadurch, daß es in bestimmten Fällen die Herkunft bzw. die Klasse des Öles verrät, sichere Schlüsse auf die Eigenschaften des Öles ermöglichen. Gewisse pennsylvanische Öle sind z. B. an ihrem auffällig niedrigen spezifischen Gewicht zu erkennen.

Auch der Flammpunkt hat mit der Schmierfähigkeit nichts zu tun. Er bietet bei Maschinenölen hauptsächlich einen Anhalt für die Verdampfbarkeit. Sind bei hohen Temperaturen (z. B. bei Kapselmaschinen) Schwadenbildung oder Dunstbelästigung zu befürchten bzw. unzulässig, so müssen auch Maschinenöle einen verhältnismäßig hohen Flammpunkt (200 bis 210°) aufweisen. Sind die genannten Verhältnisse jedoch nicht gegeben, so hat die Forderung hoher Flammpunkte keine Berechtigung und würde lediglich den Preis des Öles zwecklos erhöhen.

Das oben Gesagte gilt auch für Verbrennungskraftmaschinen. Zu starkes Verdampfen muß vermieden werden, doch darf der Flammpunkt wiederum nicht so hoch liegen, daß die in den Verbrennungsraum hochgenommenen Ölmengen nicht restlos im Zylinder verbrennen. — Der Aufsatz „Falz: Kurbelwellen- und Ölverschleiß im Verbrennungsmotorenbetriebe"[26] geht auf die Ölwahl für Motoren näher ein. (Siehe jedoch auch die jüngere Arbeit von Kyropoulos[62]!)

Der Stockpunkt, d. h. diejenige Temperatur, bei welcher das Öl aufhört, flüssig zu sein, ist für Maschinen wichtig, die auch bei großer Kälte zu arbeiten haben, wie z. B. Luftfahrzeuge, Automobile, Schienenfahrzeuge, Kältemaschinen usw. In solchen Fällen wählt man den Stockpunkt von $-5°$ bis zu $-25°$ C.

Der Wassergehalt eines Öles ist namentlich für Dochtschmierung von Wichtigkeit. Er darf etwa 0,5 $^0/_{00}$ nicht übersteigen, da die Saugfähigkeit sonst zu stark beeinträchtigt wird.

Der Aschegehalt kennzeichnet die Menge der beim Verbrennen eines Öles zurückbleibenden festen Bestandteile, die beispielsweise in Verbrennungsmotorzylindern Verschleißwirkungen hervorrufen können. Für die meisten Schmieröle wird der zulässige Aschegehalt zwischen 2 bis 0,2 $^0/_{00}$ begrenzt.

Die Emulgierbarkeit eines Öles ist dessen Eigenschaft, nach inniger Mischung mit (warmem) Wasser sich nicht wieder vollständig abzusondern. Dampfturbinenöle dürfen beispielsweise gar nicht emulgieren.

Die Säurezahl ist ein Maß für den gesamten Säuregehalt eines Öles. Sie darf bei reinen Mineralölen, je nach deren Zweck, etwa 0,2 bis 1,4 betragen; bei Compoundölen bis zu 6. — Die höheren Zahlen für reine Mineralöle gelten für Zylinderöle.

Der Asphaltgehalt der besseren Lagerschmieröle muß null oder nahezu null sein, um Rückstandsbildungen zu verhüten; bei Dampfzylinderölen wird ein Hartasphaltgehalt von 0,2 bis 0,5% zugelassen.

Die Zähigkeit oder Viskosität ist auf keinen Fall ein Kennzeichen der Güte eines Öles, sondern nur ein Maßstab für dessen Schubfestigkeit bzw. Tragfähigkeit. (Daß zähflüssigere Öle in der Regel teurer sind als dünnflüssige, hat seinen Grund lediglich in der kostspieligeren Herstellung bzw. Gewinnung der ersteren.) Die Zähigkeit eines Schmieröles soll mindestens so groß sein, daß der Lagerdruck bei der gegebenen Zapfengleitgeschwindigkeit die Gleitflächen nicht bis zur gegenseitigen Berührung gegeneinanderpreßt, so daß noch flüssige Reibung gewährleistet ist. Je mehr der Gleitvorgang in das Gebiet der halbflüssigen Reibung hineintaucht, um so wichtiger ist die eingangs erwähnte Eigenschaft der Haftfestigkeit des Schmiermittels und um so wirksamer sind graphitierte Gleitflächen und compoundierte oder (im Grenzfalle) pflanzliche Schmieröle.

Diese Tatsachen dürfen jedoch den Maschinenbauer nicht dazu verleiten, sich mit halbflüssiger Reibung zufriedenzugeben (selbst wenn letztere sehr günstige Reibungszahlen ergibt), da der anzustrebende Fortschritt in der Schmiertechnik nicht in absolut-geringster Reibung, sondern vielmehr in verschleißlosem Betrieb und erhöhter Betriebssicherheit zu suchen ist. Beide letztgenannten Fortschrittsmomente sind jedoch durch halbflüssige Reibung nicht zu erreichen, wohingegen durch zweckmäßige Lagerausbildung, richtige Wahl des Lagerspieles und hochvollkommene Bearbeitung der Gleitflächen (wie in den vorausgegangenen Abschnitten gezeigt) bei richtiger Wahl der Ölzähigkeit sehr wohl reine Flüssigkeitsreibung erzielbar sein wird.

Die zweckmäßigste Ölzähigkeit kann rechnerisch oder experimentell bestimmt werden. Die rechnerische Bestimmung, die nur bei bekanntem Lagerspiel, gegebener Belastung, Drehzahl und Zapfenstärke möglich ist, geht aus den Abschnitten 18, 19, 25 und 26 hervor.

Bei der Bestimmung der zweckmäßigsten Ölzähigkeit auf experimentellem Wege, d. h. durch Messen der Lagerreibung bei Verwendung dickflüssigerer und dünnflüssigerer Öle, ist stets zu beachten, daß der geringste Kraftverbrauch bei halbflüssiger Reibung erreicht wird. Die Betriebssicherheit, d. h. die Unempfindlichkeit gegen Druck- und Geschwindigkeitsänderungen, ist dabei jedoch gering und der Betrieb kein verschleißloser. Aus diesem Grunde ist dasjenige Öl, mit welchem die geringste Reibung erzielt wird, betriebstechnisch nicht das zweckmäßigste, sondern ein Öl, das bei der Betriebstemperatur eine etwas größere Zähigkeit besitzt, so daß noch auf reine Flüssigkeitsreibung, verschleißlosen Betrieb und größere Betriebssicherheit gerechnet werden kann. Der etwas größere Reibungsverlust ist hierbei praktisch belanglos, denn Betriebssicherheit muß stets durch vergrößerte Flüssigkeitsreibung erkauft werden.

Die Nachprüfung ausgeführter Lagerungen zeigt im allgemeinen, daß schwach belastete, schnell laufende Wellen mit zu dickflüssigem Öl, schwer belastete, langsam laufende Zapfen mit verhältnismäßig zu dünnflüssigem Öl geschmiert zu werden pflegen. Ersteres bedeutet nur Kraftverlust, wobei jedoch gegen Drucksteigerungen eine große Betriebssicherheit besteht; im zweiten Falle ist die Betriebssicherheit gering bis verschwindend, während der Reibungsverlust bei nicht zu hoher Flächenpressung noch verhältnismäßig günstig, bei sehr hohem Flächendruck hingegen sehr ungünstig ausfallen wird. Bei sehr hohen Flächendrücken und ungenügend zähem Schmiermittel handelt es sich um ein sehr unzuverlässiges Stadium der halbflüssigen Reibung, das sich, unter merklichem Verschleiß, schon mehr und mehr der halbtrockenen Reibung nähert.

Vom Standpunkte der Betriebssicherheit ist die Wahl zu dickflüssiger Öle jedenfalls unbedenklicher als die Wahl zu dünner Schmiermittel gleicher Art, da Heißlaufen nur bei zu kleiner Zähigkeit — niemals bei zu großer Zähigkeit — erfolgen kann. Bei hoher Ölzähigkeit wird das Lager wohl bis zu einem gewissen Grade warm werden, erhält aber stets seine Selbstregulierung, während bei halbflüssiger Reibung infolge zu geringer Zähigkeit ein Labilzustand eintreten kann, indem jede Selbstregulierung aufhört und die Temperatur bis zur Zerstörung des Lagers steigt. — Für große Zapfen, die bei höchster Drehzahl mit gleichbleibender geringer Flächenpressung laufen, ist oftmals das dünnste erhältliche Spindelöl noch zu dickflüssig, wie z. B. bei Dampfturbinenquerlagern.

Die praktische Prüfung des Lagerreibungszustandes ist, wenigstens in groben Zügen, nicht schwierig: soll bei einem Lager festgestellt werden, ob flüssige oder halbflüssige Reibung vorliegt, so notiert man die möglichst zuverlässig zu messende Lagertemperatur im Beharrungszustande, läßt das gesamte Öl ab und füllt ein zäheres Öl ein. Nach Erreichen des Beharrungszustandes, was meistens 4 bis 5 Stunden dauert, liest man an derselben Stelle wieder die Lagertemperatur ab: ist die Temperatur höher als die erstgemessene, so liegt flüssige Reibung vor, im umgekehrten Falle aufsteigende halbflüssige Reibung. Ist kein merklicher Temperaturunterschied festzustellen, so arbeitet das Lager in der Nähe des Reibungsminimums, — also höchstwahrscheinlich ebenfalls bei halbflüssiger Reibung.

Ein genaueres Bild der verschiedenen Reibungszustände läßt sich natürlich nur durch Wiederholung des Versuches mit 3 bis 4 Ölen verschiedener Zähigkeit, doch möglichst gleicher Basis bzw. gleichen Viskositätscharakters gewinnen. Man wählt als Abszissen die Zähigkeiten (da es sich nur um Vergleichswerte handelt, können direkt die Engler-Grade der verwendeten Öle, z. B. sämtlich bei 50°, aufgetragen werden), als Ordinaten die ermittelten Lagertemperaturen oder besser

die Temperaturdifferenz zwischen Lager- und Lufttemperatur und erhält
so aus den abgelesenen Temperaturen, bei richtiger Ausführung der Versuche, eine Kurve mit einem mehr oder weniger ausgeprägten Minimum.

Die Öle links vom Minimum scheiden, weil starke halbflüssige Reibung anzeigend, für den praktischen Betrieb aus, während die Öle rechts
vom Minimum auf flüssige Reibung und damit auf den angestrebten
verschleißlosen Betrieb deuten. Bleibt man auf dem rechten aufsteigenden Ast in der Nähe des Minimums, so kann man auf flüssige Reibung
bei kleinster Reibungsziffer rechnen; wählt man indes einen höheren
Punkt des rechten Kurventeiles, so erhält man bei nicht überlasteten
Lagern flüssige Reibung bei größerer Betriebssicherheit und größerem
Reibungsverlust. — Wieweit eine Erhöhung der Betriebssicherheit zugunsten vergrößerter Reibung geboten erscheint, kann nur auf Grund
der Betriebsverhältnisse entschieden werden. Sind öfters größere Belastungssteigerungen zu erwarten, so muß jedenfalls vom Reibungsminimum weiter abgeblieben werden.

Das auf Grund des Versuches als zweckmäßig ermittelte Öl ist nun
nicht etwa „besser" als die anderen Öle, sondern es ist lediglich erwiesen, daß das ausgewählte Öl für den vorliegenden Fall die
geeignete Zähigkeit besitzt.

Selbstverständlich können solche Versuche nur bei gleichbleibender
Belastung und Drehzahl durchgeführt werden, da man sonst zu sehr
verzerrte Werte erhalten würde. — Kleinere Schwankungen werden
dabei kaum von Nachteil sein, da Temperaturänderungen sich nur sehr
träge bemerkbar machen.

Nach der Viskosität bei 50° kann man die Mineralöle ungefähr
folgendermaßen einteilen*:

etwa 1,2 ÷ 2,0 Engler-Grade bei 50° — Spindelöle,
„   2,0 ÷ 3,5   „   „ 50° — leichte Maschinenöle,
„   3,5 ÷ 6,0   „   „ 50° — mittlere Maschinenöle,
„   6,0 ÷ 20   „   „ 50° — schwere Maschinenöle,
„   20 ÷ 60   „   „ 50° — Zylinderöle.

Bei Zylinderölen zum Schmieren von Heißdampfkolben ist die
Viskositätsziffer nicht von ausschlaggebender Bedeutung, denn die
Viskosität aller Öle ist bei der Temperatur des Heißdampfes nahezu
gleich, und zwar kaum größer als die des Wassers bei Zimmertempera-
tur. In der Vorschrift hoher Viskosität liegt indes eine Gefahr, indem
dadurch unbewußt Öle mit hohem Asphaltgehalt gefordert werden, denn
asphaltfreie Heißdampf-Zylinderöle können niemals übermäßig hohe
Viskositätsziffern aufweisen. Asphaltgehalt führt aber bekanntlich zu
sehr unliebsamen Sinterungen und Verkrustungen im Dampfzylinder,
die gerade nach Möglichkeit vermieden werden müssen.

Ähnlich steht es mit dem Flammpunkt. Nach einer alten Gewohnheit, die offenbar aus der Sattdampfzeit stammt, verlangt man auch
heute noch vielfach, daß der Flammpunkt eines Zylinderöles um 10

---

* Den Zahlenwerten der absoluten Zähigkeit ist ein mittleres spez. Gewicht
von 0,9 zugrunde gelegt.

bis 20° höher liegen soll als die Dampftemperatur. Über die Durchführbarkeit dieser Vorschrift macht man sich offenbar keinerlei Gedanken; denn daß man bei Flammpunkten über 350° nur noch Asphalt oder Pech statt Zylinderöl geliefert erhalten kann, ist offenbar zu wenig bekannt. Heißdampf-Höchstdruckmaschinen mit 450° Dampftemperatur könnten nach dieser Vorschrift z. B. überhaupt keinen Zylinderöllieferanten finden.

Aus diesem Grunde sollte man überspannte Vorschriften für Viskosität und Flammpunkt vermeiden, und im Gegenteil danach trachten, tunlichst Öle ohne Asphalt- und Aschegehalt zu erhalten, um Verkrustungen im Zylinder möglichst ganz zu vermeiden. Derartige Öle werden, als reine Heißdampf-Zylinderöle mit einem Flammpunkt von etwa 325°, den höchsten vorkommenden Überhitzungen genügen und dabei die höchste Viskosität aufweisen, die bei einwandfreien Ölen eben noch erreichbar ist.

Von besonderer Wichtigkeit im jetzigen Zeitalter der Abdampfverwertung ist auch eine möglichst vollkommene Ausscheidung des Zylinderöles aus dem Abdampf: einerseits, um eine Verschmutzung und Beeinträchtigung des Wärmeüberganges der Heizflächen und Heizrohre zu vermeiden und bei Rückspeisung in den Kessel der Gefahr des Erglühens und Eindrückens der Flammrohre bzw. Wasserrohre aus dem Wege zu gehen, andererseits, um wenigstens einen gewissen Teilbetrag des Zylinderöles zurückzugewinnen. Letzteres wird um so vollkommener möglich sein, je weniger das Öl mit dem Dampf Emulsionsbildungen eingeht, da verseiftes Öl sich weder aus dem Dampfstrom noch aus dem Kondensat mit gewöhnlichen Mitteln ausscheiden läßt. — Compoundöle werden sich daher vornehmlich für freien Auspuffbetrieb eignen, wo also Ölabscheidung oder Rückspeisung des Kondensates nicht in Frage kommt.

Sparsame Zylinderschmierung ist nicht durch Verwendung billiger Zylinderöle, sondern nur durch zweckmäßige und dadurch mengenmäßig verringerte Zuführung von Qualitätsölen erreichbar, wie zum Schluß des Abschnittes 20 ausführlich dargelegt. Bei richtiger Anwendung des Hubtakt-Aussetzer-Schmierverfahrens wird die Schmierung mit hochwertigen teuren Zylinderölen wirtschaftlicher und vor allem betriebssicherer sein als bei gewöhnlicher Zylinderschmierung mit billigen Ölen bei Rückstandbildung und unzweckmäßiger Ölzufuhr direkt in den Zylinder, ohne Rücksicht auf die Stellung des Kolbens.

Bei Öleinkäufen sollte es (zumindest zur Schmierung aller verantwortungsvollen Maschinen bzw. bei Kreislaufschmierung) niemals so sehr auf billigen Preis als vielmehr auf Qualität und dauernde Gleichartigkeit der Erzeugnisse ankommen; denn diese Eigenschaften machen in der Regel die teuren Öle zu den wirtschaftlichsten. Zu weitgehende kaufmännische „Tüchtigkeit" durch Anschaffung billiger Öle hat den Maschinenfabriken und Verkehrsgesellschaften (durch Maschinenschäden, kostspielige Wiederinstandsetzungsarbeiten und Renommeeschaden) schon große Verluste gebracht.

Beim Einkauf von Schmierölen durch Nichtfachleute ist Gewähr für Qualität und Gleichartigkeit der Lieferungen noch am ehesten durch den Bezug von Großfirmen gegeben (z. B. Valvoline Öl Gesellschaft; Deutsch-Amerikanische Mineralöl-Gesellschaft; Texaco; Rhenania-Ossag; Deutsche Vacuum Öl A.G.), und zwar insbesondere solchen, die gleichzeitig Selbsthersteller sind und über eigene Rohölquellen verfügen. —

Bei Schmierfetten unterscheidet man hauptsächlich zwei Gruppen: Fette auf Kalkbasis und Fette auf Natronbasis. Zu den ersteren gehört zunächst das ordinäre Maschinen- oder Stauffer-Fett, das sehr wenig beständig ist, sich bei Erwärmung bis zu seinem Schmelzpunkt in Öl und Kalkseife zerlegt und danach dann nicht mehr als Fett zu benutzen ist. Für verantwortungsvolle Schmierstellen sollten daher nur bessere Maschinenfette verwandt werden. Eine besondere Gruppe bilden unter den Kalkfetten die sog. Autoklavenfette, die auch nach wiederholtem Erwärmen und Abkühlen keine Zersetzungserscheinungen zeigen.

Fette auf Natronbasis kennzeichnen sich durch große Beständigkeit und Haftfähigkeit und lassen sich mit Tropfpunkten bis zu 180° und darüber herstellen (die neuesten Macway-Fette werden z. B. mit Tropfpunkten bis zu 220° angeboten). Diese Art von Fetten eignet sich in vorzüglicher Weise zur Lagerschmierung bei höchsten Temperaturen und führt daher auch die Bezeichnung Dauerfett oder Heißlagerfett. Ihre Struktur ist, im Gegensatz zu dem völlig glatten, salbenartigen Charakter der Kalkfette, ausgesprochen strähnig bzw. schwammig, wodurch sie meistens schon äußerlich zu unterscheiden sind.

Für Lager, die in kaltem Wasser oder bei umherspritzendem Warmwasser zu arbeiten haben, kommen wasserunempfindliche Fette in Betracht.

Für den Gebrauch in automatischen Schmierbuchsen sollte das Fett stets so weich gewählt werden, wie es die Betriebsverhältnisse gestatten; einerseits, um die selbsttätige Wirkung auch bei tieferen Temperaturen zu sichern, andererseits um die Lagerreibung nicht unnütz zu erhöhen (Kalkfette fördern sich sehr viel leichter als Natronfette).

Die praktische Beurteilung nach Analysendaten allein ist bei Fetten zweifellos noch viel weniger möglich als bei Ölen. Ein Fett, das von vertrauenswürdiger Seite unter hohen Leistungsangaben angeboten wird, sollte man (lediglich infolge nichtzusagender Analysendaten) nicht einfach ablehnen, sondern es im praktischen Dauerbetriebe erproben, ehe ein entscheidendes Urteil gefällt wird.

Die Herstellung wirklich guter und dauerhafter Schmierfette erfordert große Sachkenntnis und langjährige Erfahrungen in steter Zusammenarbeit mit der Betriebspraxis; auch die geeigneten Rohstoffe für die Zusammensetzung der Fette sind nicht jedem Fetthersteller bekannt bzw. zugänglich. Die eheste Gewähr für gute Produkte erhält man daher auch bei Fetten durch Bevorzugung bekannter Großfabrikanten (z. B. Deutsche Macway-Gesellschaft m. b. H.; Deutsche Calypsol-Gesellschaft m. b. H.; Deutsche Vacuum Oel Aktiengesellschaft). —

Graphitschmiermittel, unter Verwendung von Kolloidgraphit hergestellt, wirken nicht nur durch Auffüllen bzw. Einebnen der Gleitflächenbearbeitungsvertiefungen mittels der feinen Graphitschüppchen, sondern scheinen auch ein Aktivieren der Gleitflächen herbeizuführen. Letzteres geht in der Weise vor sich, daß beispielsweise der Zapfen sich unter dem Einfluß der Belastung und der Drehbewegung nach längerer Betriebszeit mit einem sehr dünnen, aber äußerst fest haftenden Graphitfilm überzieht, der dem Schmiermittel einen wesentlich festeren Halt gibt, weil die Graphitoberfläche offenbar eine stärkere Affinität zum Schmiermittel besitzt als eine reine Stahlfläche. In ähnlicher Weise aktiviert sich nach einer gewissen Zeit auch die Lagerschalengleitfläche, und eine höhere Belastbarkeit bzw. verminderter Schmiermittelverbrauch ist die Folge.

Kolloidgraphitkonzentrate werden nur in ganz geringen Mengen (0,5 bis 2%) dem Schmiermittel zugesetzt und dürfen sich in diesem nicht absetzen. Um letzteres zu verhindern, muß das betreffende Mineralöl (nur solches kommt zum Mischen in Betracht) vollständig frei von Elektrolyten sein. Am besten eignen sich daher entweder besondere Destillate oder Raffinate, deren Herstellung ohne Säurewäsche erfolgte. Sind nur Spuren von Säure im Öl, so ballt der Kolloidgraphit sich zu kleineren oder größeren Aggregaten zusammen und sinkt zu Boden, was aus betriebstechnischen Gründen vermieden werden muß, um ein etwaiges Verstopfen der Rohrleitungen, Rückschlagventile und Ölpumpen zu verhüten. Auf die jeweiligen Prozentsätze sowie auf gutes Mischen beim Zusetzen wird in den Anwendungsvorschriften der Fabrikanten ausführlicher eingegangen.

Die älteste Form des Kolloidgraphites, die für dessen Einführung bahnbrechend war, ist der künstlich dargestellte amorphe Graphit von Dr. E. G. Acheson, nach dessen Patenten die Handelsprodukte Oildag, Gredag und Aquadag hergestellt werden.

Oildag ist kolloidaler Acheson-Kunstgraphit*, mit geeignetem Mineralöl zu einer konzentrierten Suspension angesetzt, die als Zusatz zu Maschinenölen wie auch zu Zylinderölen dient. Gredag ist Kunstgraphit, in Verbindung mit Maschinenfett, namentlich für schwerbelastete Lager und andere Gleitstellen, während Aquadag eine mit Wasser angesetzte Graphitpaste darstellt, die zum Bohren und Drehen sowie für gewisse Sonderzwecke Verwendung findet, die hier nicht weiter interessieren. — Für den Maschinenbau kommen in erster Linie Oildag und Gredag in Betracht.

Der an den Niagarafällen produzierte Acheson-Graphit wird im elektrischen Ofen aus Anthrazit und Sand gewonnen und stellt praktisch chemisch reinen Kohlenstoff ohne Aschegehalt dar. Irgendwelche schleifende Bestandteile, wie sie z. B. der Naturgraphit in hohem Maße enthält, sind in diesem Kunstgraphit somit nicht enthalten, so daß seine Verwendung zu Schmierzwecken als einwandfrei bezeichnet werden kann.

Durch eine besondere Behandlung des in den Molekularzustand übergeführten Acheson-Graphites mit Wasser, Tannin und Ammoniak entsteht nach einem eigenen Verfahren das bereits genannte Aquadag,

---

* Generalvertrieb der Acheson-Graphitpräparate für Deutschland: Firma Dr. Richard Schäfer, Berlin-Wilmersdorf, Motzstr. 50.

und durch weitere Verarbeitung mit neutralem Mineralöl das konzentrierte Oildag. Diese Präparate stellen eine Suspension von Kunstgraphit in Wasser bzw. Mineralöl dar, wobei die feinen Graphitpartikelchen infolge der erwähnten Behandlung sich in der Flüssigkeit in der Schwebe halten. Der Graphit befindet sich also in so feiner Zerteilung, daß die Suspension kolloidalen Charakter annimmt. — Oildag enthält etwa 10% reinen Graphit und wird in geringen Mengen als Zusatz zu Schmierölen verwendet, während Gredag stets als gebrauchsfertiges Graphitfett, in zahlreichen Sorten für die mannigfaltigsten Verwendungszwecke, geliefert wird. Neuerdings werden von der E. G. Acheson Ltd., London, und von deren Vertretungen auch gebrauchsfertig kolloidgraphitierte Schmieröle verschiedenster Art in den Handel gebracht, so daß das Mischen von Oildag mit geeigneten Ölen dem Verbraucher völlig erspart wird.

Ein jüngeres, und zwar ein deutsches Erzeugnis, das von der I. D. Riedel-E. de Haën A. G., Seelze bei Hannover, hergestellt und auf den Markt gebracht wird, ist das Kollag. Es stellt das einzige Kolloidgraphitpräparat dar, das aus Naturgraphit gewonnen wird.

Nach dem Verfahren des österreichischen Chemikers Dr. Karplus wird der Naturgraphit nach erfolgtem Vermahlen und chemischen Reinigen mit konzentrierten Säuren „angeätzt", um die einzelnen mechanisch nicht mehr weiter zerteilbaren Graphitpartikelchen durch Anfressung und teilweises Verbrennen chemisch noch weiter zu zerkleinern, bis die Teilchen sich wie Kolloide verhalten, d. h. in der sie tragenden Flüssigkeit schweben, ohne sich abzusetzen. Das erwähnte „chemische Reinigen" bewirkt ein vollständiges Ausbrennen aller fremden Stoffe aus dem Graphit, so daß der zur Herstellung von Kollag verwandte Kolloidgraphit als praktisch aschefrei bezeichnet werden kann.

Die Aschefreiheit des Graphites ist schmiertechnisch von allergrößter Wichtigkeit, da nur solchenfalls Gewähr dafür besteht, daß das Graphitpräparat eine glättende und nicht etwa eine schleifende Wirkung ausübt, wie dies bei fast allen Naturgraphiten der Fall ist. Die gefürchteten Bestandteile sind namentlich Quarz, Glimmer und Mika, deren schleifende Wirkung durch die schlechten Erfahrungen mit rohem Naturgraphit so allgemein bekannt geworden ist, daß in technischen Fachkreisen vielfach eine ausgesprochene Angst vor allem besteht, was irgendwie mit Graphit zusammenhängt. Gegen aschefreien Kolloidgraphit in Form von Oildag oder Kollag ist dieses Mißtrauen jedoch nicht gerechtfertigt. — Zu beachten ist für den Gebrauch, daß zu Beginn des Einlaufens die Gleitflächen mit angewärmtem konzentrierten Oildag oder Kollag gründlich einzustreichen sind und daß die Graphitschmiermittelzufuhr (Öl mit 0,5 ÷ 2% Oildag bzw. Kollag) nur ganz allmählich verringert werden darf, da die Bildung des Graphitspiegels eine längere Zeit in Anspruch nimmt.

Dauernde Aufrechterhaltung der Graphitschutzschicht und des verminderten Schmierölverbrauches setzt dauernden Gebrauch graphitierten Öles voraus.

Abb. 82 und 83 zeigen Versuchsergebnisse mit Kolloidgraphitschmierung, wie sie von Walger & Schneider[100] im Maschinenlaboratorium der Technischen Hochschule Karlsruhe mit Voltol-Gleitöl II und Raffinat B 21 der Rhenania-Ossag mit und ohne Zusatz von

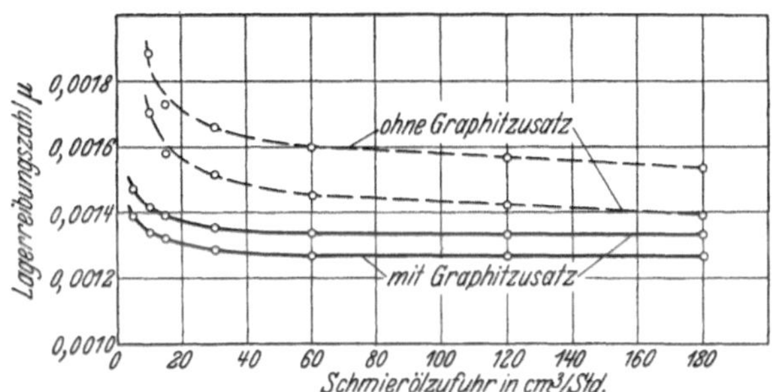

Abb. 82. Von Walger und Schneider durch Versuche festgestellte Reibungszahlen bei Verwendung von Kolloidgraphitzusatz „Kollag" bei veränderlicher stündlicher Schmiermittelmenge.

2 Vol.-% Kollag erzielt worden sind. Die Lagerabmessungen betrugen $d'' = 70$, $l'' = 80$ mm und der Flächendruck rund $p = 90$ kg/cm².

Abb. 82 veranschaulicht die Abhängigkeit der Reibungsziffer von der stündlichen Schmiermittelmenge (Voltol II) bei $n = 80$ bzw. 100, Abb. 83 die Reibungszahl in Abhängigkeit von der Drehzahl (Raffinat B 21) bei 15 bzw. 30 cm³ stündlicher Ölmenge, ohne und mit Kollag-

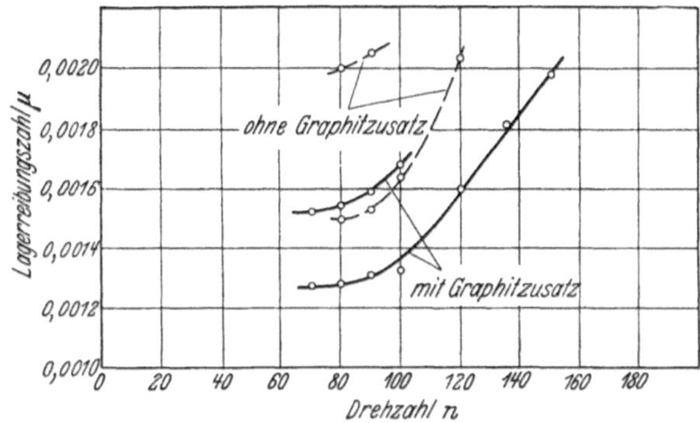

Abb. 83. Reibungsversuche mit Kolloidgraphitzusatz „Kollag" der gleichen Forschungsarbeit wie Abb. 82 bei veränderlicher Drehzahl.

zusatz. Im ersten Falle betrug die Reibungsverminderung durch Kollagzusatz bis zu 21 bzw. 25%, im zweiten Falle bis zu 21,6 bzw. 23%. — Bei noch tieferem Eindringen in das Gebiet der halbflüssigen Reibung wurden noch größere Reibungsverminderungen erzielt. —

Zum Schluß der Besprechungen über Schmiermittel sei noch einiges über das Regenerieren oder Wiederherstellen der Öle gesagt.

Das Regenerieren der Öle muß heute zu den wichtigsten Sparmaßnahmen der Schmiermittelwirtschaft gezählt werden, da durch jahrelange Erfahrungen bestätigt worden ist, daß Industrieöle nach geeigneten Verfahren voll wiederverwendungsfähig gemacht werden können und dadurch sehr erhebliche Schmiermittelkostenersparnisse erzielen lassen.

Schmieröle jeder ·Art, die durch längeren Gebrauch verunreinigt worden sind, ihre ursprüngliche Viskosität und den hohen Flammpunkt eingebüßt, durch Einwirkung der Betriebshitze und des Luftsauerstoffes an Asphalt- und Säuregehalt zugenommen haben, gegebenenfalls (bei Verbrennungsmotoren) durch Berührung mit heißen Kolbenflächen auch Krackprozesse eingegangen sind, können durch das Bensmann-Regenerationsverfahren wieder vollwertig verwendungsfähig gemacht werden, indem sie von den unerwünschten Bestandteilen (Säure,

Abb. 84. Bensmann-„Floridin"-Regenerationsanlage zur neuwertigen Wiederherstellung gealterter Verbrennungsmotorenöle.

Schmutz, Ölkohle, Asphalt, Brennstoffanteilen, labilen und Spaltungsprodukten) durch geeignete Scheidungs- und Bindungsmaßnahmen befreit werden.

Das Fundament dieser seit Jahren erprobten Regenerationsmethode bildet ein mineralisches Filtriermittel in Form eines Aluminium-Magnesium-Hydrosilikates von besonderer Struktur, auf dessen Möglichkeit der vorteilhaften Verwendung für die Ölraffination Hermann Bensmann als erster die europäische Ölindustrie vor mehr als 30 Jahren hinwies. Dieses von Bensmann als „Floridin" (ges. gesch. Warenbezeichnung) eingeführte Material besitzt nicht nur die Fähigkeit, saure Oxydationsprodukte, Metallseifen und Polymerisationsprodukte zu absorbieren, sondern auch ungesättigte bzw. labile Verbindungen zu polymerisieren und nach erfolgter Polymerisation zu resorbieren. Gleichzeitig werden vom „Floridin" durch Adsorptionswirkung auch Feuchtigkeit und mechanische Verunreinigungen (in geringeren Mengen) gebunden, so daß mit den einfachsten Mitteln ein äußerst vollkommener Raffinationsprozeß erreicht wird.

Abb. 84 veranschaulicht eine „Floridin“-Regenerationsanlage* zur Wiederherstellung abgearbeiteter Automotorenöle: Links ist das Gefäß mit Rührwerk zum Ausfällen der Ölkohle zu sehen. Aus diesem wird das Öl (nach erfolgtem Abziehen des Ölkohleschlammes unten) in den Hochbehälter übergepumpt, wo es sich absetzt, bis es dem rechts im Bilde sichtbaren „Floridin“-Filter zugeleitet werden kann, durch den es dann langsam hindurchsickert und damit wiedergebrauchsfähig ist. — Sämtliche genannten Vorgänge werden nach Bedarf durch Mantelheizung der Gefäße (mittels Dampf, Warmwasser, Gas oder Elek-

Abb. 85. Größere Bensmann-Ölregenerationsanlage zur Wiederherstellung von Motorenölen und Maschinenölen.

trizität) unterstützt, damit das Öl stets den erforderlichen Grad von Dünnflüssigkeit besitzt.

Die Wartung der Regenerationsanlage beschränkt sich nach Anstellen der Heizung und Einfüllen des wiederherzustellenden Öles sowie des Fällungsmittels lediglich auf die kurze Betätigung des Rührwerkes, das Abziehen des Ölkohleschlammes, Überpumpen des Öles nach dem Klärgefäß und Überleiten in das Filtergefäß. Das Filtrieren selbst geht, ebenso wie das Absetzen, ohne jede Wartung vor sich, und die Anlage kann daher von jedem Arbeiter, Chauffeur oder Maschinenwärter ohne weiteres nebenbei bedient werden, da Sonderkenntnisse dazu nicht erforderlich sind.

Falls Autoöle nicht in Betracht kommen, kann das Ausfällgefäß (links) natürlich ganz entfallen, da Öle, die keiner Vorbehandlung bedürfen, lediglich über das Klärgefäß dem Filter zugeführt zu werden brauchen. Abb. 85 zeigt eine größere Anlage: im Hintergrunde neben einem Sonderfilter ein einfaches Aggregat für Maschinenschmieröle, im

* Alleiniger Hersteller: Fa. Herman Bensmann, Bremen — Petrihof.

Vordergrunde ein solches mit Entschlämmungsgefäß, zur Regeneration von Dieselmotoren-, Auto- und Flugzeugölen.

Zur vollkommenen Regeneration von 100 kg Öl braucht man in der Regel nicht mehr als 10 kg „Floridin", das etwa 0,25 M. pro Kilogramm kostet. Da das Filtrieren selbst normalerweise nachtsüber (selbsttätig) erfolgt und die Beschickung in der Regel nebenbei besorgt werden kann, so sind besondere Arbeitslöhne meistens nicht aufzuwenden.

Je nach dem Grade der Verunreinigung und der Güte des Öles erhält man aus 100 kg Verschleißöl bei großen Anlagen etwa 85 bis 90 kg Regenerat zurück. Der mengenmäßige Fehlbetrag ist durch Frischöl der gleichen Sorte zu ersetzen. Nach Angaben aus der Praxis hat man, einschließlich Verzinsung und Amortisation der Anlage, beim Bensmann-„Floridin"-Regenerationsverfahren mit einem Kostenaufwand von etwa 0,05 bis 0,09 M. pro Kilogramm regenerierten Öles zu rechnen.

Das Verkaufen von Verschleißöl als Abfallöl oder die so beliebte Benutzung von verschmutzten oder gealterten Qualitätsölen als Schmieröle für sogenannte minderwertige Zwecke bedeutet nach obigen Zahlenangaben eine ausgesprochene Verschwendung, die wir uns bei der gegenwärtigen Wirtschaftslage auf keinen Fall leisten dürfen.

Die Erfahrung hat gelehrt, daß die hochwertigsten Öle stets die höchste Ausbeute an Regenerat ergeben und immer wieder von neuem regeneriert werden können, ohne minderwertiger zu werden; eine Verminderung tritt nur, wie bereits bemerkt, der Menge nach ein.

Mittels des genannten Verfahrens können alle Arten von Ölen regeneriert werden; also Öle für Ringschmierlager, Maschinen allgemein, Verbrennungsmotoren, Dampfturbinen, Achslager, Getriebe, Spinnspindeln usw., — auch Transformatorenöle und rückgewonnene Dampfzylinderöle. Die Regenerate sind voll neuwertig und weisen in der Regel auch die gleichen Analysendaten auf wie das Frischöl; mitunter auch günstigere, da das Regenerieren einen ausgesprochenen Raffinationsprozeß darstellt, der Mittelqualitätsöle naturgemäß verbessern muß.

Separatoren können eine Regenerationsanlage nicht ersetzen, da sie auf die physiko-chemische Beschaffenheit des Öles keinen Einfluß haben; sie ermöglichen aber eine ganz vorzügliche und äußerst weitgehende mechanische Reinigung der Öle, wie sie selbst durch gute Filter nicht zu erreichen ist, weil die Zentrifugen auch Wasser ausscheiden. Sie eignen sich deshalb ganz besonders zum Vorreinigen von Dampfturbinenölen für das „Floridin"-Regenerationsverfahren und werden daher in der Regel mit diesen Anlagen gleich mitgeliefert.

Abb. 86 zeigt einen „Westfalia"-Ölseparator* für 35 bis 700 Liter Stundenleistung. Wasserhaltige oder verschlammte Öle schleudert man zweckmäßig in zwei Arbeitsgängen: Der erste dient gewissermaßen zur Grobreinigung und scheidet mechanische Unreinigkeiten und Wasser aus, während der zweite Arbeitsgang (mittels des auswechselbaren Tellereinsatzes) die ausgesprochene Feinklärung bewirkt.

Der Separator kann auch zur ständigen mechanischen Reinigung

---

* der Ramesohl & Schmidt A.-G., Oelde i. W.

von Umlaufschmieröl, insbesondere bei Dampfturbinen, dienen. Eine positive Gewähr für die restlose Erfassung sämtlicher Verunreinigungen ist, wie bei Ölfiltern, auch hier nur durch Anwendung des Hauptstromsystemes gegeben, indem intermittierend mit einer Schleuder-Stundenleistung gleich derjenigen des gesamten Ölbedarfes der Maschinenanlage gearbeitet wird. Leider ist es jedoch bei Dampfturbinen nur selten möglich, die Stundenleistung des Separators gleich dem stündlichen Ölbedarf der Turbinenanlage zu bemessen, und man ist daher gezwungen, mit wesentlich kleinerer Separatorleistung kontinuierlich im Nebenstrom zu schleudern. Eine willkommene Reinigung wird allerdings auch dadurch bewirkt. — Bei Verbrennungsmotorenanlagen sollte man nur im Hauptstrom arbeiten.

Abb. 87 veranschaulicht einen „Westfalia"-Ölseparator für Leistungen bis zu 6000 lit/st in sehr kompendiöser Gestaltung und völlig gasdicht geschlossener Bauart (für Sonderzwecke).

Die beste Dampfturbinenölpflege wird ermöglicht durch das Arbeiten mit zwei Satz Öl: der eine ist im Gebrauch und wird laufend durch ein Filter (im Hauptstrom) oder einen Separator (im Nebenstrom) mechanisch gereinigt, während der zweite Satz gebrauchsfertig in Reserve gehalten wird.

Abb. 86. „Westfalia"-Ölseparator für 35 bis 700 lit Stundenleistung.

Ist der höchstzulässige Alterungsgrad* des Gebrauchsöles erreicht, so wird letzteres abgelassen und durch das Reserveöl ersetzt, so daß der Betrieb keine Unterbrechung zu erfahren braucht, während das alte Öl über „Floridin" regeneriert und wieder auf Vorrat gelegt wird. —

Schmiertechnisch von Bedeutung sind neben den Schmiermitteln auch die Lagermetalle, obschon ihnen rein hydrodynamisch ein Einfluß auf den Schmiervorgang nicht zukommt. Wie bereits im Einleitungteil dieses Abschnittes bemerkt, scheinen einige Versuchsergebnisse auf Molekulareinflüsse der „Grenzflächen" sogar bei flüssiger Reibung hinzudeuten, wie das beispielsweise nach den Messungen von Saytzeff[77] aus der verringerten Reibung vollkommen geschmierter

---

* Über das Altern von Ölen sind namentlich die Arbeiten von Baader[2] und Frank[32] beachtenswert.

Lager mit Oildag-Zusatz zum Schmieröl und aus weiterhin noch angeführten Versuchen zu schließen ist*.

Einen zweifellos größeren Einfluß hat das Lagermetall (zumindest als graphitierte Fläche) bei halbflüssiger Reibung. Die Molekularwirkungen lassen sich in diesem Falle zwar von den technologischen Wir-

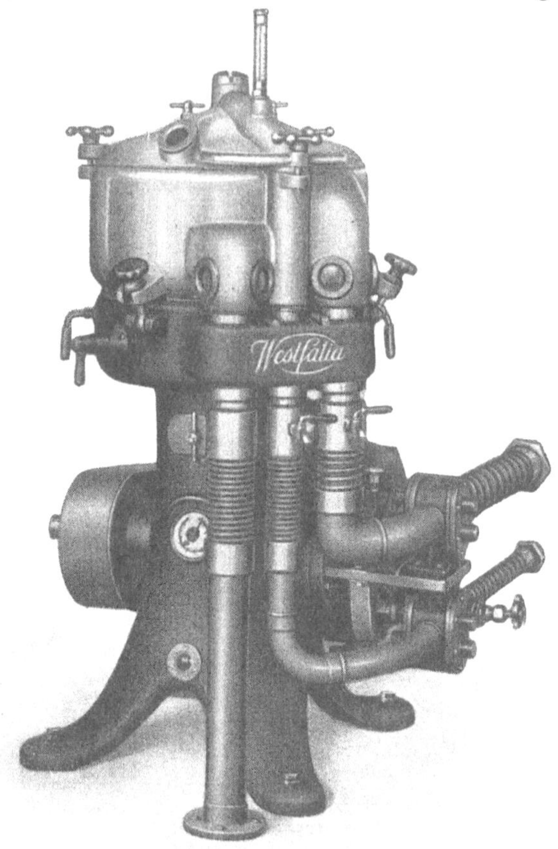

Abb. 87. „Westfalia"-Ölseparator für Leistungen bis zu 6000 lit/st in gasdicht geschlossener Bauart.

kungen nicht trennen, doch ist beispielsweise beim Austausch normaler Weißmetallagerschalen gegen solche aus graphitiertem Lagermetall bereits ein Reibungsunterschied von 13% festgestellt worden, was eine mögliche Erklärung der Differenz durch Versuchsungenauigkeiten schon nicht mehr recht angängig erscheinen läßt.

Von wesentlicher Bedeutung ist schließlich die Art des Lagermetalles im tiefsten Gebiet der halbflüssigen Reibung bis zur halbtrockenen

---

* Nach den Versuchsergebnissen von Büche[7] und von Walger u. Schneider[100] erscheint diese Annahme sehr wohl berechtigt.

Reibung beim Anfahren und Auslaufen von Maschinenlagern unter Last. Die Laufeigenschaften unter diesen Bedingungen sind noch keinesfalls allgemein erforscht, da es beispielsweise Lagermetalle mit vorzüglichen Laufeigenschaften bei starker metallischer Berührung gibt, deren günstiges Verhalten sich indes durch die allgemeine Gefügetheorie nicht erklären läßt.

Von gewissem Interesse ist Gußeisen als Lagerlaufflächenbaustoff, und man kann sagen, daß die in der letzten Zeit erzielten Fortschritte in verschiedener Richtung zu einer erweiterten Verwendung des Gußeisens als Lagerbaustoff berechtigen.

In groben allgemeinen Umrissen kann man die Eignung von Gußeisen zur Herstellung von Lagerlaufflächen etwa wie folgt kennzeichnen:

Einfacher Maschinenguß (von geringer Festigkeit, mit starken Einlagerungen groben Graphites) hat schlechte Laufeigenschaften.

Temperguß (von höherer Festigkeit, mit etwas feiner verteiltem Graphit) hat leidliche Laufeigenschaften.

Zylinderguß (von hoher Festigkeit, mit feineren Graphiteinlagerungen und teilweise perlitischem Gefüge) hat gute Laufeigenschaften.

Spezial-Perlitguß (von sehr hoher Festigkeit, sehr feinem, vorwiegend perlitischem Gefüge, mit sehr dünnen Graphitadern) hat sehr gute Laufeigenschaften.

Genauere Untersuchungen von Lehmann, Piwowarsky, Bolten, Kühnel und Klingenstein[59] führten übereinstimmend zu dem Ergebnis, daß die wichtigste Bedingung für gute Laufeigenschaften bzw. geringen Verschleiß in der Forderung perlitischen Gefüges liegt. Aus der letztgenannten Arbeit, die auch nähere Literaturangaben über die anderen erwähnten Veröffentlichungen enthält, geht hervor, daß an sich auch Gußeisen mit ferritischer Grundmasse leidlich verschleißfest gemacht werden kann, indem nämlich der Phosphorgehalt auf mindestens 0,7 % erhöht wird; doch sinkt dadurch erfahrungsgemäß die Festigkeit derart, daß das Material für höhere Beanspruchungen nicht in Frage kommt.

Der Einfluß des Graphites und der Materialhärte auf die Laufeigenschaften bzw. die Verschleißfestigkeit ist zwar noch nicht endgültig festgelegt, doch hat sich bisher gezeigt, daß Gußeisen von perlitischem Gefüge und großer Härte, bei verhältnismäßig geringem Graphitgehalt in Form von langen dünnen Adern, die besten Laufeigenschaften aufweist.

Je fester und härter das Gußeisen, um so wichtiger und schwieriger ist aber auch eine weitgehendst gesteigerte Vollkommenheit der Laufflächenbearbeitung, zumal die Abweichungen von der genauen Zylinderform sich beispielsweise beim Bohren und Reiben von Löchern in Gußeisen gegenüber allen anderen Materialien als erheblich größer erwiesen haben (Schlippe[80]). Aus diesem Grunde kann Gußeisen als Lagerbaustoff für hohe Belastungen und nicht dauernd gesicherte Flüssigkeitsreibung nur bei allervollkommenster Bearbeitung, d. h. mit „gehonter“ (nach dem Reibschleifverfahren geglätteter) Bohrungsfläche in Betracht kommen; möglichst in Verbindung mit gehärteter und gehonter Zapfenlauffläche. — Ob dabei noch genügender Anreiz in preislicher Hinsicht gegeben ist, hängt ganz vom Verwendungszweck ab. Tatsache ist jedenfalls, daß Gußeisen (man denke beispielsweise an einen gut eingelaufenen Sattdampfzylinder) bei der erwähnten geeigneten Zusammensetzung eine sehr hochgradige Politur annimmt und daher, bei gleichzeitig genügender Genauigkeit der Zylinderform und kurzer Lagerlänge, sehr geringe Schmierschichtstärken und damit entsprechend hohe Lagerbelastungen zulassen würde.

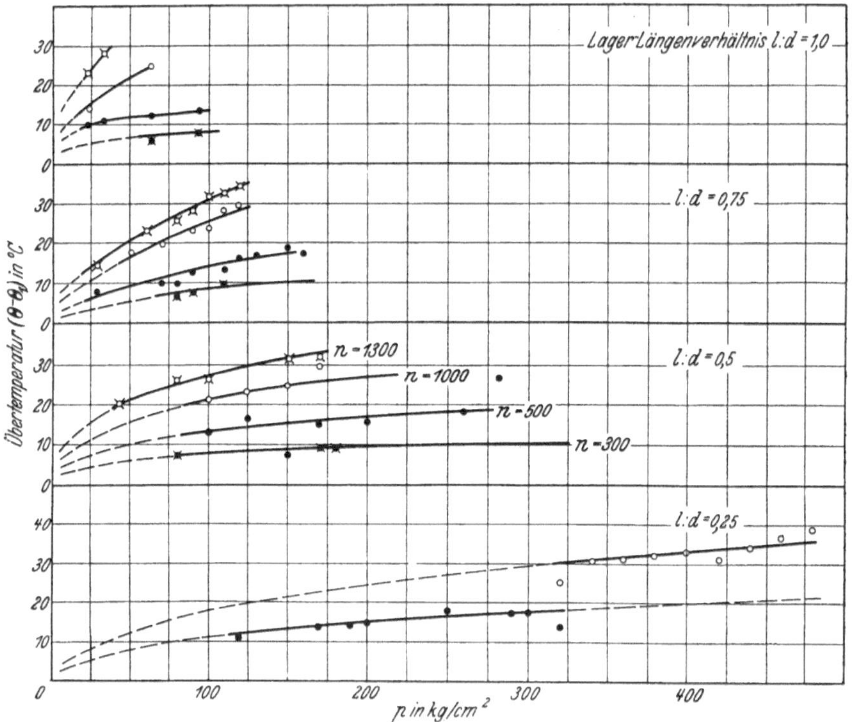

Abb. 88. Laufversuche mit Caro-Bronze (auf kaltem Wege in Rohrform verzogener Phosphorbronze) bei veränderlicher Drehzahl und verschiedener Lagerlänge.

Lager, die unter sehr hohen Drücken zu arbeiten und auch anzufahren haben, wobei gleichzeitig noch die Forderung dauernd gleichbleibender hoher Präzision (wie z. B. bei raschlaufenden Zahnradgetrieben und Werkzeugmaschinen) gestellt ist, erfordern verhältnismäßig sehr harte, verschleißfeste und gleitfähige Bronzen, die jedoch keinen Wellenverschleiß verursachen dürfen.

Diesen Eigenschaften entspricht die seit einigen Jahren auf dem Markt erschienene Caro-Bronze der Specialbronce-G. m. b. H., Berlin. Es handelt sich hierbei um eine auf kaltem Wege in Rohrform verzogene hochwertige Phosphorbronze von hoher Festigkeit und Dehnung, die in Verbindung mit gehärteten Zapfenlaufflächen außerordentlich hohe Flächendrücke aufnimmt.

Abb. 88 zeigt das Ergebnis eines an der Technischen Hochschule Berlin durchgeführten Laufversuches mit Caro-Bronze und gehärte-

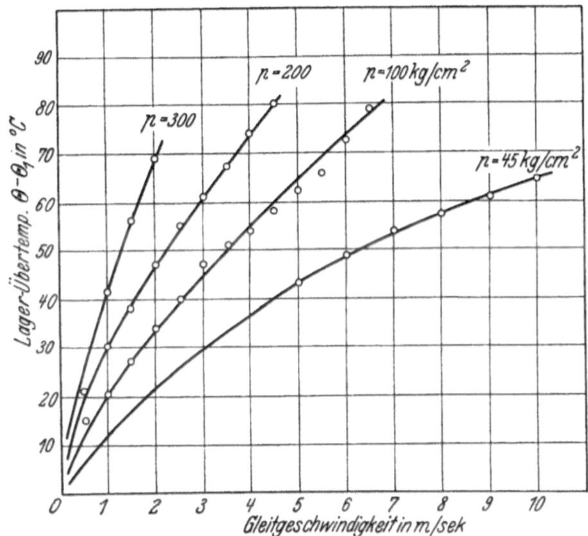

Abb. 89. Praktisch ermittelte Tragfähigkeiten von Caro-Bronze bei höheren Gleitgeschwindigkeiten und $l:d=0,5$.

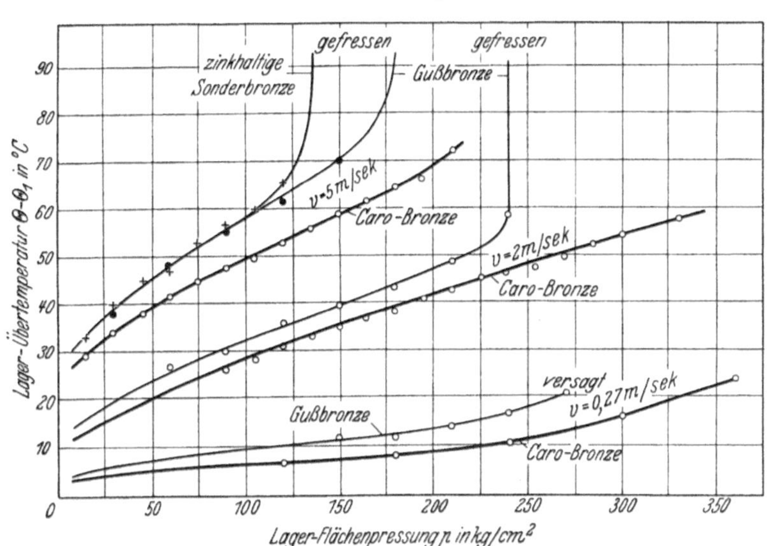

Abb. 90. Vergleichsversuch zwischen Caro-Bronze und anderen Bronzelegierungen bei verschiedenen Gleitgeschwindigkeiten und $l:d=0,5$.

tem Zapfen bei verschiedenen Lagerlängen und Drehzahlen. Der bei $n=1000$ und $l:d=0,25$ ermittelte höchste Flächendruck von $p=480\ \mathrm{kg/cm^2}$ ist als sehr beachtenswert zu bezeichnen.

13*

Eine andere, von der Herstellerfirma selbst durchgeführte, von der Technischen Hochschule abgenommene Versuchsreihe veranschaulicht Abb. 89. Aus dieser Kurventafel geht hervor, daß das Material auch bei hohen Gleitgeschwindigkeiten bis zu 10 m/s gleichmäßig anwachsende Reibungstemperaturen ergab.

Nach Abb. 90 ist besonders die gute Lauffähigkeit bei halbflüssiger Reibung bemerkenswert, die aus der untersten Kurve hervorgeht.

Abb. 91 zeigt schließlich auch eine Reibungsmessung, deren niedrigster Reibungswert von $\mu = 0,0009$ bei $v = 3$ bis 5 m/sek ein für ein Gleitlager sehr günstiges Resultat darstellt.

Die Versuchsreihen nach Abb. 88 sind mit einem Zapfendurchmesser von 40, diejenigen nach Abb. 89, 90 und 91* mit einem Zapfendurch-

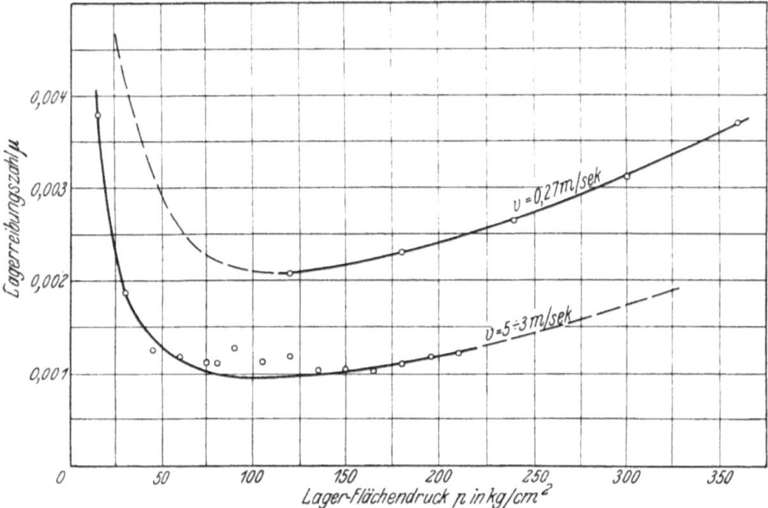

Abb. 91. Praktisch ermittelte Lagerreibungszahlen für Caro-Bronze bei 0,27 bis 5 m/sek Gleitgeschwindigkeit und $l : d = 0,5$.

messer von 70 mm durchgeführt. — Bei sämtlichen Versuchen trat weder Lagerverschleiß noch Zapfenverschleiß auf.

Für hoch belastete Buchslager, wie sie beispielsweise bei Zahnrädergetrieben, Achslagern, Kolbenbolzen, Differentialgetrieben, Hängelaschen, Vorderachsschenkeln, Kreiselpumpen, Becherwerken, Elektromotoren, Werkzeugmaschinen usw. vorkommen, kann die Caro-Bronze als bestgeeignetes Lagerbuchsenmaterial bezeichnet werden, zumal deren Verwendung als sauber gezogenes Rohr auch Bearbeitungskostenersparnisse ermöglicht. — Mit Rücksicht auf die große Dichte (Unnachgiebigkeit) des Materiales sind außer der Zapfenhärtung Selbsteinstellbarkeit der Lagerkörper und kurze Lagerlängen selbstverständliche Voraussetzungen.

Unter den Weißmetallen interessiert neben den bekannten hochzinnhaltigen Legierungen insbesondere das auf Bleibasis aufgebaute

---

* Die Kurventafeln entstammen dem Studienbericht „Das Caro-Bronzerohr-Lager" der Specialbronce-G. m. b. H. Berlin W 8.

graphithaltige „Gitter"-Metall der Braunschweiger Hüttenwerk-G. m. b. H., Braunschweig, dessen hohe Gleitfähigkeit und Unempfindlichkeit gegen Schmiermittelmangel bereits seit Jahren bekannt ist. Eine befriedigende Erklärung dieser Eigenschaften ist jedoch erst auf Grund der neueren Forschungen auf physikochemischer Basis möglich geworden.

Die nach einem eigenen Verfahren des Hüttenwerkes durchgeführte innige Durchsetzung des Lagermetalles mit einer geeigneten Sorte Graphit in feinster Verteilung (gewissermaßen gitterartig) bewirkt offenbar eine Aktivierung der Gleitfläche, die sich nach den bis jetzt vorliegen-

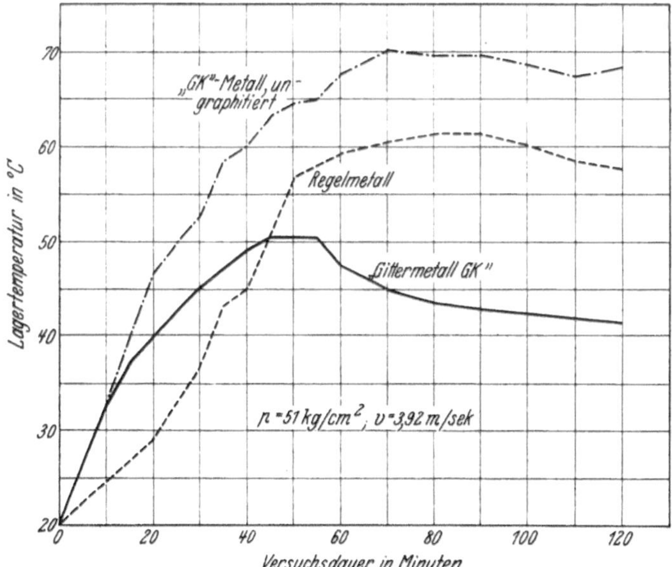

Abb. 92. Vergleichende Reibungsversuche mit Regelmetall und dem graphithaltigen „Gittermetall GK" bei $p = 51$ kg/cm² und $v = 3{,}92$ entsprechend $n = 1500$.

den Versuchsergebnissen nicht nur bei halbflüssiger, sondern auch bei flüssiger Reibung bzw. im Grenzgebiet bemerkbar zu machen scheint.

Abb. 92 veranschaulicht das Ergebnis eines Vergleichsversuches zwischen Gittermetall GK, Regelmetall und GK-Metall ohne Graphitzusatz, bei spärlicher Tropfschmierung. Der Lagerdurchmesser betrug 50, die Lagerlänge 90 mm, der Flächendruck $p = 51$ kg/cm² und die Drehzahl $n = 1500$. — Dieser bei halbflüssiger Reibung durchgeführte Versuch läßt erkennen, daß nach 2stündiger Laufzeit das Regelmetall eine um 74%, das ungraphitierte GK-Metall eine um 120% höhere Erwärmung (Übertemperatur) als das Gittermetall GK annahm. — Ein ganz ähnliches Ergebnis wurde bei halbtrockener Reibung (bei völlig entfetteten Laufflächen, ohne jede Schmiermittelzufuhr) erzielt, so daß die günstige Wirkung des Graphitgehaltes des Lagermetalles außer Zweifel steht.

Wie schon bemerkt, ist nicht nur die erhöhte Gleitfähigkeit, sondern auch die Unempfindlichkeit des Gittermetalles gegen Ölmangel hinlänglich bekannt und wiederholt festgestellt. Abb. 93 zeigt das Ergebnis eines Versuches, bei den gleichen Abmessungen wie Abb. 92, mit Tropfschmierung, bei $p = 40 \text{ kg/cm}^2$ und $n = 780$, unter Verwendung von Gittermetall GK und ungraphitiertem GK-Metall, bei künstlich herbeigeführtem Ölmangel. Der Tropföler wurde nach 10 Minuten Betriebszeit abgestellt: Nach 55 Minuten hielt sich das Gittermetall immer noch auf der niedrigen Temperatur von 42°, während das ungraphitierte bereits 135° aufwies. Nach 72 Minuten zeigte das Gittermetall 94°, das ungraphitierte 225°.

Ein ähnlicher Versuch, der die Erprobung der Unempfindlichkeit des Gittermetalles gegen Ölmangel in normalen Ringschmierlagern zum

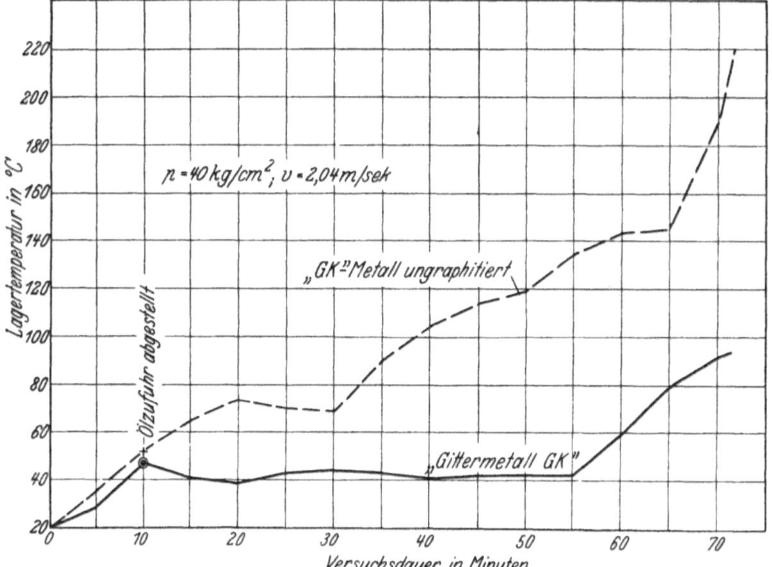

Abb. 93. Verhalten von „Gittermetall GK" bei Ölmangel im Gegensatz zu ungraphitiertem GK-Metall.

Gegenstande hatte, wurde in der Technischen Hochschule Hannover von Herrn Geh. Reg.-Rat Prof. Dr.-Ing. E. h. L. Klein durchgeführt, wobei als Vergleichsmetall Regelmetall diente. Nach Erreichung des Beharrungszustandes ($p = 4,6 \text{ kg/cm}^2$ und $v = 2,5 \text{ m/sek}$) wurde das Öl aus dem Lagergehäuse abgelassen. Abb. 94 zeigt das Verhalten der beiden unter gleichen Bedingungen geprüften Lagermetalle: Schon nach 50 Minuten versagte das Regelmetall bei einer Temperatur von 209°, indem es heißlief und ausschmolz; das für diesen Versuch verwandte Gittermetall L zeigte dagegen immer noch die praktisch unveränderte Temperatur von 38°, und zwar bis zur 57. Minute, um dann nach insgesamt 77 Minuten Betriebszeit bei 217° heißzulaufen, wobei jedoch die Welle unversehrt blieb.

Schließlich sei noch ein weiterer Versuch der Hochschule Hannover erwähnt, der den Einfluß der Metallart (Gittermetall L und Regel-

metall) auf den Reibungswert bei normalen Ringschmierlagern erweisen
sollte. Die Versuchslagerabmessungen betrugen 65 mm Durchmesser bei

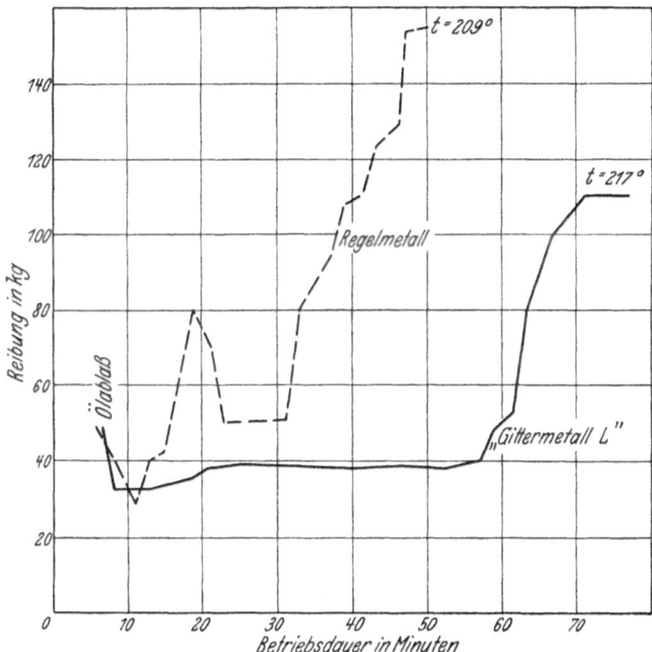

Abb. 94. Lebensdauer von „Gittermetall L" und Regelmetall nach erfolgtem Ölablaß aus dem Lager.

100 mm Länge; die Drehzahl war $n = 735$ bei einem Flächendruck
von rund 1,5 bis 15 kg/cm².

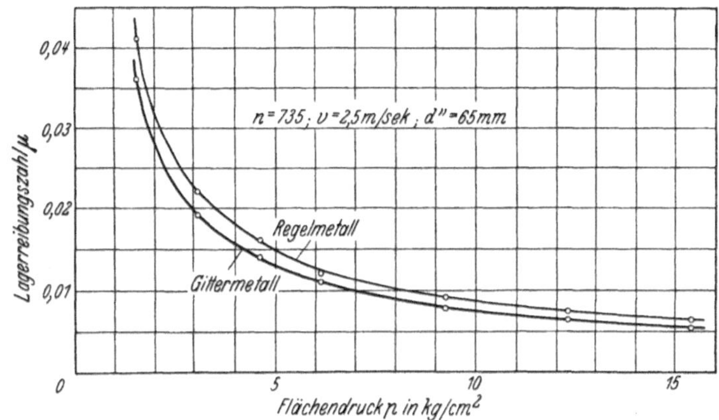

Abb. 95. Reibungswerte bei Regelmetall und „Gittermetall L" im Gebiete flüssiger Reibung bzw.
im Grenzgebiet ($p = 1,5$ bis 15 kg/cm²; $n = 735$).

Abb. 95 veranschaulicht den Verlauf der Lagerreibungszahl bei den
genannten Flächendrücken für Regelmetall und Gittermetall L in

graphischer Darstellung. Wie ersichtlich, liegt der Reibungswert für Gittermetall gegenüber Regelmetall durchweg niedriger, und zwar bei der kleinsten Belastung um etwa 11%, bei der größten um rund 13%. Hiernach scheint, ähnlich wie bei den Versuchen von Saytzeff[77], eine aktivierende Wirkung des Graphites auch bei flüssiger Reibung bzw. im Grenzgebiet fühlbar zu werden, da man Beobachtungsoder Meßfehler der genannten Größenordnung bei diesem Versuch nicht gut annehmen kann.

Aus den zitierten Versuchsergebnissen geht hervor, daß die mit Zusatz von Kolloidgraphit zum Schmieröl erzielten Verbesserungen der Gleit- und Reibungsverhältnisse auch durch Anwendung von graphitiertem Lagermetall erreicht werden, wobei noch die Annehmlichkeit gegeben ist, klares Schmieröl verwenden zu können, was in manchen Betrieben von Wichtigkeit ist.

Eine im Sinne wirtschaftlicher Fertigung beachtenswerte Eigenschaft des Gittermetalles ist seine vorzügliche Eignung zum maschinellen Vergießen in der Spritzgußmaschine, die ebenfalls vom Braunschweiger Hüttenwerk herausgebracht ist und sich durch große Wirtschaftlichkeit (beträchtliche Herabsetzung der Lohnkosten) und technisch hochwertige Spritzgußarbeit auszeichnet.

Der Vorteil des Spritzgusses liegt nicht nur in der Beschleunigung und Vergleichmäßigung der Arbeit, sondern auch in beträchtlichen Qualitätsverbesserungen des Ausgusses: Durch die rasche und gleichmäßige Abkühlung des Metalles unmittelbar nach erfolgter Füllung der Form wird ein sehr dichtes und feinkörniges Gefüge erreicht, das härter und verschleißfester ist, als es sich bei Handguß erzielen läßt. Günstig wirkt hierbei auch noch der Umstand, daß die Weißmetallstärke bei Spritzguß um ein Vielfaches kleiner bemessen werden kann als bei Handguß, wodurch neben den genannten Vorteilen noch Materialkostenersparnisse erzielt werden. — Schließlich bietet der Spritzguß auch noch die Möglichkeit, durch Anwendung kalibrierter und polierter Gießdorne die Lagerbohrung gleich fertig auf Maß spritzen zu können, so daß jede Nacharbeit entfallen kann, falls die Formen sachgemäß ausgeführt sind.

Von Interesse ist schließlich noch die besondere Eignung des Gittermetalles für Schmierung mit Wasser. Die Legierung R hat beispielsweise bei reiner Wasserschmierung und Gleitgeschwindigkeiten von 20 m/sek bestens entsprochen, während Versuche mit Seewasser bei der Legierung N eine bedeutende Überlegenheit gegenüber Regelmetall erkennen ließen. Gittermetall findet seither mit Vorteil auch bei Kreiselpumpen, Stopfbuchsen, Tiefbrunnenpumpen und anderen mit Wasser geschmierten Maschinenteilen Anwendung. —

Für die Wahl bestimmter Lagermetalle können etwa folgende allgemeine Gesichtspunkte maßgebend sein: Festigkeitseigenschaften, Gleiteigenschaften und Verschleißfestigkeit; gegebenenfalls auch in Kombination miteinander.

Stoßende Beanspruchung erfordert entweder Lagerweißmetalle mit höherer Festigkeit oder Lagerbronzen. Erhöhte Gleiteigenschaften werden erforderlich, sofern die Gleitflächen dauernd oder vorübergehend im Gebiet halbflüssiger Reibung arbeiten bzw. unter hohem Flächendruck häufig anzufahren haben oder sofern (beispielsweise bei sehr hohen Schmierschichttemperaturen, unter gleichzeitig hohem Flächendruck oder hoher Gleitgeschwindigkeit) die Gefahr halbflüssiger Reibung naheliegt. Hohe Verschleißfestigkeit haben Lagermetalle besonders in denjenigen Fällen dauernder oder vorübergehender halbflüssiger Reibung aufzuweisen, in denen von der dauernden Präzision der Zapfenlage unmittelbar die Brauchbarkeit der ganzen Maschine abhängt.

In Sonderfällen kann für die Wahl des Lagermetalles auch die Eigenart des Betriebes ausschlaggebend sein. (Ungewöhnlich hohe Betriebstemperaturen können beispielsweise Bronzelager erforderlich machen, um etwaiges Ausschmelzen zu verhüten; unvermeidlich starre Lagerungen erfordern zwecks Verhütung von Kantenpressungen Weißmetalle usw.)

Zweckmäßige Konstruktion vermeidet sachlich ungerechtfertigt hohe Ansprüche an die Eigenschaften und Preise der Lagermetalle.

Zusammenfassung.

1. Als Schmiermittel kommen hauptsächlich Öle und Fette in Betracht; unter den Ölen fast ausnahmslos Mineralöle aus Erdölen in reiner Form oder höchstens mit kleinen Zusätzen an tierischen oder pflanzlichen Ölen, als Compoundöle.

2. Von einem geeigneten Schmieröl muß verlangt werden: Dem Verwendungszweck entsprechende Zähigkeit und Haftfestigkeit vom Standpunkte der Tragfähigkeit, und Korrosionsinaktivität und chemisch-physikalische Beständigkeit als Kennzeichen genügender Neutralität.

3. Die Forderung genügender Neutralität hat zu umschließen: Praktische Säurefreiheit, Oxydationsfestigkeit, Rückstandfreiheit, nicht zu hohe Verdampfbarkeit und gegebenenfalls Emulsionsfestigkeit und Kältebeständigkeit, — je nach den Anforderungen des Verwendungszweckes.

4. Analysendaten, Prüfungsverfahren und Anwendungsgebiete sind den bekannten „Richtlinien" der Eisenhüttenleute oder ähnlichen Literaturwerken zu entnehmen.

5. Für flüssige Reibung kann die erforderliche Ölzähigkeit entweder durch Rechnung, oder durch den praktischen Versuch bestimmt werden.

6. Bei halbflüssiger Reibung tritt die Forderung erhöhter Haftfestigkeit des Schmiermittels in den Vordergrund.

7. Im praktischen Betriebe kommt es viel weniger auf den absoluten Geringstwert der Lagerreibung, als vielmehr auf verschleißloses Arbeiten und genügende Betriebssicherheit an, und diese Forderungen werden nur bei reiner Flüssigkeitsreibung erfüllt. — Betriebssicherheit muß stets durch vergrößerte Flüssigkeitsreibung erkauft werden, wobei der geringe Kraftverlust praktisch belanglos ist.

8. Nach der Viskosität bei 50° können Mineralöle* etwa wie folgt eingeteilt werden:

$E° = 1{,}2 \div 2{,}0$ bzw. $z = 0{,}0003 \div 0{,}0010$ — Spindelöle,
$E° = 2{,}0 \div 3{,}5$,, $z = 0{,}0010 \div 0{,}0022$ — leichte Maschinenöle,
$E° = 3{,}5 \div 6{,}0$,, $z = 0{,}0022 \div 0{,}0039$ — mittlere Maschinenöle,
$E° = 6{,}0 \div 20$,, $z = 0{,}0039 \div 0{,}0134$ — schwere Maschinenöle,
$E° = 20 \div 60$,, $z = 0{,}0134 \div 0{,}0402$ — Zylinderöle.

9. Bei Dampfmaschinen-Zylinderölen sollten überspannte Vorschriften bezüglich Viskosität und Flammpunkt vermieden werden, da sie den Lieferanten dazu treiben, stark asphalthaltige Öle zu liefern, die betriebstechnisch höchst unerwünschte Sinterungen, Verkrustungen und Verkokungen verursachen können.

10. Als Heißdampf-Zylinderöle für Gegendruckmaschinen eignen sich am besten reine Mineralöle ohne Asphalt- und Aschegehalt, die keine Verkrustungen ergeben und so gut wie gar nicht emulgieren.

11. Sparsame Zylinderschmierung soll nicht durch Verwendung möglichst billiger Zylinderöle, sondern durch zweckmäßige Zufuhr hochwertiger Schmiermittel und dadurch bedingte quantitative Ersparnisse erzielt werden.

12. Für Kolben, manche Lager und sonstige Gleitstellen, die im Gebiete der halbflüssigen Reibung arbeiten, ist Zusatz von Kolloidgraphit zum Schmieröl in Form von Oildag oder Kollag zweckmäßig. — Roher Flockengraphit ist wegen schleifender Bestandteile (Quarz, Glimmer, Mika) als Zusatz zu Schmiermitteln ungeeignet.

13. Kolloidgraphitkonzentrate dürfen nur mit elektrolytfreien Mineralölen (im Verhältnis von etwa $0{,}5 \div 2\%$) gemischt werden, da der Graphit sich sonst zu größeren Aggregaten zusammenballt und im Öl absetzt. Der Bezug fertig graphitierter Öle ist daher zu empfehlen.

14. Bei Schmierfetten unterscheidet man hauptsächlich zwei Gruppen: Fette auf Kalkbasis und Fette auf Natronbasis. Die letzteren kennzeichnen sich durch ganz besondere Beständigkeit und werden als sog. Heißlagerfette mit Tropfpunkten bis zu 180° und darüber hergestellt; die ersteren bieten der Förderung durch Schmiergeräte wesentlich geringeren Widerstand.

15. Nach dem „Floridin"-Regenerationsverfahren können im Betriebe verschmutzte und gealterte Industrieöle jeder Art (durch Ausscheidung von Säure, Schmutz, Ölkohle, Asphalt, Brennstoffanteilen, labilen und Spaltungsprodukten) in einfachster Weise wieder voll verwendungsfähig gemacht werden. Die dadurch erzielbaren Kostenersparnisse sind sehr bedeutend, da das Regenerieren nur etwa 5 bis 9 Pfennige/kg Regenerat kostet.

16. Ölseparatoren sind zur Ausscheidung von Wasser und Schmutz aus Ölen sehr wertvolle und wichtige Geräte der Ölpflege; gegebenenfalls auch ein Ersatz für Ölfilter.

---

* Den Zahlenwerten der absoluten Zähigkeit ist ein mittleres spezifisches Gewicht von 0,9 zugrunde gelegt.

17. Für die Wahl von Lagermetallen entscheiden: Festigkeitseigenschaften, Gleitfähigkeit oder Verschleißfestigkeit; gegebenenfalls in Kombination miteinander.

18. Stoßende Beanspruchung erfordert entweder Lagerweißmetalle mit höherer Festigkeit oder Lagerbronzen. Erhöhte Gleiteigenschaften werden erforderlich, sofern die Gleitflächen dauernd oder vorübergehend im Gebiet halbflüssiger Reibung arbeiten bzw. unter hohem Flächendruck sehr häufig anzufahren haben oder sofern die Gefahr halbflüssiger Reibung naheliegt. Hohe Verschleißfestigkeit erfordern dauernd oder vorübergehend mit halbflüssiger Reibung arbeitende Lager besonders dann, wenn von der dauernd präzisen Zapfenlage unmittelbar die Brauchbarkeit der ganzen Maschine abhängt.

19. In vielen Fällen entscheidet auch die Eigenart des Betriebes über die Grundeigenschaften des Lagermetalles: Hohe Betriebstemperatur z. B. verlangt Metalle mit hohem Schmelzpunkt, unvermeidliche Starrheit einer Lagerung meistens anpassungsfähige Lagermetalle usw.

20. Ein besonders gleitfähiges Weißmetall ist das graphithaltige „Gittermetall" des Braunschweiger Hüttenwerkes in Braunschweig. Es ist ein Metall auf Bleibasis, das mit verschiedenen Festigkeitseigenschaften hergestellt wird.

21. Eine Bronze von hoher Verschleißfestigkeit bei Benutzung gehärteter Zapfenlaufflächen ist die aus hochwertiger Phosphorbronze auf kaltem Wege in Rohrform gezogene „Caro"-Bronze der Specialbronce G. m. b. H., Berlin.

22. Nach Punkt 18 und 19 ist die Wahl des Lagermetalles, im Gegensatz zu früheren Anschauungen, unmittelbar weder von der Drehzahl noch vom Flächendruck oder vom Produkt $p \cdot v$ abhängig.

23. Je mangelhafter in schmiertechnischer Hinsicht die Konstruktion, um so gleitfähigere bzw. teurere Lagermetalle müssen allgemein verwandt werden, um Heißläufer und zu großen Verschleiß zu verhüten.

24. Lagerweißmetalle (namentlich solche auf Bleibasis) lassen sich vorzüglich mittels der Braunschweiger Spritzgußmaschine verspritzen, wodurch dichtes Gefüge, Material- und Lohnkostenersparnisse zu erzielen sind.

25. Eine Grundforderung, die an alle Lagermetalle gestellt werden muß, ist die, daß der Zapfen durch das Lagermetall nicht angegriffen werden darf.

23. Schmieröl- und Kühlölbedarf.

In Abschnitt 3 hatten wir festgestellt, daß das Schmiermittel von der Welle dauernd im Kreise herum mitgenommen wird, indem der Zapfen das aus der tragenden Zone der Lagerschale austretende Öl sofort wieder der Eintrittsseite zuführt, wo es in den sich verjüngenden Spalt zwischen Lagerschale und Zapfen hineingezogen wird. Ein Lager von unendlicher Länge wäre daher durch einmaliges Anfüllen des Lagerspielraumes mit Schmiermittel für alle Zeit versorgt, da Ölverluste nicht zu erwarten wären.

Da wir es in der Praxis jedoch stets mit Lagern von verhältnismäßig geringer Länge zu tun haben, wird ein gewisser Ersatz des Schmiermittels unerläßlich sein, und zwar in dem Maße, als durch den in der Schmierschicht herrschenden Druck an den Lagerenden Schmiermittel herausgepreßt wird. Das Austreten des Schmiermittels an den Lagerenden stellt einen zusätzlichen Strömungsvorgang in der Schmierschicht dar, der in achsialer Richtung (also senkrecht zu dem peripherialen) verläuft. — Gelingt es festzustellen, wieviel Öl in der Zeiteinheit durch den Schmierschichtdruck an den Lagerenden herausgepreßt wird, so hat man damit die in der Zeiteinheit zu ersetzende Schmiermittelmenge oder den Schmiermittelbedarf des Lagers gefunden.

Zur Feststellung dieser Ölmenge, deren Ermittlung nur mit grober Annäherung möglich ist, sind wir gezwungen, eine Reihe von Annahmen zu machen, deren Richtigkeit bzw. Zulässigkeit dahingestellt bleiben muß. — Wir wollen unsere Betrachtungen an einem Lager mit Vollschmierung, jedoch (praktisch) ohne Druck im nicht belasteten Teil des Lagerspieles, beginnen. Als Schmiervorrichtung mag ein unmittelbar auf dem Lager angebrachter Tropföler angenommen werden, der so eingestellt ist, daß das Lager eben etwas überläuft, d. h. so viel Öl zugeführt erhält, wie es aufzunehmen vermag.

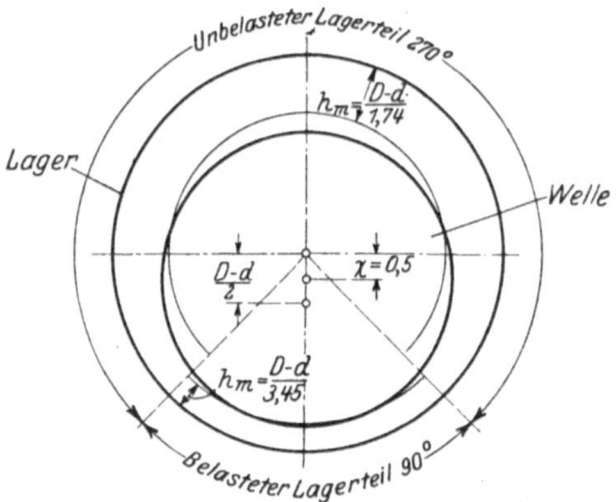

Abb. 96. Mittlere Schmierschichtstärke h_m des belasteten und unbelasteten Lagerteiles bei einer Verlagerung der Welle um $\chi = 0,5$ in vergröberter schematischer Darstellung.

Denken wir uns, gemäß Abb. 96, den Zapfen des Lagers um 0,5 des radialen Lagerspieles, also um die normale Exzentrizität $\chi = 0,5$ aus der Lagermitte verlagert, und zwar der Einfachheit halber, senkrecht nach unten. Nehmen wir nun an, daß der tragende Teil des Lagers, d. h. der Schalenteil mit positivem Schmierschichtdruck, nur ein Viertel des Lagerumfanges umfaßt, während die übrigen drei Viertel keinen positiven Druck in der Schmierschicht aufweisen. Nehmen wir, da es sich ja nur um rohe Feststellungen handeln kann, ferner an, daß in der mittleren Zone des belasteten Viertels der der doppelten mittleren Lagerbelastung entsprechende Schmierschichtdruck p_0 herrscht*, welcher bestrebt sein wird, das Schmiermittel durch den engen Spalt des belasteten Teiles des Lagerspieles nach beiden Lagerenden zu treiben.

---

* Der Schmierschichtdruck sei der Einfachheit halber von der Lagermitte nach beiden Lagerenden hin als linear bis auf Null abnehmend angenommen. Soll der mittlere Schmierschichtdruck die Größe p_m aufweisen, so muß offenbar bei obiger Annahme der in Lagermitte herrschende höchste Schmierschichtdruck $= 2 \cdot p_m$ gesetzt werden. — In Wirklichkeit verläuft der Öldruck von der Längsmitte nach den Lagerenden bekanntlich nach einer parabelähnlichen Kurve, wie auch durch praktische Messungen (z. B. von Nücker[71]) bestätigt worden ist.

Die Länge des Weges in Richtung der Strömung ist also von Lagerlängsmitte nach jedem Lagerende hin gleich der Hälfte der Lagerschalenlänge l; der treibende Flüssigkeitsdruck ist die doppelte mittlere Lagerbelastung $p_0 = 2 \cdot p_m = \dfrac{2 \cdot P}{d \cdot l}$; der Querschnitt, durch den die Flüssigkeit hinausgepreßt wird, hat eine Breite b gleich dem vierten Teil des Lagerumfanges $d \cdot \pi$ und eine mittlere Höhe h_m gleich dem $3{,}45^{\text{ten}}$ Teil des gesamten ideellen Lagerspieles $D - d$. Letzterer Wert ergibt sich als **mittlere Höhe der Schmierschichtstärke** h im **belasteten Viertel des Lagers** bei der angenommenen Exzentrizität der Wellenlage, $\chi = 0{,}5$ (Abb. 96)*.

Das Abströmen des Schmiermittels wird damit auf folgenden, anschaulicheren Vorgang zurückgeführt:

Gegeben ist eine Röhre von der Länge l_1 mit überall gleichbleibendem rechteckigen Querschnitt von der zur Breite b verhältnismäßig sehr geringen Höhe h_m. Das eine Ende dieser rechteckigen (waagerecht gedachten) Röhre sei an einen Behälter angeschlossen, in dem sich Flüssigkeit von der Zähigkeit z und dem Druck p_0 befindet. Gesucht ist die Flüssigkeitsmenge q, welche in der Zeiteinheit am freien Ende der Röhre austritt.

Nach einer Fundamentalgleichung der hydrodynamischen Theorie ist für enge Spalte von verhältnismäßig sehr großer Breite b

$$q = \frac{p_0 \cdot b \cdot h_m^3}{12 \cdot l_1 \cdot z} \quad \text{m}^3/\text{sek} \tag{128}$$

wobei p_0 in kg/m^2; b, h_m und l_1 in Metern; z in $\text{kg} \cdot \text{sek}/\text{m}^2$ einzuführen ist.

Wir brauchen jetzt nur in obige Gleichung die Werte unseres Beispieles einzusetzen, wobei jedoch zu beachten ist, daß der gesamte Ölbedarf Q des zu untersuchenden Lagers sich aus zwei Hälften zusammensetzt; von der Mitte der Lagerschale strömt über die Länge $l_1 = 0{,}5 \cdot l$ (halbe Lagerlänge) nach **jedem** Lagerende die gleiche Ölmenge q ab. Die an **einem** Lagerende austretende Ölmenge (entsprechend q) wird demnach mit 2 zu multiplizieren sein, um die gesuchte Gesamtmenge Q zu erhalten. — Für die Bestandteilwerte von q haben wir nach vorstehendem einzusetzen:

$$b = 0{,}25 \cdot d \cdot \pi \, ; \qquad h_m = \frac{D - d}{3{,}45} \, ; \qquad l_1 = 0{,}5 \cdot l \, ; \qquad p_0 = p_m \cdot 2 \, .$$

Wir erhalten alsdann aus Gleichung (128) mit obigen Werten

$$Q_{\chi = 0{,}5} = 2 \cdot \frac{p_m \cdot 2 \cdot 0{,}25 \cdot d \cdot \pi \cdot (D - d)^3}{12 \cdot 0{,}5 \cdot l \cdot z \cdot 3{,}45^3} = \frac{4 \cdot 0{,}25 \cdot \pi \cdot p_m \cdot d \cdot (D - d)^3}{12 \cdot 0{,}5 \cdot 41 \cdot l \cdot z} \, ,$$

$$Q_{\chi = 0{,}5} = \frac{0{,}0128 \cdot p_m \cdot d \cdot (D - d)^3}{l \cdot z} \quad \text{m}^3/\text{sek} \, , \tag{129}$$

---

* Richtiger wäre es, den Schmierschichtspalt aus den wirklichen Durchmessern D_w und d_w von Lagerschale und Zapfen zu bilden, doch bietet obige Annahme den Vorteil großer Einfachheit und vergrößerter Sicherheit bei der Bestimmung des Ölverbrauches.

wenn man in Metern, Kilogrammen und Sekunden rechnet. Zum bequemeren Gebrauch wollen wir jedoch setzen: den mittleren Lagerdruck $= p$ in Atmosphären; den Lagerdurchmesser $= D'$ in Zentimetern; den Zapfendurchmesser $= d'$ in Zentimetern; die Lagerlänge $= l'$ in Zentimetern; die Ölmenge $= Q'$ in lit/min. — Damit erhalten wir

$$Q'_{\chi=0,5} = \frac{0,0128 \cdot p \cdot 10\,000 \cdot d' \cdot 100 \cdot (D' - d')^3 \cdot 60 \cdot 1000}{100 \cdot l' \cdot 100^3 \cdot z},$$

$$Q'_{\chi=0,5} = \frac{7,7 \cdot p \cdot (D' - d')^3}{(l:d) \cdot z} \ \text{lit/min} \qquad [130]$$

Q' bedeutet in Formel [130] also den Ölbedarf in lit/min eines mit Tropfschmierung versehenen, jedoch mit Vollschmierung arbeitenden Lagers von der Länge l' cm, dem Durchmesser d' cm, dem Lagerspiel $(D' - d')$ cm, mit dem Flächendruck p kg/cm² bei einer Ölzähigkeit in der Schmierschicht von z kg · sek/m² und einer Exzentrizität des Zapfens von $\chi = 0,5$.

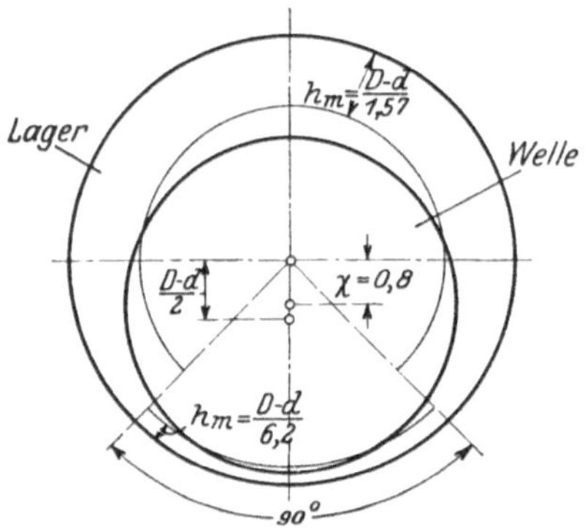

Abb. 97. Mittlere Schmierschichtstärke h_m des belasteten und unbelasteten Lagerteiles bei einer Verlagerung der Welle um $\chi = 0,8$, in vergröberter schematischer Darstellung.

Wie ersichtlich, ist der Ölverlust (oder Ölbedarf) eines Lagers in sehr hohem Maße von der Exzentrizität χ abhängig. — Wählt man statt $\chi = 0,5$ z. B. $\chi = 0,8$, so wird nach Abb. 97 die mittlere Schmierschichtstärke im unteren Lagerviertel $h_m = \dfrac{D-d}{6,2}$ und damit der Betrag für $Q_{\chi=0,8}$ im Verhältnis von

$$6,2^3 : 3,45^3 = 240 : 41 = 5,85\,\text{mal}$$

kleiner. Also

$$Q_{\chi=0,8} = \frac{0,0022 \cdot p_m \cdot d \cdot (D-d)^3}{l \cdot z} \ \text{m}^3/\text{sek}. \qquad (131)$$

Oder, mit p in Atmosphären, D', d' und l' in Zentimetern,

$$Q'_{\chi=0,8} = \frac{1,3 \cdot p \cdot (D' - d')^3}{(l:d) \cdot z} \ \text{lit/min}. \qquad [132]$$

Bedenkt man, daß bei einem gegebenen Lager die wirkliche Größe des Lagerspieles $D - d$ bzw. die mittlere Zähigkeit des Öles in der Schmierschicht nur annähernd gemessen bzw. nur roh geschätzt werden kann und hieraus sich auch nur eine sehr rohe Annäherung für die Exzentrizität χ ermitteln läßt, so erkennt man, daß bei der Bestimmung des Ölbedarfes Q von irgendeiner Genauigkeit gar keine Rede sein kann.

Will man nach obigen Ableitungen eine Formel für den Ölverbrauch bei normaler Tropfschmierung festlegen, so muß spärliche Schmierung vorausgesetzt werden, und es könnte, unter Annahme einer Exzentrizität zwischen 0,8 und 0,9, etwa gesetzt werden

$$Q'_{\text{Tropf-}} = \frac{0,3 \cdot p \cdot (D' - d')^3}{(l:d) \cdot z} \ \text{lit/min}. \qquad [133]$$

Der größte in Betracht kommende Wert für Q' (bei reiner Flüssigkeitsreibung) wäre der für $\chi = 0{,}5$ nach Gleichung [130]; der kleinste (bei stärkster halbflüssiger Reibung) dürfte bis zu etwa 200 mal kleiner sein.

Bei obigen Berechnungen ist die Drehbewegung des Zapfens im Lager ganz außer acht gelassen worden, da man wohl annehmen darf, daß die Ölförderung des Zapfens im Sinne der Umfangsgeschwindigkeit auf die austretende Ölmenge an den Lagerenden ohne wesentlichen Einfluß sein wird. Das Abströmen aus der Lagermitte nach den Enden zu wird dadurch wahrscheinlich nur nach Art einer Schraubenbewegung vor sich gehen. —

Wie roh die oben gegebenen Formeln für den Ölverbrauch auch immer sein mögen, sie werden in Fällen, wo jeder Anhalt für die zu erwartende Größenordnung fehlt, dennoch von gewissem Nutzen sein. Insbesondere lassen obige Betrachtungen auch indirekt erkennen, daß und weshalb das Anbringen von umlaufenden Ringnuten in einem Lager für dessen Tragfähigkeit ausgesprochen schädlich sein muß.

Wichtiger als bei Tropfschmierung ist die Bestimmung des Ölbedarfes bei Druckschmierung; denn der zu erwartende gesamte Ölbedarf einer Maschine ist hier maßgebend für die Wahl der Ölpumpengröße. Ist die Ölpumpe zu klein gewählt, so erreicht der Öldruck nicht die gewünschte Höhe und es können sich ernstliche Schwierigkeiten ergeben:

Entweder genügt der Öldruck nicht, um in der Zeiteinheit die zur Abführung der entstehenden Reibungswärme erforderliche Spülölmenge durch den nicht belasteten Teil des Lagers zu treiben, und das Lager nimmt infolgedessen eine solche Betriebstemperatur an, daß die Schmiermittelzähigkeit sich weit unter das ursprünglich angenommene Maß hinab verringert, wodurch halbflüssige Reibung und möglicherweise Heißlaufen entstehen kann; oder es reicht, falls es sich um Lager mit scharfem Druckwechsel handelt, der zur Verfügung stehende Öldruck nicht aus, um mit Sicherheit das Auftreten von Stößen zu verhindern; oder aber der Öldruck reicht zur Verhütung von Lagerstößen wohl zu Anfang des Betriebes aus, solange alle Lager noch genau das vorgeschriebene Spiel haben, erweist sich aber mit eintretendem Verschleiß als unzureichend, da die aus dem Lager an den Enden abströmende Ölmenge, wie wir wissen, mit der dritten Potenz des Lagerspieles zunimmt und der Druck entsprechend abnimmt.

Während also bei Tropfschmierung der Fehler unrichtig angenommenen Ölverbrauches durch entsprechend häufigeres Auffüllen der Schmiergefäße leicht zu kompensieren ist, muß eine Unterschätzung des Ölbedarfes bei Druckschmierung, d. h. zu knappe Bemessung der Ölpumpe, unter allen Umständen vermieden werden, widrigenfalls mit einer Gefährdung der Betriebssicherheit zu rechnen ist.

Die Ermittlung des Ölverlustes durch Abströmen an den Lagerenden gestaltet sich bei Preßschmierung ganz ähnlich wie bei Tropfschmierung. Man nimmt an, daß im tragenden Viertel des Lagers in der Schmierschicht der die Welle tragende Öldruck (von im Mittel $= p$ at, in Lagermitte $= 2 \cdot p$ at) herrscht, während die nicht tragenden drei Viertel für das Preßöl vom Druck p_1' at frei sind. Letzteres werde in der Mitte der Lagerlänge durch eine im nicht tragenden Lagerteil umlaufende Ölnut zugeführt gedacht.

Der gesamte Ölverlust bei Druckschmierung setzt sich danach aus zwei Teilen zusammen: dem Verlust aus dem belasteten Lagerteil, dessen Berechnung nach Formel (129) bzw. [130] erfolgt, und dem Verlust aus dem unbelasteten Lagerteil, dessen Ermittlung sich in ähnlicher Weise vollzieht. — Auch hier sei die Rechnung zunächst für eine Exzentrizität des Zapfens von $\chi = 0{,}5$ durchgeführt.

Die Grundgleichung für den Ölverlust des unbelasteten Lagerteiles ist dieselbe wie für den belasteten, nämlich Formel (128):

$$q = \frac{p_0 \cdot b \cdot h_m^3}{12 \cdot l_1 \cdot z} \ \text{m}^3/\text{sek}\,.$$

Für die Einzelwerte ist hier zu setzen:

$$p_0 = p_1; \qquad b = 0{,}75 \cdot \pi \cdot d; \qquad h_m = \frac{D-d}{1{,}74}\,; \qquad l_1 = 0{,}5 \cdot l\,.$$

Der Wert für h_m bei $\chi = 0{,}5$ geht aus dem oberen Teil der Abb. 96 hervor. Damit erhalten wir als sekundlich abströmende Preßölmenge

$$\underset{\chi=0{,}5}{Q_1} = 2 \cdot \frac{p_1 \cdot 0{,}75 \cdot d \cdot \pi \cdot (D-d)^3}{12 \cdot 0{,}5 \cdot l \cdot z \cdot 1{,}74^3} = \frac{2 \cdot 0{,}75 \cdot \pi \cdot p_1 \cdot d \cdot (D-d)^3}{12 \cdot 0{,}5 \cdot 5{,}25 \cdot l \cdot z} \ \text{m}^3/\text{sek},$$

$$\underset{\chi=0{,}5}{Q_1} = \frac{0{,}15 \cdot p_1 \cdot d \cdot (D-d)^3}{l \cdot z} \ \text{m}^3/\text{sek}. \tag{134}$$

Umgerechnet auf Q_1' in lit/min, D', d' und l' in Zentimetern und p_1' in Atmosphären, ergibt sich durch Multiplikation mit 600

$$\underset{\chi=0{.}5}{Q_1'} = \frac{90 \cdot p_1' \cdot (D'-d')^3}{(l:d) \cdot z} \ \text{lit/min}. \tag{135}$$

Für $\chi = 0{,}8$ wird gemäß dem oberen Teil der Abb. 97 $h_m = \dfrac{D-d}{1{,}54}$; Q_1' demnach $1{,}74^3 : 1{,}54^3 = 5{,}25 : 3{,}65 = 1{,}44$ mal größer,

$$\underset{\chi=0{,}8}{Q_1'} = \frac{130 \cdot p_1' \cdot (D'-d')^3}{(l:d) \cdot z} \ \text{lit/min}. \tag{136}$$

Damit wird der gesamte Ölverbrauch bei Preßschmierung

$$Q_{\Sigma}' = Q' + Q_1' \ \text{lit/min}, \tag{137}$$

$$\underset{\chi=0{,}5}{Q_{\Sigma}'} = (7{,}7 \cdot p + 90 \cdot p_1') \cdot \frac{(D'-d')^3}{(l:d) \cdot z} \ \text{lit/min}, \tag{138}$$

bzw.

$$\underset{\chi=0{,}8}{Q_{\Sigma}'} = (0{,}3 \cdot p + 130 \cdot p_1') \cdot \frac{(D'-d')^3}{(l:d) \cdot z} \ \text{lit/min}. \tag{139}$$

Abgerundet kann als reichlicher Durchschnittswert des Ölbedarfes bei Druckschmierung angenommen werden

$$Q_{\Sigma}' = Q_{\text{Druck-}}' = (7 \cdot p + 100 \cdot p_1') \cdot \frac{(D'-d')^3}{(l:d) \cdot z} \ \text{lit/min}. \tag{140}$$

Hierin ist

p — der mittlere Lagerdruck $= \dfrac{P}{d' \cdot l'}$ in Atmosphären,

p'_1 — der Druck des Preßöles in der Zuführungsleitung, in Atmosphären,

D' — der ideelle Lagerdurchmesser, in Zentimetern,

d' — der ideelle Zapfendurchmesser, in Zentimetern,

l' — die Lagerlänge, in Zentimetern,

z — die mittlere absolute Zähigkeit des Öles in der Schmierschicht in kg · sek/m².

Zu beachten ist bei Anwendung von Druckschmierung, daß die Leistung der Ölpumpe nicht nach dem normalen Lagerspiel, sondern nach einem Vielfachen desselben zu bemessen ist, um erstens den unvermeidlichen Undichtigkeiten an den Lagerstoßstellen, ferner auch der Möglichkeit eines gewissen Verschleißes Rechnung zu tragen. — Man ermittelt zunächst den Ölbedarf Q'_Σ nach Formel [140] und bestimmt danach die Leistung $Ö$ der Ölpumpe durch Multiplikation des Wertes Q'_Σ mit der dritten Potenz des anzunehmenden Sicherheits- oder Verschleißfaktors m. Nimmt man z. B. an, daß die von der Ölpumpe zu liefernde Ölmenge auch bei einem Lagerspiel, das 2 mal so groß als das normale ist, noch ausreichend sein soll, so beträgt der Verschleißfaktor $m = 2$, und $m^3 = 2^3 = 8$; bei Annahme dreifacher Vergrößerung des Lagerspieles $m^3 = 3^3 = 27$ usw. — Die Leistung der Ölpumpe muß danach betragen

$$\ddot{O} = Q'_\Sigma \cdot m^3 \ \text{lit/min} . \qquad [141]$$

Die Wahl des Sicherheitsfaktors m richtet sich ganz nach den Schmier- und Betriebsverhältnissen. Bei ohne künstliche Kühlung arbeitenden wenig belasteten Lagern wird im Betriebe überhaupt kein Verschleiß auftreten; nur durch das Anfahren und Abstellen wird sich mit der Zeit eine verschwindende Abnutzung der Lagerflächen ergeben, die jedoch praktisch gleich Null gesetzt werden kann. Trotzdem tut man gut, auch solchenfalles mit einem Sicherheitsfaktor von $m = 1,1 \div 1,2$ zu rechnen; einesteils um den etwaigen Spaltverlusten in der Lagertrennfuge, andererseits dem Nachlassen der Pumpenleistung durch im Laufe der Zeit eintretende Abnutzung der Pumpenteile Rechnung zu tragen.

Bei Kolbenmaschinen-Triebwerkslagern wird, je nach der Unterteilung der Lagerschalen und den Belastungsverhältnissen, mit einem Sicherheitsfaktor von $m = 1,5 \div 3$ zu rechnen sein. Hierbei sind außer dem zu erwartenden Verschleiß auch die recht bedeutenden Verluste an den Lagerstoßstellen, z. B. infolge nicht genau passender Beilagebleche, berücksichtigt, sowie die wichtige Forderung, daß der Preßöldruck das zur sicheren Vermeidung von harten Stößen in den Lagern erforderliche Erfahrungsminimum von rund 0,5 at nicht unterschreitet.

Wählt man den Verschleißfaktor oder Sicherheitsfaktor nicht zu niedrig, so kann die nach Formel [141] errechnete Ölpumpenliefermenge $\ddot{O}$ der theoretischen Liefermenge $\ddot{O}_0$ gleichgesetzt werden, d. h. man vernachlässigt der Bequemlichkeit und Einfachheit wegen den volumetrischen Wirkungsgrad der Ölpumpe, indem man ihn gleich 1 setzt.

Für Lagerungen bzw. Maschinen, deren Schmierölmenge sich lediglich aus der Forderung ergibt, daß der Preßöldruck einen bestimmten Wert nicht unterschreiten darf, während künstliche Ölkühlung noch nicht erforderlich ist, wie beispielsweise bei Zahnrad- und Schneckengetrieben, Dampfmaschinen, Kompressoren, Dieselmotoren, Flugzeug- und Automobilmotoren usw., erscheint es zweckmäßig, eine möglichst einfache Sonderformel zu schaffen, mit deren Hilfe der Preßölbedarf jedes Zapfens oder des ganzen Triebwerkes sofort roh ermittelt werden kann, ohne erst Sonderberechnungen ausführen zu müssen.

Nehmen wir daher reichlich sichere Bedingungen an, so daß auch Kurbelzapfenlagern Rechnung getragen ist, indem wir setzen:

$$
\begin{aligned}
&\text{Lagerflächendruck} \ldots \ldots & p &= 60 \text{ at,} \\
&\text{Preßöldruck im Lager} \ldots & p_1' &= 1 \text{ at,} \\
&\text{Lagerlängenverhältnis} \ldots & l:d &= 1{,}0 \\
&\text{Schmierölzähigkeit} \ldots \ldots & z &= 0{,}002 \cdot \text{kg} \cdot \text{sek/m}^2, \\
&\text{Lagerungspassung} \ldots \ldots & &= \text{Laufsitz.}
\end{aligned}
$$

Dem Mittelwert des ideellen Laufsitzspieles entspricht im Sinne der Formeln (55) und [56] der Ausdruck

$$
(D' - d')_L = \sqrt[3,3]{d'} : 224 \text{ cm,}
$$

wobei alles in Zentimetern einzusetzen ist.

Mit den obigen Werten erhalten wir nach Gleichung [140]

$$
\begin{aligned}
Q_{\Sigma}' &= (7 \cdot p + 100 \cdot p_1') \cdot \frac{(D' - d')^3}{(l:d) \cdot z} \\
&= (7 \cdot 60 + 100 \cdot 1) \cdot \frac{\left(\sqrt[3,3]{d'}\right)^3}{224^3 \cdot 0{,}002} \\
Q_{\Sigma}' &= \frac{\sqrt[1,1]{d'}}{43{,}5} \text{ lit/min.}
\end{aligned}
$$

Da nun die Lager bei größeren Maschinen im allgemeinen etwas wärmer zu werden pflegen als bei kleineren Maschinen, weil bei den ersteren die wärmeableitende Oberfläche relativ geringer ist, würde z dadurch etwas zu groß und Q_{Σ}' somit zu klein geschätzt werden. Um letzteres zu kompensieren, sei darum Q_{Σ}' für große Zapfen vergrößert, und zwar durch schätzungsweises Erheben von d' in die $1{,}1^{\text{te}}$ Potenz.

Wir erhalten dadurch

$$
Q_{\Sigma}' = \frac{d'}{43{,}5}
$$

oder, abgerundet,

$$
\ddot{O}_{00} = 0{,}02 \cdot d' \text{ lit/min} \tag{142}
$$

als für Preßöl von 1 at pro Lager mit Laufsitzpassung erforderliche Mindestmenge, ohne jeden Sicherheits- oder Verschleißzuschlag.

Setzt man für Getriebe und gut konstruierte Kolbenmaschinenlager den Sicherheits- bzw. Verschleißfaktor $m = 1{,}7$, so erhöht sich die

Schmierölmenge dadurch $1,7^3 = 4,9$ mal, und wir erhalten damit, abgerundet,

$$\ddot{O}_L = 0,1 \cdot d' \text{ lit/min} \qquad [143]$$

als praktisch pro Lager zu wählende Preßölmenge für 1,7 fache Sicherheit. Diese Ölmenge sollte dann auch noch bei Erweiterung des Lagerspieles um 50% gegenüber dem Mittelwert von Laufsitzpassung ausreichend sein.

Für Kolbenmaschinen mit Kreuzkopfführung und einem Stirnkurbelhauptlager bzw. zwei Hauptlagern bei gekröpfter Welle kann man den gesamten Preßölbedarf (einschließlich Kurbelzapfenlager, Kreuzkopflager und Gleitbahn) bei der gleichen Sicherheit von $m = 1,7$ auf etwa das Dreifache des Kurbelzapfenölbedarfes schätzen.

$$\ddot{O}_K = 0,3 \cdot d' \text{ lit/min} \qquad [144]$$

stellt dann roh den gesamten praktisch zu wählenden Preßölbedarf einer Kolbenmaschine dar, wobei d' den Kurbelzapfendurchmesser in Zentimetern bedeutet.

In ähnlicher Weise kann auch für Automobilmotoren eine Faustformel zur Berechnung der erforderlichen Ölpumpenleistung aufgestellt werden; der Preßöldruck in den Lagern möge hierbei wiederum $p_1'=1$ at betragen.

Nimmt man, den Ölpumpenlieferungsgrad mit einbeziehend, mit Rücksicht auf die abnorm hohen Lagertemperaturen der Fahrzeugmotoren die Ölzähigkeit zu $z = 0,001$ und den Sicherheits- und Verschleißfaktor zu $m = 2$ an, so wäre $\ddot{O}_{00}$ nach Formel [142] erstens (wegen z) zu verdoppeln und zweitens, um auf den praktischen Verbrauch $\ddot{O}_A$ zu kommen, $2^3 = 8$ mal zu erhöhen. Multipliziert man den so vergrößerten Ölverbrauch pro Lager mit der Stückzahl s der Haupt- und Pleuellager des Motors (die Abmessungen beider als gleich annehmend), so ergibt sich

$$\ddot{O}_A = 0,02 \cdot 2 \cdot 8 \cdot d' \cdot s = 0,32 \cdot d' \cdot s$$

oder, abgerundet,

$$\ddot{O}_A = 0,3 \cdot d' \cdot s \text{ lit/min} \qquad [145]$$

als praktisch auszuführende rechnerische Ölpumpenleistung für Automotoren, wobei d' den Hauptlagerdurchmesser in Zentimetern und s die Gesamtstückzahl der Haupt- und Pleuellager zusammen bedeutet.

Abb. 98 zeigt die Anwendung von Formel [145] auf praktische Verhältnisse: Aus einer Anzahl ausgeführter bewährter Personen- und Lastkraftwagenmotoren sind die rechnerischen Ölpumpenleistungen ermittelt und in Form des Ausdruckes $\ddot{O}_A : d' \cdot s$ als Ordinaten aufgetragen; die Abszisse enthält lediglich gleiche Abstände für je einen Vergleichspunkt, wobei die Zapfendurchmesser d' in aufsteigendem Sinne aufgetragen sind.

Unter Berücksichtigung dessen, daß bisher rechnerische Anhaltspunkte für die Bemessung von Pumpenleistungen völlig fehlten (Verfasser ist seitens der Autokonstruktionschefs wiederholt darum angegangen worden), kann die Übereinstimmung mit dem obigen Rechnungsergebnis im Mittel als recht leidlich bezeichnet werden. — Ein systematischer Unterschied zwischen den Lastwagen und Personenwagenwerten bzw. eine Harmonie untereinander ist jedoch nicht festzustellen; ebenso nicht ein Einfluß der Zylindergröße oder Zylinderzahl, obschon kleine und große, 4-, 6- und 8 zylindrige Motoren mit mehr oder weniger oft gelagerten Kurbelwellen einbezogen worden sind. —

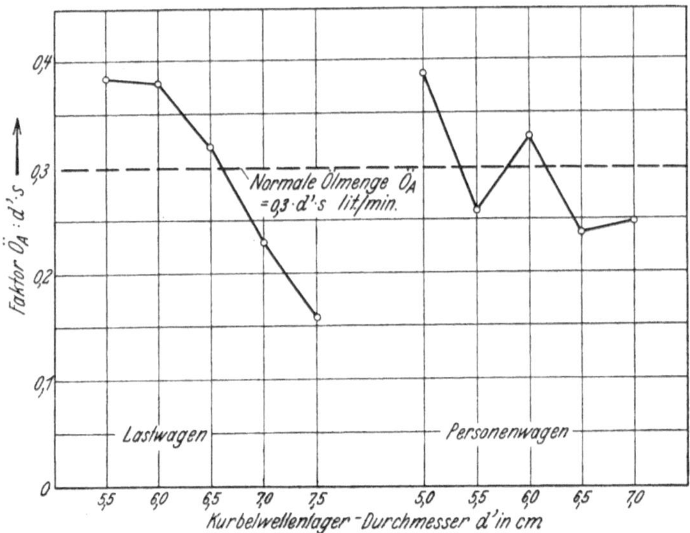

Abb. 98. Ölpumpenleistung ausgeführter Last- und Personenwagenmotoren im Vergleich zum errechneten Wert nach Gleichung (145).

Bei den bisher besprochenen Lagerungen mit erweiterter natürlicher Kühlung war für die Wahl der erforderlichen Ölmenge lediglich die Bedingung maßgebend, daß in einem normal ausgebildeten Lager ein bestimmter Öldruck gewahrt werden sollte; die Ölmenge wurde also dem Lagerdurchflußwiderstand angepaßt. — Bei künstlicher Kühlung, wie sie in erster Linie für Dampfturbinenlagerungen Anwendung findet, bestimmt sich der Ölbedarf nach der pro Zeiteinheit abzuführenden Wärmemenge, weil bei solchen Lagern das Öl in erster Linie als Kühlmittel dient und die Berechnung des Bedarfes ausschließlich nach diesem Gesichtspunkt zu erfolgen hat. Der Ölbedarf von Dampfturbinenlagern ist daher im Verhältnis zu Lagern mit Preßschmierung ohne künstliche Ölkühlung ein wesentlich größerer. Letzteres erklärt sich insbesondere daraus, daß die Öleintrittstemperatur und die Ölaustrittstemperatur nur wenig variabel sind, so daß die Abführung der im Lager durch Flüssigkeitsreibung erzeugten Wärme hauptsächlich durch die Menge des Kühlöles bestimmt wird. Demgemäß muß in diesem Falle der Lagerdurchflußwiderstand der Ölmenge angepaßt werden.

Außer der durch Flüssigkeitsreibung erzeugten Wärme ist auch noch eine gewisse Wärmemenge zu berücksichtigen, die durch die vom

Dampf geheizte Welle auf das Spülöl übertragen wird; ihre zahlenmäßige Größe kann nur durch Schätzung oder rohe Rechnung zu erfassen versucht werden*.

Des weiteren ist noch eine Erhöhung der fundamentalen Spülölmenge mit Rücksicht auf zu erwartenden Ölpumpenverschleiß und die in den Druckleitungsrohrverzweigungen automatisch vorsichgehende Ölverteilung geboten. Verteilt sich nämlich das gesamte Ölquantum nicht genau im Verhältnis der errechneten Teilmengen, indem die Abstufung der Lageraustrittsquerschnitte nicht ganz getroffen wurde, so muß durch einen gewissen Ölüberschuß von vornherein dafür gesorgt sein, daß auch in einem solchen Falle ein Lager mit etwas zu engen Ölaustrittsquerschnitten noch ausreichend Öl erhält und jedenfalls nicht unmittelbar gefährdet ist. — Auf die angenäherte Ermittlung der Austrittsquerschnitte wird noch am Ende dieses Abschnittes zurückgegriffen.

Die reine Wärmebilanz für ein Querlager mit künstlicher Ölkühlung ergibt sich, ohne die oben erwähnten speziellen Zuschläge, wie folgt:

Nach Abschnitt 16, Gleichung (71), ist die durch das Preßöl je Quadratmeter Zapfenlauffläche abzuführende Wärmemenge

$$\alpha_2 = \varrho_1 - \alpha_1 \ \text{WE/st} \cdot \text{m}^2$$

und nach Gleichung (72) insgesamt

$$\alpha_2' = \alpha_2 \cdot d \cdot \pi \cdot l \ \text{WE/st}.$$

Diese Gesamtwärmemenge muß aufgenommen werden durch eine minutliche Ölmenge von Q_2' lit oder eine stündliche Ölmenge von $60 \cdot Q_2'$ lit oder $0,9 \cdot 60 \cdot Q_2'$ kg mit der spezifischen Wärme von w WE/kg durch Erwärmung des Öles im Lager von der Eintrittstemperatur Θ_2 auf die Austrittstemperatur Θ (rund = der Lagertemperatur angenommen)**. Es wird damit

$$\alpha_2 \cdot d \cdot \pi \cdot l = (\Theta - \Theta_2) \cdot w \cdot 0,9 \cdot 60 \cdot Q_2' \ \text{WE/st}$$

oder, mit $w = $ rund 0,4 WE/kg, auf das minutliche Ölvolumen bezogen,

$$Q_2' = \frac{\alpha_2 \cdot d \cdot l}{6,9 \cdot (\Theta - \Theta_2)} \ \text{lit/min}. \tag{146}$$

Hierbei ist nach Gleichung (59), (64) und (71)

$$\alpha_2 = 0,174 \cdot \sqrt{\frac{P \cdot n^3 \cdot z}{(l:d)}} - 17 \cdot a \cdot (\Theta - \Theta_1)^{1,3} \ \text{WE/st} \cdot \text{m}^2 \tag{147}$$

---

* Eine Nachrechnung zeigt, daß die aus dem Hochdruckturbinenteil durch die Welle dem Lager zugeführte Wärmemenge etwa der durch „Ausstrahlung'' an die Luft abgeführten Wärmemenge des Lagers entspricht.

** Die Temperatur in der Schmierschicht liegt wesentlich höher; sie kann bei sehr hochtourigen Maschinen bis zu $\Theta + 30°$ C und darüber betragen. Nimmt man im Mittel eine Schmierschichttemperatur von 80° an, so dürfte bei den üblichen Dampfturbinenölsorten der Zähigkeit des Öles in der Schmierschicht mit etwa $z = 0,0008$ kg $\cdot$ sek/m² angenähert entsprochen sein; bei Dampfturbinen und Turbogeneratoren mag daher mit diesem Wert gerechnet werden.

und zwar bedeutet in obigen Formeln

Q'_2 — die minutlich durch das Lager zu pumpende Ölmenge in lit/min,

α_2 — die je Quadratmeter Zapfenlauffläche $d \cdot \pi \cdot l$ stündlich durch
künstliche Kühlung abzuführende Wärmemenge in WE/st $\cdot$ m²,

d und l — Durchmesser und Länge des Lagers in Metern,

Θ — die Ölaustrittstemperatur ($\approx$ Lagertemperatur) in Grad Celsius,

Θ_1— die Temperatur der umgebenden Luft in Grad Celsius,

Θ_2— die Öleintrittstemperatur in Grad Celsius,

P — die Lagergesamtbelastung in Kilogrammen,

n — die minutliche Drehzahl des Zapfens,

z — die mittlere absolute Zähigkeit des Schmiermittels in der
Schmierschicht (für Dampfturbinen etwa 0,0008) in kg $\cdot$ sek/m²,

$l:d$— das Lagerlängenverhältnis,

a — den Koeffizienten der „individuellen Ausstrahlfähigkeit" nach
Zahlentafel 10.

Setzt man den aus Formel (147) ausgerechneten Wert für α_2 in
Gleichung (146) ein, so erhält man nach Annahme geeigneter Ein- und
Austrittstemperaturen den gesuchten Preßölbedarf des Lagers.

Für Dampfturbinen kann eine noch einfachere Methode unter Benutzung nur einer einzigen Gleichung angewandt werden, wenn man
auf eine Berücksichtigung der durch natürliche Kühlung abgeführten
Wärmemenge ganz verzichtet und dadurch die Sicherheit der Rechnung entsprechend erhöht. Für den letztgenannten Fall gestaltet sich
dann die Berechnung wie folgt:

Man setzt in Gleichung (146) statt bzw. für α_2 die Formel (59) für ϱ_1
ein und faßt die Ölmengenzuschläge für etwaige Ölpumpenabnutzung,
die unvermeidlichen Unsicherheiten der Ölverteilung und die Wärmezufuhr durch die Heizwirkung der Welle in einen gemeinsamen Zusatzfaktor ξ zusammen, den man zu 1,4 bis 1,8 wählt. Dann ergibt
sich die Ölmenge für ein Dampfturbinen-Querlager mit den obigen
Formelzeichen zu

$$Q'_{DQ} = \frac{\xi \cdot d^2}{39{,}6 \cdot (\Theta - \Theta_2)} \cdot \sqrt{P \cdot n^3 \cdot z \cdot (l:d)} \ \text{lit/min.} \tag{148}$$

In ähnlicher Weise ermittelt man auch den Ölbedarf bei künstlich
zu kühlenden Gleitschuhen und Längslagern.

Für Gleitschuhe bzw. Kreuzköpfe ergibt sich die durch künstliche Kühlung je m² tragender Keilfläche abzuführende Wärmemenge
nach Gleichung (102) zu

$$\lambda_2 = \iota_1 - \lambda_1 \ \text{WE/st} \cdot \text{m}^2\,.$$

Hierin ist die pro m² Keilfläche $B \cdot L$ entwickelte Wärmemenge nach
Gleichung (87)

$$\iota_1 = \frac{25{,}3}{L} \cdot \sqrt{\frac{P' \cdot V^3 \cdot z}{B}} \ \text{WE/st} \cdot \text{m}^2$$

und die durch natürliche Kühlung abführbare Wärmemenge nach
Gleichung (89)

$$\lambda_1 = 17 \cdot A \cdot (\Theta - \Theta_1)^{1{,}3} \ \text{WE$\cdot$st} \cdot \text{m}^2$$

oder endgültig

$$\lambda_2 = \frac{25,3}{L} \cdot \sqrt{\frac{P' \cdot V^3 \cdot z}{B}} - 17 \cdot A \cdot (\Theta - \Theta_1)^{1,3} \ \text{WE/st} \cdot \text{m}^2. \quad (149)$$

Bei einer spezifischen Wärme des Schmier- und Kühlöles von $w = 0,4$ WE/kg und einem spezifischen Gewicht von 0,9 ergibt sich dann der Kühlölbedarf analog Gleichung (146) zu

$$Q'_{2\cdot} = \frac{\lambda_2 \cdot L \cdot B}{60 \cdot 0,9 \cdot 0,4 \cdot (\Theta - \Theta_2)}$$

oder

$$Q'_{2\cdot} = \frac{\lambda_2 \cdot L \cdot B}{21,6 \cdot (\Theta - \Theta_2)} \ \text{lit/min}, \quad (150)$$

wobei Θ die Gleitflächen- oder Ölablauftemperatur und Θ_2 die Ölzulauftemperatur bedeutet.

Für kombinierte Quer- und Längslager beträgt die durch künstliche Kühlung insgesamt abzuführende Wärmemenge

$$\alpha'_2 = \varrho + \iota - \alpha \ \text{WE/st}. \quad (151)$$

Darin ist nach Gleichung (58)

$$\varrho = 0,174 \cdot d^2 \cdot \pi \cdot \sqrt{z \cdot n^3 \cdot (l : d) \cdot P} = \sqrt{0,3 \cdot P \cdot n^3 \cdot d^4 \cdot (l : d) \cdot z} \ \text{WE/st},$$

des ferneren nach Gleichung (86), mit P' als Längslagerbelastung,

$$\iota = 25,3 \cdot \sqrt{P' \cdot V^3 \cdot B \cdot z} = \sqrt{640 \cdot P' \cdot V^3 \cdot B \cdot z} \ \text{WE/st}$$

und nach Gleichung (61) und (64) mit A' aus Zahlentafel 12 als „Ausstrahlfaktor" für kombinierte Quer- und Längslager

$$\alpha = 17 \cdot A' \cdot d \cdot \pi \cdot l \cdot (\Theta - \Theta_1)^{1,3} \ \text{WE/st}.$$

Mit diesen Einzelwerten ergibt sich die bei Längslagern durch künstliche Kühlung insgesamt abzuführende Wärme zu

$$\alpha'_2 = \sqrt{0,3 \cdot P \cdot n^3 \cdot d^4 \cdot (l : d) \cdot z} + \sqrt{640 \cdot P' \cdot V^3 \cdot B \cdot z} -$$
$$- 17 \cdot A' \cdot d \cdot \pi \cdot l \cdot (\Theta - \Theta_1)^{1,3} \ \text{WE/st} \quad (152)$$

und die hierzu erforderliche Spülölmenge zu

$$Q'_{2L} = \frac{\alpha'_2}{60 \cdot 0,9 \cdot 0,4 \cdot (\Theta - \Theta_2)}$$

oder

$$Q'_{2L} = \frac{\alpha'_2}{21,6 \cdot (\Theta - \Theta_2)} \ \text{lit/min} \quad (153)$$

mit Θ und Θ_2 wie bei Gleichung (150).

Bei gegebenem Schmiermittel ist z aus der Beziehung $z = i : (0,1 \cdot \Theta)^{2,6}$ zu ermitteln.

An Hand dieser Entwicklungen kann nun auch für Dampfturbinen-Längslager, analog der Gleichung (148), eine vereinfachte Sonderformel abgeleitet werden, wenn man, auf die Berücksichtigung der ohnedies nur nach gefühlsmäßiger Einschätzung von A' berechenbaren natürlichen Wärmeabfuhr ganz verzichtend, in Gleichung (152) das dritte Glied vernachlässigt und, wie bei Querlagern, den Zusatzfaktor ξ einführt. Man erhält alsdann

$$Q'_{DL} = \xi \cdot \frac{\sqrt{0,3 \cdot P \cdot n^3 \cdot d^4 \cdot (l:d) \cdot z} + \sqrt{640 \cdot P' \cdot V^3 \cdot B \cdot z}}{21,6 \cdot (\Theta - \Theta_2)}$$

oder

$$Q'_{DL} = \frac{\xi}{21,6 \cdot (\Theta - \Theta^2)} \cdot \left(\sqrt{0,3 \cdot P \cdot n^3 \cdot d^4 \cdot (l:d) \cdot z} + \right.$$

$$\left. + \sqrt{640 \cdot P' \cdot V^3 \cdot B \cdot z} \right) \text{ lit/min} . \tag{154}$$

Hierin ist:

Q'_{DL} = Gesamter effektiver Druckölbedarf des kombinierten Dampfturbinenlängslagers in lit/min,

ξ = $1,4 \div 1,8$ = Zusatzfaktor für Ölpumpenverschleiß, Unsicherheit der Ölverteilung und Heizwirkung der Welle,

Θ = Lagerölaustrittstemperatur in Grad Celsius,

Θ_2 = Lageröleintrittstemperatur in Grad Celsius,

P' = Gesamter Achsialschub in Kilogrammen,

V = Mittlere Gleitgeschwindigkeit des Druckringes in m/sek,

B = Summe der Breiten sämtlicher Keilflächen in Metern,

P = Gesamte Querlagerbelastung in Kilogrammen,

n = Minutliche Drehzahl der Dampfturbinenwelle,

d = Querlager-Zapfendurchmesser in Metern,

$l:d$ = Querlager-Längenverhältnis,

z = Mittlere Ölzähigkeit in der Schmierschicht in kg $\cdot$ sek/m², für beide Lagerteile angenommen zu 0,0008.

Hat man nach den gegebenen Formeln für sämtliche Lager (und auch für die Spritzdüse zur Schmierung des Schneckentriebes) den Gesamtölbedarf ermittelt, so ist dieser Betrag noch durch den volumetrischen Wirkungsgrad (vorsorglich $= 0,7$) zu dividieren, um schließlich die rechnerische Liefermenge der Schmieröl-Zahnradpumpe zu erhalten.

Von Interesse ist noch in Formel (148) die Kennzeichnung des Einflusses der Lagerlänge auf die Reibungsverluste bzw. den Lagerkühlölbedarf: Führt man die Lagerlänge statt mit $l:d = 2,0$ (wie bisher üblich) mit $l:d = 1,2$ aus, was zu empfehlen ist, so erspart man dadurch (von den Herstellungskostenersparnissen des Lagers selbst noch abgesehen) 22% an Reibungsverlusten und kann dabei kleinere Ölpumpen und kleinere Ölkühler wählen. —

In ähnlicher Weise wie bei Querlagern ermittelt sich der Schmiermittelverbrauch von **natürlich gekühlten ebenen Gleitflächen** (Gleitschuhen und Längslagern).

In der Grundgleichung (128)

$$q = \frac{p_0 \cdot b \cdot h_m^3}{12 \cdot l_1 \cdot z} \text{ m}^3/\text{sek}$$

ist nach Abb. 44 für Tropfschmierung und eine seitlich durchgehende, tragende Keilfläche zu setzen:

$b = L;$ $h_m = H_m = H + 0,5 \cdot \varepsilon \cdot L;$ $l_1 = 0,5 \cdot B_1;$ $p_0 = 2 \cdot p_m .$

Der gesamte Ölverlust einer einzelnen Keilfläche beträgt $2 \cdot q$, da die gleiche Menge nach beiden Seiten abströmt; somit

$$Q = 2 \cdot q = 2 \cdot \frac{2 \cdot p_m \cdot L \cdot (H + 0,5 \cdot \varepsilon \cdot L)^3}{12 \cdot 0,5 \cdot B_1 \cdot z} \quad \text{m}^3/\text{sek} .$$

Der Ölverbrauch der unmittelbar geschmierten tragenden Keilflächen einer Tragfläche beläuft sich danach allgemein auf

$$Q_{\text{Tr. Tropf-}} = \frac{p_m \cdot L \cdot (H + 0,5 \cdot \varepsilon \cdot L)^3 \cdot j'}{1,5 \cdot B_1 \cdot z} \quad \text{m}^3/\text{sek} . \tag{155}$$

Hierin bedeutet p_m den mittleren Schmierschichtdruck in kg/m²; L die Länge einer einzelnen Keilfläche in Metern; H die geringste Schmierschichtstärke in Metern; ε die Keilsteigung in Metern auf 1 m Länge; j' die Anzahl der in gleicher Richtung tragenden unmittelbar geschmierten Keilflächen; B_1 die Breite einer einzelnen Keilfläche in Metern; z die mittlere absolute Zähigkeit des Schmiermittels in der Schmierschicht in kg · sek/m².

Gleichung (155) gilt nur für drucklose Ölzufuhr (Tropföl) in Anwendung auf Längslager mit einfachem oder doppeltem Drehsinn sowie für Gleitschuhe von Kreuzköpfen und ähnlichen Gleitstücken, wobei die gegebenenfalls vorhandenen, im betrachteten Zustande nicht tragenden (Rückwärts-) Keilflächen unberücksichtigt bleiben; desgleichen die zwischen den Keilflächen angeordneten, zur Gleitfläche parallelen Tragflächenteile und bei Gleitschuhen die vorderste (offene, also nicht unmittelbar geschmierte) Keilfläche. Als Kompensation für diese etwas zu günstige Rechnung waren die Keilflächen seitlich (quer zur Bewegungsrichtung) durchgehend angenommen, was meistens nur bei Längslagern zutreffen wird. — Durch Multiplikation von Q mit $1000 \cdot 60$ $= 60000$ erhält man Q' in lit/min.

Bei Druckschmierung ist zu dem Ölverbrauch der tragenden Keilflächen nach Gleichung (155) noch der Verlust an Drucköl durch die nichttragenden Keilflächen hinzuzuzählen. Der letztere ergibt sich aus Gleichung (155), indem man statt des mittleren Flächendruckes p_m den halben Preßöldruck $= 0,5 \cdot p_1$ in kg/m² einführt.

Der Ausdruck $0,5 \cdot p_1$ ist dadurch begründet, daß die Formel (155) ja ausgesprochen auf den mittleren rechnerischen Flächendruck p_m abgestimmt war, der erst verdoppelt den in Keilflächenlängsmitte anzunehmenden Ausgangsdruck für den Abströmvorgang ergab. Durch Einsetzen von p_1 statt p_m betrachten wir den Preßöldruck gewissermaßen als Flächendruck und müssen daher durch Division durch 2 die im Zahlenfaktor 1,5 der Formel (155) enthaltene Verdoppelung des p-Wertes wieder kompensieren, um in Keilflächenmitte die Wirkung der tatsächlich gegebenen Ölpressung von p_1 kg/m² zu erhalten.

Wir können für ebene Tragflächen mit Doppelkeilflächen somit bei Druckschmierung setzen

$$Q_{\text{Tr. Druck-}} = \frac{p_m \cdot L \cdot (H + 0,5 \cdot \varepsilon \cdot L)^3 \cdot j'}{1,5 \cdot B_1 \cdot z} + \frac{0,5 \cdot p_1 \cdot L \cdot (H + 0,5 \cdot \varepsilon \cdot L)^3 \cdot j'}{1,5 \cdot B_1 \cdot z}$$

oder

$$Q_{\text{Tr. Druck-}} = \left(1 + \frac{0,5 \cdot p_1}{p_m}\right) \cdot \frac{p_m \cdot L \cdot (H + 0,5 \cdot \varepsilon \cdot L)^3 \cdot j'}{1,5 \cdot B_1 \cdot z} \quad \text{m}^3/\text{sek} . \tag{156}$$

In Übereinstimmung mit Gleichung (155) ist auch hier alles in Metern gerechnet; $\dfrac{0,5 \cdot p_1}{p_m}$ kann natürlich auch $= \dfrac{0,5 \cdot p_0}{p}$ in at gesetzt werden.

Formel (156) gilt für (mit erweiterter natürlicher Kühlung) mit Drucköl arbeitende Tragschuhe oder Längslager mit Doppelkeilflächen für doppelten Gleitrichtungssinn, bei denen die „Rücken" der Keile, ohne besondere Zuführungsnute, unmittelbar ineinander übergehen. Führt man Längslager für nur einen Drehsinn mit sehr flachen Radialnuten aus, so kann Gleichung (156) auch für diesen Fall Anwendung finden, indem angenommen wird, daß der Querschnitt der fehlenden nicht-belasteten (Rückwärts-) Keilfläche etwa demjenigen einer sehr flachen Radialnute entspricht. Bei tieferen Radialnuten „einsinniger" Längs-lager wäre der Wert $0,5 \cdot p_1 : p_m$ schätzungsweise 2 bis 4mal zu ver-größern.

Beispiel 10. Ein Lager von 10 cm Durchmesser und 15 cm Länge arbeite mit Laufsitzpassung bei einem mittleren Flächendruck von $p = 20$ kg/cm² mit einem Schmiermittel, dessen Zähigkeit bei der Betriebstemperatur des Lagers $0,008$ kg · sek/m² beträgt. — Welcher Ölverbrauch ist bei spärlicher Tropfschmierung zu erwarten?

Nach Gleichung [133] beträgt

$$Q'_{\text{Tropf-}} = \frac{0,3 \cdot p \cdot (D' - d')^3}{(l:d) \cdot z} \text{ lit/min}.$$

Das mittlere ideelle Lagerspiel bei Laufsitzpassung beträgt nach Abb. 50 für einen Zapfendurchmesser von 100 mm $D'' - d'' = 0,09$ mm bzw. $D' - d' = 0,009$ cm. — Das Lagerlängenverhältnis ist $l : d = l' : d' = 15 : 10 = 1,5$.

Damit ergibt sich der Schmiermittelverbrauch bei spärlicher Tropfschmierung zu

$$Q'_{\text{Tropf-}} = \frac{0,3 \cdot 20 \cdot 9^3}{1,5 \cdot 1000^3 \cdot 0,008} = \frac{0,3 \cdot 20}{1,5 \cdot 111^3 \cdot 0,008} = \frac{6}{1,5 \cdot 1\,370\,000 \cdot 0,008} =$$

$$= 0,000365 \text{ lit/min} \quad \text{oder} \quad 0,33 \text{ g/min}.$$

Durch Steigerung der Ölzufuhr auf rund 8,5 g/min ließe sich Vollschmierung er-reichen.

Beispiel 11. Das Lager in Beispiel 10 möge mit Druckschmierung arbeiten, und zwar mit einem Öldruck von 1 at. — Wie groß ist der Schmiermittelbedarf dieses Lagers, wenn die Zähigkeit in der Schmierschicht wiederum mit $z = 0,008$ angenommen wird?

Mit den Zahlengrößen des Beispieles 10 wird nach Gleichung [140]

$$Q'_{\text{Druck-}} = (7 \cdot p + 100 \cdot p_1') \frac{(D' - d')^3}{(l:d) \cdot z} = \frac{(7 \cdot 20 + 100 \cdot 1)}{1,5 \cdot 111^3 \cdot 0,008} = \frac{140 + 100}{1,5 \cdot 1\,370\,000 \cdot 0,008}$$

$$Q'_{\text{Druck-}} = \frac{240}{16400} = 0,0146 \text{ lit/min} \quad \text{oder} \quad \text{rund 13 g/min}.$$

Beispiel 12. Ein 9fach gelagerter 8-Zylinder-Automobilmotor mit 60 mm Hauptlagerdurchmesser soll rund 1 at Öldruck an den Lagern aufweisen. — Wie groß ist die rechnerische Liefermenge der Ölpumpe anzusetzen, wenn der Öldruck auch noch bei verschlissenen Lagern gegeben sein soll?

Die Gesamtanzahl der Haupt- und Pleuellager beträgt $s = 9 + 8 = 17$. Mit dem gegebenen Zapfendurchmesser von $d' = 6$ cm erhalten wir nach der auf Lagerverschleiß zugeschnittenen Gleichung [145]

$$\ddot{O}_A = 0,3 \cdot d' \cdot s = 0,3 \cdot 6 \cdot 17 = 30,6 \text{ lit/min}.$$

Beispiel 13. Für einen Ilgner-Umformer soll der Kühlölbedarf des höchst-belasteten Lagers ermittelt werden, dessen Durchmesser sich nach den zu übertragenden Drehkräften zu $D'' = 400$ mm ergeben habe. — Wie groß ist bei $P = 40\,000$ kg, $l : d = 1{,}5$ und $n = 500$ die minutliche Spülölmenge Q_2', wenn das Öl von 3 Engler-Graden bei 50° C mit $\Theta_2 = 40°$ eintreten und mit $\Theta = 60°$ C aus dem Lager austreten soll?

Die Ölzähigkeit bei $\Theta = 60$ wird bei $i = 0{,}12$ (nach Zahlentafel 11) gemäß Formel 67

$$z = \frac{i}{(0{,}1 \cdot \Theta)^{2,6}} = \frac{0{,}12}{6^{2,6}} = \frac{0{,}12}{105} = 0{,}00114 \text{ kg} \cdot \text{sek/m}^2 \,.$$

Mit $a = 2$ (nach Zahlentafel 10) und $\Theta_1 = 20°$ erhalten wir dann die durch künstliche Kühlung je m² Lagerinnenfläche abzuführende Wärmemenge nach Gleichung (147) zu

$$\alpha_2 = 0{,}174 \cdot \sqrt{\frac{P \cdot n^3 \cdot z}{(l : d)}} - 17 \cdot a \cdot (\Theta - \Theta_1)^{1,3}$$

$$= 0{,}174 \cdot \sqrt{\frac{40\,000 \cdot 500^3 \cdot 0{,}00114}{1{,}5}} - 17 \cdot 2 \cdot (60 - 20)^{1,3}$$

$$= 0{,}174 \cdot 500 \cdot \sqrt{15\,200} - 34 \cdot 120 = 87 \cdot 123 - 4070$$

$$\alpha_2 = 10\,700 - 4070 = 6630 \text{ WE/st} \cdot \text{m}^2.$$

Die gesuchte Spülölmenge beträgt mit diesem Wert von α_2 nach Gleichung (146)

$$Q_2' = \frac{\alpha_2 \cdot d \cdot l}{6{,}9 \cdot (\Theta - \Theta_2)} = \frac{6630 \cdot 0{,}4 \cdot 0{,}6}{6{,}9 \cdot (60 - 40)}$$

$$Q_2' = \frac{6630 \cdot 0{,}24}{138} = 11{,}6 \text{ lit/min} \,.$$

Das Lagerspiel hätte, falls man $\chi = 0{,}5$ anstrebt, nach Gleichung [53] eine höchstzulässige Größe von

$$(D'' - d'')_{0,5} = \frac{d''}{309} \cdot \sqrt{\frac{z \cdot n}{p}} = \frac{400}{309} \cdot \sqrt{\frac{0{,}00114 \cdot 500 \cdot 40 \cdot 60}{40\,000}}$$

$$(D'' - d'')_{0,5} = 1{,}3 \cdot \sqrt{\frac{1}{29}} = \frac{1{,}3}{5{,}4} = 0{,}24 \text{ mm}$$

zu erhalten, wobei die Spülölaustrittsquerschnitte nach den zum Schluß dieses Abschnittes gebrachten Angaben noch gesondert zu kontrollieren wären.

Beispiel 14. Das Längslager einer Kaltwasserkreiselpumpe für $n = 1500$ und $P' = 2000$ kg Achsialschub habe 15 Keilflächen von $B_1 = 0{,}045$ m Breite bei $L = 0{,}015$ m Länge; die mittlere Gleitgeschwindigkeit betrage $V = 12$ m/sek. — Wie groß ist der Spülölbedarf bei Öl von 4 $E°$, entsprechend $i = 0{,}17$, wenn $\Theta = 50°$, $\Theta_1 = 15°$, $\Theta_2 = 30°$ und $A' = 4$ ist und das Querlager von $d'' = 90$ mm und $l : d = 1{,}2$ mit $P = 200$ kg belastet sein soll?

Die Zähigkeit in der Schmierschicht ergibt sich nach Gleichung (67) zu

$$z = \frac{i}{(0{,}1 \cdot \Theta)^{2,6}} = \frac{0{,}17}{5^{2,6}} = \frac{0{,}17}{66} \approx 0{,}0026 \text{ kg} \cdot \text{sek/m}^2 \,.$$

Die durch künstliche Kühlung abzuführende Wärmemenge beträgt nach Gleichung (152)

$$\alpha_2' = \sqrt{0{,}3 \cdot P \cdot n^3 \cdot d^4 \cdot (l : d) \cdot z} + \sqrt{640 \cdot P' \cdot V^3 \cdot B \cdot z} - 17 \cdot A' \cdot d \cdot \pi \cdot l \cdot (\Theta - \Theta_1)^{1,3}$$

$$= \sqrt{0{,}3 \cdot 200 \cdot 1500^3 \cdot 0{,}09^4 \cdot 1{,}2 \cdot 0{,}0026} + \sqrt{640 \cdot 2000 \cdot 12^3 \cdot 15 \cdot 0{,}045 \cdot 0{,}0026} -$$

$$- 17 \cdot 4 \cdot 0{,}09 \cdot \pi \cdot 0{,}118 \cdot 35^{1,3}$$

$$\alpha_2' = \sqrt{40\,900} + \sqrt{3\,900\,000} - 230 = 202 + 1970 - 230 = 1942 \text{ WE/st}$$

und die dazu erforderliche Spülölmenge laut Gleichung (153)

$$Q_{2L}' = \frac{\alpha_2'}{21{,}6 \cdot (\Theta - \Theta_2)} = \frac{1942}{21{,}6 \cdot 20} = \frac{1942}{432} = 4{,}5 \text{ lit/min} \,.$$

Beispiel 15. Für ein Dampfturbinen-Querlager von $d'' = 200$ und $l'' = 240$ mm, das bei $n = 3000$ mit $P = 2000$ kg belastet sei, ist der Kühlölbedarf zu ermitteln. — Wie groß ist Q'_{DQ}, wenn $z = 0{,}0008$ kg · sek/m², der Zusatzfaktor $\xi = 1{,}6$, die Kühlöleintrittstemperatur zu $\Theta_2 = 45°$ und die Austrittstemperatur zu $\Theta = 65°$ C angenommen wird?

Nach Gleichung (148) ist

$$Q'_{DQ} = \frac{\xi \cdot d^2}{39{,}6 \cdot (\Theta - \Theta_2)} \cdot \sqrt{P \cdot n^3 \cdot z \cdot (l : d)}$$

$$= \frac{1{,}6 \cdot 0{,}2^2}{39{,}6 \cdot (65 - 45)} \cdot \sqrt{2000 \cdot 3000^3 \cdot 0{,}0008 \cdot 1{,}2}$$

$$= \frac{1{,}6 \cdot 0{,}04 \cdot 3000}{39{,}6 \cdot 20} \cdot \sqrt{2000 \cdot 3000 \cdot 0{,}008 \cdot 1{,}2}$$

$$= \frac{19{,}2}{79{,}2} \cdot \sqrt{5750} = \frac{19{,}2 \cdot 75}{79{,}2}$$

$$Q'_{DQ} = 18{,}2 \text{ lit/min}.$$

Die zum Hindurchlassen dieser Ölmenge erforderlichen Lagerquerschnitte sind nach den Angaben am Ende dieses Abschnittes gesondert zu ermitteln bzw. zu kontrollieren.

Beispiel 16. Für ein Dampfturbinen-Längslager mit $d'' = 200$, das bei $n = 3000$ mit einem Achsialschub von $P' = 8000$ kg belastet sein möge, soll die erforderliche Kühlölmenge ermittelt werden. Die Summe der einzelnen Keilflächenbreiten betrage $B = 15 \cdot 0{,}095 = 1{,}42$ m, die mittlere Gleitgeschwindigkeit $V = 48$ m/sek, die Ölzähigkeit in der Schmierschicht $z = 0{,}0008$ kg · sek/m², der Zusatzfaktor $\xi = 1{,}6$, die Öleintrittstemperatur $\Theta_2 = 45°$ und die Austrittstemperatur $\Theta = 65°$. — Wie groß wird Q'_{DL}, wenn das Querlager bei $l : d = 1{,}0$ mit $P = 1000$ kg belastet ist?

Nach Gleichung (154) ist

$$Q'_{DL} = \frac{\xi}{21{,}6 \cdot (\Theta - \Theta_2)} \cdot \left(\sqrt{0{,}3 \cdot P \cdot n^3 \cdot d^4 \cdot (l : d) \cdot z} + \sqrt{640 \cdot P' \cdot V^3 \cdot B \cdot z} \right)$$

$$= \frac{1{,}6}{21{,}6 \cdot 20} \cdot \left(\sqrt{0{,}3 \cdot 1000 \cdot 3000^3 \cdot 0{,}2^4 \cdot 1 \cdot 0{,}0008} + \sqrt{640 \cdot 8000 \cdot 48^3 \cdot 1{,}42 \cdot 0{,}0008} \right)$$

$$= \frac{1{,}6}{432} \cdot \left(\sqrt{3000 \cdot 3450} + \sqrt{8000 \cdot 80000} \right) = \frac{1{,}6}{432} \cdot (54{,}9 \cdot 58{,}8 + 89{,}4 \cdot 283)$$

$$Q'_{DL} = \frac{1{,}6}{432} \cdot (3220 + 25300) = \frac{1{,}6 \cdot 28520}{432} = \frac{45700}{432} = 106 \text{ lit/min}.$$

Die erforderlichen Lagerquerschnitte zum Hindurchlassen der errechneten Ölmenge sind nach den Angaben am Schluß dieses Abschnittes gesondert zu ermitteln bzw. zu kontrollieren.

Beispiel 17. Welche Druckö“lmenge von 0,5 at benötigt ein Kreuzkopfschuh mit 2 unmittelbar geschmierten Keilflächen gemäß Abb. 2 von 40 mm Länge und 180 mm Breite für jede Bewegungsrichtung, bei einem mittleren Flächendruck von 5 kg/cm², einer Keilsteigung von $\varepsilon = 0{,}005$ und einer geringsten Schmierschichtstärke von $H = 0{,}00001$ m, wenn das Schmiermittel eine Zähigkeit von $z = 0{,}008$ kg · sek/m² besitzt?

Nach Formel (156) erhalten wir

$$Q_{\text{Tr. Druck.}} = \left(1 + \frac{0{,}5 \cdot p_1}{p_m} \right) \cdot \frac{p_m \cdot L \cdot (H + 0{,}5 \cdot \varepsilon \cdot L)^3 \cdot j'}{1{,}5 \cdot B_1 \cdot z}$$

$$= \left(1 + \frac{0{,}5 \cdot 5000}{50000} \right) \cdot \frac{50000 \cdot 0{,}04 \cdot (0{,}00001 + 0{,}5 \cdot 0{,}005 \cdot 0{,}04)^3 \cdot 2}{1{,}5 \cdot 0{,}18 \cdot 0{,}008}$$

$$Q_{\text{Tr. Druck.}} = (1 + 0{,}05) \cdot \frac{2000 \cdot 2}{0{,}00216 \cdot 9100^3} = \frac{1{,}05 \cdot 4}{1630000} = 0{,}00000258 \text{ m}^3/\text{sek}$$

oder, in lit/min umgerechnet, $= 0{,}00000258 \cdot 1000 \cdot 60 = 0{,}155$ lit/min.

Bei seitlich nicht durchgehenden Keilflächen vermindert sich der Ölbedarf naturgemäß bedeutend.

Beispiel 18. Für das Längslager eines mit erweiterter natürlicher Kühlung arbeitenden Schneckengetriebes soll der Preßölbedarf ermittel werden. Der Preßöldruck sei $p_{\ddot{o}} = 1$ at, der mittlere Flächendruck der Keilflächen $p = 15$ at, die geringste Schmierschichtstärke $H'' = 0,006$ mm, die Ölzähigkeit in der Schmierschicht $z = 0,001$ kg $\cdot$ sek/m², die Keilsteigung $\varepsilon = 0,002$ m/m, die Keilflächenbreite $B_1'' = 30$ mm, die Keilflächenlänge $L'' = 10$ mm und die Anzahl der Keilflächen $j = j' = 15$. — Wie groß ist Q', wenn jeder Keilrücken (der nur für eine Drehrichtung vorgesehenen Keilflächen) in eine radiale halbkreisförmige Ölzuführungsnute mit 1 mm Radius einmündet?

Da in diesem Falle, wie leicht festzustellen, der Querschnitt der Radialnuten demjenigen der Keilflächen entspricht, kann der Ölbedarf (trotz nur einsinniger Keilflächen) nach Gleichung (156) ermittelt werden, und wir erhalten, falls wir die Ölmenge gleich in Litern ansetzen, mit

$$Q_{\text{Tr. Druck-}} = \left(1 + \frac{0,5 \cdot p_1}{p_m}\right) \cdot \frac{p_m \cdot L \cdot (H + 0,5 \cdot \varepsilon \cdot L)^3 \cdot j'}{1,5 \cdot B_1 \cdot z} \cdot 60\,000 \; \text{lit/min}$$

$$= \left(1 + \frac{0,5 \cdot 1}{15}\right) \cdot \frac{150\,000 \cdot 0,01 \cdot (0,000006 + 0,5 \cdot 0,002 \cdot 0,01)^3 \cdot 15}{1,5 \cdot 0,03 \cdot 0,001} \cdot 60\,000$$

$$= \frac{1,033 \cdot 60\,000 \cdot 15 \cdot 1500 \cdot 0,000016^3}{0,000045} = \frac{60\,000 \cdot 23\,200}{0,000045 \cdot 62\,500^3} = \frac{140}{1100}$$

$$Q'_{\text{Tr. Druck-}} = 0,127 \; \text{lit/min}.$$

Bei radialen Halbkreisnuten mit 2 mm Radius wäre im vorliegenden Falle der Wert $\dfrac{0,5 \cdot p_1}{p_m} = \dfrac{0,5 \cdot p_{\ddot{o}}}{p}$ mit $2^2 = 4$ zu multiplizieren.

Der bei größeren Leistungen interessierende Kraftverbrauch der Ölförderung beträgt bei $\ddot{O}$ lit/min und einem Öldruck von $p_{\ddot{o}}$ at ohne Reibungswiderstände im Mittel

$$N_{\ddot{o}} = \frac{\ddot{O} \cdot 0,9 \cdot p_{\ddot{o}} \cdot 11,1}{60 \cdot 75}$$

$$N_{\ddot{o}} = \frac{\ddot{O} \cdot p_{\ddot{o}}}{450} \; \text{PS} . \tag{157}$$

Im Nachstehenden seien auch noch einige Anhaltspunkte zur Berechnung von Ölrohrleitungen gegeben.

Soll aus einer Rohrleitung mit dem (gegebenenfalls verengten) Austrittsquerschnitt F_a, dem lichten Durchmesser d_0 und der Länge l_0 Meter die Flüssigkeit mit der Geschwindigkeit v_a m/sek ausströmen, wobei die Leitung noch den Widerstand eines Ventiles, Krümmers oder Filters enthalte, so ist dazu am Eintrittsrohrende eine hydraulische Druckhöhe von H_0 Metern Flüssigkeitssäule erforderlich. Hierbei wird die zur Erzeugung der Austrittsgeschwindigkeit v_a aufzuwendende Teildruckhöhe h_a Meter als (nutzbare) „Austrittsgeschwindigkeitshöhe", die zur Überwindung der Rohrreibung erforderliche Teildruckhöhe h_R als (praktisch „verlorene") „Rohrreibungswiderstandshöhe" und die zur Überwindung von Sonderwiderständen erforderliche Teildruckhöhe h_W als „Sonderwiderstandshöhe" bezeichnet. Die genannten Elemente verbindet die Beziehung

$$H_0 = h_a + h_R + h_W \; \text{m} \tag{158}$$

Zur Erzeugung und Aufrechterhaltung der Strömungsgeschwindigkeit v_0 im Rohr („Rohrgeschwindigkeit") ist in jedem Falle (also ohne Berücksichtigung von Reibung) eine Druckhöhe von

$$h_0 = \frac{v_0^2}{2 \cdot g} \quad \text{m} \tag{159}$$

aufzuwenden, bei der Geschwindigkeit v_a (im Austrittsquerschnitt) eine solche von $h_{\ddot{a}} = v_a^2 : 2 \cdot g$ usw. Dieser allgemein bekannte Ausdruck stellt die „lebendige Kraft" von 1 kg Flüssigkeit von der Masse M kg $\cdot$ sek^2/m dar, wobei $g = 9,81$ m/sek^2 die mittlere Erdbeschleunigung bedeutet. Man erhält

$$h_0 = \frac{M \cdot v_0^2}{2} \quad \text{mkg} \quad \text{oder} \quad = \frac{1 \cdot v_0^2}{2 \cdot g} \quad \text{m Flüssigkeitssäule.}$$

Widerstandshöhen werden in der Hydraulik stets als ein Vielfaches (bzw. Teilbetrag) der „Geschwindigkeitshöhe" ausgedrückt, so daß beispielsweise eine Widerstandshöhe bei der Rohrgeschwindigkeit v_0 allgemein geschrieben wird

$$h_W = \zeta \cdot \frac{v_0^2}{2 \cdot g} \quad \text{m}. \tag{160}$$

Die individuelle Widerstandszahl ζ eines jeden Widerstandes ist jeweils mit der Geschwindigkeitshöhe aus derjenigen Geschwindigkeit zu multiplizieren, mit der die betreffende Widerstandsstrecke durchflossen wird; so gilt für den Rohrquerschnitt $v_0^2 : 2 \cdot g$, für den Austrittsquerschnitt $v_a^2 : 2 \cdot g$ usw. — Letztere, d. h. die nutzbare Austrittsgeschwindigkeitshöhe, hat stets die Widerstandszahl $\zeta = 1$.

Wie weiter gezeigt werden wird, kommt bei Ölsaugleitungen die statische Saughöhe, die Rohrreibungswiderstandshöhe und die Austrittsgeschwindigkeitshöhe, bei Öldruckleitungen aus bestimmten Gründen meistens nur die Rohrreibungswiderstandshöhe allein in Betracht. Dieser letztgenannten hat daher hauptsächlich unsere Aufmerksamkeit zu gelten.

Für kreisförmigen Rohrquerschnitt ist die Widerstandszahl der Rohrreibung allgemein

$$\zeta_R = \frac{\lambda_0 \cdot l_0}{d_0} \tag{161}$$

mit l_0 und d_0 als Länge bzw. Durchmesser der Rohrleitung und λ_0 als Rohrreibungszahl.

Damit wird entsprechend der allgemeinen Form der Gleichung (160) die Rohrreibungswiderstandshöhe

$$h_R = \zeta_R \cdot \frac{v_0^2}{2 \cdot g} = \frac{\lambda_0 \cdot l_0}{d_0} \cdot \frac{v_0^2}{2 \cdot g} \quad \text{m}. \tag{162}$$

Zur Berechnung von λ_0 dürfte sich am ehesten die auf der absoluten Zähigkeit aufgebaute allgemeine Gleichung von H. Lang eignen:

$$\lambda_0 = \alpha_\lambda \cdot \left(1 - \frac{R_{0K}}{R_0}\right) + 2 \cdot \sqrt{\alpha_\lambda \cdot \left(1 - \frac{R_{0K}}{R_0}\right) \cdot \frac{64}{R_0}} + \frac{64}{R_0}. \tag{163}$$

Hierin bedeutet α_λ einen Rauhigkeitskoeffizienten für turbulentes Strömen und R_0 die „Reynolds'sche Zahl" gemäß der Gleichung (5)

$$R_0 = \frac{d_0 \cdot v_0 \cdot \gamma_0}{z \cdot g} \tag{164}$$

mit γ_0 als Einheitsgewicht der Flüssigkeit in kg/m³, z als absoluter Zähigkeit in kg · sek/m² und g als Erdbeschleunigung mit 9,81 m/sek².

R_0 entsteht durch Division von $d_0 \cdot v_0$ durch die „kinematische Zähigkeit" $z \cdot g : \gamma_0$ in m²/sek, und die letztere wiederum durch Division der absoluten Zähigkeit z durch die Dichte $\gamma_0 : g$ in kg · sek²/m⁴.

Bei der „kritischen Geschwindigkeit" v_{0K} gemäß Gleichung (5) wird $R_0 = R_{0K} =$ der „kritischen Reynolds'schen Zahl"

$$R_{0K} = 2000.$$

Setzen wir in Gleichung (163) für neuzeitlich hergestellte, innen glatte Rohre $\alpha_\lambda = 0{,}012$ und $R_{0K} = 2000$, so erhält die Formel die für den Gebrauch bequemste Form

$$\lambda_0 = 0{,}012 \cdot \left(1 - \frac{2000}{R_0}\right) + 2 \cdot \sqrt{0{,}012 \cdot \left(1 - \frac{2000}{R_0}\right) \cdot \frac{64}{R_0} + \frac{64}{R_0}} . \tag{165}$$

Unterhalb der kritischen Zahl R_{0K}, d. h. bei allen Werten von R_0 nach Gleichung (164), die kleiner sind als 2000, gelten die Gesetze für laminares, oberhalb von $R_0 = 2000$ die Gesetze für turbulentes Fließen. Durch „Wirbelverzug" kann sich nach den Versuchen mit Wasser das laminare Fließen sogar bis $R_0 = 3000$ hinausziehen. (Im übrigen sind die diesbezüglichen Ermittlungen noch nicht abgeschlossen.)

Bei laminarem Fließen wird der Rauhigkeitskoeffizient $\alpha_\lambda = 0$, so daß die Rohrreibungszahl für laminares Strömen die einfache Form annimmt

$$\lambda_{0L} = \frac{64}{R_0}, \tag{166}$$

indem der durch das erste und zweite Glied der Gleichung (165) zum Ausdruck gebrachte „Turbulenzzuschlag" fortfällt. λ_0 ermittelt sich somit unterhalb $R_0 = 2000$ nach Gleichung (166), oberhalb $R_0 = 2000$ nach Gleichung (165); h_R stets nach Gleichung (162).

Wie auch die Schaulinie Abb. 99 erkennen läßt, besteht λ_0 unterhalb der kritischen Geschwindigkeit (ausgedrückt durch $R_0 < 2000$) nur aus λ_{0L}, oberhalb der kritischen Geschwindigkeit ($R_0 > 2000$) aus λ_{0L} + dem „Turbulenzzuschlag" gemäß den ersten beiden Gliedern der Gleichung (165). — Je zäher die Flüssigkeit, um so kleiner wird nach Gleichung (164) der Wert R_0, um so mehr nähert man sich dem Koordinatenanfang und um so größer wird λ_0, dessen Grenzwert bei $R_0 = 0$ unendlich groß wird.

Um für den praktischen Gebrauch ein möglichst bequemes Verfahren zur Ermittlung des Rohrdurchmessers nach dem Rohrwiderstand zu schaffen, ist in der Zahlentafel 18 die Rohrreibungswiderstandshöhe h_R für je 1 m Rohrlänge nach Gleichung (162) ermittelt und, als p_R in kg/cm² nach der Gleichung (167) umgerechnet, eingetragen.

Die Umrechnung in technische Atmosphären erfolgt allgemein nach der Beziehung

$$H_F \cdot \gamma_F = H_W \cdot \gamma_W \,,$$

d. h. die Höhe der Flüssigkeitssäule H_F mal dem spezifischen Gewicht γ_F der Flüssigkeit ist gleich der Höhe der Wassersäule H_W mal dem spezifischen Gewicht γ_W des Wassers. Da bei Wasser dem Druck von 1 at bekanntlich eine Wassersäule von 10 m entspricht, so ist

$$p_W = \frac{H_W \cdot \gamma_W}{10} \quad \text{at} \quad \text{und} \quad p_F = \frac{H_F \cdot \gamma_F}{10} \quad \text{at}$$

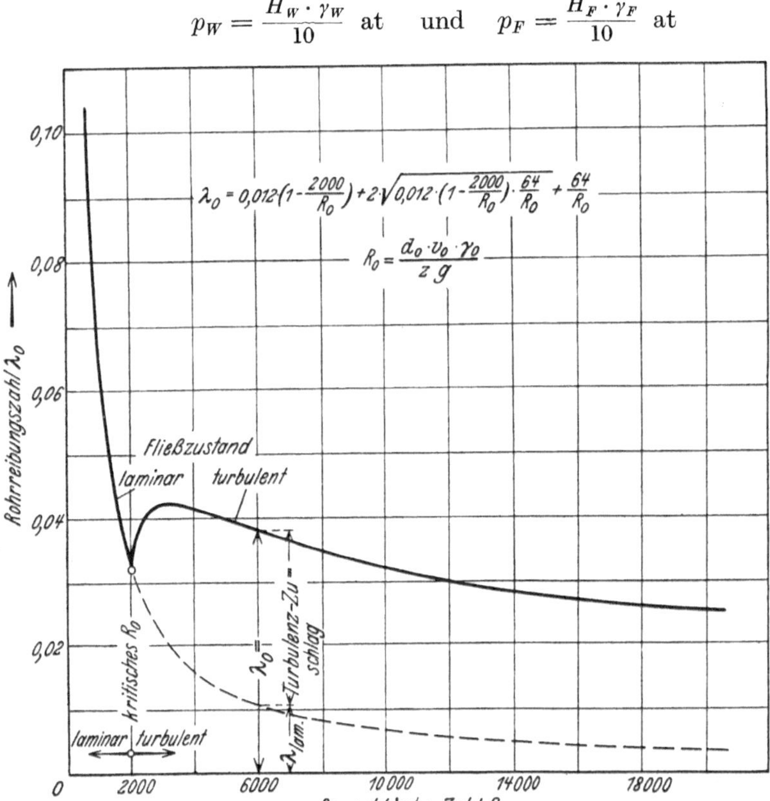

Abb. 99. Rohrreibungszahl λ_0 in Abhängigkeit von der Reynolds schen Zahl für Öl beliebiger Zähigkeit, umfassend das Gebiet des laminaren und dasjenige des turbulenten Fließens.

und damit für Öl mit dem spezifischen Gewicht $\gamma_F = 0,9$ als Mittelwert die gesuchte Rohrreibungswiderstandshöhe h_R Meter, als p_R in Atmosphären ausgedrückt,

$$p_R = \frac{H_F \cdot \gamma_F}{10} = \frac{0,9 \cdot h_R}{10} = 0,09 \cdot h_R \quad \text{at}\,. \qquad [167]$$

Dementsprechend beträgt bei dem oben angenommenen mittleren spezifischen Gewicht des Öles die Höhe einer 1 at entsprechenden Ölsäule 11,1 mal der Atmosphärenzahl, also beispielsweise

$$h_R = 11,1 \cdot p_R \quad \text{m}\,.$$

Zahlentafel 18 umfaßt Rohrdurchmesser von $d_0'' = 5$ bis 60 mm und Ölmengen von $Q' = 2$ bis 500 lit/min, so daß dadurch sowohl Fahrzeugmotoren und Dampfmaschinen wie auch Dieselmotoren und Dampfturbinen Rechnung getragen sein dürfte. Die Durchflußgeschwindigkeit v_0 ermittelt sich bei einer Durchgangsmenge von Q' lit/min und einem freien Rohrquerschnitt von F_0 cm² zu

$$v_0 = \frac{Q'}{6 \cdot F_0} \text{ m/sek} . \qquad [168]$$

Die Werte v_0, $p_{h_0} = \dfrac{0{,}09 \cdot v_o^2}{2 \cdot g}$ und F_0 wurden der Bequemlichkeit wegen mit in die Tabelle aufgenommen.

Die Hauptwerte p_R sind für Ölviskositäten (unabhängig von der Temperatur) von 2, 4, 6, 10, 30, 60 und 100 Engler-Graden ermittelt und jeweils durch entsprechende Indizes als p_{R2}, p_{R4}, p_{R6} usw. gekennzeichnet. Das spezifische Gewicht ist durchweg mit $\gamma = 0{,}9$ angenommen, wobei dann für über 6 Engler-Grade die absolute Zähigkeit nach der Näherungsformel (11)

$$z = \frac{E^\circ}{1490} \text{ kg} \cdot \text{sek/m}^2$$

gesetzt werden darf.

Bei ansteigend verlegten Rohrleitungen (insbesondere zu beachten bei Saugleitungen) ist jeder Meter Steigung mit $p_{St} = 0{,}09$ at Widerstandserhöhung zu berücksichtigen.

Den Sonderwiderstand von 90°-Rohrbogen setzt man bei $2{,}5 \cdot d_0$ Rohrkrümmungsradius entweder genau $=$

$$0{,}14 \cdot \frac{v_0^2}{2 \cdot g} \text{ m}$$

oder vereinfacht sich die Arbeit durch Festlegung einer angenähert allgemein gültigen Äquivalenzlänge $l_{\ddot{a}}$ durch Auflösung der Gleichung (161) nach l_0 mit $\zeta = 0{,}14$. Man erhält dadurch

$$l_{\ddot{a}} = \frac{0{,}14 \cdot d_0}{\lambda_0}$$

und bei Annahme eines sicheren (genügend kleinen) Mittelwertes für λ_0 (etwa $= 0{,}03$)

$$l_{\ddot{a}} = \frac{0{,}14 \cdot d_0}{0{,}03} \approx 5 \cdot d_0 \ \text{m} .$$

Zur Ermittlung des Rohrreibungswiderstandes einer Leitung mit unter 90° und $2{,}5 \cdot d_0$ Krümmungsradius gekrümmten Rohrbogen hat man die gestreckte Länge der Leitung für jeden Bogen um je $5 \cdot d_0$ Meter länger anzunehmen. — Krümmungen mit kleinerem Ablenkungswinkel oder größerem Krümmungsradius können vernachlässigt werden.

Verhältnismäßig am klarsten liegt die Berechnung von Saugleitungen mit gleichbleibendem Querschnitt und freiem Saugrohrende, weil die höchste in Frage kommende treibende Druckhöhe durch den Atmosphärendruck der Luft gegeben ist und beide Rohrenden (wenigstens bei Fahrzeugmotoren) als „offen" anzunehmen sind. Man braucht also die Leitung nur so zu bemessen, daß die Summe ihrer Widerstände (aus

Zahlentafel 18.

Strömungsgeschwindigkeiten v_0 in m/sek, Rohrquerschnitte F_0 in cm², Rohrgeschwindigkeitshöhen p_{h_0} und Rohrreibungswiderstandshöhen p_R in at für 1 m geraden Rohres bei gegebenem Q' in lit/min und d_0'' in mm für Öl bei einer Viscosität von $E^0 = 2 \div 100$ Engler-Graden.

$d_0''=$	$Q'=$	2	5	10	20	30	40	50	100	150	200	250	300	400	500
5 $F_0 = 0,2$ cm²	$v_0 =$	1,70	4,26	8,50											
	$p_{h_0} =$	0,013	0,084	0,33											
	$p_{R_2} =$	0,23	0,55	2,80											
	$p_{R_4} =$	0,56	1,40	2,80											
	$p_{R_6} =$	0,86	2,15	4,30											
	$p_{R_{10}} =$	1,44	3,60	7,20											
	$p_{R_{30}} =$	4,40	11	22											
	$p_{R_{60}} =$	8,40	21	42											
	$p_{R_{100}} =$	14,40	36	72											
8 $F_0 = 0,5$ cm²	$v_0 =$	0,66	1,66	3,31	6,60										
	$p_{h_0} =$	0,002	0,013	0,051	0,20										
	$p_{R_2} =$	0,035	0,09	0,25	1,03										
	$p_{R_4} =$	0,084	0,21	0,42	0,84										
	$p_{R_6} =$	0,13	0,32	0,64	1,28										
	$p_{R_{10}} =$	0,22	0,55	1,10	2,20										
	$p_{R_{30}} =$	0,66	1,65	3,30	6,60										
	$p_{R_{60}} =$	1,32	3,30	6,60	13,20										
	$p_{R_{100}} =$	2,20	5,50	11	22										
10 $F_0 = 0,79$ cm²	$v_0 =$	0,43	1,07	2,13	4,26	6,40	8,50								
	$p_{h_0} =$	0,00085	0,0053	0,021	0,084	0,19	0,33								
	$p_{R_2} =$	0,014	0,036	0,07	0,35	0,74	1,15								
	$p_{R_4} =$	0,035	0,086	0,17	0,35	0,73	1,38								
	$p_{R_6} =$	0,053	0,13	0,27	0,54	0,80	1,08								
	$p_{R_{10}} =$	0,09	0,23	0,45	0,90	1,35	1,80								
	$p_{R_{30}} =$	0,27	0,68	1,36	2,72	4,08	5,44								
	$p_{R_{60}} =$	0,54	1,36	2,72	5,44	8,16	10,88								
	$p_{R_{100}} =$	0,90	2,23	4,46	8,92	13,40	19,84								
12 $F_0 = 1,13$ cm²	$v_0 =$	0,30	0,74	1,48	2,96	4,45	5,92	7,40							
	$p_{h_0} =$	0,00041	0,0025	0,01	0,04	0,092	0,16	0,25							
	$p_{R_2} =$	0,007	0,017	0,035	0,14	0,30	0,51	0,74							
	$p_{R_4} =$	0,017	0,042	0,084	0,17	0,25	0,55	0,88							
	$p_{R_6} =$	0,026	0,065	0,13	0,26	0,39	0,52	0,76							
	$p_{R_{10}} =$	0,044	0,11	0,22	0,44	0,66	0,88	1,10							
	$p_{R_{30}} =$	0,13	0,33	0,66	1,32	1,98	2,64	3,30							
	$p_{R_{60}} =$	0,26	0,66	1,32	2,64	3,96	5,28	6,60							
	$p_{R_{100}} =$	0,43	1,07	2,14	4,28	6,42	8,56	10,70							
15 $F_0 = 1,77$ cm²	$v_0 =$	0,19	0,47	0,95	1,90	2,85	3,80	4,75	9,50						
	$p_{h_0} =$	0,00017	0,001	0,0041	0,017	0,037	0,067	0,10	0,41						
	$p_{R_2} =$	0,0028	0,007	0,014	0,044	0,11	0,18	0,26	0,80						
	$p_{R_4} =$	0,0068	0,017	0,034	0,068	0,10	0,14	0,28	1,10						
	$p_{R_6} =$	0,011	0,026	0,053	0,11	0,16	0,22	0,27	1,16						
	$p_{R_{10}} =$	0,018	0,045	0,09	0,18	0,27	0,36	0,45	0,90						
	$p_{R_{30}} =$	0,054	0,14	0,27	0,54	0,81	1,08	1,35	2,70						
	$p_{R_{60}} =$	0,11	0,27	0,54	1,08	1,62	2,16	2,70	5,40						
	$p_{R_{100}} =$	0,18	0,44	0,88	1,76	2,64	3,52	4,40	8,80						

20 $F_0 = 3{,}14$ cm²	$v_0 =$	0,53	1,06	1,60	2,14	2,67	5,32	7,95	10,60				
	$p_{h0} =$	0,0013	0,0052	0,012	0,021	0,033	0,13	0,29	0,51				
	$p_{R2} =$	0,0044	0,0088	0,024	0,045	0,065	0,22	0,41	0,66				
	$p_{R4} =$	0,011	0,022	0,032	0,043	0,054	0,28	0,55	0,90				
	$p_{R6} =$	0,017	0,033	0,050	0,068	0,083	0,26	0,60	1,03				
	$p_{R10} =$	0,028	0,056	0,084	0,11	0,14	0,29	0,55	1,08				
	$p_{R30} =$	0,084	0,17	0,26	0,34	0,43	0,86	1,28	1,71				
	$p_{R60} =$	0,17	0,34	0,51	0,68	0,86	1,71	2,56	3,42				
	$p_{R100} =$	0,28	0,56	0,84	1,12	1,40	2,80	4,20	5,60				
30 $F_0 = 7{,}06$ cm²	$v_0 =$		0,45	0,68	0,90	1,13	2,36	3,40	4,52	5,65	6,80	9,04	11,3
	$p_{h0} =$		0,00092	0,0021	0,0037	0,0059	0,026	0,054	0,094	0,15	0,21	0,38	0,59
	$p_{R2} =$		0,0017	0,0025	0,005	0,0083	0,032	0,059	0,094	0,14	0,19	0,30	0,44
	$p_{R4} =$		0,004	0,006	0,008	0,010	0,031	0,075	0,13	0,19	0,26	0,40	0,58
	$p_{R6} =$		0,0062	0,0093	0,012	0,016	0,033	0,071	0,13	0,21	0,29	0,47	0,67
	$p_{R10} =$		0,011	0,016	0,021	0,027	0,054	0,081	0,11	0,19	0,30	0,53	0,80
	$p_{R30} =$		0,032	0,048	0,063	0,081	0,16	0,25	0,32	0,40	0,48	0,64	0,80
	$p_{R60} =$		0,063	0,096	0,13	0,16	0,32	0,50	0,65	0,81	1,00	1,30	1,60
	$p_{R100} =$		0,11	0,16	0,22	0,27	0,54	0,81	1,08	1,35	1,62	2,16	2,70
40 $F_0 = 12{,}56$ cm²	$v_0 =$				0,54	0,67	1,34	2,01	2,68	3,35	4,02	5,35	6,7
	$p_{h0} =$				0,0013	0,0021	0,0083	0,019	0,033	0,052	0,074	0,13	0,21
	$p_{R2} =$				0,0012	0,0022	0,0087	0,017	0,027	0,039	0,052	0,084	0,12
	$p_{R4} =$				0,0027	0,0034	0,0068	0,020	0,035	0,052	0,071	0,12	0,17
	$p_{R6} =$				0,0042	0,0053	0,011	0,016	0,033	0,054	0,078	0,13	0,20
	$p_{R10} =$				0,0072	0,0089	0,018	0,027	0,036	0,046	0,071	0,14	0,22
	$p_{R30} =$				0,022	0,027	0,053	0,081	0,11	0,14	0,16	0,22	0,27
	$p_{R60} =$				0,043	0,054	0,11	0,16	0,21	0,27	0,32	0,43	0,54
	$p_{R100} =$				0,072	0,090	0,18	0,27	0,36	0,45	0,54	0,72	0,90
50 $F_0 = 19{,}6$ cm²	$v_0 =$					0,43	0,85	1,28	1,7	2,13	2,55	3,4	4,25
	$p_{h0} =$					0,00085	0,0033	0,0075	0,013	0,021	0,03	0,053	0,084
	$p_{R2} =$					0,00058	0,0028	0,0059	0,0093	0,014	0,018	0,029	0,043
	$p_{R4} =$					0,0014	0,0028	0,0059	0,011	0,018	0,025	0,040	0,058
	$p_{R6} =$					0,0021	0,0042	0,0064	0,0085	0,017	0,025	0,045	0,067
	$p_{R10} =$					0,0037	0,0074	0,011	0,015	0,019	0,022	0,042	0,070
	$p_{R30} =$					0,011	0,022	0,033	0,044	0,055	0,066	0,088	0,11
	$p_{R60} =$					0,022	0,044	0,066	0,088	0,11	0,13	0,18	0,22
	$p_{R100} =$					0,036	0,072	0,11	0,14	0,18	0,22	0,29	0,36
60 $F_0 = 28{,}3$ cm²	$v_0 =$						0,59	0,89	1,18	1,48	1,77	2,36	2,95
	$p_{h0} =$						0,0016	0,0036	0,0064	0,01	0,014	0,026	0,04
	$p_{R2} =$						0,0011	0,0025	0,0041	0,0059	0,0079	0,012	0,018
	$p_{B4} =$						0,0013	0,0020	0,0044	0,0071	0,0100	0,017	0,025
	$p_{R6} =$						0,0021	0,0031	0,0042	0,0059	0,0096	0,018	0,028
	$p_{R10} =$						0,0035	0,0052	0,0070	0,0088	0,011	0,014	0,027
	$p_{R30} =$						0,011	0,016	0,021	0,026	0,032	0,042	0,053
	$p_{R60} =$						0,021	0,032	0,042	0,053	0,064	0,084	0,11
	$p_{R100} =$						0,035	0,053	0,070	0,088	0,11	0,14	0,18

NB: 1. Bei Rohrsteigungen ist jeder Meter Steigung mit $p_{St} = 0{,}09$ at Widerstandserhöhung anzusetzen.
2. Bei Saugleitungen für Fahrzeugmotoren sind niedrige Temperaturen und gegebenenfalls auch größere Höhenlagen zu berücksichtigen.
3. Rohrbogen mit $2{,}5\ d_0$ Krümmungsradius zählen angenähert je $5\ d_0$ Meter geraden Rohres.
4. Die scheinbaren Unregelmäßigkeiten der p_R-Werte erklären sich gemäß Abb. 99 aus dem Übergang von laminarem zu turbulentem Strömen bzw. umgekehrt.

15*

Rohrreibung, Krümmern, Saughöhe und nutzbarer Geschwindigkeitshöhe) kleiner bleibt als die zur Verfügung stehende treibende Druckhöhe des Atmosphärenüberdruckes.

Bei Druckleitungen, die in Lager münden, ist die nutzbare Geschwindigkeitshöhe schon nicht mehr ohne weiteres zu erfassen. Wir ersetzen
sie am einfachsten durch den Preßöldruck p_1' (bei Fahrzeugmotoren
$= 1$ at), den wir im Lager zu erhalten wünschten und aus dem wir die
erforderliche minutliche Ölmenge berechneten. Wir haben die Druckleitung dann so zu bemessen, daß die gesamten Rohrwiderstände $+$ dem
am Lager gewünschten Preßöldruck p_1' nicht höher sind als der vorgesehene
Ölpumpendruck. Letzterer ist übrigens notfalls auch bei schon fertiger
Anlage noch durch Änderung des Federdruckes des Überdruckventiles
leicht den etwa unzutreffend eingeschätzten Verhältnissen anzupassen.

Eine sehr erhebliche Unsicherheit bringt die zur Berechnung erforderliche Wahl der Ölzähigkeit mit sich. Die Höhe der Viskosität läßt
sich noch verhältnismäßig am besten bei der Betriebsbeharrungs-
temperatur erfassen, weil man diese leicht messen und die entsprechende
Engler-Zahl ermitteln kann. Bei betriebswarmem Öl wird die Viskosität nicht allzu sehr von $E° = 2$ verschieden sein. Bei Leitungen, die
frisches oder gekühltes Öl führen, muß die der Frischöl- bzw. Kühl-
temperatur entsprechende Viskosität angenommen werden.

Zu entscheiden ist jedoch schon vor der Berechnung, ob die Dimensionierung nach dem Betriebszustande oder nach den in Frage
kommenden ungünstigsten Sonderumständen (niedrige Temperaturen,
unbedingt sicheres Ansaugen usw.) zu erfolgen hat. Bei stationären
Anlagen wird in der Regel der Betriebszustand, bei Fahrzeugmotoren
vorwiegend der ungünstigste Sonderumstand entscheiden.

Zwecks anschaulicher Erläuterung des richtigen Gebrauches der
Zahlentafel 18 sei nachstehend ein einfaches Berechnungsbeispiel durch-
gearbeitet:

Beispiel 19. Für einen Automobilmotor, dessen Zahnradpumpe bei voller
Drehzahl und 1,5 at Überdruck eine Ölmenge von rund 20 lit/min fördert, sollen
die Saugleitung von 0,5 m Gesamtlänge mit 2 Bogen bei einer Saughöhe von
0,11 m und die Öldruckleitung von insgesamt 0,8 m Länge mit 4 Bogen berechnet
werden. Der verlangte Öldruck am Verteilungspunkt zu den Lagern betrage
0,8 at. — Festzustellen sind die auszuführenden Rohrdurchmesser und die ungefähren Sicherheitsverhältnisse im Hochgebirge und bei kühlerer Jahreszeit.

Wählen wir die Saugleitung mit $d_o'' = 12$ mm, so beträgt die gesamte in
Rechnung zu setzende Rohrlänge $0,5 + 2 \cdot 5 \cdot d_0 = 0,5 + 10 \cdot 0,012 = 0,5 + 0,12$
$= 0,62$ m. Außerdem ist die Saughöhe mit dem konstanten Wert von $0,09 \cdot 0,11$
$= 0,01$ at zu berücksichtigen. — Bei einer Gebirgshöhe von 2000 m wären ungefähr 0,26 at treibender Druckhöhe (von rund 1,00 at am Meeresspiegel) in Abzug
zu bringen, so daß die treibende Druckhöhe nur noch $1,00—0,26 = 0,74$ at betrüge.

Bei voller Fahrt kann die Viskosität des Öles zu etwa $E° = 2$ Engler-Graden
eingeschätzt werden. Damit ergäbe sich der Rohrwiderstand nach Zahlentafel 18
für 1 m Länge zu $p_{R2} = 0,14$ at; für 0,62 m zu 0,087 at. Wir erhalten dann als
gesamte erforderliche Druckhöhe:

<pre>
            für Rohrreibungs- und Bogen-Widerstände . 0,087 at
            zur Überwindung der Saughöhe. . . . . . 0,010 ,,
            als nutzbare Geschwindigkeitshöhe p_{h_0}
            (nach Tafel 18) . . . . 0,040 ,,
                                     Insgesamt: 0,137 at
</pre>

oder rund 0,14 at gegenüber der verfügbaren treibenden Druckhöhe von mindestens 0,74 at.

Für die Druckleitung mag $d_o'' = 10\,\text{mm}$ gewählt werden. Die gesamte in Rechnung zu setzende Rohrlänge (einschließlich Bogen) ergibt sich damit zu $0,8 + 4 \cdot 5 \cdot d_0 = 0,8 + 20 \cdot 0,01 = 0,8 + 0,2 = 1\,\text{m}$. Die Rohrreibung beträgt für diese Länge bei $E^\circ = 2$ nach Zahlentafel 18 $p_{R2} = 0,35\,\text{at}$.

Bei voller Fahrt wären somit die Gesamtwiderstände der Druckleitung einschließlich Lager $= 0,35 + 0,8 = 1,15\,\text{at}$, gegenüber dem gegebenen Ölpumpendruck von 1,5 at noch klein genug. Zu beachten ist hierbei auch noch, daß die Bestimmung der erforderlichen Ölmenge bei $p_1' = 1\,\text{at}$ unter der Voraussetzung bis zu 2facher Erweiterung des Lagerspieles über den Mittelwert von Laufsitz erfolgt war, so daß bei noch gut erhaltener Lagerung mit einer viel geringeren Ölmenge und mit dauerndem Abblasen des Überdruckventiles zu rechnen sein wird.

Überprüfen wir nunmehr an Hand der Zahlentafel 18 die Saugleitung bei niedrigeren Öltemperaturen und entsprechend höheren Zähigkeiten! —

Bei voller Liefermenge würden für die Rohrwiderstände bis zu $0,74 - (0,01 + 0,04) = 0,74 - 0,05 = 0,69\,\text{at}$ oder, auf 1 m Rohrlänge umgerechnet, bis zu $0,69 : 0,62 = 1,1\,\text{at}$ zur Verfügung stehen. Die Ölviskosität dürfte hiernach gemäß Zahlentafel 18 etwa 20 Engler-Grade betragen, entsprechend etwa 30° Öltemperatur. Das genügt bei voller Fahrt selbst für den kältesten Winter.

Untersuchen wir die Ansaugeverhältnisse nach längeren Stillständen, so muß beachtet werden, daß man bei niedrigeren Temperaturen den Motor nach dem Anwerfen mit etwa $^1/_{10}$ seiner vollen Drehzahl laufen läßt, um die Maschine und das Öl erst etwas durchzuwärmen. Dabei würde die Liefermenge auf etwa 2 lit/min sinken, und wir hätten dann bei dem verkleinerten $p_{h_0} = 0,0004\,\text{at}$ an Rohrwiderstandshöhe $0,74 - (0,01 + 0,0004) = 0,74 - 0,0104 \approx 0,73\,\text{at}$ oder $0,73 : 0,62 = 1,12\,\text{at}$ pro Meter Rohrlänge zur Verfügung. Dieser Betrag würde nach Zahlentafel 18 eine Viskosität von etwa $E^\circ = 250$ zulassen, was schon recht geringen Öltemperaturen entspricht. — Die Druckleitung verringert bei so hohen Viskositäten einfach automatisch (durch Abblasen des Überdruckventiles) die Fördermenge, so daß die Lager zu Anfang eben kleinere Ölmengen erhalten, was jedoch zum Anfahren und Anwärmen völlig genügt. Das Überdruckventil soll mit Rücksicht auf solche Möglichkeiten stets reichlich groß bemessen sein, da es sonst das Ölfilter trotz starken Abblasens nicht genügend vor zu hohem Überdruck zu schützen vermag.

Die gewählten Rohrdurchmesser von 12 bzw. 10 mm für die Saug- bzw. Druckleitung genügen also reichlich.

Zum Schluß möge noch kurz die Bemessung der Spülölaustrittsquerschnitte, insbesondere bei Querlagern mit künstlicher Kühlung durch gesteigerte Spülölzufuhr, besprochen werden.

Da bei Querlagern der genannten Art die nichtbelastete Lagerhälfte meist kammerartige Erweiterungen und besondere Abströmquerschnitte verhältnismäßig großer Abmessungen zu erhalten pflegt, sind für deren Bestimmung die für natürlich gekühlte Preßöllager abgeleiteten Formeln wenig geeignet. Man begnügt sich daher am einfachsten mit einer ganz rohen Ermittlung der Querschnitte nach der allgemeinen hydraulischen Ausflußformel (159) und läßt den Ölverlust aus der tragenden Schmierschicht ganz außer Betracht.

Bezeichnet man den im nichtbelasteten Lagerteil gewünschten Öldruck mit $p_1' = 0,09 \cdot h_a$ at, so gilt

$$h_a = 11,1 \cdot p_1' = \frac{v_a^2}{2 \cdot g}\,\text{m}.$$

Mit der Austrittsgeschwindigkeit gemäß Gleichung [168]

$$v_a = \frac{Q'}{6 \cdot F_a}\,\text{m/sek}$$

erhält man dann

$$11,1 \cdot p_1' = \frac{Q'^2}{2 \cdot g \cdot 6^2 \cdot F_a^2} \ \text{m}$$

oder

$$p_1' = \frac{Q'^2}{2 \cdot g \cdot 36 \cdot F_a^2 \cdot 11,1} \ \text{at}$$

bzw.

$$p_1' \cdot F_a^2 \cdot 11,1 \cdot 36 \cdot 2 \cdot 9,81 = Q'^2 = 7830 \cdot F_a^2 \cdot p_1'$$

oder

$$F_a^2 = \frac{Q'^2}{7830 \cdot p_1'} \quad \text{bzw.} \quad F_a = \sqrt{\frac{Q'^2}{7830 \cdot p_1'}}$$

und daraus

$$F_a = \frac{Q'}{88,5} \cdot \frac{1}{\sqrt{p_1'}} \ \text{cm}^2.$$

Nimmt man für „enge Spalten" vorsorglich einen Ausflußkoeffizienten von rund 0,6 an, so hätte der gesamte Lageraustrittsquerschnitt

$$F_a = \frac{Q'}{88,5 \cdot 0,6} \cdot \frac{1}{\sqrt{p_1'}}$$

oder, endgültig

$$F_a = \frac{Q'}{53 \cdot \sqrt{p_1'}} \ \text{cm}^2 \qquad\qquad [169]$$

zu betragen, wobei Q' in lit/min und p_1' in at einzuführen sind.

Bei Querlagern setzt der Querschnitt F_a sich aus dem doppelten Querschnitt des halben Lagerspieles $D_w' - d_w' +$ dem an jedem Lagerende etwa noch vorzusehenden besonderen Austrittsquerschnitt zusammen. Der an beiden Lagerenden insgesamt noch vorzusehende zusätzliche Austritts- bzw. Spülquerschnitt F_s hat demnach etwa die Größe

$$F_s = F_a - \frac{d_w' \cdot \pi \cdot (D_w' - d_w')}{2} \ \text{cm}^2 \qquad\qquad [170]$$

zu erhalten, wenn D_w' und d_w' den wirklichen Lagerschalen- bzw. Zapfendurchmesser in cm bedeuten und zentrische Lage des Zapfens angenommen wird.

Beispiel 20. Wie groß müßte der Austrittsquerschnitt eines Dampfturbinenlagers von 200 mm Durchmesser bei 0,2 mm Lagerspiel ausgeführt werden, wenn bei einem Spülöldruck im Lager von $p_1' = 0,3$ at eine Ölmenge von $Q' = 26$ lit/min abgeführt werden soll? Nach Formel [169] wäre

$$F_a = \frac{Q'}{53 \cdot \sqrt{p_1'}} = \frac{26}{53 \cdot \sqrt{0,3}} = \frac{26 \cdot 1,82}{53} = \frac{47,5}{53} = 0,9 \ \text{cm}^2 .$$

Der doppelte Querschnitt des halben Lagerspieles beträgt mit den gegebenen Werten

$$\frac{d_w' \cdot \pi \cdot (D_w' - d_w')}{2} = \frac{20 \cdot \pi \cdot 0,02}{2} = 0,63 \ \text{cm}^2$$

und damit der noch gesondert vorzusehende zusätzliche Spülquerschnitt (für beide Lagerenden zusammen) nach Formel [170]

$$F_s = 0,9 - 0,63 = 0,27 \ \text{cm}^2.$$

Bei etwas höheren Öldrücken oder größeren Lagerspielen wird in vielen Fällen das Lagerspiel allein als erforderlicher Austrittsquerschnitt genügen.

Für Längslager, bei denen der Austrittsquerschnitt in Form von flachen Nuten am „Rücken“ der Keilflächen auszuführen ist, kann die Ermittlung von F_a ebenfalls nach der Formel [169] erfolgen; eine Berücksichtigung der aus den Tragflächen herausgepreßten Ölmenge sollte jedoch auch hier unterbleiben können.

Zusammenfassung.

1. Schmiermittel ist in einem Lager nur in dem Maße zu ersetzen, als an den Lagerenden herausgepreßt wird; ein Lager von unendlicher Länge bedürfte demnach keines Schmiermittelersatzes.

2. Die Berechnung des Schmierölbedarfes wird auf einen einfachen Kapillarausströmvorgang zurückgeführt: bei Querlagern bildet der betrachtete Teil des Lagerspieles den Kapillarquerschnitt, der Schmiermitteldruck die treibende Kraft.

3. Bei der Berechnung des Ölbedarfes für Tropfschmierung wird bei Querlagern vorausgesetzt, daß ein Viertel des Lagerumfanges in Mitte Lager unter dem Drucke der verdoppelten mittleren Schmierschichtpressung steht, während die übrigen drei Viertel als drucklos angenommen werden.

4. Bei Druckschmierung rechnet man bei Querlagern ein Viertel des Lagerumfanges als in Lagermitte unter der verdoppelten mittleren Flächenpressung, die übrigen drei Viertel als in Lagermitte unter dem Druck des Preßöles stehend. Die Durchtrittsmengen dieser beiden Ausströmvorgänge werden getrennt ermittelt und sodann addiert.

5. In stärkstem Maße ist der Ölverlust (Ölverbrauch) von der Größe des Lagerspieles und der Exzentrizität des Zapfens im Lager abhängig. Der Ölverbrauch vergrößert sich mit der dritten Potenz des Lagerspieles und ist bei einer Exzentrizität von $\chi = 0{,}5$ etwa 200mal größer als bei der größten möglichen Exzentrizität (stärkster halbflüssiger Reibung).

6. Die Leistung der Ölpumpe ist, insbesondere bei Kolbenmaschinen, für ein Vielfaches des Lagerspieles zu bemessen, um etwaigem späteren Verschleiß und sonstigen Ölverlusten Rechnung zu tragen.

7. Der Ölbedarf bei künstlicher Kühlung bestimmt sich nach der in der Zeiteinheit abzuführenden Reibungswärme und der Temperatur des austretenden Öles (roh = Lagertemperatur), des zuströmenden gekühlten Öles und der Lufttemperatur der Umgebung. Der Ölverlust durch Abströmung aus der Schmierschicht ist hierbei nicht maßgebend.

8. Der Ölverlust bei ebenen Gleitflächen (Gleitschuhen und Längslagern) wird in ähnlicher Weise bestimmt wie bei Querlagern. Berücksichtigt wird bei druckloser Ölzufuhr nur der Ölverlust der gleichzeitig tragenden unmittelbar geschmierten Keilflächen, wobei letztere als seitlich durchgehend angenommen werden. — Bei Druckschmierung kommt zu diesem Betrag noch der Verlust an Preßöl durch die nichttragenden Keilflächen oder (bei Längslagern für einfachen Drehsinn) die radialen Ölnuten hinzu.

9. Die Gleitgeschwindigkeit wird sowohl bei Querlagern wie bei ebenen Tragflächen bei der Berechnung des Schmiermittelbedarfes außer acht gelassen.

10. Für Querlager mit Preßschmierung und natürlicher Kühlung kann der Ölbedarf angenähert als ein Vielfaches des Zapfendurchmessers ausgedrückt werden.

11. Die Rohrreibungswiderstände von Ölleitungen können nach den Gleichungen der Hydraulik mit Hilfe der „Reynolds'schen Zahl" R_0 und der allgemein gültigen Formel von H. Lang für die Rohrreibungszahl λ_0 bei laminarem wie bei turbulentem Fließen berechnet oder nach Zahlentafel 18 ermittelt werden.

12. Der bei Lagern mit künstlicher Kühlung durch Spülöl für dessen Durchtritt erforderliche Austrittsquerschnitt läßt sich mit roher Annäherung nach der allgemeinen hydraulichen Ausflußformel (159) feststellen.

VI. Praktische Ausführungen und Richtlinien.

24. Fortschrittliche Lagerkonstruktionen.

Die im vorstehenden entwickelten Grundsätze der wissenschaftlichen Schmiertechnik finden in der Praxis bereits weitgehende Anwendung und zeitigten vorzügliche Betriebsergebnisse. Als Beispiele fortschrittlicher Konstruktionen im Sinne dieser Schrift seien nachstehend eine Reihe bewährter Lagerausführungen und einige Neukonstruktionen des Verfassers gebracht:

Das Transmissionsstehlager des Eisenwerk Wülfel, Hannover-Wülfel, zeigt die grundlegende Bauart von Ringschmierlagern mit festem Schmierring. Abb. 100 gibt den Längsschnitt durch ein normales Weißmetall-K-Lager mit selbsteinstellender Lagerschale wieder, wobei der praktisch fest auf der Welle sitzende Schmierring mit eingezeichnet, und zwar in Ansicht dargestellt ist.

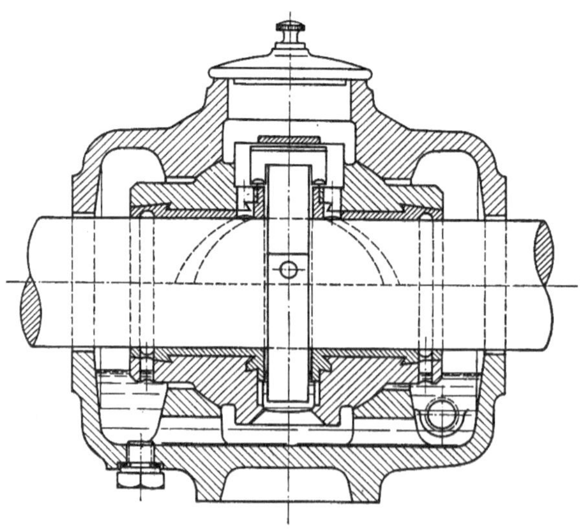

Abb. 100. Weißmetall-K-Lager mit festem Ölring und kugeliger Selbsteinstellung des Eisenwerk Wülfel, Hannover-Wülfel.

Diese Lagerkonstruktion kennzeichnet sich durch eine äußerst sichere Ölförderung: Der mit der Welle umlaufende Ölring, der bei Führungslagern als fester Stellring ausgebildet ist, taucht mit seinem unteren Teil in das Ölbad und fördert das Schmiermittel durch Adhäsion nach oben, wo es an einem geführten, auf den Ölring aufgesetzten „Reiter" abgestreift wird und sich zu beiden Seiten auf die obere Lagerschale ergießt. Von hier gelangt es durch Bohrungen und geräumige Verteilungsnuten auf den Zapfen, um von diesem der unteren (tragenden) Lagerschale zugeführt zu werden. Hierdurch ist, selbst bei kleinen Drehzahlen, Vollschmierung gewährleistet, da der Ölring auch unter ungünstigen Verhältnissen ein Vielfaches der zur Aufrechterhaltung der größten erreichbaren Schmierschichtstärke erforderlichen Ölmenge fördert. Solange das Öl flüssig bleibt, ist auch zuverlässige Schmierung gesichert.

Weiterhin beachtenswert ist die durch Kugelteilflächen hergestellte Selbsteinstellung der Lagerschale, die eine gleichmäßige Verteilung des Zapfendruckes auf die Lagerschalenlänge ermöglicht und auch Ungleichmäßigkeiten der Montage sowie Wellendurchbiegungen (Schiefstellungen) ausgleicht.

Abb. 101 zeigt das **Falz-Einheitslager DRGM** als Ringschmierlager mit losem Ring. Es ist ein auf zylindrischem Steg selbsteinstellend aufgelagertes Hochleistungslager zur Verwendung als Transmissions- und Maschinenlager. Die hohe Tragfähigkeit wird durch verhältnismäßig kurze Lagerlänge bei kleinem Lagerspiel, hochwertiger Gleitflächenbearbeitung und leicht einspielender Selbsteinstel-

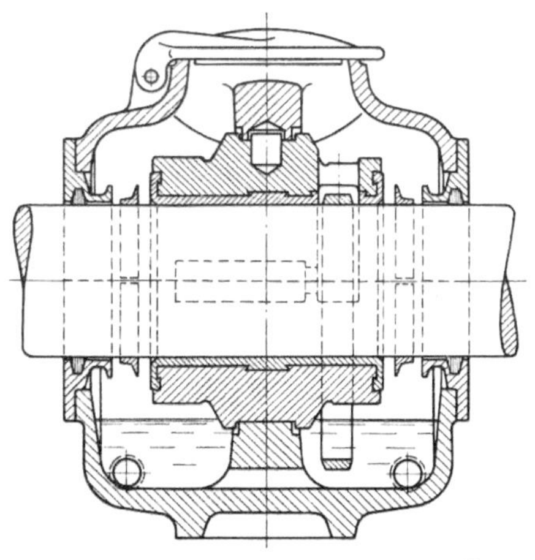

Abb. 101. Falz-Einheitslager mit losem Ölring.

lung erzielt. Spritzringe (geschlitzt aufgeschoben), Ölabfangkragen und Filzfeinabdichtung sorgen für die Verhütung von Ölsaustritt und Staubeintritt.

Abb. 102 veranschaulicht das **Falz-Einheitslager DRGM** als kombiniertes Quer- und Längslager mit Spülschmierung und künstlicher Kühlung für größere Achsialschübe oder sehr hohe Drehzahlen. Zu beachten ist hierbei die auf eine schmale Zone senkrecht zur Durchbiegungsebene verringerte Anlagefläche der zur Aufnahme des Achsialschubes dienenden Lagerkörperflanschen; hierdurch wird eine zwängungsfreie Übertragung größerer Achsialschübe auch bei durchbiegender Welle ermöglicht. Zum Abfangen des an den Lagerenden austretenden Spülöles sind Blechmanschetten vorgesehen. — Sowohl für natürliche wie für künstliche Kühlung, als Querlager wie als Längslager, findet immer das gleiche Einheitsmodell Anwendung; beim Fehlen achsialer Kräfte kommen lediglich die Wellenbunde in Fortfall.

Abb. 103 zeigt das **Falz-Einheitslager** für automatische Fettschmierung. Es ist ein selbsteinstellendes kurzes Lager, das sowohl als Transmissions- wie auch als normales Maschinenlager dienen kann und insbesondere für staubige Betriebe bestimmt ist. Das aus einem ein-

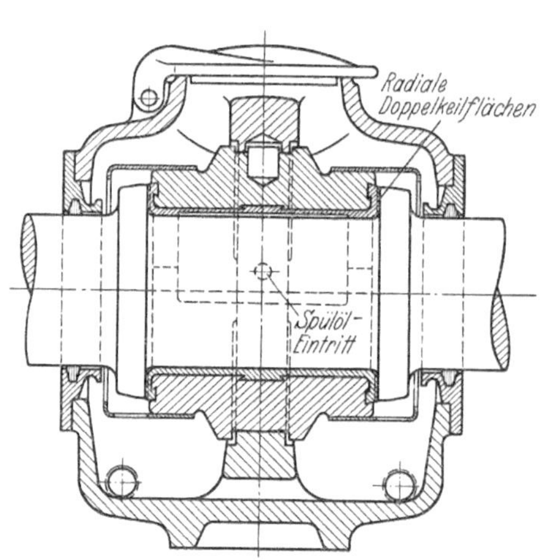

Abb. 102. Falz-Einheitslager als kombiniertes Quer- und Längslager mit verbesserter zylindrischer Selbsteinstellung für Spülschmierung und künstliche Kühlung bei hohen Drehzahlen.

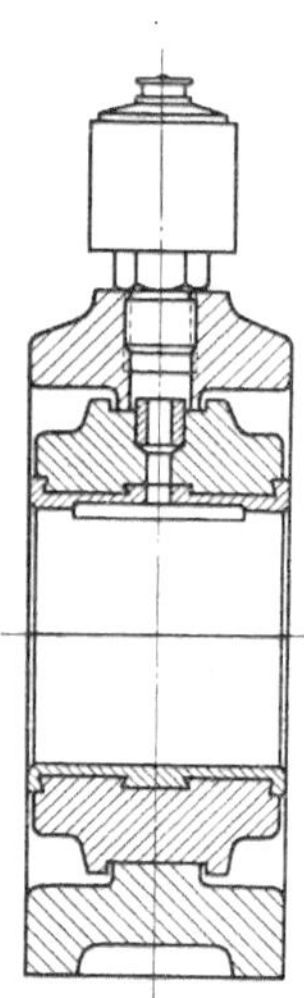

Abb. 103. Falz-Einheitslager für automatische Fettschmierung.

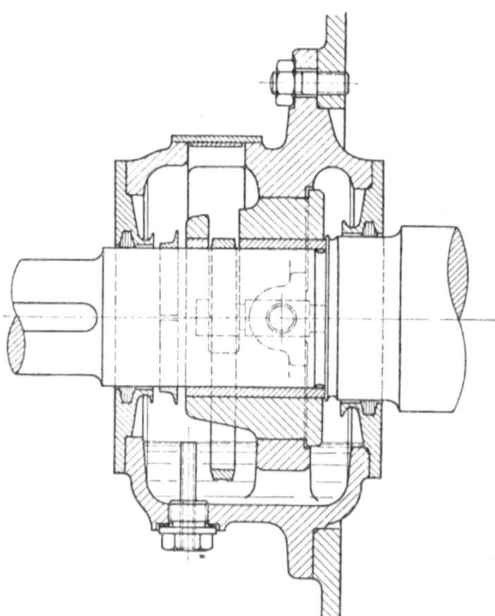

Abb. 104. Falz-Ringschmier-Flanschlager für Elektromotoren, Zahnrädergetriebe und ähnliche Maschinen mit einteiligen Lagern.

fachen Rahmen mit zylindrischem Steg bestehende Gehäuse wird stets zweiteilig, der Lagerkörper indes zweiteilig oder, billiger noch, einteilig (als Buchsenlager) ausgeführt, sofern letzteres irgend angängig ist. Als Schmiergerät ist die in Abschnitt 21 beschriebene Mewi-Fettbuchse eingezeichnet, die eine sparsame und vollautomatische Schmierung bei bequemer Füllung und sichtbarem Fettstand gewährleistet. — Infolge der kurzen Lagerlänge können sehr hohe Flächendrücke aufgenommen werden.

Ein neuzeitliches Flanschlager für Elektromotoren, Zahnrädergetriebe und ähnliche Maschinen, die die Verwendung einteiliger Buchslager gestatten, stellt Abb. 104 als Ringschmierlager dar. Die Konstruktion ist mit verbesserter zylindrischer Selbsteinstellung (DRGM), kurzem Lagerkörper mit losem

Schmierring und guter Abdichtung gegen Ölverluste ausgestattet. Der Hauptvorzug besteht in der in sich geschlossenen einfachen und kurzen Bauart, die große Kräfte bei kleinstem Hebelarm aufzunehmen gestattet und die Verwendung des Lagers als Normallager für die verschiedensten Zwecke möglich macht. — Reibungsverbrauch und Platzbedarf sind äußerst gering.

Durch die gezeigten Lager-Einheitstypen für Öl- und Fettschmierung (Abb. 101—104) können fast alle normalen Bedarfsfälle an Maschinen-

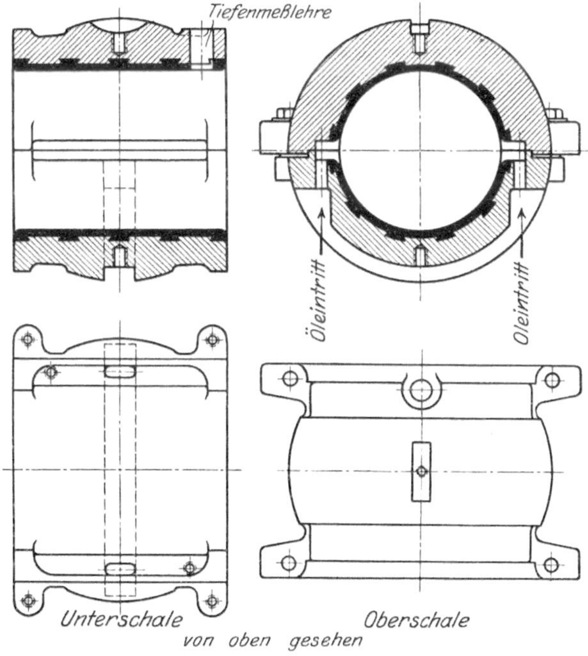

Abb. 105. Dampfturbinen-Querlager der Allgemeinen Elektricitäts-Gesellschaft, Berlin (AEG, Turbinenfabrik).

lagern gedeckt und kompliziertere und weniger zweckmäßige Speziallager ersetzt werden.

Ein Beispiel eines neuzeitlichen Dampfturbinen-Querlagers veranschaulicht die in Abb. 105 wiedergegebene Konstruktion der Allgemeinen Elektricitäts-Gesellschaft, Berlin (AEG, Turbinenfabrik). Auch hier sind die Hauptforderungen des modernen Lagerbaues bestens erfüllt: bewegliche Lagerschale, kurze Lagerlänge, angemessenes Lagerspiel (also nicht eintuschierte Welle) und Verzicht auf jedwede Schmiernuten, sowohl in der tragenden wie auch in der nichttragenden Lagerschale.

Das zur Schmierung und Kühlung dienende Preßöl tritt zu beiden Seiten der Welle (im Lagerstoß) durch die untere Lagerschale ein, erfüllt die Verteilungstaschen und das gesamte Lagerspiel und entweicht, nach vollzogener Kühlwirkung, durch den nicht belasteten Teil

des Lagerspieles in achsialer Richtung an beiden Lagerenden. Diese
einfache Ölabführung hat sich bei den durch die hohen Drehzahlen
der Dampfturbinenwellen bedingten großen Lagerspielen als völlig ausreichend erwiesen, so daß die AEG von dem bisher üblichen Durch-
spülen der oberen Lagerschale, von der einen Lagerseite zur anderen,
abgegangen ist. Der mit Weißmetall gefütterte, durch 4 kräftige
Schrauben zusammengehaltene Lagerkörper erhält seine Selbsteinstellung durch Kugelteilflächen und gewährleistet verschleißlosen Betrieb. —

Der größte praktische Erfolg, der durch Anwendung der wissenschaftlichen Schmiertheorie bisher erzielt wurde, ist auf dem Gebiete
der Achsialdrucklager zu verzeichnen; jedenfalls treten hier die Vorteile in anschaulichster Weise hervor.

Zur Übertragung achsialer Schubkräfte bediente man sich früher
der sog. Kammlager, d. h. Achsialdrucklager mit einer größeren Anzahl
von Druckringen (etwa 4 bis 15 hintereinander), die sich gegen ebene
Druckbügel legen. Die Belastbarkeit sol-
cher Lager betrug etwa 3 bis 6 kg/cm²,
wobei in den meisten Fällen bereits in-
tensive Wasserkühlung erforderlich war.
Trotz dieser Maßnahmen gingen die
Kammlager bekanntlich sehr leicht heiß
und verschlissen erheblich.

Die nach den Grundsätzen der hydrodynamischen Theorie konstruierten
neuzeitlichen Drucklager werden demgegenüber durchweg mit nur einem
Druckring, als sog. Einscheibendrucklager, ausgeführt, wobei Wasser-

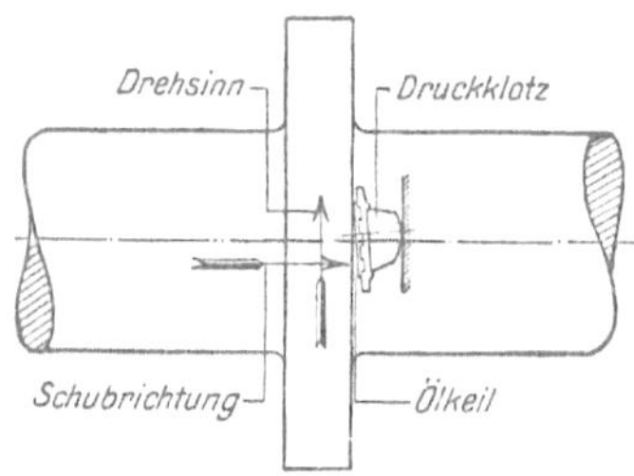

Abb. 106. Schematische Darstellung der
Wirkungsweise eines Einring-Druck-
lagers mit einzelnen Druckklötzen.
(Prinzip des Segment-Drucklagers nach
Michell.)

kühlung meistens ganz entbehrlich ist und Verschleiß überhaupt nicht
auftritt. Dieser Fortschritt ist lediglich dadurch ermöglicht, daß im
Betriebe reine Flüssigkeitsreibung erzielt wird, während das gewöhnliche Kammlager höchstens halbflüssige Reibung ergab.

Nach dem Vorschlage von Michell[69, 8, 33, 60], dessen Prinzip auch
dem nachstehend beschriebenen Einringdrucklager der Allgemeinen
Elektricitäts-Gesellschaft zugrunde liegt, wird eine der Druck-
flächen in einzelne Drucksegmente oder Druckklötze aufgelöst, wobei
die Druckklötze so gelagert sind, daß sie in Richtung der Gleitbewegung
eine ganz geringe Kippbewegung ausführen können. Hierdurch läßt
sich, wie in Abb. 106 schematisch dargestellt, zwischen Druckring und
Druckklotz eine keilförmige Schmierschicht erzielen, die zur Aufnahme
sehr hoher Drücke geeignet ist.

Von den bisher betrachteten Gleitschuhen und Längslagern mit
keilförmigen Tragflächen weicht diese Ausführung lediglich dadurch ab,
daß die Keilfläche hier nicht mit gegebener Keilsteigung in die eine
der Gleitflächen eingearbeitet ist, sondern sich erst unter der Zusammenwirkung des Druckes, der Gleitgeschwindigkeit und der Ölzähigkeit, bei
zweckmäßig gewähltem Stützpunkt, durch Kippen während des Gleit-

vorganges einstellt. Die auf diese Weise zustande kommende Keilsteigung ist somit eine Funktion obiger Bestimmungsgrößen. Nimmt z. B. die Gleitgeschwindigkeit ab oder der Druck zu, so verringert sich die Keilsteigung, und zwar kann sie bei ganz kleinen Geschwindigkeiten so verschwindend klein werden, wie sie durch werkstattechnisches Einarbeiten nicht leicht zu erzielen wäre.

Aus der Berechnung ebener Gleitflächen wissen wir nun, daß die Tragfähigkeit um so größer wird, je mehr die Keilsteigung abnimmt. Hieraus und aus der Tatsache, daß bei dem genannten System die Keilsteigung sich bei Abnahme der Gleitgeschwindigkeit selbsttätig verringert, ergibt sich, daß das Michell-Segmentdrucklager in hohem Maße die Eigenschaft der Selbstregulierung besitzt, wodurch auch bei sehr geringen Gleitgeschwindigkeiten noch verhältnismäßig große Tragfähigkeiten erzielbar sind.

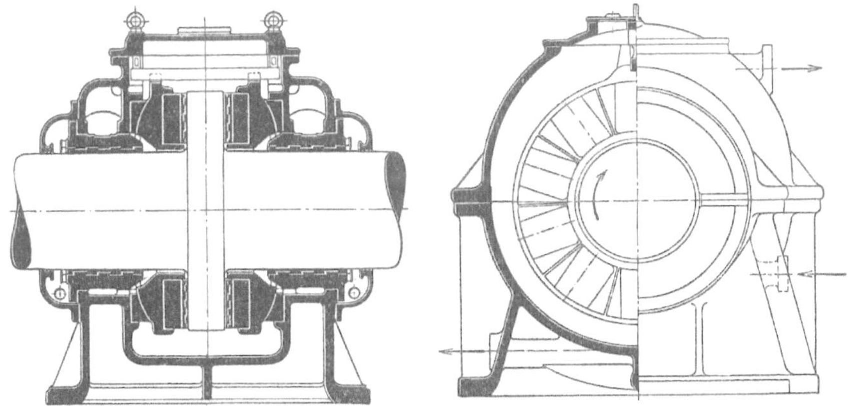

Abb. 107. AEG-Schiffs-Hauptdrucklager für Preßschmierung.

Diese Eigenschaft erschließt dem Einscheibendrucklager ein praktisch fast unbegrenztes Verwendungsgebiet; denn es ist bei kleinsten und größten Gleitgeschwindigkeiten, bei großen und größten Flächenpressungen gleich gut verwendbar. Die normale Belastung wird mit etwa 25 bis 35 kg/cm² gewählt, doch kann die Flächenpressung auch ohne Gefahr verdoppelt werden. Versuchsweise hat man derartige Lager mit Flächenpressungen von 500 kg/cm² und mehr laufen lassen, ohne damit die Grenze der Tragfähigkeit zu erreichen oder auch nur die geringste Beschädigung der Gleitflächen zu bewirken. Drucklager dieser Art vermögen daher mit einem einzigen Druckring Gesamtbelastungen von über 900000 kg aufzunehmen — Leistungen, die bei normalen Kammlagern gar nicht denkbar, geschweige denn praktisch ausführbar wären.

Abb. 107 zeigt ein AEG-Schiffshauptdrucklager für Preßschmierung, Abb. 108 ein ähnliches Drucklager für Umlaufschmierung — beide für Vor- und Rückwärtslauf. Das erstgenannte Lager dient zur Aufnahme des Schraubenschubes einer 2800 pferdigen Schiffsölmaschine.

Von besonderem Interesse ist das letztgenannte Lager mit Umlaufschmierung. Der mit der Welle in einem Stück gearbeitete Druckring wirkt hier ähnlich wie der feste Ölring eines Wülfel-Lagers: er hebt das Öl aus dem unteren Teil des Lagergehäuses und streift es oben an einem besonderen Ölabstreifer ab. Wie die Pfeile in Abb. 108 andeuten, fließt das Öl aus den Abstreiferrinnen einem abgeschlossenen Raum unter den Querlagern zu, von wo es, am Wellenhals entlang, zum innersten Rande des Druckringes gelangt. Hier wird das Schmiermittel an den Druckringstirnflächen entlang durch die Fliehkraft radial nach außen geschleudert, wobei es auf seinem Wege zum Teil von den Druckklötzen erfaßt und zwischen die Gleitflächen gerissen wird. Die Schmierung ist also eine absolut sichere und überreichliche.

Nur in besonderen Fällen wird der Ölvorrat des Lagers durch Wasser gekühlt, und zwar mit Hilfe einer im unteren Teil des Lagergehäuses

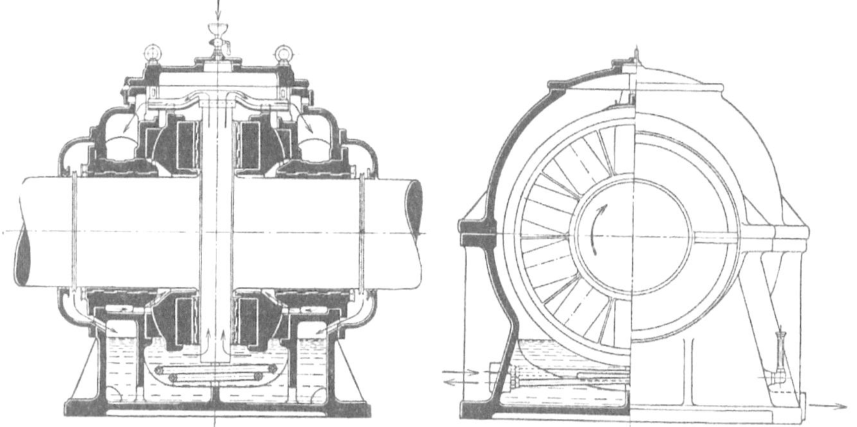

Abb. 108. AEG-Schiffs-Hauptdrucklager mit Umlaufschmierung.

angeordneten und in der Gehäusewand abgedichteten Rohrschlange. Kühlwassereintritt und -austritt sind in Abb. 108 rechts durch Pfeile angedeutet. — Besonders der Vergleich dieser einfachen Einrichtung mit der verwickelten Anlage eines wassergekühlten Kammlagers läßt den gewaltigen Fortschritt des neuen Lagersystems erkennen.

Die Baulänge eines AEG-Einringdrucklagers beträgt etwa $^1/_2$ bis $^1/_3$ der Baulänge eines Kammlagers; durch nachträglichen Ersatz eines Kammlagers durch ein Einringlager kann daher bei größeren Anlagen beträchtlich an Platz gewonnen werden. Neben der Platzersparnis wird aber vor allem eine dauernde Ersparnis an Kraftverbrauch erzielt, die, je nach den Verhältnissen, etwa 90 bis 95% betragen kann, indem der frühere Kraftverbrauch den verminderten um rund 1000 bis 2000% überstieg.

Eine andere konstruktive Lösung zeigen die Segment-Drucklager der Firma Brown, Boveri & Cie., A.-G., Mannheim. Bei diesen Lagern sind die Drucksegmente an beiden Enden des Lagerkörpers angeordnet. Abb. 109 veranschaulicht oben einen Längsschnitt durch ein BBC-Drucklager, unten die Segmentstützung, und in der Mitte einen Mittelquerschnitt durch das Lager und eine Ansicht auf die Segmenttragflächen.

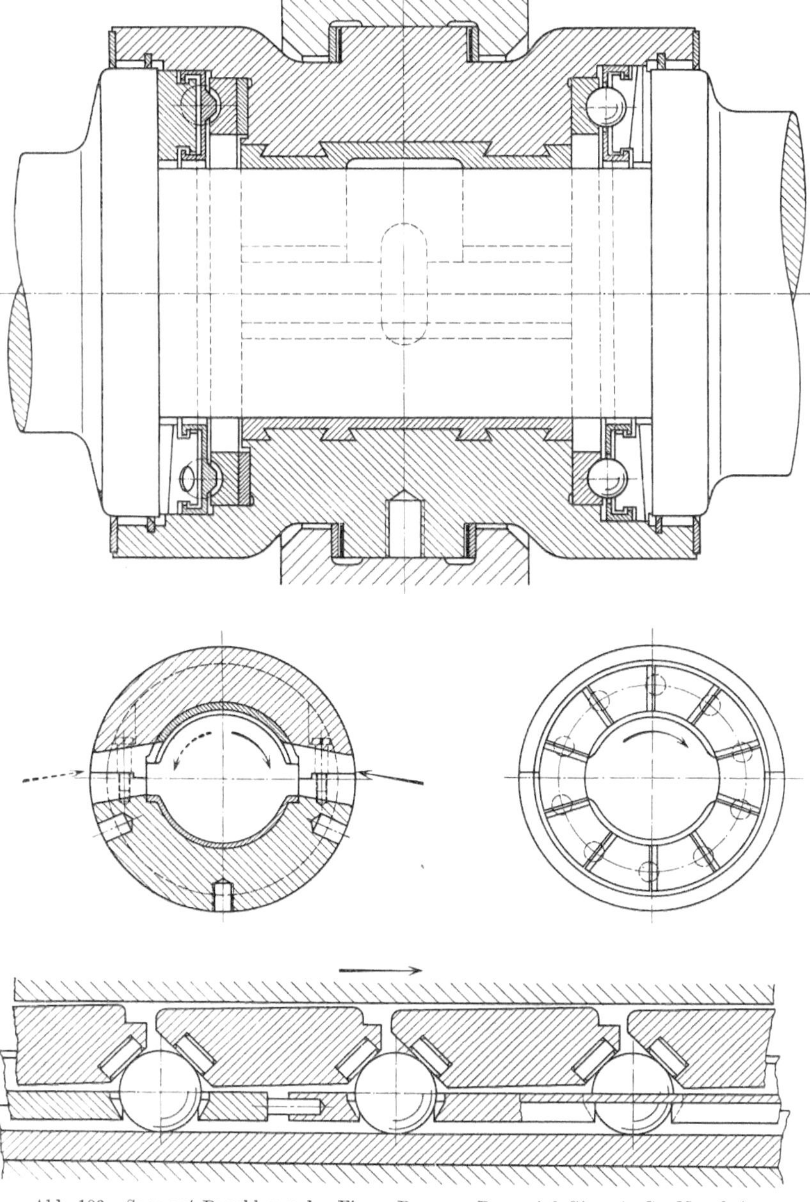

Abb. 109. Segment-Drucklager der Firma Brown, Boveri & Cie., A.-G., Mannheim (Längsschnitt, Querschnitt und Segmentstützung).

Die einzelnen aus Bronze bestehenden Tragsegmente (Abb. 109 unten) stützen sich mit ihren durch gehärtete Platten armierten Schrägkanten auf Stahlkugeln, die den Gesamtschub der Welle auf den Lagerkörper übertragen. Durch dieses Auflagerungssystem wird eine selbsttätige gleichmäßige Anlage sämtlicher Stützsegmente und gleichzeitig das zur Erzielung eines tragfähigen Ölfilmes erforderliche leichte Ankippen der Segmentplatten bewirkt bzw. ermöglicht.

Steigt die Segmentbelastung beispielsweise, so wird nach der untersten Darstellung der Abb. 109 die die Hinterkante stützende Kugel durch den an diesem Segmentende überwiegenden Schmierschichtdruck um einen ganz geringen Betrag weitergedrängt, wodurch die Vorderkante des nächsten Segmentes gleichzeitig entsprechend angehoben wird. Hiernach ergibt sich bei zunehmender Belastung also eine selbsttätige Verminderung des Keilsteigungswinkels und damit die entsprechende selbsttätige Steigerung der Tragfähigkeit. Ein zweiteilig ausgeführter Kugelkäfig sichert für den Einbau die rich-

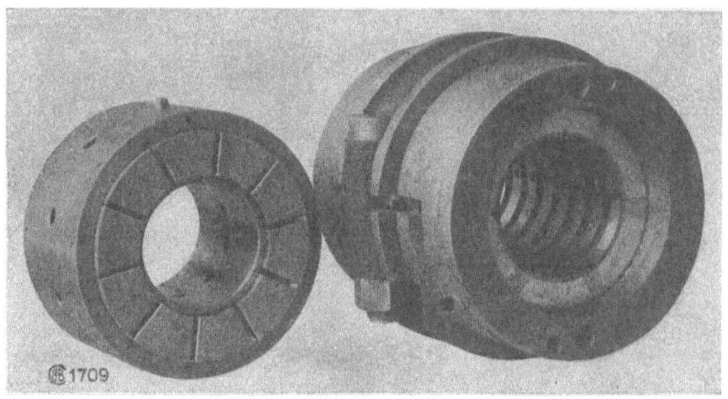

Abb. 110. BBC-Drucklager für 25 Tonnen (links) und Kammlager für 3 Tonnen Belastung (rechts) bei $n = 3000$.

tige Verteilung der Kugeln, deren endgültige Lage sich durch Belasten der Segmente von selbst einreguliert. — Ein Gleiten der Stützkugeln auf ihrer Unterlage ist infolge der großen Anpreßkräfte der abgeschrägten Segmentvorder- und -hinterkanten nicht zu befürchten.

Das Spülöl tritt in der Lagerlängsmitte durch einen breiten Kanal ein, durchspült die Oberschale entgegen der Drehrichtung und strömt, nach erfolgtem Schmieren und Kühlen der Querlager- und Längslagerteile, an den Lagerenden aus. Hierdurch erhält die Einlaufseite stets kühles Schmieröl zugeführt.

Abb. 110 veranschaulicht rechts ein Kammlager alter Bauart für 3000 kg Belastung, links ein BBC-Segmentdrucklager für 25000 kg; beide für eine Drehzahl von 3000 in der Minute. — Zu bemerken ist zu diesem bildlichen Vergleich, daß die Überlegenheit des Segmentdrucklagers in bezug auf Platzbedarf bei Schiffsdrucklagern noch deutlicher hervortritt als in obigem Beispiel: ein Schiffsdrucklager alten Systems mit den üblichen wassergekühlten Druckbügeln beansprucht z. B. rund 10 mal mehr Platz als ein Drucklager der beschriebenen Konstruktion bei gleicher Schubkraft und Drehzahl.

Seit neuerer Zeit wird vielfach auf die Verwendung des Prinzipes von Michell ganz verzichtet, da große Tragfähigkeit auch auf einfacherem Wege erreicht werden kann, d. h. ohne die Druckfläche in einzelne Segmente auflösen zu müssen.

Abb. 111 veranschaulicht den Längsschnitt durch ein Dampfturbinen-Längslager mit starren Keilflächen und ausgleichend wirkendem Stützring (DRP). Bei dieser Konstruktion sind die Druckringe durch besondere Zwischenringe in Mitte Ringbreite gestützt, so daß Durchbiegungen praktisch vermieden werden. — Der ausgleichend wirkende Stützring sorgt für gleichmäßiges Anliegen des Druckringes an der Weißmetallgegenfläche.

Beachtenswert ist bei diesem Entwurf noch der separierte Antrieb des Schneckenrades, unter Ausschaltung der durch die Wellendurch-

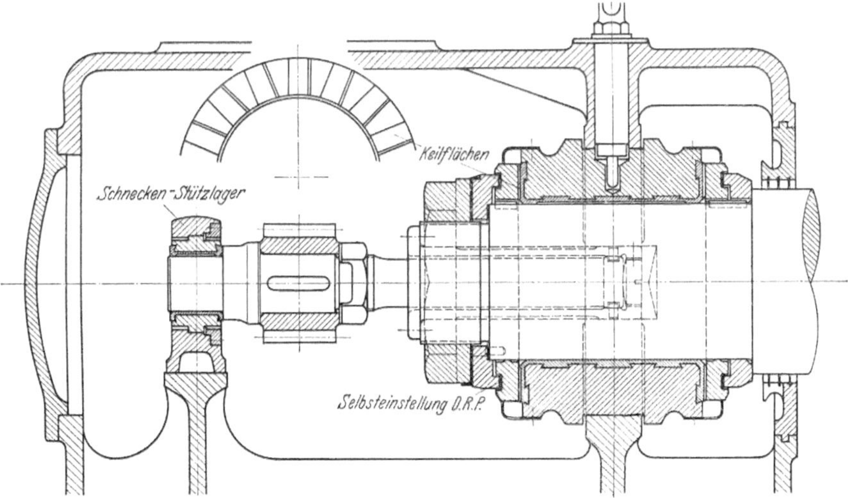

Abb. 111. Falz-Dampfturbinen-Längslager mit separiertem Schneckentrieb.

biegung bedingten Verlagerungen und Vibrationen der Schnecke, die bekanntlich leicht zu abnormem Verschleiß und Störungen am Schneckentrieb führen und zur Anwendung für die Lager unerwünscht zähflüssigen Schmieröles zwingen.

Die gleiche Lagerbauart als Schiffsschraubenwellen-Drucklager zeigen die Abb. 112, 113 und 114 im Längsschnitt, Querschnitt und in Ansicht. Das Lager ist für $n = 180$ und einen Achsialschub von $P' = 3000$ kg bei natürlicher Kühlung gerechnet, und es genügt bei dem verhältnismäßig geringen Keilflächendruck von rund 20 kg/cm², wenn die Keilflächen in die Weißmetallbeläge der Lagerstirnbunde eingearbeitet werden. — Die Druckringtragfläche wird dann glatt poliert ausgeführt.

Eines der wichtigsten Anwendungsgebiete des Achsialdrucklagers ist der Großwasserturbinenbau. Spurlager bei Wasserturbinen mit senkrechter Welle bildeten selbst vor 10 Jahren noch einen heiklen Punkt, obschon durch Anwendung von Drucköl eigentlich eine im Prinzip

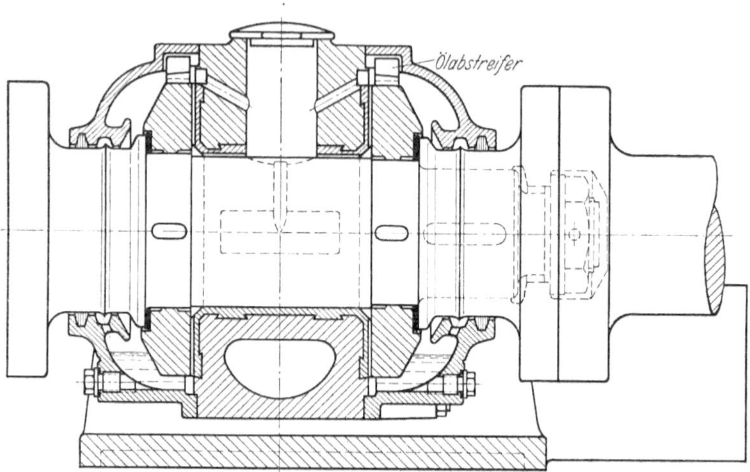

Abb. 112. Falz-Schiffsschraubenwellendrucklager mit automatischer Schmierung und natürlicher Kühlung (Längsschnitt).

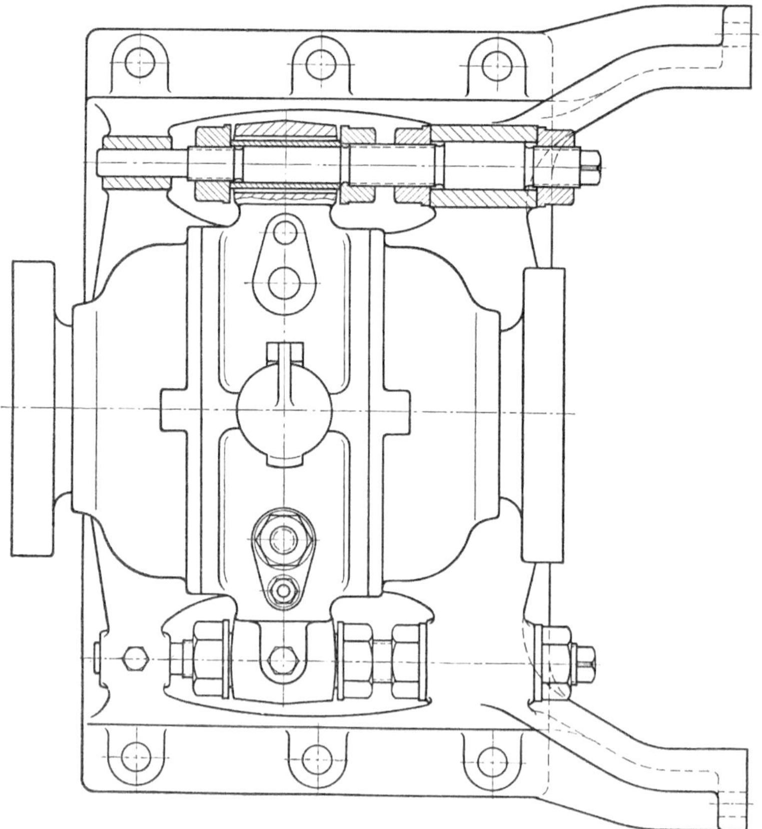

Abb. 113. Schiffsschraubenwellendrucklager nach Abb. 112 im Grundriß.

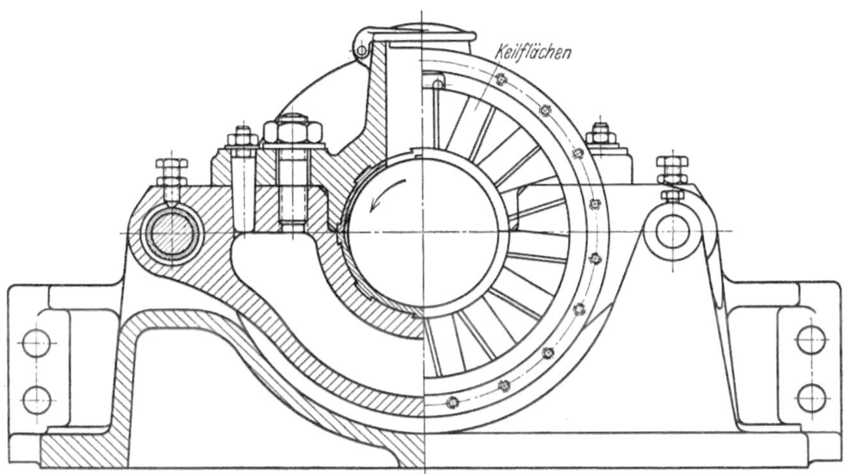

Abb. 114. Schiffsschraubenwellendrucklager nach Abb. 112 im Querschnitt und in Endansicht.

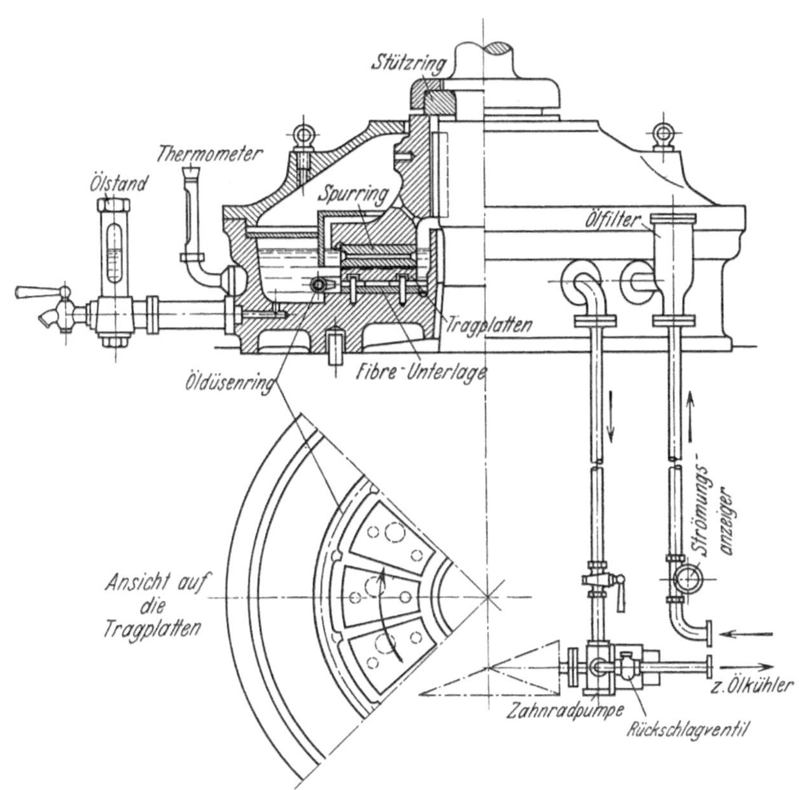

Abb. 115. Voith-Spurlager für vertikale Wasserturbinen.

einwandfreie Lösung des Spurlagerproblems gefunden war. Hierbei hing jedoch die Betriebssicherheit und Gebrauchsfähigkeit der ganzen Anlage vollständig von der Zuverlässigkeit der Drucköpumpen ab, deren Unterhaltung überdies nicht unerhebliche Kosten verursachte.

Nach den heute vorliegenden Erfahrungen mit Achsialdrucklagern bei senkrechten Wasserturbinen kann diese Schwierigkeit als endgültig überwunden bezeichnet werden. Die Anwendung von Drucköpumpen wird ganz erübrigt, da das moderne Längslager den zum Tragen der Wellenbelastung erforderlichen Schmierschichtdruck durch Keil-

Abb. 116. Voith-Spurlager für 502000 kg Belastung während der Werkstattmontage.

kraftwirkung selbst erzeugt. Zum Schmieren genügt im allgemeinen ein Ölbad, und nur bei sehr hohen Gleitgeschwindigkeiten sieht man Umlaufschmierung und Ölkühlung vor.

Abb. 115 veranschaulicht ein Spurlager der Firma J. M. Voith, Heidenheim, wie es für vertikale Wasserturbinen Anwendung findet, im Längsschnitt und in teilweiser Ansicht. Es ist ein Segmentdrucklager mit niedrig gehaltenen Segmenten, die unter dem Einfluß der Drehbewegung und Belastung eine verschwindend kleine Kippbewegung ausführen und dadurch in der Lage sind, große Belastungen auch bei verhältnismäßig kleiner Drehzahl aufzunehmen. Die genaue Lage jedes der Tragsegmente wird durch je 2 kurze Stifte gesichert, ohne dadurch die Selbsteinstellbarkeit der Segmente zu beeinträchtigen.

Die Anordnung des Spurlagers im Ölbade, die radialen Ausgleich-
öffnungen in Spurring und Tragkopf für Öl bzw. Luft, die Ölzufuhr und
der Ölablauf sind aus Abb. 115 deutlich zu erkennen. Das dem Öl-
düsenring zugeführte gekühlte Schmieröl strömt durch die radialen
Lücken zwischen den einzelnen Tragsegmenten von außen nach innen
und wird dann, nach Versorgung der Tragplattenschmierschicht, durch
die Radialbohrungen des Spurringes und die Fliehkraft wieder nach
außen befördert, um von der Ölpumpe erneut angesaugt zu werden. —
Bei Lagerbelastungen über 200000 kg wird die Unterlage der Trag-

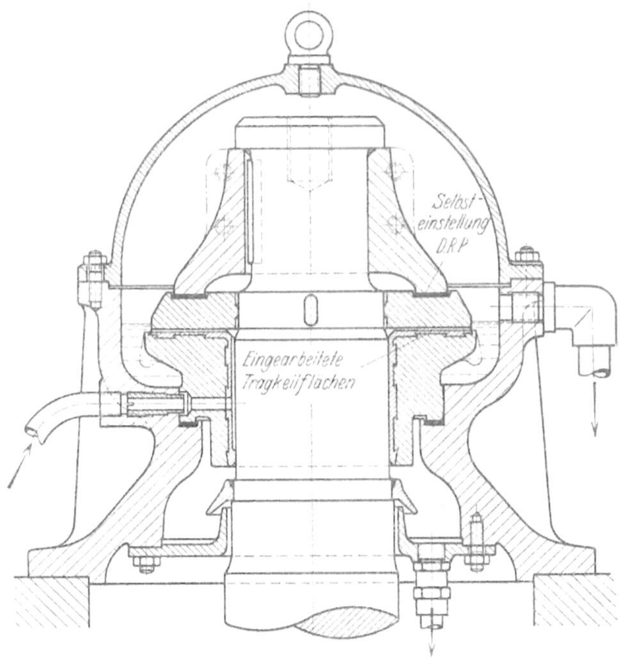

Abb. 117. Falz-Längslager mit selbsteinstellendem Druckring und eingearbeiteten Keilflächen, für vertikale Wasserturbinen.

platten durch eine größere Anzahl von zwischengeschalteten kurzen
Schraubenfedern zu einem gewissen Teil entlastet.

Voith-Spurlager dieser letztgenannten Konstruktion sind bisher bis
zu Tragfähigkeiten von über 500000 kg ausgeführt worden. — Abb. 116
zeigt ein solches Lager für 502000 kg Belastung während der Werkstattmontage.

Die auf Grund ihrer Einfachheit vom Verfasser bevorzugte Längs-
lagerkonstruktion mit eingearbeiteten (starren) Keilflächen kann mit
besonderem Vorteil bei vertikalen Wasserturbinen Anwendung finden.
Abb. 117 zeigt den Entwurf eines solchen Lagers für Spülschmierung
im Längsschnitt.

Der in sich starre, jedoch selbsteinstellend im Ring-Schwerkreis aufgelagerte Druckring (DRP) überträgt mit seiner glatten (geschabten und polierten) Unterfläche den Wellenschub auf die weißmetallarmierte Tragfläche des Lagerkörpers. Dieser ist in bezug auf die Wellenachse wiederum selbsteinstellend gelagert, so daß nach jeder Richtung Zwängungen vermieden werden. Das dem Querlager zugeführte Preßöl gelangt durch eine geräumige, bis zum oberen Lagerende durchgehende Längsnute und eine ringförmige Abfasung in die radialen Ölnuten der Lagerstirnfläche und die an diese anschließenden, nach Abb. 59 angeschabten Keilflächen, wodurch eine zuverlässige und gleichmäßige Schmierung gesichert ist. Gleichzeitig wird von dem ständig durch die Radialnuten von innen nach außen zirkulierenden Öl die in den Keil-

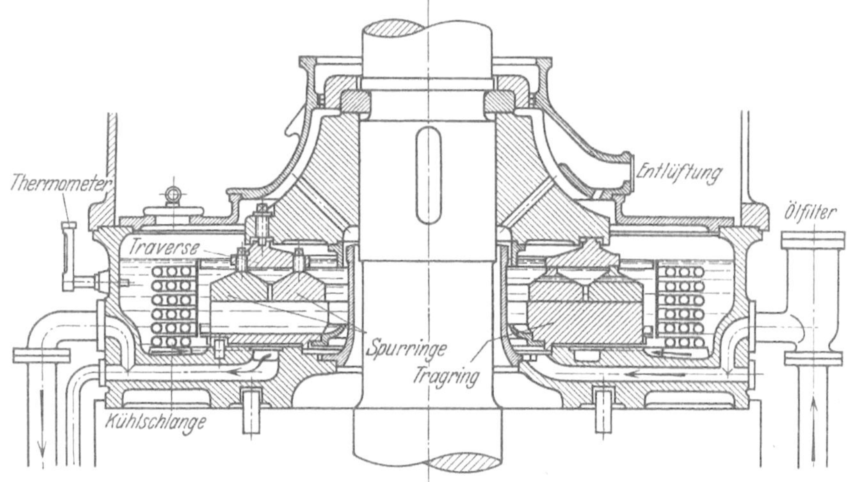

Abb. 118. Escher Wyss-Ringspurlager für 550000 kg Tragfähigkeit mit eingearbeiteten Keilflächen.

flächen erzeugte Reibungswärme aufgenommen und durch den Ölüberlauf abgeführt.

Daß durch Anwendung starrer Gleitflächen mit eingearbeiteten Keilflächen Spurlager der gleichen Tragfähigkeit und Sicherheit wie nach dem Michell-Prinzip herstellbar sind, beweisen die bewährten Ringspurlager der Aktiengesellschaft der Maschinenfabriken Escher, Wyß & Cie., Zürich und Ravensburg. — Abb. 118 veranschaulicht ein Wasserturbinen-Spurlager der genannten Firma für 550000 kg Tragfähigkeit bei $n = 150$.

Der Druckring ist im Interesse geringster Durchbiegungen aus zwei konzentrisch angeordneten Einzelringen gebildet, die durch eine ausgleichend wirkende Ringtraverse derart belastet werden, daß jeder Druckring den gleichen Flächendruck erhält. Interessant ist hierbei, daß sowohl die Spurringe wie auch der Tragring aus Gußeisen bestehen und mit ihren sauber geschabten Gleitflächen unmittelbar (ohne Weißmetallbelag) aufeinander laufen; — eine sehr anschauliche Gewähr für das Vorhandensein richtiger Keilkraftschmierung und die Eignung guten Gußeisens auch zum Anfahren unter höheren Flächendrücken.

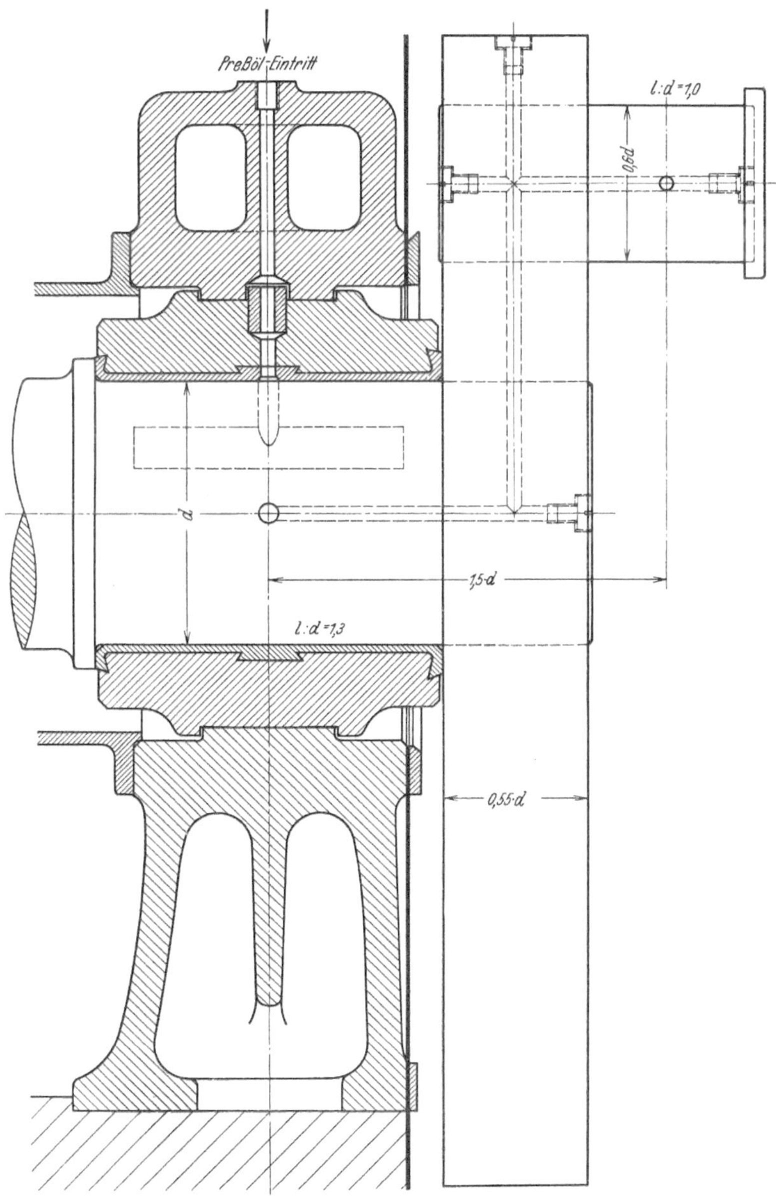

Abb. 119. Falz-Dampfmaschinenhauptlager mit Stirnkurbel, für Druckschmierung.

Die Tragfähigkeit und Sicherheit der Schmierschicht wird durch entsprechend angeschlossene Manometer und Thermometer kontrolliert, so daß Schmierschichtdruck und Schmierschichttemperatur bequem überwacht werden können. — Zur Kühlung dient bei diesem verhältnismäßig sehr großen Lager eine in das Gehäuse eingesetzte dreireihige Kühlschlange in Verbindung mit einer besonderen Ölzirkulation durch eine Pumpe, wobei den Tragflächen in stetem Kreislauf gekühltes und gefiltertes Spülöl zuströmt, während gleichzeitig laufend die gleiche Menge erwärmten Öles abgeführt wird.

Die Reibungszahl ist bei den in diesem Abschnitt besprochenen Längslagern sehr gering; sie beträgt nach den ausgeführten Versuchen, je nach der Gleitgeschwindigkeit, $\mu = 0{,}005$ bis $0{,}0015$. Die Betriebssicherheit ist demgegenüber eine sehr große, denn die Lager werden in der Regel kaum höher als mit 20 bis 30 kg/cm² belastet, während Versuche an Michell-Lagern gezeigt haben, daß der Flächendruck bis zur Quetschgrenze des Weißmetalles (rund 750 kg/cm²) gesteigert werden kann[33], ohne dabei das Gebiet der vollkommenen Schmierung zu überschreiten. — Angesichts dieser Tatsachen darf man wohl mit gutem Recht von einem glänzenden Erfolg der modernen Schmiertechnik bzw. der hydrodynamischen Theorie sprechen.

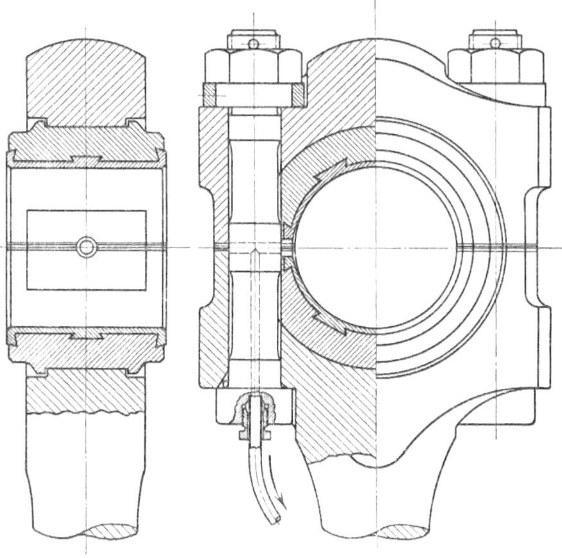

Abb. 120. Kurbelzapfenlager mit Druckschmierung zum Hauptlager Abb. 119.

Zum Schluß sei noch ein neuzeitlich durchgebildetes Dampfmaschinen-Triebwerk zur Darstellung gebracht und kurz besprochen.

Abb. 119 zeigt ein zweiteiliges, ohne die übliche Nachstelleinrichtung ausgebildetes, praktisch selbsteinstellend aufgelagertes Hauptlager mit Stirnkurbel samt Gegengewicht und Kurbelzapfen. Letzterer hat ein Lagerlängenverhältnis von $l : d = 1{,}0$; das Hauptlager ein solches von $l : d = 1{,}3$. Das Preßöl tritt oben in das Hauptlager ein und hält die durch eine kurze Peripherialnute im Lagerscheitel verbundenen Öltaschen ständig unter Druck. Durch Bohrungen in Welle, Kurbel und Kurbelzapfen wird das Öl auch dem Triebwerksgestänge zugeführt, und zwar derart, daß etwa jeweils 60° vor und nach jeder Kolbentotlage sowohl das Kurbelzapfenlager wie das Kreuzkopflager und die Gleitschuh-Keilnuten unter vollem Öldruck stehen, so daß nicht nur für reichliche Schmierung und Kühlung, sondern auch dafür gesorgt

ist, daß der Druckwechsel unter vollkommenster Dämpfung vor sich
geht. — Die Hauptlagerschalen sind starr miteinander verschraubt.

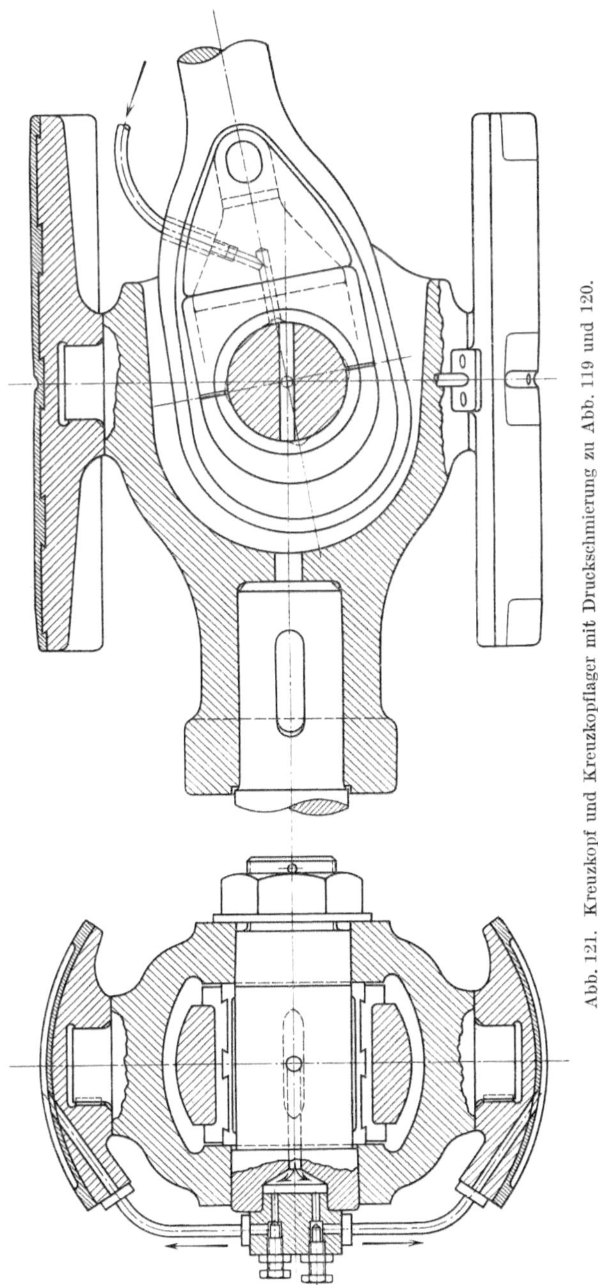

Abb. 121. Kreuzkopf und Kreuzkopflager mit Druckschmierung zu Abb. 119 und 120.

Durch Anwendung der vorgeschlagenen gedrungenen Zapfen und kleinen Biegungsarme, in Verbindung mit der Selbsteinstellbarkeit des Hauptlagers und der stetigen Filterung des Umlauföles sollte jede erkennbare Verschleißursache beseitigt sein, so daß damit auch die bisherigen Nachstelleinrichtungen entbehrlich wären; denn es darf nicht übersehen werden, daß die Hauptursache des bisher gewohnten Verschleißes in der Starrheit und Länge des Lagers sowie in dessen vierteiliger Ausführung begründet war. — Die Lagerlängen und Durchmesser der Normallagerung Abb. 119 sind so abgestimmt, daß die Biegungsbeanspruchung des Wellenzapfens diejenige des Kurbelzapfens nur um wenige Prozente übersteigt und daß der Hauptlager-Flächendruck 3 mal geringer ist als der Kurbellager-Flächendruck.

Abb. 120 stellt den als Marinekopf ausgebildeten Schubstangenkopf dar. Auch dieses Lager wirkt praktisch selbsteinstellend und wird sich daher bei der erhöhten Starrheit des ganzen Kurbelarmes als sehr verschleißfest erweisen. Wenn der Kurbelzapfen im vorderen oder hinteren Totpunkt steht, herrscht auch im Kurbellager der volle Preßöldruck, d. h. die beiden Öltaschen stehen unter Öldruck. Von der oberen Tasche führt eine Bohrung zum Schubstangenbolzen, und durch diesen gelangt das Preßöl über eine Rohrleitung, an der Stange entlang, zum Kreuzkopflager, wo es in die Längsschmiernute der vorderen Schalenhälfte eintritt.

Abb. 121 zeigt den Kreuzkopf samt Kreuzkopflager im Längs- und Querschnitt. In der Nähe der Totlagen steht das zugeführte Preßöl durch eine Querbohrung des Kreuzkopfbolzens nicht nur mit beiden Lagerschalen-Längsnuten, sondern durch eine Längsbohrung des Zapfens auch mit den mittleren Keilkammern der Kreuzkopfschuhe in Verbindung, wodurch weitgehendste Stoßdämpfung und reichliche Schmierung gewährleistet sind.

Von besonderem Interesse ist hierbei noch die bewährte, sehr fein regulierbare Druckölverteilung (D. R. G. M.): Das Verteilerstück am Kreuzkopfbolzenende enthält zwei Regulierschrauben mit konischer Spitze. Die untere Schraube wird soweit gedrosselt, daß der belastete Kreuzkopfschuh hinreichend Öl erhält; die obere muß in der Regel völlig abgesperrt werden, da die unvermeidlichen Undichtigkeiten noch hinlänglich sind, um den oberen Schuh reichlich geschmiert zu erhalten. Zieht man die obere Schraube nicht dicht, so fällt der Öldruck in der ganzen Maschine unzulässig ab, weil der größte Teil des Öles dann beim oberen Gleitschuh in Strömen austritt und die Gleitbahn derart überflutet, daß ein Dichthalten des Rahmenfensters mit gewöhnlichen Mitteln nicht möglich ist.

25. Zusammenfassende Richtlinien und Formeln.

Die wesentlichsten in den voraufgegangenen Abschnitten dargelegten Gesichtspunkte zur Berechnung, Gestaltung und Ausführung vollkommen geschmierter Querlager, Längslager und Gleitschuhe lassen sich kurz in folgende allgemeine Richtlinien zusammenfassen:

A. Allgemeines
über Berechnung, Konstruktion, Werkstattausführung und Betrieb.

1. Die Berechnung vollkommen geschmierter Gleitflächen besteht allgemein in einer geeigneten Abstimmung zwischen Lagerabmessungen und Lagerspiel bzw. Keilflächenabmessungen und Keilsteigung einerseits und der Belastung, Schmiermittelzähigkeit und Drehzahl bzw. Gleitgeschwindigkeit andererseits, so daß eine ausreichende Schmierschichtstärke und damit genügende Sicherheit gegen halbflüssige Reibung erreicht wird.

2. Die früher übliche Annahme bestimmter Höchstwerte für p als allgemein zulässigen Flächendruck und das Produkt $p \cdot v$ als Maßstab der Reibungsleistung gibt keine brauchbare Basis zur Berechnung vollkommen geschmierter Maschinenteile; sie wird nach vorstehendem durch die Ermittlung der Sicherheit gegen halbflüssige Reibung ersetzt.

3. Unter der Gefahr des Heißlaufens hat man nicht zu hohe Gleitflächentemperatur, sondern zu geringe Schmierschichtstärke zu verstehen.

4. Große Schmierschichtstärke bedeutet große Betriebssicherheit; sie muß jedoch stets durch entsprechend erhöhte Flüssigkeitsreibung erkauft werden.

5. Hohe Gleitflächentemperatur (in betriebstechnisch zulässigen Grenzen) bedeutet weder allgemeinhin eine Gefährdung der Betriebssicherheit, noch läßt sie ohne weiteres auf unnötig hohe Reibungsverluste schließen.

6. Hochleistungslager (d. h. solche, die größtmögliche Leistung mit geringstem Werkstoffaufwand vereinen) werden stets mit verhältnismäßig hohen Temperaturen arbeiten, ohne dabei jedoch betriebsunsicher zu sein.

7. Der Zustand geringster Reibung wird bei halbflüssiger Reibung erreicht und soll in der Praxis nicht angestrebt werden, da verschleißloser Betrieb und positive Betriebssicherheit dabei nicht erzielbar sind. Im praktischen Betriebe kommt es viel weniger auf den absoluten Geringstwert der Lagerreibung als vielmehr auf verschleißloses Arbeiten und genügende Betriebssicherheit an.

8. Die Tragfähigkeit kann um so weiter gesteigert werden, je genauer (eben oder zylindrisch) und glatter die Gleitflächen bearbeitet sind. Tritt dazu noch die Anwendung von Graphit (entweder als Kolloidgraphitzusatz zum Schmieröl oder in Form graphithaltigen Lagermetalles), so ist das Höchstmaß an Tragfähigkeit und Betriebssicherheit erreicht, weil Graphit die Gleitflächen auch gegen Schmiermittelmangel in gewissem Maße unempfindlich macht.

9. Der günstigste Schmierzustand (Vollschmierung), bei welchem die höchste Schmierschichtstärke erreicht wird, erfordert so viel Schmiermittel, wie das Lager oder der Tragschuh dauernd aufzunehmen vermag. Steht weniger Schmiermittel zur Verfügung (spärliche Schmierung), so verringert sich die Schmierschichtstärke auf Kosten der Betriebssicherheit.

10. Ölschmierung ergibt bei höheren Drehzahlen oder kleineren Flächendrücken geringere Reibung als Fettschmierung. Bei allen stau-

bigen oder schmutzigen Betrieben ist jedoch ausschließlich Fettschmierung am Platz, weil nur diese ausreichenden Staubschutz ermöglicht.

11. Praktisch verschleißloses Arbeiten von Lagern in staubigen Betrieben kann nur durch Anwendung von Fett-Preßschmierung erzielt werden; am einfachsten durch vollautomatisch wirkende Fett-Schmierbuchsen mit gleichmäßigem Fettdruck und sichtbarem Fettstand. — Stauffer-Buchsen genügen für verantwortungsvolle Schmierstellen und Dauerbetrieb nicht.

12. Tropfschmierung, Dochtschmierung, Nadelöler, Schmierkissen und Handölung ergeben in der Praxis nur spärliche Schmierung. Vollschmierung ist bei Öl für die Dauer nur durch Ringschmierung, Spülschmierung oder Druckschmierung zu erreichen.

13. Druckschmierung hat rein schmiertechnisch der Ringschmierung oder der Spülschmierung gegenüber nichts voraus, bis auf in gewissem Umfange vergrößerte Wärmeabfuhr und die Annehmlichkeit, durch Erhöhung des Öldruckes die Wärmeabfuhr weiterhin steigern zu können. Große Vorteile bietet die Druckschmierung indes bei Kolbenmaschinen, indem sie durch verstärkte Dämpfung bei noch so hartem Druckwechsel stoßfreien Gang des Triebwerkes erreichen läßt. — Unnötiges Spritzen und Planschen muß vermieden werden, da sonst die Tragfähigkeit verringert und die Oxydation des Öles begünstigt wird.

14. Bei jeder Drucköanlage muß das gesamte den Verbrauchsstellen zugeführte Öl durch ein feinmaschiges Filter gedrückt werden, um Zapfenverschleiß durch Unreinigkeiten zu verhüten. Am bequemsten im Gebrauch und in der Reinigung sind Ölfilter mit scheibenförmigen Metalltuchfilterplatten von 10000 bis 17000 Maschen/cm² und metallisch versteiftem Rand (Helms-Platten).

15. Ölkühler zur künstlichen Kühlung des Schmiermittels sind stets in die Druckleitung, und zwar hinter dem Filter, einzubauen, da das Öl dem Filter noch in möglichst warmem (dünnflüssigem) Zustande zugeführt werden soll. — Das Übertreten von Kühlwasser ins Öl muß sorgsam verhütet werden.

16. Von einem geeigneten Schmieröl muß verlangt werden: Dem Verwendungszweck entsprechende Zähigkeit und Haftfestigkeit vom Standpunkte der Tragfähigkeit, und Korrosionsinaktivität und chemisch-physikalische Beständigkeit als Kennzeichen genügender Neutralität. Die Forderung genügender Neutralität hat zu umschließen: Praktische Säurefreiheit, Oxydationsfestigkeit, Rückstandfreiheit, nicht zu hohe Verdampfbarkeit und gegebenenfalls Emulsionsfestigkeit und Kältebeständigkeit, — je nach den Anforderungen des Verwendungszweckes.

17. Nach der Viskosität bei 50° können Mineralöle etwa wie folgt eingeteilt werden:

1,2 bis 2,0 Engler-Grade	. . . .	Spindelöle
2,0 „ 3,5 „	. . . .	leichte Maschinenöle
3,5 „ 6,0 „	. . . .	mittlere Maschinenöle
6,0 „ 20 „	. . . .	schwere Maschinenöle
20 „ 60 „	. . . .	Zylinderöle.

18. Nach dem „Floridin"-Regenerationsverfahren können verschmutzte und gealterte Industrieöle jeder Art für etwa 5 bis 9 Pfennige/kg im eigenen Betriebe wieder vollverwendungsfähig gemacht werden, so daß sie Frischöl gleichwertig sind. — Ölseparatoren bewirken eine gründliche Entwässerung der Öle vor dem Regenerieren oder leisten gute Dienste zum mechanischen Reinigen von Schmierölen.

19. Bei Schmierfetten unterscheidet man im wesentlichen zwei Gruppen: Fette auf Kalkbasis und Fette auf Natronbasis. Die letzteren kennzeichnen sich durch ganz besondere Beständigkeit und erreichen also sog. Heißlagerfette Tropfpunkte bis zu 180° und darüber.

20. Lagermetalle sind nach ihrer Eignung in bezug auf Beanspruchungsfähigkeit und auf Gleitfähigkeit dem Verwendungszweck anzupassen. Für stoßweise Beanspruchung (z. B. in Kurbelmaschinen) muß genügende Festigkeit und Härte bei nicht zu großer Sprödigkeit, für hohe Gleitfähigkeit (halbflüssige Reibung vorübergehend oder stetig) ein besonders „aktives" Metall gegeben sein. Als solches ist bisher nur das graphithaltige „Gittermetall" des Braunschweiger Hüttenwerkes bekannt; es ist ein Lagerweißmetall auf Bleibasis, das auch bei höchsten Temperaturen und Schmiermittelmangel noch große Gleitfähigkeit und Betriebssicherheit aufweist.

21. Lagerweißmetalle (namentlich solche auf Bleibasis) lassen sich in vorzüglicher Weise auf der Spritzgußmaschine verarbeiten, wodurch im Serienbau eine Verminderung an Lohnkosten und Metallaufwand und eine Verbesserung des Gefüges erzielt wird.

22. Für mäßige Flächendrücke kommt als Lagermetall auch Perlit-Gußeisen und für sehr hohe Temperaturen und Drücke Bronze in feinster Verarbeitung in Betracht. In Verbindung mit gehärteter Zapfenoberfläche eignet sich ihrer Verschleißfestigkeit wegen besonders die auf kaltem Wege in Rohrform verzogene Caro-Bronze, die im Gegensatz zu Bronzen mit Zinkzusatz die Zapfenlauffläche nicht angreift.

23. Je mangelhafter die Konstruktion, d. h. je starrer und länger die Lager, je ungenauer das Lagerspiel, je größer die Biegungsmomente und je weniger sorgfältig die Gleitflächenbearbeitung, um so bildsamere und teurere Lagermetalle müssen verwandt werden, um notdürftig Heißläufer und zu großen Verschleiß zu verhüten.

Querlager für Drehbewegung.

24. Je höher die Drehzahl, um so größer bei gleichbleibender Zähigkeit die Keilkraftwirkung und die Schmierschichtstärke. Bei sehr hoher Umlaufgeschwindigkeit und natürlicher Kühlung kann jedoch der schmierschichtverringernde Einfluß der Drehzahl (infolge gesteigerter Wärmeentwicklung und Verminderung der Ölzähigkeit) die Schmierschichtvergrößerung durch steigende Keilkraftwirkung überwiegen; dadurch kann zu hohe Drehzahl bei natürlicher Kühlung gefährlich werden.

25. Bei Querlagern ist mit Rücksicht auf Kantenpressungen infolge der Wellendurchbiegung (Krümmung) die verhältnismäßige Lagerlänge von maßgebendem Einfluß auf die Lagertragfähigkeit. Je größer die Auflagerungsstützlänge der Welle, um so geringer ist die Tragfähigkeit

langer Lager; verhältnismäßige Lagerlängen von $l:d=1$ und darunter lassen die größte Tragfähigkeit erwarten.

26. Von weiterem Einfluß auf die Lagertragfähigkeit ist das Lagerspiel. Hohe Tragfähigkeit und geringste Reibungsverluste sind bei entsprechender Schmiermittelwahl nur bei kleinen Lagerspielen zu erreichen. Nur bei sehr raschlaufenden Wellen muß mitunter im Interesse ruhigen Ganges das Lagerspiel künstlich vergrößert werden.

27. Um die im praktischen Betriebe unvermeidlichen Wellendurchbiegungen (Schiefstellung) und Montageungenauigkeiten auszugleichen, sollen die Lagerschalen stets derart beweglich ausgeführt werden, daß eine Einstellung derselben zur jeweiligen Wellenlage selbsttätig erfolgen kann.

28. Unmittelbares Auftuschieren der Lagerschalen auf den Zapfen ergibt keine vollkommene Schmierung. Der Lagerdurchmesser muß stets, und wenn noch so wenig, größer sein als der Zapfendurchmesser. — Auftuschierte Lager sollten jedenfalls seitlich verlaufend freigeschabt werden, um wenigstens eine rohe Annäherung richtigen Lagerspieles zu erhalten.

29. Das allgemein übliche Eintuschieren einer infolge Gewichtsbelastung (Schwungrad, Turbinenlaufräder, Dynamorotor) durchhängenden Welle erfüllt bei Kolbenmaschinen seinen Zweck nicht, da die im praktischen Betriebe auftretenden Wellendeformationen von der Durchbiegung der Ruhe verschieden sind und meistens nach Größe und Richtung periodisch wechseln. — Der angestrebte Erfolg kann nur durch in bezug auf genaues Fluchten sorgfältig ausgerichtete, sauberst bearbeitete und richtig tolerierte bewegliche Lager erreicht werden, die sich den im praktischen Betriebe auftretenden Deformationen jeweils selbsttätig anpassen können.

30. Schmiernuten (gleichgültig welcher Form) in der belasteten Lagerschale sind unzweckmäßig und daher fortzulassen*. Sie vermindern durch Störung des angestrebten Schmierschichtdruckes die Tragfähigkeit des Lagers (bis zu 60% und mehr) und wirken um so schädlicher, je unmittelbarer sie die Lagermitte mit der Ein- bzw. Auslaufseite oder den Lagerenden verbinden.

31. Schmiernuten in der Tragfläche umlaufender Zapfen wirken in ähnlicher Weise schädlich wie in der belasteten Lagerschale. Umlaufende Zapfen führe man daher stets glatt aus.

32. Die Bearbeitungsvollkommenheit von Zapfen und Lagerschalen soll, insbesondere für hohe Belastungen und geringere Drehzahl, so weit getrieben werden, wie dies ohne unverhältnismäßige Preissteigerung durchführbar ist, und zwar sowohl in bezug auf genau zylindrische Form wie auch bezüglich der Ebenheit und Glätte der Gleitflächen. Die einfachste und billigste Feinbearbeitung von Lagerschalenbohrungen ist das Ausdrehen mit dem Diamantwerkzeug. Die vollkommenste

---

* Eine Ausnahme bilden nur Lager mit abnorm geringer Gleitgeschwindigkeit bei hoher Flächenpressung, deren Arbeitsbedingungen nur halbflüssige Reibung erreichen lassen. Die Schmiernuten sind solchenfalls achsial, mit schlank verlaufenden Kanten auszuführen und dürfen nicht bis zu den Lagerenden durchgehen.

Gleitflächenbearbeitung erhält man bei härteren Werkstoffen durch „Honen" der Wellenzapfen und Lagerbohrungen, gegebenenfalls mit anschließendem Polieren, wie das für abnorm hohe Flächendrücke notwendig werden kann.

33. Größte Genauigkeit beim Einpassen mehrerer in einer Flucht liegender (beweglicher) Lager von gleichem Durchmesser kann erzielt werden durch Eintuschieren der Lager mit Hilfe eines durch sämtliche Lager geführten dünnwandigen, genau geschliffenen Kaliberrohres, dessen Durchmesser um das erforderliche Lagerspiel größer ist als der Wellendurchmesser. Nach Einlegen der Welle in die so hergerichtete Lagerflucht ist eine weitere Nacharbeit weder erforderlich noch zulässig.

34. „Einlaufen" ist nur bei hochbelasteten, stark durchbiegenden Wellen (infolge der Wellenkrümmung) oder bei starren Lagern bzw. mangelhafter Bearbeitungsvollkommenheit erforderlich. Das Einlaufen erfolgt zweckmäßig bei der verlangten Betriebsdrehzahl, jedoch unter langsamer stufenweiser Steigerung der Belastung bis über die vorgeschriebene Betriebsbelastung hinaus. Hat das Lager bei dieser Belastung die geringste Reibungszahl erreicht, so kann mit der normalen Belastung in Dauerbetrieb gegangen werden.

Querlager für Schwingbewegung.

35. Schwinglager mit Druckwechsel sind nach ihrer Wirkungsweise hauptsächlich als Flüssigkeitsbremsen zu betrachten. Die Schmiermittelzuführung erfolgt daher zweckmäßig in der Mitte der Lagerschalen, weil da die ansaugende Kraft des Zapfens beim Druckwechsel am größten ist. Außer einer mittleren Ringnute (oder einer Querdurchbohrung des Zapfens in Richtung der Belastung) und je einer kurzen Längsnute in der Mitte der Lagerschalen sind weitere Schmiernuten nicht vorzusehen.

36. Schwinglager ohne Druckwechsel arbeiten höchstens mit halbflüssiger Reibung. Um letztere sicherzustellen, sollten in der belasteten Schale, von einer umlaufenden mittleren Ringnute nach beiden Seiten ausgehend, mehrere schmale Längsnuten eingearbeitet sein, deren Zahl so festzulegen ist, daß die Entfernung von Nute zu Nute, auf dem Umfange gemessen, etwa dem ganzen Zapfenausschlag entspricht.

37. Bei Schwinglagern sind die Schalen stets auf den Zapfen selbst aufzutuschieren, so daß das Lagerspiel praktisch gleich Null wird. Die Zapfen sollen glasharte Oberfläche erhalten, auf das genaueste und sauberste geschliffen und sachgemäß poliert sein (Bearbeitung wie Kaliberdorne).

38. Schmiernuten (s. unter 35 und 36) sind stets winkelrecht zur Gleitbewegung anzuordnen und müssen mit ganz schlank verlaufenden Übergängen ausgeführt werden; sie dürfen nie bis zum Ende der Lagerschale durchgehen, sondern müssen um einen angemessenen Betrag vom Lagerende entfernt verlaufen.

39. Um das bekannte „Kneifen" bei etwaigem Heißgehen zu verhüten, sind die Lagerschalen an den Stoßstellen „freizuschaben".

Längslager und Gleitschuhe.

40. Dynamisches Schwimmen ist nur durch Anwendung schlanker Keilflächen erzielbar, die gleichsam auf die Schmierschicht auflaufen. Bei Gleitschuhen mit scharfkantigen, zur Gleitbahn parallelen Tragflächen ist vollkommene Schmierung unmöglich.

41. Hohe Tragfähigkeit und geringste Reibungsverluste sind bei entsprechender Schmiermittelwahl nur bei kleinen Keilsteigungen zu erreichen. Nur bei sehr geringen Belastungen darf man sie bis zu 0,5% wählen, weil dadurch eine sehr billige Herstellung durch Einschleifen mit profilierter Schleifscheibe möglich wird.

42. Schmiernuten der bisher üblichen Art dürfen weder im Druckring oder dessen Gegenfläche bei Längslagern, noch in den Tragflächen der Gleitschuhe oder in der Gleitbahn selbst vorgesehen werden; sie würden unbedingt die Tragfähigkeit und Betriebssicherheit herabsetzen.

43. Längslager-Druckringe müssen, um sich der Ebene der Gegenfläche anpassen zu können, allseitig frei einstellbar, Gleitschuhe zum mindesten in einem Bolzengelenk drehbar sein.

44. Die Gleitbahn sowie die zur Gleitbahn parallelen Teile des Tragschuhes müssen genauestens eben und sauber tuschiert sein. Das vielfach übliche Einschleifen (Einkutschieren) der Tragschuhe mit Schmirgel- oder Karborundumpulver nach voraufgegangenem Auftuschieren ist unter allen Umständen zu unterlassen, da dadurch die Tragfähigkeit wieder erheblich vermindert wird.

45. Das Einarbeiten der keilförmigen Tragflächen kann auf beliebige Weise (je nach der Steigung, durch Schleifen, Feilen oder Schaben) vorgenommen werden. Die endgültige Fertigbearbeitung sollte durch Abziehen mit dem Schaber (vorwiegend quer zur Gleitrichtung) erfolgen. Die Keilsteigung ist wiederholt durch geeignete Lehren zu prüfen.

Kolbenschmierung.

46. Grundbedingung für eine gute Kolbenschmierung (möglichst verschleißloser Betrieb bei Vermeidung von Ölvergeudung) ist die Anwendung von keilförmigen Tragflächen und schlanken Abrundungen bei Kolben und Kolbenringen und Zuführung des Schmiermittels im Hubtakt. Durch Hubtakt-Aussetzer-Schmierung wird das gesamte zur Verwendung gelangende Schmiermittel nur dem Kolben, und zwar zwischen den Ringen zugeführt, so daß die Ölzufuhr sich nur auf die reibenden Teile und nicht auch auf den freien Zylinderlauf erstreckt.

47. Die Schmiermittelzufuhr erfolgt bei Hubtaktschmierung zweckmäßig in der Nähe der Zylinderenden, und zwar am besten von oben, falls das Rückschlagventil unmittelbar an den Zylinderlauf herangerückt werden kann.

48. Bei Hubtaktschmierung an beiden Zylinderenden muß jedes durch eine besonders betätigte Schmierpumpe (nicht Schmierpresse) versorgt werden, deren Antriebe um 180° gegeneinander versetzt sind. Zur Vermeidung von Schmiertaktverschleppungen erfolgt der Antrieb der Schmierpumpen durch Aussetzergetriebe, damit nur in größeren

Zeitintervallen, dafür aber kräftig geschmiert wird; die Ölleitungen
seien nicht zu weit und nicht unnötig lang oder zu oft gekrümmt.

49. Bei Dampfmaschinen-Zylinderölen sollten überspannte Vorschriften bezüglich Viskosität und Flammpunkt vermieden werden, da
sie den Lieferanten dazu treiben, stark asphalthaltige Öle zu liefern,
die betriebstechnisch höchst unerwünschte Sinterungen, Verkrustungen
und Verkokungen verursachen. Die zu erwartenden Schmiereigenschaften eines Zylinderöles können aus dessen Viskositätsziffer nicht
gefolgert werden, da die Kolbenschmierung bestenfalls unter halbflüssiger Reibung vor sich geht und bei letzterer vor allem die Haftkraft
des Öles die maßgebende Rolle spielt.

50. Als Heißdampf-Zylinderöle eignen sich bei Abdampfverwertung
bzw. Kondensation am besten reine Mineralöle ohne Asphalt- und
Aschegehalt, die keine Verkrustungen ergeben und nicht emulgieren;
für Auspuffbetrieb Compoundöle. Bei sehr hohen Temperaturen empfiehlt sich auch Zusatz von Kolloidgraphit zum Zylinderöl, insbesondere
zum Einlaufen.

51. Sparsame Zylinderschmierung soll nicht durch Verwendung möglichst billiger Zylinderöle, sondern durch zweckmäßige Zufuhr hochwertiger Schmiermittel und dadurch bedingte quantitative Ersparnisse
erzielt werden.

B. Die wichtigsten Berechnungsformeln.

Im nachstehenden sei noch eine kurze Anleitung für den richtigen
Gebrauch der wichtigsten Formeln gegeben. Diese Anleitung bildet
auch gleichzeitig die Zusammenfassung der Abschnitte 18, 19 und 23 und
ermöglicht eine schnelle und sichere Ermittlung der günstigsten Dimensionen bzw. Reibungsverhältnisse oder der erforderlichen Schmierölzähigkeit und des Ölbedarfes. Zu diesem Zweck sind alle dazu erforderlichen Formeln* nebst Anwendung nochmals wiedergegeben.

Bei den sich darbietenden Berechnungsaufgaben unterscheidet man
zwei Fälle: entweder ist die Ölzähigkeit den gegebenen Abmessungen
oder es sind die Abmessungen einem gegebenen Schmiermittel anzupassen. — Der erstgenannte Fall sei mit I, der zweite mit II bezeichnet.

Querlager, Fall I. Das Schmiermittel ist nicht vorgeschrieben.
Es seien gegeben: der Zapfendurchmesser d, die Lagergesamtbelastung P
und die Drehzahl n. Zu wählen sind: das Lagerlängenverhältnis $(l:d)$,
das Lagerspiel $D - d$, die geringste Schmierschichtstärke h, die Lufttemperatur Θ_1 und der „Ausstrahlfaktor" a nach Zahlentafel 10,
S. 102. — Zu ermitteln ist außer der Schmierschichttemperatur Θ
die erforderliche Ölzähigkeit z bzw. die Viskosität $E°$ des zu verwendenden Öles bei 50°.

Die geringste Reibungsleistung bei günstigster Betriebssicherheit erhält man allgemein bei kleinstem Lagerspiel und normaler Verlagerung,
d. h. praktisch: bei Laufsitzpassung und $h = 0{,}25 \cdot (D - d)$, entsprechend $\chi = 0{,}5$.

---

* Bedeutung der Formelzeichen siehe Seite 311!

Zu dem gegebenen Zapfendurchmesser d ermittelt sich dann für Laufsitz und $\chi = 0,5$ die erforderliche Ölzähigkeit in der Schmierschicht zu

$$z_{L\,0,5} = \frac{P}{3\,380\,000 \cdot d^{3,4} \cdot (l:d) \cdot n} \quad \mathrm{kg \cdot sek/m^2}. \tag{104}$$

Diese Zähigkeit muß bei Lagern mit natürlicher Kühlung vorhanden sein bei der Temperatur

$$\Theta = \Theta_1 + \sqrt[2,6]{\frac{P \cdot n^3 \cdot z}{9600 \cdot a^2 \cdot (l:d)}} \quad \mathrm{Grad}. \tag{66}$$

Erweist sich natürliche Kühlung als unzureichend, indem Θ etwa den Wert von $80°$ übersteigt, so setzt man für den nach Gleichung (104) gefundenen z-Wert eine durch künstliche Kühlung aufrechtzuerhaltende geringere Temperatur Θ fest und wählt das Öl entsprechend diesen Werten von z und Θ.

Die Umrechnung der Zähigkeit von der nach Gleichung (66) ermittelten bzw. bei künstlicher Kühlung frei angenommenen Temperatur Θ auf eine andere Temperatur (z. B. $50°$) erfolgt im umgekehrten Verhältnis der $2,6^{\text{ten}}$ Potenz der Temperaturen.

Für die Umrechnung absoluter Zähigkeiten in Engler-Grade gilt für geringe Viskositäten (bis zu $z = 0,004$) angenähert:

$$E° = (970 \cdot z)^{1,2} + 1 \quad \text{Engler-Grade}, \tag{10}$$

für hohe Viskositäten (über $z = 0,004$) mit genügender Annäherung

$$E° = 1490 \cdot z \quad \text{Engler-Grade}. \tag{12}$$

Man kann zur Ermittlung von $E°$ auch Gleichung (67) nach i auflösen, aus der Beziehung $i = z \cdot (0,1 \cdot \Theta)^{2,6}$ den i-Wert feststellen und die Engler-Zahl für $50°$ dann einfach aus der Kurventafel Abb. 54 ablesen.

Das ideelle Lagerspiel bei Laufsitzpassung beträgt im Mittel rund

$$(D'' - d'')_L = \frac{\sqrt[3,3]{d''}}{45} \quad \mathrm{mm}. \tag{56}$$

Das wirkliche (meßbare) Lagerspiel $D''_w - d''_w$ ist für normale Bearbeitung um etwa $0,02$ mm kleiner anzunehmen.

Ergibt sich nach Gleichung (104) ein dünnflüssigeres Öl als leichtes Spindelöl, so ist das dünnflüssigste in Betracht kommende Öl zu wählen und die Aufgabe nach Fall II [Gleichung [53] und (67)] zu behandeln.—

Die Lagerreibungszahl beträgt im Mittel

$$\mu = 3,8 \cdot \sqrt{\frac{z \cdot \omega}{p_m}} \tag{45}$$

und die Reibungsleistung

$$N_r = \frac{\mu \cdot P \cdot d \cdot n}{1430} \quad \mathrm{PS} \tag{48}$$

oder

$$N_r = \frac{d^2}{1160} \cdot \sqrt{P \cdot n^3 \cdot z \cdot (l:d)} \quad \mathrm{PS}. \tag{49}$$

oder

$$N_r = \frac{P \cdot n \cdot \sqrt{(D - d) \cdot h}}{191} \quad \mathrm{PS}. \tag{50}$$

Die Biegungsbeanspruchung bei Stirnzapfen ermittelt sich zu

$$\sigma_b = 5 \cdot p \cdot (l:d)^2 \ \text{kg/cm}^2 \qquad [108]$$

und die Zapfendurchbiegung (Krümmung allein) zu

$$f_k'' = \frac{p \cdot d'' \cdot (l:d)^4}{5\,500\,000} \ \text{mm}. \qquad [107]$$

Die geringste Schmierschichtstärke kann bei Laufsitzpassung nach der Formel

$$h_L = \frac{152 \cdot d^{3,7} \cdot (l:d) \cdot n \cdot z}{P} \ \text{m}, \qquad (106)$$

bei zahlenmäßig (aus dem meßbaren Lagerspiel $D_w - d_w$) gegebenem Spiel nach der allgemeinen Gleichung

$$h = \frac{d^4 \cdot (l:d) \cdot n \cdot z}{36{,}5 \cdot P \cdot (D - d)} \ \text{m} \qquad (31)$$

kontrolliert werden, solange das errechnete h kleiner ist als $0{,}25 \cdot (D-d)$.

Ist schließlich eine fertige Lagerung mit einem bestimmten Lagerspiel gegeben, so braucht nach erfolgter Annahme der gewünschten Schmierschichtstärke bzw. der Zapfenverlagerung (etwa entsprechend $\chi = 0{,}5$) nur die zur Verwirklichung dieser Wellenlage erforderliche Zähigkeit nach der allgemeinen Gleichung

$$z = \frac{36{,}5 \cdot P \cdot (D - d) \cdot h}{d^4 \cdot (l:d) \cdot n} \ \text{kg} \cdot \text{sek/m}^2 \qquad (51)$$

ermittelt zu werden, wobei für $\chi = 0{,}5$ dann $h = 0{,}25 \cdot (D - d)$ zu setzen wäre. Ob hierbei noch natürliche Kühlung genügt, zeigt wieder Formel (66), doch muß der nach Gleichung (51) ermittelte Wert für z auch bei künstlicher Kühlung (bei einer frei zu wählenden Temperatur) eingehalten werden. — Das Reibungsminimum wird hierbei um so mehr überschritten, je mehr das gegebene Lagerspiel den Wert für Laufsitz übersteigt.

Querlager, Fall II. Ein bestimmtes Schmiermittel* mit der Kennziffer i ist gegeben; ferner die Lagergesamtbelastung P und die Drehzahl n. Zu wählen sind: das Lagerlängenverhältnis $(l:d)$, das Lagerspiel $(D - d)$, die geringste Schmierschichtstärke h, die Lufttemperatur Θ_1 und der „Ausstrahlfaktor" a nach Zahlentafel 10, S. 102. — Zu ermitteln ist außer der Schmierschichttemperatur Θ der Zapfendurchmesser d.

Die Schmierschichttemperatur beträgt für alle Zapfendurchmesser und alle zulässigen Lagerspiele und Schmierschichtstärken

$$\Theta = \frac{\Theta_1}{2} + \sqrt{\left(\frac{\Theta_1}{2}\right)^2 + \sqrt[2,6]{\frac{P \cdot n^3 \cdot i}{24 \cdot a^2 \cdot (l:d)}}} \ \text{Grad}. \qquad (68)$$

---

* Siehe Zahlentafel 11, Seite 106 und Kurventafel Abb. 54. Für Öle mit 2 bzw. 3 usw. Engler-Graden bei 50° gelten abgerundet nachstehende Werte: $i_2 = 0{,}07$; $i_3 = 0{,}12$; $i_4 = 0{,}17$; $i_6 = 0{,}26$; $i_8 = 0{,}35$; $i_{12} = 0{,}54$; $i_{16} = 0{,}7$; $i_{24} = 1$.

Ist natürliche Kühlung ausreichend, so ergibt sich bei Laufsitzpassung und $\chi = 0,5$ der reibungstechnisch günstigste Zapfendurchmesser bei größter Betriebssicherheit zu

$$d_{L0,5} = \sqrt[3,4]{\frac{P \cdot (0,1 \cdot \Theta)^{2,6}}{3\,380\,000 \cdot n \cdot i \cdot (l:d)}} \ \text{m} \tag{109}$$

mit Θ aus Gleichung (68).

Erweist sich künstliche Kühlung als erforderlich, so ergibt sich, nach Annahme der als zulässig zu erachtenden, durch künstliche Kühlung aufrechtzuerhaltenden Schmierschichttemperatur, mit dem dieser Temperatur nach Gleichung

$$z = \frac{i}{(0,1 \cdot \Theta)^{2,6}} \ \text{kg} \cdot \text{sek/m}^2 \tag{67}$$

entsprechenden z-Wert des gegebenen Öles der reibungstechnisch günstigste Zapfendurchmesser für Laufsitz und $\chi = 0,5$ zu

$$d_{L0,5} = \sqrt[3,4]{\frac{P}{3\,380\,000 \cdot n \cdot z \cdot (l:d)}} \ \text{m}. \tag{110}$$

Ist auch d gegeben (wie im Fall I), so kann bei gleichzeitig vorgeschriebener Ölsorte (gegebenem i) der kleinstmögliche Reibungsverbrauch nicht erreicht werden. Es läßt sich dann nur durch Abweichung vom Laufsitz eine gewünschte Schmierschichtstärke oder Verlagerung χ erreichen, sofern es sich um ein für Laufsitz zu dickflüssiges (also nicht etwa um ein zu dünnflüssiges) Schmiermittel handelt.

Liegt z durch das vorgeschriebene Öl bei einer angenähert bekannten Temperatur nach Gleichung (67) fest, wie z. B. bei Dampfturbinen, so kann bei (meist konstruktiv) gegebenem Zapfendurchmesser das Reibungsminimum ebenfalls nicht erreicht werden. Es läßt sich dann bei Benutzung des vorgeschriebenen (zu dickflüssigen) Öles nur das Lagerspiel soweit über Laufsitz vergrößern, daß im Interesse ruhigen Laufes die Exzentrizität χ nicht kleiner als 0,5 wird, sofern die Labyrinthdichtungen eine solche Lagerspielerweiterung zulassen.

Die Verlagerung $\chi = 0,5$ bei künstlicher Kühlung wird erreicht durch Wahl des Lagerspieles nach der Gleichung

$$(D'' - d'')_{0,5} = \frac{d''}{309} \cdot \sqrt{\frac{z \cdot n}{p}} \ \text{mm}. \tag{53}$$

Liegen die Verhältnisse indes so, daß der Zapfendurchmesser verkleinert werden kann, so läßt sich die Reibungsleistung wenn auch nicht auf das Minimum (bei Laufsitzpassung) herabdrücken, so doch jedenfalls durch Verkleinern des Zapfendurchmessers verringern. Auch hierbei gilt Gleichung [53]. —

Zur Bemessung bzw. rationellen Belastung von selbsteinstellenden Ringschmierlagern mit Laufsitzpassung und $(l:d) = 1,5$ für leichtes Maschinenöl von $3 \div 4$ Engler-Graden bei $50°$ (entsprechend $i = 0,15$) können folgende Näherungsgleichungen dienen:

$$d' = 0,53 \cdot \sqrt[2,66]{P} \ \text{cm} \tag{113}$$

aus der Beziehung

$$p = 2,4 \cdot \sqrt[1,25]{d'} \ \text{kg/cm}^2 , \qquad [112]$$

gültig für Drehzahlen von $n = 100$ bis etwa

$$n_{\max} = \frac{7500}{d'} \ \text{Umdr./min} \qquad [114]$$

und für Wellendurchmesser von $d' = 5$ bis 30 cm. —

Bei Laufsitzpassung beträgt der Mittelwert des ideellen Lagerspieles

$$(D'' - d'')_L = \frac{\sqrt[3,3]{d''}}{45} \ \text{mm}; \qquad [56]$$

das wirklich (auszuführende) Lagerspiel ist bei normaler Bearbeitung um 0,02 mm kleiner anzunehmen.

Ferner ist allgemein:
die Lagerreibungszahl (im Mittel)

$$\mu = 3,8 \cdot \sqrt{\frac{z \cdot \omega}{p_m}} \qquad (45)$$

oder

$$\mu = \frac{7,5}{d} \cdot \sqrt{(D - d) \cdot h} \qquad (47)$$

mit z nach Gleichung (67); und die Reibungsleistung mit gleichem z-Wert

$$N_r = \frac{\mu \cdot P \cdot d \cdot n}{1430} \ \text{PS} \qquad (48)$$

oder

$$N_r = \frac{d^2}{1160} \cdot \sqrt{P \cdot n^3 \cdot z \cdot (l:d)} \ \text{PS} \qquad (49)$$

oder

$$N_r = \frac{P \cdot n \cdot \sqrt{(D - d) \cdot h}}{191} \ \text{PS}. \qquad (50)$$

Bei stählernen Stirnzapfen beträgt die Zapfenbiegungsbeanspruchung

$$\sigma_b = 5 \cdot p \cdot (l:d)^2 \ \text{kg/cm}^2 \qquad [108]$$

und die Zapfendurchbiegung (Krümmung allein)

$$f_k'' = \frac{p \cdot d'' \cdot (l:d)^4}{5\,500\,000} \ \text{mm}. \qquad [107]$$

Handelt es sich schließlich um eine fertige Lagerung mit gegebenem Lagerspiel, so kann nur noch geprüft werden, ob flüssige Reibung überhaupt zu erwarten ist, und zwar bei künstlicher Kühlung nach Gleichung (31), bei natürlicher Kühlung allgemein nach der Formel

$$h = \frac{d^4 \cdot (l:d) \cdot n \cdot i}{36,5 \cdot P \cdot (D - d) \cdot (0,1 \cdot \Theta)^{2,6}} \ \text{m} \qquad (69)$$

oder bei Laufsitzpassung (im Mittel) nach der Beziehung

$$h_L = \frac{152 \cdot d^{3,7} \cdot (l:d) \cdot n \cdot i}{P \cdot (0,1 \cdot \Theta)^{2,6}} \ \text{m}, \qquad (111)$$

wobei Θ stets nach Gleichung (68) zu ermitteln ist.

Flüssige Reibung, deren Vorhandensein bei sämtlichen Formeln vorausgesetzt wird, ist praktisch nur so lange zu erwarten, als die geringste Schmierschichtstärke bei normaler Bearbeitung die Größe von 0,01 mm nicht unterschreitet. Geringe Unterschreitungen erfordern Einlaufen, während größere Unterschreitungen halbflüssige Reibung bedingen. — Bei selbsteinstellenden Lagerschalen und den üblichen Schmierschichtstärken der Laufsitzpassung darf die Zapfenkrümmung bei mittleren Zapfendurchmessern bis zu 0,01 mm betragen. Ergibt sie sich als größer, so ist das Lagerlängenverhältnis zu verkleinern. —

Zur Ermittlung des Ölbedarfes dienen nachstehende Formeln:

Für Tropfschmierung gilt

$$Q'_{\text{Tropf-}} = \frac{0,3 \cdot p \cdot (D' - d')^3}{(l:d) \cdot z} \;\; \text{lit/min},\qquad [133]$$

für Druckschmierung

$$Q'_{\text{Druck-}} = (7 \cdot p + 100 \cdot p'_1) \cdot \frac{(D' - d')^3}{(l:d) \cdot z} \;\; \text{lit/min}.\qquad [140]$$

Der Drucköbedarf bei $p = 60$ kg/cm², 1 at Preßöldruck, $z = 0,002$ und Laufsitz beträgt pro Lager netto

$$\ddot{O}_{00} = 0,02 \cdot d' \;\; \text{lit/min}\qquad [142]$$

und brutto (mit 1,7facher Verschleißsicherheit)

$$\ddot{O}_L = 0,1 \cdot d' \;\; \text{lit/min}.\qquad [143]$$

Den Gesamtölbedarf einer stationären Kolbenmaschine in lit/min (also für 1 Stirnkurbel-Hauptlager oder 2 Kropfachs-Hauptlager + 1 Kurbellager + 1 Kreuzkopflager + Kreuzkopfschuhe) kann man nach Gl. [143] schätzen auf etwa 30% des Kurbelzapfendurchmessers in cm, entsprechend

$$\ddot{O}_K = 0,3 \cdot d' \;\; \text{lit/min},\qquad [144]$$

während die praktisch auszuführende rechnerische Ölpumpenleistung eines Automotors mit s Stück Haupt- und Pleuellagern (zusammen) zu betragen hat

$$\ddot{O}_A = 0,3 \cdot d' \cdot s \;\; \text{lit/min}.\qquad [145]$$

Bei künstlicher Kühlung beträgt der Kühlölbedarf allgemein

$$Q'_2 = \frac{\alpha_2 \cdot d \cdot l}{6,9 \cdot (\Theta - \Theta_2)} \;\; \text{lit/min}\qquad (146)$$

mit

$$\alpha_2 = 0,174 \cdot \sqrt{\frac{P \cdot n^3 \cdot z}{(l:d)}} - 17 \cdot a \cdot (\Theta - \Theta_1)^{1,3} \;\; \text{WE/st} \cdot \text{m}^2\qquad (147)$$

und für Dampfturbinen-Querlager speziell

$$Q'_{DQ} = \frac{\xi \cdot d^2}{39,6 \cdot (\Theta - \Theta_2)} \cdot \sqrt{P \cdot n^3 \cdot z \cdot (l:d)} \;\; \text{lit/min}\qquad (148)$$

mit $\xi = 1,4 \div 1,8$ und $z = 0,0008$.

Gleitschuhe und Längslager, Fall I. Das Schmiermittel ist nicht vorgeschrieben. Es seien gegeben: die Keilflächenbreite B und -länge L, die Gesamtbelastung P' und die Gleitgeschwindigkeit V; bei Längslagern auch die Querlagerdaten. Zu wählen sind: die Keilsteigung ε, die geringste Schmierschichtstärke H, der „Ausstrahlfaktor" A bzw. A' nach Zahlentafel 12* und die Lufttemperatur Θ_1. — Zu ermitteln ist die erforderliche Ölzähigkeit z bzw. die Viskosität E° des zu verwendenden Öles bei 50°.

Die geringste Reibungsleistung erhält man allgemein bei kleinster Keilsteigung ε und geringster Schmierschichtstärke H bei der Ölzähigkeit

$$z = \frac{4{,}7 \cdot \sqrt[1{,}25]{\varepsilon} \cdot P' \cdot H^{1{,}2}}{V \cdot L^{1{,}2} \cdot B} \ \mathrm{kg \cdot sek/m^2} \,. \tag{81}$$

Zunächst setze man $H = 0{,}00001$ und versuche die Normalsteigung $\varepsilon = 0{,}005$ anzuwenden, da diese noch durch Einschleifen herstellbar ist. Solchen Falles bediene man sich der Sonderformel

$$z_{\varepsilon_{0{,}005}} = \frac{P' \cdot H^{1{,}2}}{14{,}8 \cdot V \cdot L^{1{,}2} \cdot B} \ \mathrm{kg \cdot sek/m^2} \,. \tag{92}$$

Bei hohen Flächendrücken und sauberst geschabten Flächen darf $H = 0{,}000004$ und $\varepsilon = 0{,}002$ angenommen werden. — (Ergibt sich bei kleinem Flächendruck und sehr hoher Gleitgeschwindigkeit ein dünnflüssigeres Öl als Spindelöl, so ist das dünnflüssigste in Betracht kommende Öl anzunehmen und die Aufgabe nach Fall II weiter zu behandeln).

Für Gleitschuhe (Kreuzköpfe) kann mit diesem z-Wert nach der Gleichung

$$\Theta = \Theta_1 + \sqrt[2{,}6]{\frac{2{,}23 \cdot P' \cdot V^3 \cdot z}{B \cdot L^2 \cdot A^2}} \ \mathrm{Grad} \tag{91}$$

die Schmierschichttemperatur ermittelt bzw. kontrolliert werden, ob natürliche Kühlung genügt. Ist letzteres der Fall, so bestimmt der errechnete Wert für z die erforderliche Ölzähigkeit bei der Temperatur Θ. Um auf die Ölviskosität bei 50° zu kommen, reduziert man den Wert z im umgekehrten Verhältnis der $2{,}6^{\text{ten}}$ Potenz der Temperaturen auf $\Theta = 50^\circ$ und ermittelt die Engler-Zähigkeit bei $z < 0{,}004$ nach der Gleichung

$$E^\circ = (970 \cdot z)^{1{,}2} + 1 \ \mathrm{Engler\text{-}Grade} \tag{10}$$

und bei $z > 0{,}004$ nach der Formel

$$E^\circ = 1490 \cdot z \ \mathrm{Engler\text{-}Grade}. \tag{12}$$

Ist außer den Hauptabmessungen L und B (B ist die Gesamtbreite sämtlicher in gleicher Richtung wirkenden Keilflächen von der Einzelbreite B_1) auch noch die Keilsteigung ε gegeben, so kann das Reibungsminimum nur bei $\varepsilon < 0{,}005$ erreicht werden; widrigenfalls sichert Gleichung (81) nur die gewünschte Schmierschichtstärke H.

Ergab Formel (91) eine höhere Schmierschichttemperatur als etwa $\Theta = 80^\circ$, so muß künstliche Kühlung mit beliebig (etwa $= 40 \div 60^\circ$) zu wählender Temperatur angewandt werden; der nach Gleichung (81) ermittelte Wert für z muß dann bei der angenommenen Kühlölaustrittstemperatur gegeben sein.

---

* Seite 117.

Bei kombinierten Quer- und Längslagern addiert man die Wärmeentwicklung des Querlagers zur Wärmeentwicklung des Längslagers und bezieht die Gesamtwärme auf den qm Lagerinnenfläche $d \cdot \pi \cdot l$ des Querlagers. Die Schmierschichttemperatur erhält man mit P' als Gesamtbelastung des Längslagers und mit A' als „Ausstrahlfaktor" für Längslager (nach Zahlentafel 12, S. 117) nach der Gleichung

$$\Theta = \Theta_1 + \sqrt[1,3]{\frac{\sqrt{0,3 \cdot P \cdot n^3 \cdot d^4 \cdot (l:d) \cdot z} + \sqrt{640 \cdot P' \cdot V^3 \cdot B \cdot z}}{17 \cdot \pi \cdot d^2 \cdot (l:d) \cdot A'}} \quad \text{Grad.} \quad (115)$$

Die erforderliche Ölzähigkeit ist, genau wie bei Kreuzköpfen, entweder nach der allgemeinen Gleichung (81) oder nach der Sondergleichung (92) für $\varepsilon = 0,005$ zu ermitteln. Dieser Wert für z gilt dann in Gleichung (115) für beide Summanden (Quer- und Längslager).

Die geringste Schmierschichtstärke kann im Bedarfsfalle kontrolliert werden nach der allgemeinen Fundamentalgleichung

$$H = \sqrt[1,2]{\frac{L^{1,2} \cdot B \cdot z \cdot V}{4,7 \cdot \sqrt[1,25]{\varepsilon \cdot P'}}} \quad \text{m.} \quad (85)$$

Die Reibungszahl beträgt allgemein, im Mittel

$$\mu = 3 \cdot \sqrt{\frac{z \cdot V}{p_m \cdot L}} \quad (79)$$

oder

$$\mu = \sqrt{\frac{42 \cdot \sqrt[1,25]{\varepsilon} \cdot H^{1,2}}{L^{1,2}}}, \quad (82)$$

die Reibungsleistung

$$N_r = \frac{P' \cdot \mu \cdot V}{75} = 0,04 \cdot \sqrt{P' \cdot V^3 \cdot B \cdot z} \quad \text{PS.} \quad (83)$$

bzw.

$$N_r = 0,086 \cdot P' \cdot V \cdot \sqrt{\frac{\sqrt[1,25]{\varepsilon} \cdot H^{1,2}}{L^{1,2}}} \quad \text{PS.} \quad (84)$$

mit z nach Gleichung (81).

Gleitschuhe und Längslager, Fall II. Gegeben ist ein bestimmtes Schmiermittel* mit der Kennziffer i; ferner die Gesamtbelastung P' und die Gleitgeschwindigkeit V. Zu wählen sind: die Keilsteigung ε, die geringste Schmierschichtstärke H, der „Ausstrahlfaktor" A bzw. A' nach Zahlentafel 12**, die Lufttemperatur Θ_1 und bei Längslagern auch die Querlagerdaten. — Zu ermitteln sind die Schmierschichttemperatur Θ, die Keilflächenlänge L und die Keilflächenbreite B, sofern letztere nicht auch gegeben sind.

---

* Siehe Zahlentafel 11, Seite 106 und Kurventafel Abb. 54. Für Öle mit 2 bzw. 3 usw. Engler-Graden bei 50° gelten abgerundet nachstehende Werte: $i_2 = 0,07$; $i_3 = 0,12$; $i_4 = 0,17$; $i_6 = 0,26$; $i_8 = 0,35$; $i_{12} = 0,54$; $i_{16} = 0,7$; $i_{24} = 1$.
** Seite 117.

Bei gegebenen Hauptabmessungen L und B berechnet man die Schmierschichttemperatur für Kreuzköpfe und Gleitschuhe nach der Formel

$$\Theta = \frac{\Theta_1}{2} + \sqrt{\left(\frac{\Theta_1}{2}\right)^2 + \sqrt[2,6]{\frac{892 \cdot P' \cdot V^3 \cdot i}{L^2 \cdot B \cdot A^2}}} \quad \text{Grad} \tag{94}$$

für Längslager nach der Gleichung

$$[0,1 \cdot \Theta \cdot (\Theta - \Theta_1)]^{1,3} = \frac{\sqrt{0,3 \cdot P \cdot n^3 \cdot d^4 \cdot (l:d) \cdot i} + \sqrt{640 \cdot P' \cdot V^3 \cdot B \cdot i}}{53,2 \cdot A' \cdot d^2 \cdot (l:d)}, \tag{116}$$

indem man im letzteren Falle die rechte Seite zahlenmäßig ausrechnet und Θ danach aus Zahlentafel 16 (Seite 138) abliest.

Da die Aufgabe überbestimmt ist, läßt sich das Reibungsminimum nicht, sondern nur flüssige Reibung anstreben, indem die Keilsteigung nach der Gleichung

$$\varepsilon = \left(\frac{B \cdot L^{1,2} \cdot V \cdot i}{4,7 \cdot P' \cdot H^{1,2} \cdot (0,1 \cdot \Theta)^{2,6}}\right)^{1,25} \tag{97}$$

mit dem gewünschten H bemessen wird. — Ist auch ε (also ein fertiger Gleitschuh oder ein fertiges Längslager) gegeben, so kann nur noch nach der Gleichung

$$H = \sqrt[1,2]{\frac{B \cdot L^{1,2} \cdot V \cdot i}{4,7 \cdot \sqrt[1,25]{\varepsilon} \cdot P' \cdot (0,1 \cdot \Theta)^{2,6}}} \quad \text{m} \tag{95}$$

allgemein oder nach der Sonderformel

$$H_{\varepsilon\,0,005} = \sqrt[1,2]{\frac{14,8 \cdot V \cdot L^{1,2} \cdot B \cdot i}{P' \cdot (0,1 \cdot \Theta)^{2,6}}} \quad \text{m} \tag{96}$$

für die Normalsteigung von $\varepsilon = 0,005$ m/Meter Länge die Schmierschichtstärke ermittelt bzw. kontrolliert werden, ob flüssige Reibung noch gewährleistet ist. Ergibt sich bei normaler Bearbeitung H kleiner als $H_{\min} = 0,00001$ m $= 0,01$ mm, so ist halbflüssige Reibung zu erwarten. — Bei nur geringer Unterschreitung von $H_{\min}$ kann durch Einlaufen unter günstigen Umständen auch wohl noch flüssige Reibung erreicht werden. —

Erweist sich nach den Temperaturgleichungen künstliche Kühlung als erforderlich, so setzt man den nach Belieben (etwa mit $40 \div 60°$) zu wählenden Wert Θ in die Gleichung (97) zur Ermittlung von ε oder in die Gleichungen (95) bzw. (96) zur Feststellung von H ein.

Sind die Hauptabmessungen nicht gegeben, so nimmt man bei Kreuzköpfen an Hand des rohen Konstruktionsentwurfes die Keilflächenlänge (bei mittelgroßen Maschinen mit etwa $L = 0,04$ m) an und bestimmt nach der Gleichung

$$\Theta^2 \cdot (\Theta - \Theta_1) = \sqrt[2,6]{\frac{76000 \cdot V^4 \cdot i^2}{A^2 \cdot \sqrt[1,25]{\varepsilon \cdot L \cdot H^{1,2}}}} \tag{100}$$

und Zahlentafel 13 (S. 120) die Schmierschichttemperatur Θ.

Um die Temperatur bei Längslagern zu ermitteln, wird zunächst der Durchmesser d und das Längenverhältnis $(l:d)$ des Querlagers festgelegt und nach dem Wert d dann die größtmögliche Längslagerdruck-fläche angenommen; und zwar der innere Druckringdurchmesser $D_i = 1,1 \cdot d$, der äußere mit $D_a = 2,1 \cdot d$, gemäß Abb. 59.

Bei einfachem Drehsinn und 15 Keilflächen ergibt sich mit diesen Maßen

$$p_m = \frac{P'}{1,25 \cdot d^2} \; \text{kg/m}^2,$$

die gesamte Keilflächenbreite ($= 15 \cdot B_1 = 15 \cdot 0,5 \cdot d$) zu $B = 7,5 \cdot d$ und die Keilflächenlänge zu $L = 0,168 \cdot d$. Die mittlere Gleitgeschwindigkeit beträgt

$$V = 0,088 \cdot n \cdot d \; \text{m/sek.}$$

Mit diesen angenommenen Werten für B und V ermittelt man dann nach der Gleichung

$$[0,1 \cdot \Theta \cdot (\Theta - \Theta_1)]^{1,3} = \frac{\sqrt{0,3 \cdot P \cdot n^3 \cdot d^4 \cdot (l:d) \cdot i} + \sqrt{640 \cdot P' \cdot V^3 \cdot B \cdot i}}{53,2 \cdot A' \cdot d^2 \cdot (l:d)} \quad (116)$$

und Zahlentafel 16 (S. 138) mit A' nach Tafel 12 (S. 117) die Schmierschichttemperatur in erster Annäherung.

Erwies sich für Kreuzköpfe nach Gleichung (100) und Zahlentafel 13 bzw. für Längslager nach Gleichung (116) und Zahlentafel 16 natürliche Kühlung als ausreichend, so wird in beiden Fällen die erforderliche Keilflächenbreite B nach der Gleichung

$$B = \frac{4,7 \cdot \sqrt[1,25]{\varepsilon} \cdot P' \cdot H^{1,2} \cdot (0,1 \cdot \Theta)^{2,6}}{V \cdot L^{1,2} \cdot i} \; \text{m} \quad (99)$$

ermittelt, wobei für Kreuzköpfe ε und H mit den gleichen (kleinen) Werten wie in Gleichung (100) einzusetzen sind.

Die Anzahl der in gleicher Richtung geneigten Keilflächen beträgt allgemein

$$j = B : B_1,$$

wobei j bei neu zu entwerfenden Längslagern bekanntlich $= 15$ angenommen worden war. Bei Längslagern liegt die Verteilung auf dem Umfang mit $L = 0,168 \cdot d$ sonach fest. Bei Kreuzköpfen ist nur darauf zu achten, daß zwischen den Keilflächen gemäß Abb. 2 noch ebene Zonen von mindestens der Länge $= L$ verbleiben, was indes bei länglichen Gleitschuhen stets leicht einzuhalten ist.

Ergibt sich bei Längslagern B_1 größer als angenommen (also größer als $0,5 \cdot d$), so kann bei nur geringen Überschreitungen die Berechnung von Θ und B mit verkleinerten Werten für ε ($\varepsilon_{min} = 0,002$) und H ($H''_{min} = 0,004$ mm) wiederholt werden. Bei größeren Überschreitungen muß zu künstlicher Kühlung gegriffen werden, indem Θ (etwa zu $40 \div 60°$) angenommen und in Gleichung (95) mit $B = 7,5 \cdot d$ eingeführt wird, um H festzustellen. Hierbei braucht Θ nur so klein angenommen zu werden, daß H genügt. — Erwies sich Θ schon aus Gleichung (116) als zu hoch, so muß von vornherein künstliche Kühlung mit kleinerem Θ angenommen und mit diesem Wert nach Gleichung (95) mit $B = 7,5 \cdot d$ wiederum H kontrolliert werden, wie oben.

Ergab sich bei Längslagern B_1 kleiner als angenommen, also kleiner als $0,5 \cdot d$, so wiederholt man die Berechnung von Θ mit dem aus

Gleichung (99) ermittelten (kleineren) Wert von B und dem dadurch auch kleiner gewordenen V nach Gleichung (116) und Zahlentafel 16 und geht dann mit dem neuen (kleineren) Θ und dem bereits ermittelten B in Gleichung (95) zur Kontrolle von H ein. Die Schmierschichtstärke H wird sich hierbei gegenüber dem vorher angenommenen Wert stets als etwas größer erweisen, so daß die ermittelte Größe für B und $B_1 = B : 15$ für die praktische Ausführung beibehalten werden kann. —

Allgemein ist, mit

$$p_m = \frac{P'}{B \cdot L} \ \text{kg/m}^2,$$

die mittlere Reibungszahl

$$\mu = 3 \cdot \sqrt{\frac{z \cdot V}{p_m \cdot L}} \tag{79}$$

mit

$$z = \frac{i}{(0{,}1 \cdot \Theta)^{2{,}6}} \ \text{kg} \cdot \text{sek/m}^2; \tag{67}$$

und die Reibungsleistung

$$N_r = \frac{P' \cdot \mu \cdot V}{75} = 0{,}04 \cdot \sqrt{P' \cdot V^3 \cdot B \cdot z} \ \text{PS} \tag{83}$$

mit z nach Gleichung (67).

Der Ölbedarf beträgt:

bei Tropfschmierung

$$Q_{\text{Tr. Tropf-}} = \frac{p_m \cdot L \cdot (H + 0{,}5 \cdot \varepsilon \cdot L)^3 \cdot j'}{1{,}5 \cdot B_1 \cdot z} \ \text{m}^3/\text{sek} \tag{155}$$

(oder, mit 60000 multipliziert, in lit/min) und bei Druckschmierung

$$Q_{\text{Tr. Druck-}} = \left(1 + \frac{0{,}5 \cdot p_i}{p_m}\right) \cdot \frac{p_m \cdot L \cdot (H + 0{,}5 \cdot \varepsilon \cdot L)^3 \cdot j'}{1{,}5 \cdot B_1 \cdot z} \ \text{m}^3/\text{sek} \tag{156}$$

mit j' als Anzahl der unmittelbar geschmierten tragenden Keilflächen. —

Bei künstlicher Kühlung gilt für Kreuzköpfe und Gleitschuhe

$$Q'_{2-} = \frac{\lambda_2 \cdot L \cdot B}{21{,}6 \cdot (\Theta - \Theta_2)} \ \text{lit/min} \tag{150}$$

mit

$$\lambda_2 = \frac{25{,}3}{L} \cdot \sqrt{\frac{P' \cdot V^3 \cdot z}{B}} - 17 \cdot A \cdot (\Theta - \Theta_1)^{1{,}3} \ \text{WE/st} \cdot \text{m}^2 , \tag{149}$$

des ferneren für kombinierte Längs- und Querlager allgemein

$$Q'_{2L} = \frac{\alpha'_2}{21{,}6 \cdot (\Theta - \Theta_2)} \ \text{lit/min} \tag{153}$$

mit

$$\alpha'_2 = \sqrt{0{,}3 \cdot P \cdot n^3 \cdot d^4 \cdot (l : d) \cdot z} + \sqrt{640 \cdot P' \cdot V^3 \cdot B \cdot z} - $$
$$- 17 \cdot A' \cdot d \cdot \pi \cdot l \cdot (\Theta - \Theta_1)^{1{,}3} \ \text{WE/st} \tag{152}$$

und für kombinierte Dampfturbinen-Längslager speziell

$$Q'_{DL} = \frac{\xi}{21{,}6 \cdot (\Theta - \Theta_2)} \cdot \left(\sqrt{0{,}3 \cdot P \cdot n^3 \cdot d^4 \cdot (l : d) \cdot z} + \sqrt{640 \cdot P' \cdot V^3 \cdot B \cdot z}\right) \ \text{lit/min} \tag{154}$$

mit $\xi = 1{,}4 \div 1{,}8$ und $z = 0{,}0008$.

26. Praktische Berechnungsbeispiele.

Nach den in Abschnitt 25 gebrachten Formeln soll nun eine Anzahl praktischer Zahlenbeispiele für Querlager, Längslager und Gleitschuhe durchgerechnet werden, um die richtige Anwendung der Berechnungsrichtlinien lebendig vor Augen zu führen.

Bei der Berechnung unterscheiden wir, wie bereits wiederholt bemerkt, zwei an sich entgegengesetzt liegende Fälle:

Fall I, bei dem die zweckmäßigste Ölviskosität nach den gegebenen Hauptabmessungen, und

Fall II, bei dem die zweckmäßigsten Abmessungen nach dem gegebenen Öl ermittelt werden sollen.

Der Endeffekt ist in beiden Fällen der gleiche.

Querlager.

Fall I: Abmessungen gegeben; Ölzähigkeit gesucht.

Beispiel 21. (Gegeben: P; n; d; Θ_1; — Gesucht: z; Θ; E°). Welche Ölviskosität ist für das meistbelastete Lager eines Ilgner-Umformers zu wählen, das bei einem konstruktiv gegebenen Durchmesser von $D'' = 300$ mm und $n = 600$ mit $P = 25000$ kg belastet ist, bzw. genügt das Lager ohne künstliche Kühlung, wenn die Maschinenhaustemperatur $\Theta_1 = 20^\circ$ beträgt?

Der mittlere Flächendruck bei einem angenommenen $l : d = 1,5$ beträgt

$$p = \frac{25000}{30 \cdot 1,5 \cdot 30} = \frac{25000}{1350} = 18,5 \text{ kg/cm}^2.$$

Da der Flächendruck nicht hoch ist, kann das angenommene Lagerlängenverhältnis von $l : d = 1,5$ beibehalten werden.

Die geringste Reibung bei größter Betriebssicherheit erhält man bei Laufsitzpassung und $\chi = 0,5$. Die zur Verwirklichung dieser Wellenverlagerung erforderliche Ölzähigkeit hat nach Gleichung (104) zu betragen:

$$z_{L\,0,5} = \frac{P}{3\,380\,000 \cdot d^{3,4} \cdot (l : d) \cdot n} \text{ kg} \cdot \text{sek/m}^2$$

$$= \frac{25000}{3\,380\,000 \cdot 0,3^{3,4} \cdot 1,5 \cdot 600} = \frac{25000 \cdot 3,33^{3,4}}{3\,380\,000 \cdot 1,5 \cdot 600}$$

$$z_{L\,0,5} = \frac{2,5 \cdot 60}{338 \cdot 1,5 \cdot 600} = 0,00049 \text{ kg} \cdot \text{sek/m}^2$$

und zwar, unter Voraussetzung natürlicher Kühlung mit $a = 2$, bei der Schmierschichttemperatur nach Gleichung (66) von

$$\Theta = \Theta_1 + \sqrt[2,6]{\frac{P \cdot n^3 \cdot z}{9600 \cdot a^2 \cdot (l : d)}} \quad \text{Grad}$$

$$= 20 + \sqrt[2,6]{\frac{25000 \cdot 600^3 \cdot 0,00049}{9600 \cdot 2^2 \cdot 1,5}} = 20 + \sqrt[2,6]{\frac{443000}{9,6}}$$

$$\Theta = 20 + \sqrt[2,6]{46200} = 20 + 62 = 82^\circ.$$

Diese Temperatur kann mit Rücksicht auf die Gleichmäßigkeit der Belastung noch zugelassen werden, und es sei daher die Viskosität des Öles bestimmt.

Zunächst müßte die Zähigkeit von 82 auf 50° umgerechnet werden, was im Verhältnis von $(82 : 50)^{2,6}$ zu geschehen hätte; alsdann wäre die vergrößerte Zähigkeit, entsprechend $\Theta = 50^\circ$, nach Gleichung (10) in Engler-Grade umzurechnen.

Zu dem gleichen Ergebnis gelangt man jedoch etwas einfacher, indem man Gleichung (67)

$$z = \frac{i}{(0,1 \cdot \Theta)^{2,6}}$$

nach i auflöst und nach dem ermittelten Wert von i dann den zugehörigen Engler-Grad aus der Kurventafel Abb. 54 abliest. Im vorliegenden Falle wäre

$$i = z \cdot (0,1 \cdot \Theta)^{2,6} = 0,00049 \cdot 8,2^{2,6} = 0,00049 \cdot 236,$$

$$i = 0,116, \text{ entsprechend rund } 3\,E° \text{ nach Abb. 54.}$$

Das Lager kann demnach als Ringschmierlager für leichtes Elektromotorenöl ausgeführt werden.

In Zweifelsfällen dürfte die Ausrüstung eines Ringschmierlagers mit einer Kühlwasserschlange immer noch billiger und einfacher sein als die Anwendung von Spülschmierung mit rückgekühltem Öl.

Die Reibungsleistung beträgt nach Gleichung (49):

$$N_r = \frac{d^2}{1160} \cdot \sqrt{P \cdot n^3 \cdot z \cdot (l:d)} \quad \text{PS}$$

$$= \frac{0,3^2}{1160} \cdot \sqrt{25\,000 \cdot 600^3 \cdot 0,00049 \cdot 1,5} = \frac{1 \cdot 600}{3,33^2 \cdot 1160} \cdot \sqrt{25 \cdot 60 \cdot 4,9 \cdot 1,5}$$

$$N_r = \frac{600 \cdot \sqrt{11\,000}}{11,1 \cdot 1160} = \frac{600 \cdot 105}{11,1 \cdot 1160} = 4,9 \text{ PS.}$$

Beispiel 22. (Gegeben: P; n; d; $(l:d)$; Θ_1; $(D-d)$; h; — Gesucht: z; Θ; $E°$; N_r). Welche Ölviskosität wäre bei der Lagerung nach Beispiel 21 ($P = 25\,000$ kg, $n = 600$, $d'' = 300$ mm, $l:d = 1,5$, $\Theta_1 = 20°$ und $a = 2$) erforderlich, wenn bei natürlicher Kühlung die gleiche Betriebssicherheit (also gleiches h) mit einem gegebenen Lagerspiel von $D'' - d'' = 0,2$ mm erreicht werden soll, und wie groß würde dabei die Reibungsleistung?

Der Mittelwert der Laufsitzpassung (Beispiel 21) ergibt sich nach Gleichung [56] zu

$$(D'' - d'')_L = \frac{\sqrt[3,3]{d''}}{45} = \frac{\sqrt[3,3]{300}}{45} = \frac{5,62}{45} = 0,125 \text{ mm Spiel.}$$

Bei $\chi = 0,5$ war die geringste Schmierschichtstärke somit $h'' = 0,25 \cdot (D'' - d'')$ $= 0,25 \cdot 0,125 = 0,031$ mm. Mit diesem Wert für h'' wird die erforderliche Ölzähigkeit bei $D'' - d'' = 0,2$ mm nach Gleichung (51)

$$z = \frac{36,5 \cdot P \cdot (D-d) \cdot h}{d^4 \cdot (l:d) \cdot n} \quad \text{kg} \cdot \text{sek/m}^2$$

$$= \frac{36,5 \cdot 25\,000 \cdot 0,0002 \cdot 0,000031}{0,3^4 \cdot 1,5 \cdot 600} = \frac{36,5 \cdot 25\,000 \cdot 3,33^4 \cdot 20 \cdot 3,1}{1,5 \cdot 600 \cdot 100\,000 \cdot 100\,000}$$

$$= \frac{36,5 \cdot 25\,000 \cdot 123 \cdot 20 \cdot 3,1}{1,5 \cdot 600 \cdot 100\,000 \cdot 100\,000} = \frac{3,65 \cdot 2,5 \cdot 1,23 \cdot 2 \cdot 3,1}{1,5 \cdot 6 \cdot 10\,000}$$

$$z = \frac{69,5}{90\,000} = 0,00077 \quad \text{kg} \cdot \text{sek/m}^2.$$

Diese Zähigkeit wäre erforderlich bei der sich nach Gleichung (66) bei natürlicher Kühlung selbsttätig einstellenden Schmierschichttemperatur von

$$\Theta = \Theta_1 + \sqrt[2,6]{\frac{P \cdot n^3 \cdot z}{9600 \cdot a^2 \cdot (l:d)}} \quad \text{Grad}$$

$$= 20 + \sqrt[2,6]{\frac{25\,000 \cdot 600^3 \cdot 0,00077}{9600 \cdot 4 \cdot 1,5}} = 20 + \sqrt[2,6]{\frac{700\,000}{9,6}}$$

$$\Theta = 20 + \sqrt[2,6]{73\,000} = 20 + 74 = 94°.$$

Der i-Wert ermittelt sich hiernach zu

$$i = z \cdot (0,1 \cdot \Theta)^{2,6} = 0,00077 \cdot 9,4^{2,6} = 0,00077 \cdot 340 = 0,26.$$

Diesem Wert entspricht nach der Kurventafel Abb. 54 ein Öl mit rund 6 Engler-Graden bei 50°.

Die Reibungsleistung, in diesem Falle zweckmäßig aus Gleichung (50) ermittelt, beträgt

$$N_r = \frac{P \cdot n \cdot \sqrt{(D-d) \cdot h}}{191} = \frac{25000 \cdot 600 \cdot \sqrt{0,0002 \cdot 0,000031}}{191}$$

$$= \frac{25000 \cdot 600 \cdot \sqrt{20 \cdot 3,1}}{191 \cdot \sqrt{100000 \cdot 100000}} = \frac{25000 \cdot 600 \cdot 7,86}{191 \cdot 100000}$$

$$N_r = \frac{2,5 \cdot 6 \cdot 7,86}{19,1} = 6,2 \text{ PS}.$$

Wie ersichtlich, würde das Lagerspiel von $D'' - d'' = 0,2$ mm gegenüber 0,125 mm bei gleicher Schmierschichtstärke einen um 26,5 % höheren Reibungsverbrauch bedingen, abgesehen davon, daß die auf 94° erhöhte Schmierschichttemperatur nach den üblichen Sicherheitsbegriffen betriebstechnisch bereits unzulässig erscheint und durch künstliche Kühlung auf etwa 60° herabgedrückt werden sollte, ohne indes die Zähigkeit des Öles unter 6 Engler-Grade bei 50° zu vermindern.

Führt man die Anlage im letztgenannten Sinne aus, wobei die Lager jedoch Ringschmierung mit zusätzlicher (praktisch überdruckloser) Spülschmierung erhalten, die vorteilhaft auf der „Austrittsseite" des Lagers einmündet, so würde bei etwaigem Versagen der Umlaufschmierung der Betrieb bei erhöhter Lagertemperatur mit normaler Ringschmierung immer noch aufrechtzuerhalten sein. Allerdings hätte man bei normalem Spülölbetriebe dauernd unnötig erhöhte Schmierschichtstärke und Reibungsleistung in Kauf zu nehmen, und zwar im Verhältnis von $\dfrac{0,00077}{0,26 : 6^{2,6}} = \dfrac{0,00077}{0,00248} = 1 : 3,2$, entsprechend $N_r = 20$ PS Reibungsverbrauch.

Beispiel 23. (Gegeben: P; n; d; $(l : d)$; Θ_1; — Gesucht: z; $(D_w - d_w)$; Θ; $E°$). Die Hauptlager eines schweren Hebewerkes seien mit je 50000 kg belastet. Der Zapfendurchmesser betrage $d'' = 250$, die Lagerlänge $l : d = 1,0$. Die Drehzahl errechne sich auf Grund der sehr langsamen Hebebewegung zu $n = 0,2$ U/min. — Mit welchen Mitteln wären die günstigsten Betriebsbedingungen zu schaffen?

Der Flächendruck beträgt

$$p = \frac{50000}{25 \cdot 25} = 80 \text{ kg/cm}^2.$$

Bei dieser hohen Flächenpressung und der ganz abnorm geringen Drehzahl kann von vornherein nur bei allervollkommenster Gleitflächenqualität und sehr geringem Lagerspiel auf eine Erfolgsmöglichkeit gerechnet werden. Es werde daher vorausgesetzt, daß der Zapfen mit einer gehärteten, warm aufgezogenen Stahlbuchse versehen und an der Oberfläche genauest geschliffen, gehont und nach dem letztgenannten Verfahren auch poliert ist. Die Lagerbuchse oder zusammengeschraubte Lagerschale soll dann mit geringstem Spiel auf dem Diamantbohrwerk ausgebohrt und ebenfalls gehont werden, sofern Bronze gewählt wird. Alsdann ist die Lagerbuchse bei kräftiger Längsbewegung mit Polierrot auf den Zapfen aufzuschleifen bzw. polierend anzupassen, was einiges Geschick erfordert. Bei Weißmetall muß sauberstes Ausdrehen auf dem Diamantbohrwerk genügen, so daß sich dann gleich daran das „Aufpolieren" des Lagers auf den Zapfen anzuschließen hätte.

Nach dem geschilderten Feinbearbeitungsverfahren, dessen Kosten bei großen Objekten naturgemäß unerheblich bleiben, sollten sich Gleitflächen mit Unebenheitshöhen von etwa $\delta'' = \delta_1'' = 0,0005$ mm erzielen lassen, so daß mit $h'' = 0,001$ mm müßte gerechnet werden dürfen. Zur Vorsicht soll jedoch $h'' = 0,002$ mm angestrebt werden.

Das meßbare Lagerspiel (nach dem Ineinanderpolieren) betrage schätzungsweise

$$D_w'' - d_w'' = 0,01 \text{ mm},$$

das ideelle somit

$$D'' - d'' = D''_w - d''_w + 4 \cdot \delta = 0,01 + 4 \cdot 0,0005 = 0,01 + 0,002 = 0,012 \text{ mm}.$$

Die unter den obigen Annahmen erforderliche Schmiermittelzähigkeit hat nach Gleichung (51) zu betragen:

$$z = \frac{36,5 \cdot P \cdot (D - d) \cdot h}{d^4 \cdot (l:d) \cdot n} \quad \text{kg} \cdot \text{sek/m}^2$$

$$= \frac{36,5 \cdot 50000 \cdot 0,000012 \cdot 0,000002}{0,25^4 \cdot 1 \cdot 0,2}$$

$$= 36,5 \cdot 50000 \cdot 0,000012 \cdot 0,000002 \cdot 4^4 \cdot 5$$

$$= 3,65 \cdot 5 \cdot 1,2 \cdot 0,000002 \cdot 255 \cdot 5$$

$$z = 280 \cdot 0,0002 = 0,056 \quad \text{kg} \cdot \text{sek/m}^2.$$

Die Betriebstemperaturerhöhung wird praktisch nicht meßbar sein; sie werde lediglich des Interesses wegen nach Gleichung (66) rechnerisch verfolgt. Bei einer höchsten Sommertemperatur von $\Theta_1 = 25°$ und $a = 1$ ergibt sich

$$\Theta = \Theta_1 + \sqrt[2,6]{\frac{P \cdot n^3 \cdot z}{9600 \cdot a^2 \cdot (l:d)}} = 25 + \sqrt[2,6]{\frac{50000 \cdot 0,2^3 \cdot 0,056}{9600 \cdot 1 \cdot 1}}$$

$$= 25 + \sqrt[2,6]{\frac{50000 \cdot 0,056}{9600 \cdot 5^3}} = 25 + \sqrt[2,6]{\frac{50000 \cdot 0,056}{9600 \cdot 125}}$$

$$= 25 + \sqrt[2,6]{\frac{5 \cdot 5,6}{96 \cdot 125}} = 25 + \sqrt[2,6]{\frac{28}{12000}} = 25 + \sqrt[2,6]{\frac{1}{430}}$$

$$\Theta = 25 + \frac{1}{\sqrt[2,6]{430}} = 25 + \frac{1}{10,4} \approx 25 + 0,1 = 25,1°.$$

Zur Schmierung des Lagers wird hiernach, wie aus Zahlentafel 11 ersichtlich, ein leichtes (gegebenenfalls compoundiertes) Zylinderöl von etwa 14 Engler-Graden bei 50° am Platze sein. Zweckmäßiger noch wird man statt dessen ein hochwertiges Dauerfett auf Natronbasis (etwa Macway-Fett HF) vorsehen, das zur sichereren Schmierung durch eine automatische Schmierbuchse dem Lager zugeführt werden sollte; auch bei Verwendung von Zylinderöl dürfte sich die Zufuhr durch eine sanft wirkende Schmierbuchse empfehlen.

Sieht man als Lagermetall vorsichtshalber noch ein besonders gleitfähiges (etwa das graphithaltige „Gittermetall L") vor, so darf man wohl auf einen bei jeder Witterung zuverlässigen Betrieb rechnen.

Die Reibungsziffer beträgt nach Gleichung (45) mit $\omega = 0,105 \cdot n = 0,105 \cdot 0,2 = 0,021$ und mit $p_m = 800000$ kg/m²

$$\mu = 3,8 \cdot \sqrt{\frac{z \cdot \omega}{p_m}} = 3,8 \cdot \sqrt{\frac{0,056 \cdot 0,021}{800000}} = 3,8 \cdot \sqrt{\frac{5,6 \cdot 2,1}{8000000000}}$$

$$= 3,8 \cdot \sqrt{\frac{11,8}{8000000000}} = 3,8 \cdot \sqrt{\frac{1}{680000000}} = \frac{3,8}{1000 \cdot 26}$$

$$\mu = \frac{3,8}{26000} = 0,000146 \approx 0,00015$$

und die Reibungsleistung nach Gleichung (48)

$$N_r = \frac{\mu \cdot P \cdot d \cdot n}{1430} = \frac{0,00015 \cdot 50000 \cdot 0,25 \cdot 0,2}{1430}$$

$$= \frac{1,5 \cdot 5 \cdot 0,25 \cdot 0,2}{1430} = \frac{0,375}{1430} = 0,00026 \text{ PS}.$$

Für beide Lager somit 0,00052 PS im Betriebe.

Die Reibungszahl der Ruhe (beim Anfahren) ist nach Stribeck etwa $= 0,22$ für normales Weißmetall. Für Gittermetall L kann man etwa die Hälfte rechnen, also rund 0,11. Im Verhältnis von $0,11 : 0,00015 = 730$ würde dann auch das Anfahrmoment gegenüber dem Betriebsreibungsmoment größer werden.

Beispiel 24. (Gegeben: P; n; d; $(l:d)$; Θ_1; $(D-d)$. — Gesucht: z; Θ; $E°$). Für ein Kleinturbinengetriebe soll das Ritzellager berechnet werden. Die senkrecht nach abwärts wirkende Lagerbelastung betrage $P = 18$ kg, die Drehzahl $n = 10000$. — Welche Ölviskosität kommt in Betracht unter der Voraussetzung, daß das Lager als natürlich gekühltes Ringschmierlager ausgebildet ist, $d'' = 20$ mm, $l:d = 1,5$, $a = 3$ und $\Theta_1 = 20°$ beträgt, während als Lagerpassung Laufsitz vorgesehen ist?

Die erforderliche Zähigkeit für Laufsitzpassung (Mittelwert) und $\chi = 0,5$ hat nach Gleichung (104) zu betragen:

$$z_{L\,0,5} = \frac{P}{3380000 \cdot d^{3,4} \cdot (l:d) \cdot n} = \frac{18}{3380000 \cdot 0,02^{3,4} \cdot 1,5 \cdot 10000}$$

$$= \frac{18 \cdot 50^{3,4}}{3380000 \cdot 1,5 \cdot 10000} = \frac{18 \cdot 2500 \cdot 240}{3380000 \cdot 1,5 \cdot 10000}$$

$$z_{L\,0,5} = \frac{1,8 \cdot 2,5 \cdot 2,4}{3,38 \cdot 1,5 \cdot 10000} = \frac{10,8}{50800} = 0,000214 \ \mathrm{kg \cdot sek/m^2},$$

und zwar nach Gleichung (66) bei der Schmierschichttemperatur von

$$\Theta = \Theta_1 + \sqrt[2,6]{\frac{P \cdot n^3 \cdot z}{9600 \cdot a^2 \cdot (l:d)}} = 20 + \sqrt[2,6]{\frac{18 \cdot 10000^3 \cdot 0,000214}{9600 \cdot 9 \cdot 1,5}}$$

$$= 20 + \sqrt[2,6]{\frac{18 \cdot 1000 \cdot 2,14}{1,3}} = 20 + \sqrt[2,6]{29600}$$

$$\Theta = 20 + 53 = 73°.$$

Der i-Wert des Öles beträgt nach diesen Daten

$$i = z \cdot (0,1 \cdot \Theta)^{2,6} = 0,000214 \cdot 7,3^{2,6} = 0,000214 \cdot 174$$

$$i = 0,0372 \approx 0,037.$$

Diesem Wert entspricht nach der Kurventafel Abb. 54 etwa ein Spindelöl von 1,5 Engler-Graden bei $50°$.

Die Reibungsleistung beträgt nach Gleichung (49):

$$N_r = \frac{d^2}{1160} \cdot \sqrt{P \cdot n^3 \cdot z \cdot (l:d)} \ \mathrm{PS}$$

$$= \frac{0,02^2}{1160} \cdot \sqrt{18 \cdot 10000^3 \cdot 0,000214 \cdot 1,5} = \frac{10000}{1160 \cdot 50^2} \sqrt{18 \cdot 10000 \cdot 0,000214 \cdot 1,5}$$

$$= \frac{10000}{1160 \cdot 2500} \cdot \sqrt{18 \cdot 2,14 \cdot 1,5} = \frac{10000}{1160 \cdot 2500} \cdot \sqrt{58}$$

$$N_r = \frac{10000 \cdot 7,6}{1160 \cdot 2500} = \frac{7,6}{116 \cdot 2,5} = \frac{7,6}{290} = 0,026 \ \mathrm{PS}.$$

Querlager.

Fall II: Schmiermittel gegeben; Abmessungen gesucht.

Beispiel 25. (Gegeben: P; n; i; Θ_1. — Gesucht: Θ; d). Ein als normales symmetrisches Ringschmierlager mit Selbsteinstellung auszubildendes Maschinenlager soll für eine Belastung von $P = 6000$ kg und eine Drehzahl von $n = 400$ für die Verwendung von Maschinenöl mit 6 Engler-Graden bei $50°$ und $\Theta_1 = 15°$ so berechnet werden, daß die geringsten Reibungsverluste auftreten. Unmittelbar neben dem Lager sei auf der Welle ein Zahnrad angeordnet. — Wie ist das Lager zu bemessen, wenn aus Festigkeitsrücksichten nur ein Wellendurchmesser von 95 mm erforderlich wäre?

Für größte Betriebssicherheit bei geringstem Reibungsverbrauch gilt Laufsitzpassung mit $\chi = 0,5$. Um die Dimensionierung nach diesen Gesichtspunkten durchzuführen, müssen zunächst i, a und $l:d$ festgelegt werden.

Bei $\chi = 0,5$ und symmetrischer Konstruktion kann $l:d = 1,5$ angenommen werden, da hohe Flächendrücke ja nicht zu erwarten sind. Die Kennziffer des Öles für $E° = 6$ beträgt nach Zahlentafel 11 abgerundet $i = 0,26$, während der „Ausstrahlkoeffizient" nach der Aufgabenstellung laut Zahlentafel 10 mit $a = 3$ anzunehmen ist.

Die Schmierschichttemperatur wird nach Gleichung (68) für alle Zapfendurchmesser

$$\Theta = \frac{\Theta_1}{2} + \sqrt{\left(\frac{\Theta_1}{2}\right)^2 + \sqrt[2,6]{\frac{P \cdot n^3 \cdot i}{24 \cdot a^2 \cdot (l:d)}}} \quad \text{Grad}$$

$$= \frac{15}{2} + \sqrt{\left(\frac{15}{2}\right)^2 + \sqrt[2,6]{\frac{6000 \cdot 400^3 \cdot 0,26}{24 \cdot 3^2 \cdot 1,5}}}$$

$$= 7,5 + \sqrt{56 + \sqrt[2,6]{\frac{6000 \cdot 400 \cdot 400 \cdot 400 \cdot 0,26}{24 \cdot 9 \cdot 1,5}}}$$

$$= 7,5 + \sqrt{56 + \sqrt[2,6]{6000 \cdot 51\,500}} = 7,5 + \sqrt{56 + 28,4 \cdot 65}$$

$$\Theta = 7,5 + \sqrt{56 + 1850} = 7,5 + \sqrt{1906} = 7,5 + 43,7 = 51,2°.$$

Da natürliche Kühlung ausreichend ist, ergibt sich der reibungstechnisch und betriebstechnisch günstigste Zapfendurchmesser für Laufsitz und $\chi = 0,5$ nach Gleichung (109) zu

$$d_{L\,0,5} = \sqrt[3,4]{\frac{P \cdot (0,1 \cdot \Theta)^{2,6}}{3\,380\,000 \cdot n \cdot i \cdot (l:d)}} \quad \text{m}$$

$$= \sqrt[3,4]{\frac{6000 \cdot 5,12^{2,6}}{3\,380\,000 \cdot 400 \cdot 0,26 \cdot 1,5}}$$

$$= \sqrt[3,4]{\frac{6000 \cdot 70}{3\,380\,000 \cdot 400 \cdot 0,26 \cdot 1,5}}$$

$$= \sqrt[3,4]{\frac{6 \cdot 7}{338 \cdot 40 \cdot 2,6 \cdot 1,5}} = \sqrt[3,4]{\frac{42}{52700}}$$

$$d_{L\,0,5} = \sqrt[3,4]{\frac{1}{1260}} = \frac{1}{8,15} = 0,123 \text{ m}.$$

Der Zapfendurchmesser kann mit 120 oder 125 mm ausgeführt werden. Der Flächendruck ergibt sich bei $d'' = 120$ und $l:d = 1,5$ zu $p = 6000:12 \cdot 18 = 6000:216 = 28 \text{ kg/cm}^2$; die Schmierschichtstärke nach Gleichung [56] zu

$$h'' = \frac{\sqrt[3,3]{120}}{4 \cdot 45} = \frac{4,26}{180} = 0,0237 \text{ mm}.$$

Beispiel 26. (Gegeben: P; n; i; Θ_1; h. — Gesucht: d.) Wie groß müßte bei der vorhergehenden Aufgabe der Zapfendurchmesser sein, wenn bei Laufsitzpassung die geringste Schmierschichtstärke nur $h'' = 0,01$ mm betragen soll?

Nach Gleichung (111) ist

$$h_L = \frac{152 \cdot d^{3,7} \cdot (l:d) \cdot n \cdot i}{P \cdot (0,1 \cdot \Theta)^{2,6}} \quad \text{m}.$$

Löst man diese Gleichung nach d auf, so ergibt sich

$$P \cdot (0,1 \cdot \Theta)^{2,6} \cdot h = 152 \cdot d^{3,7} \cdot (l:d) \cdot n \cdot i,$$

$$d_L = \sqrt[3,7]{\frac{P \cdot (0,1 \cdot \Theta)^{2,6} \cdot h}{152 \cdot (l:d) \cdot n \cdot i}} \quad \text{m}$$

oder, nach Einsetzen der bekannten Größen,

$$d_L = \sqrt[3,7]{\frac{(0,1 \cdot \Theta)^{2,6} \cdot 6000 \cdot 0,00001}{152 \cdot 1,5 \cdot 400 \cdot 0,26}} = \sqrt[3,7]{\frac{(0,1 \cdot \Theta)^{2,6} \cdot 6}{152 \cdot 15 \cdot 400 \cdot 2,6}}$$

$$d_L = \sqrt[3,7]{\frac{(0,1 \cdot \Theta)^{2,6}}{395\,000}} \; .$$

Da nun die Schmierschichttemperatur bei gegebenem Schmiermittel nach Gleichung (68) vom Zapfendurchmesser unabhängig ist und auch durch Änderungen der Schmierschichtstärke innerhalb des Gebietes der flüssigen Reibung nicht beeinflußt wird, so kann $(0,1 \cdot \Theta)^{2,6} = 5,12^{2,6} = 70$ eingeführt werden, woraus sich dann ergibt

$$d_L = \sqrt[3,7]{\frac{70}{395\,000}} = \sqrt[3,7]{\frac{1}{5640}} = \frac{1}{10,4} = 0,096 \text{ m} .$$

Der Zapfendurchmesser könnte also mit 100 oder 95 mm ausgeführt werden, wenn die höchste Tragfähigkeit bei etwas verminderter Betriebssicherheit herausgeholt werden muß. — Der Wert für Θ hätte natürlich von vornherein in die nach d_L aufgelöste Gleichung (111) eingeführt werden dürfen; das stufenweise Vorgehen war lediglich im Interesse größerer Klarheit des Übungsbeispieles gewählt worden.

Beispiel 27. (Gegeben: P; n; d; $(l:d)$; Θ_1; i; $(D-d)$. — Gesucht: Θ; h). Ein mit automatischer Umlauf-Ölschmierung ausgerüstetes Schnellzug-Waggonachslager mit $P = 8000$ kg Raddruck soll bezüglich der Lagertemperaturen und Betriebssicherheit bei 10, 60 und 120 km/st Fahrgeschwindigkeit, entsprechend $n = 59, 350$ bzw. 700, und 20° Lufttemperatur kontrolliert werden. Der Lagerdurchmesser betrage 120 mm bei $l:d = 1,0$; als Öl sei Maschinenöl mit 6 Engler-Graden bei 50° gegeben. — Wie groß ist bei den genannten Fahrgeschwindigkeiten Θ und h, wenn das Lagerspiel bei sauber gehonter, gehärteter Zapfenlauffläche 0,15 mm beträgt?

Nach Zahlentafel 10 ist der „Ausstrahlkoeffizient" bei ruhender Luft $= 1$ und bei den gegebenen Fahrgeschwindigkeiten von 10 bzw. 60 bzw. 120 km/st $a = 4,7$ bzw. 10,7 bzw. 14,9. Mit diesen Werten und der gegebenen Öl-Kennziffer $i_6 = 0,26$ können die Schmierschichttemperaturen nach Gleichung (68) ermittelt werden. — Zunächst sei die kleinste Geschwindigkeit ins Auge gefaßt.

$$\Theta_{10} = \frac{\Theta_1}{2} + \sqrt{\left(\frac{\Theta_1}{2}\right)^2 + \sqrt[2,6]{\frac{P \cdot n^3 \cdot i}{24 \cdot a^2 \cdot (l:d)}}}$$

$$= 10 + \sqrt{100 \cdot \sqrt[2,6]{\frac{8000 \cdot 59^3 \cdot 0,26}{24 \cdot 4,7^2}}} = 10 + \sqrt{100 + \sqrt[2,6]{8000 \cdot 100}}$$

$$\Theta_{10} = 10 + \sqrt{100 + 31,5 \cdot 5,9} = 10 + \sqrt{100 + 186} = 10 + 17 = 27°.$$

In gleicher Weise erhält man $\Theta_{60} = 39,5°$ und $\Theta_{120} = 48°$. Wie wir sehen, steigt Θ bei zunehmendem Fahrwind nur sehr langsam an.

Als nächstes soll nun die geringste Schmierschichtstärke ermittelt werden, wobei wir uns der Gleichung (69) bedienen. Mit $(D'' - d'') \approx 0,15$ mm als ideelles Lagerspiel ergibt sich für 10 km/st

$$h_{10} = \frac{d^4 \cdot (l:d) \cdot n \cdot i}{36,5 \cdot P \cdot (D-d) \cdot (0,1 \cdot \Theta)^{2,6}} = \frac{0,12^4 \cdot 59 \cdot 0,26}{36,5 \cdot 8000 \cdot 0,00015 \cdot 2,7^{2,6}} ,$$

$$h_{10} = \frac{0,0144 \cdot 0,0144 \cdot 59 \cdot 0,26}{36,5 \cdot 8000 \cdot 0,00015 \cdot 13,2} = \frac{31,7}{5\,780\,000}$$

$$= 0,0000055 \text{ m} \quad \text{bzw.} \quad h_{10}'' = 0,0055 \text{ mm} .$$

Für die höheren Fahrgeschwindigkeiten erhalten wir nach derselben Gleichung:

$$h_{60}'' \approx 0,012 \quad \text{und} \quad h_{120}'' \approx 0,014 \text{ mm} .$$

Da bei gehärteter und gehonter Zapfenauffläche die Unebenheiten etwa in der Größenordnung von 0,001 mm liegen, kann somit auch bei der kleinsten angenommenen Fahrgeschwindigkeit von 10 km/st, entsprechend $n = 59$, auf flüssige Reibung gerechnet werden. — Bei den höheren Geschwindigkeiten werden reichliche Schmierschichtstärken erzielt.

Beispiel 28. (Gegeben: P; n; i; Θ_1. — Gesucht: d; Θ künstliche Kühlung). Zu berechnen seien die Lager eines Gleichstromgenerators mit einer Lagerbelastung von je 1500 kg und $n = 2000$ bei kleinstmöglichen Reibungsverlusten unter Verwendung von Elektromotorenöl mit 4 Engler-Graden bei 50°. Die nur durch Drehkräfte beanspruchte Welle erfordere am Antriebsende eine Mindeststärke von 100 mm. — Wie groß muß d'' bei $\chi = 0,5$, $\Theta_1 = 20°$ und $a = 3$ gewählt werden?

Die bei natürlicher Kühlung zu erwartende Schmierschichttemperatur ergibt sich mit $i = 0,17$ nach Annahme von $l : d = 1,0$ aus Gleichung (68) zu

$$\Theta = \frac{\Theta_1}{2} + \sqrt{\left(\frac{\Theta_1}{2}\right)^2 + \sqrt[2,6]{\frac{P \cdot n^3 \cdot i}{24 \cdot a^2 \cdot (l : d)}}} \quad \text{Grad}.$$

$$= 10 + \sqrt{100 + \sqrt[2,6]{\frac{1500 \cdot 2000 \cdot 2000 \cdot 2000 \cdot 0,17}{24 \cdot 9 \cdot 1}}}$$

$$= 10 + \sqrt{100 + \sqrt[2,6]{2000 \cdot 2000 \cdot 2360}} = 10 + \sqrt{100 + 18,6 \cdot 18,6 \cdot 19,8}$$

$$\Theta = 10 + \sqrt{100 + 6850} = 10 + \sqrt{6950} = 10 + 83,2 = 93,2°.$$

Natürliche Kühlung ist hiernach unzureichend, und es möge daher Spülölschmierung bei $\Theta = 60°$ angenommen werden, wobei die Kühlung so einzurichten ist, daß die angenommene Schmierschichttemperatur $\Theta = 60°$ eingehalten wird. Hierbei beträgt die Zähigkeit in der Schmierschicht nach Gleichung (67) etwa

$$z = \frac{i}{(0,1 \cdot \Theta)^{2,6}} = \frac{0,17}{6^{2,6}} = \frac{0,17}{106} = 0,0016 \quad \text{kg} \cdot \text{sek/m}^2.$$

Mit diesem Wert von z ergibt sich bei Annahme von Laufsitzpassung und $\chi = 0,5$ (da das Reibungsminimum angestrebt werden sollte) nach Gleichung (110) der Zapfendurchmesser zu

$$d_{L\,0,5} = \sqrt[3,4]{\frac{P}{3\,380\,000 \cdot n \cdot z \cdot (l : d)}} \quad \text{m}$$

$$= \sqrt[3,4]{\frac{1500}{3\,380\,000 \cdot 2000 \cdot 0,0016 \cdot 1}}$$

$$= \sqrt[3,4]{\frac{1,5}{3380 \cdot 2 \cdot 1,6}} = \sqrt[3,4]{\frac{1}{7200}}$$

$$d_{L\,0,5} = \frac{1}{13,6} = 0,074 \,\text{m}.$$

Das Reibungsminimum würde also bei Laufsitz und $d'' = 74$ mm erreicht. Mit Rücksicht auf die erforderliche Verdrehungsfestigkeit muß daher der Zapfendurchmesser gezwungenermaßen auf 100 mm vergrößert werden, wobei jedoch das Reibungsminimum bereits erheblich überschritten wird.

Wählt man mit Rücksicht auf ruhigen Gang die Verlagerung nicht kleiner als $\chi = 0,5$, so muß das Lagerspiel nach Gleichung [53] zumindest betragen

$$(D'' - d'')_{0,5} = \frac{d''}{309} \cdot \sqrt{\frac{z \cdot n}{p}} \quad \text{mm}.$$

Mit $p = 1500 : 100 = 15\ \mathrm{kg/cm^2}$ erhält man

$$\frac{100}{309} \cdot \sqrt{\frac{2000 \cdot 0{,}0016}{15}} = \frac{1}{3{,}09} \cdot \sqrt{\frac{2 \cdot 1{,}6}{15}},$$

$$(D'' - d'')_{0,5} = \frac{1}{3{,}09} \cdot \sqrt{\frac{1}{4{,}7}} = \frac{1}{3{,}09 \cdot 2{,}17} = \frac{1}{6{,}7} = 0{,}15\ \mathrm{mm}.$$

Gemäß Formel (49) wächst die Reibungsleistung bei gegebenem P, n, z und $(l : d)$ proportional d^2. Der vergrößerte Zapfendurchmesser wird daher $(100 : 74)^2 = 1{,}35^2 = 1{,}83$ mal höhere Reibungsverluste ergeben als der zuerst errechnete, kleinere.

Beispiel 29. (Gegeben: p; n; d; l; $(D - d)$; i; Θ_1. — Gesucht: Θ; h). Das Kurbelzapfenlager eines Kompressors mit gekröpfter Kurbelwelle habe die Abmessungen $d'' = 140$ und $l'' = 120$ mm. Der Maschinenhub betrage 400 mm, der mittlere Flächendruck des Kurbelzapfenlagers $p = 56\ \mathrm{kg/cm^2}$ und die Drehzahl $n = 200$, entsprechend einer mittleren Kolbengeschwindigkeit von 2,68 m/sek. Als Lagerspiel sei Laufsitzpassung und als Schmiermittel Maschinenöl von rund 6 Engler-Graden bei 50° vorgesehen. — Die Lagerung soll bei natürlicher Kühlung auf Betriebssicherheit kontrolliert werden unter der Annahme, daß die Lufttemperatur im Kurbelschutz $\Theta_1 = 30°$ betrage.

Das Lagerlängenverhältnis ergibt sich zu $l : d = 120 : 140 = 0{,}86$, die Öl-Kennziffer zu $i_6 = 0{,}26$ und der „Ausstrahlkoeffizient" zu $a = 1$ für ruhende Luft. Die Umlaufgeschwindigkeit des Kurbelzapfens ist $\pi/2$ mal größer als die mittlere Kolbengeschwindigkeit; sie beträgt demnach $2{,}68 \cdot \pi : 2 = 4{,}2$ m/sek. Nach Zahlentafel 10 ist a daher etwa 5,7mal zu erhöhen, d. h. $a = 5{,}7$ zu setzen.

Mit diesen Werten und $P = 56 \cdot 14 \cdot 12 = 9400$ kg wird die Schmierschichttemperatur nach Gleichung (68) etwa

$$\Theta = \left(\frac{\Theta_1}{2}\right) + \sqrt{\left(\frac{\Theta_1}{2}\right)^2 + \sqrt[2,6]{\frac{P \cdot n^3 \cdot i}{24 \cdot a^2 \cdot (l : d)}}}\ \ \mathrm{Grad}$$

$$= 15 + \sqrt{225 + \sqrt[2,6]{\frac{9400 \cdot 200 \cdot 200 \cdot 200 \cdot 0{,}26}{24 \cdot 5{,}7^2 \cdot 0{,}86}}}$$

$$= 15 + \sqrt{225 + \sqrt[2,6]{\frac{9400 \cdot 200 \cdot 200 \cdot 200 \cdot 0{,}26}{24 \cdot 32{,}5 \cdot 0{,}86}}}$$

$$= 15 + \sqrt{225 + \sqrt[2,6]{9400 \cdot 3100}} = 15 + \sqrt{225 + 34 \cdot 22}$$

$$\Theta = 15 + \sqrt{225 + 750} = 15 + \sqrt{975} = 15 + 31{,}2 \approx 46°.$$

Nach erfolgter Feststellung der etwa zu erwartenden Schmierschichttemperatur kann lediglich nach Gleichung (111) die Schmierschichtstärke nachgerechnet werden. Für Laufsitz (Mittelwert) ist

$$h_L = \frac{152 \cdot d^{3,7} \cdot (l : d) \cdot n \cdot i}{P \cdot (0{,}1 \cdot \Theta)^{2,6}}\ \ \mathrm{m}$$

$$= \frac{152 \cdot 0{,}14^{3,7} \cdot 0{,}86 \cdot 200 \cdot 0{,}26}{9400 \cdot 4{,}6^{2,6}}$$

$$= \frac{152 \cdot 200 \cdot 1 \cdot 0{,}86 \cdot 0{,}26}{9400 \cdot 53 \cdot 7{,}14^{3,7}}$$

$$= \frac{152 \cdot 200 \cdot 0{,}86 \cdot 0{,}26}{9400 \cdot 53 \cdot 1440}$$

$$= \frac{1{,}52 \cdot 2 \cdot 8{,}6 \cdot 2{,}6}{9400 \cdot 53 \cdot 14} = \frac{68}{7\,000\,000} = \frac{1}{103\,000}$$

$$h_L = 0{,}0000097\ \mathrm{m} \quad \text{entsprechend} \quad h'' = 0{,}0097\ \mathrm{mm}.$$

Diese Schmierschichtstärke läßt bei der üblichen feinen Zapfenbearbeitung eben gerade noch flüssige Reibung erwarten, da die Krümmung des sehr kurzen Kurbelzapfens bei gekröpfter Welle außerordentlich gering ist.

Beispiel 30. (Gegeben: P; n; i; Θ_1. — Gesucht: d; l; $D-d$). Das Außenlager einer Dampfmaschine soll als selbsteinstellendes Ringschmierlager ausgeführt und derart bemessen werden, daß die günstigste Baustoffausnutzung erreicht wird. — Wie groß müssen d'' und l'' bei einem Öl von $3 \div 4$ Engler-Graden bei $50°$ C sein, wenn die ziemlich gleichmäßige Belastung $P = 10\,000$ kg und die Drehzahl $n = 180$ beträgt?

Als Schmiermittel sei leichtes Maschinenöl mit etwa 3,5 Engler-Graden bei $50°$, und als Lagerspiel Laufsitzpassung vorgesehen; die Lagerlänge betrage $l:d = 1,5$.

Bei diesen Annahmen kann zur Ermittlung des günstigsten Zapfendurchmessers die Faustformel [113] dienen. Nach dieser ergibt sich der Zapfendurchmesser aus der einfachen Beziehung

$$d' = 0{,}53 \cdot \sqrt[2,66]{P} \text{ cm}$$

$$= 0{,}53 \cdot \sqrt[2,66]{10000} = 0{,}53 \cdot 32$$

$$d' = 17 \text{ cm}.$$

Hiernach wird also $d'' = 170$ und $l'' = 1{,}5 \cdot 170 = 225$ mm. — Die Kontrolle auf höchstzulässige Drehzahl erfolgt nach Formel [114]:

$$n_{\text{max}} = \frac{7500}{d'} = \frac{7500}{17} = 440 \text{ U/min.}$$

Gefordert war jedoch nur $n = 180$. Die geringste Schmierschichtstärke wird mehr als 0,01 mm betragen, da den Formeln $a = 1{,}0$ zugrunde liegt, während bei einem Außenlager $a = 3$ gesetzt werden kann.

Des Interesses halber werde letzteres ordnungsgemäß nachgeprüft. — Die Schmierschichttemperatur beträgt nach Gleichung (68) mit $\Theta_1 = 20°$ und $i = 0{,}15$

$$\Theta = \frac{\Theta_1}{2} + \sqrt{\left(\frac{\Theta_1}{2}\right)^2 + \sqrt[2,6]{\frac{P \cdot n^3 \cdot i}{24 \cdot a^2 \cdot (l:d)}}} \text{ Grad}$$

$$= 10 + \sqrt{100 + \sqrt[2,6]{\frac{10000 \cdot 180 \cdot 180 \cdot 180 \cdot 0{,}15}{24 \cdot 9 \cdot 1{,}5}}}$$

$$= 10 + \sqrt{100 + \sqrt[2,6]{10000 \cdot 2750}} = 10 + \sqrt{100 + 34{,}9 \cdot 21{,}1}$$

$$\Theta = 10 + \sqrt{100 + 738} = 10 + \sqrt{838} = 10 + 29 = 39°$$

und die geringste Schmierschichtstärke nach Gleichung (111):

$$h_L = \frac{152 \cdot d^{3,7} \cdot (l:d) \cdot n \cdot i}{P \cdot (0{,}1 \cdot \Theta)^{2,6}} \text{ m}$$

$$= \frac{152 \cdot 0{,}17^{3,7} \cdot 1{,}5 \cdot 180 \cdot 0{,}15}{10000 \cdot 3{,}9^{2,6}}$$

$$= \frac{152 \cdot 1{,}5 \cdot 180 \cdot 1 \cdot 0{,}15}{10000 \cdot 34{,}5 \cdot 5{,}9^{3,7}} = \frac{152 \cdot 1{,}5 \cdot 180 \cdot 0{,}15}{345\,000 \cdot 720}$$

$$h_L = \frac{6{,}14}{249\,000} = 0{,}0000247 \text{ m} \qquad \text{oder} \qquad h'' \approx 0{,}025 \text{ mm.}$$

Der Flächendruck des Lagers ist

$$p = \frac{10000}{17 \cdot 22{,}5} = \frac{10000}{382} = 26{,}2 \text{ kg/cm}^2$$

und die Reibungsleistung nach Gleichung (49) mit z nach Formel (67):

$$z = \frac{i}{(0,1 \cdot \Theta)^{2,6}} = \frac{0,15}{3,9^{2,6}} = \frac{0,15}{34,5} = 0,00435 \text{ kg} \cdot \text{sek/m}^2,$$

$$N_r = \frac{d^2}{1160} \cdot \sqrt{P \cdot n^3 \cdot z \cdot (l:d)} \text{ PS}$$

$$= \frac{0,17^2}{1160} \cdot \sqrt{10\,000 \cdot 180 \cdot 180 \cdot 180 \cdot 0,00435 \cdot 1,5}$$

$$= \frac{1}{5,9^2 \cdot 1160} \cdot \sqrt{10\,000 \cdot 38\,000} = \frac{1}{34,8 \cdot 1160} \cdot 100 \cdot 195$$

$$N_r = \frac{19500}{34,8 \cdot 1160} = \frac{19500}{40500} = 0,48 \text{ PS}.$$

Die früher üblichen langen starren Außenlager durften bekanntlich nur mit etwa 6 bis 10 kg/cm² belastet werden, und ergaben demgemäß wesentlich größere Dimensionen und höhere Anschaffungskosten bei geringerer Betriebssicherheit.

Längslager und Gleitschuhe.

Fall I: Abmessungen gegeben; Ölzähigkeit gesucht.

Beispiel 31. (Gegeben: P'; V; B; L; ε; Θ_1; H; d; $(l:d)$; P; n. — Gesucht: z; Θ; E°). Für ein vorhandenes Längslager eines mittelgroßen Schneckengetriebes mit 16 eingeschliffenen Keilflächen von je $L'' = 6$ mm Länge und der Normalsteigung $\varepsilon = 0,005$ soll ein Schmiermittel gewählt werden, das bei $\Theta_1 = 18^\circ$, der Drehzahl $n = 1000$, der Achsialbelastung $P' = 200$ kg und bei $D_i'' = 40$ und $D_a'' = 72$ mm innerem bzw. äußerem Druckringdurchmesser eine Schmierschichtstärke von $h'' = 0,01$ mm ergibt; das Querlager mit $d'' = 38$ mm und $l : d = 1$ sei mit $P = 30$ kg belastet.

Nach Zahlentafel 12 wählen wir $A' = 6$. Nach den gegebenen Ringabmessungen ist ferner die einzelne Keilflächenbreite

$$B_1 = \frac{D_a - D_i}{2} = \frac{0,072 - 0,04}{2} = \frac{0,032}{2} = 0,016 \text{ m}.$$

Damit ist die Gesamtbreite $B = 16 \cdot B_1 = 16 \cdot 0,016 = 0,256$ m. Der mittlere Druckringdurchmesser D_m beträgt $D_i + B_1 = 0,04 + 0,016 = 0,056$ m und dementsprechend die mittlere Gleitgeschwindigkeit angenähert

$$V = \frac{D_m \cdot \pi \cdot n}{60} = \frac{0,056 \cdot \pi \cdot 1000}{60} = 2,94 \text{ m/sek}.$$

Mit diesen Daten errechnet sich die erforderliche Ölzähigkeit nach Gleichung (92) zu

$$z_{\varepsilon_{0,005}} = \frac{P' \cdot H^{1,2}}{14,8 \cdot V \cdot L^{1,2} \cdot B} \text{ kg} \cdot \text{sek/m}^2$$

$$= \frac{200 \cdot 0,00001^{1,2}}{14,8 \cdot 2,94 \cdot 0,006^{1,2} \cdot 0,256}$$

$$= \frac{200 \cdot 166^{1,2} \cdot 1}{14,8 \cdot 2,94 \cdot 1 \cdot 100000^{1,2} \cdot 0,256}$$

$$= \frac{200 \cdot 460}{14,8 \cdot 2,94 \cdot 1000000 \cdot 0,256}$$

$$z_{\varepsilon_{0,005}} = \frac{2 \cdot 4,6}{14,8 \cdot 2,94 \cdot 25,6} = \frac{9,2}{1120} = 0,0082 \text{ kg} \cdot \text{sek/m}^2.$$

Mit diesem Wert von z beträgt die Schmierschichttemperatur bei natürlicher Kühlung nach Gleichung (115)

$$\Theta = \Theta_1 + \sqrt[1,3]{\frac{\sqrt{0,3 \cdot P \cdot n^3 \cdot d^4 \cdot (l:d) \cdot z} + \sqrt{640 \cdot P' \cdot V^3 \cdot B \cdot z}}{17 \cdot \pi \cdot d^2 \cdot (l:d) \cdot A'}} \quad \text{Grad}$$

$$= 18 + \sqrt[1,3]{\frac{\sqrt{0,3 \cdot 30 \cdot 1000^3 \cdot 0,038^4 \cdot 1 \cdot 0,0082} + \sqrt{640 \cdot 200 \cdot 2,94^3 \cdot 0,256 \cdot 0,0082}}{17 \cdot \pi \cdot 0,038^2 \cdot 1 \cdot 6}}$$

$$= 18 + \sqrt[1,3]{\frac{\sqrt{156} + \sqrt{6800}}{320 \cdot 0,038^2}} = 18 + \sqrt[1,3]{\frac{12,5 + 82,5}{320 \cdot 0,038^2}} = 18 + \sqrt[1,3]{\frac{95 \cdot 690}{320}}$$

$$\Theta = 18 + \sqrt[1,3]{\frac{65\,500}{320}} = 18 + \sqrt[1,3]{205} = 18 + 60 = 78°.$$

Die Öl-Kennziffer ergibt sich mit den obigen Werten von z und Θ aus Gleichung (67) zu

$$i = z \cdot (0,1 \cdot \Theta)^{2,6}$$
$$= 0,0082 \cdot 7,8^{2,6}$$
$$i = 0,0082 \cdot 210 = 1,72.$$

An Hand der Kurventafel Abb. 54 ist zu erkennen, daß diesem Wert ein Heißdampfzylinderöl entsprechen würde. — Bei kleinerer Keilsteigung und geringerer Schmierschichtstärke würde man mit leichterem Öl auskommen.

Beispiel 32. (Gegeben: P'; V; B_1; ε; Θ_1. — Gesucht: z; Θ; $E°$). Gegeben sei ein einseitiger Gleitschuh einer rekonstruierten Dampfmaschine, dessen Abmessungen mit 140 mm Breite und 210 mm Länge aus räumlichen Gründen nicht vergrößert werden können. Es soll bei natürlicher Kühlung und einer mittleren Kolbengeschwindigkeit von 4,3 m/sek ein Normaldruck von 1200 kg betriebssicher und bei geringster Reibung aufgenommen werden. — Es ist zu prüfen, ob dies bei $\varepsilon = 0,005$ gegebenenfalls mit einem schwereren Öl erreicht werden kann.

Der Gleitschuh erhalte vorn und hinten je eine Keilfläche und in der Mitte eine Doppelkeilfläche mit $L'' = 40$ mm Länge bei $\varepsilon = 0,005$ m/m Keilsteigung. Für jede Gleitrichtung wäre damit $B = 2 \cdot 0,14 = 0,28$ m. Die Schmierschichtstärke sei zunächst mit $H'' = 0,01$ mm angenommen.

Die erforderliche Zähigkeit beträgt nach Gleichung (92)

$$z_{\varepsilon\,0,005} = \frac{P' \cdot H^{1,2}}{14,8 \cdot V \cdot L^{1,2} \cdot B}$$

$$= \frac{1200 \cdot 0,00001^{1,2}}{14,8 \cdot 4,3 \cdot 0,04^{1,2} \cdot 0,28}$$

$$z_{\varepsilon\,0,005} = \frac{1200 \cdot 47}{14,8 \cdot 4,3 \cdot 0,28 \cdot 1\,000\,000} = \frac{5,63}{1780} = 0,00316 \quad \text{kg} \cdot \text{sek/m}^2.$$

Die zu erwartende Schmierschichttemperatur ist bei $\Theta_1 = 25°$ und $A = 1,5$ nach Zahlentafel 12 bei ruhender Luft, entsprechend $A = 1,5 \cdot 5,7 = 8,5$ bei 4,3 m/sek Kolbengeschwindigkeit, nach Gleichung (91)

$$\Theta = \Theta_1 + \sqrt[2,6]{\frac{2,23 \cdot P' \cdot V^3 \cdot z}{B \cdot L^2 \cdot A^2}} = 25 + \sqrt[2,6]{\frac{2,23 \cdot 1200 \cdot 4,3^3 \cdot 0,00316}{0,28 \cdot 0,04^2 \cdot 8,5^2}}$$

$$= 25 + \sqrt[2,6]{\frac{2,23 \cdot 1200 \cdot 0,00316 \cdot 80 \cdot 625}{0,28 \cdot 72}} = 25 + \sqrt[2,6]{21\,100}$$

$$\Theta = 25 + 46 = 71°.$$

Den ermittelten Werten von z und Θ entspricht nach Gleichung (67) eine Öl-Kennziffer von

$$i = z \cdot (0{,}1 \cdot \Theta)^{2,6} = 0{,}00316 \cdot 7{,}1^{2,6} = 0{,}00316 \cdot 163 = 0{,}515$$

und dieser nach der Kurventafel Abb. 54 ein Öl von $11 \div 12$ Engler-Graden bei $50°$, — also etwa ein Automotorenöl.

Beispiel 33. (Gegeben: P'; V; L; B; ε; d; $(l:d)$; n; Θ_1. — Gesucht: z; Θ; $E°$). Das Spurlager eines stehenden Wasserturbogenerators, das bei $n = 250$ und $V = 5{,}1$ m/sek mittlerer Gleitgeschwindigkeit eine Belastung von $P' = 10000$ kg aufzunehmen hat, ist bei einem äußeren Druckringdurchmesser von 483 mm und einer Wellenstärke von $d'' = 230$ mm und $l:d = 0{,}8$ mit 15 Keilflächen von $L'' = 40$ mm Länge und je $B_1'' = 115$ mm Breite bei einer Keilsteigung von $\varepsilon = 0{,}003$ ausgeführt; das Halslager dient nur als Führungslager. — Festzustellen ist, welche Ölviskosität zum Betriebe dieses Lagers erforderlich wird und ob natürliche Kühlung bei $\Theta_1 = 20°$ genügt.

Da in diesem Falle auch die Steigung vorgeschrieben, jedoch mit einem hinlänglich kleinen Wert gegeben ist, kann sogar das Reibungsminimum noch erreicht werden. Wählen wir $H'' = 0{,}005$ mm, so wird mit $B = 15 \cdot 0{,}115 = 1{,}72$ m die erforderliche Ölzähigkeit nach Gleichung (81)

$$z = \frac{4{,}7 \cdot \sqrt[1,25]{\varepsilon} \cdot P' \cdot H^{1,2}}{V \cdot L^{1,2} \cdot B} \ \ \text{kg} \cdot \text{sek/m}^2$$

$$= \frac{4{,}7 \cdot \sqrt[1,25]{0{,}003} \cdot 10000 \cdot 0{,}000005^{1,2}}{5{,}1 \cdot 0{,}04^{1,2} \cdot 1{,}72}$$

$$= \frac{4{,}7 \cdot 1 \cdot 10000 \cdot 1 \cdot 25^{1,2}}{5{,}1 \cdot 1{,}72 \cdot \sqrt[1,25]{333} \cdot 200000^{1,2}}$$

$$= \frac{4{,}7 \cdot 10000 \cdot 48}{5{,}1 \cdot 1{,}72 \cdot 105 \cdot 575 \cdot 4000} = \frac{4{,}7 \cdot 4{,}8}{5{,}1 \cdot 1{,}72 \cdot 10{,}5 \cdot 57{,}5 \cdot 4}$$

$$z = \frac{22{,}7}{21250} = 0{,}00106 \ \ \text{kg} \cdot \text{sek/m}^2.$$

Nehmen wir für das praktisch unbelastete Querlager $P = 5$ kg an und wählen nach Zahlentafel 12 den „Ausstrahlkoeffizienten" $A' = 3$, so wird die Schmierschichttemperatur nach Gleichung (115)

$$\Theta = \Theta_1 + \sqrt[1,3]{\frac{\sqrt{0{,}3 \cdot P \cdot n^3 \cdot d^4 (l:d) \cdot z} + \sqrt{640 \cdot P' \cdot V^3 \cdot B \cdot z}}{17 \cdot \pi \cdot d^2 \cdot (l:d) \cdot A'}}$$

$$= 20 + \sqrt[1,3]{\frac{\sqrt{0{,}3 \cdot 5 \cdot 250^3 \cdot 0{,}23^4 \cdot 0{,}8 \cdot 0{,}00106} + \sqrt{640 \cdot 10000 \cdot 5{,}1^3 \cdot 1{,}72 \cdot 0{,}00106}}{17 \cdot \pi \cdot 0{,}23^2 \cdot 0{,}8 \cdot 3}}$$

$$= 20 + \sqrt[1,3]{\frac{\sqrt{0{,}3 \cdot 5 \cdot 2{,}5 \cdot 2{,}5 \cdot 6{,}94 \cdot 0{,}8 \cdot 1{,}06} + \sqrt{640 \cdot 10 \cdot 133 \cdot 1{,}72 \cdot 1{,}06}}{6{,}74}}$$

$$= 20 + \sqrt[1,3]{\frac{\sqrt{54{,}8} + \sqrt{1540000}}{6{,}74}} = 20 + \sqrt[1,3]{\frac{7{,}4 + 1240}{6{,}74}} = 20 + \sqrt[1,3]{\frac{1247{,}4}{6{,}74}}$$

$$\Theta = 20 + \sqrt[1,3]{185} = 20 + 55 = 75°.$$

Die Ausrechnung zeigt, daß mit natürlicher Kühlung gerade noch auszukommen sein sollte; sie zeigt des ferneren, daß bei praktisch unbelastetem Querlager das erste Glied unter der Wurzel in Gleichung (115) vernachlässigt werden durfte.

Die Kennziffer des zu verwendenden Öles ergibt sich aus Gleichung (67) zu

$$i = z \cdot (0,1 \cdot \Theta)^{2,6} = 0,00106 \cdot 7,5^{2,6} = 0,00106 \cdot 188 = 0,2.$$

Nach der Kurventafel Abb. 54 entspricht diesem i-Wert ein Maschinen- oder Elektromotorenöl von $4 \div 4,5$ Engler-Graden bei $50°$.

Der Flächendruck, auf die Keilflächen bezogen, beträgt

$$p = \frac{10000}{172 \cdot 4} = 14,5 \ \text{kg/cm}^2 \quad \text{oder} \quad p_m = 145000 \ \text{kg/m}^2.$$

Damit ergibt sich nach Gleichung (79) eine Reibungszahl von

$$\mu = 3 \cdot \sqrt{\frac{z \cdot V}{p_m \cdot L}} = 3 \cdot \sqrt{\frac{0,00106 \cdot 5,1}{145000 \cdot 0,04}} = 3 \cdot \sqrt{\frac{1}{1080000}} = \frac{3}{1040}$$

$$\mu = 0,0029$$

und nach Gleichung (83) eine Reibungsleistung von

$$N_r = \frac{P' \cdot \mu \cdot V}{75} = \frac{10000 \cdot 0,0029 \cdot 5,1}{75} = \frac{148}{75} \approx 2 \ \text{PS}.$$

Beispiel 34. (Gegeben: P'; V; B; L; d; $(l:d)$; P; n; Θ_1. — Gesucht: z; Θ künstliche Kühlung; $E°$). Das Kopflager eines über Flur angeordneten senkrechten Elektromotors zum Antriebe einer Tiefbrunnen-Kreiselpumpe habe bei $n = 1500$ ein Gesamtgewicht von 2000 kg zu tragen. Der unbelastete Querlagerteil des Längslagers habe $d'' = 70$ mm Durchmesser und $l:d = 0,8$, der Druckring bei einem Außendurchmesser von 150 mm und 15 Keilflächen von je 12 mm Länge eine radiale Breite von $B_1'' = 35$ mm und eine mittlere Gleitgeschwindigkeit von $V = 9,5$. — Festzustellen ist, ob bei günstigsten Reibungsverhältnissen und $\Theta_1 = 15°$ natürliche Kühlung genügt und welche Ölviskosität erforderlich ist.

Wählt man $\varepsilon = 0,002$ und $H'' = 0,004$ mm, so ist zum Tragen des Druckringes bei der gegebenen Belastung und Geschwindigkeit nach Gleichung (81) eine Ölzähigkeit erforderlich von

$$z = \frac{4,7 \cdot \sqrt[1,25]{\varepsilon} \cdot P' \cdot H^{1,2}}{V \cdot L^{1,2} \cdot B} = \frac{4,7 \cdot \sqrt[1,25]{0,002} \cdot 2000 \cdot 0,000004^{1,2}}{9,5 \cdot 0,012^{1,2} \cdot 15 \cdot 0,035} \ \text{kg} \cdot \text{sek/m}^2$$

$$= \frac{2000 \cdot 83^{1,2} \cdot 4,7}{9,5 \cdot 15 \cdot 0,035 \cdot 250000^{1,2} \cdot \sqrt[1,25]{500}} = \frac{4,7 \cdot 2000 \cdot 200}{9,5 \cdot 15 \cdot 0,035 \cdot 750 \cdot 4000 \cdot 145}$$

$$z = \frac{2 \cdot 2 \cdot 4,7}{9,5 \cdot 15 \cdot 3,5 \cdot 7,5 \cdot 4 \cdot 1,45} = \frac{18,8}{217000} = 0,00087 \ \text{kg} \cdot \text{sek/m}^2.$$

Vernachlässigen wir die minimale Wärmeentwicklung des nur als Führungslager dienenden Querlagers und wählen nach Zahlentafel 12 den „Ausstrahlkoeffizienten" $A' = 1,5$, so würde sich nach Gleichung (115), unter Fortlassung des ersten Summanden unter der Wurzel, die Schmierschichttemperatur bei natürlicher Kühlung ergeben zu

$$\Theta = \Theta_1 + \sqrt[1,3]{\frac{\sqrt{640 \cdot P' \cdot V^3 \cdot B \cdot z}}{17 \cdot \pi \cdot d^2 \cdot (l:d) \cdot A'}} = 15 + \sqrt[1,3]{\frac{\sqrt{640 \cdot 2000 \cdot 9,5^3 \cdot 0,525 \cdot 0,00087}}{17 \cdot \pi \cdot 0,07^2 \cdot 0,8 \cdot 1,5^2}}$$

$$= 15 + \sqrt[1,3]{\frac{\sqrt{640 \cdot 2000 \cdot 850 \cdot 0,525 \cdot 0,00087}}{0,47}} = 15 + \sqrt[1,3]{\frac{\sqrt{497000}}{0,47}} = 15 + \sqrt[1,3]{\frac{704}{0,47}}$$

$$\Theta = 15 + \sqrt[1,3]{1500} = 15 + 275 = 290°.$$

Wie von vornherein auf Grund der großen Gleitgeschwindigkeit und des hohen Flächendruckes von

$$p = \frac{2000}{52,5 \cdot 1,2} = \frac{2000}{63} \approx 32 \ \text{kg/cm}^2$$

zu erwarten war, ist künstliche Kühlung unerläßlich. Es kann bzw. muß daher die gewünschte Schmierschichttemperatur, die dann durch die künstliche Kühlung aufrechtzuerhalten ist, frei angenommen werden. — Gewählt sei $\Theta = 65°$.

Die errechnete Zähigkeit zur Aufnahme der Belastung muß hiernach bei $\Theta = 65$ gewährleistet sein. Dazu ist ein Öl erforderlich, das nach Gleichung (67) eine Kennziffer aufzuweisen hat von

$$i = z \cdot (0{,}1 \cdot \Theta)^{2{,}6} = 0{,}00087 \cdot 6{,}5^{2{,}6} = 0{,}00087 \cdot 130 = 0{,}113.$$

Nach der Kurventafel Abb. 54 entspricht dem eine Viskosität von rund 3 Engler-Graden bei $50°$.

Längslager und Gleitschuhe.

Fall II: Schmiermittel gegeben; Abmessungen gesucht.

Beispiel 35. (Gegeben: P'; V; L; B; i; Θ_1; H. — Gesucht: Θ; $E°$). Der Kreuzkopf einer Großgasmaschine, deren Triebwerk mit einem Maschinenöl von rund 6 Engler-Graden bei $50°$ geschmiert werde, habe 1300 mm Länge und 900 mm Breite; die (zeitlich) mittlere Belastung bei 4,7 m/sek Kolbengeschwindigkeit betrage $P' = 16\,000$ kg. — Welche Keilsteigung muß bei 3 in einer Richtung wirkenden Keilflächen von je 80 mm Länge ausgeführt werden, um bei $\Theta_1 = 20°$ eine Schmierschichtstärke von $H'' = 0{,}01$ mm zu erhalten?

Für die übliche Ausführung der Großgasmaschinen-Kreuzköpfe mit einseitigem Gleitschuh ist nach Zahlentafel 12 der „Ausstrahlkoeffizient" für ruhende Luft$=1{,}5$ zu wählen. Für eine mittlere Kolbengeschwindigkeit von 4,7 m/sek erhöht sich dieser Wert gemäß der gleichen Zahlentafel etwa 5,9mal, so daß wir mit $A = 1{,}5 \cdot 5{,}9 = 8{,}8$ zu rechnen haben.

Die Schmierschichttemperatur ergibt sich nach Gleichung (94) mit $i_6 = 0{,}26$ zu

$$\Theta = \frac{\Theta_1}{2} + \sqrt{\left(\frac{\Theta_1}{2}\right)^2 + \sqrt[2{,}6]{\frac{892 \cdot P' \cdot V^3 \cdot i}{L^2 \cdot B \cdot A^2}}} \quad \text{Grad}$$

$$= 10 + \sqrt{100 + \sqrt[2{,}6]{\frac{892 \cdot 16\,000 \cdot 4{,}7^3 \cdot 0{,}26}{0{,}08^2 \cdot 2{,}7 \cdot 8{,}8^2}}}$$

$$= 10 + \sqrt{100 + \sqrt[2{,}6]{\frac{892 \cdot 16\,000 \cdot 104 \cdot 0{,}26}{0{,}0064 \cdot 2{,}7 \cdot 77}}}$$

$$= 10 + \sqrt{100 + \sqrt[2{,}6]{18\,100 \cdot 16\,000}}$$

$$= 10 + \sqrt{100 + 44 \cdot 41{,}5} = 10 + \sqrt{100 + 1830}$$

$$\Theta = 10 + \sqrt{1930} = 10 + 44 = 54°.$$

Die zur Aufrechterhaltung der verlangten Schmierschichtstärke von $H'' = 0{,}01$ mm erforderliche Keilsteigung ergibt sich nach Gleichung (97) zu

$$\varepsilon = \left(\frac{B \cdot L^{1{,}2} \cdot V \cdot i}{4{,}7 \cdot P' \cdot H^{1{,}2} \cdot (0{,}1 \cdot \Theta)^{2{,}6}}\right)^{1{,}25}$$

$$= \left(\frac{2{,}7 \cdot 0{,}08^{1{,}2} \cdot 4{,}7 \cdot 0{,}26}{4{,}7 \cdot 16\,000 \cdot 0{,}00001^{1{,}2} \cdot 5{,}4^{2{,}6}}\right)^{1{,}25}$$

$$= \left(\frac{2{,}7 \cdot 4{,}7 \cdot 0{,}26 \cdot 250 \cdot 4000}{4{,}7 \cdot 16\,000 \cdot 20{,}8 \cdot 80}\right)^{1{,}25}$$

$$\varepsilon = \left(\frac{73}{2670}\right)^{1{,}25} = \frac{1}{36{,}5^{1{,}25}} = \frac{1}{90} \approx 0{,}011.$$

Die ermittelte Steigung von 0,011 m pro Meter Länge bedeutet bei der gegebenen Keilflächenlänge, vorsorglich nach unten abgerundet, 0,8 mm auf 80 mm Länge, was bequem ausführbar ist. — Das Reibungsminimum ist nicht zu erreichen, da die Aufgabe bei reichlichem ε überbestimmt war.

Beispiel 36. (Gegeben: P'; V; B; L; ε; i; Θ_1. — Gesucht: Θ; H). Der Gasmaschinenkreuzkopf des vorhergehenden Beispieles sei mit $B = 2,7$ m, $L = 0,08$ m und $\varepsilon = 0,015$ fertig gegeben. — Welche Schmierschichtstärke ist bei $P' = 16\,000$ kg, $V = 4,7$ m/sek, $\Theta_1 = 20°$ und einem Gasmaschinenöl von 8 Engler-Graden bei $50°$ zu erwarten?

Die Schmierschichttemperatur beträgt nach Gleichung (94) mit $i = 0,35$ und $A = 8,8$

$$\Theta = \frac{\Theta_1}{2} + \sqrt{\left(\frac{\Theta_1}{2}\right)^2 + \sqrt[2,6]{\frac{892 \cdot P' \cdot V^3 \cdot i}{L^2 \cdot B \cdot A^2}}} \quad \text{Grad}$$

$$= 10 + \sqrt{100 + \sqrt[2,6]{\frac{892 \cdot 16\,000 \cdot 4,7^3 \cdot 0,35}{0,08^2 \cdot 2,7 \cdot 8,8^2}}}$$

$$= 10 + \sqrt{100 + \sqrt[2,6]{24\,400 \cdot 16\,000}} = 10 + \sqrt{100 + 2040}$$

$$\Theta = 10 + \sqrt{2140} = 10 + 46 = 56°.$$

Die Schmierschichtstärke ergibt sich nach Gleichung (95) zu

$$H = \sqrt[1,2]{\frac{B \cdot L^{1,2} \cdot V \cdot i}{4,7 \cdot \sqrt[1,25]{\varepsilon} \cdot P' \cdot (0,1 \cdot \Theta)^{2,6}}}$$

$$= \sqrt[1,2]{\frac{2,7 \cdot 0,08^{1,2} \cdot 4,7 \cdot 0,35}{4,7 \cdot \sqrt[1,25]{0,015} \cdot 16\,000 \cdot 5,6^{2,6}}}$$

$$= \sqrt[1,2]{\frac{2,7 \cdot 29 \cdot 4,7 \cdot 0,35}{4,7 \cdot 20,8 \cdot 16\,000 \cdot 88}}$$

$$= \sqrt[1,2]{\frac{12,9}{13\,800\,000}} = \frac{1}{\sqrt[1,2]{1\,070\,000}}$$

$$H = \frac{1}{104\,000} = 0,0000096 \approx 0,00001 \,\text{m} \quad \text{bzw.} \quad H'' = 0,01 \,\text{mm}.$$

Da die Aufgabe doppelt überbestimmt war, konnte nur noch die Schmierschichtstärke ermittelt, d. h. lediglich kontrolliert werden, ob flüssige Reibung zu erwarten ist. Nach dem errechneten Wert für H ist letzteres der Fall; das Reibungsminimum ist dabei (auf Grund der gegebenen großen Steigung bei vorgeschriebenem B und L) natürlich nicht zu erreichen.

Beispiel 37. (Gegeben: P'; V; L; B; Θ_1; i. — Gesucht: Θ künstliche Kühlung; ε.) Der Kreuzkopf einer rekonstruierten Heißdampfmaschine habe folgende Gleitschuhabmessungen: 400 mm Länge, 250 mm Breite und je 2 Keilflächen von $L'' = 40$ mm für jede Bewegungsrichtung. Die mittlere Belastung betrage $P' = 4000$ kg, die Temperatur der umgebenden Luft etwa $\Theta_1 = 30°$. — Es ist zu untersuchen, ob bei einem Maschinenöl von rund 8 Engler-Graden bei $50°$ und der gegebenen mittleren Kolbengeschwindigkeit von 4,5 m/sek natürliche Kühlung ausreicht und mit welcher Keilsteigung der Tragschuh auszuführen ist.

Für normale Kreuzköpfe mit 2 Gleitschuhen, wie sie bei Dampfmaschinen üblich sind, kann nach Zahlentafel 12 der „Ausstrahlkoeffizient" = 1,5 für ruhende Luft angenommen werden. Bei 4,5 m/sek Kolbengeschwindigkeit beträgt nach der gleichen Tafel $A = 5,8 \cdot 1,5 = 8,7$. — Für das Öl gilt $i_8 = 0,35$.

Zunächst sei die zu erwartende Schmierschichttemperatur nach Gleichung (94) mit $B = 2 \cdot 0{,}25 = 0{,}5$ m ermittelt:

$$\Theta = \frac{\Theta_1}{2} + \sqrt{\left(\frac{\Theta_1}{2}\right)^2 + \sqrt[2,6]{\frac{892 \cdot P' \cdot V^3 \cdot i}{L^2 \cdot B \cdot A^2}}}$$

$$= 15 + \sqrt{225 + \sqrt[2,6]{\frac{892 \cdot 4000 \cdot 4{,}5^3 \cdot 0{,}35}{0{,}04^2 \cdot 0{,}5 \cdot 8{,}7^2}}}$$

$$= 15 + \sqrt{225 + \sqrt[2,6]{\frac{892 \cdot 4000 \cdot 90 \cdot 0{,}35}{0{,}0016 \cdot 0{,}5 \cdot 76}}}$$

$$= 15 + \sqrt{225 + \sqrt[2,6]{461\,000 \cdot 4000}}$$

$$= 15 + \sqrt{225 + 10{,}6 \cdot 14{,}2 \cdot 24{,}2} = 15 + \sqrt{225 + 3630}$$

$$\Theta = 15 + \sqrt{3855} = 15 + 62 = 77^\circ.$$

Nach diesem Ergebnis möge mit Rücksicht auf die Unsicherheit der geschätzten Wärmeableitung die Anwendung künstlicher Kühlung bei $\Theta = 50^\circ$ gewählt sein.

Mit diesem Wert ergibt sich bei einer Schmierschichtstärke von vorsorglich $H'' = 0{,}01$ mm die erforderliche Keilsteigung nach Gleichung (97) zu

$$\varepsilon = \left(\frac{B \cdot L^{1,2} \cdot V \cdot i}{4{,}7 \cdot P' \cdot H^{1,2} \cdot (0{,}1 \cdot \Theta)^{2,6}}\right)^{1,25}$$

$$= \left(\frac{0{,}5 \cdot 0{,}04^{1,2} \cdot 4{,}5 \cdot 0{,}35}{4{,}7 \cdot 4000 \cdot 0{,}00001^{1,2} \cdot 5^{2,6}}\right)^{1,25}$$

$$= \left(\frac{0{,}5 \cdot 4{,}5 \cdot 0{,}35 \cdot 250 \cdot 4000}{4{,}7 \cdot 48 \cdot 4000 \cdot 0{,}66}\right)^{1,25}$$

$$= \left(\frac{1{,}97}{149}\right)^{1,25} = \frac{1}{75{,}5^{1,25}} = \frac{1}{222}$$

$$\varepsilon = 0{,}0045 \text{ m pro Meter Länge.}$$

Mit Rücksicht auf die für geschabte Gleitflächen reichliche Schmierschichtstärke von $H'' = 0{,}01$ mm kann die Normalsteigung $\varepsilon = 0{,}005$ ausgeführt werden, so daß sich auf die Keilflächenlänge $L'' = 40$ mm eine Steigung von $0{,}005 \cdot 0{,}04 : 1000 = 0{,}2$ mm ergäbe.

Beispiel 38. (Gegeben: P'; V; Θ_1; i. — Gesucht: L; B; B_1; ε; H; Θ). Der hintere Tragschuh einer Gebläsemaschine für $P' = 1000$ kg mittlerer Belastung und 4 m/sek mittlerer Kolbengeschwindigkeit ist in sämtlichen Teilen, und zwar für ein Öl von 6 Engler-Graden bei 50° und $\Theta_1 = 20^\circ$ zu berechnen.

Nach Zahlentafel 12 ist der „Ausstrahlkoeffizient" im vorliegenden Falle bei einseitigen Kreuzköpfen $= 3$ für ruhende Luft und etwa 5,5mal höher bei 4 m/sek mittlerer Kolbengeschwindigkeit. Wir erhalten damit $A = 3 \cdot 5{,}5 = 16{,}5$. — Die Ölkennziffer ist $i_6 = 0{,}26$.

Um die Schmierschichttemperatur ermitteln zu können sei $\varepsilon = 0{,}005$ und $H'' = 0{,}01$ mm gewählt, während die Keilflächenlänge frei angenommen werden muß. Für mittlere Gleitschuhe kann $L'' = 30$ mm gesetzt werden.

Mit diesen Werten wird nach Gleichung (100)

$$\Theta^2 \cdot (\Theta - \Theta_1) = \sqrt[2,6]{\frac{76\,000 \cdot V^4 \cdot i^2}{A^2 \cdot \sqrt[1,25]{\varepsilon \cdot L \cdot H^{1,2}}}} = \sqrt[2,6]{\frac{76\,000 \cdot 4^4 \cdot 0{,}26^2}{16{,}5^2 \cdot \sqrt[1,25]{0{,}005 \cdot 0{,}03 \cdot 0{,}00001^{1,2}}}}$$

$$= \sqrt[2,6]{\frac{76\,000 \cdot 256 \cdot 0{,}068 \cdot 250 \cdot 4000 \cdot 1150}{272}} = \sqrt[2,6]{76\,000 \cdot 73\,500\,000}$$

$$\Theta^2 \cdot (\Theta - \Theta_1) = 75 \cdot 74 \cdot 14{,}2 = 79\,000$$

und damit nach Zahlentafel 13 die Schmierschichttemperatur etwa $\Theta = 51^\circ$.

Die erforderliche gesamte Keilflächenbreite ergibt sich alsdann nach Gleichung (99) zu

$$B = \frac{4{,}7 \cdot \sqrt[1{,}25]{\varepsilon \cdot P' \cdot H^{1{,}2} \cdot (0{,}1 \cdot \Theta)^{2{,}6}}}{V \cdot L^{1{,}2} \cdot i}$$

$$B = \frac{4{,}7 \cdot \sqrt[1{,}25]{0{,}005 \cdot 1000 \cdot 0{,}00001^{1{,}2} \cdot 5{,}1^{2{,}6}}}{4 \cdot 0{,}03^{1{,}2} \cdot 0{,}26}$$

$$B = \frac{4{,}7 \cdot 1000 \cdot 69 \cdot 66}{70 \cdot 250 \cdot 4000 \cdot 4 \cdot 0{,}26} = \frac{215}{730} = 0{,}295 \text{ m}.$$

Wählen wir für jede Bewegungsrichtung $j = 2$ Keilflächen, so ergibt sich bei Annahme durchgehender Keilflächen eine Gleitschuhbreite von $B_1 = B : j = 0{,}295 : 2$ $\approx 0{,}15$ m oder $B_1'' = 150$ mm. Die Gleitschuhlänge muß unter Einschaltung ebener Zwischenflächen von der Länge L'' zumindest betragen $6 \cdot 30 = 180$ mm. — Gewählt sei die Gleitschuhlänge zu $1{,}5 \cdot B_1'' = 1{,}5 \cdot 150 = 225$ mm.

Beispiel 39. (Gegeben: P'; V; Θ_1; i. — Gesucht: L; B; B_1; ε; H; Θ künstliche Kühlung). Für eine Schwungrad-Walzenzugmaschine mit 5,5 m/sek mittlerer Kolbengeschwindigkeit soll der mit 1 Gleitschuh zu versehende Kreuzkopf für $P' = 12000$ kg mittlerer Belastung und Maschinenöl von 8 Engler-Graden bei 50° für $\Theta_1 = 20°$ berechnet werden.

Nach Zahlentafel 12 ist der „Ausstrahlkoeffizient" für einseitige Dampfmaschinenkreuzköpfe und ruhende Luft $= 1$; für 5,5 m/sek mittlerer Kolbengeschwindigkeit 6,3mal höher, so daß $A = 6{,}3$ wird. — Die Ölkennziffer ist $i_8 = 0{,}35$.

Wählt man $\varepsilon = 0{,}005$, $H'' = 0{,}01$ mm und $L'' = 60$ mm, so wird nach Gleichung (100)

$$\Theta^2 \cdot (\Theta - \Theta_1) = \sqrt[2{,}6]{\frac{76000 \cdot V^4 \cdot i^2}{A^2 \cdot \sqrt[1{,}25]{\varepsilon \cdot L \cdot H^{1{,}2}}}} = \sqrt[2{,}6]{\frac{76000 \cdot 5{,}5^4 \cdot 0{,}35^2}{6{,}3^2 \cdot \sqrt[1{,}25]{0{,}005 \cdot 0{,}06 \cdot 0{,}00001^{1{,}2}}}}$$

$$= \sqrt[2{,}6]{\frac{76000 \cdot 900 \cdot 0{,}122 \cdot 660 \cdot 250 \cdot 4000}{40}} = \sqrt[2{,}6]{76000 \cdot 900 \cdot 502 \cdot 4000}$$

$$\Theta^2 \cdot (\Theta - \Theta_1) = 75 \cdot 13{,}6 \cdot 11 \cdot 24{,}2 = 270000$$

und damit nach Zahlentafel 13 die Schmierschichttemperatur etwa $\Theta = 72°$.

Unter den gegebenen Umständen erscheint der Sicherheit halber künstliche Kühlung empfehlenswert. Wählen wir $\Theta = 50°$, so ergibt sich mit den obigen Annahmen die erforderliche gesamte Keilflächenbreite nach Gleichung (99) zu

$$B = \frac{4{,}7 \cdot \sqrt[1{,}25]{\varepsilon \cdot P' \cdot H^{1{,}2} \cdot (0{,}1 \cdot \Theta)^{2{,}6}}}{V \cdot L^{1{,}2} \cdot i}$$

$$= \frac{4{,}7 \cdot \sqrt[1{,}25]{0{,}005 \cdot 12000 \cdot 0{,}00001^{1{,}2} \cdot 5^{2{,}6}}}{5{,}5 \cdot 0{,}06^{1{,}2} \cdot 0{,}35}$$

$$B = \frac{4{,}7 \cdot 12000 \cdot 66 \cdot 29}{70 \cdot 250 \cdot 4000 \cdot 5{,}5 \cdot 0{,}35} = \frac{1080}{1350} = 0{,}8 \text{ m}.$$

Wählen wir für jede Bewegungsrichtung $j = 2$ Keilflächen, so ergibt sich eine Gleitschuhbreite von $B_1 = B : j = 0{,}8 : 2 = 0{,}4$ m bzw. $B_1'' = 400$ mm. Die Gleitschuhlänge sei $= 1{,}5 \cdot B_1'' = 1{,}5 \cdot 400 = 600$ mm gewählt, auf welcher Länge sich die 4 Keilflächen mit genügenden Zwischenflächen bequem unterbringen lassen.

Beispiel 40. (Gegeben: P'; B; L; V; d; $(l:d)$; P; n; Θ_1; i. — Gesucht: Θ; ε). Das Hauptdrucklager eines Frachtdampfers soll bei $d'' = 250$ mm Wellendurchmesser und 275 mm Innen- bzw. 525 mm Außendurchmesser des Druckringes einen Achsialschub von $P' = 4000$ kg bei $n = 80$ übertragen; die Gewichtsbelastung des Querlagerteiles sei $P = 200$ kg bei $l : d = 1$. — Welche Keilsteigung ε ist bei einem Öl von 6 Engler-Graden bei 50° und bei $\Theta_1 = 25°$ auszuführen, wenn der Druckring 15 Keilflächen von je 40 mm Länge bei $B_1'' = 125$ mm Breite besitzt und die mittlere Gleitgeschwindigkeit $V = 1{,}76$ m/sek beträgt?

Nach den obigen Daten ist die Ölkennziffer $i_6 = 0,26$, die gesamte Keilflächenbreite $B = 15 \cdot 0,125 = 1,88$ m und nach Zahlentafel 12 der „Ausstrahlkoeffizient" $A' = 2$.

Aus der Gleichung (116) erhalten wir

$$[0,1 \cdot \Theta \cdot (\Theta - \Theta_1)]^{1,3} = \frac{\sqrt{0,3 \cdot P \cdot n^3 \cdot d^4 \cdot (l:d) \cdot i} + \sqrt{640 \cdot P' \cdot V^3 \cdot B \cdot i}}{53,2 \cdot A' \cdot d^2 \cdot (l:d)}$$

$$= \frac{\sqrt{0,3 \cdot 200 \cdot 80^3 \cdot 0,25^4 \cdot 1 \cdot 0,26} + \sqrt{640 \cdot 4000 \cdot 1,76^3 \cdot 1,88 \cdot 0,26}}{53,2 \cdot 2 \cdot 0,25^2 \cdot 1}$$

$$= \frac{\sqrt{0,3 \cdot 200 \cdot 512\,000 \cdot 0,0039 \cdot 0,26} + \sqrt{640 \cdot 4000 \cdot 5,45 \cdot 1,88 \cdot 0,26}}{53,2 \cdot 2 \cdot 0,0625}$$

$$= \frac{\sqrt{31\,200} + \sqrt{4000 \cdot 1710}}{6,65} = \frac{180 + 64 \cdot 40,2}{6,65}$$

$$[0,1 \cdot \Theta \cdot (\Theta - \Theta_1)]^{1,3} = \frac{180 + 2570}{6,65} = \frac{2750}{6,65} = 414$$

und daraus nach Zahlentafel 16

$$\Theta \approx 47°.$$

Zwecks Ermittlung der erforderlichen Keilsteigung nehmen wir vorsorglich $H'' = 0,01$ mm an und errechnen nach Gleichung (97)

$$\varepsilon = \left(\frac{B \cdot L^{1,2} \cdot V \cdot i}{4,7 \cdot P' \cdot H^{1,2} \cdot (0,1 \cdot \Theta)^{2,6}}\right)^{1,25} = \left(\frac{1,88 \cdot 0,04^{1,2} \cdot 1,76 \cdot 0,26}{4,7 \cdot 4000 \cdot 0,00001^{1,2} \cdot 4,7^{2,6}}\right)^{1,25}$$

$$= \left(\frac{1,88 \cdot 1 \cdot 1,76 \cdot 0,26 \cdot 250 \cdot 4000}{4,7 \cdot 47 \cdot 4000 \cdot 1 \cdot 56}\right)^{1,25} = \left(\frac{21,5}{1240}\right)^{1,25} = \frac{1}{57,6^{1,25}}$$

$$\varepsilon = \frac{1}{158} = 0,0063 \text{ m Steigung auf 1 m Länge.}$$

Ausgeführt werde $\varepsilon = 0,006$.

Beispiel 41. (Gegeben: P'; V; B; L; ε; d; $(l:d)$; P; n; Θ_1; i. — Gesucht: Θ; H). Ein vollständig fertiges Längslager einer liegenden Wasserturbine mit $d'' = 150$ mm Wellendurchmesser für $P' = 3500$ kg Achsialschub und $P = 800$ kg Querbelastung bei $l:d = 1$ soll bei $n = 180$ und Maschinenöl von 8 Engler-Graden bei 50° auf flüssige Reibung kontrolliert werden. — Wie groß ist bei $\Theta_1 = 15°$ das zu erwartende H'', wenn der Druckring 15 Keilflächen von je 25 mm Länge und 75 mm Breite mit einer Keilsteigung von $\varepsilon = 0,005$ aufweist und die mittlere Gleitgeschwindigkeit $V = 2,38$ m/sek beträgt?

Nach den obigen Daten ist $i_8 = 0,35$, $B = 15 \cdot 0,075 = 1,12$ m und nach Zahlentafel 12 der „Ausstrahlkoeffizient" $A' = 4$.

Gemäß Gleichung (116) erhalten wir

$$[0,1 \cdot \Theta \cdot (\Theta - \Theta_1)]^{1,3} = \frac{\sqrt{0,3 \cdot P \cdot n^3 \cdot d^4 \cdot (l:d) \cdot i} + \sqrt{640 \cdot P' \cdot V^3 \cdot B \cdot i}}{53,2 \cdot A' \cdot d^2 \cdot (l:d)}$$

$$= \frac{\sqrt{0,3 \cdot 800 \cdot 180^3 \cdot 0,15^4 \cdot 1 \cdot 0,35} + \sqrt{640 \cdot 3500 \cdot 2,38^3 \cdot 1,12 \cdot 0,35}}{53,2 \cdot 4 \cdot 0,15^2 \cdot 1}$$

$$= \frac{\sqrt{0,3 \cdot 800 \cdot 180 \cdot 180 \cdot 180 \cdot 0,000\,506 \cdot 0,35} + \sqrt{640 \cdot 3500 \cdot 13,5 \cdot 1,12 \cdot 0,35}}{53,2 \cdot 4 \cdot 0,0225}$$

$$= \frac{\sqrt{246\,000} + \sqrt{11\,850\,000}}{4,8} = \frac{15,7 \cdot 31,5 + 3,44 \cdot 1000}{4,8}$$

$$[0,1 \cdot \Theta \cdot (\Theta - \Theta_1)]^{1,3} = \frac{495 + 3440}{4,8} = \frac{3935}{4,8} = 820$$

und daraus nach Zahlentafel 16 als Schmierschichttemperatur $\Theta = 50°$.

Das fertige Lager läßt mit den gebenen Daten nach Gleichung (96) eine Schmierschichtstärke erwarten von

$$H_{\varepsilon\,0,005} = \sqrt[1,2]{\frac{14,8 \cdot V \cdot L^{1,2} \cdot B \cdot i}{P' \cdot (0,1 \cdot \Theta)^{2,6}}} = \sqrt[1,2]{\frac{14,8 \cdot 2,38 \cdot 0,025^{1,2} \cdot 1,12 \cdot 0,35}{3500 \cdot 5^{2,6}}}$$

$$= \sqrt[1,2]{\frac{14,8 \cdot 2,38 \cdot 1,12 \cdot 0,35}{3500 \cdot 83 \cdot 66}} = \sqrt[1,2]{\frac{1,38}{1\,920\,000}} = \frac{1}{\sqrt[1,2]{1\,390\,000}}$$

$$H_{\varepsilon\,0,005} = \frac{1}{410 \cdot 315} = \frac{1}{129\,000} = 0,00\,000\,775 \text{ m} \qquad \text{oder}$$

$$H'' \approx 0,0077 \text{ mm}.$$

Bei auftuschierten Flächen und selbsteinstellendem Druckring kann diese Schmierschichtstärke ohne weiteres zugelassen werden.

Beispiel 42. (Gegeben: P'; V; B; L; H; d; $(l:d)$; P; n; Θ_1; i. — Gesucht: Θ künstliche Kühlung; ε). Für eine Heißwasser-Kreiselpumpe sei die Keilsteigung des Längslagers zu berechnen. Das Querlager habe bei $l:d = 1$ einen Durchmesser von 60 mm, das Längslager 15 Keilflächen von je 10 mm Länge und 30 mm Breite; die Querlagerbelastung betrage bei $n = 1500$ $P = 60$ kg, die Längslagerbelastung bei einer mittleren Gleitgeschwindigkeit des Druckringes von $V = 7,9$ m/sek $P' = 1200$ kg. — Wie groß muß die Steigung ε werden, wenn die Schmierschichtstärke $H'' = 0,006$ mm betragen und bei $\Theta_1 = 20°$ ein Maschinenöl mit 6 Engler-Graden bei 50° verwandt werden soll?

Mit diesen Angaben wird $i_6 = 0,26$, $B = 15 \cdot 0,03 = 0,45$ m und nach Zahlentafel 12 der „Ausstrahlkoeffizient" $A' = 0,5$.

Infolge der hohen Drehzahl, der großen Belastung und der ungünstigen Wärmeableitverhältnisse ist von vornherein auf künstliche Kühlung zu rechnen. Gleichung (116) mag dies lediglich bestätigen

$$[0,1 \cdot \Theta \cdot (\Theta - \Theta_1)]^{1,3} = \frac{\sqrt{0,3 \cdot P \cdot n^3 \cdot d^4 \cdot (l:d) \cdot i} + \sqrt{640 \cdot P' \cdot V^3 \cdot B \cdot i}}{53,2 \cdot A' \cdot d^2 \cdot (l:d)}$$

$$= \frac{\sqrt{0,3 \cdot 60 \cdot 1500^3 \cdot 0,06^4 \cdot 1 \cdot 0,26} + \sqrt{640 \cdot 1200 \cdot 7,9^3 \cdot 0,45 \cdot 0,26}}{53,2 \cdot 0,5 \cdot 0,06^2}$$

$$[0,1 \cdot \Theta \cdot (\Theta - \Theta_1)]^{1,3} = \frac{\sqrt{203\,000} + \sqrt{1200 \cdot 36\,700}}{0,096} = \frac{453 + 6630}{0,096} = \frac{7083}{0,096} = 74\,000.$$

Diesem Wert entspricht ein Θ von etwa 245°. — Es muß also künstliche Kühlung angewandt werden (Abschnitt 23).

Wählen wir $\Theta = 50°$, so erhalten wir als erforderliche Keilsteigung nach Gleichung (97)

$$\varepsilon = \left(\frac{B \cdot L^{1,2} \cdot V \cdot i}{4,7 \cdot P' \cdot H^{1,2} \cdot (0,1 \cdot \Theta)^{2,6}}\right)^{1,25}$$

$$= \left(\frac{0,45 \cdot 0,01^{1,2} \cdot 7,9 \cdot 0,26}{4,7 \cdot 1200 \cdot 0,000006^{1,2} \cdot 5^{2,6}}\right)^{1,25}$$

$$= \left(\frac{0,45 \cdot 1 \cdot 7,9 \cdot 0,26 \cdot 4000 \cdot 4000}{4,7 \cdot 250 \cdot 1200 \cdot 8,6 \cdot 66}\right)^{1,25}$$

$$\varepsilon = \left(\frac{14,8}{800}\right)^{1,25} = \frac{1}{54^{1,25}} = \frac{1}{146} = 0,00685 \approx 0,007 \text{ m}.$$

Die Keilsteigung hat hiernach 0,007 m auf 1 m Länge oder 0,07 mm auf die Keilflächenlänge von $L'' = 10$ mm zu betragen.

Beispiel 43. (Gegeben: P'; d; $(l:d)$; P; n; Θ_1; i. — Gesucht: L; B; B_1; ε; H; Θ). Für ein Schneckengetriebe mit großem Schneckenraddurchmesser soll das Längslager berechnet werden. Der Querlagerdurchmesser beträgt $d'' = 80$ mm bei $l:d = 1$, $P = 140$ kg Querkraft und $n = 800$; der Achsialschub $P' = 1000$ kg. — Welche Abmessungen und Keilsteigung hat das Längslager bei günstigsten Reibungsverhältnissen und $\Theta_1 = 15°$ zu erhalten, wenn zur Schmierung Öl von 6 Engler-Graden bei 50° zur Verfügung steht?

Nach den obigen Daten ist $i_6 = 0{,}26$ und nach Zahlentafel 12 der „Ausstrahlkoeffizient" $A' = 8$ zu setzen.

Um die Aufgabe zu lösen, muß das Längslager zunächst mit den größtzulässigen Abmessungen angenommen und mit diesen dann in erster Annäherung auf Erwärmung untersucht werden. Zu diesem Zwecke setzen wir $j = 15$ Keilflächen, $D_i = 1{,}1 \cdot d = 1{,}1 \cdot 0{,}08 = 0{,}088$ m,

$$V = 0{,}088 \cdot d \cdot n = 0{,}088 \cdot 0{,}08 \cdot 800 = 5{,}6 \text{ m/sek},$$

$$B = 7{,}5 \cdot d = 7{,}5 \cdot 0{,}08 = 0{,}6 \text{ m}$$

und
$$L = 0{,}168 \cdot d = 0{,}168 \cdot 0{,}08 = 0{,}014 \text{ m}.$$

Mit diesen Werten erhalten wir nach Gleichung (116)

$$[0{,}1 \cdot \Theta \cdot (\Theta - \Theta_1)]^{1{,}3} = \frac{\sqrt{0{,}3 \cdot P \cdot n^3 \cdot d^4 \cdot (l:d) \cdot i} + \sqrt{640 \cdot P' \cdot V^3 \cdot B \cdot i}}{53{,}2 \cdot A' \cdot d^2 \cdot (l:d)}$$

$$= \frac{\sqrt{0{,}3 \cdot 140 \cdot 800^3 \cdot 0{,}08^4 \cdot 1 \cdot 0{,}26} + \sqrt{640 \cdot 1000 \cdot 5{,}6^3 \cdot 0{,}6 \cdot 0{,}26}}{53{,}2 \cdot 8 \cdot 0{,}08^2 \cdot 1}$$

$$[0{,}1 \cdot \Theta \cdot (\Theta - \Theta_1)]^{1{,}3} = \frac{\sqrt{229\,000} + \sqrt{17\,500\,000}}{2{,}73} = \frac{476 + 4160}{2{,}73} = \frac{4636}{2{,}73} = 1700$$

und nach Zahlentafel 16 daraus die Schmierschichttemperatur $\Theta = 63°$ in erster Annäherung. Hierauf bestimmt man nach erfolgter Wahl einer kleinen Steigung, etwa $\varepsilon = 0{,}003$, die erforderliche Keilflächenbreite nach Gleichung (99)

$$B = \frac{4{,}7 \cdot \sqrt[1{,}25]{\varepsilon \cdot P' \cdot H^{1{,}2} \cdot (0{,}1 \cdot \Theta)^{2{,}6}}}{V \cdot L^{1{,}2} \cdot i} = \frac{4{,}7 \cdot \sqrt[1{,}25]{0{,}003 \cdot 1000 \cdot 0{,}000006^{1{,}2} \cdot 6{,}3^{2{,}6}}}{5{,}6 \cdot 0{,}014^{1{,}2} \cdot 0{,}26}$$

$$B = \frac{80}{254} = 0{,}315 \text{ m} \quad \text{(gegenüber } B = 0{,}6 \text{ nach der Annahme).}$$

Die angenommene Druckringfläche war also zu groß, so daß die auszuführende Druckringbreite verkleinert werden muß, um günstigste Reibungsverhältnisse zu erhalten. Man bestimmt mit dem neuen Wert von B nun endgültig die Schmierschichttemperatur nach Gleichung (116) und erhält mit den teilweise bereits errechneten Zahlen und dem verkleinerten $V = 4{,}7$ m/sek

$$[0{,}1 \cdot \Theta \cdot (\Theta - \Theta_1)]^{1{,}3} = \frac{476 + \sqrt{640 \cdot 1000 \cdot 4{,}7^3 \cdot 0{,}315 \cdot 0{,}26}}{2{,}73}$$

$$= \frac{476 + \sqrt{5\,400\,000}}{2{,}73} = \frac{476 + 2320}{2{,}73} = \frac{2796}{2{,}73} = 1020.$$

Diesem Wert entspricht nach Zahlentafel 16 eine Schmierschichttemperatur von $\Theta = 53°$.

Hiernach braucht nunmehr lediglich die Schmierschichtstärke kontrolliert zu werden, da Θ und V sich geändert haben, und zwar in entgegengesetztem Sinne auf H einwirkend.

Nach Gleichung (95) wird

$$H = \sqrt[1{,}2]{\frac{B \cdot L^{1{,}2} \cdot V \cdot i}{4{,}7 \cdot \sqrt[1{,}25]{\varepsilon \cdot P' \cdot (0{,}1 \cdot \Theta)^{2{,}6}}}}$$

$$= \sqrt[1{,}2]{\frac{0{,}315 \cdot 0{,}014^{1{,}2} \cdot 4{,}7 \cdot 0{,}26}{4{,}7 \cdot \sqrt[1{,}25]{0{,}003 \cdot 1000 \cdot 5{,}3^{2{,}6}}}}$$

$$= \sqrt[1{,}2]{\frac{0{,}404}{594\,000}} = \frac{1}{\sqrt[1{,}2]{1\,470\,000}} = \frac{1}{137\,000} = 0{,}0000073 \text{ m}.$$

Die Schmierschichtstärke hat sich also gegenüber der ursprünglichen Annahme von 0,006 auf 0,0073 mm erhöht.

Die Druckringbreite beträgt somit $B_1 = B : j = B : 15 = 0,315 : 15 = 0,021$ m oder $B'' = 21$ mm. Der Druckringaußendurchmesser wird dann

$$D_a = D_i + 2 \cdot B_1 = 0,088 + 2 \cdot 0,021 = 0,088 + 0,042 = 0,13 \text{ m}$$

oder 130 mm.

Beispiel 44. (Gegeben: P'; d; $(l:d)$; P; n; Θ_1; i. — Gesucht: L; B; B_1; ε; H; Θ künstliche Kühlung). Für einen Kanal-Schnelldampfer soll das Schraubenwellendrucklager für $P' = 15000$ kg bei $n = 177$ berechnet werden. Der Querlagerteil erhalte nach der Schraubenwelle $d'' = 260$ mm bei $l : d = 1$ und sei mit $P = 1000$ kg belastet. — Welche Abmessungen und Keilsteigung hat das Längslager für $\Theta_1 = 25°$ und ein Maschinenöl von 8 Engler-Graden bei $50°$ C zu erhalten?

Die Ölkennziffer beträgt nach obigem $i_8 = 0,35$ und der „Ausstrahlkoeffizient" nach Zahlentafel 12 etwa $A' = 1,5$.

Auch in diesem Falle seien zunächst normale (bzw. die größtzulässigen) Abmessungen für das Längslager angenommen, und zwar

$$D_i = 1,1 \cdot d = 1,1 \cdot 0,26 = 0,286 \text{ m}$$
$$D_a = 2,1 \cdot d = 2,1 \cdot 0,26 = 0,545 \text{ m}$$
$$B_1 = 0,5 \cdot d = 0,5 \cdot 0,26 = 0,13 \text{ m}$$
$$B = 15 \cdot B_1 = 15 \cdot 0,13 = 1,95 \text{ m}$$
$$L = 0,168 \cdot d = 0,168 \cdot 0,26 \approx 0,045 \text{ m}$$
$$V = 0,088 \cdot n \cdot d = 0,088 \cdot 177 \cdot 0,26 = 4,05 \text{ m/sek.}$$

Mit diesen Daten wird nach Gleichung (116)

$$[0,1 \cdot \Theta \cdot (\Theta - \Theta_1)]^{1,3} = \frac{\sqrt{0,3 \cdot P \cdot n^3 \cdot d^4 \cdot (l:d) \cdot i} + \sqrt{640 \cdot P' \cdot V^3 \cdot B \cdot i}}{53,2 \cdot A' \cdot d^2 \cdot (l:d)}$$

$$= \frac{\sqrt{0,3 \cdot 1000 \cdot 177^3 \cdot 0,26^4 \cdot 0,35} + \sqrt{640 \cdot 15000 \cdot 4,05^3 \cdot 1,95 \cdot 0,35}}{53,2 \cdot 1,5 \cdot 0,26^2}$$

$$= \frac{\sqrt{2\,680\,000} + \sqrt{432\,000\,000}}{5,42} = \frac{1640 + 20\,800}{5,42}$$

$$[0,1 \cdot \Theta \cdot (\Theta - \Theta_1)]^{1,3} = \frac{22\,440}{5,42} = 4130 \,.$$

Diesem Wert entspricht gemäß dem Aufbau der Tafel 16 eine Schmierschichttemperatur von $\Theta = 91°$. Da hiernach künstliche Kühlung unerläßlich ist, wählen wir $\Theta = 50°$ und ermitteln bei den angenommenen Dimensionen, nach Wahl von $\varepsilon = 0,005$, die zu erwartende Schmierschichtstärke nach Gleichung (96)

$$H_{\varepsilon_{0,005}} = \sqrt[1,2]{\frac{14,8 \cdot V \cdot L^{1,2} \cdot B \cdot i}{P' \cdot (0,1 \cdot \Theta)^{2,6}}} = \sqrt[1,2]{\frac{14,8 \cdot 4,05 \cdot 0,045^{1,2} \cdot 1,95 \cdot 0,35}{15000 \cdot 5^{2,6}}}$$

$$= \sqrt[1,2]{\frac{4,11}{4\,100\,000}} = \frac{1}{\sqrt[1,2]{1\,000\,000}} = \frac{1}{100\,000} = 0,00001 \text{ m}$$

bzw. $H'' = 0,01$ mm, was reichliche Sicherheit gewährleistet.

Beispiele für Ölbedarf bei natürlicher und künstlicher Kühlung siehe Abschnitt 23!

27. Interessante Fälle aus der Praxis.

Zum Schluß seien noch einige interessante Fälle aus dem Gebiet der praktischen Schmiertechnik besprochen, die teils persönlichen Erfahrungen des Verfassers, teils Schilderungen von anderer Seite entstammen.

Heißlaufendes Außenlager. Nachstehende Mitteilungen erhielt Verfasser von einem erfahrenen Berufskollegen, der über einen interessanten Fall wie folgt berichtet:

„An unserer Betriebsmaschine ging das mit ca. 9 kg/cm² belastete Außenlager immer recht heiß. Ich öffnete das Lager durch Entfernen des Deckels und der Oberschale und ließ die Maschine wieder laufen. Es zeigte sich, daß der Zapfen so gut wie trocken lief; nur dort, wo die tiefen Kreuznuten der Unterschale ausmündeten, hatten sich schmale Ölwulste gebildet, die mit dem Zapfen umliefen. Das Öl ist also durch die Schmiernuten gefördert worden, ohne an der Schmierung teilzunehmen."

„Ich ließ nach dieser Beobachtung die Unterschale herausnehmen, die Kreuznuten an der Auslaufseite zulöten und die Lagerschale an der Einlaufseite mit einer breiten Öltasche versehen.

Nach erneuter Inbetriebsetzung ging der Zapfen bis etwa 30 Umdrehungen pro Minute durchweg noch ziemlich trocken, wobei die Ölwulste auf dem Zapfen allerdings nicht mehr sichtbar waren. Bei allmählich weiter zunehmender Drehzahl kam jedoch die über den ganzen Zapfen verteilte braune Ölschicht mehr und mehr zum Vorschein und nahm bei voller Drehzahl der Kurbelwelle schließlich eine solche Dicke an, daß man die Zapfenoberfläche nicht mehr durchschimmern sah. — Es war ein glänzender Erfolg, den ich der neuen Anschauung in der Schmiertechnik und Ihrer geschätzten Vermittlung derselben zu danken hatte."

Wie wir aus diesem Bericht ersehen, konnte die schädliche Wirkung der Schmiernuten, die bis dato das Heißgehen des Lagers verursacht hatte, bereits durch bloßes Verschließen der Auslaufenden soweit herabgemindert werden, daß Vollschmierung erzielt wurde.

Klopfende Kurbellager. Eine nicht minder interessante Mitteilung entnehmen wir einem weiteren Bericht desselben Kollegen.

„Vor einigen Tagen hatte ich wieder Gelegenheit, von der Keilkraftschmierung (diese von Ihnen vorgeschlagene Bezeichnung ist treffend und doch von der gewünschten Kürze) Gebrauch zu machen, und zwar an einer Einzylinder-Kondensationsdampfmaschine, deren Kurbelzapfenlager fast dauernd klopfte und häufig heiß lief.

Dieses Mal ging ich einen Schritt weiter und ließ kurzerhand die ganzen Schmiernuten zulöten und nur an den Teilstellen schlanke Einlauftaschen anarbeiten. — Der Erfolg war überraschend: das Lager wurde nicht mehr heiß und das frühere Klopfen im Druckwechsel war verschwunden.

Nachdem sich diesem Erfolg ein weiterer anschloß (ich hatte inzwischen wieder Gelegenheit, ein Kurbelzapfenlager nach Ihren Vorschlägen herrichten und einbauen zu lassen), scheint man auch hier langsam zur Einsicht zu kommen und die sinnlose Verteidigung der ‚alten guten‘ Schmiernuten endlich aufgeben zu wollen.‘‘

Wie wir obigen Mitteilungen entnehmen, wirkt eine vernünftige Ausbildung der Lagerschalen ausgesprochen im Sinne einer allgemeinen Schmierschichtverstärkung; denn es geht nicht nur die Reibungszahl und damit die Betriebstemperatur herab, sondern es findet auch gleichzeitig eine wirksame Dämpfung der Getriebestöße im Druckwechsel statt.

Verschleißende Kreuzkopfführung. Der gußeiserne Gleitschuh eines kräftig belasteten Kreuzkopfes zeigte nach einiger Betriebszeit eine beträchtliche Abnutzung, so daß sich bald infolge des entstandenen Spieles ein Klopfen im Kolbentotpunkt bemerkbar machte. Diese Erscheinung, in Verbindung mit der wachsenden Gefahr des Heißlaufens, gemahnte zum Abstellen der Maschine und legte die Notwendigkeit nahe, dem Übel abzuhelfen.

Da auch die Gleitbahn Verschleiß aufwies, wenngleich es zum Fressen bisher nicht gekommen war, glaubte die Betriebsleitung zu hohen Flächendruck annehmen zu müssen und riet zur Ausführung eines Tragschuhbelages aus Weißmetall. — Ein Gegenvorschlag sollte jedoch zeigen, daß dies nicht erforderlich war.

In Anbetracht der geringeren Kosten und des geringeren Zeitverlustes entschloß man sich, nach dem Vorschlag des Verfassers, den Kreuzkopfschuh zu unterlegen und vorn und hinten mit einem schlanken, keilförmigen Anlauf zu versehen.

Der erwartete Erfolg blieb nicht aus. Nach Wiederinbetriebnahme ging der Kreuzkopf ruhig und, nach der sichtbaren blanken Ölschicht auf der Gleitbahn zu urteilen, auch anscheinend verschleißlos. Die angearbeiteten Keilflächen bewirkten offenbar ein regelrechtes Auflaufen des Tragschuhes auf die Schmierschicht und damit dynamisches Schwimmen.

Die Schwierigkeit, bei starrer Verbindung des Kreuzkopfes mit der Kolbenstange dauernden Parallelismus der Gleitflächen zu erhalten, darf hierbei nicht verkannt werden, und es ist daher damit zu rechnen, daß bei allmählicher Abnutzung des Kolbens die vordere Kante des Gleitschuhes sich mehr und mehr von der Gleitbahn abheben wird, bis schließlich halbflüssige Reibung und damit Verschleiß auftritt. — Bleibende Abhilfe könnte nur durch Anwendung beweglicher Kreuzkopfschuhe erzielt werden, wofür ja bereits eine ganze Reihe mehr oder weniger vollkommener konstruktiver Lösungen vorliegt.

Jedenfalls kann daran festgehalten werden, daß bei geeigneter Ausbildung der Kreuzkopfschuhe ein Weißmetallbelag entbehrlich ist.

Falsche Schmiernuten. Im Zentralblatt der Hütten und Walzwerke berichtet O. G. Styrie[88] folgenden interessanten Fall:

„Das Vorderlager eines hochbeanspruchten Ventilators lief trotz sorgsamer Wartung schon nach kurzer Betriebszeit warm; eine Änderung des Weißmetalles beseitigte diesen Übelstand nicht, obwohl das

19*

Eintuschieren mit großer Sorgfalt vorgenommen war. Die Prüfung des Öles und seiner Zufuhr ergab, daß auch hier alles in Ordnung war; die Schmierringe förderten mehr als genug. Die Lagerschalen wurden wieder ausgebaut, mit neuem Metall vergossen und jetzt mit Längsnuten in der Teilfuge versehen, während vordem Diagonalnuten eingezogen waren. — Dieses neu eingebaute Lager läuft nun schon seit acht Monaten in ununterbrochenem Betriebe ohne jede Beanstandung." Auch dieses Beispiel zeigt, mit wie einfachen Mitteln beachtenswerte Wirkungen zu erzielen sind.

Verschleißendes Vertikallager. Das Halslager einer raschlaufenden senkrechten Schleudermaschinenwelle, die ständigen elastischen Deformationen durch einseitige Fliehkräfte ausgesetzt war, bestand aus einer einteiligen, mit Weißmetall gefütterten Buchse von erheblicher Länge. Das Lager war in üblicher Weise starr in das Maschinengehäuse eingebaut und wurde durch die durchbohrte Welle von oben mit Tropföl beschickt.

Im Betriebe machten sich dauernd harte Erschütterungen bemerkbar, das Lager wurde empfindlich warm und begann nach Eintreten eines gewissen Verschleißes zu „trommeln". Der Betriebsleiter glaubte zunächst, es könne nur ungenügende Schmierung vorliegen, und ließ die bereits zahlreich vorhandenen Schmiernuten des Lagers noch um weitere vermehren. Das Übel verschlimmerte sich jedoch nur und der Verschleiß schritt schneller vorwärts, so daß das Weißmetallfutter in kurzen Zeitabschnitten erneuert werden mußte.

In der Absicht, die Häufigkeit des erforderlichen Weißmetallersatzes möglichst herabzudrücken, wurde die Lagerbuchse schließlich noch mehrfach geschlitzt, um das Lager nach eingetretenem Verschleiß in gewissen Grenzen nachstellen zu können. Diese Maßnahme ergab jedoch statt der erwarteten Besserung eine weitere Verschlechterung, so daß Abhilfe dringend erforderlich wurde.

Zur Beratung herangezogen, stellte Verfasser die Notwendigkeit folgender Änderungen fest:

Zunächst mußte zur Aufnahme der unter raschem Richtungswechsel auftretenden harten Stöße Druckschmierung angebracht werden, womit gleichzeitig für reichliche Schmierung und genügende Wärmeabfuhr gesorgt war. Die Ölzuführung erfolgte zweckmäßig durch eine in Mitte Lagerlänge vorgesehene, im Weißmetall umlaufend ausgesparte Ringnute, womit auch nach beiden Enden hin genügende Sperrlänge für den Preßölaustritt gegeben war. Schmiernuten irgendwelcher Art wurden selbstverständlich nicht vorgesehen.

Des weiteren mußte zur Aufnahme der Wellendeformationen und auch mit Rücksicht auf die beträchtliche Lagerlänge die vorhandene Lagerbuchse durch eine neue, selbsteinstellende Lagerschale ersetzt werden. Letztere war ebenfalls einteilig, jedoch kugelig gelagert, so daß sie sich nach allen Seiten frei einstellen konnte, ohne eigentliches Spiel zu haben. Die Welle wurde sauber nachgeschliffen und das neue Lager nach Laufsitzpassung ausgebohrt.

Die Inbetriebnahme erfolgte störungslos und bestätigte die Richtigkeit der getroffenen Maßnahmen: das Lager wurde nicht warm, lief ruhig und erschütterungsfrei, und die früher beobachtete Abnutzung blieb aus.

Erschütterungen an Turbinenlagern. Scheinbar widersprechende Angaben findet man in der technischen Literatur bezüglich des festgestellten Einflusses des Lagerspieles auf den ruhigen Gang von Dampfturbinenlagern. Bekanntlich ist durch zuverlässige praktische Versuche festgestellt worden, daß Erschütterungen bei Turbodynamos durch Vergrößern des Lagerspieles zum Verschwinden gebracht werden können. — Diese Tatsache steht auch mit der heutigen Lagertheorie in bester Übereinstimmung.

Vergegenwärtigt man sich die Wirkung der nie ganz zu beseitigenden dynamischen Unbalancen als durch Biegungskräfte erzeugte elastische Deformationen der Welle, so muß der Einfluß der unvollkommenen Auswuchtung auf ein Lager offenbar als mit der Wellendrehgeschwindigkeit umlaufende radiale Kraft in die Erscheinung treten. Der Augenblick, in welchem diese Kraft senkrecht nach unten wirkt, also mit der Schwerkraft des Rotors zusammenfällt, wird eine Vergrößerung der statischen Lagerpressung, die entgegengesetzte Richtung der Fliehkraft eine Entlastung des Lagers, also eine Verringerung des Flächendruckes, bedeuten. Die resultierende Lagerbelastung wird somit während jeder Umdrehung zwischen einem Maximum und einem Minimum wechseln; desgleichen in gewissem Maße auch die Belastungsrichtung. Hierdurch ist eine rhythmische Änderung der Wellenverlagerung gegeben, die durch Resonanz noch eine besondere Vergrößerung erfahren kann*.

In Wirklichkeit werden diese Änderungen der Wellenverlagerung nicht voll zur Auswirkung kommen, da die hierzu zur Verfügung stehende Zeit zu gering ist. Die Folgen des Kräftespieles werden vielmehr nur als von der Schmierschicht aufzunehmende Erschütterungen bemerkbar werden, die sich um so stärker auf das Lager und den ganzen Maschinenrahmen übertragen, je härter die Dämpfung. Die Dämpfung ist hart, d. h. ein Lager reagiert auf stoßartige Belastungsänderungen um so härter, je geringer das Lagerspiel, da das Verdrängen der Schmierschicht um so schwerer und langsamer vor sich geht. Infolgedessen werden die Erschütterungen bei ganz geringem Lagerspiel mit nahezu ungedämpfter Härte auf das Lager übertragen werden, so daß in Übereinstimmung mit den erwähnten Versuchen ein mehr oder weniger heftiges Vibrieren sämtlicher benachbarten Partien die Folge sein muß. — Auch hier kann wiederum durch Resonanz eine weitere Verschlimmerung eintreten.

Verfasser vertritt hiermit den Standpunkt, daß Erschütterungen äußerlich um so schärfer in die Erscheinung treten, je unmittelbarer

---

* Die Wellendurchbiegung im Lager, deren Richtung sich innerhalb jeder Umdrehung ständig ändert, wird zudem eine Neigung zu erhöhten Kantenpressungen bedingen, da die Selbsteinstellung der Lager, zumindest bei kugeliger Auflagerung, diesen schnellen rhythmischen Bewegungen offenbar nicht zu folgen vermag.

die von den umlaufenden Teilen ausgehenden Kraftwirkungen auf den Lagerständer übertragen werden und je stärker die Verbiegungen der Welle. — Der Betrieb raschlaufender Maschinen mit Kugellagern muß danach z. B. härtere Erschütterungen ergeben als bei richtig ausgeführten Gleitlagern.

Je größer das Lagerspiel, um so leichter die Verdrängbarkeit der Schmierschicht bei plötzlichen Belastungssteigerungen, um so wirksamer also die Dämpfung, falls das durch die Stöße verdrängte Schmiermittel dauernd so rasch, d. h. unter solchem Druck ersetzt wird, daß kein lokaler Schmiermittelmangel (Kavitation) entstehen kann.

Die geringsten Schwingungserscheinungen müßten hiernach zu erwarten sein: entweder bei reichlichem Lagerspiel und genügendem Öldruck oder bei kleinem Lagerspiel und federnder Lagerung der Lagerschalen. Wohl zu beachten ist nämlich, daß das Ergebnis in besonderem Maße von der Größe der wirksamen Fliehkräfte abhängig ist: Sind die Fliehkräfte reichlich groß, so wird unter Umständen der normale Öldruck nicht genügen, um bei dem üblichen, reichlich großen Lagerspiel eine ausreichende Dämpfung herbeizuführen; man wird dann mitunter gezwungen sein, das Lagerspiel zu verkleinern, um Kavitationen und damit stärkere Erschütterungen zu vermeiden, falls der Öldruck ohne Gefahr nicht erhöht werden kann.

Mitteilungen über Erfolge durch Verkleinerung des Lagerspieles müssen daher sehr vorsichtig aufgenommen werden, da ohne genaue Kenntnis sämtlicher Begleitumstände die wirkliche Ursache der anscheinend nur durch Verkleinern des Lagerspieles erzielten Besserung nicht feststellbar ist. So sind z. B. in manchen Fällen trotz richtigen Lagerspieles starke Erschütterungen wahrgenommen worden, die erst verschwanden, nachdem man den Öldruck erhöht und damit die Kavernenbildung beseitigt hatte. Wäre statt dessen eine Verringerung des Lagerspieles vorgenommen worden, wobei der ursprüngliche Öldruck genügt haben könnte, ohne daß die Dämpfung dadurch zu hart geworden wäre, so hätte man zweifellos den Eindruck gewonnen, als ob eine Besserung der Erschütterungen nur durch Verkleinern des Lagerspieles erzielbar sei.

Nach den oben dargelegten Anschauungen, durch die sich die bisher vorliegenden praktischen Beobachtungen an Turbinen- und Generatorlagern in befriedigender Weise erklären lassen, muß somit vorläufig daran festgehalten werden, daß bei größeren dynamischen Unbalancen im allgemeinen sehr kleine Lagerspiele einen erschütterungsfreien Betrieb der Lager nicht erwarten lassen.

Heißlaufende Zahnradölpumpe. Eine ziemlich große Zahnradölpumpe gewöhnlicher Bauart sollte dauernd gegen 20 at Gegendruck fördern. Bis zu 15 at machten sich irgendwelche Schwierigkeiten nicht bemerkbar, bei 20 at Förderdruck traten jedoch nach längerer Betriebszeit regelmäßig Heißläufer auf, so daß Abhilfe notwendig war. Die Zapfen waren in üblicher Weise zu beiden Enden der Zahnräder angeordnet (durchgehende Welle) und liefen in eingesetzten

Bronzebuchsen. Der Flächendruck betrug etwa 33 kg/cm², die Drehzahl 600.

Eine Überprüfung der Konstruktions- und Ausführungsverhältnisse ergab folgendes:

Die Lagerbuchsen waren mit einem Lagerspiel von etwa 0,1 mm bei 50 mm Durchmesser ausgeführt; das Lagerspiel war somit für die gegebenen Verhältnisse zu groß. Dennoch konnte ohne weiteres eine Verringerung des Spieles nicht vorgenommen werden, da zu befürchten war, daß die Zapfen infolge der auftretenden Wellendurchbiegung klemmen würden. Der einzige gangbare Weg war damit vorgezeichnet: man bildete die Lagerbuchsen beweglich, d. h. selbsteinstellbar aus und verringerte alsdann das Lagerspiel bis auf Laufsitzpassung. — Ein Klemmen trat nicht ein; das geringe Spiel ermöglichte flüssige Reibung, und die Pumpe konnte, ohne warmzulaufen, mit 20 at Förderdruck in Dauerbetrieb genommen werden.

Hier zeigte sich wieder deutlich die große praktische Wichtigkeit der Berücksichtigung der Wellendurchbiegung. Tragfähigkeit bei der ziemlich hohen Flächenpressung und dem sehr warmen Öl war offenbar nur durch kleines Lagerspiel zu erreichen, und letzteres setzte, um die Wellendurchbiegung unschädlich zu machen, selbsteinstellende Lagerbuchsen voraus. — Ohne diese Maßnahmen wären alle Bemühungen vergeblich geblieben, da ein Dauererfolg auf andere Weise nicht zu erzielen ist.

Ungewöhnlicher Kolbenverschleiß. Eine Zuckerfabriks-Gegendruckdampfmaschine von mehreren 100 PS zeigte seit ihrer Inbetriebnahme einen unangenehm starken Verschleiß der Kolbenringe und des Kolbens. Änderungen des Kolbenring-Anpressungsdruckes, des Kolbenringmateriales und der verwandten Zylinderölsorte brachten keinen Erfolg, so daß man schließlich auch das Speisewasser prüfte. Nachdem hierbei nichts Ungewöhnliches festgestellt werden konnte und auch die Art der Ölzufuhr sich als einwandfrei herausgestellt hatte, wandte man sich zuguterletzt einer verschärften Prüfung der Zylinderrückstände zu.

Diese Untersuchungen führten zu dem Ergebnis, daß in dem Verschleißschlamm nicht nur frische Eisenteilchen, sondern auch auffällig viel Eisenoxydpartikel enthalten waren; unter den nicht zerriebenen Teilen fanden sich auch ausgesprochene Abblätterungen von Eisenrost. Durch diese Feststellung wurde man auf die Zudampfrohrleitung aufmerksam und fand in der letzteren denn auch Unmengen von Rost und Zunder, die fahrlässigerweise nicht abgeklopft und mit Drahtbürsten entfernt worden waren, wie es stets geschehen sollte. — Die Fahrlässigkeit der Rohrleitungslieferantin hatte dem Maschinenfabrikanten somit erhebliche Unkosten durch Gratisersatzlieferungen verursacht, während der Besitzer der Anlage nicht minder durch umfangreiche Lohnaufwände geschädigt war. — Nach gründlicher Säuberung der Zudampfleitung trat der abnorme Kolbenringverschleiß nicht wieder auf.

Heißlaufendes Kreissägenlager. Das Lager einer raschlaufenden Kreissäge, das nach Aussage der Betriebsleitung bisher zu Störungen keinen Anlaß gegeben hatte, mußte wegen dauernden Heißlaufens außer Betrieb gesetzt werden. Die Lagerschalen wurden aufgenommen, gereinigt und ordnungsmäßig nachgearbeitet; gleichzeitig ersetzte man das bisherige Öl, das nicht sehr vertrauenerweckend aussah, durch frisches, hochwertiges Öl von gleicher Zähigkeit.

Die Kreissäge wurde hiernach wieder in Betrieb genommen, mußte jedoch wegen Heißlaufens alsbald wieder abgestellt werden: die Ursache der Störung war somit noch nicht beseitigt.

Beim erneuten Aufnehmen des Lagers fiel es auf, daß die Kreissägewelle, auf zwei Schienen gelegt, beim Drehen von Hand nach erfolgtem Loslassen immer in ein und dieselbe Stellung zurückpendelte; es war also eine Unbalance vorhanden. Diesbezügliche Nachfragen ergaben, daß das Heißlaufen erst seit dem Aufsetzen eines neuen Sägeblattes aufgetreten sei, und man untersuchte daher die ausgebaute Welle zusammen mit dem Sägeblatt genauer: es zeigte sich eine sehr erhebliche Unbalance, die nur auf ungleiche Sägeblattstärke zurückgeführt werden konnte. Das Sägeblatt wurde daher durch ein anderes, gleichmäßiges ersetzt und die Welle wieder in Betrieb genommen. — Die Säge lief anstandslos, und das Lager zeigte keinerlei unzulässige Erwärmung.

Da das Sägeblatt einen beträchtlichen Durchmesser besaß, mußten die einseitigen Schleuderkräfte bei der hohen Drehzahl periodische Wellendurchbiegungen von solcher Größe erzeugt haben, daß bei dem verhältnismäßig dünnen Wellenschaft und dem langen, starren Lager bedeutende Kantenpressungen auftraten, die dann ihrerseits zum Heißlaufen führten.

Verschleißender Schleifring. Der zur Betätigung der Lamellenkupplung eines ausländischen Lastwagenmotors vorgesehene bronzene Schleifring, der gegen eine gußeiserne Gegenfläche den achsialen Kupplungsfederschub aufzunehmen hatte, unterlag in kurzer Zeit sehr starkem Verschleiß, so daß der gußeiserne Gegenteller in wenigen Wochen völlig verschlissen war. Die Schmierölzufuhr erfolgte aus dem hohlen Schleifring durch eine in sich geschlossene, exzentrisch angeordnete Schmiernute.

Da es sich um einen Serienartikel handelte, war eine eheste Beseitigung dieses Übelstandes dringend erwünscht. Auf Veranlassung des Verfassers wurde zunächst die eingedrehte geschlossene Schmiernute in Richtung der Drehbewegung durch 3 radial angelegte flache Schmiertaschen mit ganz schlankem keilartigem Verlauf ersetzt. Gleichzeitig wurde der bisher verwandte freie bronzene Zwischenring ganz fortgelassen, so daß der bronzene Schleifring, in dem an der Stelle der Ölzufuhr ebenfalls eine keilförmige Kammer ausgespart war, unmittelbar auf dem gußeisernen Kupplungsfederteller lief.

Der Erfolg dieser einfachen Konstruktions- und Ausführungsänderung war der, daß die unter verhältnismäßig geringem Flächendruck gegeneinander gepreßten sauber bearbeiteten Gleitflächen nunmehr mit flüssiger oder nahezu flüssiger Reibung arbeiteten und ein Verschleiß der einen oder anderen Gleitfläche bei ordnungsmäßiger Schmierung praktisch überhaupt nicht mehr in Erscheinung trat. — Abb. 17 zeigt die frühere, Abb. 16 die neue Ausführung der Schleifring-Gleitflächen nach in beiden Fällen 6 wöchiger Betriebszeit.

Beseitigte Ölübernahme. Eine stehende, einfachwirkende, ganz gekapselte Schiffsmaschine mit stufenförmig untereinander angeordneten Dampf- und Führungskolben ließ am Umfange der letzteren im Laufe einer Seefahrt 30 bis 50 Liter Schmieröl in den Auspuffraum, von diesem in den Oberflächenkondensator und von da durch das rückgespeiste Kondensat in den Kessel gelangen. Da dieser Zustand nicht haltbar war, mußte für schleunige Abhilfe gesorgt werden, obschon man gegen die großen Ölverluste keinen Rat wußte.

Durch rechnerische Untersuchungen des Verfassers wurde festgestellt, daß die zur Verölung des Kessels hinlänglich großen Ölmengen, auf den einzelnen Zylinder verteilt, jedoch keineswegs groß, sondern verschwindend gering waren. Die von jedem Stufenkolben pro Maschinenumdrehung geförderte Ölmenge ergab sich zu einem Bruchteil eines Milligrammes. Erst diese Erkenntnis, daß es sich um äußerst geringe Ölmengen handle, deren Übernahme zu verhüten galt, führte zum Einbau je eines Ölabstreifringes am unteren Ende jedes Führungskolbens. Diese Ringe hatten die Grundform eines normalen selbstspannenden Kolbenringes, waren jedoch an ihrem oberen Ende tonnenförmig verjüngt gestaltet, so daß sie bei ihrem Aufwärtsgang auf die Schmierschicht aufliefen, sich dabei im Durchmesser um ein verschwindend geringes Maß zusammenziehend. Beim Abwärtsgang räumten sie dann mit ihrer scharfen Unterkante die an der Zylinderwand haftende Schmierschicht herunter und ließen das abgestreifte Öl zurück in das Kurbelgehäuse ablaufen.

Nach dem Einbau dieser Abstreifringe, die sich auch bei Verbrennungsmotoren zur Verhütung zu großer Ölübernahme bestens bewährt haben, war der bisher beobachtete abnorme Ölverbrauch bzw. die Ölübernahme zum Kessel verschwunden.

Heißlaufendes Achslager. Für eine neue Lokomotivtype waren seitens der Bestellerin Achslagerkonstruktionen üblicher veralteter Bauart vorgeschrieben, so daß die ausführende Firma deren Brauchbarkeit für die gestellten erhöhten Anforderungen anzweifelte. Die mit Weißmetall gefütterten Halblager, deren oben in der Mitte stehengelassene Scheitelpartie aus Bronze mit einer tiefen Längsnute versehen war, die als Ölzufuhr dienen sollte, wurden bei der verlangten Drehzahl der vorgeschriebenen Belastung unterworfen. Hierbei stellte sich jedoch heraus, daß das Lager nicht genug tragfähig war und bereits nach einer knappen halben Stunde heißlief. Dieses Ergebnis wiederholte sich trotz sorgfältigster Nacharbeit der Lagerschale immer wieder von neuem, bis die Auftraggeberin einsah, daß auf diese (angeblich bewährte) Weise ein tragfähiges Achslager nicht zu erzielen sei.

Nach den Vorschlägen des Verfassers wurde die mittlere Längsnute im oberen Lagerteil durch zwei Längsnuten kurz vor den unteren Lager-laufenden ersetzt. Diese Ölzufuhrlängsnuten erhielten kräftige Ab-rundungen und je einen Ölzufuhrkanal. Gleich bei der ersten Inbetrieb-setzung zeigte sich die Überlegenheit dieser Ausführung darin, daß das Lager auch im Beharrungszustand keine unzulässige Temperatur annahm und Störungen irgendwelcher Art, selbst bei gesteigerter Be-lastung und erhöhter Drehzahl, nicht eintraten. — Die Art der zuerst angewandten und der verbesserten Lagerausführung ist aus den Abb. 13 bzw. 14 ersichtlich.

Abnormer Zapfenverschleiß. Bei einer vollkommen geschlossenen, einfachwirkenden stehenden Kapseldampfmaschine zeigte sich nach einigen Wochen Betriebszeit ein Zapfenverschleiß von über 1 mm. Betriebstechnisch hatte sich dieser enorme Verschleiß nicht bemerkbar gemacht, da bei der Maschine kein Druckwechsel auftrat und das große Spiel somit ein Schlagen der Zapfen in den Lagern nicht zur Folge haben konnte.

Die Ursache des Verschleißes schien unerklärlich, da gutes Material und beste Werkstattausführung vorlag und die Flächendrücke die normalen Grenzen nicht überschritten. Die Lager wurden daher wiederum mit allerbestem Weißmetall ausgegossen, die Zapfen auf das sauberste egalisiert und die ganze Maschine sorgfältig überholt. Die erneute Inbetriebnahme ergab jedoch nach kurzer Zeit den gleichen Lager- und Zapfenverschleiß wie früher.

Eine genaue Untersuchung der Sachlage führte zu einer überaus einfachen Aufklärung:

Das bedienende Personal, das seit Jahren nur auf die Wartung von Maschinen mit Tropfschmierung eingestellt war, hatte nicht daran gedacht, daß bei Druckschmierung das Öl einen ständigen Kreislauf vollführt und daß auch Unreinigkeiten, sofern solche einmal vorhanden sind, mit dem Ölstrom wieder den Lagern zugeführt werden. Man hatte daher versäumt, das Öl beim Überholen der Maschine zu erneuern und restlos aus allen Rohrleitungen und Gehäuseteilen herauszuspülen. Der von der ersten Verschleißperiode herrührende Schleifschlamm wurde daher durch die Ölpumpe aufgewirbelt, angesaugt und in die Lager gedrückt, wo das Zerstörungswerk sofort wieder von neuem begann. — Damit war die Ursache des erneuten Verschleißes geklärt.

Der anfängliche Verschleiß hatte im Grunde die gleiche Ursache: die Druckschmieranlage war ohne Filter ausgeführt; das Maschinen-gehäuse, in welches das aus den Lagern austretende und herausspritzende Öl ablief, bestand aus einem ziemlich stark verrippten Gußstück, dessen äußerste Winkel und Ecken auch bei sorgfältiger Reinigung gar zu leicht Sand- und Schmutzreste enthalten konnten; auch können Unreinig-keiten bei der Montage im Gehäuse zurückbleiben, sofern, wie in diesem Falle, große Einsteigöffnungen vorhanden sind und beim Betreten des Gehäuses mit Stiefeln nicht äußerste Vorsicht beobachtet wird. Jeden-falls mußten irgendwelche Unreinigkeiten durch das Preßöl losgespült und mit dem Öl einem der Lager zugeführt worden sein. Ist der Verschleiß erst eingeleitet, so sorgt der sich bildende Stahlschlamm, der wiederum im Kreise rundgepumpt wird, für schnelles Fortschreiten der Zerstörungsarbeit.

Durch Einschalten eines doppelten Tuchfilters in die Öldruckleitung und nochmaliges vollständiges Erneuern aller Zapfen und Lager war die erforderliche Betriebssicherheit gewährleistet; selbstverständlich wurden sämtliche Teile und Rohrleitungen gründlich mit Öl durchgespült und der Ölvorrat nach sorgfältiger Reinigung des Sammelbeckens erneuert. Das Vorsehen eines Ölfilters von vornherein hätte diese Schwierigkeiten vermieden und nur wenige Prozent von dem gekostet, was die wiederholten Überholungsarbeiten und Betriebsstillstände verschlungen hatten.

Die gleiche Erfahrung wird auch von anderer Seite gemacht worden sein. So rüsten z. B. die Atlas-Werke, Bremen, jede ihrer „Roland“-Maschinen (ganzgekapselte, schnellaufende Dampfmaschinen, insbesondere als Lichtmaschinen verwendet) bis herab zu den kleinsten Abmessungen mit einem doppelten, im Betriebe umschaltbaren Tuchfilter aus, nur um Zapfenverschleiß zu verhüten. — Diese Maßnahme kann nicht dringlich genug zur Nachahmung empfohlen werden.

Keilkraft-Spurlager. Eine stehende raschlaufende Schleudermaschinenwelle mit 3000 kg Achsialbelastung sollte an ihrem unteren Ende durch ein zuverlässiges Spurlager gestützt werden. Die Anwendung eines üblichen Kammlagers bzw. eines gewöhnlichen Spurlagers schien wegen zu großen Flächendruckes von vornherein aussichtslos, da derartige Lager trotz gehärteter Spurplatten erfahrungsgemäß rasch verschlissen und zu geringe Betriebssicherheit boten. Man hatte daher als einzige mögliche Lösung die Verwendung eines Spurlagers mit Preßöl von 15—20 at Druck beschlossen.

Für den Fall eines Preßpumpendefektes sollte jedoch die Lauffläche sicherheitshalber als Keilkraft-Spurlager ausgebildet werden, obschon man lebhaft bezweifelte, daß bei dem wegen der beschränkten Platzverhältnisse gegebenen hohen Flächendruck und $n = 700$ die Übertragung der vollen Last ohne Preßöl, auch nur auf wenige Minuten, möglich sein sollte. Das nach Angaben des Verfassers ausgeführte einfache Spurlager mit 4 ziemlich schmalen eingearbeiteten Keilflächen (mit je 50 at Flächendruck) wurde daher mit größtem Mißtrauen in Betrieb genommen; erwartete man doch, daß das Lager nach kaum einer Minute fressen müßte.

Bedauerlicherweise war die Keilsteigung infolge Fehlens besonderer Meßgeräte viel zu groß ausgeführt, so daß in der Tat an der Tragfähigkeit gezweifelt werden konnte. Nichtsdestoweniger wurde die Maschine in Betrieb gesetzt und sofort auf volle Umdrehungen gebracht. — Vergeblich warteten die Herren des Betriebes, mit der Uhr in der Hand, auf das „Zusammenbrechen“ des Lagers: die Maschine lief ohne Öldruck anstandslos, und zwar mit äußerst geringem Kraftbedarf, bis man sie schließlich wieder abstellte, da Störungen irgendwelcher Art trotz der ungünstigen Verhältnisse nicht aufgetreten waren.

Nach 3jähriger Betriebszeit, während welcher die Sicherheit des Spurlagers beim Auslaufen der Maschine wiederholt als zuverlässig erprobt worden war, entschloß man sich dazu, auch im regulären Dauerbetrieb ohne hohen Öldruck zu fahren. Seit der Zeit läuft die Schleudermaschine mit Ablauföl von 1 at Überdruck ohne die geringste Störung.

Eigenartige Graphitschmierung. Der nachstehende sonderbare Vorfall dürfte weniger technisch als vielmehr seiner Eigenartigkeit wegen von Interesse sein.

Bei einem Fischdampfer ging während der Probefahrt aus unbekannter Ursache das Sternbuchslager heiß. Es war ein mächtiger „Brandenburger", da man den Schaden zu spät entdeckt hatte. Die Maschine wurde sofort auf langsameren Gang gestellt, doch blieb das Lager noch lang Zeit so heiß, daß zugeführtes Maschinenöl sofort wieder kochend und dampfend herausgeschleudert wurde. Es schien hiernach sehr fraglich, ob bei diesem Zustande der nächste Hafen erreicht werden konnte.

Auf Veranlassung des Verfassers führte man dem Lager (bei langsam weiterlaufender Welle) eine tüchtige Menge konzentriertes „Oildag" zu — soviel das Lager nur schlucken konnte. Dieses Kolloidgraphitpräparat wurde eigentümlicherweise nicht herausgeschleudert, offenbar weil Oildag mit einem Mineralöl von hohem Siedepunkt angesetzt ist.

Nach mehreren Stunden hatte sich das Lager soweit abgekühlt, daß man sich entschloß, mit der Drehzahl der Maschine wieder allmählich heraufzugehen. Dies geschah, und nach einer weiteren Stunde hatte man zum allgemeinen Erstaunen die Welle auf volle Drehzahl und das Schiff auf volle Fahrt gebracht. Die Probefahrt verlief ohne weitere Störung.

Da sich nach mehrstündiger Fahrt mit Höchstleistung nicht die geringste anormale Erwärmung gezeigt hatte, nahm man an, daß das Lager sich wieder eingelaufen habe und entschloß sich, mit dem Schiff in See zu gehen.

Zwei Fischfangfahrten wurden absolviert, ohne daß sich an dem Lager die geringste Störung gezeigt hatte. — Zwecks Erneuerung des Schiffsbodenanstriches kam der Dampfer ins Dock. Bei dieser Gelegenheit wurde auch die Schwanzwelle gezogen, um nach dem Zustande des Sternbuchslagers zu sehen. Der Befund war so überraschend, daß man den ersten Berichten des Personals kaum glauben wollte: die Lagerbuchse war in mehrere Stücke zersprungen und auf der Welle festgeschweißt, der Außenmantel der Buchse erwies sich jedoch als säuberlich glatt; es hatte sich somit nicht die Welle in der Lagerbuchse, sondern die mit der Welle verschweißte Lagerbuchse im Stevenrohr gedreht, letztere als Lagerbuchse benutzend (!).

Wenngleich hier besonders günstige Umstände mitgespielt haben müssen, so kann doch jedenfalls aus diesem Vorgang die Folgerung gezogen werden, daß Kolloidgraphit bei eingetretenen Heißläufern, selbst in schwierigen Fällen, durch seine glättenden Eigenschaften vorzügliche Dienste leistet.

Ungeeignetes Motorenöl. Bei einem stationären Verbrennungsmotor zeigte sich ein verhältnismäßig schneller Verschleiß der Kolbenringe und des oberen Zylinderteiles. Da die Ansaugeluft von praktisch einwandfreier Beschaffenheit war, schien es naheliegend, die Ursache des Verschleißes im Schmieröl zu vermuten. Die Laboratoriumsuntersuchung zeigte, daß es sich bei dem verwandten Motorenöl um ein Schmieröl mit über 0,3% Asche handelte. Die beim Verbrennen des Schmieröles im Zylinder zurückbleibende Asche enthält schmirgelnde Bestandteile, die ohne weiteres zunächst ein Verschleißen der Kolbenringe verursachen. Der sich hierbei bildende Schleifschlamm rauht dann auch den Zylinder etwas auf, und ein mehr und mehr umsichgreifender Verschleiß muß die Folge sein.

Nach dem Erneuern der Kolbenringe und Verwenden eines Raffinates mit nicht über 0,02% Aschegehalt war ein weiteres Fortschreiten der Verschleißerscheinungen nicht mehr zu beobachten, obwohl der Zylinder nicht mehr einwandfrei war und sich erst wieder einlaufen mußte.

Labile Schleifmaschinenwelle. Die Welle einer Präzisionsschleifmaschine zum Schleifen von Gewindedornkalibern war in der im Schleifmaschinenbau üblichen Weise mit langen geschlitzten Lagern von verhältnismäßig kleinem Durchmesser ausgerüstet. Das eine Ende der Welle trug freitragend den Schleifkopf mit der Schleifscheibe, das andere Ende schloß hinter dem zweiten Lager ab; als Antriebsorgan diente ein senkrecht von oben kommender dünner Gurt. Die achsiale Lage der Welle und damit der Schleifscheibe sollte durch einen ebenen Bund am vorderen Lager und eine hinter dem zweiten Lager angeordnete Anpreßfeder gesichert sein; der Schleifdruck auf die Scheibe wirkte horizontal.

Mit dieser Anordnung war die für die Präzision der herzustellenden Gewindekaliberdorne erforderliche Genauigkeit von mindestens 0,002 mm im Durchmesser und in der Gewindeflanke nicht zu erreichen; es traten stets sehr viel größere, und zwar unregelmäßige Differenzen sowohl im Durchmesser der einzelnen Gewindegänge wie auch in deren Flankenabständen auf. Dazu kam, daß bei der erforderlichen Drehzahl von $n = 2500$ schon nach kürzerer Betriebszeit ein Festsitzen der Welle in den Lagern auftrat, was sich durch Vergrößern des Lagerspieles nicht beseitigen ließ, weil die Ungenauigkeiten dann vollends unerträglich wurden.

Eine Untersuchung der Verhältnisse durch den Verfasser ergab, daß die Welle achsial nicht genau genug geführt war und daß sie sich radial sozusagen in labilem Gleichgewicht befand, denn die geringste Belastungsänderung (z. B. durch das Schloß des Antriebsgurtes oder durch den etwas wechselnden Schleifdruck) ergab sofort eine andere Wellenverlagerung und damit radiale Ungenauigkeiten.

Diese wechselnden Verlagerungen hatten ihre Ursache im Zusammenwirken mehrerer Momente: Ungünstig war zunächst, daß der Riemenzug dem Spindelgewicht genau entgegengerichtet war, so daß der kleinste Stoß im Antrieb leicht hebend auf die Welle wirkte. Ebenso ungünstig war die Tatsache, daß der Schleifdruck senkrecht zum Riemenzug angriff und daß die Gewichtsbelastung durch den schweren Schleifkopf im vorderen Lager von oben nach unten, im hinteren Lager von unten nach oben wirkte. Die Schleifscheibenbelastung erzeugte so im vorderen und hinteren Lager entgegengesetzte Verlagerungen der Welle, wodurch die Präzision der Schleifarbeit erheblich leiden mußte. Besonders ungünstig wirkte hierbei noch der Umstand, daß die Lagerbuchsen, da geschlitzt, nicht kreisrund waren und daher schon von vornherein keine stabile Wellenlage erwarten ließen.

Nach den Vorschlägen des Verfassers erhielt die Maschine eine neue, verstärkte Welle aus gehärtetem Stahl mit polierten Zapfenlaufflächen und verkürzten ungeschlitzten Lagerbuchsen mit Weißmetallausguß bei geringstem Lagerspiel. Das Übergewicht des schweren Schleifkopfes wurde durch einen gleichschweren Gegenkopf am anderen Wellenende ausgeglichen, der Riemenzug nach oben durch Anwendung eines Mitnehmerantriebes (übergreifende Hohlwelle) beseitigt. — Die Bundscheiben der Welle erhielten flache radiale Keilnuten, so daß die größte erreichbare Gleichmäßigkeit der Schmierschichtstärke an dieser Stelle gesichert war.

Um das Lagerspiel denkbar klein halten zu können, wurde die Spindel hohl gebohrt und innen mit Wasserkühlung versehen, was angesichts des ohnedies vorhandenen Schleifkühlwassers keinerlei Komplikationen verursachte und eine Ausdehnung der Spindel während des Betriebes praktisch verhinderte.

Nachdem durch die genannten Maßnahmen das labile Verhalten der Schleifspindel beseitigt und die Lagerungs- und Schmierverhältnisse auf eine gesunde Basis gestellt worden waren, arbeitete die Maschine in jeder Beziehung einwandfrei: die erforderliche Genauigkeit der Schleifarbeit wurde mit Leichtigkeit erreicht, und weder Festsetzen noch Warmlaufen der Schleifspindel traten je wieder auf. — Hiermit ist ein schwerwiegender praktischer Beweis erbracht, daß eine richtige Anwendung der hydrodynamischen Gesetze auch bei allerfeinsten Präzisionswerkzeugmaschinen hervorragende Resultate zeitigt, was bisher seitens gewisser Kreise gern bestritten wurde.

Unerklärlicher Achslagerölverbrauch. Eine neue Lokomotivserie zeigte an den Achslagern im praktischen Betriebe einen unerklärlich hohen Ölverbrauch: die unten mit Kissenschmierung und oben mit einer sog. Sicherheitsschmierung ausgerüsteten Achslager hielten kaum eine längere Fernstrecke durch, ohne daß dabei nicht der ganze Ölvorrat der Kissenschmierung verbraucht worden wäre. Selbst die reichliche Höchstgeschwindigkeit der Lokomotiven vermochte den beobachteten ungewöhnlichen Ölverbrauch nicht zu erklären.

Zu Rate gezogen, stellte Verfasser ohne weiteres nach der Ausführungszeichnung fest, daß das Öl systematisch aus dem Lager herausgepumpt wurde, ohne daß man sich dessen bewußt war: das vom Schmierpolster von unten geförderte Öl staute sich im aufsteigenden Keilspalt zwischen Zapfen und Lagerschale, bis es durch den Dochtkanal der sog. Sicherheitsschmierung in den oben im Lagergußstück ausgesparten Ölbehälter austrat. Durch dauerndes Überlaufen dieses Dochtschmierbehälters entstand dann die rasche Entleerung des Hauptölbehälters und damit der unerklärliche Ölverbrauch.

Da, wie klar ersichtlich, die Zusatz-Dochtschmierung zwischen Einlaufkante und Lagerscheitel eine ausgesprochene Betriebsgefährdung bedeutete, wurde sie auf Veranlassung des Verfassers durch Zulöten der Längsnuten im Lagerlauf außer Betrieb gesetzt. — Von da ab war der Ölverbrauch ein sehr sparsamer, ohne daß die Betriebssicherheit ohne Zusatzschmierung etwas zu wünschen übrig gelassen hätte.

Verfehlte Druckschmierung. Prinzipiell gleichartig mit dem vorhergehenden liegt der Fall, über den in der Zeitschrift für das gesamte Turbinenwesen (Oktober 1917, S. 281) Heinssen berichtet.

Es handelte sich um die Schmierung einer mit $n = 2000$ U/min laufenden Dampfturbine, deren Lager mit Ringschmierung ausgerüstet waren. Aus Vorsorglichkeit hatte man etwa 45° hinter dem Einlauf noch die Öldruckleitung einer besonderen Zahnradpumpe angeschlossen, um „ganz sicher" zu gehen. Zur größten Verwunderung der Beteiligten zeigte es sich jedoch, daß der Ölbehälter des Ringschmierlagers in verblüffend kurzer Zeit leer war bzw. die Schmierringe nicht mehr eintauchten.

Die Ringe hatten der Lagereinlaufseite in bekannter Weise Öl zugeführt, das in der keilförmigen Schmierschicht eine erhebliche Drucksteigerung erfuhr und dadurch zum Austreten in die Schmiernute, an die die Zahnradpumpe angeschlossen war, gezwungen wurde, deren Druck naturgemäß kleiner war als der Schmierschichtdruck an der Lagerstelle des Druckölanschlusses.

Wie im vorhergehend besprochenen Falle wirkte auch hier die Zusatzschmierung nicht nur nicht fördernd, sondern ausgesprochen betriebsgefährdend: nicht die Zahnradpumpe führte dem Lager Öl zu, sondern der Lagerzapfen drückte das von ihm selbst geförderte Öl, gegen die Zahnradpumpe vordringend, durch die Pumpe hindurch in deren Saugbehälter hinein, so daß der Ölvorrat des Ringschmierbehälters bald erschöpft sein mußte.

Selbstschmierendes Kühlwasserpumpenlager. Die Schmierung der Kühlwasserpumpe eines Kraftwagenmotors verursachte dauernde Schwierigkeiten: Das warme Umlaufwasser drängte in die zum Schmieren vorgesehene Fettschmierbuchse hinein, die an dem Bronzebuchslager der Pumpenwelle angeschlossen war, und das Wasser kam schließlich aus der Fettbuchse heraus.

Auf Vorschlag des Verfassers wurde das Bronzelager durch ein solches mit „Gittermetall"-Auguß ersetzt, unter gleichzeitiger Fortlassung der bisherigen Schmiernuten. Da das Gittermetall (s. Abschnitt 22) auf Grund seines Graphitgehaltes selbstschmierend wirkt bzw. mit Wasserschmierung vollauf vorlieb nimmt, konnte auf jedwede Fettschmierung verzichtet und das Lagerspiel infolge der hohen Gleitfähigkeit des Metalles auch so klein gehalten werden, daß über Wasseraustritt nicht mehr zu klagen war.

Erfolgreiche Schmierungsumstellung. Eine ältere Maschinenfabrik hatte sich jahrelang gegen die Einführung der Preßschmierung bei Dampfmaschinen gesperrt, bis sie schließlich durch einen Besteller dazu gezwungen wurde: eine ziemlich große Gegendruckdampfmaschine sollte mit Preßschmierung von 1 at Überdruck ausgerüstet werden.

Aus Vorsicht wurden die vorgeschlagene Ölpumpenleistung verdreifacht, die Leitungen daumendick ausgeführt und zahlreiche Sicherungsvorrichtungen angebracht, um das „gefährliche Experiment" ja nicht mißlingen zu lassen. — Schließlich war die Maschine fertig und wurde vorsichtshalber zunächst noch auf den Versuchsstand genommen. Das Ergebnis war für die Erbauerin überraschend: Die Maschine arbeitete vom ersten Augenblick an ohne die geringste Störung und völlig geräuschlos, und die Zapfen blieben nach längerem Dauerbetrieb genau so blank und unversehrt wie beim Einbau.

Nach dieser ersten und gleich so günstigen Erfahrung mit dem Wechsel der Schmierungsart beschloß die Maschinenfabrik, die Preßschmierung für die Zukunft beizubehalten, zumal sie sich bei Vermeidung von Überdimensionierungen gegenüber der früheren Umlaufschmierung als nicht teurer erwies. — Die Ölpumpenleistung konnte auf ein Viertel herabgesetzt werden, die Ölleitungen wurden erheblich schwächer gewählt und die als überflüssig erkannten Sicherheitsvorrichtungen künftig ganz fortgelassen.

Trommelndes Kleinelektromotorenlager. Bei einem Kleinelektromotor für Sattlereinähmaschinen mit Riementrieb trat bei verminderter Belastung ein deutlich wahrnehmbares Trommeln des Antriebslagers auf. Da die Anlage noch neu war, konnte Verschleiß nicht in Frage stehen, und so nahm man an, daß vielleicht das Lagerspiel zu groß sei. Eine Untersuchung des Verfassers ergab indes, daß das Lagerspiel durchaus richtig bemessen war und daß das Trommeln in der Hauptsache auf die unzweckmäßige Anordnung der Ölzufuhr zurückzuführen sei: Die Lagerbuchse war durch mehrere Nuten und namentlich durch die Bohrung für den Schmierdocht so zerschnitten, daß eine dämpfende Wirkung der Schmierschicht kaum mehr erwartet werden konnte. Demgemäß war auch die hydrodynamische Tragfähigkeit des Lagers erheblich herabgesetzt, so daß bei Vollast aller Wahrscheinlichkeit nach halbflüssige Reibung auftrat.

Wurde der Motor entlastet, so daß nur noch der leichte Riemenzug nach oben übrig blieb, versetzte das Ankergewicht die Welle in eine nahezu zentrische Lage. Da nun die Unbalancen bei hochtourigen Kleinmotoren gewöhnlicher Serienbauart relativ stärker in Erscheinung treten als bei größeren Motoren, genügten die umlaufenden freien Kräfte bei der angenähert zentrisch laufenden Welle und der sehr geringen Dämpfung der Schmierschicht, um ein Trommeln hervorzurufen. Die seitens des Verfassers anschließend an die Diagnose veranlaßten Änderungen der Lagerbuchsenausbildung ergaben verbesserte Dämpfung und erhöhte Tragfähigkeit der Schmierschicht und ließen daher auch bei entlastetem Motor ein trommelndes Geräusch nicht mehr auftreten.

Kurbelwellen-Verschleißbekämpfung. Bei Fahrzeug-Vergasermotoren machte sich Kurbelwellenverschleiß bemerkbar, und zwar um so stärker, je mehr durch in das Kurbelgehäuse hindurchschlagenden Brennstoff eine Verdünnung des Schmieröles bewirkt wurde. Der Brennstoffdurchschlag seinerseits erwies sich bei sonst gleichbleibenden Verhältnissen wiederum in dem Maße stärker, als der Brennstoff schwerer verdampfbar war. Bei Vergasermotoren für Petroleum- oder Gasölbetrieb trat der Kurbelwellenverschleiß somit am stärksten in Erscheinung.

Nachdem diese Einflußmomente durch längere Beobachtung studiert und in ihrer Wirkung näher erforscht waren, wurden die in Betracht kommenden Bekämpfungsmittel in Anwendung gebracht: Zunächst vollkommenste Filterung der Ansaugeluft durch kühl angeordnete ölbenetzte Luftfilter, um die schleifenden Bestandteile der Ansaugeluft unschädlich zu machen; dann die Anwendung weitgehendst wirksamer Hauptstromölfilter, um den gröbsten Teil der scharfen Ölkohle aus dem Ölstrom dauernd auszuscheiden; des ferneren gehärtete Zapfenlaufflächen, um den Angriff der Ölkohle an sich zu verringern; und schließlich, als generelle Maßnahme, die Herabdrückung des Brennstoffdurchschlages durch Vorwärmung des Gasgemisches bzw. der Ansaugeluft und durch Erhöhung und Konstanthaltung der Kühlwassertemperatur.

Zu diesem vom Verfasser beschrittenen Wege der Verschleißbekämpfung kann heute noch ein weiterer Fortschritt nutzbar gemacht werden, nachdem die durch den Aufsatz „Kurbelwellen- und Ölverschleiß im Verbrennungsmotorenbetriebe[26] angeregte Erforschung der Härte der verschiedenen Ölkohlearten nunmehr durch die Untersuchungen von Kyropoulos[62] verwirklicht worden ist: die Wahl des Schmieröles derart, daß bei der unvermeidlichen Verkokung des Öles möglichst „weiche" Ölkohle entsteht.

Verkürzte Elektromotorenlager. Gelegentlich der Beratung eines großen Elektromotorenwerkes trat auch die Frage der Modernisierung der bisher üblichen Ringschmierlager auf, und es mußte eine vollständig neue Konstruktion in Vorschlag gebracht werden. Begreiflicherweise war man wenig angenehm berührt, die bisherigen langen und starren Lager durch ganz kurze, bewegliche Lagerschalen ersetzt zu sehen; doch die Werksleitung war fortschrittlich eingestellt und veranlaßte eine sofortige Probeausführung und streng objektive Prüfung der neuen Lagerbauart.

Das auf Grund sorgfältiger Dauerlaufversuche gewonnene Prüfungsergebnis war für die Klientin ein überraschendes: Der mittelgroße Motor lief von Anbeginn einwandfrei ohne das geringste Geräusch; die Lagertemperatur war trotz wesentlich höheren Flächendruckes niedriger als bei den früheren Lagerungen, und Verschleiß machte sich auch nach längerem Dauerbetrieb nicht bemerkbar, weil nur flüssige Reibung auftrat. Infolge der geringeren Reibungsverluste stieg nicht nur der mechanische Wirkungsgrad der Maschine, sondern es konnten mit der neuen Lagerung wesentlich höhere Drehzahlen als bisher mit gewöhnlicher Ringschmierung ohne künstliche Kühlung erreicht werden. Da das neue Lager sich zu alldem noch billiger stellte als das alte und keinerlei Nacharbeit beim Zusammenbau erforderte, war die Auftraggeberin begreiflicherweise restlos zufriedengestellt.

Warmgehende Großgasmaschinenführung. Die vordere und mittlere Führung einer gegebenen Großgasmaschinenbauart neigte zum Warmlaufen, so daß ohne Wasserkühlung zu fahren nicht ratsam erschien. Um für größere Leistungen möglichst kleine Abmessungen und unbedingt sicheren Betrieb zu erhalten, führte man die nächste Neukonstruktion nach den Vorschlägen des Verfassers aus: Die früheren Schmiernuten in den Gleitflächen wurden durch flache Doppelkeilflächen ersetzt und der Tragschuh selbsteinstellend aufgelagert, so daß volle Gewähr für gleichmäßiges Tragen gegeben war und die Tragflächen daher wesentlich kleiner ausgeführt werden konnten. — Die Einrichtung für die Wasserkühlung wurde vorsichtshalber beibehalten.

Die praktische Inbetriebnahme ergab völlig verschleißloses Arbeiten bei verschwindend geringen Temperaturen. — Die vorgesehene Wasserkühlung brauchte nicht in Betrieb genommen zu werden.

Nichttuschierte Dampfmaschinenlager. Die erste Dampfmaschine nach den Vorschriften des Verfassers, mit Lagern, die nicht auf die Zapfen selbst auftuschiert und auch vor allem bei der Montage fast gar nicht nachgearbeitet wurden, begegnete manchem Mißtrauen seitens des Werkstätten- und Montagepersonales. Mit Ausnahme des Kreuzkopflagers waren sämtliche mit Weißmetall gefütterten Lager mit definiertem Lagerspiel ausgeführt und auf der ganzen Länge der Lagerschale sauber rollpoliert; auch die Steuerwellenlager, die nur aus Gußeisen bestanden.

Die Montage war dem besten Monteur übertragen worden, der sich nach Kenntnisnahme der neuen Grundideen und nach einigem Kopfschütteln endlich entschloß, die Montage und Inbetriebsetzung „ohne Gewähr“ zu übernehmen. Doch schon der erste Montagebericht brachte eine allgemeine Umstimmung: Monteur S. berichtete, daß er zum erstenmal in seinem Leben mit einer frisch montierten Maschine gleich auf volle Tourenzahl und anschließend daran auch auf 75% Last gegangen sei, und daß er es erst recht noch nie erlebt habe, bei einer neuen Maschine (und dazu noch bei sofortiger Belastung) „kalte“ Lager zu haben und bis zum Abschluß der 8stündigen Betriebszeit zu behalten. „Trotzdem“ habe die ganze Montage kaum die Hälfte der sonst erforderlichen Zeit gekostet.

Versagendes Schneckengetriebe. In einem größeren Werksbetriebe wurde über Heißgehen und starken Verschleiß eines schweren Schneckengetriebes geklagt. Da die Anlage, zu deren Antrieb das Schneckengetriebe diente, mit der Zeit mehr und mehr belastet wurde, trat schließlich Fressen der Schnecke ein, so daß die Sicherungen des Antriebsmotors häufig durchschlugen.

Zu Rate gezogen, stellte Verfasser fest, daß es sich um ein völlig verkonstruiertes Schneckengetriebe handelte: die Schnecke war verhältnismäßig sehr schwach und dazu mit ungewöhnlich großer Stützlänge aufgelagert, so daß durch den Druck gegen das geneigte Zahnprofil starke Spreizwirkungen zwischen Schnecke und Schneckenrad entstanden. Die Schneckenwelle drängte sich also vom Schneckenrade ab, verlor dadurch den richtigen Eingriff und mußte demzufolge heißgehen bzw. bei größeren Belastungen fressen.

Auf Grund dieses Befundes sah die Werksleitung sich wohl oder übel zu einem Umbau des Schneckengetriebes veranlaßt, da die Herstellerfirma nicht mehr existierte. Es wurden neue Einsätze mit tütenartig hineinragenden Böden angefertigt, in denen dann die neue Schnecke, nach gleichzeitigem Ersatz des bronzenen Schneckenradkranzes, gelagert wurde. Glücklicherweise war gleichzeitig eine geringe Verstärkung der Schneckenwelle möglich, da die Schneckengangtiefe nicht ganz bis auf den Wellendurchmesser heranreichte. So konnte durch erhebliche Verkürzung der Auflagerlänge, und damit Verringerung der Schneckendurchbiegung, ein leidlich befriedigender Betrieb auch bei voller Belastung der Anlage erreicht werden; allerdings wurde dem Getriebeöl vorsichtshalber etwas Rizinusöl zugesetzt, um höchste Schmierwirkung auch bei ungünstigem Eingriff der Zahnflanken zu erzielen.

Verschleißendes Trambahnlager. Die Tatzenlager eines Trambahnmotors zeigten bei nicht gerade reichlicher Dochtschmierung einen so raschen Verschleiß, daß die Unterhaltung dieser Motoren erhebliche Unkosten verursachte und Abhilfe dringend erwünscht erscheinen ließ.

Zur Beratung herangezogen, stellte Verfasser fest, daß die Ursache des Verschleißes viel weniger in der Spärlichkeit als vielmehr in der falschen Anordnung der Schmierung zu suchen war. Die Herstellerfirma hatte offenbar übersehen, daß bei einer der Fahrtrichtungen die Lagerbelastungsrichtung gerade mit der Öffnung in der Lagerschale zusammenfiel, durch welche die Wolldochte gegen den Zapfen gedrückt wurden. Für diese Fahrtrichtung ergab sich daher halbflüssige Reibung der ungünstigsten Form, so daß die belasteten Lagerteile bei längeren Strecken wegen Fehlens jeder hydrodynamischen Stauwirkung nahezu trocken liefen und daher schnell verschleißen mußten.

Glücklicherweise war es möglich, die Schmierung durch Einbau neuer Lagerbuchsen so zu ändern, daß die Ölzufuhr bei keiner Fahrtrichtung mit der Lagerbelastungsrichtung zusammenfiel. Obschon hierzu die Anwendung besonders angeschraubter Blechgefäße für das Schmieröl erforderlich wurde, war die Bahnleitung mit der getroffenen Verbesserung doch sehr zufrieden, da der zu erwartende Lagerverschleiß nun in sehr bescheidenen Grenzen zu bleiben versprach.

Walzwerks-Hochleistungslager. Einen interessanten Bericht über verbesserte Lagerausführungen von W. Rohn, der in jeder Beziehung *den vom* Verfasser seit jeher vertretenen Grundsätzen entspricht und daher nachstehend auszugsweise kurz wiedergegeben sei, enthält die Z. V. d. I. vom 17. Januar 1931, S. 87:

„Es wurden Hochleistungslagerschalen entwickelt, die mittels eingelegter nahtloser Kupferröhren sehr stark mit Wasser gekühlt werden. Die unbelastete Lagerhälfte wird dabei mit zur Kühlung herangezogen."

„Hochbelastete Gleitlager werden wohl stets am besten aus geschmiedeter Bronze hergestellt und mit Fett unter Druck geschmiert. Die ganz unzureichenden Schmiernuten sind durch Schmierkammern ersetzt, die in der Laufrichtung allmählich in die Lauffläche auslaufen. Mit Rücksicht auf die Durchbiegung der Walzen und Zapfen werden derartige Lager möglichst kurz ausgeführt und die Lagerkörper in zylindrischen Schalen so eingebaut, daß sie sich selbsttätig einstellen können."

„Derart sorgfältig konstruierte, stark gekühlte und mit allen Mitteln gegen das Eindringen von Spänen, Splittern und Walzsinter geschützte Lager erreichen eine außerordentlich hohe Lebensdauer. So ging bei einem Bandkaltwalzwerk (500/1050 mm) der Lagerschalenverschleiß, der früher 0,5 mm täglich betrug, auf 1 mm jährlich zurück, so daß eine Nacharbeit erst nach Jahren notwendig wird."

Vom Verfasser ist ein fast in allen Einzelheiten gleichartiger Vorschlag bereits im Sommer 1929 einer führenden Firma des Walzwerksbaues für ein Warmwalzgerüst unterbreitet worden, und es ist daher äußerst befriedigend, feststellen zu können, daß laut obigem Bericht die gleichen Grundsätze nun von anderer Seite angewandt, erprobt und für technisch und wirtschaftlich äußerst nützlich befunden worden sind. — Die erzielte Verminderung des Verschleißes auf $^1/_{150}$ des bisherigen Betrages kann als ein geradezu hervorragender Erfolg gebucht werden.

Verbilligte Elektromotorenlagerung. Im Rahmen einer Beratung einer großen Maschinenfabrik sollte auch der Großelektromotorenbau auf technische und wirtschaftliche Verbesserungsmöglichkeiten durchgesehen werden, obschon die Werksleitung der Ansicht war, daß Konstruktion und Werkstattausführung weitere Verbesserungen kaum mehr zulassen dürften. Es zeigte sich jedoch, daß durch Modernisierung der Lager in bezug auf Konstruktion und Ausführung sowie durch die damit zusammenhängenden Ersparnisse an Wellenmaterial, Lagermetall und Gußeisen, bei dem lebhaften Umsatz der Gesellschaft an dieser einen Motortype (von den Modellkosten abgesehen), eine jährliche Ersparnis von etwa 7000 RM. nachgewiesen werden konnte. Zudem ließen die neuen Lager auf Grund bereits vorliegender Erfahrungen von anderer Seite noch sehr beachtenswerte Reibungsersparnisse erwarten, die in viel weiteren Grenzen als bisher die Verwendung der Großmotoren mit normaler Ringschmierung gestatteten.

Schlußwort.

Daß eine Weiterentwicklung der Schmiertechnik an sich nicht nur für möglich gehalten, sondern ausgesprochen erwartet worden war, bezeugen nachstehende Zeilen des Schlußwortes der ersten Auflage:

„Wissenschaftlich kurzsichtig wäre es schließlich auch, behaupten zu wollen, daß mit Hilfe der hydrodynamischen Theorie bereits alle Vorgänge auf dem Gebiete der Reibung und Schmierung restlos erklärt werden könnten. Es gibt vielmehr zur Zeit noch manche Frage, die mangels genügender Kenntnis offen bleiben muß, bis eingehendere Forschungen die erwünschte Klarheit schaffen; erinnert sei hier nur an die Zähigkeit, Adhäsionsfähigkeit und sonstige für die Schmierwirkung etwa noch maßgebende Eigenschaften der Schmiermittel nebst ihrer richtigen zahlenmäßigen Bestimmung und schmiertechnischen Bewertung."

Die seitdem veröffentlichten neueren Forschungen auf physikochemischer bzw. molekularphysikalischer Basis, an die mancherseits so übergroße Hoffnungen geknüpft worden waren, haben jedoch an neuen Momenten kaum etwas zutage gefördert; sie sind vorwiegend sogar (von der Arbeit von Büche abgesehen) auf Lagerschmierung in unmittelbarem Sinne gar nicht übertragbar. Für vollkommen geschmierte Maschinenteile kann die hydrodynamische Theorie also nach wie vor als Berechnungsbasis dienen, und gerade die neuesten und modernsten experimentellen Versuche auf diesem Gebiete, nämlich die Arbeit von Schneider und diejenige von Nücker, deckten sich vorzüglich mit der genannten Theorie; zum Teil sogar im Grenzgebiet.

Was die rein quantitative Übereinstimmung zwischen Rechnung und Versuch im allgemeinen betrifft, so muß immer wieder eindringlich vor unberechtigten Forderungen bezüglich der „Genauigkeit" gewarnt werden. Es ist ein Unding, von einer Berechnungsmethode, die sich, wie wohl die meisten theoretischen Berechnungen, auf eine ganze Reihe von Annahmen stützt, eine irgendwie nennenswerte Genauigkeit erwarten zu wollen. Bedenken wir z. B. nur, daß die rechnerisch angenommene mittlere Zähigkeit mit den wirklichen Verhältnissen bei weitem nicht übereinstimmt, daß das auf Grund der Berechnung ausgeführte Lagerspiel infolge der verschiedenen Dehnungskoeffizienten des Wellen- und Lagermateriales bei der Betriebstemperatur offenbar Unstimmigkeiten aufweisen muß, die durch zusätzliche Verzerrungen der Lagerschalen infolge Gußspannungen, einseitiger Ausdehnung usw. noch vergrößert werden können, daß ferner die Wärmeableitverhältnisse zum Teil nur geschätzt sind und daß unsere vorläufige Annahme reiner Flüssigkeitsreibung in unmittelbarer Nähe des Grenzgebietes sich lediglich auf die Voraussetzung bestimmter Unebenheitshöhen und genau zylindrischer Zapfen- und Lagerlaufflächen stützt, so werden wir einsehen, daß unsere Ansprüche auf Genauigkeit von vornherein in recht bescheidenen Grenzen bleiben müssen.

Unter diesem Gesichtswinkel sind auch die vom Verfasser eingeführten zahlreichen Näherungsgleichungen zu beurteilen und mit Rücksicht

auf die dadurch ermöglichten weitgehenden Vereinfachungen der Rechnung wohl auch zu rechtfertigen*. Auseinandersetzungen über die
Zulässigkeit dieser Vereinfachungen erscheinen auf Grund der oben
genannten, größtenteils nicht zu beseitigenden Fehlerquellen von vornherein müßig.

Mit dem bisherigen Nutzen der vorliegenden „Lehre von der Schmiertechnik" dürfen wir insofern wohl zufrieden sein, als sie der Praxis erstmalig brauchbare einfache Gleitlager-Berechnungsformeln auf wissenschaftlicher Basis, sowie allgemeine Richtlinien für Konstruktion und
Betrieb an die Hand gegeben hat. Die weitere Entwicklung muß abgewartet werden; doch sollten die Erwartungen an die Forschungsergebnisse aus dem Grenzgebiet nicht zu hoch gespannt werden, da kaum anzunehmen ist, daß selbst der bestmögliche Fortschritt in quantitativer
Hinsicht (worauf es technisch ja ankommt) mit den praktischen Erfolgen der hydrodynamischen Theorie zu vergleichen sein wird.

---

* Daß die gebrachten Formeln vielfach mehrere Dezimalen enthalten, hat ausschließlich den Zweck, die rein arithmetischen Zusammenhänge zu wahren. Der
Grad der Genauigkeit soll hierdurch keinesfalls zum Ausdruck kommen.

Bedeutung der Formelzeichen.

			Maß	Seite

f'' = Zapfendurchbiegung . . . . in mm — 127
f'_k = Zapfenkrümmung . . . . in cm — 62
f''_k = Zapfenkrümmung . . . . in mm — 125
g = Erdbeschleunigung . . . . $= 9{,}81$ m/sek^2 — 36
H = geringste Schmierschichtstärke bei Ebenen . . . in m — 111
H'' = geringste Schmierschichtstärke bei Ebenen . . . in mm — 78
$H_{\varepsilon 0,005}$ = H bei $\varepsilon = 0{,}005$ . . . . in m — 79
$H_{0,8} \div H_{0,05}$ = H bei einer Keilspitzenlänge $X = 0{,}8 \div 0{,}05$. in m — 75
H''_{min} = kleinstes zulässiges H . . . . in mm — 80
H_m = mittlere Schmierschichtstärke bei Ebenen . . . in m — 216
H_0 = gesamte hydrauliche Druckhöhe am Rohranfang in m — 221
H_F = Flüssigkeitssäule . . . . in m — 224
H_W = Wassersäule . . . . in m — 224
h = geringste Schmierschichtstärke bei Lagern . . . in m — 48
h' = gerinste Schmierschichtstärke bei Lagern . . . . in cm — 62
h'' = geringste Schmierschichtstärke bei Lagern . . . in mm — 55
$h_{0,2} \div h_{0,95}$ = h bei einer Exzentrizität von $\chi = 0{,}2 \div 0{,}95$ in m — 50
h_{min} = kleinstes zulässiges h . . . . in m — 57
h''_{min} = kleinstes zulässiges h . . . . in mm — 57
$h''_{0,5}$ = h bei $\chi = 0{,}5$ . . . . in mm — 94
h_L = h bei Laufsitzpassung . . . . in m — 125
h_m = mittlere Höhe eines Ölabströmquerschnittes . . in m — 205
h_a = nutzbare Austrittsgeschwindigkeitshöhe . . . . in m — 221
h_0 = Rohr-Geschwindigkeitshöhe . . . . in m — 222
h_R = Rohrreibungs-Widerstandshöhe . . . . in m — 221
h_W = Sonderwiderstandshöhe . . . . in m — 221
i = Ölzähigkeitskennziffer . . . . — — 104
j = Anzahl der gleichzeitig tragenden Keilflächen . . . . — — 137
j' = Anzahl der gleichzeitig tragenden, unmittelbar ge-
schmierten Keilflächen . . . . — — 217
K = Korrektionsfaktor $\sqrt{\dfrac{4 \cdot L + B_1}{B_1}}$ . . . . — — 113
k = Korrektionsfaktor $\sqrt{\dfrac{4 \cdot d + l}{l}}$ . . . . — — 82
L = Keilflächenlänge bei ebenen Gleitflächen . . . in m — 74
L'' = Keilflächenlänge bei ebenen Gleitflächen . . . . in mm — 140
l = Zapfen- bzw. Lagerlänge . . . . in m — 43
l' = Zapfen- bzw. Lagerlänge . . . . in cm — 55
l'' = Zapfen- bzw. Lagerlänge . . . . in mm — 55
l_0 = Länge einer Kapillarröhre oder Rohrleitung . . in m — 35
l_1 = Länge eines Ölabströmweges (Sperrlänge) . . . . in m — 205
$l_ä$ = Äquivalenz-Rohrlänge für Rohrbogen . . . . . in m — 225
M = Masse . . . . in kg·sek^2/m — 222
M_z = Zahnradmodul . . . . — — 154
m = Sicherheits- bzw. Verschleißfaktor . . . . — — 209
N_r = Reibungsleistung . . . . in PS — 90
N_1 = verhältnismäßige Reibungsleistung vor der Reibungsverbesserung . . . . in % — 111
N_2 = verhältnismäßige Reibungsleistung nach der Reibungsverbesserung . . . . in % — 111
$N_\%$ = verhältnismäßige Leistungsersparnis . . . . . . in % — 111
$N_Ö$ = Kraftverbrauch der Ölförderung . . . . in PS — 221
n = minutliche Zapfendrehzahl . . . . — — 43
n_{min} = kleinste minutliche Zapfendrehzahl für flüssige
Reibung . . . . — — 84
n_{max} = höchstzulässige Zapfendrehzahl bei natürlicher
Kühlung . . . . — — 132
$n_Ö$ = minutliche Drehzahl der Ölpumpe . . . . — — 154
$Ö_0$ = theoretische Fördermenge einer Zahnradpumpe . in lit/min — 154
$Ö$ = wirkl. Fördermenge einer Zahnradpumpe . . . . in lit/min — 154

Zeichen	Bedeutung	Maß	Seite
$\ddot{O}_{00}$	= Netto-Preßölbedarf eines Lagers (Mittelwert)	in lit/min	210
$\ddot{O}_L$	= $\ddot{O}_{00}$ mit Sicherheitszuschlag	in lit/min	211
$\ddot{O}_K$	= Brutto-Preßölbedarf eines Kolbenmaschinen-Triebwerkes (Mittelwert)	in lit/min	211
$\ddot{O}_A$	= Brutto-Preßölbedarf eines Fahrzeugmotors (rechnerische Pumpenleistung)	in lit/min	211
P	= Gesamtquerlagerbelastung, Kraft	in kg	43
P'	= Gesamtbelastung von Längslagern und Gleitschuhen	in kg	74
P_0	= Zahnraddruck bei Ölpumpen	in kg	156
p_m	= mittlerer Flächendruck (Schmierschichtdruck) bei Lagern und Keilflächen	in kg/m²	43
p	= mittlerer Flächendruck (Schmierschichtdruck) bei Lagern und Keilflächen	in kg/cm²	59
p_1	= Öldruck in Mitte des unbelasteten Lager- bzw. Keilflächenteiles	in kg/m²	217
p_1'	= Öldruck in Mitte des unbelasteten Lager- bzw. Keilflächenteiles	in kg/cm²	208
p_0	= Ölpumpendruck	in kg/cm²	156
p_0	= Flüssigkeitsüberdruck bei Kapillarquerschnitten (in Lagermitte)	in kg/m²	35
p_R	= Rohrreibungs-Widerstandshöhe	in kg/cm²	224
p_W	= Pressung einer Wassersäule	in kg/cm²	224
p_F	= Pressung einer Flüssigkeitssäule	in kg/cm²	224
p_{h_0}	= Rohr-Geschwindigkeitshöhe für Öl	in kg/cm²	225
$p_{R2} \div p_{R100}$	= Rohrreibungs-Widerstandshöhen für Öl bei $l_0 = 1$ und $2 \div 100\,E°$ bei 50° C	in kg/cm²	225
p_{St}	= Widerstandshöhe für Öl und 1 m Rohrsteigung	in kg/cm²	225
Q	= Ölverbrauch bei Tropfschmierung	in m³/sek	205
Q'	= Ölverbrauch bei Tropfschmierung	in lit/min	206
$Q_{\chi=0,5}$ bzw. $Q_{\chi=0,8}$	= Ölverbrauch des belasteten Lagerteiles bei $\chi = 0,5$ bzw. 0,8	in m³/sek	205
$Q'_{\chi=0,5}$ bzw. $Q'_{\chi=0,8}$	= Ölverbrauch des belasteten Lagerteiles bei $\chi = 0,5$ bzw. 0,8	in lit/min	206
$Q'_{\text{Tropf.}}$	= Ölverbrauch bei Tropfschmierung (Mittelwert)	in lit/min	206
$Q_{1(\chi=0,5)}$ bzw. $Q_{1(\chi=0,8)}$	= Ölverbrauch des unbelasteten Lagerteiles bei $\chi = 0,5$ bzw. 0,8	in m³/sek	208
$Q'_{1(\chi=0,5)}$ bzw. $Q'_{1(\chi=0,8)}$	= Ölverbrauch des unbelasteten Lagerteiles bei $\chi = 0,5$ bzw. 0,8	in lit/min	208
$Q'_{\Sigma(\chi=0,5)}$ bzw. $Q'_{\Sigma(\chi=0,8)}$	= Ölverbrauch bei Druckschmierung und $\chi = 0,5$ bzw. 0,8	in lit/min	208
Q'_{Druck}	= Lager-Ölverbrauch bei Druckschmierung (Mittelwert)	in lit/min	208
$Q_{\text{Tr.Tropf.}}$	= Tropfölverbrauch bei Gleitschuhen und Längslagern	in m³/sek	217
$Q_{\text{Tr.Druck.}}$	= Druckölverbrauch bei Gleitschuhen und Längslagern	in m³/sek	217
Q'_2	= Kühlölbedarf bei Querlagern	in lit/min	213
Q'_{2L}	= Kühlölbedarf bei Längslagern	in lit/min	215
$Q'_{2.}$	= Kühlölbedarf bei Gleitschuhen	in lit/min	215
Q'_{DQ}	= Kühlölbedarf bei Dampfturbinen-Querlagern	in lit/min	214
Q'_{DL}	= Kühlölbedarf bei Dampfturbinen-Längslagern	in lit/min	216
q	= Ölaustrittsmenge durch Kapillarrohr- bzw. Sperrkanalquerschnitt	in m³/sek	35
R	= ideeller Lagerbohrungshalbmesser	in m	43
R_0	= Reynolds'sche Zahl	—	36
R_{0K}	= Kritische Reynolds'sche Zahl (= 2000)	—	223
R_K	= Zahnradkopfkreishalbmesser	in cm	154
R_F	= Zahnradfußkreishalbmesser	in cm	154
r	= Zapfenhalbmesser	in m	43

		Maß	Seite
r_0	= Halbmesser einer Kapillarröhre . . . . in	m	35
s	= Stückzahl der Haupt- und Pleuellager eines Automotors (zusammen)	—	211
T	= Lager-Übertemperatur $\Theta - \Theta_1$ . . . . in	° C	110
T_1	= Übertemperatur vor der Reibungsverbesserung in	° C	111
T_2	= Übertemperatur nach der Reibungsverbesserung in	° C	111
t	= Auslaufzeit beim Kapillarversuch . . . . in	sek	35
u	= Absolute Keilspitzenlänge . . . . in	m	74
V	= Gleitgeschwindigkeit (bei ebenen Gleitflächen) . in	m/sek	74
V_f	= Fiktive Filtergeschwindigkeit . . . . in	m/sek	158
v	= Gleitgeschwindigkeit (bei Zapfen) . . . . in	m/sek	98
v_0	= mittlere Durchflußgeschwindigkeit durch Rohre oder Kapillaren . . . . in	m/sek	35
v_{0K}	= kritische Durchflußgeschwindigkeit durch Rohre oder Kapillaren . . . . in	m/sek	36
v_a	= Ausströmgeschwindigkeit . . . . in	m/sek	221
W	= Widerstand der halbtrockenen Reibung . . . . in	kg	2
W'	= Widerstand der flüssigen Reibung . . . . in	kg	31
W_0	= Widerstandsmoment eines Zapfenquerschnittes . in	cm³	60
w	= spezifische Wärme des Öles . . . . in	WE/kg	213
Z	= Zahnradzähnezahl	—	154
z	= absolute Ölzähigkeit (in der Schmierschicht) . . in	kg·sek/m²	31
$z_{L\,0,5}$	= z bei Laufsitz und $\chi = 0,5$ . . . . in	kg·sek/m²	124
$z_{\varepsilon\,0,005}$	= z bei $\varepsilon = 0,005$ . . . . in	kg·sek/m²	117
α	= Gesamtwärmeabgabe eines Lagers . . . . in	WE/st	99
α_1	= spezifische Wärmeabgabe eines Lagers . . . . . in	WE/st·m²	99
α_0	= unterster (theoretischer) Grenzwert von α_1 . . in	WE/st·m²	100
α_2	= pro Flächeneinheit durch künstliche Kühlung abzuführende Lagerwärme . . . . in	WE/st·m²	106
α_2'	= insgesamt durch künstliche Kühlung abzuführende Lagerwärme . . . . in	WE/st	107
α_λ	= hydraulicher Rohr-Rauhigkeitskoeffizient	—	223
β	= Wellenverlagerungswinkel im Betriebszustande . in	∢°	43
β_1	= Wellenverlagerungswinkel beim „Einlaufen" . . in	∢°	69
$\gamma = \gamma_F$	= spezifisches Gewicht einer Flüssigkeit	—	37
γ_0	= Einheitsgewicht einer Flüssigkeit . . . . . . in	kg/m³	36
γ_W	= spezifisches Gewicht des Wassers ($= 1$)	—	224
Δ''	= Höhe der Unebenheiten bei ebenen Flächen . . in	mm	76
δ	= Höhe der Unebenheiten bei Zapfen . . . . . in	m	53
δ'	= Höhe der Unebenheiten bei Zapfen . . . . . in	cm	62
δ''	= Höhe der Unebenheiten bei Zapfen . . . . . in	mm	55
δ_1	= Höhe der Unebenheiten bei Lagern . . . . . in	m	53
δ_1'	= Höhe der Unebenheiten bei Lagern . . . . . in	cm	62
δ_1''	= Höhe der Unebenheiten bei Lagern . . . . . in	mm	56
ε	= Keilsteigung auf 1 m Länge . . . . in	m	74
$\varepsilon_{0,8} \div \varepsilon_{0,05}$	= Keilsteigung bei $X = 0,8 \div 0,05$ . . . . . . in	m	75
ζ	= hydraulische Widerstandszahl	—	222
ζ_R	= Widerstandszahl der Rohrreibung	—	222
η	= Wirkungsgrad einer Ölpumpe (Lieferungsgrad) . . .	—	154
Θ	= Schmierschichttemperatur bzw. Spülölaustrittstemperatur (auch Öltemperatur allgemein)	° C	99
Θ_1	= Temperatur der umgebenden Luft . . . . in	° C	99
Θ_2	= Spülöleintrittstemperatur . . . . in	° C	213
ϑ	= Zähigkeitskorrektionsfaktor	—	176
ι	= Wärmeentwicklung einer ebenen Gleitfläche . . in	WE/st	115
ι_1	= spezifische Wärmeentwicklung einer ebenen Gleitfläche . . . . in	WE/st·m²	116
$\varkappa$	= Reibungsbeiwert für Querlager	—	81
λ	= Gesamtwärmeabgabe einer ebenen Gleitfläche . . in	WE/st	116
λ_1	= spez. Wärmeabgabe einer ebenen Gleitfläche . . in	WE/st·m²	116

		Maß	Seite
λ_2	$=$ pro Flächeneinheit durch künstliche Kühlung abzuführende Reibungswärme bei ebenen Gleitflächen	in WE/st·m²	121
λ_2'	$=$ Insgesamt durch künstliche Kühlung abzuführende Reibungswärme bei ebenen Gleitflächen	in WE/st	121
λ_0	$=$ Rohrreibungszahl (allgemein)	—	222
$\lambda_{0\,L}$	$=$ Rohrreibungszahl für laminares Fließen	—	223
μ	$=$ Reibungszahl für Lager und ebene Gleitflächen	—	81
$\mu_{\min}$	$=$ kleinstes μ für Lager und ebene Gleitflächen	—	90
μ_{htr}	$=$ Lagerreibungszahl bei halbtrockener Reibung (Reibungszahl der Ruhe)	—	87
ξ	$=$ Zusatzfaktor für Dampfturbinenlager	—	214
π	$=$ die Ludolfsche Zahl $= 3{,}14$	—	35
ϱ	$=$ Wärmeentwicklung eines Lagers	in WE/st	98
ϱ_1	$=$ spez. Wärmeentwicklung eines Lagers	in WE/st·m²	98
σ_b	$=$ Biegungsbeanspruchung	in kg/cm²	60
τ	$=$ Reibungsbeiwert für ebene Gleitflächen	—	113
Φ	$=$ Verhältniswert bei ebenen Gleitflächen	—	74
φ	$=$ Verhältniswert bei Querlagern	—	43
X	$=$ verhältnismäßige Keilspitzenlänge $= u : L$	—	74
χ	$=$ Relativexzentrizität der Wellenverlagerung	—	43
ψ	$=$ verhältnismäßiges Lagerspiel $= (D - d) : d$	—	43
$\psi_{0,2} \div \psi_{0,95}$	$=$ verhältnismäßiges Lagerspiel bei $\chi = 0{,}2 \div 0{,}95$	—	47
$\psi_{0,5}$	$=$ verhältnismäßiges Lagerspiel bei $\chi = 0{,}5$	—	92
ω	$=$ Winkelgeschwindigkeit $= 0{,}1047 \cdot n$	in 1/sek	43

Literaturverzeichnis.

Nachstehende Zusammenstellung, die keinerlei Anspruch auf Vollständigkeit erheben will, bringt in alphabetischer Ordnung eine größere Anzahl von Veröffentlichungen über Reibung, Schmierung und verwandte Gebiete, auf deren manche im Rahmen dieser Arbeit Bezug genommen wurde. Die betreffenden Buchseiten sind jeweils in Klammern angeführt.

1. Ascher, Dr. R.: Die Schmiermittel, ihre Art, Prüfung und Verwendung. Berlin: Julius Springer 1931. 2. Aufl. (178).
2. Baader, Dr. A.: Die Bestimmung der Alterungsneigung von Isolier- und Dampfturbinenölen. Elektrizitätswirtschaft, Juni 1928 (191).
3. Berndt, Prof. Dr. G.: Die Oberflächenbeschaffenheit bei verschiedenen Bearbeitungsmethoden. Loewe-Notizen, Januar—März 1924 und Dezember 1925. Ludwig Loewe & Co., A.-G., Berlin NW 87 (57).
4. Biel, Dr.-Ing. C.: Die Reibung in Gleitlagern bei Zusatz von Voltolöl zu Mineralöl und bei Veränderung der Umlaufzahl und der Temperatur. Z. V. d. I. 1905 (86).
5. Blom, Dr. A. V.: Neuere Theorien über den Aufbau des Schmierölfilmes. Motorenbetrieb und Maschinenschmierung. Petroleum 1929, H. 11 (175).
6. Böge, Obering. J.: Zweckmäßige Schmierverfahren (RKW-Veröffentlichung 15), Beuth-Verlag 1928.
7. Büche, Dr.-Ing. W.: Untersuchungen über molekularphysikalische Eigenschaften der Schmiermittel und ihre Bedeutung bei halbflüssiger Reibung. Petroleum 1931, H. 33 (88, 177, 192).
8. Commentz, Dr.-Ing. C.: Einringdrucklager. Werft Reederei Hafen, Januar 1921, H. 2 (74, 236).
9. Czochralski, Obering. J. und Dr.-Ing. G. Welter: Lagermetalle und ihre technologische Bewertung. Berlin: Julius Springer 1920 (16).
10. Dallwitz-Wegener, Dr. R. v.: Neue Wege zur Untersuchung von Schmiermitteln. München-Berlin: R. Oldenbourg 1919.
11. — Zur Schmierölprüfung auf die kapillaren Eigenschaften der Schmiermittel. Petroleum 1921, H. 24 u. 25.
12. Dierfeld, Reg.-Baumeister: Künstlicher Graphit, seine Entstehung und Verwendung im Maschinenbau. Dingler 1914, H. 21 u. 22 (71).
13. Duffing, Ingenieur G.: Reibungsversuche am Gleitlager. Z. V. d. I. 1928, H. 15.
14. — „Über die Schmierschicht in Gleitlagern . . .“ (Kritik). ETZ 1928, H. 51.
15. Ehlers, Dr. Curt: Schmiermittel und ihre richtige Verwendung. Leipzig: Spamer 1928 (178).
16. Ende, Dr.-Ing. E. vom: Neuzeitliche Lagerprüfung. Z. techn. Phys. 1928, H. 4.
17. Ensslin, Dr.-Ing. M.: Mehrmals gelagerte Kurbelwellen mit einfacher und doppelter Kröpfung. Stuttgart 1902 (63).
18. Ernst, Prof. W.: Das Verhalten der Zylinderschmieröle bei hohen Drücken und Temperaturen. Z. d. Dampfkesseluntersuchungs- und -versicherungsgesellschaft AG., November u. Dezember 1920. Wien I, Operngasse 6 (148).
19. Ernst, Chefingenieur W.: Schmiermittel. Maschinenbau 1927, H. 5.

20. **Falz**, Obering. E.: Die praktische Bekämpfung der Getriebestöße bei Kolben-maschinen. N. Z. I. 1924, Nr 39. Hannover: C. V. Engelhard & Co., G. m. b. H. (145).

21. — Die Kernpunkte der wissenschaftlichen Schmiertechnik. Maschinenbau 1927, H. 5.

22. — Zweckmäßige Schmiernuten. (RKW-Veröffentlichung 13). Berlin: Beuth-Verlag 1926. (2. Aufl. 1928) (20, 25, 26, 144).

23. — Neuzeitliche Schmiertechnik. Z. V. d. I. 1927, H. 25.

24. — Lagermetallurgische Fortschritte. Anz. f. Berg-, Hütten- u. Maschinen-wesen 1928, H. 134.

25. — Schmiertechnische Vervollkommnungen und ihre wirtschaftliche Be-deutung. Dingler 1929, H. 1.

26. — Kurbelwellen- und Ölverschleiß im Verbrennungsmotorenbetriebe. Der Motorwagen 1929, H. 10, 11 u. 12 (157, 179, 305).

27. — Die Vorteile schmiertechnischer Beratungen. Petroleum 1929, H. 24.

28. — Einfluß der Drehzahl auf die Betriebssicherheit. Petroleum 1929, H. 34 (110).

29. — Beachtenswerte Ersparnismöglichkeiten. N. Z. I. 1931, H. 7.

30. — Spargebote der Wirtschaftsnot. Petroleum 1930, H. 35.

31. — Einfluß der Lagerlänge auf die Tragfähigkeit. Petroleum 1931, H. 16 (63, 64).

31a.— Einfluß des Lagerspieles auf die Tragfähigkeit und den Reibungsver-brauch von Gleitlagern. Petroleum 1931, H. 41.

32. **Frank**, Prof. Dr. F.: Veränderung der Schmieröle im Gebrauch. Maschinen-bau 1927, H. 5 (191).

33. **Freudenreich**, J. von (Brown, Boveri & Cie.): Untersuchungen an Lagern. BBC-Mitteilungen 1917, H. 1—4 (30, 74, 86, 91, 236).

34. **Friedrich**, Dr.-Ing. W.: Die mechanische Schmierung der Eisenbahnachsen. Z. V. d. I. 1924, Nr 34.

35. — Die Schmierung der Stangenlager und Kreuzköpfe von Lokomotiven. Z. V. d. I. 1926, H. 31.

36. **Gramenz**, Obering. K.: Die Dinpassungen und ihre Anwendung. Berlin NW 7: Dinorm, Sommerstr. 4a.

37. **Gümbel**, Prof. Dr.-Ing. L.: Das Problem der Lagerreibung. Monatsblätter Berlin. Bez.-V. d. I., April und Mai 1914 (29, 31).

38. — Die Schubkraftmaschine. Z. ges. Turb.-Wes. 1914 (29, 31).

39. — Weitere Beiträge zum Problem geschmierter Flächen. Monatsbl. Berlin. Bez.-V. d. I., Juli 1916 (29, 31).

40. — Das Problem der Lagerreibung. Monatsbl. Berlin. Bez.-V. d. I. 1916 (29, 31).

41. — Über geschmierte Arbeitsräder. Z. ges. Turb.-Wes. 1916, H. 20—26 (29, 31).

42. — Einfluß der Schmierung auf die Konstruktion. Jb. Schiffsbaut. Ges. 1917 (29, 31, 44, 74).

43. — Die Reibungszahl der flüssigen Reibung unter Berücksichtigung der end-lichen Lagerbreite. Z. ges. Turb.-Wes. 1918 (29, 31).

44. — Der heutige Stand der Schmierungsfrage. Forsch.-Arb. 1920, H. 224 (29, 31).

45. — Vergleich der Ergebnisse der rechnerischen Behandlung des Lagerschmie-rungsproblems mit neueren Versuchsergebnissen. Monatsbl. Berlin. Bez.-V. d. I., September 1921 (7, 29, 30, 31, 44).

46. **Gümbel-Everling**: Reibung und Schmierung im Maschinenbau. Berlin: M. Krayn 1925 (44, 46).

47. **Haserick**, Obering. O.: Zum Kapitel Schmierung. (Ein Beitrag aus der Praxis.) Petroleum, Mai 1920, H. 3 (148).

48. **Heidebroek**, Prof. Dr.-Ing. E.: Maschinenteile und Werkstoffkunde (Lager-versuche Nücker). Z. V. d. I. 1930, H. 37.

49. **Heimann**, Dipl.-Ing. Dr. H.: Versuche über Lagerreibung nach dem Ver-fahren von Dettmar. Z. V. d. I. 1905 (86).

50. **Herttrich**, Dipl.-Ing. H.: Gleitlager. (Grundlagen der Lagergestaltung.) Maschinenbau/Gestaltung, Dez. 1923, H. 6.

51. **Holde**, Geh.-Rat Prof. Dr. D.: Untersuchung der Kohlenwasserstofföle und Fette. Berlin: Julius Springer 1918 (178).

52. **Honigmann**, E.: Reibungsverluste und ihre Bekämpfung. Die richtige Maschinenschmierung. Petroleum 1928, H. 7—11.

53. **Hopf**, L.: Abhandlungen über die hydrodynamische Theorie der Schmiermittelreibung von **Petroff**, **Reynolds**, **Sommerfeld** und **Michell**. Leipzig: Akadem. Verlagsgesellschaft 1927.

54. **Hummel**, Charles: Kritische Drehzahlen als Folge der Nachgiebigkeit des Schmiermittels im Lager (Forschungsarbeit). Berlin: VDI-Verlag 1926.

55. **Kammerer**, Prof. Dr.-Ing.: Entstehung der Lagerversuche. — **Welter**, Dr.-Ing. G. und Dipl.-Ing. G. **Weber**: Durchführung der Lagerversuche. Versuchsergebnisse des Versuchsfeldes für Maschinenelemente der Technischen Hochschule zu Berlin. München und Berlin: R. Oldenbourg 1920 (16).

56. **Karplus**, Dr. Hans: Der Aufbau der Schmierschicht und die Kolloidgraphitschmierung. Petroleum 1929, H. 12 (175).

57. **Kiesskalt**, Dr.-Ing. S.: Untersuchungen über den Einfluß des Druckes auf die Zähigkeit von Ölen und seine Bedeutung für die Schmiertechnik (Dissertation). Berlin: VDI.-Verlag 1927 (31).

58. — Zu den Grundlagen der halbflüssigen Reibung. Z. techn. Phys. 1928, H. 6.

59. **Klingenstein**, Dr.-Ing. Th.: Einfluß des Gefügezustandes und der Zusammensetzung von Gußeisen auf die Verschleißfestigkeit mit besonderer Berücksichtigung des Phosphorgehaltes. GHH-Konzern-Mitteilungen 1930, H. 1 (193).

60. **Kraft**, Prof. Dr. E. A.: Neuere Spurlager. Maschinenbau 1928, H. 8 (74, 236).

61. **Kronefeld**, H.: Graphitiertes Gittermetall im Automobilbau. Kraftwagen, Sept. 1921, Nr 12.

62. **Kyropoulos**, Dr. S.: Der gegenwärtige Stand der Schmierungs- und Schmierölfrage. Z. V. d. I. 1930, H. 45 (176, 179, 305).

63. **Lasche**, Dr.-Ing. e. h. O.: Die Reibungsverhältnisse in Lagern mit hoher Umfangsgeschwindigkeit. Z. V. d. I. 1902, auch Forsch.-Arb. H. 9 (30, 100).

64. — Konstruktion und Material im Bau von Dampfturbinen und Turbodynamos. Berlin: Julius Springer 1921. 2. Aufl. (30, 44).

65. **Lich**, Otto: Das mechanische Schaben. Z. V. d. I. 1929, H. 34, 1207. Daselbst auch Referat über Reibschleifen von Bb. (58, 65).

66. **Lincke**, Obering.: Versuche an Transmissionen. Maschinenbau/Betrieb 1921/22.

67. **Mester**, Ing. Chr.: Ströme in Lagern und Wellen elektrischer Maschinen. N. Z. I. Januar 1925, H. 1. Hannover: Engelhard & Co. G. m. b. H.

68. **Meyer-Jagenberg**, Dr.-Ing. G.: Lagerversuche. Werkst.-Techn. 1924, H. 3, 7 u. 8 (30).

69. **Michell**, A. G. M.: The lubrication of plane surfaces. Z. Math. Phys. 1905 (74, 236).

70. **Mosser**, Ing. A.: Einige Fragen der praktischen Schmiertechnik. Motorenbetrieb und Maschinenschmierung. Petroleum 1929, H. 12.

71. **Nücker**, Dipl.-Ing. W.: Siehe 48! (30, 44, 204).

72. **Ostwald**, Wa.: Wie deutscher Kolloidalgraphit entsteht. Motorfahrer.

73. **Pape**, Obering. W.: Einfluß von Fundamentschwingungen auf den Lauf von Turbodynamos. N. Z. I. April 1924, Nr 6. Hannover: Engelhard & Co., G. m. b. H.

74. **Petroff**, Prof. N.: Neue Theorie der Reibung. Urschrift (russisch) 1883. Deutsche Übersetzung von Wurzel 1887. Hamburg: Leopold Voss (29).

75. **Polster**, Dr.-Ing. H.: Untersuchung der Druckwechsel und Stöße im Kurbelgetriebe von Kolbenmaschinen. Forsch.-Arb. 1915, H. 172 u. 173 (145).

76. **Reynolds**, O.: On the theory of lubrikation and its application to Mr. Beauchamp Tower's experiments. Phil. Transactions Roy. Society of London 1886 (29).

77. Saytzeff, Ing.-Technolog A.: Vergleichende Untersuchungen von Mineral-schmierölen mit 1,5% Oildag-Zusatz. Z. V. d. I. 1914, Nr 29 (192, 200).
78. Schenfer, Cl.: Stabilität der Ölschicht bei Lagern. Arch. Elektrot. 1922, H. 3 (86).
79. Schlesinger u. Kurrein: Forschung und Werkstatt: Schmierölprüfung für den Betrieb. Werkst.-Techn. 1916, H. 1—3.
80. Schlippe, Dr.-Ing. O.: Feinstbearbeitung von metallischen Werkstücken. Z. V. d. I. 1930, H. 38 (56, 58, 66, 193).
81. Schlippe, von Metzsch, Kienzle u. Kraft: Feinstbearbeitung (Referat). Z. V. d. I. 1930, H. 45 (56, 58).
82. Schneider, Dr.-Ing. Erwin: Versuche über die Reibung in Gleit- und Rollen-lagern (Disseration Karlsruhe). Wien 1930. Petroleum (30, 86, 177).
83. Sommerfeld. Prof. Dr. A.: Zur hydrodynamischen Theorie der Schmier-mittelreibung. Z. Math. u. Phys. 1904 (29).
84. — Zur Theorie der Schmiermittelreibung. Z. techn. Phys. 1921 (29).
85. Stanton, Dr. T. E.: Some recent researches on lubrication. Eng. v. 8. Dez. 1922 (67, 86).
86. Stoney, G.: High speed bearing. Eng. v. 7. Aug. 1914.
87. Stribeck, Prof. R.: Die wesentlichen Eigenschaften der Gleit- und Rollen-lager. z. V. d. I. 1902, auch Forsch.-Arb. H. 7 (29, 30, 71, 72, 83).
88. Styrie, O. G.: Das Lager und sein Weißmetallkissen. Zbl. d. Hütten- u. Walzwerke 1928, H. 1 (291).
89. Thurston: Friction and lubrication. New York 1879.
90. Tower, B.: Procedings of the Instit. of Mechanical Eng. 1883 (30).
91. Tower u. Thurston (Bericht): Bericht über die Versuche von Tower und Thurston. Z. V. d. I. 1885, 836 (30).
92. Ubbelohde, Prof. Dr. L.: Tabellen zum Englerschen Viskosimeter. Leipzig: S. Hirzel 1907 (37).
93. — Zur Theorie der Reibung geschmierter Maschinenteile. Petroleum 1912, H. 14, 16 u. 17 (37).
94. Verein deutscher Eisenhüttenleute und Deutscher Verband für die Materialprüfungen der Technik: Richtlinien für den Einkauf und die Prüfung von Schmiermitteln. Düsseldorf: Stahleisen 1925 (94).
95. Vieweg, Reg.-Rat, Dipl.-Ing. V.: Optische Meßgeräte zur Bestimmung der Dicke der Ölschicht in Lagern unter Berücksichtigung der Anwendung auf Schmiermittel. Petroleum 1922, H. 34 (30, 44, 57, 85).
96. — „Über die Schmierschicht in Gleitlagern . . .“ (Kritik). Z. V. d. I. 1929, H. 14.
97. — V. u. R.: Über die Trennung von Luft- und Lagerreibung. Maschinen-bau/Betrieb 1923/24, H. 5/6.
98. — Über die Bildung des Ölfilmes in Schwinglagern. Maschinenbau 1927, H. 5.
99. Vogel, Dr. Hans: Die Bedeutung der Temperaturabhängigkeit der Viskosität für die Beurteilung von Ölen. Z. angew. Chem. 1922, H. 82.
100. Walger u. Schneider: Der Einfluß von Graphit auf die Reibung in Gleit-lagern. Berichte über betriebswissenschaftliche Arbeiten 3, 1930. Karls-ruhe (71, 187, 192).
101. Walther, Dipl.-Ing. C.: Schmiermittel. Dresden: Th. Steinkopff 1930 (104, 175, 178).
102. Weber, Dipl.-Ing. G.: Der Reibungswiderstand von Gleitlagern und die Be-rechnung der Gleitlager. Der praktische Maschinenkonstrukteur 1916 (Uhland): „Aus der Schweizer Technik“ S. 45.
103. Welter u. Weber: Siehe Nr. 55!
104. Wolff, Dr.-Ing. Robert: Über die Schmierschicht in Gleitlagern und ihre Messung durch Interferenz (Forschungsarbeit). Berlin: VDI.-Verlag 1928. (Siehe auch 14 und 96!)
105. Woog, Dr. Paul (aus dem Französischen von Dr. P. Cuypers): Die Be-deutung der molekularen Oberflächenerscheinungen für die Reibungsver-minderung in den Fällen der unvollkommenen Schmierung. Der Öl-markt 1927, H. 27/28 u. 29/30.

Stichwörterverzeichnis.

Die Schmiermittel, ihre Art, Prüfung und Verwendung. Ein Leitfaden für den Betriebsmann. Von Dr. **Richard Ascher.** Z w e i t e , verbesserte und erweiterte Auflage. Mit 66 Abbildungen im Text. VIII, 302 Seiten. 1931. Gebunden RM 16.—

Forschung und Werkstatt.
Untersuchung von Spreizringkupplungen. Von Prof. Dr.-Ing. **G. Schlesinger.** Mit 115 Textfiguren.
Schmierölprüfung für den Betrieb. Von Prof. Dr.-Ing. **G. Schlesinger** und Dr. techn. **M. Kurrein.** Mit 29 Textfiguren. 34 Seiten. 1916. Unveränderter Neudruck 1922. RM 2.—
(Berichte des Versuchsfeldes für Werkzeugmaschinen an der Technischen Hochschule Berlin, Heft 4.)

Druckwechsel und Stöße an Kolbenmaschinen mit Schubkurbelgetriebe. Eine theoretische Untersuchung der Druckwechselvorgänge mit kritischer Besprechung der vorhandenen Literatur. Von Ingenieur Dr. techn. **Franz Kuba,** Assistent an der Technischen Hochschule in Wien. Mit 18 Abbildungen im Text und 59 Abbildungen auf 48 Tafeln. IV, 69 Seiten. 1931. RM 18.—

Praktische Getriebelehre. Von Dr.-Ing. **K. Rauh,** Privatdozent für Getriebelehre an der Technischen Hochschule Aachen.
E r s t e r B a n d : Mit 196 Textabbildungen und 19 mehrfarbigen Abbildungen auf 8 Tafeln. VII, 139 Seiten. 1931.
RM 21.—; gebunden RM 22.75

Fahrzeug-Getriebe. Beschreibung, kritische Betrachtung und wirtschaftlicher Vergleich der bei Maschinen verwendeten Getriebe mit fester und veränderlicher Übersetzung und ihre Anwendung auf Gleis- und gleislose Fahrzeuge. Von **Max Süberkrüb,** Regierungsbaumeister. Mit 137 Abbildungen im Text, 16 Abbildungen im Anhang und 15 Zahlentafeln. VII, 190 Seiten. 1929. RM 24.—; gebunden RM 25.50

Evolventen-Stirnradgetriebe. B e r e c h n u n g , H e r s t e l l u n g , P r ü f u n g . Von **R. Herrmann,** Ingenieur. Mit 77 Abbildungen im Text. V, 112 Seiten. 1929. RM 9.60

Die Satzrädersysteme der Evolventenverzahnung. G r u n d l a g e n u n d A n l e i t u n g z u i h r e r B e r e c h n u n g . Von Dr.-Ing. **Paul Krüger.** Mit 30 Abbildungen. VI, 88 Seiten. 1926. RM 8.40

AWF Getriebe und Getriebemodelle I. Getriebemodellschau des AWF und VDMA 1928. Herausgegeben vom Ausschuß für wirtschaftliche Fertigung (AWF) beim Reichskuratorium für Wirtschaftlichkeit. Mit 173 Bildern. 192 Seiten. 1928. Gebunden RM 6.—

AWF Getriebe und Getriebemodelle II. Zweite Getriebeschau des AWF und VDMA 1929. Herausgegeben vom Ausschuß für wirtschaftliche Fertigung (AWF) beim Reichskuratorium für Wirtschaftlichkeit. Mit 126 Bildern. 143 Seiten. 1929. Gebunden RM 4.50

Vorlesungen über Maschinenelemente. Von Dipl.-Ing. **M. ten Bosch,**
Professor an der Eidgenössischen Technischen Hochschule, Zürich.

    I. Heft: **Festigkeitslehre.** Mit 104 Textabbildungen. IV, 72 Seiten.
    1929.   RM 6.—

    II. Heft: **Allgemeine Gesichtspunkte und Verbindungen.** Mit 207 Text-
    abbildungen. II, 74 Seiten. 1930.   RM 6.—

    III. Heft: **Wellen und Lager.** Mit 141 Textabbildungen. II, 86 Seiten.
    1929.   RM 6.60

    IV. Heft: **Reib- und Rädertriebe.** Mit 196 Textabbildungen. II, 97 Seiten.
    1929.   RM 7.80

    V. Heft: **Elemente der Kolbenmaschinen. Rohrleitungen.** Mit 153 Text-
    abbildungen. II, 86 Seiten. 1931.   RM 7.—

          Heft I—V komplett gebunden RM 36.—
          Einbanddecke zu Heft I—V RM 2.—

Die Maschinenelemente. Ein Lehr- und Handbuch für Studierende,
Konstrukteure und Ingenieure. Von Dr.-Ing. **Felix Rötscher,** Professor
an der Technischen Hochschule Aachen.

Erster Band: Mit Abbildung 1—1042 und einer Tafel. XX, 600 Seiten.
1927.   Gebunden RM 41.—

Zweiter Band: Mit Abbildung 1043—2296. XX, 754 Seiten. 1929.
    Gebunden RM 48.—

Maschinenelemente. Leitfaden zur Berechnung und Konstruktion
für Maschinenbauschulen und für die Praxis mittlerer Techniker. Von
Dipl.-Ing. **W. Tochtermann,** Professor an der Höheren Maschinenbau-
schule Eßlingen. Fünfte, völlig neubearbeitete Auflage der „Maschinenelemente" von Ingenieur **H. Krause.** Mit 511 Textabbildungen. X,
456 Seiten. 1930.   RM 15.—; gebunden RM 16.50

Keil, Schraube, Niet. Einführung in die Maschinenelemente. Von
Dipl.-Ing. **W. Leuckert,** Ständ. Assistent an der Technischen Hochschule
zu Berlin, und Dipl.-Ing. **H. W. Hiller,** Magistrats-Baurat in Berlin.
Dritte, verbesserte und vermehrte Auflage. Mit 108 Textabbildungen
und 29 Tabellen. V, 113 Seiten. 1925.   RM 4.50

Kugel- und Rollenlager (Wälzlager). Unter besonderer Berücksichtigung des Einbauens. Von **Hans Behr.** (Werkstattbücher, Heft 29.)
Mit 197 Figuren im Text. 64 Seiten. 1927.   RM 2.—

Die Belastbarkeit der Wälzlager. Von Dr.-Ing. **Helmut Stellrecht.**
Mit 23 Textabbildungen. VI, 98 Seiten. 1928.   RM 9.—

**Mehrfach gelagerte, abgesetzte und gekröpfte Kurbel-
wellen.** Anleitung für die statische Berechnung mit durchgeführten
Beispielen aus der Praxis. Von Professor Dr.-Ing. **A. Gessner,** Prag. Mit
52 Textabbildungen. IV, 96 Seiten. 1926.   RM 8.10

Einzelkonstruktionen aus dem Maschinenbau. Herausgegeben von Dipl.-Ing. C. Volk, Direktor der Beuth-Schule, Privatdozent an der Technischen Hochschule zu Berlin.

Erstes Heft: **Die Zylinder ortfester Dampfmaschinen.** Von Ingenieur H. Frey, Berlin-Waidmannslust. Zweite, erweiterte, auch Höchstdruck und Gleichstrom umfassende Auflage. Mit 131 Textabbildungen. IV, 42 Seiten. 1927. RM 3.—

Zweites Heft: **Kolben.** I. Dampfmaschinen- und Gebläsekolben. Von Dipl.-Ing. C. Volk, Direktor der Beuth-Schule, Privatdozent an der Technischen Hochschule zu Berlin. II. Gasmaschinen- und Pumpenkolben. Von A. Eckardt, Betriebschef der Gasmotorenfabrik Deutz. Zweite, verbesserte Auflage, bearbeitet von C. Volk. Mit 252 Textabbildungen. V, 77 Seiten. 1923. RM 3.60

Drittes Heft: **Zahnräder.** I. Teil. Stirn- und Kegelräder mit geraden Zähnen. Von Dr. A. Schiebel, o. ö. Professor der Deutschen Technischen Hochschule in Prag. Dritte, neubearbeitete Auflage. Mit 159 Textabbildungen. VI, 132 Seiten. 1930. RM 10.—

Viertes Heft: **Die Wälzlager, Kugel- und Rollenlager.** Unter Mitwirkung des Herausgebers bearbeitet von Ingenieur Hans Behr, Berlin, (Berechnung, Konstruktion und Herstellung der Wälzlager) und Oberingenieur Max Gohlke, Schweinfurt, (Verwendung der Wälzlager). Zugleich zweite Auflage des von W. Ahrens, Winterthur, verfaßten Buches „Die Kugellager und ihre Verwendung im Maschinenbau". Mit 250 Textabbildungen. V, 126 Seiten. 1925. RM 7.20

Fünftes Heft: **Zahnräder.** II. Teil. Räder mit schrägen Zähnen (Räder mit Schraubenzähnen und Schneckengetriebe). Von Dr. A. Schiebel, o. ö. Professor der Deutschen Technischen Hochschule in Prag. Dritte, zum größten Teil neubearbeitete Auflage. In Vorbereitung.

Sechstes Heft: **Schubstangen und Kreuzköpfe.** Von Ingenieur H. Frey, Berlin-Weidmannslust. Zweite, erweiterte Auflage. Mit 158 Textabbildungen. IV, 48 Seiten. 1929. RM 4.20

Siebentes Heft: **Sperrwerke und Bremsen.** Von Dipl.-Ing. Richard Hänchen, Berlin. Mit 188 Textabbildungen. V, 94 Seiten. 1930. RM 9.60

Achtes Heft: **Zapfen und Gleitlager.** Von Dr. A. Schiebel, o. ö. Professor der Deutschen Techn. Hochschule in Prag. In Vorbereitung.

Neuntes Heft: **Konstruktion und Entwurf von Rohrleitungen.** In Vorbereitung.

Zehntes Heft: **Die Bauteile der Dampfturbinen.** Von Dr. Ing. Georg Karrass. Mit 143 Textabbildungen. VI, 99 Seiten. 1927. RM 10.-

Elftes Heft: **Wellenkupplungen und Wellenschalter.** Von Dr.-Ing. E. vom Ende, Berlin. Mit 245 Textabbildungen. III, 107 Seiten. 1931. RM 10.50

Die Gewinde. Ihre Entwicklung, ihre Messung und ihre Toleranzen.

Im Auftrage von Ludw. Loewe & Co. A.-G., Berlin, bearbeitet von Professor Dr. **G. Berndt,** Dresden. Mit 395 Abbildungen und 287 Tabellen. XVI, 657 Seiten. 1925. Gebunden RM 36.—

Erster Nachtrag. Mit 102 Abbildungen im Text und 79 Tabellen. X, 180 Seiten. 1926. Gebunden RM 15.75

Namen- und Sachverzeichnis. Herausgegeben auf Anregung und mit Unterstützung der Firma Bauer & Schaurte, Neuß. III, 16 Seiten. 1927. RM 1.—

Die deutschen Gewindetoleranzen. Von Professor Dr. G. Berndt,

Dresden. Mit einem Geleitwort von Dr.-Ing. e. h. W. Hellmich. Mit 61 Abbildungen im Text und 70 Zahlentafeln. VIII, 179 Seiten. 1929. RM 16.50; gebunden RM 18.50

Rationeller Dieselmaschinen-Betrieb. Anleitung für Betrieb, Instandhaltung und Reparatur ortfester Viertakt-Dieselmaschinen. Von **Josef Schwarzböck.** Mit 62 Abbildungen im Text. VI, 143 Seiten. 1927.

RM 8.—; gebunden RM 9.—

Schnellaufende Dieselmaschinen. Beschreibungen, Erfahrungen, Berechnung, Konstruktion und Betrieb. Von Prof. Dr.-Ing. **O. Föppl,** Marinebaurat a. D., Braunschweig, Dr.-Ing. **H. Strombeck,** Oberingenieur, Leunawerke, und Prof. Dr. techn. **L. Ebermann,** Lemberg. Vierte, neubearbeitete Auflage. Mit 143 Textabbildungen und 9 Tafeln, darunter Zusammenstellungen von Maschinen von AEG, Benz, Českomoravská-Kolben-Daněk A.-G., Daimler, Deutz, Germaniawerft, Körting, L. Lang und MAN Augsburg. VI, 237 Seiten. 1929.   Gebunden RM 16.50

Kompressorlose Dieselmaschinen (Druckeinspritzmaschinen). Ein Lehrbuch für Studierende von Dr.-Ing. **Friedrich Sass,** Oberingenieur der Allgemeinen Elektricitäts-Gesellschaft, Privatdozent an der Technischen Hochschule Berlin. Mit 328 Textabbildungen. VII, 395 Seiten. 1929.   Gebunden RM 52.—

Kompressorlose Dieselmotoren und Semidieselmotoren. Von **M. Seiliger,** Ingenieur-Technolog. Mit 340 Abbildungen und 50 Zahlentafeln im Text. VI, 296 Seiten. 1929.   Gebunden RM 37.50

Die Hochleistungs-Dieselmotoren. Von **M. Seiliger,** Ingenieur-Technolog. Mit 196 Abbildungen und 43 Zahlentafeln im Text. VI, 240 Seiten. 1926.   RM 17.40; gebunden RM 18.90

Öl- und Gasmaschinen (Ortfeste und Schiffsmaschinen). Ein Handbuch für Konstrukteure, ein Lehrbuch für Studierende von Professor **H. Dubbel,** Ingenieur, Berlin. Mit 519 Textabbildungen. VI, 446 Seiten. 1926.   Gebunden RM 37.50

Taschenbuch für den Maschinenbau. Bearbeitet von zahlreichen Fachleuten, herausgegeben von Professor **H. Dubbel,** Ingenieur, Berlin. Fünfte, völlig umgearbeitete Auflage. Mit 2800 Textfiguren. In zwei Bänden. X, 1756 Seiten. 1929.   Gebunden RM 26.—

Freytags Hilfsbuch für den Maschinenbau für Maschineningenieure sowie für den Unterricht an technischen Lehranstalten. Unter Mitarbeit von Prof. Dipl.-Ing. M. Coenen, Dipl.-Ing. E. Lupberger, Prof. Dr.-Ing. G. Sandel, Prof. A. Schmidt, Dipl.-Ing. Fr. Schulte, Prof. Dr.-Ing. G. Unold, Prof. Dr. Fr. Wicke und Prof. Dipl.-Ing. C. Zietemann herausgegeben von Prof. **P. Gerlach,** Chemnitz. Achte, teilweise vollständig umgearbeitete Auflage. Mit 2673 in den Text gedruckten Abbildungen und 4 Konstruktionstafeln. XII, 1562 Seiten. 1930.

Gebunden RM 24.—

Partiepreis für 25 Exemplare gebunden je RM 20.—

Maschinenuntersuchungen und das Verhalten der Maschinen im Betriebe. Ein Handbuch für Betriebsleiter, ein Leitfaden zum Gebrauch bei Abnahmeversuchen und für den Unterricht an Maschinenlaboratorien. Von Prof. Dr.-Ing. **A. Gramberg,** Oberingenieur. Dritte, verbesserte Auflage. (Maschinentechnisches Versuchswesen, II. Bd.) Mit 327 Figuren im Text und auf 2 Tafeln. XVIII, 601 Seiten. 1924.   Gebunden RM 20.—